C++ 語言物件導向程式設計入門

吳卓俊 著

東華書局

國家圖書館出版品預行編目資料

```
C++語言物件導向程式設計入門/吳卓俊著. --
1版. -- 臺北市:臺灣東華書局股份有限公司,
2025.02
    744 面； 19x26 公分.
    ISBN 978-626-7554-15-9 (平裝)
    1.CST: C++(電腦程式語言)
312.32C                              113020780
```

C++ 語言物件導向程式設計入門

著　　者	吳卓俊
封面圖創作	吳采穎
執行編輯	蔡秋玉
發 行 人	蔡彥卿
出 版 者	臺灣東華書局股份有限公司
地　　址	臺北市重慶南路一段一四七號四樓
電　　話	(02) 2311-4027
傳　　眞	(02) 2311-6615
劃撥帳號	00064813
網　　址	www.tunghua.com.tw
讀者服務	service@tunghua.com.tw
出版日期	2025 年 2 月 1 版 1 刷

ISBN　　978-626-7554-15-9

版權所有 ・ 翻印必究

序

　　筆者在大學教授程式設計課程已逾 20 年，奠基於自身的學習歷程以及在課堂上累積的教學經驗，個人認為程式設計能力的養成，惟有透過學習正確的觀念與勤奮不怠的大量練習，才能將書本裡的知識轉換為自身的專業技能。因此，在寫作上本書除了詳細說明 C++ 語言的語法規則外，更透過大量的程式範例為讀者解析程式設計的觀念以及思維方法，期盼能幫助讀者建立良好的專業素養。

　　本書作為 C++ 語言的入門書籍，適合大專院校資訊相關科系作為大一或大二的程式設計基礎課程教材，同時亦適合初學者自學之用。全書內容涵蓋了 C++ 語言的基礎（包含資料型態、運算式、格式化輸入與輸出、條件與流程控制、迴圈、函式、指標、參考、字串、使用者自定資料型態、記憶體管理等主題），以及物件導向程式設計方法（包含了類別與物件的概念、抽象、封裝、繼承與多型等特性）；全書提供了大量由淺入深的程式範例供讀者參考，讀者不但可以透過範例程式學習程式設計，還可以透過在每章章末的習題練習，累積深化自身的程式設計能力。相信本書的內容對於 C++ 語言的初學者而言已經相當足夠，更可以作為未來學習其它程式語言的重要碁石。

　　本書雖力求完美，但筆者學識與經驗仍有不足，如有謬誤之處尚祈見諒並請不吝指正。

吳卓俊 junwu.tw@gmail.com
於屏東 2024 年 7 月

編排慣例與檔案下載

範例程式與相關檔案下載說明

　　本書所有範例程式及習題相關檔案皆可從網路下載,除了特別說明以外,所有的程式範例皆可以在 Linux、macOS 與 Windows 作業系統上執行。請讀者先至東華書局官網下載本書的 cppbook-wu.zip 壓縮檔案,將其解壓縮後即可在 examples 資料夾內取得相關的範例程式碼。例如讀者可以在 examples/ch1 資料夾裡,找到本章 Example 1-1 的 hello.cpp 範例程式。

編排慣例

　　本書含有大量的範例程式,為了讓讀者易於閱讀,所有範例程式皆清楚標示程式碼的行號,並在上方顯示程式的相關資訊,包含其程式檔名以及其所在的路徑(以本書範例程式及習題相關檔案解壓縮後的目錄為基準,使用相對路徑表示),以便利讀者使用。請參考下面的例子:

Example 2-3:為 BMI-1.cpp 加上變數宣告後的改正版本
Location: ☁/examples/ch2
Filename: BMI-2.cpp

```cpp
1  #include <iostream>
2  using namespace std;
3
4  int main()
5  {
6      // 變數宣告
7      float weight;
```

```
8       float height;
9       float BMI;
10
11      // 取得使用者輸入
12      cout << "請輸入體重: ";
13      cin >> weight;        ← 取得使用者所輸入的體重
14      cout << "請輸入身高: ";
15      cin >> height;        ← 取得使用者所輸入的身高
16
17      // 依據所輸入的體重與身高計算BMI
18      BMI = weight / ( height * height );
19                                    ↑
20      // 輸出結果                     使用 height*height 代替 height 的平方運算
21      cout << "你的BMI數值為" << BMI << endl;
22                              ↑
23      return 0;               輸出計算後的結果
24  }
```

為幫助初學者能順利編譯執行範例程式，本書分別針對主流的 Linux/macOS 與 Windows 作業系統提供完整的指令說明，例如：

Linux / macOS：

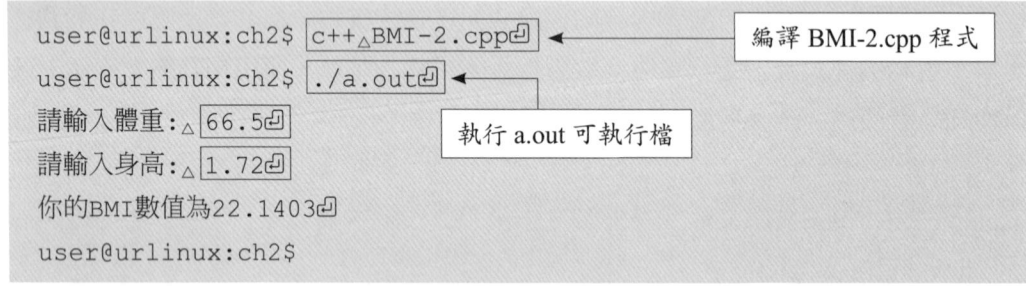

Windows：

```
C:\examples\ch2> c++ BMI-2.cpp↵      ← 編譯 BMI-2.cpp 程式
C:\examples\ch2> a.exe↵
請輸入體重: 66.5↵                      執行a.exe可執行檔
請輸入身高: 1.72↵
你的BMI數值為22.1403↵
C:\examples\ch2>
```

為便利閱讀起見，本書在編譯與執行結果中，以 △ 與 ⏎ 分別代表空白鍵與 Enter 鍵。此外，為了幫助讀者區分編譯與執行的過程中，哪些部分是使用者的輸入？哪些部分是程式的輸出？我們會將使用者的輸入使用方框加以標示。以上述的編譯及執行結果為例，其中的 66.5⏎ 就表示使用者輸入了 66.5 並且按下 Enter 鍵來將資料送出；至於倒數第二行所顯示的「你的 BMI 數值為 22.1403⏎」則是程式執行後的輸出結果，其後方所標示的 ⏎ 圖示，表示在輸出 22.1403 後，還有一個換行將游標移到下一行的開頭處。

目錄

序 iii
編排慣例與檔案下載 v

Chapter 01 Hello, C++! 1

1-1 發展歷程與特性 1
    1-1-1 Unix 系統與 C 語言 2
    1-1-2 物件導向程式語言 3
    1-1-3 C++ 語言的誕生與標準化 5
    1-1-4 C++ 語言的特點 6
1-2 程式開發流程與相關工具 7
    1-2-1 程式開發流程 8
    1-2-2 編譯器 10
    1-2-3 整合式開發環境 11
1-3 開發你的第一個 C++ 程式 12
1-4 程式碼內容說明 24
    1-4-1 程式基本構成元素：函式與敘述 25
    1-4-2 程式進入點 (Entry Point) 27
    1-4-3 輸出字串的 cout 物件 28
    1-4-4 return 敘述 31
    1-4-5 函式標頭檔與命名空間 31
    1-4-6 註解 (Comment) 33

ix

Chapter 02　IPO 程式設計　37

- 2-1　IPO 模型與 C++ 語言實作 37
  - 2-1-1　記憶體與變數 39
  - 2-1-2　Input 階段與 cin 物件 40
  - 2-1-3　Process 階段與運算式 42
  - 2-1-4　Output 階段與 cout 物件 44
- 2-2　IPO 程式設計 44
  - 2-2-1　IPO 程式設計框架 44
  - 2-2-2　BMI 計算程式 46
  - 2-2-3　門號違約金計算程式 55

Chapter 03　變數、常數與資料型態　69

- 3-1　變數 69
  - 3-1-1　變數宣告 70
  - 3-1-2　初始化 71
  - 3-1-3　命名規則 73
  - 3-1-3　記憶體空間 78
- 3-2　常數 82
  - 3-2-1　常數宣告 82
  - 3-2-2　常數定義 83
- 3-3　資料型態 84
  - 3-3-1　整數型態 85
  - 3-3-2　浮點數型態 99
  - 3-3-3　字元型態 110
  - 3-3-4　布林型態 118
  - 3-3-5　無值型態 120
  - 3-3-6　C++11 新初始化方法 120

Chapter 04 運算式 — 131

- 4-1 運算子與運算元 131
  - 4-1-1 運算子 131
  - 4-1-2 運算元 133
- 4-2 算術運算子 135
- 4-3 賦值運算子 139
- 4-4 複合賦值運算子 141
- 4-5 遞增與遞減運算子 142
- 4-6 逗號運算子 144
- 4-7 取址運算子 146
- 4-8 sizeof 運算子 147
- 4-9 位元運算子 149
- 4-10 關係與邏輯運算子 152

Chapter 05 輸入與輸出 — 157

- 5-1 串流 157
- 5-2 cin 輸入串流 161
  - 5-2-1 串流擷取運算子 162
  - 5-2-2 從 cin 擷取資料 162
  - 5-2-3 get() 函式 165
  - 5-2-4 緩衝區 167
  - 5-2-5 ignore() 函式 168
- 5-3 cout 輸出串流 169
  - 5-3-1 串流插入運算子 169
  - 5-3-2 插入資料到 cout 串流 170
  - 5-3-3 put() 函式 171
- 5-4 輸入與輸出格式設定 171
  - 5-4-1 輸出寬度與對齊設定 171

	5-4-2 浮點數的精確度	177
	5-4-3 數字系統	183
	5-4-4 布林型態的數值	186
	5-4-5 再談緩衝區	189
5-5	cerr 與 clog 輸出串流	191
5-6	I/O 重導向與 Pipe 管線	192

Chapter 06 選擇   203

6-1	邏輯運算式	203
	6-1-1 關係運算子	204
	6-1-2 相等與不相等運算子	205
	6-1-3 邏輯運算子	206
6-2	if 敘述	208
6-3	switch 敘述	216
6-4	條件運算式	221
6-5	流程圖	223

Chapter 07 迴圈   235

7-1	while 迴圈	235
	7-1-1 語法	235
	7-1-2 應用範例	237
	7-1-3 無窮迴圈	240
7-2	do while 迴圈	241
	7-2-1 語法	241
	7-2-2 應用範例	242
7-3	for 迴圈	245
	7-3-1 語法	246
	7-3-2 應用範例	247

7-4 巢狀迴圈 251
7-5 從迴圈中跳離 254
    7-5-1 break 敘述 254
    7-5-2 continue 敘述 256
    7-5-3 goto 敘述 257

Chapter 08 陣列　　　　265

8-1 何謂陣列？ 265
8-2 一維陣列 267
    8-2-1 宣告 267
    8-2-2 初始化 268
    8-2-3 存取陣列元素 270
    8-2-4 應用範例 271
8-3 多維陣列 278
8-4 使用以範圍為基礎的 for 迴圈存取陣列 283

Chapter 09 函式　　　　289

9-1 函式定義 290
9-2 函式呼叫 293
9-3 main() 函式 297
9-4 變數範圍 301
9-5 函式原型與標頭檔 304
9-6 預設引數值 307
9-7 函式多載 311
9-8 函式模板 313
9-9 命名空間 314
9-10 Makefile 317

xiii

Chapter 10 指標與參考　　325

- 10-1 基本觀念 325
- 10-2 指標變數 327
- 10-3 記憶體位址與間接存取運算子 331
- 10-4 指標賦值 334
- 10-5 指標與陣列 335
  - 10-5-1 指標運算與陣列 335
  - 10-5-2 以指標走訪陣列 338
  - 10-5-3 指標與陣列互相轉換使用 341
  - 10-5-4 常見的陣列處理 342
  - 10-5-5 以陣列作為函式的引數 344
  - 10-5-6 指標與多維陣列 346
- 10-6 指標與函式 348
  - 10-6-1 以指標作為函式引數 348
  - 10-6-2 以指標作為函式傳回值 349
- 10-7 傳值呼叫與傳址呼叫 351
- 10-8 參考 353

Chapter 11 字串　　367

- 11-1 字串與記憶體 367
- 11-2 字串常值 369
- 11-3 字元陣列 375
- 11-4 字元指標 379
- 11-5 字串的輸出與輸入 380
- 11-6 字串與函式呼叫 385
- 11-7 字串處理函式 388
- 11-8 string 類別 392
- 11-9 多位元組字串 396

Chapter 12 使用者自定資料型態 409

- 12-1 結構體 409
  - 12-1-1 結構體變數 409
  - 12-1-2 結構體變數的操作 413
  - 12-1-3 結構體型態 415
  - 12-1-4 結構體與函式 419
  - 12-1-5 巢狀式結構體 425
  - 12-1-6 結構體陣列 427
- 12-2 共有體 427
- 12-3 列舉 430

Chapter 13 記憶體管理 441

- 13-1 自動儲存類別 441
- 13-2 靜態儲存類別 444
- 13-3 動態儲存類別 447
  - 13-3-1 基本內建資料型態 448
  - 13-3-2 動態陣列 449
  - 13-3-3 動態結構體 449
  - 13-3-4 動態結構體陣列 450
  - 13-3-5 動態字串 454

Chapter 14 走向物件導向世界 463

- 14-1 思維的演進 463
  - 14-1-1 功能導向方法 464
  - 14-1-2 功能導向的缺點 466
  - 14-1-3 結構體 1.0 468

14-1-4	結構體 2.0	470
14-1-5	類別與物件	473
14-2	物件導向思維	474
14-3	抽象化	475

Chapter 15 類別與物件 　　　　　　　　　　　　　　　483

15-1	類別定義	483
15-2	物件變數與實體	487
15-3	物件實體化	488
15-3-1	自動物件變數	488
15-3-2	全域與區域	489
15-3-3	匿名類別	492
15-3-4	資料成員預設值	495
15-3-5	資料成員初始值給定	496
15-3-6	動態記憶體配置	498
15-3-7	動態物件實體陣列	500
15-4	類別定義與實作架構	501
15-5	建構函式	504
15-6	成員初始化串列	510
15-7	解構函式	512

Chapter 16 封裝　　　　　　　　　　　　　　　　　　531

16-1	存取修飾字	531
16-2	類別成員可存取性	532
16-3	供外部使用的介面	536
16-4	this 指標	540
16-5	常數物件與常數成員	547

Chapter 17 繼承 559

- 17-1 繼承與可重用性 559
- 17-2 ISA 關係 561
- 17-3 類別繼承 562
  - 17-3-1 繼承語法 562
  - 17-3-2 繼承可存取性 568
  - 17-3-3 朋友函式與朋友類別 571
- 17-4 預設的建構與解構函式 574
  - 17-4-1 預設建構函式 576
  - 17-4-2 預設解構函式 580
  - 17-4-3 呼叫父類別的建構函式 583
- 17-5 覆寫成員函式 586
- 17-6 在繼承階層間的型態轉換 592
- 17-7 多重繼承 594
- 17-8 使用命名空間管理類別 601
- 17-9 條件式編譯 604

Chapter 18 多型 615

- 18-1 靜態多型 615
  - 18-1-1 函式多載 615
  - 18-1-2 運算子多載 617
  - 18-1-3 函式模板 631
- 18-2 動態多型 633
  - 18-2-1 抽象類別與純虛擬函式 640
  - 18-2-2 虛擬函式 645
  - 18-2-3 override 關鍵字 653
  - 18-2-4 final 關鍵字 654

xvii

Appendix A 安裝終端機編譯器 — 665

- A-1 在 Linux 安裝編譯器 665
  - GCC 編譯器套件 666
  - Clang 編譯器 667
- A-2 在 macOS 安裝編譯器 669
  - Clang 編譯器 669
  - GCC 編譯器套件 671
- A-3 在 Windows 安裝編譯器 672
  - GCC 編譯器套件 673
  - Clang 編譯器 678

Appendix B Visual Studio Code 的安裝與使用 — 685

Appendix C Dev-C++的安裝與使用 — 697

- C-1 下載與安裝 697
- C-2 程式開發 703

Appendix D ASCII 字元編碼表 — 707

Appendix E 運算子的優先順序及關聯性 — 709

索引 711

Chapter 01
Hello, C++!

　　C++ 語言[1] 是以 C 語言為基礎再加上物件導向的特性設計而成，是目前資訊產業界主流的高階程式語言之一。在開始正式的學習之前，本章將為讀者簡述 C++ 語言的發展歷程與主流的開發工具，並且針對不同的作業系統環境（包含Microsoft Windows、Linux 與 macOS）實際示範如何完成一個簡單 C++ 語言程式的開發。建議讀者依據慣用的作業系統，在進行後續的學習之前，先參考本章的內容準備好相關的開發環境。

1-1　發展歷程與特性

　　C++ 語言是 C 語言的後繼者，自 1985 年誕生以來，它憑藉著承襲自 C 語言的語法基礎，旋即受到廣大的 C 語言程式設計師的喜愛；再加上它新增對物件導向特性的支援，很快地就成為資訊產業界最受歡迎的程式語言之一。歷經四十餘年的發展，儘管程式語言不斷地推陳出新，C++ 語言仍然以其強大的功能與高效能為人所稱道，包含作業系統、資料庫系統、遊戲、網路應用、多媒體與影像處理等重視效率的應用領域，目前仍然是以使用 C++ 語言開發為首選。此外，C++ 語言同時具有結構化程式語言（來自 C 語言）與物件導向程式語言的特性，它也成為當代程式語言的共同基礎，不論在後續誕生的 C#、Java、Python、Swift 等程式語言裡，都可以看到來自於 C++ 語言的觀念或相似的語法。學好 C++ 語言，對於日後學習其它程式語言將會有很大的助益 —— 這也就是絕大多數的資訊學系都將 C++ 語言列為必修的主要原因。本節將從其前身（也就是 C 語言）開始，為讀者簡述其發展歷程，並彙整 C++ 語言相關的國際標準與特性。

---

[1] C++ 語言唸做 C plus plus，不過在台灣普遍的唸法是混合中英文將其唸做 **"西加加"**。

1-1-1 Unix 系統與 C 語言

影響現代作業系統甚鉅的 Unix 作業系統，最初是由美國 AT&T 貝爾實驗室 (Bell Laboratories)[2] 的丹尼斯·里奇 (Dennis Ritchie) 與肯·湯普森 (Ken Thompson) 在 PDP-7 電腦上以組合語言 (Assembly Language)[3] 進行開發，雖然執行效率很高，但卻不易於開發與維護。因此後續他們計畫要將 Unix 作業系統移植到新的 PDP-11 電腦時，希望能改為使用高階程式語言 (High-Level Programming Language) 改寫作業系統，但是卻苦無適合的程式語言可擔此重任。因此他們計畫先開發一套新的高階程式語言，再用以進行 Unix 系統的重新改寫。

首先，在 1969 年，湯普森先嘗試修改英國劍橋大學的馬丁·里察德 (Martin Richards) 所開發的 BCPL (Basic Combined Programming Language) 程式語言[4]，開發出一套名為 B 的程式語言，可惜 B 語言因為缺乏對 PDP-11 特性的支援而以失敗告終。後續在 1972 年，里奇再以 B 語言為基礎，設計出一套新的高階程式語言──C 語言，並用來在第二版的 Unix（Unix Version 2，或簡稱為 Unix V2）裡開發一些工具程式。由於使用 C 語言所寫的程式，不但比起組合語言更容易開發與維護，且其執行效率也很接近組合語言，因此他們兩人開始合力使用 C 語言將整個 Unix 作業系統改寫，並在 1973 年發表了第一個完全使用高階程式語言開發的第四版 Unix（Unix Version 4，或簡稱為 V4）。

由於使用 C 語言開發的 Unix 系統具備極佳的效能，很快地吸引了學術界與產業界的重視，並陸續推出兩個主要的分支版本──包含了 1977 年開始發展的加州大學柏克萊分校所推出的 BSD (Berkeley Software Distribution) 以及 AT&T 於 1982 年推出的商業版本 System III。這兩個分支版本後續又衍生出許多不同的版本，例如 BSD 後續衍生出的 FreeBSD、SunOS 與 NextStep 作業系統（NextStep 後續又衍生出 Mac OS X[5]）；AT&T 的 System III 後續又於 1983 年開始推出 System V，包含 Release 1 到 Release 4 共四個版本（一般簡稱為 SVR1、SVR2、SVR3 與 SVR4），

---

2 貝爾實驗室 (Bell Laboratories) 是全球最為著名的頂尖研究機構之一，在電子、物理、資訊等許多領域享負盛名，迄今已有 11 位成員得到 9 項諾貝爾物理學獎，同時也是 Unix 作業系統與 C/C++ 語言的發源地。

3 組合語言 (Assembly Language) 是接近處理器指令的低階程式語言，以其執行的效率著稱。

4 BCPL 全名為 Basic Combined Programming Language，是由馬丁·里察德 (Martin Richards) 於 1966 年所發表的程式語言，是第一個使用一組大括號 {} 作為程式區塊的程式語言。其後續所推出的 B 語言即為 C 語言之前身，因此又有人將 BCPL 戲稱為 Before C Programming Language。

5 此處的 Mac OS X 為 Mac 作業系統第 10 版，且目前 Mac OS 已改名為 macOS。

並且衍生出包含昇陽電腦 (Sun Microsystems) 的 Solaris、惠普電腦 (Hewlett-Packard) 的 HP-UX，以及 Novell 公司的 UnixWare 等作業系統。除了上述的 Unix 衍生作業系統以外，還有一些獨自發展的作業系統，由於其架構與功能和 Unix 系統相近，所以被稱為**類 Unix (Unix-Like) 系統**，例如由安德魯·斯圖爾·塔能鮑姆 (Andrew Stuart Tanenbaum) 所設計的 Minix，以及由林納斯·托瓦茲 (Linus Torvalds) 於 1991 年基於 Minix 所設計，現在已是家喻戶曉的 Linux 作業系統。

上述的 Unix 衍生系統與類 Unix 系統都是使用 C 語言所開發，隨著這些系統普及，C 語言也逐漸普及到各式不同的平台之上。雖然不同平台的硬體與作業系統上存在著許多差異，但受益於從 1989 年起由美國國家標準協會 (American National Standards Institute, ANSI) 以及國際標準組織 (International Organization for Standardization, ISO) 所制定的 C 語言國際標準[6,7]，C 語言成為了可移植 (Portability) 性相當高的程式語言。這些國際標準規範了在不同平台上的 C 語言都必須維持相同的語法規則，因此使用 C 語言所撰寫的程式，往往僅需要小幅度的修改，有時甚至完全不需要修改，就可以在其它電腦平台上編譯並加以執行。

從語法上來看，C 語言被稱為是**結構化程式語言 (Structured Programming Language)**，它支援使用**循序 (Sequence)**、**選擇 (Selection)** 及**重複 (Repetition)** 等既簡單但卻又功能強大的流程架構，並且其所支援的資料型態與運算子相當地完整，讓 C 語言能滿足各式各樣應用需求。更重要的是，C 語言支援包含位元運算、指標、記憶體存取在內的低階操作（甚至允許在 C 語言的程式裡使用組合語言的程式碼），因此其程式能夠在僅具備有限運算能力與記憶體空間的早期電腦系統裡高效率地運作。雖然 C 語言原本是針對開發作業系統的需求所設計，但這並沒有限制它的應用，現在從小型的嵌入式系統 (Embedded System) 到大型的伺服器上，都可以看到 C 語言的各式應用。

1-1-2 物件導向程式語言

隨著電腦系統的功能日趨強大，以及使用者需求的不斷地提升，程式設計的工作也愈發地困難與複雜，發展自 1970 年代以 C 語言作為代表的結構化程式語言漸漸地不敷所需。艾茲赫爾·韋伯·迪傑斯特拉 (Edsger Wybe Dijkstra)[8] 曾說過：

---

[6] ANSI 於 1989 年率先制定了 ANSI X3.159-1989 標準，又常被稱為 C89 標準。

[7] ISO 制定了包含 ISO/IEC 9899:1990、ISO/IEC 9899:1999 與 ISO/IEC 9899:2011 等被稱為 C90、C99 與 C11 的 C 語言國際標準。

[8] 艾茲赫爾·韋伯·迪傑斯特拉 (Edsger Wybe Dijkstra) 是著名荷蘭電腦科學家，曾獲得 1972 年圖靈獎 (Turing Award)、1974 年 IEEE 哈里·古德紀念獎 (Harry Goode Memorial Award) 以及

As long as there were no machines, programming was no problem at all; when we had a few weak computers, programming became a mild problem, and now we have gigantic computers, programming had become an equally gigantic problem.

翻譯吐司

當世上還沒有電腦的時候，並不存在程式設計的問題；但當我們有了幾台功能弱小的電腦後，程式設計就開始成為了小問題；現在我們擁有了功能強大的電腦，程式設計也就變成了巨大的問題。

在過去電腦系統只有簡單功能的時代，程式只需要滿足使用者簡單的需求；然而在電腦功能相對極大化的今日，使用者的需求也被無限地放大。程式設計的工作也因此隨之變得更為困難、更為複雜。試想，自己用手摺紙飛機的方法與經驗，不論是在功能、規模與複雜度等各方面，完全不能套用在製造大型的民航客機之上。面對愈來愈困難與複雜的需求，程式設計師們也期盼能有功能更為強大的程式語言來加以因應。

除此之外，程式開發的工作還面臨著開發週期愈來愈長、費用不斷追加、可重用性低、品質低落等許多嚴重的問題[9]。由於傳統的結構化程式語言（例如 C 語言）並不能應付這些問題，因此新一代具備有**抽象 (Abstraction)**、**封裝 (Encapsulation)**、**繼承 (Inheritance)** 與 **多型 (Polymorphism)** 等四大特性的**物件導向程式語言 (Object-Oriented Programming Language)** 也就應運而生。物件導向程式語言最早可追溯到 1960 年代所發表的 Simula 語言 —— 由奧利-約翰·達爾 (Ole-Johan Dahl) 和克利斯登·奈加特 (Kristen Nygaard) 針對船隻管理的需求所設計的程式語言，是第一個使用類別 (Class) 與物件 (Object) 概念的高階程式語言。後來受到 Simula 語言的啟迪，帕羅奧多研究中心 (Palo Alto Research Center, PARC)[10] 在

1989 年 ACM SIGSE 電腦科學教育傑出貢獻獎 (Award for Outstanding Contribution to Computer Science Education) 等榮譽，在作業系統、演算法、程式語言等領域貢獻卓越。他的著名事蹟包含在作業系統方面所提出的號誌機 (Semaphore) 同步機制，以及解決了著名的哲學家用餐同步問題；在演算法方面，著名的最短路徑演算法 (Shortest Path First Algorithm) 以及銀行家演算法 (Banker's Algorithm) 都是由他所提出的；此外，他也是 Algol 60 程式語言編譯器的作者，並提出了以高階程式語言實現遞迴 (Recursion) 的方法。

9 這些問題被資訊界泛稱為軟體危機 (Software Crisis)。

10 帕羅奧多研究中心 (Palo Alto Research Center, PARC)，是當代許多重要電腦技術的開創者（包含了滑鼠、圖形使用者介面、乙太網路與雷射印表機等）。PARC 由全錄公司 (Xerox) 成立於1970 年，並於 2023 年 4 月捐贈給國際史丹福研究所 (Stanford Research Institute International, SRI International)。

1970 年代初期發表了 Smalltalk 語言，不但支援動態建立、刪除物件，更首次引入了繼承性 (Inheritance) 的概念 —— 讓新的類別可以透過繼承取得既有類別的定義，大大地強化了物件導向語言程式碼的**可重用性 (Reusability)**。

作為物件導向程式語言的開拓者，Simula 與 Smalltalk 語言成功地將物件導向的程式設計概念推廣開來，讓當時的程式設計師能接觸到除了結構化程式語言外的其它選擇 —— 而且是更好的選擇！但可惜的是或許在當時物件導向的觀念過於先進，再加上 Simula 與 Smalltalk 的執行效能不夠理想，它們始終沒能廣泛普及到各個應用領域。直到具備承襲自 C 語言的語法基礎與高執行效率的 C++ 語言誕生，我們才迎來了第一個成功普及的物件導向程式語言。

1-1-3　C++ 語言的誕生與標準化

C++ 語言是由丹麥電腦科學家比雅尼·史特勞斯特魯普 (Bjarne Stroustrup)[11] 所開發的一套物件導向程式語言。C++ 語言的發展可追溯至史特勞斯特魯普在英國劍橋大學攻讀博士學位期間，曾以 BCPL 與 Simula 語言為例，探討過結構化程式語言與物件導向程式語言的優劣。他認為結構化程式語言儘管具有極佳的執行效率，但其功能難以滿足愈來愈複雜與困難的大型軟體開發需求；反觀當時相當新穎的 Simula 語言，其所具有的物件導向特性非常適合用以進行大型軟體的開發，只可惜其執行效率低落還不具有應用價值。在 1979 年，史特勞斯特魯普取得博士學位後加入美國貝爾實驗室，他開始嘗試打造一個兼具融合 Simula 以及 BCPL 語言兩者優點的新程式語言 —— 既要有物件導向語言的強大、也要具有結構化語言的良好執行效率。

由於 BCPL 語言已經輾轉被肯·湯普森及丹尼斯·里奇被修改為 C 語言，並成為當時廣為應用的結構化程式語言代表，因此史特勞斯特魯普決定選擇開發一個具備物件導向特性的 C 語言增強版本 —— 稱為 "C with Classes（具備類別的 C 語言）"。在這個初始的版本裡，C 語言的語法被保留下來並加入了包含**類別 (Class)** 與**衍生類別 (Derived Classes)** 等物件導向特性，以及**強型別 (Strong Typing)** 與**內嵌函式 (Inline Function)** 等提升 C 語言安全性以及效率的設計。後來在 1982 年，史特勞斯特魯普繼續研發 with Classes 的下一個版本，並在瑞克·馬斯堤 (Rick Mascitti) 的建議下開始將其改稱為 C++ 語言[12]，同時在這個版本中開始加入了**虛擬**

11　比雅尼·史特勞斯特魯普 (Bjarne Stroustrup) 是英國劍橋大學計算機科學博士，現為美國哥倫比亞大學客座教授以及摩根史丹利技術部門董事總經理，被資訊領域尊稱為 C++ 之父。

12　由於在 C 語言中，++ 為遞增運算子，因此 C++ 可以視為是將 C 的數值加 1。此命名巧妙地結合了 C 語言的增強版本或是下一個版本的意涵。

函式 (Virtual Function)、運算子多載 (Operator Overloading) 與參考 (Reference) 等功能，以及 C++ 著名的 "//" 註解[13]。歷經數年持續的努力，史特勞斯特魯普於 1985 年 10 月正式推出 C++ 語言的第一個版本，旋即獲得廣大 C 語言程式設計師的喜愛 —— 因為它有承襲自 C 語言的語法與高執行效率，同時還支援功能強大的物件導向特性！

此後 C++ 語言仍不斷地演進，並且與 C 語言的發展脈絡相似，同樣都致力於標準化的發展。1998 年 11 月，國際標準化組織 (International Organization for Standardization, ISO) 與國際電工委員會 (International Electrotechnical Commission, IEC) 共同頒佈了 C++ 語言的第一個國際標準，後續包含了多重繼承 (Multiple Inheritance)、運算子多載 (Operator Overloading)、虛擬函式 (Virtual Function)、例外處理 (Exception)、執行時期型態資訊 (Runtime Type Information, RTTI) 與命名空間 (Namespace) 等創新概念與特性，亦陸續逐漸納入標準之中。這些標準都被規範於 ISO/IEC 14882 文件並以發佈年份作為區別，其中包含了 ISO/IEC 14882:1998、ISO/IEC 14882:2003、ISO/IEC 14882:2011、ISO/IEC 14882:2014 與 ISO/IEC 14882:2017 等多項標準，依發表年份區別，這些標準又被稱為是 C++98、C++03、C++11、C++14 與 C++17。

目前大部分的 C++ 語言編譯器都已經完整支援 C++98 與 C++03 的規範，但定義於 C++11、C++14 以及最新的 C++17 的新規範，絕大多數的編譯器都只有部分的實作。作為 C++ 語言的入門書籍，本書絕大部分的程式碼內容都僅適用於 C++98 與 C++03，僅有少數內容會使用到 C++11、C++14 與 C++17（當使用到這些新版本的功能時，本書會為讀者特別註明適用的版本）。

1-1-4　C++ 語言的特點

C++ 語言是當代程式語言的共同基礎，同時也是資訊產業界使用最廣的程式語言之一。以下將 C++ 語言的一些特點摘要如下：

- 相容於 C 語言的語法：作為 C 語言的後繼者，C++ 的語法幾乎完全相容於 C 語言，對於原本就熟悉 C 語言的讀者來說，學習 C++ 語言是相當容易的一件事。此外，C++ 語言的語法也是當代程式語言的共同基礎，先學會 C++ 語言也有助於未來其它程式語言的學習。
- **完整的物件導向支援**：除了最早期由 Simula 語言首先使用的**類別**與**物件**

---

[13] 其實使用 // 作為單行註解並非 C++ 語言首創，早在 BCPL 語言裡就已經出現。

外，後續幾乎所有物件導向的特性與技術都是首先應用於 C++ 語言之上。對於有志學習物件導向程式設計的讀者來說，應該沒有比 C++ 語言更好的選擇了 —— 當代所有物件導向程式語言相關的技術與概念都能在 C++ 身上看到！

- 高執行效率：如同其前身 C 語言一樣，C++ 語言同樣具備良好的執行效率。儘管從結果來看，C++ 語言除了承襲自 C 語言的基礎之外，還增添了許多新穎、高階的功能，以及物件導向特性的支援，使得 C++ 的執行效率不若原本的 C 語言理想；但依據布魯斯‧埃克爾 (Bruce Eckel) 所著的《Thinking in C++》一書，C++ 語言所開發的程式與 C 語言相比，其效能的差距約只在 5% 以內。但這些新增的部分，讓 C++ 比起 C 語言更適合用來開發大型、複雜、重視效率的軟體，例如大家所熟知的 Microsoft Office 系列套裝軟體、Google Chrome 瀏覽器、Adobe Photoshop 等軟體，以及絕大多數的 PlayStation 的遊戲軟體都是使用 C++ 開發完成的。

- 高可移植性：由於 C++ 語言普及性很高，幾乎在所有不同的電腦系統上都能執行其程式，是可移植性 (Portability) 相當高的程式語言。在實務上，使用 C++ 語言所撰寫的程式，通常只需要小幅度的修改（有時在不涉及硬體差異的情況下，甚至可以不需要修改），就可以在其它電腦平台上編譯並加以執行。

- 支援多種程式設計方法：C++ 語言可以使用結構化、程序式、遞迴式、物件導向、模組化等多種程式設計方法進行程式開發，我們可以任意地選擇使用不同的程式設計方法來進行 C++ 程式的開發。例如我們可以使用結構化程式設計方法，採用循序 (Sequence)、選擇 (Selection) 及重複 (Repetition) 的結構化流程來開發程式；也可以採用物件導向程式設計方法，使用類別與物件來對應真實世界中的人、事、時、地、物，並透過物件與物件、物件與使用者間的互動與訊息傳遞來完成應用程式的功能開發。除此之外，我們甚至可以在一個程式裡混合使用不同的程式設計方法。

1-2 程式開發流程與相關工具

C++ 語言是一個**編譯式程式語言 (Compiled Language)**，意即使用 C++ 語言所撰寫的程式碼並不能直接執行，必須先經過編譯的程序產生可執行檔（由處理器能執行的機器指令組成）後才能加以執行。本節將針對 C++ 語言的程式開發流程、常用的編譯器與整合開發環境分別加以介紹。

1-2-1 程式開發流程

以下是使用 C++ 語言進行程式設計的流程說明，請參考圖 1-1。首先，我們必須使用程式碼編輯器（Code Editor，在圖 1-1 中標示為 **Ⓐ** 之處）來撰寫 C++ 的程式碼 —— 我們通常將撰寫原始程式的過程稱為 **"寫程式"**、**"Coding"** 或 **"編程"**。當程式碼撰寫完成後，請將其結果儲存為**原始程式**（**Source Code**，在圖 1-1 中標示為 **Ⓑ** 之處）檔案。儘管並沒有硬性規定，但為方便辨識起見，C++ 語言的原始程式的副檔名通常會命名為 cpp[14]。值得注意的是，由於 C++ 語言的原始程式檔案格式為純文字格式，所以你可以選擇使用任意的**文字編輯器 (Text Editor)**[15] 來進行原始程式的撰寫，例如 Windows 系統裡的記事本或是 macOS 的文字編輯應用程式。不過專業的程式設計師通常會使用比文字編輯器更適合的**程式碼編輯器 (Code Editor)** 來撰寫程式，例如 Microsoft Visual Studio Code[16]、Sublime Text[17] 與 Brackets[18] 等，這些程式碼編輯器提供了程式語言的**語法突顯 (Syntax Highlighting)**、**自動縮排 (Auto-Indenting)**、**自動完成 (Auto-Completion)** 等便利程式開發的功能，對於程式設計師而言是更為便利的選擇。更重要的是，這些工具大部分都有提供跨平台的版本，不論在何種作業系統環境都能夠運作。目前還有一些

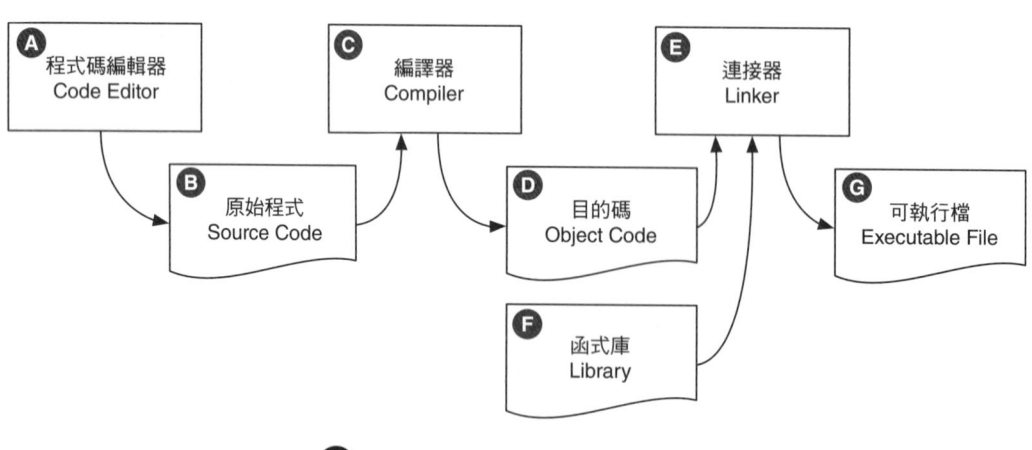

圖 1-1　C++ 語言程式設計流程

---

14 cpp 的副檔名代表了 c plus plus 的意思。
15 不論你使用何種作業系統，其通常都會預先安裝有文字編輯器可供你使用，例如 Microsoft Windows 系統中的記事本或是在 Linux 系統中的 vi 或 emacs 等。
16 參考 https://code.visualstudio.com。
17 請參考 https://www.sublimetext.com。
18 請參考 https://brackets.io。

雲端程式編輯器，可以讓我們透過瀏覽器撰寫程式，並且直接儲存在雲端的空間裡，例如 GitHub Codespaces[19]、GitPod[20]、replit[21] 以及 Programiz[22] 等。讀者們可以視自身的需求與偏好備妥相關工具，或是參考本章後續的內容完成 C++ 語言開發程式的相關準備。

當原始程式撰寫完成後，還必須交由**編譯器**（**Compiler**，在圖 1-1 中標示為 **C** 之處）進行**編譯 (Compilation)** 的程序，才能產生可以在作業系統裡執行的**可執行檔 (Executable File)**。目前最普及的兩套 C++ 語言的編譯器分別是 GCC 與 Clang，我們將在本章 1-2-2 小節加以介紹。在原始程式被轉換為可執行檔的過程中，編譯器會先確認原始程式碼是否符合 C++ 語言的語法規則，然後才會將其轉換為**目的碼**（**Object Code**，在圖 1-1 中標示為 **D** 之處），其中包含有可以在 CPU 上執行的**機器碼 (Machine Code)** 指令以及其執行所需的資料。如果在編譯時發現錯誤，則必須重新審視原始程式碼的正確性，將錯誤加以修正後再重新進行編譯，直到成功為止才會產生目的碼。我們將這種找出程式碼的錯誤並加以修正的過程，稱之為**除錯 (Debug)**，對於程式設計師而言，除錯是非常重要的能力之一。

一旦成功地產生目的碼後，C++ 語言的編譯器就會自動啟動**連接器**（**Linker**，在圖 1-1 中標示為 **E** 之處），來將目的碼與相關的**函式庫**（**Library**，在圖 1-1 中標示為 **F** 之處）進行結合，以產生符合作業系統要求的**可執行檔**（**Executable File**，在圖 1-1 中標示為 **G** 之處），例如 Microsoft Windows 平台下的 EXE 檔，或是 Unix/Linux 系統中的 ELF 檔；當然，如果在進行連結時發生錯誤，一樣必須進行原始程式碼的除錯直到連結成功為止。最後，所產生的可執行檔就可以透過作業系統加以執行。

 除錯

除錯 (Debug) 一詞起源於葛麗絲·霍普 (Grace Hopper) 遇到的真實案例 —— 卡在繼電器的一隻飛蛾造成了電腦系統的故障，直到移除後電腦才終於恢復正常運行。時至今日，我們已經習慣將程式碼中的錯誤稱之為**蟲 (Bug)**，除錯（除蟲，Debug）意味者將程式碼中錯誤的部分除去。

除錯 (Debug) 能力是衡量一個程式設計師能力的重要指標，優秀的程式

---

19 請參考 https://github.com/features/codespaces。
20 請參考 https://www.gitpod.io。
21 請參考 https://replit.com。
22 請參考 https://www.programiz.com。

> 設計師必須具備能夠找出程式碼的錯誤，以及修正錯誤的能力。不過除了 **"除錯"** 一詞以外，筆者更喜歡用 **"知錯、能改"** 來形容具有除錯能力的程式設計師一能夠知道程式碼的錯誤在哪，並且將其改正！

1-2-2 編譯器

簡單來說，**編譯器 (Compiler)** 的工作是將人類看得懂（但機器看不懂）的原始程式，轉換為機器看得懂（但人類看不懂）的 **機器碼 (Machine Code)**。目前最普及的 C++ 語言編譯器有兩套，分別是 GCC 與 Clang。GCC 全名為 GNU Compiler Collection（GNU 編譯器套裝），是由 GNU 所推出包含有 C、C++、Objective-C、Java、Ada 及 Go 等多種程式語言的編譯器套件。GCC 是目前資訊產業界最普遍使用的 C 語言及 C++ 語言編譯器，同時也是 Linux 作業系統預先安裝的編譯器軟體，因此也是初學者最常接觸的編譯器。

至於另一套 Clang，則是以學術界所發展的 LLVM 為基礎，進一步由蘋果電腦所開發用以進行 C、C++ 以及 Objective-C 語言的編譯器軟體。LLVM 是由伊利諾伊大學厄巴納-香檳分校維克拉姆·艾夫 (Vikram Adve) 與克里斯·拉特納 (Chris Lattner)，於 2000 年起開始發展的一套編譯器與工具鏈集合。LLVM 並不是特定程式語言的編譯器，而是由一組可用以發展任何程式語言的前端工具，以及作為任何處理器指令集架構的後端工具。具體來說，LLVM 的前端可用以開發將任何程式語言的原始碼編譯轉換稱為 LLVM Bytecode 的中間格式 (Intermediate Format) 的前端編譯工具；至於後端則可用以開發將 LLVM Bytecode 轉換為符合特定處理器指令集的機器碼。

早期蘋果電腦也是採用 GCC 作為其產品的官方編譯器，但從 2005 年起，蘋果電腦聘用了開發 LLVM 的克里斯·拉特納，使用 LLVM 的前端工具陸續開發了 C、C++ 與 Objective-C 語言的前端，稱為 Clang；並同樣使用 LLVM 後端將所產生的 LLVM Bytecode 再轉換為可在蘋果電腦上執行的可執行檔。Clang 以高效能著稱，其耗用之記憶體僅約為 GCC 的 20%，且編譯程式的速度為 GCC 的三倍，並具備完整的編譯錯誤說明與除錯指引，並提供包含 Linux、FreeBSD 以及 Microsoft Windows 多個作業系統的版本，目前是蘋果電腦以及 FreeBSD 所使用的官方編譯器，受到許多專業程式設計師的喜好。

預設的 C++ 語言編譯器終端機指令

本書附錄 A 分別針對 Linux、macOS 與 Windows 系統，提供了安裝 GCC 與 Clang 編譯器的指引，請讀者在繼續後續的程式編譯前，先參考附錄 A 完成編譯器的安裝與設定。雖然讀者們可以自行選擇偏好的編譯器加以安裝，但要注意的是不同的編譯器的指令也會有所不同，例如 GCC 與 Clang 用以編譯 C++ 程式的指令分別是 `g++` 與 `clang++`。為了便利起見，本書在終端機進行 C++ 程式編譯示範時，一律使用編譯器指令 `c++` 作為代替 —— 附錄 A 也會示範如何讓 `c++` 指令對應到 GCC 的 `g++`，以及如何讓 `c++` 對應到 Clang 的 `clang++`。請讀者務必參閱附錄 A 的說明，並完成相關設定。

 GNU's Not Unix

GNU 是一個非營利的團體，由理察・馬修・斯托曼 (Richard Mathew Stallman) 於 1983 年所發起，其成立的宗旨是以開發一套開放、自由、無專屬著作權作業系統為其成立宗旨，並以 GNU's Not Unix 的遞迴縮寫作為其團體及作業系統的名稱。斯托曼於 1985 年進一步號召有同好組成自由軟體基金會 (Free Software Foundation)，負責推動 GNU 作業系統以及其它自由軟體（亦稱為開放原始碼軟體，Open Source Software）的開發。可惜 GNU 作業系統的開發並不順利，至今仍未發展完成；不過自由軟體基金會倒是發表了許多自由軟體，目前已被廣泛地使用在 Linux 作業系統中，為開放原始碼社群做出了巨大貢獻。

1-2-3 整合式開發環境

整合式開發環境 (Integrated Development Environment，簡稱 IDE) 提供程式設計師進行程式碼編輯、編譯、除錯與執行等功能的單一作業環境 —— 簡單來說，在圖 1-1 裡的程式開發流程都可以在單一的 IDE 軟體內完成。由於現在軟體功能愈來愈複雜與困難，能夠在單一環境中完成程式開發，對於專業程式設計師是相當便利的；而且現在許多 IDE 軟體還提供包含專案管理、團隊協作與版本控制等進階功能，可以滿足各式應用軟體開發的需求。

目前有許多專業的 IDE 軟體，可供我們用以開發 C++ 語言的程式，例如微軟公司的 Visual Studio[23]、蘋果公司的 Xcode[24]、Eclipse Foundation 的 Eclipse[25] 以及 Apache Software Foundation 的 NetBeans[26] 等，由於它們的功能強大受到眾多程式設計師的喜好。但是對於初學者而言，過於強大的功能也可能會讓程式語言的學習失焦 —— 試想，還在學習摺紙飛機的人，會需要使用 360 度全景擬真的飛航模擬器嗎？其實對於程式設計的初學者來說，為了要能夠更專注於 C++ 語言的學習，筆者建議大家使用具備基礎功能的 IDE 即可。有鑑於此，筆者僅在本書推薦兩套相對簡單的 IDE 開發工具：可跨平台使用的 Visual Studio Code 與只能在 Windows 作業系統執行的 Dev-C++，有興趣的讀者請參考本書附錄 B 及附錄 C。

1-3　開發你的第一個 C++ 程式

工欲善其事，必先利其器！所有 C++ 語言的學習者，都必須先備妥相關的工具，才能夠順利地進行 C++ 語言的程式開發。從前一節的說明中，我們可以得知在 C++ 語言的程式開發流程中，最為重要的工具就是用以撰寫程式碼的程式碼編輯器（在圖 1-1 中標示為 **A** 之處），以及用以產生可執行檔的編譯器（在圖 1-1 中標示為 **C** 之處）。本節將為讀者介紹第一個 C++ 程式 hello.cpp[27]，並使用該程式示範如何進行 C++ 程式的開發。

由於讀者們可能慣用不同的作業系統，再加上可以選用的開發工具過多的關係，實在難以逐一詳述。因此，本節後續將僅針對在 Linux、macOS 與 Windows 作業系統都可以使用的**終端機 (Terminal)**，示範如何進行 C++ 程式的撰寫、編譯與執行。具體來說，後續的示範與說明將選用以下作業系統版本：

- Ubuntu Linux 22.04.3 LTS(Kernel Version 5.15)

23　請參考 Visual Studio 官方網站 https://visualstudio.microsoft.com。
24　請參考 Xcode 官網 https://developer.apple.com/xcode。
25　Eclipse 原先由 IBM 公司原創，後來由 Eclipse 基金會 (Eclipse Foundation) 負責開發與維護。關於 Eclipse 更多資訊，請參考官網 https://www.eclipse.org/。
26　NetBeans 由昇陽電腦開發，目前由 Apache Foundation 負責開發與維護，相關資訊可參考其官網 https://netbeans.apache.org。
27　1978 年，布萊恩·柯林漢 (Brian Kernighan) 與 C 語言的創造者丹尼斯·里奇 (Dennis Ritchie) 合著《The C Programming Language》一書，在該書中寫給讀者的第一個程式範例 hello.c 是一個可以輸出「hello, world」的程式。在 C 語言還未展開標準化之前，此書就是當時 C 語言事實上的標準，是當時每個程式設計師必讀的書籍。影響所及，後來 hello world 程式也成為幾乎所有人在學習程式語言時的第一個程式。本書也不例外，使用一個可以印出 Hello, C++ 的程式作為第一個範例程式。

- macOS Sonoma 14.0
- Microsoft Windows 11

其實不論你使用的作業系統為何，其程式開發的流程及相關的指令都是類似的，但不同作業系統間仍有些細節上的差異，本節仍會為讀者分別加以說明。至於整合式開發環境 (IDE) 工具方面，筆者挑選跨平台的 Visual Studio Code（簡稱為 VS Code）以及在 Windows 系統上許多初學者選擇用以開發 C++ 程式的 Dev-C++，請有興趣的讀者參閱附錄 B 與附錄 C 的說明。

終端機應用程式

年輕的讀者們可能很難想像，早期的電腦系統並不具備現今便利使用的圖形使用者介面 (Graphics User Interface, GUI[28])，所有的操作都必須在文字介面環境中使用文字指令來完成 —— 這種只能使用文字的介面環境就被稱為**終端機 (Terminal)**。時至今日，雖然現代的作業系統都提供了便利的視窗作業環境，但早期的終端機文字介面仍被保留下來，例如 Linux 作業系統裡的 xterm、macOS 作業系統裡的終端機 (Terminal) 以及 Microsoft Windows 系統裡的命令提示字元 (Command Prompt) 應用程式就是讓我們可以使用文字指令進行系統操作的軟體。為便利起見，本書將它們都稱為**終端機應用程式**，或簡稱為**終端機**。儘管使用終端機應用程式來下達操作指令，比起視覺化的視窗操作環境更為困難，但熟練文字指令可以省去移動滑鼠、點擊滑鼠所耗費的時間，是許多專業程式設計師所偏好的做法。

現在，請讀者依照以下的步驟操作，在終端機環境中完成你的第一個 C++ 語言程式的開發。

步驟 1：開啟終端機應用程式

現在的作業系統都內建有終端機應用程式可供使用，其中 Linux 與 macOS 作業系統所安裝的應用程式就稱為**終端機 (Terminal)**，Microsoft Windows 則稱為**命令**

---
28 圖形使用者介面 (GUI) 係指現代電腦系統所普遍具備的視窗使用者介面，以圖像、視覺化的方式搭配滑鼠讓使用者能夠更容易地操作電腦系統。GUI 一詞可以唸做「Gooey（類似"姑乙"的發音）」或是「G-U-I（直接將每個單字逐一唸出）」。

提示字元 (Command Prompt)[29] 應用程式，請讀者自行將其開啟。

Linux 系統的終端機應用程式

部分使用 Linux 作業系統的讀者，可能會因安裝版本的差異而找不到名為**終端機**的應用程式。在這種情況下，可以試著尋找以下列示的其它在 Linux 系統內常見的終端機應用程式作為替代：

gnome-terminal

konsole

guake

xterm

步驟 2：建立練習用的 examples 資料夾

為了便利後續的學習，在開啟終端機後，請讀者先建立一個名為 examples 的資料夾（或是其它你偏好的名稱），並在未來依章節分別儲存練習用的 C++ 原始程式碼，例如本章的練習程式碼請存放在 examples/ch1 裡。請讀者在終端機裡，依照所使用的作業系統輸入下列的指令以建立相關的資料夾：

Linux / macOS：

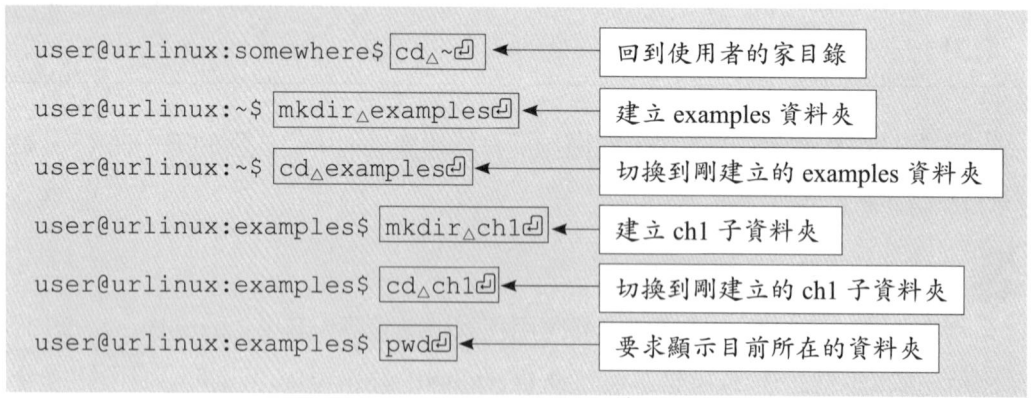

---

29 除了命令提示字元外，Windows 的使用者還可以透過 Windows PowerShell 使用指令來操作系統。Windows PowerShell 可以接受大部分 Unix 系統的指令操作，不過在輸出結果與相關訊息的格式方面有些許不同。本書後續針為 Linux 與 macOS 系統的終端機操作指令，大部分也都可以在 PowerShell 裡操作。若要使用 PowerShell 的讀者，可以自行參考本書針對 Linux 與 macOS 的操作指令說明。

Windows：

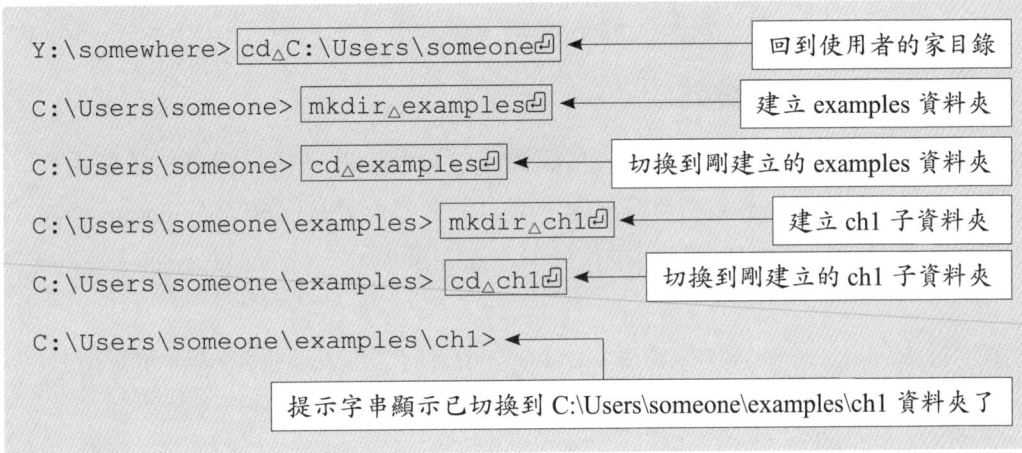

　　上述指令會在你的使用者家目錄裡建立一個名為 examples 的資料夾，作為存放本書練習程式碼之用；並在其中再建立一個名為 ch1 的子資料夾，作為配合本章進行相關的程式練習之用。本書後續章節的範例程式，也請你依據此方式建立相關的資料夾。

編排慣例：空白鍵、Enter 鍵圖示及輸入方框

　　在操作終端機輸入指令時，我們常常會需要在指令中穿插空白鍵，並在輸入完成時使用 Enter 鍵來將指令送出。為了提醒讀者注意，本書會以 △ 及 ⏎ 圖示來提醒讀者需要鍵入空白鍵及 Enter 鍵。此外，在說明終端機的指令輸入時，我們也會特別使用方框將需要由使用者輸入的指令及作業系統所輸出的提示字串和指令執行結果加以區分。例如在下面的例子裡，沒有被方框框註的 `user@urlinux:~$` 是作業系統的提示字串（提供使用者帳號、主機名稱及目前所在資料夾路徑等資訊），而使用方框框註的 `cd△examples⏎` 則是我們特別提醒該由讀者進行輸入的指令內容。

```
user@urlinux:~$ cd△examples⏎
```

為了強調在指令內容的 `cd` 與 `examples` 之間存在一個空白鍵，我們也特別使用了 △ 圖示，並在最後使用 ⏎ 圖示來提醒讀者必須按下 Enter 鍵來送出此指令。

範例程式資料夾

本書後續如需說明範例程式相關目錄位置時，將一律假設其位於使用者家目錄內名為 examples 的資料夾內，例如針對 Linux/macOS 與 Windows 作業系統，我們將分別假設該資料夾位於 ~/examples 與 C:\Users\someone\examples 內。

註：在 Windows 系統的資料夾路徑中出現的 someone 代表使用者帳戶名稱，請讀者自行代換為自己的帳戶名稱。

步驟 3：編寫 hello.cpp 原始程式

在此步驟中，我們將示範在終端機裡使用文字編輯器進行 C++ 原始程式的編寫過程。首先請參考以下的 Example 1-1：

Example 1-1：你的第一個 C++ 語言程式

Location：☁/examples/ch1

Filename：hello.cpp

```cpp
/* Hello, C++! */
// This is my first C++ program

#include <iostream>
using namespace std;

int main()
{
    cout << "Hello, C++!" << endl;
    return 0;
}
```

> **ℹ 下載取得範例程式檔案**
>
> 　　本書所有範例程式及習題相關檔案皆可從網路下載，並且除特別說明以外，所有的程式範例皆可以在 Linux、macOS 與 Windows 作業系統上執行。請讀者先至東華書局官網下載 cppbook-wu.zip 壓縮檔案，將其解壓縮後即可在 examples 資料夾內取得相關的範例程式碼。例如讀者可以在 examples/ch1 資料夾裡，找到本章 Example 1-1 的 hello.cpp 範例程式。

　　如本章前述，C++ 語言的原始程式其實是文字檔案格式，所以 Example 1-1 的原始程式碼不論使用哪一套文字編輯器都可以加以編寫。不過可供我們使用的文字編輯器實在是為數眾多，本書難以一一加以詳述，請讀者自行選擇使用偏好的文字編輯器，來編寫 Example 1-1 的程式碼內容並將其儲存為 hello.cpp 檔案。

　　本節後續將僅以在 Linux 與 macOS 作業系統裡內建的 vi 為例，示範在終端機裡編寫原始程式碼的方法與過程；至於偏好 Windows 的讀者，則受限於沒有可以在命令提示字元裡執行的文字編輯器，因此必須自行使用其它視窗介面的文字編輯器，例如 Windows 系統內建的**記事本**或是下載安裝 Sublime Text[30]、Atom[31] 或 Brackets[32] 等視窗應用程式。

> **ℹ Vi ── 終端機文字編輯器**
>
> 　　Vi 是 1976 由比爾·喬伊 (Bill Joy) 所設計，提供 Unix 系統在終端機裡使用的文字編輯器。自其問世以來已近半世紀，隨著使用者的需求及軟硬體的不斷提升，vi 也產生了許多衍生的後續版本。目前最為普及的版本是由布萊姆·米勒 (Bram Moolenaar) 在 1991 年所發表的一個稱為 vim (VI Improved) 增強版本，此版本也是目前絕大多數的類 Unix 系統（Unix-Like 系統，泛指 Unix 及其衍生的作業系統）都內建安裝的 vi 版本 ── 這裡面包含了 Linux 系統以及 Apple 的 Mac 電腦。由於它是目前在類 Unix 系統上普及率最高的文字編輯器，因此推薦給本書的讀者用以作為程式碼編寫之用。
>
> 　　除了 vi 之外，其實我們在 Linux/macOS 作業系統裡還有許多的軟體可供

---

30 Sublime Text 官方網站的網址為 https://www.sublimetext.com。
31 Atom 官方網站的網址為 https://atom.io。
32 Brackets 官方網站的網址為 http://brackets.io。

選擇，包含同樣是內建的 nano，以及可能需要另行安裝使用的 emacs、pico 與 joe 等。在這些選擇當中，emacs 與 vi 一樣都是 1970 年代中後期的文字編輯器，而且 emacs 是除了 vi 以外在類 Unix 系統裡第二普及的文字編輯器，也十分推薦給讀者使用。下面是包含 vi 在內的常用的文字編輯器的官方網站，有需要的讀者可以自行加以參考：

vi — https://www.vim.org

emacs — https://www.gnu.org/software/emacs

nano — https://www.nano-editor.org

pico — https://www.guckes.net/pico

joe — https://joe-editor.sourceforge.io

另外，順帶一提，除了類 Unix 系統上看得到 vi 與 emacs 的身影外，就連 Windows 上也有視窗版本可以使用，有興趣的讀者請自行參考相關網站。

請在 ~/examples/ch1 目錄裡，輸入 vi␣hello.cpp 指令來啟動 vi：

```
user@urlinux:ch1$ vi␣hello.cpp
```

順利的話，你應該可以看到如圖 1-2 的執行結果。

圖 1-2　vi 啟動後的畫面

⚠️ 自行安裝 vi/vim

若是你在下達 `vi hello.cpp` 指令後，得到的是以下的訊息，就表示你所使用的 Linux 系統並未預先安裝有 vi：

```
vi: command not found
```

如果遇到此種（極其罕見的）情況，請你依據所使用的 Linux 版本，自行下達安裝 vi 或是 vim 的指令。以 Ubuntu Linux 為例，你可以使用以下的指令加以安裝：

```
user@urlinux:somewhere$ sudo apt install vi      ← 安裝 vi 的指令
user@urlinux:somewhere$ sudo apt install vim     ← 安裝 vim 的指令
```

當你能夠順利啟動 vi 後，請按一下鍵盤的 `i` 鍵，進入 vi 的**插入 (Insertion) 模式**[33]，然後將 Example 1-1 所列示的原始程式在 vi 中加以編輯，請參考圖 1-3 的操作畫面。完成撰寫後，請依序輸入 `ESC`、`:`、`w` 與 `q` 鍵，以便結束 vi 的操作並將檔案加以存檔。如果一切順利，你將可以在 ~/examples/ch1 目錄中，看到所完成的檔案，請下達以下的指令進行確認：

Linux / macOS：

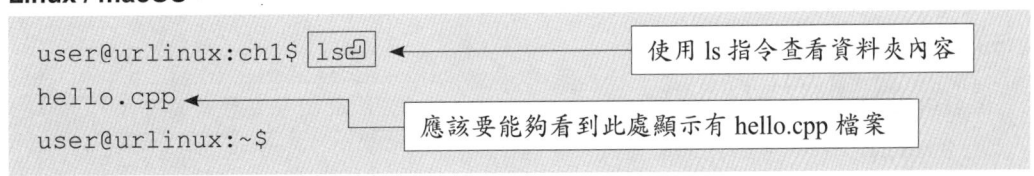

```
user@urlinux:ch1$ ls          ← 使用 ls 指令查看資料夾內容
hello.cpp                     ← 應該要能夠看到此處顯示有 hello.cpp 檔案
user@urlinux:~$
```

對於慣用 Windows 的讀者，此處編寫原始程式碼的工作無法在終端機內完成，因此請自行利用如**記事本**應用程式或是下載安裝 Sublime Text、Atom 或

---

[33] 關於 vi 詳細的操作方法已超出本書的範圍，請有興趣的讀者自行參閱相關的書籍或教學網站，在此不予贅述。

```
/* Hello, C++! */
// This is my first C++ program

#include <iostream>
using namespace std;

int main()
{
    cout << "Hello, C++!" << endl;
    return 0;
}
```

圖 1-3 使用 vi 撰寫 hello.cpp 原始程式

Brackets 等視窗應用程式來進行程式碼的編寫，並同樣將檔案 hello.cpp 儲存於使用者帳戶下的 example\ch1 裡。你可以使用以下指令確認是否正確：

Windows：

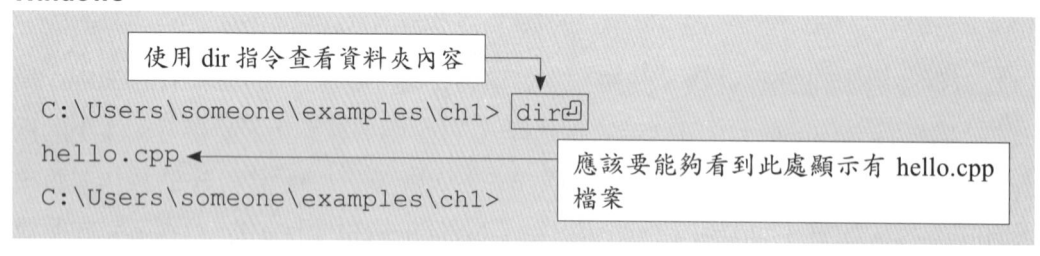

```
                        使用 dir 指令查看資料夾內容
C:\Users\someone\examples\ch1> dir⏎
hello.cpp ←                應該要能夠看到此處顯示有 hello.cpp 檔案
C:\Users\someone\examples\ch1>
```

你也可以分別使用 `cat` 與 `type` 指令，在 Linux/macOS 與 Windows 的終端機裡，確認 hello.cpp 檔案的內容是否正確：

Linux / macOS：

```
user@urlinux:ch1$ cat␣hello.cpp⏎    使用 cat 指令查看檔案內容
/* Hello, C++! */
// This is my first C++ program

#include <iostream>
using namespace std;
```

```
int main()
{
    cout << "Hello, C++!" << endl;
    return 0;
}
user@urlinux:ch1$
```

Windows：

```
C:\Users\someone\examples\ch1> type△hello.cpp⏎
/* Hello, C++! */
// This is my first C++ program

#include <iostream>
using namespace std;

int main()
{
    cout << "Hello, C++!" << endl;
    return 0;
}
C:\Users\someone\examples\ch1>
```

使用 type 指令查看檔案內容

至此，撰寫原始程式的步驟已經順利完成。

步驟 4：進行原始程式編譯

請在你存放 hello.cpp 原始程式的目錄中，輸入 c++△hello.cpp 指令，你應該可以看到以下的結果：

Linux / macOS：

```
user@urlinux:ch1$ c++△hello.cpp⏎
user@urlinux:ch1$ ls
a.out              hello.cpp
user@urlinux:ch1$
```

使用 c++ 指令編譯 hello.cpp 程式

Windows：

```
C:\Users\someone\examples\ch1> c++ hello.cpp↵
C:\Users\someone\examples\ch1>clang++ -target x86_64-pc-
   windows-gnu hello.cpp↵
C:\Users\someone\examples\ch1> dir↵
 磁碟區 C 中的磁碟是 WinHD
 磁碟機序號： 7A07-2A11

 C:\Users\someone\examples\ch1 的目錄

2023/10/12  下午 09:08    <DIR>          .
2023/10/12  下午 09:01    <DIR>          ..
2023/10/12  下午 09:08            46,902 a.exe
2023/10/12  下午 09:05               168 hello.cpp
             2 個檔案          47,070 位元組
             2 個目錄      563,851,264 位元組可用
C:\Users\someone\examples\ch1>
```

在 Windows 系統也是使用 c++ 指令編譯 hello.cpp 程式

c++.bat 批次檔所生成的指令

從上述結果可以發現，當程式進行編譯時，如果程式碼完全正確，將不會顯示任何的訊息；只有在程式碼有錯誤的情況下，編譯器才會輸出相關的錯誤訊息。另外，在 Linux 及 macOS 作業系統上，編譯器所產生的可執行檔案名稱預設為 a.out；在 Windows 系統則是 a.exe。

故意犯個錯吧！

沒有什麼比在錯誤中學習，更能累積程式設計經驗的了。請先開啟終端機，再切換到 examples\ch1 的資料夾裡，然後依照以下的操作**"故意"**寫個錯誤的程式，來看看編譯器會給你什麼樣的錯誤訊息？

1. 請在終端機裡輸入 `vi hello.cpp` 指令，使用 vi 來將已經撰寫好的程式進行編輯。
2. 啟動 vi 後，請再次輸入 `i`，進入 vi 的**插入 (Insertion)** 模式，然後使用方向鍵移動到最後一行，並且使用倒退鍵將原本最後一行末的 } 加以移除。完成後請依序

鍵入 `ESC`、`:`、`w` 與 `q` 鍵，結束 vi 並將檔案加以存檔。

3. 現在，請再次輸入 `c++△hello.cpp` 指令，進行程式碼的編譯。由於我們 **"故意"** 製造了不正確的程式碼，因此你應該會看到以下的結果：

```
user@urlinux:ch1$ c++△hello.cpp⏎
hello.cpp:11:1: error: expected '}'
 ^
hello.cpp:8:1: note: to match this '{'
{
^
1 error generated.
user@urlinux:ch1$
```

此處的編譯錯誤訊息顯示了在第 11 行的第一個字元處有一個「`expected '}'`」的錯誤（期待此處應該要有一個 }）。編譯器也提供了這個錯誤是來自於「`hello.cpp:8:1: note: to match this '{'`（沒有匹配在第 8 行的第 1 個字元處的 {）」，也就是說第 11 行的這個錯誤是來自於第 8 行第 1 個字元處的左大括號 { 沒有找到對應的右大括號 }。

4. 接下來，請將這個程式的錯誤加以修正（相信你一定知道該如何將這個故意製造出來的錯誤改正吧？），然後再以 `c++△hello.cpp` 指令進行編譯，直到編譯的結果正確為止。

　　上述的這個過程，就是我們稱之為**除錯 (Debug)** 的動作，也是專業程式設計師必須具備的重要能力。試想，如果你只會寫出有錯誤的程式，而沒有改正錯誤的能力，你要如何成為一位專業的程式設計師呢？當然，此處的示範也展示了一個重點：編譯器的錯誤訊息都是以英文呈現的！這也就是為什麼大部分優秀的程式設計師，都具有良好的英文能力的原因。要能夠具備良好的除錯能力，首先你必須要具備解讀錯誤訊息的能力，也就是說你必須先具備基礎以上的英文閱讀能力！如果你的英文能力還不足夠讓你解讀編譯器的錯誤訊息，那麼這將提供你一個很好的動機，請在學習程式設計的同時，也順便加強自己的英文能力吧！

步驟 5：執行可執行檔

最後，請依照以下的指令執行編譯後所產生的可執行檔：

Linux / macOS：

```
user@urlinux:ch1$ ./a.out⏎     ← 執行目前目錄下的 a.out 可執行檔
Hello,△C++!⏎
user@urlinux:ch1$
```

Windows：

```
C:\Users\someone\examples\ch1> a⏎    ← 執行目前目錄下的 a.exe 可執行檔
Hello,△C++!⏎
C:\Users\someone\examples\ch1>
```

如同上面所顯示的執行結果，此程式會在終端機的螢幕上輸出「Hello,△C++!⏎」並將游標移到下一列的開頭處。要注意的是，本書除了使用 △ 及 ⏎ 來表示指令輸入時的 **"空白鍵"** 及 **"Enter 鍵"** 之外，也使用它們來表示程式輸出結果裡的**空白 (Space)** 與**換行 (New Line)**。例如在上述執行結果「Hello,△C++!⏎」裡，我們特別使用 △ 以清楚表示在「Hello,」與「C++!」間存在一個空白；並在結尾處使用 ⏎ 表示程式將會輸出一個 **"換行"** —— 將游標移到目前輸出列的下一列。

> ⚠️ **範例程式編譯與執行結果**
>
> 讀者應該也已經注意到，hello.cpp 範例程式不論是在哪一個作業系統上編譯都是使用 `c++` 指令，而且編譯後的可執行檔的執行結果也完全相同！因此本書後續範例程式的執行結果與解說，將僅以 Linux/macOS 作業系統為主；只有當少數範例程式在不同作業系統的執行結果有差異時，我們才會針對不同作業系統顯示其不同的執行結果。

1-4　程式碼內容說明

本節將就 Example 1-1 的 hello.cpp 程式碼進行說明，為便利起見 hello.cpp 的原始程式再次列示如下：

Example 1-1：你的第一個 C++ 語言程式
Location: /examples/ch1
Filename: hello.cpp

```
1   /* Hello, C++! */
2   // This is my first C++ program
3
4   #include <iostream>
5   using namespace std;
6
7   int main()
8   {
9       cout << "Hello, C++!" << endl;
10      return 0;
11  }
```

1-4-1　程式基本構成元素：函式與敘述

每一個 C++ 語言的程式，都是由一個或多個函式 (Function)[34] 所組成，而在每個函式中又包含有一個或多個敘述 (Statement)。我們可以把函式視為是 C++ 程式的架構，至於敘述則是用以定義程式所應執行的特定動作。請參考圖 1-4，一個典

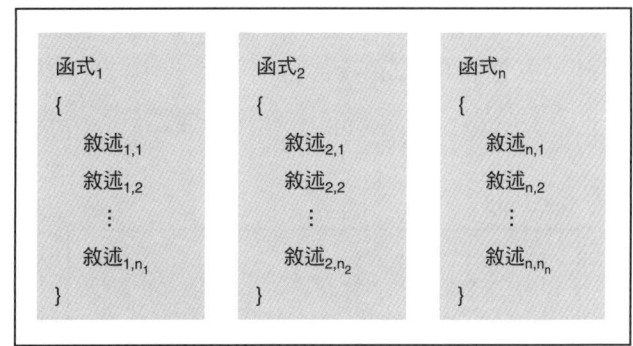

圖 1-4　C++ 程式組成元素

---

[34] Function 一詞在數學領域被譯為函數，為區別起見，本書將 C++ 語言中的 Function 譯為函式。

型的 C++ 程式是由 n 個函式所組成 (n ≥ 1)，其中第 i 個函式又包含有 n_i 個敘述。請注意圖 1-4 是使用一組對稱的大括號，來將函式所包含有的敘述包裹起來，這也正是 C++ 語言關於函式的語法規定。關於函式的語法，我們將在本書第 9 章提供更完整的說明。

當然在真實的程式碼中，我們並不會看到如函式$_1$、函式$_2$ 等名稱，圖 1-4 只是為了向你解釋 C++ 程式的組成元素而已。在 C++ 語言的程式中，每個函式都必須具備一個函式名稱 (Function Name)，例如在 Example 1-1 的 hello.cpp 是一個架構最簡單的 C++ 程式，其中僅包含有一個具有兩個敘述的函式，也就是第 7-11 行的 main() 函式。

> **fun() 代表 "名稱為 fun 的函式"**
>
> 請注意，本書為了方便起見，後續將使用 `fun()` 或 `fun()` 函式代表一個名為 `fun` 的函式，而不再書寫為 **"名稱為 fun 的函式"**。

現在，讓我們以圖 1-4 的方法，將 Example 1-1 的 hello.cpp 的架構繪製於圖 1-5。如果你仔細對照 hello.cpp 的程式碼，應該會發現圖 1-5 在 main() 函式的部分，還缺少了第 7 行開頭處的 `int` 定義。其實這個 `int` 是 `main()` 函式執行結束時，所需要傳回的資料之型態定義。不過在此我們將暫不說明相關的細節，待讀者建立更多 C++ 語言的相關知識後，再於本書第 9 章進行詳細的說明。

至於定義在函式內部的敘述（也就是在其大括號內的程式碼），就是我們希望程式進行的動作；當函式被執行時，這些敘述將會依序逐行加以執行。因此，C++ 語言的程式設計，就是將程式定義為若干個函式，並使用敘述來定義各個函式所欲完成的功能。若要成為一位專業的 C++ 程式設計師，就必須熟悉各種敘述

Hello.cpp

```
main()
{
    cout << "Hello, C++!" << endl;
    return 0;
}
```

圖 1-5　hello.cpp 程式架構圖

的使用方式,並正確地使用它們來完成特定的應用功能設計。在此先讓我們大致瞭解一下 C++ 語言提供了哪些種類的敘述可供我們使用:

- 宣告敘述 (Declaration Statement):宣告在程式中所要使用的變數、函式、物件等。
- 運算敘述 (Expression Statement):進行算術與邏輯等各式運算的敘述。
- 選擇敘述 (Selection Statement):又稱為條件敘述 (Conditional Statement),是依據特定條件改變程式執行動線的敘述。
- 反覆敘述 (Iteration Statement):讓特定程式碼可以反覆執行的敘述。
- 跳躍敘述 (Jump Statement):強制改變程式執行動線的敘述[35]。
- 標籤敘述 (Labeled Statement):定義程式標籤的敘述。標籤指的是程式中特定的位置,我們可以使用選擇敘述或跳躍敘述將程式的執行動線改變到標籤所代表的特定位置。
- 複合敘述 (Compound Statement):以一組大括號包裹的多個敘述,以 hello.cpp 的 main() 函式為例,其後所接續的一組大括號就是一個包含有兩個敘述的複合敘述。
- 例外處理敘述 (Exception Handling Statement):用以進行例外處理的敘述。

原則上,在 C++ 程式裡的敘述會依順序執行 —— 由上而下,逐行執行;但選擇、跳躍與反覆敘述除外,因為它們會改變程式執行的動線。

本節後續將會為你詳細說明,在 hello.cpp 中的 main() 函式以及相關敘述的作用與意義。

1-4-2　程式進入點 (Entry Point)

一個 C++ 語言的程式在執行時,會由作業系統將其載入到記憶體中,並從一個特定的函式開始執行。這個特定的函式被稱為是程式的**進入點 (Entry Point)**,在該函式中所包含的敘述將會從左大括號處開始逐一地依序執行,直到遇到該函式用以標記結束的右大括號為止。要注意的是,一旦這個特定的函式結束了它的執行,程式也會隨之結束。

雖然我們在前一小節已經說明過,一個 C++ 語言的程式可以有一個或多個函式,但用以擔任進入點的函式的名稱必須為 `main`。以 Example 1-1 的 hello.cpp 為

---

[35] 不同於選擇敘述,跳躍敘述是無條件地改變執行動線。

例，雖然它僅擁有一個函式，但其名稱就是 main —— 也就是程式執行的進入點。我們可以把程式執行的過程想像為一個動線，從第 7 行的 main() 函式開始，從第 8 行的左大括號 { 後的程式碼開始，由上而下逐行執行，直到遇到第 11 行的右大括號 } 為止。要注意的是，當 main() 函式的執行結束時，程式也將隨之結束。換句話說，main() 函式的開頭與結尾處分別是程式的進入點與**離開點 (Exit Point)**。

作為本書的第 1 章，在此我們僅需要暫時瞭解 main() 函式是 C++ 語言程式的進入點，程式將會從其後的左大括號開始執行，直到右大括號為止，逐一將其中所包含的程式碼敘述加以執行。因此，設計一個 C++ 語言的程式，就是將欲交由電腦執行的功能，依據 C++ 語言的語法規則，將其寫在 main() 函式的大括號內。我們將在接下來的兩個小節，為讀者說明 hello.cpp 的 main() 函式裡的兩行敘述的意義與作用。

1-4-3　輸出字串的 cout 物件

本節接著要為讀者說明的是在 hello.cpp 中的第 9 行程式敘述：

```
cout << "Hello, C++!" << endl;
```

回顧上一小節的說明，由於這行程式敘述是程式進入點（也就是 main() 函式）裡的第一行，因此在程式執行時，此程式敘述將會率先被加以執行；其執行結果如圖 1-6 所示，使用 cout 來將「Hello, C++!」字串輸出到終端機的畫面上，並將游標移到下一行。

更詳細地來說，在這行程式敘述中的 cout 是一個**物件 (Object)**[36]，其作用是將資料透過標準輸出渠道 **(Standard Output，stdout)**[37] 顯示在終端機的畫面裡。在

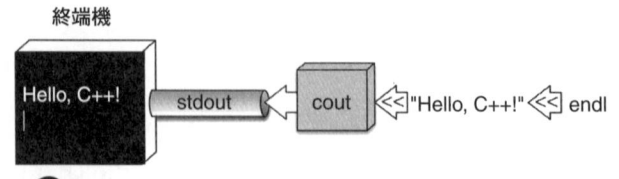

圖 1-6　cout 透過 stdout 將資料輸出到終端機

---

[36] 作為本書的第 1 章，此處實在無法和讀者們解釋何謂**物件**，只能請讀者暫時將 cout 視為是一個軟體元件，我們可以透過它來將資料顯示在終端機畫面上。至於**物件**與 cout 更詳細的說明，請分別參考本書第 5 章與第 15 章。

[37] 除了用以輸出資料的 stdout 之外，另外還有用以輸入資料與輸出錯誤訊息的 stdin 與 stderr 等標準輸入與輸出渠道。

使用上是透過 << 運算子[38]，來將所要輸出的資料交給 cout 物件，然後 cout 就會幫我們把資料經由 stdout 渠道輸出到終端機；如果有多項資料要輸出，還可以使用多個 << 來將資料串接給 cout 輸出。以下的例子都可以將「Hello, C++!」輸出到螢幕上：

```
cout << "Hello, C++!";
```

或是

```
cout << "Hello, " << "C++!";
```

從上面這些例子你可以發現，<< 運算子就好像是在指定資料流動的方向，把「Hello, C++!」或是「Hello,」與「C++!」流向 cout 所連接的 stdout，來顯示在終端機裡。但細心的讀者可能會問：「這些例子所輸出的不是 "Hello, C++!" 嗎？為何顯示時只看到 Hello, C++，而沒有看到雙引號？」其實使用雙引號所包裹的文字內容，被稱為**字串 (String)**，cout 會將流向它的字串內容原封不動地顯示在螢幕上，但並不包含用以標註字串的雙引號。換句話說，雙引號的存在只是要將字串內容加以包裹標註，而所謂的字串內容指的是一些**字元 (Character)** 的組合，例如以下是正確定義字串內容的例子：

```
"Hello" //字串內容可以由大小寫英文字母組成
"123"   //字串內容不一定是由英文字母組成，使用數字也可以
"@_@"   //字串內容也可以由符號組成
"Hello @_@ 123" //混合大小寫英文字母、數字與符號也可以
```

但是以下是錯誤的例子：

```
Hello, C++!      //少了雙引號標註，並不是正確的字串
"Hello, C++!    //缺乏右方的雙引號標註，所以不是正確的字串
```

---

38 關於運算子請參考本書第 4 章。

如何輸出雙引號？

由於 cout 的作用就是把定義在雙引號內的文字內容輸出到終端機，如果我們在雙引號內，又使用了雙引號，就會造成解讀上的錯誤。例如我們想要使用 cout 來輸出「"Hello, C++!"」，並不能使用以下的敘述：

```
cout << ""Hello, C++!"";
```

因為緊接在 cout << 後面的兩個雙引號「""」會被視為是一個由一組雙引號所包裹標註的**"空字串"**（也就是什麼內容都沒有的字串），後面如果還要再接上其它的字串內容，則必須再使用 << 才能再將其它字串串接起來。因此，上述的敘述並不正確，必須修改如下才能符合 C++ 語言的語法：

```
cout << "" << "Hello, C++!" << "";
```

不過這樣的結果仍然不包含雙引號的輸出。事實上，此處的 cout 所接收的是一個「空字串」、「Hello, C++!」以及再一個「空字串」，其結果仍然只會輸出「Hello, C++!」。如果讀者想要輸出的字串內容包含有**雙引號**時，我們又該如何處理呢？試試看把 Hello.cpp 的第 9 行改成以下的內容：

```
cout << "\"Hello, C++!\"";
```

如此一來，輸出的內容就變成了「"Hello, C++!"」，而不是原本的「Hello, C++!」了。此處的做法就是在所要輸出的雙引號前加上一個斜線，因此「\"Hello, C++!\"」文字串內容，就代表要在開頭與結尾處各輸出一個雙引號。這種在字元前面加上 \ 的做法，稱為**跳脫序列 (Escape Sequence)**，用 \ 與其它字元的組合來表示不同於字面上原本的意涵。

最後再問一個問題，如果我們要輸出的就是斜線 \ 時，又該如何處理呢？很簡單，試試 \\ 吧！這是由兩個斜線所組成的跳脫序列，其意義就是輸出一個斜線。關於跳脫序列的更多說明，請參考本書第 3 章。

除了「Hello, C++!」字串外，在 hello.cpp 的第 9 行中，還使用了第二個 << 運算子來將 endl 串接在後面加以輸出。但是此處的 endl 並不是一個字串（它沒有使用雙引號包裹標註），而是代表一個被特別賦與的意義 —— End of Line，也就是 **"換行"** 的意思，因此「cout << "Hello, C++!" << endl;」的作用就是輸出「Hello, C++!」字串內容並且加以換行。

最後要提醒讀者注意，cout << "Hello, C++!" << endl; 這行程式敘述必須使用分號 (;) 作為其結尾。可千萬不要忘了這一個小小的分號，如果少了它，你所撰寫的程式就會因為語法上的不正確，而無法通過編譯。

1-4-4　return 敘述

在前面的幾個小節中，我們已經反覆地說明過在 main() 函式執行時，從其後的左大括號開始，其中所包含的敘述將會被逐一地執行，直到遇到對應的右大括號為止。不過如果在右大括號前，就先遇到 return **敘述**，那麼程式就會提前結束並傳回一個代表程式的結束狀況的整數值給作業系統。例如 Example 1-1 的 hello.cpp 程式，其第 10 行就是在 main() 函式的右大括號前的 return 0; 敘述。這行程式碼讓程式在執行到 main() 函式的右大括號前，就提前完成 main() 函式的執行；當然，程式的執行也會隨之結束。

除此之外，return 0; 還會在程式結束前將代表 **"正常結束"** 的整數 0 傳回給作業系統，以便讓作業系統能夠知道程式是在正常的情況下結束。由於 return 敘述改變了程式原本執行的動線（原本應該要在遇到 main() 函式的右大括號時，才會結束程式的執行），因此 return 敘述是一個**跳躍敘述 (Jump Statement)**，必須要使用 (;) 作為結束。

1-4-5　函式標頭檔與命名空間

在 hello.cpp 的程式碼中，還有以下這兩行：

```
#include <iostream>
using namespace std;
```

我們先從其中的 #include <iostream> 開始說明：這行程式碼是用來載入 iostream 這個檔案，其中包含有與輸入、輸出相關的定義。你可以試著將這行移除後再加以編譯，是不是發現許多編譯的錯誤？原因是包含 cout 與 endl 都是定義在 iostream

這個檔案之中，如果將 `#include<iostream>` 從程式中移除，那麼在進行編譯時就會發生無法識別它們的問題。其實，許多 C++ 語言所提供的功能，都是所謂的 C++ 標準函式庫 (C++ Standard Library) 的一部分，被事先定義在 iostream 等**標頭檔 (Header File)** 中。絕大多數的 C++ 程式都會需要使用到這個標準函式庫，我們必須使用 `#include < >` 來將相關的標頭檔加以載入，才能在程式中使用所需的功能。

要注意的是，`#include <iostream>` 這行程式碼並不是所謂的敘述，而是一個**前置處理指令 (Preprocessor Directive)**，它是在程式被編譯前，由**前置處理器 (Preprocessor)** 先加以處理的指令。具體來說，它會去系統內尋找 iostream 檔案，並將其內容在原本的 `#include <iostream>` 處，以類似複製貼上的概念，代換了原本的 `#include <iostream>`。關於前置處理指令的更多說明，請自行參閱相關書籍。

為識別起見，過去在 C 語言中，標頭檔被規定使用 .h 作為其副檔名；到了 C++ 語言，一開始這個習慣也是被沿用，所以早期的 C++ 語言提供了許多副檔名為 .h 的檔案供我們載入到程式中使用[39]，不過現在的做法已經不再使用副檔名。所以 `#include <iostream>` 所載入的就是 iostream 這個檔案，你可以在作業系統中預設存放 C++ 語言標頭檔的目錄中，找到 iostream 以及其它眾多的標頭檔，例如在 Linux 系統中，可以在 /usr/include[40] 目錄中找到這些檔案。

至於 `using namespace std;` 則是一行敘述，必須使用；作為結尾。這行敘述的作用是定義所謂的**命名空間 (Namespace)**。命名空間是 C++ 語言用來管理**識別字 (Identifier)**[41] 的一種方法。包含 C++ 標準函式庫在內，許多程式都可以自行定義所需的識別字，因此也就可能會發生不同程式使用了相同識別字的衝突問題。透過命名空間的管理，就可以避免此一情形，例如 C++ 標準函式庫使用 std 這個命名空間來管理其識別字，因此以 cout 這個識別字為例，其全名為 std::cout；若是我們自行開發的程式中，也想使用 cout 這個識別字，只要使用不同的命名空間，就可以避免衝突，例如以 my 作為我們的命名空間，那麼 my::cout 與 std::cout 就可以區分為不同的識別字；我們將此處的 my:: 與 std:: 稱之為識別字的**前綴 (Prefix)**。

---

[39] 亦有改為 .hpp 的做法。所以在早期開發的 C++ 程式中，你可能會發現部分檔案的副檔名為 .h 或 .hpp。

[40] 視版本不同，其目錄位置可能有所不同，例如有些版本的 Linux 系統，會將標頭檔置放於 /usr/include/c++ 目錄中。

[41] 識別字 (Identifier) 係指在程式中具有特定意義的符號組合，例如 cout、endl 等都是識別字。

現在請你先將 hello.cpp 中的 `using namespace std;` 這行程式碼暫時移除，然後試著再次進行編譯，是不是發現編譯器會發出不認識 `cout` 的錯誤訊息呢？此時，我們只要將 hello.cpp 中的 `cout` 與 `endl` 改為 `std::cout` 與 `std::endl`，就可以讓編譯器瞭解到我們要使用的是定義在 `std` 這個命名空間裡的 `cout` 與 `endl` 這兩個識別字。如果我們所撰寫的程式，常常會使用到 `cout` 與 `endl` 這兩個識別字，就必須在每次使用時都在其前方加上 `std::` 前綴來表明所使用的是定義在 `std` 命名空間的 `cout` 與 `endl`，如此一來編譯器才能正確地完成程式碼的編譯。所以為了便利起見，我們可以使用 `using namespace std;` 來告訴編譯器：以後遇到不認識的識別字時，可以試著在 `std` 這個命名空間中找尋相關的定義。如此一來，我們就不需要每次都在 `cout` 與 `endl` 的前面冠以 `std::`，編譯器仍然能正確地進行編譯。

1-4-6 註解 (Comment)

最後，讓我們來關注在 hello.cpp 的程式碼開頭處（也就是第 1 行及第 2 行程式碼）的以下內容：

```
/* Hello, C++! */
// This is my first C++ program
```

其實這兩行是所謂的**註解 (Comment)**，編譯器在進行編譯時都會略過此一部分，對於程式的執行並沒有任何作用。在 C++ 語言中註解使用的方式有以下兩種方式：

1. 以 `//` 開頭到行尾的部分，皆視為註解。此種方式的註解可以放在每一行的開頭，也可以放在行中的任意位置，例如：

```
// This is my first C++ program
int main() //這是C++語言的進入點
```

2. 以 `/*` 開頭到 `*/` 的部分也會被視為是程式的註解。使用這種方式可將多行的內容都視為註解，例如：

```
/* 這是單行的註解 */

/* 這種方式也可以用在多行的註解
   在需要較多說明的時候
   就可以使用這種方式
*/
```

雖然註解在執行時並沒有作用，不過我們通常會使用註解來提供一些關於程式的說明，其內容不外乎版本、版權宣告、作者資訊、撰寫日期及程式碼的說明等，例如：

```
/*
   Filename: hello.cpp
   Author: Jun Wu
   Date: April 25th, 2018
*/


// This is my first C++ program
```

註解並不是只能作為程式碼的說明之用，有時我們還會暫時把可能有問題的程式碼加以註解，讓其失去作用。例如我們可以將 hello.cpp 的第 9 行程式碼加以註解，然後執行看看缺少這行程式碼對於程式執行的影響為何？有時也可以將特定的程式碼加以註解，以便找出程式可能的錯誤，這在程式設計上是常用的一種**除錯 (debug)** 方式。

本章至此介紹了 C++ 語言的第一個程式，以及其程式碼的相關說明。請讀者先完成以下的習題後，再接著進行後續的學習。

習題

1. 請問在 C++ 語言中的 main() 函式，需要以何種符號把要執行的程式碼包裹起來？

    (A) { }　　　　　　　　(B) [ ]　　　　　　　　(C) ( )

(D) < >   (E) 以上皆不正確

2. 請問下列程式碼何者正確？

   (A) "cout << Hello World" << endl;

   (B) cout << "Hello World" << endl;

   (C) cout << 'Hello World' << endl;

   (D) cout << Hello World << endl;

   (E) 以上皆正確

3. 下列何者載入標頭檔的指令是正確的？

   (A) #include {iostream}

   (B) #include <iostream>

   (C) #include <io.stream>

   (D) #include <iostream.h>

   (E) 以上皆正確

4. 請說明 C++ 語言的程式開發流程。

5. 何謂程式的**進入點 (Entry Point)**？C++ 語言程式的進入點是什麼？

6. 註解是程式中不會被執行的部分。請說明為何需要在程式中寫註解？

7. 請說明接在 cout 敘述最後面的 endl 的作用為何？

8. 請設計一個 C++ 語言的程式 (檔案名稱為 hi.cpp)，在終端機裡輸出「Hi!⏎」以及「I△am△glad△to△be△a△C++△programmer!⏎」。此程式的執行結果如下：

   ```
   Hi!⏎
   I△am△glad△to△be△a△C++△programmer!⏎
   ```

   請注意 △ 與 ⏎ 圖示！

   此處再次提醒讀者，在執行結果中出現的 △ 與 ⏎ 圖示，是用以表示該處為空白或必須進行換行。

9. 請參考以下的程式碼 debug1.cpp（可於網路下載並解壓縮本書範例習題相關檔案後，在 /exercises/ch1 目錄中取得），其執行結果應輸出「Everything△goes△well!⏎」，但在程式碼中有部分錯誤。請找出錯誤之處並加以修正。

Location: ☁/exercises/ch1

Filename: debug1.cpp

```
1  #include  iostream
2  using namespace std
3
4  int main[]
5  {
6  cout < "Everything goes well!!"
7  return 0; /*此處會提前結束程式，並傳回代表正常結束的整數0
8  }
```

10. 請參考以下的程式碼 debug2.cpp（可於網路下載並解壓縮本書範例習題相關檔案後，在 /exercises/ch1 目錄中取得），其執行結果會在終端機輸出三行資訊，分別為「one」、「two」與「three」，並在每行後面使用一個 endl 將游標換到下一行。不是此程式碼並不完全正確，請找出錯誤之處並加以修正。

Location: ☁/exercises/ch1

Filename: debug2.cpp

```
1  #include (iostream)
2  using namespace std:
3
4  int main()
5  cout << "one << endl << two"<< endl << "three" << endl;
6  return 0;
```

Chapter 02

IPO 程式設計

我們學習電腦程式設計的主要目的,是為了幫助人們解決問題,而絕大多數的問題都與資料的輸入、輸出與處理有關。本章將為讀者介紹一種常用程式設計的思維方法 —— **輸入-處理-輸出模型 (Input-Process-Output Model**,簡稱為 **IPO 模型**),它將程式視為是由**輸入 (Input)**、**處理 (Process)** 與**輸出 (Output)** 等三個階段所組成。本章將以 BMI(Body Mass Index,身體質量指數)計算程式與手機門號違約金計算程式,實際示範如何使用 IPO 模型進行程式設計,以及如何使用 C++ 語言來取得使用者輸入的資料、進行資料的運算,以及輸出運算的結果。

2-1　IPO 模型與 C++ 語言實作

全名為 Input-Process-Output Model 的 IPO 模型[1](可譯作輸入-處理-輸出模型)是一種程式設計的思維方法,我們可以據以構思問題的解決方案或是用以描述程式的結構。對於初學者來說,只要熟悉這個模型就可以用以解決許多簡單的程式設計需求。具體來說,IPO 模型將電腦程式的運作分解為三個與資料相關的階段:資料輸入 (Input)、資料處理 (Process) 與資料輸出 (Output)。圖 2-1 顯示了 IPO 模型的概念:電腦程式首先會在**輸入階段 (Input Phase)** 接收使用者所輸入的一筆或 n 筆資

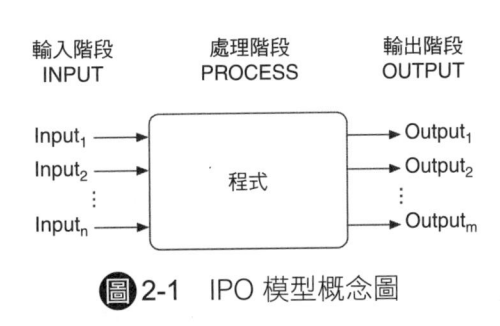

圖 2-1　IPO 模型概念圖

---

[1] 關於 IPO 更詳細的資訊可以參考維基百科 (https://en.wikipedia.org/wiki/IPO_model)。

料，然後在**處理階段 (Process Phase)**，依據所取得的資料進行與程式應用目的相關的資料處理，最後在**輸出階段 (Output Phase)** 將處理完的一筆或 m 筆結果加以輸出。要提醒讀者注意的是，依據不同的需求，程式也可以沒有任何的輸入或輸出；意即 n 與 m 可以為 0。

以下我們將以一個 BMI 計算程式示範如何使用 IPO 模型進行程式的設計與實作。BMI（Body Mass Index，身體質量指數）是衡量肥胖程度的一種簡單的方式，其計算公式為體重（公斤）除以身高（公尺）的平方。一般而言，成年人的 BMI 指數介於 18.5 至 24 之間被視為是正常健康的狀態，小於 18.5 或大於 24 則被視為過輕或過重；若是 BMI 值大於 27、30 與 35，則被視為是輕度、中度與重度肥胖。此程式會接收由使用者所輸入的體重與身高，然後依據 BMI 計算公式（體重除以身高的平方），求出 BMI 值後加以輸出。若使用 IPO 模型，則可以表達如圖 2-2。

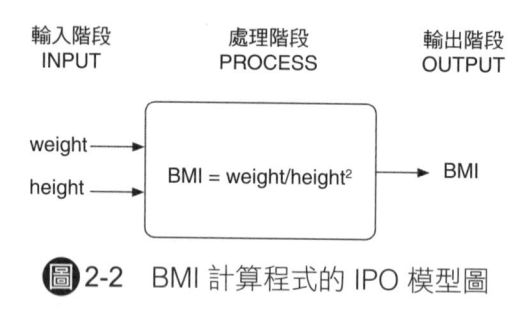

```
輸入階段            處理階段              輸出階段
INPUT              PROCESS              OUTPUT

weight ─┐
        ├──→ ┌─────────────────────┐
height ─┘    │ BMI = weight/height² │──→ BMI
             └─────────────────────┘
```

圖 2-2 BMI 計算程式的 IPO 模型圖

我們將此種表達方式稱為 **IPO 模型圖 (IPO Model Diagram)**。除了使用圖示法來表達一個 IPO 模型之外，我們也可以採用文字說明的方法，來描述此 BMI 計算程式三個階段的工作項目，例如使用表 2-1 的 **IPO 表 (IPO Chart)**。

表 2-1 BMI 計算程式的 IPO 表

輸入階段	處理階段	輸出階段
取得使用者所輸入的體重與身高	依據「體重除以身高的平方」公式計算 BMI 值	將計算完成的結果加以輸出

本節後續將分別就 Input、Process 以及 Output 等三個階段，相關的 C++ 語言程式實作加以說明。

2-1-1 記憶體與變數

IPO 模型將電腦程式思考為三個主要的工作階段：

- Input 階段：取得使用者輸入的資料
- Process 階段：將資料進行各種運算
- Output 階段：將運算的結果加以輸出

換句話說，IPO 模型的思考重心是放在 "資料" 身上，包含在 Input 階段要取回哪些 "資料"？在 Process 階段要將 "資料" 進行何種運算？還有最終要在 Output 階段將哪些運算過後的 "資料" 輸出？

在上述討論中的 "資料"，其實就是程式在執行時的某些 "記憶體空間" 的內容。不論是要放置由使用者所輸入的 "資料"、對 "資料" 進行運算、將運算後的 "資料" 輸出等，其實都是對特定 "記憶體空間" 的內容進行相關操作 —— 我們必須決定使用者所輸入的資料要放在哪個 "記憶體空間" 裡？要對哪些 "記憶體空間" 進行何種運算？要把哪些 "記憶體空間" 的內容加以輸出？

為了達成上述的目的，我們必須要給定在程式中所使用到的**記憶體空間 (Memory Space)** 用以識別的名稱以及關於空間大小的資訊，如此一來編譯器才知道該在程式執行時為我們配置怎麼樣的記憶體空間。但由於我們無法預知使用者會輸入什麼資料，所以也無法預估資料所需的空間大小，因此無法提供需要多少空間的資訊。當代的程式語言（包含 C++ 在內），會先定義數種不同的**資料型態 (Data Type)**，每種都有預先定義的空間大小以及其可表達的資料範疇；當我們在程式裡需要一塊記憶體空間來保存資料時，就可以依據需求選擇適合的資料型態。以 BMI 計算程式為例，儘管我們無法預知使用者所輸入的體重是多少，但可以確定的是，體重資料必定是數值型態的資料；更具體來說，使用者所輸入的體重應該會是一個**浮點數 (Floating Number)**[2]。

綜合上述的討論，為了要能夠在程式中使用記憶體空間來保存資料，並在後續的程式碼中使用該空間，我們必須在程式中先說明以下的事項：

1. 用以識別記憶體空間的名稱；
2. 記憶體空間所要儲存的資料型態。

以我們打算開發的 BMI 計算程式為例，我們必須取得使用者所輸入的體重

---

[2] 浮點數是指帶有小數的數值資料。

（單位為公斤）與身高（單位為公尺），所以需要使用兩個記憶體空間來存放它們。依據這個 BMI 計算程式的需求，我們可以假設體重與身高都會是浮點數，所以必須在程式中先說明我們需要兩個用以存放浮點數的記憶體空間，並為它們分別取個用以識別的名稱。要注意的是，由於 C++ 程式中用以識別的名稱不能使用中文，所以我們通常會使用具有意義的英文來作為識別的名稱，例如我們可以使用 weight 與 height 作為這兩個記憶體空間的識別名稱[3]。

在 C++ 語言的程式中，像這樣用來保存資料的記憶體空間被稱為**變數 (Variable)**，必須先在程式中說明其名稱與型態，才能讓作業系統為我們配置適當大小的記憶體空間。請參考以下的程式碼：

```
float weight;
float height;
```

這兩行程式碼被稱為**變數宣告 (Variable Declaration)**，用以表示我們需要兩個名稱分別為 weight 與 height 的變數，且它們的型態皆為 float，也就是 C++ 語言中所提供的浮點數型態。另外，這兩行程式碼也是所謂的**宣告敘述 (Declaration Statement)**，必須使用分號 ; 結尾。當程式在執行時，就會依照變數宣告的內容，在記憶體內配置相關的空間，以便後續用以存放資料、進行資料的運算，以及資料的輸出。請參考圖 2-3，我們可以將記憶體裡的變數想像為一個可以存放物品的盒子一樣，可以將資料存放進去，或是從中取回資料。

weight ☐

height ☐

圖 2-3 變數與記憶體空間配置概念圖

經過上述的說明與討論，你應該已經大致瞭解變數的概念，關於變數更詳細的說明，請參考本書第 3 章。

2-1-2 Input 階段與 cin 物件

Input 階段的主要工作，就是取得使用者所輸入的資料。如果要在 C++ 語言的程式中取得使用者輸入的資料，可以使用 cin 物件，它和 cout 都是定義

---
[3] weight 與 height 分別是英文的體重與身高之意。

在 iostream 標頭檔裡連結到標準渠道的物件[4]；只不過 cout 連結**標準輸出渠道 (Standard Output)** stdout，cin 連結的是**標準輸入渠道 (Standard Input)** stdin。請參考圖 2-4，cin 連結到標準輸入渠道，且標準輸入渠道連結到鍵盤，所以透過 cin 可取得使用者敲擊鍵盤所輸入的資料。

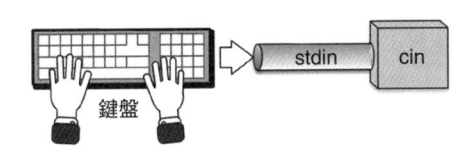

圖 2-4 cin 與連結到鍵盤的 stdin 渠道連結

至於 cin 在執行時所取回的使用者輸入（也就是由使用者從鍵盤所輸入的資料），又該如何保存起來呢？答案是使用上小節所介紹的 **"變數"** 來存放使用者所輸入的資料。我們可以先使用以下的變數宣告，在記憶體裡得到兩個可以用以保存浮點數數值資料的記憶體空間，並依據 BMI 計算程式的應用目的，將此兩個變數分別命名為 weight 與 height：

```
float weight;
float height;
```

宣告完這兩個變數後，接下來就可以使用 cin >> **變數名稱**; 這樣的程式碼，來取得使用者自鍵盤所輸入的資料，並放在特定的變數裡。請參考以下的程式碼：

```
cin >> weight;
cin >> height;
```

這兩行程式碼的作用是使用 cin 物件來將透過 stdin 所取得的資料（也就是使用者從鍵盤所輸入的資料）存放到 weight 與 height 變數中。要特別注意的是，我們是使用 >> 運算子，來指定資料流動的方向。以 cin >> weight; 這行程式碼為例，其代表的是將資料往 weight 變數的方向流動，因此來自於鍵盤的資料才能夠存放到 weight 變數裡。如同使用 cout 的程式碼一樣，這兩行程式碼必須使用；作為結尾，不然在編譯時將會發生錯誤。假設使用者所輸入的體重（單位為公斤）

---

[4] 關於 cout 的說明可參考本書第 1 章的 1-4-3 小節。

與身高（單位為公尺）分別為 65.5 與 1.72，圖 2-5 顯示了使用 cin 物件將它們存放在變數的過程。

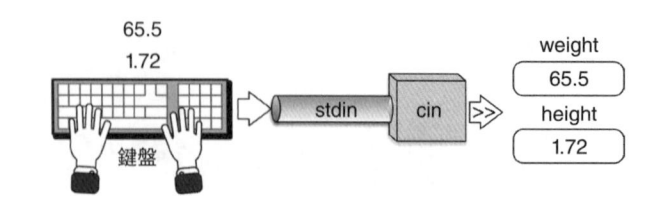

圖 2-5　取得來自鍵盤的使用者輸入，並存放於變數中

至此，我們完成了 Input 階段的目標，取回使用者所輸入的資料並存放於變數之中。本節後續將繼續說明 IPO 模型的下一個階段。

2-1-3　Process 階段與運算式

Process 階段的工作就是將 Input 階段所取回的資料進行後續的處理，以得到有意義的運算結果。以 BMI 計算程式為例，此階段的工作就是要利用前一階段（也就是 Input 階段）所取得的 weight 與 height 變數，計算出其 BMI 值。BMI 的計算公式是**體重除以身高的平方**，我們可以使用 C++ 語言的**算術運算敘述 (Arithmetic Expression Statement)** 來完成此計算。

算術運算敘述係指由**算術運算式 (Arithmetic Exprssion)** 所組成的程式敘述，可以由包含加（＋）、減（－）、乘（×）、除（÷）在內的運算子[5]來進行數值資料的算術運算，並可以使用括號來改變運算的優先順序。關於算術運算式將在本書第 4 章提供更完整的說明，不過要先提醒讀者注意的是，算術運算敘述也必須使用分號「;」作為結尾，因此可別忘了加上分號，否則就會產生編譯時的錯誤。

現在，讓我們先使用以下的敘述來建立一個名為 BMI 的變數（用以存放計算結果），以及用以完成計算的運算敘述如下：

```
float BMI;
BMI = weight / ( height * height );
```

上述程式碼的第一行是一個宣告敘述，它會在記憶體中，建立一個可以存放

---

[5] 要特別注意的是，由於鍵盤上並沒有辦法輸入乘法 (×) 及除法 (÷) 的運算符號，因此 C++ 語言改以 * 與 / 符號來代替乘法與除法。

浮點數的空間，其名稱為 BMI；當然，我們也可以簡單地將其解讀為**宣告一個名為 BMI 的浮點數變數**，以便供後續的程式碼使用。接下來的程式碼是一個算術運算敘述，將 BMI 的值依體重除以身高的平方的公式完成計算。在這個運算敘述中，C++ 語言會先進行在等號 (=) 右邊的運算，待整個右邊的計算都完成後，再把其運算結果指定給等號左方的變數。在此我們要提醒讀者，在這個運算敘述中的等號 (=) 與數學領域的等號意義並不相同；它並不是 **"相等"** 的意思，而是 **"指定"** 的意思 —— 將等號右邊的運算結果指定給等號左邊的變數。具體來說，這個算術運算敘述會先將 `weight / (height * height)` 的結果計算出來，再將其結果設定為 BMI 變數的數值。為了降低學習的困難度，我們在此運算敘述裡先使用**身高乘身高** (height*height) 來代替**身高的平方** (height^2)；後續再讓體重 weight 除以括號裡面的 height*height 的結果，如此就可以完成 BMI 值的計算。

⚠️ 括號與運算順序

在算術運算敘述中的括號是很重要的，它表明了運算的順序。以「`BMI = weight / ( height * height );`」為例，如果少了這組括號，此算術運算敘述將會變成：

```
BMI = weight / height * height;
```

看起來似乎是一樣的，但其執行結果將會變成先執行 `weight / height` 的部分，然後再乘上 `height`。如果以括號來註明其運算的優先順序，這個算術運算敘述等同於：

```
BMI = ( weight / height ) * height;
```

由於任何數字除以 x 再乘上 x，其值將等於其本身；因此上述敘述的運算結果將會是 `weight`，是一個完全不正確的結果。關於算術運算敘述中的優先順序，我們將會在本書第 4 章提供更完整的說明。

2-1-4　Output 階段與 cout 物件

前兩個階段的工作完成後，我們已經順利地取得使用者所輸入的體重與身高，並且使用運算敘述來得到 BMI 的運算結果。在最後的一個階段（也就是 Output 輸出階段），我們所要完成的工作就是將 BMI 的運算結果輸出。我們可以使用在第 1 章中所介紹過的 cout 物件來完成，請參考以下的程式碼：

```
cout << BMI << endl;
```

這一行程式的作用是將 BMI 變數的內容輸出到終端機的文字介面中，並且再將游標加以換行。至此，我們就完成了 BMI 計算程式所需要執行的所有工作，包含了資料的輸入、處理以及輸出。

2-2　IPO 程式設計

經過上一節的討論後，我們已經大致瞭解了 IPO 模型以及其每個階段相關的 C++ 語言程式設計方法，本節將統整相關的方法並以實際的程式範例，來說明如何配合 IPO 模型完成對應的程式設計工作。

2-2-1　IPO 程式設計框架

大部分簡易的 C++ 程式都可以適用 IPO 模型，來完成其對應的程式設計工作。本節提供一個適用此種程式設計的**框架 (Framework)**，可用以幫助讀者完成相關的程式設計工作，請參考以下的程式碼：

Example 2-1：IPO 程式設計框架
Location: ☁/examples/ch2
Filename: IPOFramework.cpp

```
1  // 函式標頭檔區(Header File Inclusion Section)
2  #include <iostream>
3
4  // 命名空間區(Namespace Declaration Section)
5  using namespace std;
6
7  // 程式進入點(Entry Point)
```

```
 8  int main()
 9  {
10    // 變數宣告區(Variable Declaration Section)
11
12    // 輸入階段區(Input Section)
13
14    // 處理階段區(Process Section)
15
16    // 輸出階段區(Output Section)
17
18    return 0;
19  }
```

我們把 Example 2-1 的 IPOFramework.cpp 程式碼稱為 **IPO 程式設計框架**，它事實上就是一個 C++ 程式的雛形，其中不但包含了程式的進入點，也包含了相關所需的載入檔及命名空間的宣告敘述。對於 C++ 語言的初學者來說，可以先透過這個框架來完成許多程式的設計。具體來說，當你需要開發一個簡單的 C++ 程式時，可以先依照 IPOFramework.cpp 的內容來撰寫程式碼，然後使用 IPO 模型來構思程式相關的輸入、處理與輸出階段所要完成的工作；最後只要依照 C++ 語言的語法，使用相關的敘述來完成程式設計即可完成程式的開發。我們將框架中的各個分區說明如下：

- 函式標頭檔區 (Header File Inclusion Section)：使用 #include<> 來載入程式所需的標頭檔。許多程式（尤其是符合 IPO 模型的程式）都會需要與標準輸入輸出相關的 iostream 標頭檔，因此此框架預設會將此標頭檔載入。
- 命名空間區 (Namespace Declaration Section)：宣告在程式中需要使用到的命名空間。由於 IPO 模型與資料的標準輸入、輸出緊密相關，因此使用 std 這個命名空間，也是在此區間中應包含的宣告。所以 using namespace std; 是本區的預設程式敘述。
- 程式進入點 (Entry Point)：定義 main() 函式，以作為程式的進入點（也就是開始執行的地方），在其大括號所包裹的範圍內，還需要完成以下四個分區的程式設計：
  - 變數宣告區 (Variable Declaration Section)：將程式中所有會使用到的變數加以宣告。

- 輸入階段區 (Input Section)：使用 cin 物件來取得使用者的輸入，並將其存放於特定變數中。
- 處理階段區 (Process Section)：使用變數的內容來完成程式所需的處理。
- 輸出階段區 (Output Section)：使用 cout 物件來將處理完成的資料加以輸出。

> ⚠️ **變數宣告位置**
>
> 雖然 C++ 語言在變數宣告方面，僅要求在初次使用前加以宣告即可，但在這個框架中，我們還是將所有程式中會使用到的變數，全部集中宣告於**變數宣告區 (Variable Declaration Section)**；這只是為了先提供初學者一個比較容易依循的程式設計框架，並不是強制的要求，待你熟悉了 C++ 的程式設計後，當然可以不用依照這個要求。

2-2-2 BMI 計算程式

現在，讓我們以 BMI（Body Mass Index，身體質量指數）計算程式為例，示範如何使用 IPO 模型與 IPO 程式設計框架，來完成 C++ 語言的程式設計。BMI 計算程式是接收使用者所輸入的體重（公斤）與身高（公尺）後，依據公式（體重除以身高的平方）計算其 BMI 值後加以輸出。使用 IPO 模型來進行程式設計，其實一點都不困難，但必須循序漸進，先由較抽象的概念開始，再逐步拓展到撰寫 C++ 語言的程式碼。

首先，讓我們先回顧一下表 2-1 的 BMI 計算程式 IPO 表（為便利起見，為讀者重複列示如下），它是以文字描述定義各階段工作內容。

表 2-1（重複） BMI 計算程式的 IPO 表（以文字描述定義各階段工作內容）

輸入階段	處理階段	輸出階段
取得使用者所輸入的體重與身高	依據體重除以身高的平方公式計算 BMI 值	將計算完成的結果加以輸出

然而此處所描述的內容還不夠具體，還無法作為程式設計之用。我們可以把與 BMI 計算程式相關的變數名稱、計算方法以及所欲輸出的變數等細節，加入到 IPO 模型之中，使其工作描述變得更為具體一些，如表 2-2 所示。

表2-2　BMI 計算程式的 IPO 表（加入輸入、輸出的變數與運算式）

輸入階段	處理階段	輸出階段
取得使用者所輸入的體重與身高，並分別存放於 weight 與 height 變數中	依據 weight / (height * height) 公式計算 BMI 值	將計算完成的 BMI 值結果加以輸出

由於最終是希望能以 IPO 模型來進行程式設計，何不在此時就把我們在 2-1 節所學到的程式碼寫在 IPO 表中呢？請參考表 2-3。

表2-3　BMI 計算程式的 IPO 表（加入符合 C++ 語法的敘述）

輸入階段	處理階段	輸出階段
取得使用者所輸入的體重與身高，並分別存放於 weight 與 height 變數中	依據 weight / (height * height) 公式計算 BMI 值	將計算完成的 BMI 值結果加以輸出
`cin >> weight;` `cin >> height;`	`BMI = weight / (height * height);`	`cout << BMI << endl;`

至此，這個 IPO 表已經趨於完善，BMI 計算程式的設計也大致完成，我們可以開始使用此 IPO 表來進行程式的開發。在本章後續的內容中，我們將持續地開發這個 BMI 程式的多個版本，直到它具備所有所需的功能為止。首先請參考 Example 2-2 的 BMI-1.cpp 程式，代表我們的第一次嘗試（後續還會有 BMI-2.cpp、BMI-3.cpp 等版本），此版本以 IPO 程式設計框架作為基礎，將表 2-3 中所設計的程式敘述加入到對應的區塊中：

Example 2-2：以 IPO 程式設計框架與表 2-3 的 IPO 表為基礎的 BMI 計算程式
Location: /examples/ch2
Filename: BMI-1.cpp

```
1  // 函式標頭檔區(Header File Inclusion Section)
2  #include <iostream>
3
4  // 命名空間區(Namespace Declaration Section)
5  using namespace std;
6
```

```
7    // 程式進入點(Entry Point)
8    int main()
9    {
10     // 變數宣告區(Variable Declaration Section)
11
12     // 輸入階段區(Input Section)
13       cin >> weight;
14       cin >> height;
15
16     // 處理階段區(Process Section)
17       BMI = weight / ( height * height );
18
19     // 輸出階段區(Output Section)
20       cout << BMI << endl;
21
22       return 0;
23   }
```

請趕快試試將 BMI-1.cpp 加以編譯，看看它的執行結果為何吧！？

如何編譯 C++ 程式

還記得該如何進行 C++ 語言程式的編譯嗎？如果還不清楚該怎麼做的讀者，建議你花些時間回顧本書第 1 章的內容。當然，如果你只是稍微忘了一些細節，那麼直接參考此處的提示應該就可以完成程式的編譯了。為了節省篇幅起見，同時也期盼讀者能夠愈來愈熟悉程式開發的流程，我們並不會在每次需要進行程式編譯時，都提供此指令說明；而且隨著本書章節進展，此說明出現的次數將會愈來愈少。希望你屆時已經非常熟悉其開發流程，不再需要相關說明了！

以上述程式為例，建議使用 Linux/macOS 與 Windows 的讀者可以分別將其存放於 ~\examples\ch2 與 C:\Users\someone\examples\ch2 資料夾內。然後我們只要在終端機下達 `c++ BMI-1.cpp` 指令就可以進行程式編譯：

Linux / macOS：

```
user@urlinux:ch2$ c++ BMI-1.cpp        ◄──── 編譯指令
```

Windows：

```
C:\Users\someone\examples\ch2> c++△BMI-1.cpp⏎    ← 編譯指令
```

咦…有沒有發現 BMI-1.cpp 其實根本無法通過編譯！請仔細地看看編譯器所給你的錯誤訊息[6]：

```
BMI-1.cpp:13:11: error: use of undeclared identifier 'weight';
                        ⋮
BMI-1.cpp:14:11: error: use of undeclared identifier 'height';
                        ⋮
BMI-1.cpp:17:4:  error: use of undeclared identifier 'BMI';
                        ⋮
```

從上述的編譯的錯誤訊息可以發現 BMI-1.cpp 的程式碼裡還缺少了一個非常重要的元素，使其無法通過編譯！其中「error: use of undeclared indentifier」的意思是錯誤：使用了未經宣告的識別字[7]。經過這樣的解釋，相信讀者們應該都已經知道 BMI-1.cpp 錯誤的原因在哪了吧？沒錯，因為我們缺少了變數的宣告，所以包含 weight、height 與 BMI 在內的三個變數名稱，對編譯器來說都只是沒有意義的符號而已。請將這樣的錯誤訊息與其更正方式熟記起來，相信日後你再看到類似的編譯錯誤訊息時，應該就知道該如何解決了！像這樣找出程式錯誤所在並加以更正的過程被稱為**除錯 (Debug)**，是程式設計師最為重要的能力之一；畢竟人非聖賢，孰能無過，過而能改，善莫大焉，套用在程式設計師身上，這句話就變成程式設計師只是凡人，還是會（常常）寫出有錯誤的程式，但能夠找出錯誤所在並加以更正，這就是程式設計的最高境界了！

　　Example 2-3 的 BMI-2.cpp 程式就是 BMI-1.cpp 改正後的正確版本，不過建議你先自己試著將 BMI-1.cpp 的程式改正，並加以編譯直到通過為止，這樣才能培養你自身的程式除錯能力！

---

6 由於不同的開發環境所使用的編譯器不盡相同，因此其錯誤訊息也會有一些差異，不過這些由不同編譯器所產生的錯誤訊息，基本上相差不大，你應該可以看到類似的錯誤訊息。

7 識別字 (Identifier) 就是在程式碼中的變數或函式名稱。

Example 2-3：為 BMI-1.cpp 加上變數宣告後的改正版本

Location: ☁/examples/ch2

Filename: BMI-2.cpp

```cpp
 1  // 函式標頭檔區(Header File Inclusion Section)
 2  #include <iostream>
 3
 4  // 命名空間區(Namespace Declaration Section)
 5  using namespace std;
 6
 7  // 程式進入點(Entry Point)
 8  int main()
 9  {
10    // 變數宣告區(Variable Declaration Section)
11    float weight;
12    float height;
13    float BMI;
14
15    // 輸入階段區(Input Section)
16    cin >> weight;
17    cin >> height;
18
19    // 處理階段區(Process Section)
20    BMI = weight / ( height * height );
21
22    // 輸出階段區(Output Section)
23    cout << BMI << endl;
24
25    return 0;
26  }
```

請將此程式加以編譯，相信已經沒有任何錯誤了。接著，請你執行其可執行檔案，觀察一下其執行結果是否正確。

如何執行編譯過後的 C++ 程式

當你正確地修改完了 BMI 計算程式的錯誤後，應該就可以順利地完成其編譯並產生可執行檔；以 Linux/macOS 系統來說，你將會得到一個名為 a.out 的可執行檔；至於在 Windows 系統上則可以得到一個名為 a.exe 的可執行檔。以下的指令是執行它們的方法：

Linux / macOS：

```
user@urlinux:ch2$ ./a.out⏎     ← 執行 a.out 可執行檔
```

Windows：

```
C:\Users\someone\examples\ch2> a.exe⏎     ← 執行 a.exe 可執行檔
```

Example 2-3 的 BMI-2.cpp 執行後應該有以下的執行結果（注意，此結果僅供參考，實際輸出結果會隨輸入資料的不同而有所差異）：

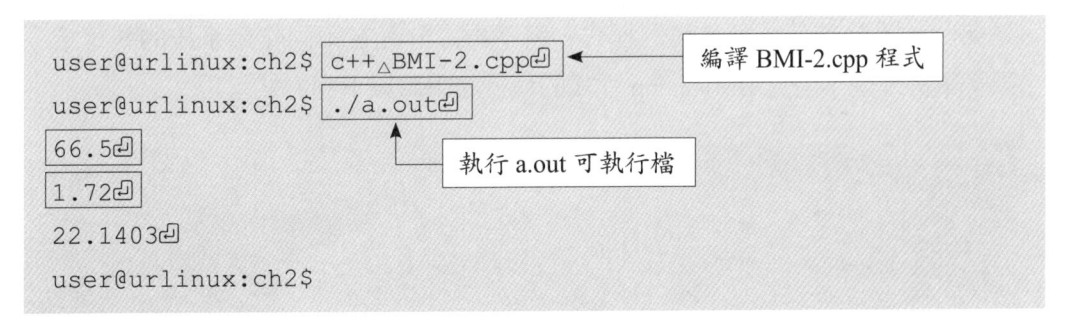

Linux / macOS：

```
user@urlinux:ch2$ c++ BMI-2.cpp⏎     ← 編譯 BMI-2.cpp 程式
user@urlinux:ch2$ ./a.out⏎
66.5⏎                                 ← 執行 a.out 可執行檔
1.72⏎
22.1403⏎
user@urlinux:ch2$
```

Windows：

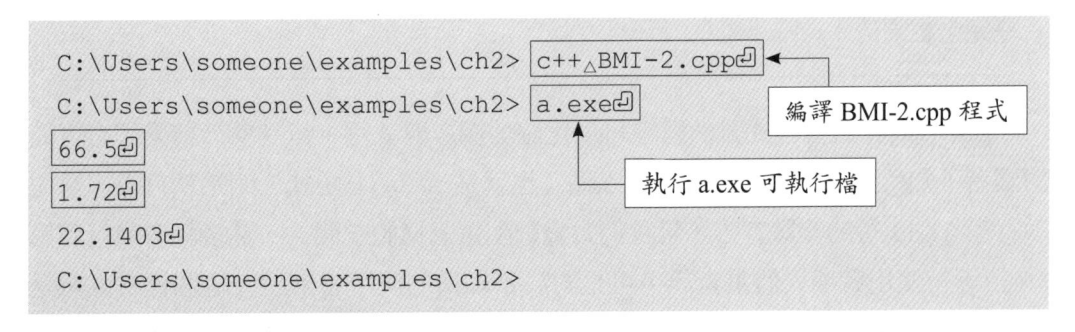

```
C:\Users\someone\examples\ch2> c++ BMI-2.cpp⏎     ← 編譯 BMI-2.cpp 程式
C:\Users\someone\examples\ch2> a.exe⏎
66.5⏎                                              ← 執行 a.exe 可執行檔
1.72⏎
22.1403⏎
C:\Users\someone\examples\ch2>
```

在上面的執行結果中，使用者輸入了他的體重與身高，分別是 66.5 公斤與 1.72 公尺，而程式計算後輸出的 BMI 值為 22.1403。

執行結果的編排慣例

　　為了讓讀者清楚區分在執行結果中，哪些部分是使用者的輸入，哪些部分是程式的輸出，我們會將使用者的輸入以方框加以標示，例如 BMI-2.cpp 的執行結果中的 66.5⏎ ，表示使用者輸入了 66.5 並且按下 Enter 鍵來將資料送出；至於最後一行所顯示的「22.1403⏎」並不是使用者的輸出，而是程式計算後所輸出的 BMI 值。在輸出資料的後方所標示的 ⏎ 圖示，表示在輸出 22.1403 後，還要輸出一個換行（也就是輸出一個 endl）將游標移到下一行的開頭處。本書後續的程式範例，絕大多數都會像這個程式一樣，在結束前將游標移到新的一行。

　　除此之外，本書後續絕大多數的程式範例將不再區分其在不同作業系統上的執行結果！因為如同你所見，以 BMI-2.cpp 為例，除了用以執行的指令不同以外（ ./a.out 與 a.exe 的差別），其餘部分完全一樣。這並不是單一程式巧合地在不同系統上有相同的執行結果，而是絕大多數程式的執行結果都是如此。因此本書後續的範例程式，將不再區分其在不同作業系統的執行結果。舉例來說，前述 BMI-2.cpp 程式的執行結果將以下列方式呈現：

```
66.5⏎
1.72⏎
22.1403⏎
```

若是和前面的 Linux/macOS 與 Windows 的執行結果比對，你應該會發現它們是完全相同的！

　　BMI-2.cpp 這個程式雖然已經可以正確地編譯與執行，但其執行結果卻有可能讓讀者不知所措，因為此程式從進入點（也就是 main() 函式）開始執行後，會先執行第 11-13 行的變數宣告（幫我們為變數配置記憶體空間），然後就會執行到第 16 行等待使用者輸入體重資訊，可是對於不知情的使用者來說，這個程式就像是 "當" 掉[8]了一樣，沒有任何回應！像這樣的程式，除了設計者本身以外，其餘的使

---

[8] 「當」一詞代表故障或沒有反應，例如電腦發生某種錯誤導致系統沒有回應的時候，我們會說電腦「當機」了。本例中，使用者可能會誤會程式執行發生了錯誤，也就是這個程式的執行「當」掉了。在英文中，則常以 crash 代表相同的意思。

用者可能都不知道程式是在等待資料的輸入，而且也不知道所要輸入的是體重與身高的資料！就算知道，可能也不知道體重與身高分別是以公斤與公尺作為單位！

有鑑於此，我們通常會在使用 cin 物件取得輸入前，加入一行由 cout 物件所印出的字串，利用這個字串的內容來提示使用者該做些什麼、或是該輸入什麼樣式的資料。請試著在第 16 行與第 17 行的程式碼前，加入以下的程式碼：

16	`cout << "請輸入您的體重(公斤):";` `cin >> weight;`
17	`cout << "請輸入您的身高(公尺):";` `cin >> height;`

如此一來，當程式在執行時，就會在等待使用者輸入資料前，透過請「輸入您的體重（公斤）:」以及「請輸入您的身高（公尺）:」的幫助，讓使用者瞭解此時電腦在等待體重與身高資料的輸入，而且其單位為公斤與公尺！我們將這種用以提醒使用者的字串稱為**提示字串 (Prompt String)**，其字串內容的輸出通常不會以 endl 結尾，好讓使用者可以在提示字串後接者輸入資料。

這樣的修改還不足夠，因為最後所輸出的計算結果對不知情的使用者來說，仍然不具有意義（使用者只會看到第 23 行輸出的一個數字而已，並無法瞭解該數字的意義為何？）！因此，請將第 23 行修改如下：

23	`cout << "您的BMI值為" << BMI << endl;`

這行修改後的程式，是將字串「您的 BMI 值為」、BMI 變數的值以及一個換行，使用 << 運算子讓它們流向 cout 物件（透過 stdout 輸出渠道），將計算結果顯示給使用者。現在，請將 Example 2-3 的 BMI-2.cpp 原始程式，進行上述的修改並完成編譯。如果你在修改時遇到任何問題，可以參考 Example 2-4 所提供的最終修改完的版本 —— BMI-3.cpp：

Example 2-4：為 BMI-2.cpp 加上提示字串的版本

Location: ☁/examples/ch2

Filename: BMI-3.cpp

1	`// 函式標頭檔區(Header File Inclusion Section)`
2	`#include <iostream>`

```
3
4     // 命名空間區(Namespace Declaration Section)
5     using namespace std;
6
7     // 程式進入點(Entry Point)
8     int main()
9     {
10        // 變數宣告區(Variable Declaration Section)
11        float weight;
12        float height;
13        float BMI;
14
15        // 輸入階段區(Input Section)
16        cout << "請輸入您的體重(公斤): ";
17        cin >> weight;
18        cout << "請輸入您的身高(公尺): ";
19        cin >> height;
20
21        // 處理階段區(Process Section)
22        BMI = weight / ( height * height );
23
24        // 輸出階段區(Output Section)
25        cout << "您的BMI值為" << BMI << endl;
26
27        return 0;
28    }
```

Example 2-4 的 BMI-3.cpp 之執行結果如下（注意，此結果僅供參考，實際輸出結果會隨輸入資料的不同而有所差異）：

```
請輸入您的體重(公斤): 45
請輸入您的身高(公尺): 1.56
您的BMI值為18.4911
```

至此，我們終於使用 C++ 語言完成了一個 **"完整"** 的 BMI 計算程式的開發。要注意的是，在此處我們故意輸入了另外一組體重與身高，程式也就依據這組輸入計算出了對應的 BMI 值。還有一點要注意的是，此處我們所輸入的體重是 45 公斤，但用以保存體重的變數 `weight` 卻是被宣告為 `float`（也就是浮點數型態）。在此種情況下，C++ 語言會將這個整數值 45，轉換為浮點數的 45.0 後再存放到 `weight` 變數裡。換句話說，C++ 語言會在取得使用者所輸入的資料後，自動進行資料型態的轉換，以便讓資料內容能夠符合變數所宣告的型態[9]。

2-2-3 門號違約金計算程式

現在許多人的手機門號都附帶有特定優惠的合約，若想要提前結束合約必須支付電信業者違約金 (Liquidated Damages)。本節將設計一個手機門號違約金計算程式，接收使用者所輸入的現有合約資訊，然後依合約剩餘期間計算其解約應繳之違約金額。使用者所需輸入的資訊如下：

- 合約總日數：原合約期間，以日為單位。
- 合約剩餘日數：扣除已履行合約期間後，所剩餘未履約的日數。
- 月租費優惠：在合約期間內，每月月租費優惠金額，以新台幣元為單位。
- 手機補貼款：綁約購買手機價與單購手機價之差額，以新台幣元為單位。

提前解約的違約金之計算，是以合約期間已享有之各項優惠總額（已履約期間[10] 月租費的優惠總額，再加上當初購買手機時的補貼款）乘上合約未履行的比率，其公式如下：

$$違約金 = \left(\left(\frac{每月月租費優惠}{30}\right) \times (合約總日數 - 合約剩餘日數) + 手機補貼款\right) \times \frac{合約剩餘日數}{合約總日數}$$

由於撰寫程式碼時，上述的公式必須使用變數名稱以及加、減、乘、除等運算子來寫成 C++ 語言的敘述，因此我們先將上述公式以及後續程式中可能會使用到的變數命名如下：

- liquidatedDamages：違約金
- contractDays：合約總日數
- contractRemainingDays：合約剩餘日數
- monthlyFeeDiscount：每月月租費優惠

---

9 關於此種資料型態自動轉換的更多細節，可參考本書第 4 章。
10 已履約期間可由「合約總日數 - 合約剩餘日數」得到。

- subsidy：手機補貼款

上述這些變數的名稱，是依據其變數的英文字義或詞義加以命名的，原則上全部使用小寫字母，但自第二個單字起，每個單字的第一個字母採用大寫。其實此種變數命名的方法被稱為是**駝峰命名法 (Camel Case Convention)**，是業界慣用的變數命名方法，我們將在本書下一章（也就是第 3 章）中詳細為讀者說明。

完成變數命名後，我們就可以將前述的解約金計算公式，改以變數名稱加以定義如下：

$$liquidatedDamages = \left(\left(\frac{monthlyFeeDiscount}{30}\right) \times (contractDays - contractRemainingDays) + subsidy\right) \times \frac{contractRemainingDays}{contractDays}$$

現在，讓我們使用 IPO 模型，將這個違約金計算程式表達如圖 2-6。

```
輸入階段                  處理階段                                        輸出階段
INPUT                    PROCESS                                        OUTPUT

contractDays ────┐  ┌─────────────────────────────────────────────┐
contractRemainingDays ──→│ liquidatedDamages = ((monthlyFeeDiscount/30) × │
monthlyFeeDiscount ──→│   (contractDays − contractRemainingDays)        │──→ liquidatedDamages
subsidy ─────────→│   + subsidy)                                   │
                  │   × (contractRemainingDays / contractDays);    │
                  └─────────────────────────────────────────────┘
```

圖 2-6　手機門號違約金計算程式

此 IPO 模型接收四個使用者輸入的資料，包含 contractDays（合約總日數）、contractRemainingDays（合約剩餘日數）、monthlyFeeDiscount（月租費優惠）以及 subsidy（手機補貼款），然後進行違約金的計算後加以輸出。我們也提供此程式的 IPO 表如表 2-4。

與表 2-3 相比，表 2-4 採用了直式的方式呈現，更重要的是表 2-4 還將 "**變數宣告**" 包含了進來，這對於後續開發程式將更有助益。這個違約金計算程式所使用到的變數都是關於 "**日數**" 與 "**金額**"，它們的共同點是──都是整數 (Integer)。由於 C++ 語言所支援的整數型態為 `int`，我們將本例中所有的變數都宣告為 `int` 整數型態。關於資料型態的更多細節，請參考本書第 3 章。

相信讀者應該已經發現，當你在 IPO 表中放入更多的細節後（也就是放入更多的程式碼），其實已經離真正要完成程式不遠了，剩下的工作只需要在 IPO 程式設計框架中,將 IPO 表中的工作描述(特別是程式碼的部分)加入到框架中對應的區塊即可。現在,請試著自己以 IPO 程式設計框架與表 2-4 的 IPO 表為基

表 2-4　手機違約金計算程式的 IPO 表

階段	內容

變數宣告	將輸入、處理與輸出階段會使用到的變數加以宣告,包含違約金 (liquidatedDamages)、合約總日數 (contractDays)、合約剩餘日數 (contractRemainingDays)、每月月租費優惠 (monthlyFeeDiscount)、手機補貼款 (subsidy) 等變數,其中不論是日數或是金額都是整數型態。
	
	``cpp
	int contractDays;
	int contractRemainingDays;
	int monthlyFeeDiscount;
	int subsidy;
	int liquidatedDamages;
	``

輸入階段	取得使用者所輸入的 contractDays(合約總日數)、contractRemainingDays(合約剩餘日數)、monthlyFeeDiscount(月租費優惠)以及 subsidy(手機補貼款)。
	
	``cpp
	cout << "請輸入合約總日數：";
	cin >> contractDays;
	cout << "請輸入合約剩餘日數：";
	cin >> contractRemainingDays;
	cout << "請輸入合約期間每月月租費優惠金額：";
	cin >> monthlyFeeDiscount;
	cout << "請輸入手機補貼款金額：";
	cin >> subsidy;
	``

處理階段	進行違約金的計算,並將計算結果存放於 compensation 變數。
	
	``cpp
	liquidatedDamages = ((monthlyFeeDiscount/30)*
	                    (contractDays-contractRemainingDays)+
	                     subsidy)*
	                    (contractRemainingDays/contractDays);
	``

輸出階段	將違約金的計算結果加以輸出。
	
	``cpp
	cout << "您必須支付的違約金額為" <<liquidatedDamages<< "元"
	     << endl;
	``

礎，將門號違約金計算程式設計完成。你所完成的程式碼，應該與 Example 2-5 的 liquidatedDamages-1.cpp 程式類似：

Example 2-5：門號違約金計算程式
Location: ☁/examples/ch2
Filename: liquidatedDamages-1.cpp

```cpp
1  // 函式標頭檔區(Header File Inclusion Section)
2  #include <iostream>
3
4  // 命名空間區(Namespace Declaration Section)
5  using namespace std;
6
7  // 程式進入點(Entry Point)
8  int main()
9  {
10   // 變數宣告區(Variable Declaration Section)
11   int contractDays;              // 合約總日數
12   int contractRemainingDays;     // 合約剩餘日數
13   int monthlyFeeDiscount;        // 每月月租費優惠金額
14   int subsidy;                   // 手機補貼款
15   int liquidatedDamages;         // 違約金
16
17   // 輸入階段區(Input Section)
18   cout << "請輸入合約總日數：";
19   cin >> contractDays;
20   cout << "請輸入合約剩餘日數：";
21   cin >> contractRemainingDays;
22   cout << "請輸入合約期間每月月租費優惠金額：";
23   cin >> monthlyFeeDiscount;
24   cout << "請輸入手機補貼款金額：";
25   cin >> subsidy;
26
27   // 處理階段區(Process Section)
28   liquidatedDamages = ((monthlyFeeDiscount/30) *
29                        (contractDays-contractRemainingDays) +
30                         subsidy) *
31                        (contractRemainingDays/contractDays);
32
33   // 輸出階段區(Output Section)
```

```
34    cout << "您必須支付的違約金額為"<<liquidatedDamages << "元" << endl;
35
36    return 0;
37 }
```

請將這個程式加以編譯與執行,你應該會看到以下的執行結果(注意,此結果僅供參考,實際輸出結果會隨輸入資料的不同而有所差異):

```
請輸入合約總日數:△720↵
請輸入合約剩餘日數:△540↵
請輸入合約期間每月月租費優惠金額:△100↵
請輸入手機補貼款金額:△2000↵
您必須支付的違約金額為0元↵
```

咦…怎麼會輸出 0 元呢?依據上述的使用者輸入與計算公式,違約金的計算結果應該是 1950 元才對:

$$\left(\left(\frac{100}{30}\right)\times(720-540)+2000\right)\times\frac{540}{720}=(3.33\times180+2000)\times0.75=2600\times0.75=1950$$

但是這個看起來正確的程式,卻輸出了「您必須支付的違約金額為 0 元」!其實這個程式的錯誤是在於除法的運算出了問題!Example 2-6 提供了一個簡單的測試:

Example 2-6:門號違約金計算程式

Location: /examples/ch2

Filename: liquidatedDamages-debug.cpp

```
1  // 函式標頭檔區(Header File Inclusion Section)
2  #include <iostream>
3
4  // 命名空間區(Namespace Declaration Section)
5  using namespace std;
6
7  // 程式進入點(Entry Point)
```

```
8   int main()
9   {
10      // 變數宣告區(Variable Declaration Section)
11      int contractDays;                  // 合約總日數
12      int contractRemainingDays;         // 合約剩餘日數
13      float incompleteRatio;             // 合約未完成比率
14
15      // 輸入階段區(Input Section)
16      cout << "請輸入合約總日數: ";
17      cin >> contractDays;
18      cout << "請輸入合約剩餘日數: ";
19      cin >> contractRemainingDays;
20
21      // 處理階段區(Process Section)
22      incompleteRatio = contractRemainingDays/contractDays;
23
24      // 輸出階段區(Output Section)
25      cout << "您的合約還有" << incompleteRatio << "未完成" << endl;
26
27      return 0;
28  }
```

在這個測試程式中，我們新增了一個 incompleteRatio 變數，作為合約未完成的比率（這也是在違約金計算公式中的最後一個項目），這個數值應該會是一個介於 0 至 1 之間的浮點數，所以我們將它宣告為 float 型態，如第 13 行所示。此程式在第 22 行讓 contractRemainingDays 除以 contractDays，以得到 incompleteRatio 的值；並在第 25 行將結果加以輸出。

如果合約總日數與合約剩餘日數分別輸入為 720 與 540，則 contractRemainingDays/contractDays 的計算結果應該是 0.75，但是這個測試程式的執行卻是以下的結果：

```
請輸入合約總日數: 720
請輸入合約剩餘日數: 540
您的合約還有0未完成
```

請仔細看看第 22 行的程式碼，我們將變數的型態標記在下方：

22	`incompleteRatio = contractRemainingDays/contractDays;`
	float　　　　　　　　int　　　　　　　　　　int

在本章前面已經說明過，此行程式碼在執行時，會先將等號右方的部分加以計算，然後把計算的結果指定作為等號左方變數的數值內容。由於等號右方進行的是一個兩個整數的除法，C++ 語言預設會將計算的結果視為是一個整數，因此當整數的 540/720 時，雖然其計算結果應該是 0.75，但 C++ 語言僅將其整數的部分保存起來（小數部分無條件捨棄），所以這裡的 0.75 會被視為是整數 0，`incompleteRatio` 變數的值也就因此成為了 0。關於此處所討論的資料型態與運算結果的關係，我們將在本書第4章提供更詳細的說明。

經過上述的討論，你應該已經可以瞭解為何我們以為是正確的 liquidatedDamages-1.cpp 程式，在執行時卻會將違約金計算為 0 元！因為在違約金時，其計算公式最後要乘以合約未完成的比例，但此比例卻被 C++ 語言視為是整數的 0，而不是符點數的 0.75！由於任何數值乘以 0 的結果都是 0，所以其違約金就變成了 0 元了！類似的問題，也發生在違約金計算公式中的 `monthlyFeeDiscount/30`，此處原本該計算的是月租費優惠以日計算時的優惠金額，以 100 元的月租費優惠為例，其日優惠金額應為 `100/30=3.33` 元；但是這又是一個整數除整數的情況，實際上它所計算出來的值，也只會剩下整數的部分，也就是 3 元。

既然我們已經知道錯誤的原因了，那麼門號違約金計算程式又該如何修改呢？其實修改的方法有很多種，此處我們先以一種最簡單的方式進行，待本書第 4 章時，我們會再次針對此問題提供更完整的說明。由於錯誤是肇因於兩個整數相除的關係，因此我們只要將這些變數都改以浮點數的 `float` 型態加以宣告，問題就迎刃而解了！請參考以下的 Example 2-7：

Example 2-7：門號違約金計算程式（正確版）

Location: ⌂/examples/ch2

Filename: liquidatedDamages-2.cpp

```
1  // 函式標頭檔區(Header File Inclusion Section)
2  #include <iostream>
3  
4  // 命名空間區(Namespace Declaration Section)
```

```cpp
5   using namespace std;
6
7   // 程式進入點(Entry Point)
8   int main()
9   {
10    // 變數宣告區(Variable Declaration Section)
11    float contractDays;              // 合約總日數
12    float contractRemainingDays;     // 合約剩餘日數
13    float monthlyFeeDiscount;        // 每月月租費優惠金額
14    float subsidy;                   // 手機補貼款
15    float liquidatedDamages;         // 違約金
16
17    // 輸入階段區(Input Section)
18    cout << "請輸入合約總日數: ";
19    cin >> contractDays;
20    cout << "請輸入合約剩餘日數: ";
21    cin >> contractRemainingDays;
22    cout << "請輸入合約期間每月月租費優惠金額: ";
23    cin >> monthlyFeeDiscount;
24    cout << "請輸入手機補貼款金額: ";
25    cin >> subsidy;
26
27    // 處理階段區(Process Section)
28    liquidatedDamages = ( (monthlyFeeDiscount/30) *
29                          (contractDays-contractRemainingDays) +
30                          subsidy ) *
31                          (contractRemainingDays/contractDays);
32
33    // 輸出階段區(Output Section)
34    cout <<"您必須支付的違約金額為"<<liquidatedDamages<<"元"<< endl;
35
36    return 0;
37  }
```

此程式的執行結果如下：

請輸入合約總日數：△720↵
請輸入合約剩餘日數：△540↵
請輸入合約期間每月月租費優惠金額：△100↵

```
請輸入手機補貼款金額：△2000⏎
您必須支付的違約金額為1950元⏎
```

　　至此，門號違約金計算程式終於完成設計了！希望你透過本章所提供的這些例子，已經可以掌握到 IPO 程式設計的要領，並且也能夠初步瞭解不同資料型態對於程式執行結果的影響。後續我們將在接下來的兩章中，分別就變數的資料型態，以及其運算結果的差異進行完整的討論，屆時你將可以學到更多相關的知識與程式設計的技巧！

習題

1. 請設計一個 C++ 語言的程式（檔案名為 rectangleArea.cpp），讓使用者輸入矩形的長與寬，計算該矩形的面積後將結果加以輸出。注意，矩形面積的計算公式為「長 × 寬」。此程式的執行結果如下（注意，此結果僅供參考，實際輸出結果會隨輸入資料的不同而有所差異）：

執行結果 1：

```
請輸入矩形的長(公分)：△8.5⏎
請輸入矩形的寬(公分)：△12.5⏎
此矩形的面積為106.25平方公分⏎
```

執行結果 2：

```
請輸入矩形的長(公分)：△32.9⏎
請輸入矩形的寬(公分)：△16.3⏎
此矩形的面積為536.27平方公分⏎
```

輸入與輸出時的 ⏎ 與 △ 圖示

　　此處再次提醒讀者，在本書執行結果中所出現的 ⏎ 圖示，是用以表示在使用者輸入時，必須要按下 Enter 鍵來將資料送出；至於在輸出時所顯示的 ⏎ 圖示，則是表示在該處要輸出一個換行，來將游標移到新的一行的開頭處。另外，我們也使用 △ 表示空白鍵。

2. 請設計一個 C++ 語言的程式（檔案名為 circumference.cpp），讓使用者輸入圓形的半徑（以公分為單位），計算該圓形的圓周長（單位為公分）後將結果加以輸出。注意，圓形的圓周長之計算公式為「2 × 圓周率 × 半徑」，其中為簡化起見，我們假設圓周率的數值為 3.1415。此程式的執行結果如下（注意，此結果僅供參考，實際輸出結果會隨輸入資料的不同而有所差異）：

執行結果 1：

請輸入圓形的半徑(公分)：△8.5⏎
此圓形的圓周長為53.4055公分⏎

執行結果 2：

請輸入圓形的半徑(公分)：△23.6⏎
此圓形的圓周長為148.279公分⏎

3. 請設計一個 C++ 語言的程式（檔案名為 circleArea.cpp），讓使用者輸入圓形的半徑（以公分為單位），計算該圓形的面積後將結果加以輸出。注意，圓形的面積計算公式為「圓周率 × 半徑^2」。其中為簡化起見，我們假設圓周率的數值為 3.1415，且半徑的平方可以使用「半徑 × 半徑」得到。此程式的執行結果如下（注意，此結果僅供參考，實際輸出結果會隨輸入資料的不同而有所差異）：

執行結果 1：

請輸入圓形的半徑(公分)：△9.2⏎
此圓形的面積為265.897平方公分⏎

執行結果 2：

請輸入圓形的半徑(公分)：△4.1⏎
此圓形的圓周長為52.8086公分⏎

4. 請設計一個 C++ 語言的程式（檔案名為 trapezoid.cpp），讓使用者輸入梯形的上底、下底與高（單位皆為公分），計算該梯形的面積後將結果加以輸出。注意，梯形的面積計算公式為「（（上底 + 下底）× 高）÷ 2」。此程式的執行結果如下（注意，此結果僅供參考，實際輸出結果會隨輸入資料的不同而有所差異）：

執行結果 1：

```
請輸入梯形的相關資訊(單位皆為公分):
上底: 8.5
下底: 12.5
高: 5
此梯形的面積為52.5平方公分
```

執行結果 2：

```
請輸入梯形的相關資訊(單位皆為公分):
上底: 11.2
下底: 32.75
高: 3.67
此梯形的面積為80.6483平方公分
```

5. 請設計一個 C++ 語言的程式（檔案名稱為 temperatureConvert.cpp），接受使用者所輸入的攝氏 (Celsius) 溫度，將其轉換為華氏 (Fahrenheit) 溫度後輸出。此程式的執行結果如下（注意，此結果僅供參考，實際輸出結果會隨輸入資料的不同而有所差異）：

執行結果 1：

```
請輸入攝氏溫度: 12.5
攝氏12.5度等於華氏54.5度
```

執行結果 2：

```
請輸入攝氏溫度: 100.12
攝氏100.12度等於華氏212.216度
```

6. 請設計一個 C++ 語言的程式（檔案名稱為 score.cpp），接受使用者所輸入的作業成績、期中考成績與期末考成績，計算其學期成績後加以輸出。學期成績計算公式為「作業成績 × 0.3 + 期中考成績 × 0.3 + 期末考成績 × 0.4」。此程式的執行結果如下（注意，此結果僅供參考，實際輸出結果會隨輸入資料的不同而有所差異）：

執行結果1：

```
請輸入以下資料：
作業成績： 80
期中考成績： 75.5
期末考成績： 88.5
您的學期成績為82.05分
```

執行結果2：

```
請輸入以下資料：
作業成績： 100
期中考成績： 89
期末考成績： 92
您的學期成績為93.5分
```

7. 請設計一個 C++ 語言的程式（檔案名稱為 boyRatio.cpp），讓使用者輸入學校男生與女生的人數，然後計算男生占全體學生的比率後加以輸出。此程式的執行結果如下（注意，此結果僅供參考，實際輸出結果會隨輸入資料的不同而有所差異）：

執行結果1：

```
請輸入男生人數： 28
請輸入女生人數： 17
男生占全體學生的百分之62.2222
```

執行結果2：

```
請輸入男生人數： 37
請輸入女生人數： 13
男生占全體學生的百分之74
```

8. 請設計一個幫慢跑選手計算配速的程式（檔案名稱為 pace.cpp），讓使用者輸入路跑的距離（以公里為單位）以及所耗費的時間（包含分鐘數與秒數），然後計算路跑的配速 (Pace) 後加以輸出。注意，配速的計算方式為「時間（單位為分鐘）除以距離（單位為公里）」，意即表示選手每公里所花費的時間。此程式的執行結果如下（注意，此結果僅供參考，實際輸出結果會隨輸入資料的不同而有所差異）：

執行結果 1：

```
請輸入距離(公里)：△5.04↵
請輸入時間：↵
分：△31↵
秒：△24↵
您的配速為每公里6分13秒↵
```

執行結果 2：

```
請輸入距離(公里)：△10.05↵
請輸入時間：↵
分：△57↵
秒：△32↵
您的配速為每公里5分43秒↵
```

9. 承上題，請再幫慢跑選手設計一個可推測馬拉松完賽時間的程式（檔案名稱為 marathon.cpp），讓使用者輸入預計每公里的配速（意即完成一公里所花費的時間，然後計算跑完全程 42.195 公里所花費的時間後加以輸出。此程式的執行結果如下（注意，此結果僅供參考，實際輸出結果會隨輸入資料的不同而有所差異）：

執行結果 1：

```
請輸入每公里的配速：↵
請輸入時間：↵
分：△5↵
秒：△33↵
全馬完成時間預計為3小時54分10秒↵
```

執行結果 2：

```
請輸入每公里的配速：
請輸入時間：
分： 6
秒： 30
全馬完成時間預計為4小時34分16秒
```

10. 基礎代謝率 (Basal Metabolic Rate, BMR) 是指人一天所消耗的最低熱量（意即整天什麼事都不做也會消耗的熱量），美國運動醫學學會 (American College of Sports Medicine, ACSM) 分別針對男性與女性提供了以下的計算公式：

男性的 BMR =（13.7 × 體重）+（5 × 身高）−（6.8 × 年齡）+ 66
女性的 BMR =（9.6 × 體重）+（1.8 × 身高）−（4.7 × 年齡）+ 655

其中體重與身高的單位為公斤與公分。請設計一個可計算男性 BMR 值的 C++ 語言程式（檔名為 bmr.cpp），讓使用者輸入其體重、身高與年齡，計算男性與女性的基礎代謝率 (BMR) 後加以輸出。此程式的執行結果如下（注意，此結果僅供參考，實際輸出結果會隨輸入資料的不同而有所差異）：

執行結果 1：

```
請輸入以下資料：
體重(公斤)： 50.5
身高(公分)： 162
年齡： 38
基於以上資料所計算之BMR值如下：
男性：1309.45大卡
女性：1252.8大卡
```

執行結果 2：

```
請輸入以下資料：
體重(公斤)： 2.5
身高(公分)： 168
年齡： 50
基於以上資料所計算之BMR值如下：
男性：1559.25大卡
女性：1418.4大卡
```

Chapter 03

變數、常數與資料型態

C++ 語言使用**變數 (Variable)** 來保存程式相關的資料內容,例如使用者所輸入的資料或是執行過程中暫時或最終的運算結果。一個變數的內容可於程式執行時視需要加以改變,但其所屬型態不能變更。C++ 語言也提供**常數 (Constant)** 來存放特定的資料內容,但常數的內容一經定義就不可以被改變。我們已經在前一章中,使用變數來進行了幾個簡單的程式開發,例如在 BMI 計算程式中的 `weight` 與 `height`,以及在門號違約金計算程式中的 `contractDays` 與 `subsidy` 等。本章將進一步為讀者詳細說明變數與常數的意義,以及它們在 C++ 語言中的使用方式,具體的內容包含資料型態、變數與常數的宣告、初始值的設定,以及輸入與輸出等主題。

3-1 變數

變數 (Variable) 是指在程式執行時,用於儲存特定**資料型態 (Data Type)** 的**值 (Value)** 的記憶體空間。此處的 **"值"** 是指資料內容,可以在執行過程中視需要改變其內容,但其所屬的 **"資料型態"** 不可改變。在我們正式開始介紹變數前,讓我們先回顧一下,第 2 章的 BMI 計算程式與門號違約金計算程式範例,讓我們學到了哪些關於變數的知識與概念:

- 變數其實就是一塊記憶體空間,可以在程式執行期間保存特定 **"資料型態"** 的值(也就是 **"資料內容"**)。
- 每個變數都必須有一個用以識別的**變數名稱 (Variable Name)**,以便在程式碼中用以存取其值。
- 依據程式設計的需要,變數的值在執行期間可以被改變,但其資料型態不可改變。

- C++ 語言規定所有變數在初次使用前,都必須進行**變數宣告 (Variable Declaration)** —— 包含了其變數名稱以及所屬資料型態的宣告。

本節後續將進一步提供更完整的介紹,包含變數宣告、變數的命名規則與記憶體空間等相關主題。

3-1-1 變數宣告

C++ 語言規定所有變數在初次使用前,都必須先進行**變數宣告 (Variable Declaration)**,以便在程式執行時,依據其宣告的內容完成其所需的記憶體空間配置。因此,您必須先學會如何使用 C++ 語言來進行變數的宣告,才能夠在程式中使用變數;能夠在程式中使用變數,也才能夠讓程式完成您想要執行的任務。現在,讓我們來學習如何在 C++ 語言中完成變數的宣告。

C++ 語言使用**變數宣告敘述 (Variable Declaration Statement)** 來完成變數宣告,其語法如下:

變數宣告敘述語法定義
資料型態 變數名稱 [, 變數名稱]*;

> **語法定義符號:[ ]、*、? 與 +**
>
> 在上面的語法定義中,方括號 [ ] 代表了選擇性(意即可有可無的部分)的語法單元,其後若接續星號 * 則表示該語法單元可使用 0 次或多次;另外還有此處尚未使用到的問號 ? 與加號 +,分別代表語法單元可以使用 0 次或 1 次(也就是可以省略,但至多使用一次)以及 1 次或多次(也就是至少必須使用一次)。後續本書將繼續使用此種表示法說明 C++ 的語法。

在此處的變數宣告敘述語法定義裡,包含了以下兩項內容定義:

- **變數名稱** (Variable Name):用以識別的名稱。關於變數的命名規則,將在 3-1-3 節提供詳細的說明。
- **資料型態** (Data Type):用以定義變數值的範圍,例如被宣告為整數的變數,其值不允許包含小數。關於 C++ 語言所提供的資料型態，除了已經在第 2 章中介紹過的 float 與 int，其它更完整的介紹請參考本章 3-2 節。

> ⚠️ **變數宣告敘述必須使用分號；結尾**
>
> 在開始說明如何使用變數宣告敘述前，我們要先提醒讀者所有的**宣告敘述 (Declaration Statement)** 都必須使用分號；作為結尾，變數宣告敘述也不例外。請不要忘記在每一行變數宣告敘述後，加上一個分號。

依據以上語法，最精簡的變數宣告敘述可以略過語法中所有可以省略的部分（意即將所有使用方括號包裹的語法單元都加以省略），只要註明變數的名稱及其資料型態，再加上一個分號；就完成了。下面的例子是取自於第 2 章的 BMI 計算程式，它們都是符合這種精簡的變數宣告敘述：

```
float weight;       // 體重
float height;       // 身高
float BMI;          // 身體質量指數
```

> ℹ️ **為變數宣告提供註解**
>
> 在上面的例子中，除了變數宣告外，我們還在後面加上了以 // 開頭的註解，用來補充說明這些變數的意義。關於註解的部分並不屬於變數宣告的語法規範，但卻是筆者建議你可以維持這樣的習慣 —— 儘可能在宣告變數時，以註解提供變數的補充說明。如此一來，你所撰寫的程式未來將比較容易維護。此外，為了便利讀者閱讀，在本書用以演示的程式片段中出現的註解，將會以醒目**粗楷體**加以標示。

3-1-2 初始化

變數還可以在宣告的同時進行**初始化 (Initialization)**，也就是給定其初始的數值。回顧 3-1-1 小節所介紹的變數宣告敘述語法定義，當時只用以宣告變數的名稱

及其型態,但其實每個變數在宣告的同時還可以給定一個初始的數值,請參考以下的語法:

變數宣告與初始化語法定義

資料型態 變數名稱[*初始值給定*]? [,變數名稱[*初始值給定*]?]*;

初始值給定 ← = 數值

> **語法定義符號:←**
>
> 在上面的語法定義中,出現在第 1 行使用斜體表示的 [*初始值給定*] 代表該語法單元還需要其它的補充定義。在第 2 行的 *初始值給定* ← = 數值 即為其所需的補充定義,其將 [*初始值給定*] 這個語法單元由 ← 符號右方的內容加以定義。

在上面的語法定義裡,在宣告變數的時候,還可以在變數名稱後面緊接著一個 [*初始值給定*]? 的語法單元,其中 ? 問號代表此語法單元可以出現 0 次或 1 次;換句話說,在變數名稱的後面可以給定一個初始值(使用一次)或是不給定(使用 0 次)。至於 *初始值給定* 則是要作為變數初始值的數值,其語法為在等號後面接上數值,也就是 = 數值。請參考以下的程式碼片段:

```
float weight = 72.5;    // 體重(宣告變數weight並給定初始值)
float height = 172;     // 身高(宣告變數height並給定初始值)
```

當然,我們也可以在一個變數的宣告裡,同時完成多個變數的宣告及其初始值給定,下面都是符合語法的例子:

```
float weight=65.5, height=1.72;          // 宣告兩個變數並且都給予初始數值
int contractDays=100;                    // 宣告一個變數並給予初始值
int productID, price=0, amount=12;       // 宣告三個變數並給予其中兩個變數
                                         //   初始值
```

3-1-3 命名規則

變數名稱 (Variable Name)，又被稱為**識別字 (Identifier)**，是用以區分在程式中不同的變數[1]。為了識別起見，每一個變數必須擁有獨一無二的變數名稱[2]，其命名規則如下：

1. 只能由英文大小寫字母、數字與底線 (Underscore) 組成；
2. 不能使用數字開頭；
3. 不能與 C++ 語言的**關鍵字 (Keyword)** 相同；
4. 英文大小寫字母視為不同的字元。

依據上述四項規則，以下的變數宣告敘述中的變數名稱命名都是正確的：

```
int A, B, C;          // 使用大寫英文字母所組成的變數名稱
int x, y, z;          // 使用小寫英文字母所組成的變數名稱
int Wig, xYz;         // 混合使用大小寫英文字母所組成的變數名稱
int H224, i386;       // 混合使用英文字母與數字所組成的變數名稱
float w_1, w_2;       // 混合英文、數字與底線所組成的變數名稱
```

這些變數名稱都是正確的，但並不是很好的命名選擇，因為它們從字面上來看並不具備任何意義，無法從中得到關於變數的用途或意義的提示。雖然變數的命名必須要滿足其命名規則（因為一定要滿足，不然不能通過編譯），但是更重要是為變數賦與 **"有意義"** 的名稱；換句話說，變數名稱的作用不單是用以識別不同的變數，更重要的是要能夠傳達該變數在程式中的用途或意義。為了做到這一點，讀者們應該適當地使用大小寫的英文字母、數字與底線為變數命名，以增進程式碼的可讀性。在以下的例子裡，變數的命名不但符合規則，且更具有意義：

```
float weight, height, average_score, max_score;
int contractDays, productID, price, amount;
int _eID_, _initial_value_, number_of_lines;
int xbox360, ps5;
```

---

[1] 除了變數名稱被稱為識別字以外，另有常數 (Constant) 及函式 (Function) 的名稱也被稱為識別字，本書後續將陸續加以介紹。

[2] 事實上，在同一個程式中是可以擁有兩個以上相同名稱的變數的，只要它們所處的範圍 (Scope) 不同即可，關於此點請參考本書第 9 章。

看完了變數命名的正確範例後，現在讓我們來看一下錯誤命名的例子：

```
int cert#, someone@taipei;    // 使用了不允許的特殊字元
int average-score;            // 使用了不允許的連字號 (也就是減號)
int miles/per-second;         // 使用了不允許的斜線字元與連字號
float ratio!, question?;      // 使用了不允許的驚嘆號與問號
float 386PC, 486PC;           // 使用了數字開頭
int 1stScore, 2ndScore;       // 使用了數字開頭
```

在上面的例子當中，變數名稱使用了不允許的字元或符號（僅能使用英文大小寫字母、數字與底線），違反了第一項規則；或是使用了數字作為變數名稱的開頭，違反了第二條規則。

至於第三項中所謂的**關鍵字 (Keyword)**[3]，是在程式語言中具有（事先賦與的）特定意義的文字串組合。由於每個關鍵字都具有事先定義好的意義與用途，因此我們在宣告變數時，變數名稱不能與任何一個關鍵字相同。以 ANSI/ISO C++（或稱為 C++89）[4]為例，共有以下 74 個關鍵字，請參考表 3-1。以下的變數名稱使用了 C++ 的關鍵字，所以是不正確的宣告：

```
int namespace;    // 使用了C++的關鍵字namespace
float auto;       // 使用了C++的關鍵字auto
```

除了前述的三項變數命名的規則之外，還必須特別注意的是 C++ 語言是**對大小寫敏感 (Case Sensitive)** 的程式語言，這也就是第四項規則所規範的英文大小字母視為不同字元，因此以下的程式碼所宣告的 8 個變數名稱都是正確的，而且會被 C++ 語言視為是 "不相同" 的變數：

```
int day, Day, dAy, daY, DAy, DaY, dAY, DAY;
```

上述 8 個變數名稱的命名，雖然都符合 C++ 變數命名的規則，但相信讀者們應該不會像這樣宣告一些非常容易混淆的變數名稱才是。不過初學的讀者倒有可能犯下

---

[3] 關鍵字又被稱為保留字 (Reserved Word)，意即被程式語言保留作為特定用途的字。

[4] 一般將 1998 年經 ANSI/ISO 審核通過的 C++ 語言標準 ISO/IEC 14882:1998 標準，稱為 ANSI C++ 或是 C++98。

表 3-1　ANSI/ISO C++ 的關鍵字

• and	• double	• not	• this
• and_eq	• dynamic_cast	• not_eq	• throw
• asm	• else	• operator	• true
• auto	• enum	• or	• try
• bitand	• explicit	• or_eq	• typedef
• bitor	• export	• private	• typeid
• bool	• extern	• protected	• typename
• break	• false	• public	• union
• case	• float	• register	• unsigned
• catch	• for	• reinterpret-cast	• using
• char	• friend	• return	• virtual
• class	• goto	• short	• void
• compl	• if	• signed	• volatile
• const	• inline	• sizeof	• wchar_t
• const-cast	• int	• static	• while
• continue	• long	• static_cast	• xor
• default	• mutable	• struct	• xor_eq
• delete	• namespace	• switch	
• do	• new	• template	

使用不正確的大小寫變數名稱的錯誤：

```
float Weight;          //宣告一個float型態的變數Weight
    :
cin >> weight;         //誤將變數名稱寫為 'w' eight
```

由於 C++ 語言對於大小寫敏感的關係，在程式碼中的 Weight 與 weight 將會被視為是兩個不同的變數。對於編譯器而言，Weight 是正確的變數名稱（有事先使用變數宣告敘述宣告），但是用以儲存使用者輸入的 weight 變數，因為沒有事先的宣告，所以是不正確的使用（無法通過編譯）。要避免這樣的問題發生，除了小心謹慎地使用變數名稱外，最好的方式是維持一定的變數命名習慣。舉例來說，如果您固定全部使用小寫字母為變數命名，那麼在使用變數時你自然也會全部使用小寫字母，那麼將 weight 誤寫成 Weight 的機會就會大幅地降低。

程式可讀性

可讀性 (Readability) 係指程式碼容易被理解的程度，可讀性高的程式碼，閱讀起來就像行雲流水，頃刻之間就可以完全瞭解程式的內容；相反地，可讀性低的程式碼，不但讓人難以理解，有時候甚至是原始的程式創作者自己也無法理解程式的內容。為了增進程式的可讀性，我們建議讀者視變數在程式中的用途，選擇具有意義的英文詞彙為變數命名；若是必須使用一個以上的英文單字為變數命名時，可以適當地調整大小寫或加上底線，例如下面是正確且具有意義的變數名稱：

```
float weight, height, BMI;      // 分別代表體重、身高與BMI值的變數
```

使用底線連接多個英文單字，以形成更具意義的變數名稱

```
int student_id;                 // 使用底線連接student與id代表學生的學號
float sutdent_score;            // 使用底線連接student與score代表學生的成績
```

使用大小寫英文字母，取代使用底線來連接多個單字

```
int studentID;                  // 使用大小寫來區分連接起來的student與ID
float sutdentScore;             // 使用大小寫來區分連接起來的student與Score
```

除此之外，也可以適當地使用數字的諧音，來精簡表示特定的英文或其它含義。請參考下面的例子：

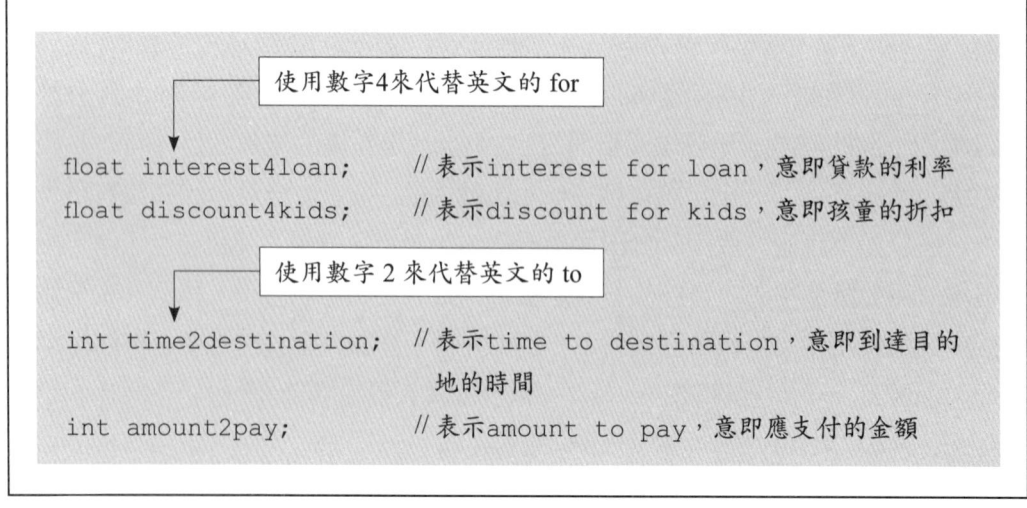

使用數字4來代替英文的 for

```
float interest4loan;            // 表示interest for loan，意即貸款的利率
float discount4kids;            // 表示discount for kids，意即孩童的折扣
```

使用數字2來代替英文的 to

```
int time2destination;           // 表示time to destination，意即到達目的
                                //   地的時間
int amount2pay;                 // 表示amount to pay，意即應支付的金額
```

目前業界已經有一些通用的變數命名方式，我們將其稱之為**命名慣例 (Naming Convention)**，依據這些慣例來為變數命名，除了有助於提升程式的可讀性外，也能夠減少犯錯機會。例如主流的**駝峰式命名法 (CamelCase)**，直接使用英文為變數命名，若使用到兩個或兩個以上的英文單字時，每個英文單字除首字母外一律以小寫表示，且單字與單字間直接連接（不須空白），但從第二個單字開始，每個單字的首字母必須使用大寫。至於第一個單字的首字母，則依其使用大寫或小寫字母，可將駝峰式命名法再細分為**大寫式駝峰式命名法 (UpperCamelCase)** 與**小寫式駝峰式命名法 (lowerCamelCase)** 兩類。例如以下的幾個名稱皆屬於大寫式駝峰式命名法：

```
Number                UserInputNumber       MaxNumber
StudentIdentifier     FulltimeStudent       CourseTime
CamelCase             UpperCamelCase        BestScore
```

至於小寫式駝峰式命名法，請參考下列的例子：

```
amy                   userName              happyStory
setData               getUserInput          lowerCamelCase
```

目前大部分的 C++ 語言程式設計師，都是採用小寫式駝峰式命名法為變數命名（意即使用有意義的英文單字來為變數命名，原則上所有單字皆使用小寫英文字母組成，但從第二個單字開始，每個單字的第一個字母必須使用大寫），本書後續的程式範例，也將繼續使用小寫式駝峰式命名法為變數命名。

> ⚠️ **避免使用標準識別字為變數命名**
>
> **標準識別字 (Standard Identifier)** 是一組在特定標頭檔 (Header Files) 或命名空間 (Namespace) 中預先定義好的常數、變數或函式名稱，例如我們已經在程式中使用過的 `cin`、`cout` 與 `endl` 等（定義在 `std` 這個命名空間裡），雖然它們完全符合變數命名的各項規定，但仍不建議讀者使用。讀者可以試著在程式裡宣告以下的變數：

```
int cin=5;
int cout=10;
int endl=20;
```

別懷疑，這樣的宣告是正確的！但若你真的如此宣告，以後在你的程式碼中的 cin、cout 與 endl，到底是代表整數值或是其原本定義的輸入、輸出與換行的功能？像這樣的例子就充份說明了什麼是標準識別字——儘管它們不是 C++ 語言的關鍵字，但仍不鼓勵你使用它們為變數命名，因為可能會和其原本的意義不同，對程式碼的意義帶來不必要的錯誤解讀。關於標準識別字還有一些其它的例子，包含 NULL、EOF、min、max、open、close、sin、cos、pow 與 log 等，請儘量別使用這些名稱為您的變數命名。

3-1-3 記憶體空間

我們在程式碼中使用變數宣告敘述所宣告的變數，在執行時會依所宣告的資料型態在記憶體中配置一塊適當大小的連續位置。截至目前為止，本書已經使用過兩種資料型態，分別是浮點數 float 與整數 int，而它們都是使用連續的 4 個位元組 (Byte) 的記憶體空間。關於資料型態的更多細節，請參考本章 3-3 節。請考慮以下的變數宣告：

```
float weight, height;
```

當程式在執行時，會依照上面的變數宣告在記憶體中配置兩個浮點數型態的記憶體空間（也就是占用 4 個 Btye 的連續記憶體空間），並將其分別命名為 weight 與 height。後續在程式中使用這些變數時（不論是讀取或改變其值），就是對這些記憶體位置內的值進行操作。圖 3-1 顯示了這兩個變數可能的記憶體配置圖。

在圖 3-1 中顯示了這兩個記憶體空間所配置到的記憶體位址，分別是位於 0x7ffff34fff00 至 0x7ffff34fff03 位址與 0x7ffff34fff2b 至 0x7ffff34fff2e 位址的兩個連續 4 個位元組位址。現代的作業系統大部分都是使用 48 位元的**記憶體位址 (Memory Address)** 來為每個位元組 (Byte) 編號，以圖 3-1 所顯示的記憶體位址 0x7ffff34fff00 為例，開頭處的 0x 表示該位址以 16 進制表示，其後接續的

```
              0x7ffff34fff01       0x7ffff34fff03
0x7ffff34fff00│0x7ffff34fff02
      ↓       ↓       ↓       ↓
     ┌───────┬───────┬───────┬───────┐
     │       │       │       │       │
     └───────┴───────┴───────┴───────┘


              0x7ffff34fff2c       0x7ffff34fff2e
0x7ffff34fff2b│0x7ffff34fff2d
      ↓       ↓       ↓       ↓
     ┌───────┬───────┬───────┬───────┐
     │       │       │       │       │
     └───────┴───────┴───────┴───────┘
```

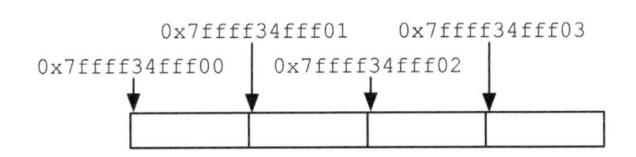

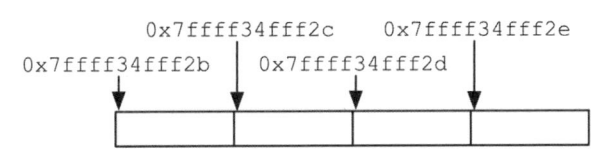

圖 3-1　由變數宣告自動配置的兩個記憶體空間

7ffff34fff00 就是該位址的 16 進制值[5]。要注意的是，一個記憶體位址僅表示一個位元組 (Byte) 的位址，由於 C++ 語言是使用連續的 4 個位元組的記憶體空間來存放一個浮點數（也就是型態為 `float` 的數值資料），也因此在圖 3-1 中，這兩個變數所配置到的記憶體空間，分別是從 0x7ffff34fff00 至 0x7ffff34fff03 以及 0x7ffff34fff2b 至 0x7ffff34fff2e 的兩個連續 4 個位元組的空間。圖 3-1 所顯示的記憶體配置，也可以使用圖 3-2 的方式來表達，其意義是相同的，只是採用橫式或直式來表達連續空間的差異而已，本書後續將視情況交替使用這兩種表達方式。

> ### 記憶體位址
>
> 　　就像是門牌號碼一樣，我們必須為記憶體內的每個位元組編號，才能夠用以指定存取在記憶體中的特定位置。現代的作業系統大多都使用 48 位元的記憶體位址，來為每個位元組編號。由於 48 位元可用以表示不重複的 281,474,976,710,656（也就是 2^{48} 次方）個數值，因此採用 48 位元的記憶體位址，將可以指定在 256TB 中的每一個位元組。以目前資訊系統發展的脈絡來看，個人電腦還停留在搭配 8G 或 16G 記憶體的情況下，這種 48 位元的記憶體位址，絕對還可以使用上一段很長、很長的時間。

還要特別注意的是，圖 3-1 與 3-2 所顯示的記憶體位址僅供參考，實際執行時其位址是由作業系統決定，並不是永遠都會配置到同一個位址。也正因為相同的理

---

[5] 16 進制的數字是以 0-9 以及 a-f 組合而成，其數值內容遇 16 則加以進位。關於 16 進制更多的細節，請自行參閱計算機概論相關書籍。

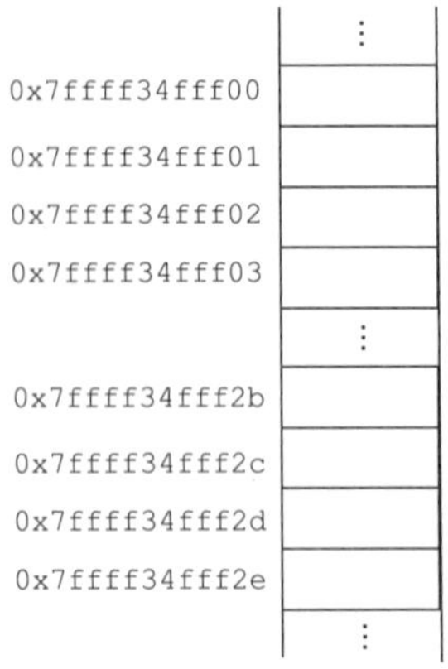

```
                    ⋮
0x7ffff34fff00   ┌──────┐
                 ├──────┤
0x7ffff34fff01   ├──────┤
                 ├──────┤
0x7ffff34fff02   ├──────┤
                 ├──────┤
0x7ffff34fff03   ├──────┤
                 └──────┘
                    ⋮
                 ┌──────┐
0x7ffff34fff2b   ├──────┤
                 ├──────┤
0x7ffff34fff2c   ├──────┤
                 ├──────┤
0x7ffff34fff2d   ├──────┤
                 ├──────┤
0x7ffff34fff2e   ├──────┤
                 └──────┘
                    ⋮
```

圖 3-2 由變數宣告自動配置的兩個記憶體空間（直式表達）

由，我們在後續的程式碼中要使用儲存在這些記憶體空間內的資料時，並不能直接去指定使用 0x7ffff34fff00 至 0x7ffff34fff03 與 0x7ffff34fff2b 至 0x7ffff34fff2e 這些位址，因為這些位址必須要等到程式被執行時才能確定，無法事前得知。用以解決這個問題的方法是使用當初在宣告時所給定的變數名稱，也就是 weight 與 height 來存取它們，而非使用那些無法預知的記憶體位址。

ⓘ 真實與相對記憶體位址

雖然變數所分配到的記憶體空間無法預知，但其實在每次執行時都是相對固定的位置！在每次執行程式時，作業系統的**動態記憶體配置 (Dynamic Memory Allocation)** 或稱為**動態記憶體管理 (Dynamic Memory Management)** 模組所分配給程式的記憶體區塊卻是不固定的。在編譯原始程式時，編譯器會配置記憶體空間給在程式碼中所使用到的變數，但是是以相對位址的方式來指定。假設編譯器將變數 weight 分配在第 0 至 3 號的相對記憶體位址，且程式在執行時由作業系統分配了記憶體空間 0x7ffff34fff00 到 0x7ffff34fffff 之處，那麼變數 weight 在執行時就會被放置於 0x7ffff34fff00+0 到 0x7ffff34fff00+3 的位址上，也就是 0x7ffff34fff00 到 0x7ffff34fff03 的位置。由於每次執行程式時，作業系統所分配給程式的空間並不固定，所以變數每次分配到的真實（又稱為絕對）記憶體位址空間自然也就不會一樣。關於這方面的知識，讀者可以進一步參閱計算機概論、作業系統、程式語言、編譯器與系統程式等相關領域的教材。為了便利起見，本書後續的內容中，將不特別區分變數的真實或相對位址。

完成變數宣告後,我們可以在後續的程式碼裡,使用變數名稱來存取它們所配置到的記憶體空間,例如用來保存使用者所輸入的數值資料、將其資料加以運算,或把記憶體內的資料加以輸出。由於在程式碼裡,我們是透過變數名稱來存取所配置到的記憶體空間,所以當程式在執行時,還需要一個方法來取得變數名稱所對應到的記憶體位址 —— 這是透過**符號表 (Symbol Table)** 來完成的!符號表是在程式編譯或執行時所建立的一個表格[6],是為了管理在程式中用以識別的變數名稱與其所分配到的記憶體空間,其內容包含有變數的名稱、型態以及其所分配到的記憶體空間位址等資訊。以前面的 `weight` 與 `height` 變數為例,在執行時其符號表可能會有如表 3-2 的內容[7]。

表 3-2　程式執行時的符號表內容

符號 (Symbol)	資料型態 (Data Type)	記憶體位址 (Memory Address)
`weight`	float	`0x7ffff34fff00`
`height`	float	`0x7ffff34fff2b`

在符號表內,每個變數所在的記憶體位址只需要保存其起始位址;至於其結束位址可以由同樣保存在符號表中的資料型態來決定。

經過上述的討論,相信讀者對於用以在程式中保存資料內容的變數(也就是記憶體空間),應該有了初步的概念。但是對於初學者來說,有時過多的資訊反而會讓你更不容易學會 C++ 語言。因此,我們仍然會沿用在第 2 章的簡單做法,將變數想像為在記憶體內可用以存放資料的盒子,如圖 3-3 所示。

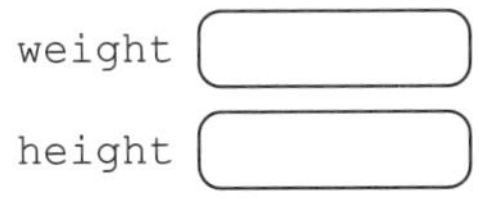

```
weight  [        ]
height  [        ]
```

圖 3-3　變數與記憶體空間配置概念圖

---

6 依所使用的程式語言及其編譯技術而定,有些時候是在編譯階段產生符號表以將變數名稱轉譯為其對應的記憶體位址,有時則是將符號表嵌入在目的檔或可執行檔中,在執行階段才進行位址的轉譯。

7 此處所列示的符號表內容僅供參考,其中所顯示的記憶體位址只是假設的,真正執行時其內容與此表格並不相同。

3-2 常數

除了變數之外,在 C++ 語言的程式碼中,還可以宣告**常數 (Constant)**。常數就如同變數一樣,都擁有名稱、型態與內容值,不過一旦給定初始值後,就不允許變更其數值內容。

3-2-1 常數宣告

C++ 語言的**常數宣告 (Constant Declaration)** 的語法如下:

常數宣告敘述語法定義
const 資料型態 常數名稱＝數值 [,常數名稱＝數值]*;

從上面的語法可以得知,其實常數宣告的語法與變數宣告非常相似,不過必須在最前面加上 `const` 這個關鍵字,並且所有常數的宣告都必須給定**數值** (Value)[8]。在常數名稱方面,其命名規則與變數的命名規則一致,請自行參考 3-1-3 的說明。

接下來,請參考下面的程式碼片段:

```
const int a=100;
const int b=3,c=5;
    :
a=200;   // 此處試圖改變一個常數的值
    :
```

上面的程式碼正確地宣告了三個整數常數 a、b 與 c,但在後續的程式碼中卻又改變了其中一個常數的數值!這樣會導致編譯時的錯誤,你會得到「`error: read-only variable is not assignable`(**錯誤:唯讀的變數不可以指定數值**)」的錯誤訊息,因為一個常數一旦被宣告後,其值是不允許被改變的。

---

8 由於變數的內容可以在程式執行過程中被改變,所以一開始所給定的數值被稱為*初始值*,以便與後續變動後的不同數值做區隔;但常數在宣告時所設定的數值內容並不允許被改變,因此其數值內容並不存在著*初始*與*後續*的差異,我們將其稱為**數值**。

3-2-2 常數定義

除了使用前述的常數宣告方法外,我們還可以使用 #define 這個**前置處理器指令 (Preprocessor Directive)**[9] 來定義常數,其語法如下:

常數定義語法定義
#define 常數名稱 數值

與常數宣告敘述可以宣告多個常數不同,常數定義一次僅能定義一個常數,且在定義時不需要使用等號 (=),也不需要在結尾處的分號 (;)。依照上面的語法,我們可以定義一個常數 PI,其值為 3.1415926:

```
#define  PI   3.1415926
```

或是定義一個名為 size 的常數,其值為 10:

```
#define  size  10
```

其實常數定義並不是幫我們產生一個常數,而是幫我們以代換的方式,將程式碼中所出現的特定文字串組合改以指定的內容代替。在 C++ 語言中,所有以井字號 (#) 開頭的指令,都是在編譯時由編譯器先啟動一個**前置處理器 (Preprocessor)** 來負責加以處理的。例如我們已經使用過的 #include<標頭檔> 就是一個前置處理器指令 (Preprocessor Directive),它的作用就是由前置處理器在編譯前,先將指定的標頭檔內容載入到程式碼中。至於此處所介紹的 #define 也是一個前置處理器指令,同樣是由編譯器內的前置處理器負責處理,以下面的程式碼為例:

```
#define  PI   3.1415926

int main()
{
```

---

[9] 前置處理器指令是在程式被編譯前,先執行的指令操作,請自行參閱相關書籍。

```
   int radius=5;
   float area;
                    ← 此處使用常數定義
   area = PI * radius * radius;
          ⋮
}
```

上述程式碼片段在進行編譯時，編譯器會先啟動前置處理器，依據其中第一行所定義的 #define PI 3.1425926，掃描尋找所有在程式碼中出現 PI 的地方，並將其改以 3.1415926 進行代換；完成這個代換後，編譯器才會展開真正的編譯工作。因此，上述的程式碼經過前置處理器處理後，會將以下的程式內容送交給編譯器進行編譯的工作：

```
int main()
{
   int radius=5;
   float area;
                    ← 此處已代換
   area = 3.1415926 * radius * radius;
          ⋮
}
```

3-3 資料型態

資料型態係指一組特定的資料內容的集合，以及一組可以對其進行的操作。例如在數學領域裡，**整數 (Integer)** 就是一種資料型態，它是一個包含了序列 {⋯, −3, −2, −1, 0, 1, 2, 3, ⋯} 中的所有正整數、零以及負整數的無窮集合[10]，我們可以對整數的資料內容進行包含加、減、乘、除在內的相關操作。不過要注意的是，因為受限於有限的記憶體空間，在電腦系統裡的資料型態只能是有限的集合。C++ 語言提供多種資料型態，包含**基本內建資料型態 (Primitive Built-In Data Type)** 與

---

10 無窮集合係指擁有無窮多個元素的集合。假設 M 為包含在整數集合中的最大整數，由於我們永遠可以為整數集合加入一個新的整數 M'=M+1，因此整數集合所包含的元素數目為無窮多個。

使用者自定資料型態 (User-Defined Data Type) 兩類。本章僅就基本內建資料型態進行說明，使用者自定資料型態請參閱本書第 12 與 15 章。

C++ 語言所提供的基本內建型態，可分為以下幾種：

- 整數型態 (Integer Type)
- 浮點數型態 (Floating Type)
- 字元型態 (Character Type)
- 布林型態 (Boolean Type)
- 無值型態 (Valueless or Void Type)

我們可以視需求在程式中宣告這些型態的變數來加以使用，本節後續將針對這些型態逐一加以介紹。

3-3-1 整數型態

顧名思義，**整數型態 (Integer type)** 就是用以表示整數的資料型態。在 C++ 語言中的整數型態，是以 Integer 的前三個字母 `int` 表示。現在在大多數的系統裡，一個 `int` 整數的變數通常占用連續的 4 個位元組 (Byte) 的記憶體空間，也就是 32 個位元 (Bit)[11]。在其所配置到的空間裡，整數的數值是使用 2 補數來加以表示，其中最左側的第 1 個位元（也就是最高位元）被稱為**符號位元 (Sign Bit)**，以 0 代表非負 (Non-Negative) 的整數，也就是正整數或 0；1 則代表負整數 (Negative)。依據 2 補數的表達方法，32 位元的 `int` 整數型態可表達的數值範圍（也就是最小值與最大值）為 $-2^{31} \sim +2^{31}-1$，也就是 $-2{,}147{,}483{,}648 \sim 2{,}147{,}483{,}647$。

> **2 補數**
>
> **2 補數 (2's Complement)** 是用以表示有符號二進位數值的方法。它使用最左側的位元表示正、負符號，其值為 0 時，代表正整數或 0，並使用剩下的位元表示其二進位數值；當其值為 1 時，則代表負整數，其數值部分先忽略符號（意即視為正整數）後以二進位表示，然後進行反向運算 (Inverting，將 0 變為 1、1 變為 0) 後再加 1。例如若以 4 個位元的整數表達 +6 時，其最左側的位元為 0，剩下的位元則為 6 的二進位數值 110，因此 +6 的 2 補數為

---

[11] 在一些早期的系統，或是現代的一些較低階的嵌入式系統上，`int` 整數不一定占用 4 個位元組，有可能僅占用 2 個位元組（也就是 16 個位元）。

> 0110。若考慮使用 4 個位元表達 −6 時,則先忽略符號(意即先視為正整數)後表達為 0110,接著進行反向運算將其變為 1001,最後再加 1 得到 1010 即為 −6 的 2 補數數值。依據 2 補數的規則,使用 N 個位元可表達 2 補數的最大值與最小值分別為 $+2^{(N-1)}-1$ 與 $-2^{(N-1)}$。例如 4 個位元可表達的 2 補數最大值於最小值分別為 2^3-1 與 -2^3。關於 2 補數更多的資訊,請讀者自行參閱計算機概論相關書籍。

型態修飾字

C++ 語言有一些可以配合 int 型態共同使用的關鍵字,我們將其稱為**型態修飾字 (Type Modifier)**,例如我們可以在 int 前面加上一個 signed 或 unsigned 的修飾字,表示使用或不使用最左邊的符號位元來表達正負號。不過由於 int 整數預設會使用最左側的位元作為符號位元,因此通常不需要在宣告 int 整數變數時使用 signed 修飾字。但當我們使用 unsigned 來修飾 int 整數時,就表示不使用符號位元,而是直接使用完整的 32 個位元作為其數值內容,因此其可表達的範圍將會擴大。因此,一個 32 位元的 unsigned int 整數可以表達的最大整數即為:

$$(1111\ 1111\ 1111\ 1111\ 1111\ 1111\ 1111\ 1111)_2 = 2^{32}-1 = 4{,}294{,}967{,}295$$

另一方面,由於沒有使用符號位元來表示負數,所以 unsigned int 可表達的最小數值就是 0。

除了 unsigned 與 signed 修飾字外,整數 int 型態還可以搭配 short 與 long 兩個型態修飾字,將其表達空間加以調整。具體來說,使用 short 與 long 來修飾 int 整數時,會分別將 int 型態的記憶體大小減半與加倍。理想上,如果 int 是 32 位元,那麼 short int 則變成了 16 位元的整數,而 long int 則是 64 位元的整數。如果 64 位元的 int 整數仍無法滿足你的程式需求,C++ 語言還允許我們可以使用兩次 long 來修飾 int 整數,以得到 128 位元的 int 整數,也就是可以宣告為 long long int 型態[12]!當然,你也可以再搭配 unsigned 修飾字一起使用,來得到更大的數值範圍。

配合各種型態修飾字的使用,C++ 語言一共有以下八種整數型態:

---

[12] 或許您會推測 C++ 語言也提供 short short int 的型態,來將 int 整數的記憶體大小縮減四倍,將 32 位元的 int 整數縮減為 8 位元的整數!不過請特別注意,C++ 語言並不允許這樣做!如果您真的需要 8 位元的整數,可以使用 char 型態作為替代,請參考本章 3-3-3 小節。

- signed short int：短整數
- signed int：整數
- signed long int：長整數
- signed long long int：倍長整數
- unsigned short int：無符號短整數
- unsigned int：無符號整數
- unsigned long int：無符號長整數
- unsigned long long int：無符號倍長整數

> **型態的精簡表示**
>
> 我們在宣告 signed、unsigned、short 或 long 的 int 整數變數時，除了預設的 signed 之外，有時亦可將 int 省略。下面彙整了所有 C++ 可以使用的型態表示：
>
> 表3-3　各種 int 整數型態與及精簡表示
>
> | 完整的型態表達 | 省略 int | 省略 signed | 省略 signed 及 int |
> |---|---|---|---|
> | signed long long int | signed long long | long long int | long long |
> | signed long int | signed long | long int | long |
> | signed short int | signed short | short int | short |
> | signed int | signed | int | |
> | unsigned int | unsigned | | |
> | unsigned short int | unsigned short | | |
> | unsigned long int | unsigned long | | |
> | unsigned long long int | unsigned long long | | |

記憶體大小與數值範圍

表 3-4 以 32 位元（4 個位元組）的 int 整數為基礎，為讀者彙整了理想中各種整數型態所占的記憶體空間大小及其數值範圍。

表 3-4　理想的整數型態記憶體大小與數值範圍

資料型態	記憶體大小（位元）	數值範圍（最小值～最大值）
signed short int	16	$-(2^{15}) \sim (2^{15}-1)$ $= -32,768 \sim 32767$
signed int	32	$-(2^{31}) \sim (2^{31}-1)$ $= -2,147,483,648 \sim 2,147,483,647$
signed long int	64	$-(2^{63}) \sim (2^{63}-1)$ $= -9,223,372,036,854,775,808 \sim 9,223,372,036,854,775,807$
signed long long int	128	$-(2^{127}) \sim (2^{127}-1)$ $= -170,141,183,460,469,231,731,687,303,715,884,105,728$ $\sim 170,141,183,460,469,231,731,687,303,715,884,105,727$
unsigned short int	16	$0 \sim (2^{16}-1)$ $= 0 \sim 65535$
unsigned int	32	$0 \sim (2^{32}-1)$ $= 0 \sim 4,294,967,295$
unsigned long int	64	$0 \sim (2^{64}-1)$ $= 0 \sim 18,446,744,073,709,551,615$
unsigned long long int	128	$0 \sim (2^{128}-1)$ $= 0 \sim 340,282,366,920,938,463,463,374,607,431,768,211,455$

在此要特別提醒讀者注意，雖然在理想上，short 與 long 分別可為 int 整數型態縮減一半或加倍其記憶體空間，但是由於實作上的限制，目前作業系統並沒有完全依照此做法。舉例來說，雖然在理想上 long long int 會是一個配置有 128 個位元（也就是 16 個位元組）的整數，但不論在 Windows、Linux 或 macOS 系統上，long long int 都僅配置到 64 個位元。表 3-5 分別針對 Linux、macOS 與 Windows 系統（以及所使用的 C++ 編譯器版本），列示了不同的 int 整數型態實

表 3-5　實際的整數型態記憶體大小（單位：位元）

資料型態	Linux- Ubuntu 22.04 (GCC 11.4.0)	macOS 14 (Clang 15.0.0)	Windows 11 (GCC 13.2.0)
signed/unsigned short int	16	16	16
signed/unsigned int	32	32	32
signed/unsigned long int	64	64	32
signed/unsigned long long int	64	64	64

際配置的記憶體大小。由於同一個整數型態在不同作業環境裡所占的記憶體空間大小或有不同，因此其數值範圍也可能隨之不同，所以我們在不同作業環境開發程式前，應該要先確認整數的數值範圍，以免程式在執行時發生超出範圍的錯誤[13]。

如果要瞭解在你的作業環境裡整數所占的記憶體空間大小，我們可以使用 sizeof 運算子[14] 來進行。sizeof 可以幫助我們瞭解特定資料型態所占用的記憶體大小，例如想透過 sizeof 瞭解 int 占多大的記憶體空間，僅需以 sizeof(int) 即可得到答案（請注意 sizeof 所傳回的答案是以位元組為單位，如果需要以位元為單位則必須再乘以 8，也就是 sizeof (int)*8）。Example 3-1 的 intMemSize.cpp 程式使用 sizeof 運算子，將各種整數型態所占用的記憶體空間大小加以輸出：

Example 3-1：印出各種整數型態所占用的記憶體空間

Location: /examples/ch3

Filename: intMemSize.cpp

```
1   #include<iostream>
2   using namespace std;
3
4   int main()
5   {
6       cout << "The size of a short int is ";
7       cout << sizeof(short int) << " bytes." << endl;
8       cout << "The size of an int is ";
9       cout << sizeof(int) << " bytes." << endl;
10      cout << "The size of a long int is ";
11      cout << sizeof(long int) << " bytes." << endl;
12      cout << "The size of a long long int is ";
13      cout << sizeof(long long int) << " bytes." << endl;
14
15      cout << "The size of an unsigned short int is ";
16      cout << sizeof(unsigned short int) << " bytes." << endl;
17      cout << "The size of an unsigned int is ";
18      cout << sizeof(unsigned int) << " bytes." << endl;
19      cout << "The size of an unsigned long int is ";
20      cout << sizeof(unsigned long int) << " bytes." << endl;
```

---

[13] 此種超出數值範圍的錯誤稱為溢位 (Overflow)。由於超出整數的最大值後將會進位到原本用以表達正負號的符號位元，會發生數值由正值變為負值的異常現象。

[14] 關於運算子 (Operator) 請參考本書第 4 章。

```
21      cout << "The size of an unsigned long long int is ";
22      cout << sizeof(unsigned long long int) << " bytes." << endl;
23
24      return 0;
25 }
```

如何編譯與執行 C++ 程式

以 Example 3-1 程式為例，建議使用 Linux/macOS 與 Windows 的讀者可以分別將其存放於 ~\examples\ch3 與 C:\Users\someone\examples\ch3 資料夾內。然後我們只要在終端機下達 `c++△intMemSize.cpp` 指令就可以進行程式編譯：

Linux / macOS：

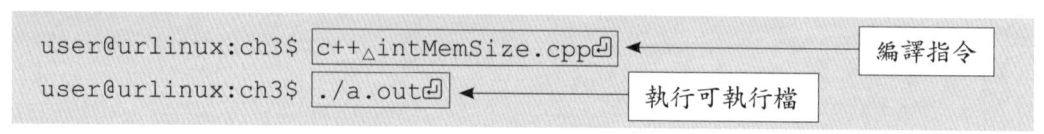

```
user@urlinux:ch3$ c++△intMemSize.cpp⏎        ← 編譯指令
user@urlinux:ch3$ ./a.out⏎                    ← 執行可執行檔
```

Windows：

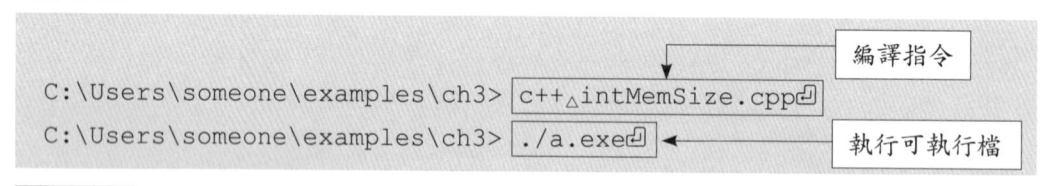

```
C:\Users\someone\examples\ch3> c++△intMemSize.cpp⏎   ← 編譯指令
C:\Users\someone\examples\ch3> ./a.exe⏎              ← 執行可執行檔
```

請讀者自行完成上述程式的編譯與執行，以瞭解在你的作業環境裡各種整數所占的記憶體空間。也請你將程式執行的結果，和表 3-5 進行比較，看看是否一致。若是讀者想要知道你所使用的系統上，各種整數資料型態的最小值與最大值，還可以使用定義在 climits 標頭檔[15] 中的巨集 (Macro) 定義[16]。在 climits 中總共定義了 12 個相關的巨集定義，請參考表 3-6。

---

15 climits 是 C++ 語言的標頭檔 (Header File) 之一，用以定義與數值極值相關的巨集。
16 巨集可以想像為一個小程式，當呼叫特定巨集時，其對應的小程式就會被執行並傳回其執行結果作為該巨集的數值。

表 3-6 climits 標頭檔定義的整數型態極值相關巨集

巨集	說明
SHRT_MIN	short int 型態的最小值
SHRT_MAX	short int 型態的最大值
INT_MIN	int 型態的最小值
INT_MAX	int 型態的最大值
LONG_MIN	long int 型態的最小值
LONG_MAX	long int 型態的最大值
LLONG_MIN	long long int 型態的最小值
LLONG_MAX	long long int 型態的最大值
USHRT_MAX	unsigned short int 型態的最大值
UINT_MAX	unsigned int 型態的最大值
ULONG_MAX	unsigned long int 型態的最大值
ULLONG_MAX	unsigned long long int 型態的最大值

你可以使用上述 12 個巨集，來取得各個整數資料型態的最大值與最小值，請參考下面這個程式：

Example 3-2：印出各種整數型態可表示之範圍

Location: /examples/ch3

Filename: range.cpp

```cpp
#include <iostream >
#include <climits>
using namespace std;

int main()
{
    cout << "The value of a short int is between ";
    cout << SHRT_MIN << " and " << SHRT_MAX << "." << endl;
    cout << "The value of an int is between ";
    cout << INT_MIN << " and " << INT_MAX << "." << endl;
    cout << "The value of a long int is between ";
    cout << LONG_MIN << " and " << LONG_MAX << "." << endl;
    cout << "The value of a long long int is between ";
    cout << LLONG_MIN << " and " << LLONG_MAX << "." << endl;
```

```
15
16      cout << "The value of an unsigned short int is between ";
17      cout << 0 << " and " << USHRT_MAX << "." << endl;
18      cout << "The value of an unsigned int is between ";
19      cout << 0 << " and " << UINT_MAX << "." << endl;
20      cout << "The value of an unsigned long int is between ";
21      cout << 0 << " and " << ULONG_MAX << "." << endl;
22      cout << "The value of an unsigned long long int is between ";
23      cout << 0 << " and " << ULLONG_MAX << "." << endl;
24
25      return 0;
26  }
```

同樣地，這個程式在不同的作業環境的執行結果並不相同，以 Windows 系統為例，其執行結果如下：

```
The value of a short int is between -32768 and 32767.
The value of an int is between -2147483648 and 2147483647.
The value of a long int is between -2147483648 and 2147483647.
The value of a long long int is between -9223372036854775808 and 9223372036854775807.
The value of an unsigned short int is between 0 and 65535.
The value of an unsigned int is between 0 and 4294967295.
The value of an unsigned long int is between 0 and 4294967295.
The value of an unsigned long long int is between 0 and 18446744073709551615.
```

至於在 Linux/Mac OS 系統上的執行結果如下：

```
The value of a short int is between -32768 and 32767.
The value of an int is between -2147483648 and 2147483647.
The value of a long int is between -9223372036854775808 and 9223372036854775807.
The value of a long long int is between -9223372036854775808 and 9223372036854775807.
The value of an unsigned short int is between 0 and 65535.
```

```
The▲value▲of▲an▲unsigned▲int▲is▲between▲0▲and▲4294967295.⏎
The▲value▲of▲an▲unsigned▲long▲int▲is▲between 0▲and▲
18446744073709551615.⏎
The▲value▲of▲an▲unsigned▲long▲long▲int▲is▲between▲0▲and▲
18446744073709551615.⏎
```

建議讀者在你的作業系統上實際執行一遍 range.cpp 程式，以確認在你的開發環境中各種整數型態可表達的範圍。

> **使用 C 語言的標頭檔**
>
> 在 Example 3-2 的 range.cpp 程式的第 2 行 `#include <climits>`，載入了一個標頭檔 climits，但其實它是來自於 C 語言的標頭檔 —— 不過它原本的檔案名稱是 limits.h。
>
> 由於 C++ 語言是以 C 語言為基礎的程式語言，不但其基本的語法與 C 語言相同，甚至 C 語言所支援的函式與定義等，都仍然可以在 C++ 語言中繼續使用。在使用 C 語言進行程式設計時，如果要使用特定的函式或定義時，必須先將其標頭檔 (Header File) 以 `#include` 加以載入。在 C++ 語言中，如果要使用來自 C 語言的函式或定義時，也必須將相關的標頭檔載入，不過要特別提醒讀者注意的是，C++ 語言在使用 C 語言標頭檔方面做了以下的變化：
>
> 1. C 語言的標頭檔副檔名為 .h，但 C++ 語言取消了副檔名。
> 2. 如果一個標頭檔是沿用自 C 語言時，C++ 語言會在其檔名前增加了一個小寫的 c 字母，以標明該標頭檔是沿用自 C 語言。
>
> 舉例來說，在 C 語言中原本就有 limits.h 標頭檔，沿用到 C++ 語言時，該標頭檔檔名就變成了 climits（前面多了一個 c，後面少了副檔名）。

固定記憶體大小的整數

從 C++ 11 開始，C++ 語言提供了固定記憶體大小的整數型態 (Fixed Width Integer Type)，可以解決整數型態存在著 **"在不同作業環境上大小不一的問題"**。使用這些型態時，不論在哪個作業環境，整數都會被配置相同大小的空間。表 3-7 是

表 3-7　定義在 cstdint 標頭檔中的固定記憶體大小整數型態與數值範圍（自 C++11 起支援）

型態	最大值（巨集）	最小值（巨集）	說明
int8_t int16_t int32_t int64_t	INT8_MAX INT16_MAX INT32_MAX INT64_MAX	INT8_MIN INT16_MIN INT32_MIN INT64_MIN	如同 signed int 型態，但準確使用 8、16、32 與 64 個位元的記憶體空間；其最左邊的位元為符號位元，並使用 2 補數表示數值
uint8_t uint16_t uint32_t uint64_t	UINT8_MAX UINT16_MAX UINT32_MAX UINT64_MAX	0 0 0 0	如同 unsigned int 型態（不使用符號位元的整數型態），但準確使用 8、16、32 與 64 個位元的記憶體空間

定義在 cstdint 標頭檔[17]中的固定記憶體大小的整數型態定義，以及可用於查詢其數值範圍的巨集。

從表 3-7 可得知，C++ 語言（自 C++11 開始）提供了 intX_t 與 uintX_t 作為使用 X 位元的 signed 與 unsigned 整數型態，其中 X 可為 8、16、32 與 64 位元。其中 signed 的 intX_t 的數值範圍是介於 INTX_MIN 與 INTX_MAX 之間，而 unsigned 的 uintX_t 的數值範圍則是介於 0 到 UINTX_MAX 之間。

下列的 Example 3-3 印出了這些型態所使用的記憶體空間（以位元組為單位）：

Example 3-3：印出各種固定記憶體大小的整數型態所占用的記憶體大小
Location: ☁/examples/ch3
Filename: fixedWidthInt.cpp

```
1  #include <iostream >
2  #include <cstdint>
3  using namespace std;
4
5  int main()
6  {
7      cout << "The size of an int8_t is ";
8      cout << sizeof(int8_t) << " byte." << endl;
```

---

[17] cstdint 是沿用自 C 語言的 stdint.h 標頭檔，自 C98 起，C 語言就將 intX_t 與 uintX_t 這些固定記憶體大小的整數型態定義在 stdint.h 標頭檔中，其名稱取自 Standard Integer 之意，意即標準的整數。

```cpp
 9      cout << "The size of an int16_t is ";
10      cout << sizeof(int16_t) << " bytes." << endl;
11      cout << "The size of an int32_t is ";
12      cout << sizeof(int32_t) << " bytes." << endl;
13      cout << "The size of an int64_t is ";
14      cout << sizeof(int64_t) << " bytes." << endl;
15
16      cout << "The size of an uint8_t is ";
17      cout << sizeof(uint8_t) << " byte." << endl;
18      cout << "The size of an uint16_t is ";
19      cout << sizeof(uint16_t) << " bytes." << endl;
20      cout << "The size of an uint32_t is ";
21      cout << sizeof(uint32_t) << " bytes." << endl;
22      cout << "The size of an uint64_t is ";
23      cout << sizeof(uint64_t) << " bytes." << endl;
24
25      return 0;
26  }
```

請特別注意上面的 fixedWidthInt.cpp 程式,必須先在第 2 行以 #include <cstdint> 將固定大小的整數型態相關的定義載入[18]。請將此程式編寫完成並加以編譯、執行,其執行結果不論在 Windows 或 Linux/macOS 作業系統上都相同:

```
The size of an int8_t is 1 byte.
The size of an int16_t is 2 bytes.
The size of an int32_t is 4 bytes.
The size of an int64_t is 8 bytes.
The size of an uint8_t is 1 byte.
The size of an uint16_t is 2 bytes.
The size of an uint32_t is 4 bytes.
The size of an uint64_t is 8 bytes.
```

只要使用這組固定記憶體大小的整數來進行變數宣告,就不用擔心在不同作業系統上可能發生的數值範圍不同的問題。你也可以進一步使用定義在 cstdint 標頭檔中的巨集,來取得各個固定記憶體大小的整數型態的數值範圍:

---

18 沒錯,此處所載入的 cstdint 也是來自於 C 語言的標頭檔,其原檔名為 stdint.h。

Example 3-4：印出各種固定記憶體大小的整數型態的數值範圍

Location: ☁/examples/ch3

Filename: rangeFixed.cpp

```cpp
#include <iostream>
#include <cstdint>
using namespace std;

int main()
{
   cout << "The value of an int8_t is between ";
   cout << INT8_MIN << " and " << INT8_MAX << "." << endl;
   cout << "The value of an int16_t is between ";
   cout << INT16_MIN << " and " << INT16_MAX << "." << endl;
   cout << "The value of an int32_t is between ";
   cout << INT32_MIN << " and " << INT32_MAX << "." << endl;
   cout << "The value of an int64_t is between ";
   cout << INT64_MIN << " and " << INT64_MAX << "." << endl;

   cout << "The value of an uint8_t is between ";
   cout << 0 << " and " << UINT8_MAX << "." << endl;
   cout << "The value of an uint16_t is between ";
   cout << 0 << " and " << UINT16_MAX << "." << endl;
   cout << "The value of an uint32_t is between ";
   cout << 0 << " and " << UINT32_MAX << "." << endl;
   cout << "The value of an uint64_t is between ";
   cout << 0 << " and " << UINT64_MAX << "." << endl;

   return 0;
}
```

此程式的執行結果不論在 Windows 系統與 Linux/macOS 系統都相同：

```
The value of an int8_t is between -128 and 127.
The value of an int16_t is between -32768 and 32767.
The value of an int32_t is between -2147483648 and 2147483647.
The value of an int64_t is between -9223372036854775808 and 9223372036854775807.
```

```
The value of an uint8_t is between 0 and 255.
The value of an uint16_t is between 0 and 65535.
The value of an uint32_t is between 0 and 4294967295.
The value of an uint64_t is between 0 and 18446744073709551615.
```

128 位元的整數型態

除了 C++ 自 C++11 後開始支援的 `int8_t`～`int64_t` 與 `uint8_t`～`uint64_t` 之外，GNU Compiler Collection (GCC) 與 Clang 也提供了使用符號位元與不使用符號位元（也就是 `signed` 與 `unsigned`）的 128 位元整數型態：`__int128`[19] 以及 `unsigned __int128`。以下程式顯示了 `__int128` 與 `unsigned __int128` 型態所占用的記憶體大小：

Example 3-5：印出 128 位元整數所占用的記憶體大小

Location: /examples/ch3

Filename: 128bitsInt.cpp

```cpp
#include <iostream >
using namespace std;

int main()
{
    cout << "The size of a __int128 is ";
    cout << sizeof( __int128) << " bytes." << endl;
    cout << "The size of an unsigned __int128 is ";
    cout << sizeof(unsigned __int128) << " bytes." << endl;

    return 0;
}
```

此程式執行結果如下（其所顯示的數值單位為位元組，再乘以 8 之後即為位元）：

---

19 請注意 `__int128` 型態名稱是以兩個底線開頭（中間不必使用空白分開），後面再接上 int128 而成。

```
The size of a __int128 is 16 bytes.
The size of an unsigned __int128 is 16 bytes.
```

數值表達

除了宣告變數為整數型態外，我們也可以直接在程式碼中使用整數數值，我們將在此說明各種整數型態的數值表示方法，其中依所使用的進位系統可分成十進制 (Decimal)、二進制 (Binary)、八進制 (Octal) 與十六進制 (Hexadecimal) 等四種表示法：

- 十進制 (Decimal)
    - 除正負號外，以數字 0 到 9 組成，除了數值 0 之外，不可以 0 開頭，例如：`0, 34, -99393` 皆屬之。
- 二進制 (Binary)
    - 除正負號外，僅由數字 0 與 1 組成，必須以 0b（零 b）或 0B 開頭，例如：`0b0, 0B101, 0b111` 皆屬之。
- 八進制 (Octal)
    - 除正負號外，僅由數字 0 到 7 組成，必須以 0（零）開頭，例如：`00, 034, 07777` 皆屬之。
- 十六進制 (Hexadecimal)
    - 除正負號外，由數字 0 到 9 以及字母（大小寫皆可）a 到 f 組成，必須以 0x 或 0X 開頭，例如：`0xf, 0xff, 0X34A5, 0X3F2B01` 皆屬之。

我們還可以在數值後面加上 L（或 l）、U（或 u），強制該數值為 `long` 型態或是 `unsigned` 型態，兩者也可以混用以表示 `unsigned long` 型態，例如：`13L, 376l, 0374L, 0x3ab3L, 0xffffffUL, 03273LU` 等皆屬之。以下是一些在程式碼中使用整數數值的範例：

```
int number_of_student = 56;   //將數值56給定為number_of_student變數
                              //  的數值
int mask = 0b11011011;        //將2進制數值11011011給定為mask變數的數值
int octalValue = 037;         //將8進制數值37給定為octalValue變數的數
                              //  值
```

```
int partSeriesNo= 0x7f2ac;    //將16進制數值7f2ac給定為partSeriesNo變
                                數的數值

//將數值383939視為long int型態,並給定為visitors變數的數值
long int visitors = 383939L;

//將數值1393023視為unsigned int型態,並給定為entitles變數的數值
unsigned int entitles = 1393023U;

//將數值6272829334322視為unsigned long int型態,
//並給定為cumulative_quantity變數的數值
unsigned long int cumulative_quantity = 6272829334322ul;
```

3-3-2 浮點數型態

浮點數型態 (Floating Type) 就是用以表示小數的資料型態,這也是我們在前面的章節內容中已經使用過的資料型態。C++ 語言提供三種浮點數型態,分別是 float、double 與 long double,其中 float 型態適用於對小數的精確度不特別要求的情況（例如體重計算至小數點後兩位、學期成績計算至小數點後一位等情況）,而 double 則用在重視小數精確度的場合（例如台幣對美金的匯率、工程或科學方面的應用等）,至於 long double,則提供更進一步的精確度。表 3-8 先行將 C++ 語言所提供的三種浮點數型態及其所占之記憶體空間大小與數值範圍加以彙整,後續將在本小節後續內容中進行詳細的說明。

記憶體大小

如表 3-8 所示,float、double 與 long double 型態分別使用了 32、64 與 128 個位元（也就是 4、8 與 16 個位元組）的記憶體空間。如同我們在介紹整數時一樣,Example 3-6 同樣使用 sizeof 運算子來將浮點數型態所占用的記憶體大小印出:

表 3-8　C++ 語言所提供的浮點數資料型態與其記憶體大小和數值範圍

型態	意義	記憶體大小（位元）	數值範圍 最小正值	數值範圍 最大正值	精確度（有效位數）
float	單精確度浮點數 (Single-Precision Floating Point)	32	1.17549×10^{-38}	3.40282×10^{38}	6 位
double	倍精確度浮點數 (Double-Precision floating Point)	64	2.22507×10^{-308}	1.79769×10^{308}	15 位
long double	擴充精確度浮點數 (Extended-Precision Floating Point)	128	3.3621×10^{-4932}	1.18973×10^{4932}	19 位

Example 3-6：印出 float、double 與 long double 所占用的記憶體空間

Location: /examples/ch3

Filename: floatingMemSize.cpp

```
1   #include <iosteam>
2   using namespace std;
3
4   int main()
5   {
6       cout << "The size of a float is "
7            << sizeof(float) << " bytes." << endl;
8       cout << "The size of a double is "
9            << sizeof(double) << " bytes." << endl;
10      cout << "The size of a long double is "
11           << sizeof(long double) << " bytes." << endl;
12
13      return 0;
14  }
```

Example 3-6 的 floatingMemSize.cpp 的執行結果如下：

```
The size of a float is 4 bytes.
The size of a double is 8 bytes.
The size of a long double is 16 bytes.
```

此處的結果顯示的是 float、double 與 long double，分別使用了 4、8 與 16 個位元組（也就是 32、64 與 128 個位元）的記憶體空間。讀者要注意的是，此執行結果在 Windows 與 Linux/macOS 系統上都相同，但是這不代表在所有的系統上，C++ 語言的浮點數型態所占用的記憶體大小永遠都會一致，尤其是在一些比較舊或是嵌入式系統上。所以仍建議讀者將 Example 3-6 的 floatingMemSize.cpp 程式實際在你的開發環境上執行一次，以確定其記憶體大小究竟是多少。

> ⚠️ **過長的程式碼可以換行後再繼續**
>
> 當你所撰寫的程式碼超過了文字編輯軟體一行可以顯示的字數上限時，雖然程式仍能正確地編譯與執行，但你也可以使用 Enter 鍵來適度地換行，讓程式碼可以在同一個畫面中閱讀。例如在 Example 3-6 floatingMemSize.cpp 中的第 6 行到第 11 行間，共有三個 cout 的敘述超過了一行，因此我們選擇在換行後繼續其內容。但是請不用擔心，這並不會在編譯時造成錯誤。事實上，C++ 語言的程式碼是以分號「;」作為一行程式碼的結束。所以，哪怕你用了很多行才寫完一個程式的敘述，只有在其分號出現時，才算是一個 C++ 語言的敘述結束。

IEEE 754-1985 標準

C++ 語言所提供的三種浮點數的型態，其實都是參考自 IEEE 754-1985 標準[20] 所加以實作的[21]。配合這個標準，在實作上 C++ 語言將一個浮點數以下列方式表達：

$$符號\ 尾數 \times 基底^{指數}$$

其中符號、尾數、基底與指數分別表示：

- 符號 (Sign)：代表此數值為正數或負數；
- 尾數 (Mantissa)：又稱為有效數 (Significand)；

---

20 請參考 IEEE Computer Society，IEEE Standard for Floating-Point Arithmetic，IEEE 754-2008 (Revision of IEEE 754-1985)。

21 不過由於不同作業系統在浮點數的實作上存在著部分差異，因此其數值範圍與精確度亦有所不同。

- 基底 (Base)：定義指數的基底，以 2 表示二進制、10 表示十進制或 16 表示十六進制，在絕大多數的實作上，都是以二進制作為基底。
- 指數 (Exponent)：指數值，其值可為正或負的整數。

舉例來說，一個浮點數 123.84923 可以使用這種方式表達為：

```
123.84923 = + 1.2384923 × 10²
```

其中這個浮點數的符號為 +、尾數為 1.2384923、基底為 10 以及指數為 2。讓我們再看看另一個例子：

```
-0.0012384923 = - 1.2384923 × 10⁻³
```

其中這個浮點數的符號為 −、尾數為與基底仍為 1.2384923 與 10，至於其指數則為 −3。這兩個例子主要的目的是幫助你瞭解 C++ 語言用以表達浮點數的方法，其中都是以 10 作為基底，不過在大部分的電腦系統實作中，浮點數都是使用 2 作為基底，此處的這兩個例子只是為了幫助讀者簡化起見，才先使用較易理解的十進制來進行示範[22]。

如果讀者想要進一步瞭解 C++ 語言是如何實作 IEEE 754-1985 所規範的浮點數的話，可以參考定義在 cfloat 標頭檔[23]中關於浮點數的實作的巨集，請參考表 3-9 所列示的 cfloat 標頭檔中的相關巨集 (Macro)，其中以 FLT 開頭的為 float 相關的巨集定義、DBL 開頭的為 double 相關定義，以及 LDBL 開頭的為 long double 的相關定義。

請特別注意的是 cfloat 所定義的巨集是與**平台相關 (Platform-Dependent)**[24] 的定義，建議讀者自行透過這些巨集取得在你的作業平台上的浮點數之數值範圍及精確度的詳細等資訊。現在，讓我們透過 Example 3-7 的 floatingMacros.cpp 程式，實際執行取得在你的作業平台上的浮點數實作資訊：

---

22 以 10 作為基底時，此種浮點數的表示法又被稱為科學記號表示法 (Scientific Notation)。
23 沒錯，cfloat 標頭檔也是來自於 C 語言的 float.h 標頭檔。
24 與平台相關係指與所使用的作業平台或作業系統相關，意即在不同環境中這些浮點數相關的定義之數值可能會不同。

表 3-9　定義在 cfloat 標頭檔中與浮點數相關的重要巨集

Macro（巨集）	意義
FLT_RADIX	此巨集定義了 C++ 語言用以作為基底 (Base) 的數值，其中以 2 表示二進制、10 表示十進制以及 16 表示十六進制。由於效能的考量，在大部分的作業平台上，FLT_RADIX 的值為 2（意即採用二進制）
FLT_MANT_DIG DBL_MANT_DIG LDBL_MANT_DIG	在採用 FLT_RADIX 所定義的進制作為基底時，此巨集定義了尾數 (Mantissa) 所能使用的位數。如 FLT_RADIX 的值為 2，則此定義為尾數以二進制表達時的可使用的位元數，此數值直接影響了浮點數的精確程度
FLT_DIG DBL_DIG LDBL_DIG	定義了在採用十進制作為基底 (Base) 時，尾數 (Mantissa) 所能使用的位數。雖然絕大部分的實作都是以二進制作為基底，但由於我們人類所慣用的進制為十進制，因此這組巨集所提供的是等價的十進制數值
FLT_MIN_EXP DBL_MIN_EXP LDBL_MIN_EXP	在採用 FLT_RADIX 所定義的進制作為基底 (Base) 時，此巨集定義了指數 (Exponent) 的最小值。這個數值為一個負的整數，並且直接影響了浮點數所能呈現的小數點後的位數
FLT_MAX_EXP DBL_MAX_EXP LDBL_MAX_EXP	在採用 FLT_RADIX 所定義的進制作為基底 (Base) 時，此巨集定義了指數 (Exponent) 的最大值。這個數值為一個正的整數，並且直接影響了浮點數所能呈現的小數點前最多的位數
FLT_MIN_10_EXP DBL_MIN_10_EXP LDBL_MIN_10_EXP	在採用十進制作為基底 (Base) 時，此巨集定義了指數 (Exponent) 的最小值。這個數值為一個負的整數，並且直接影響了浮點數所能呈現的小數點後最多的位數。這組巨集所提供的是便利我們使用的等價之十進制數值
FLT_MAX_10_EXP DBL_MAX_10_EXP LDBL_MAX_10_EXP	在採用十進制作為基底 (Base) 時，此巨集定義了指數 (Exponent) 的最大值。這個數值為一個正的整數，並且直接影響了浮點數所能呈現的小數點前最多的位數。這組巨集所提供的是便利我們使用的等價之十進制數值
FLT_MIN DBL_MIN LDBL_MIN	這組巨集所定義的是浮點數所能表示的最小值
FLT_MAX DBL_MAX LDBL_MAX	這組巨集所定義的是浮點數所能表示的最大值
FLT_EPSILON DBL_EPSILON LDBL_EPSILON	這組巨集所定義的是浮點數的誤差，其值為數值 1 以及使用浮點數所能表達的一個大於 1 的最小值之差。此值直接影響了數字的精確性
FLT_ROUNDS	當精確度不足而需要進位時，此巨集定義了所採用的方法，其可能的數值為： −1：未知（意即沒有一定的處理方法） 0：強制捨去 1：強制進位 2：強制為正無窮大 3：強制為負無窮大

Example 3-7：印出 cfloat 標頭檔中與浮點數相關的各種數值

Location: ☁/examples/ch3

Filename: floatingMacros.cpp

```cpp
#include <iostream>
#include <cfloat>
using namespace std;

int main()
{
    cout << "FLT_RADIX = " << FLT_RADIX << endl;
    cout << "FLT_MANT_DIG = " << FLT_MANT_DIG << endl;
    cout << "DBL_MANT_DIG = " << DBL_MANT_DIG << endl;
    cout << "LDBL_MANT_DIG = " << LDBL_MANT_DIG << endl;
    cout << "FLT_DIG = " << FLT_DIG << endl;
    cout << "DBL_DIG = " << DBL_DIG << endl;
    cout << "LDBL_DIG = " << LDBL_DIG << endl;
    cout << "FLT_MIN_EXP = " << FLT_MIN_EXP << endl;
    cout << "DBL_MIN_EXP = " << DBL_MIN_EXP << endl;
    cout << "LDBL_MIN_EXP = " << LDBL_MIN_EXP << endl;
    cout << "FLT_MAX_EXP = " << FLT_MAX_EXP << endl;
    cout << "DBL_MAX_EXP = " << DBL_MAX_EXP << endl;
    cout << "LDBL_MAX_EXP = " << LDBL_MAX_EXP << endl;
    cout << "FLT_MIN_10_EXP = " << FLT_MIN_10_EXP << endl;
    cout << "DBL_MIN_10_EXP = " << DBL_MIN_10_EXP << endl;
    cout << "LDBL_MIN_10_EXP = " << LDBL_MIN_10_EXP << endl;
    cout << "FLT_MAX_10_EXP = " << FLT_MAX_10_EXP << endl;
    cout << "DBL_MAX_10_EXP = " << DBL_MAX_10_EXP << endl;
    cout << "LDBL_MAX_10_EXP = " << LDBL_MAX_10_EXP << endl;
    cout << "FLT_MIN = " << FLT_MIN << endl;
    cout << "DBL_MIN = " << DBL_MIN << endl;
    cout << "LDBL_MIN = " << LDBL_MIN << endl;
    cout << "FLT_MAX = " << FLT_MAX << endl;
    cout << "DBL_MAX = " << DBL_MAX << endl;
    cout << "LDBL_MAX = " << LDBL_MAX << endl;
    cout << "FLT_EPSILON = " << FLT_EPSILON << endl;
    cout << "DBL_EPSILON = " << DBL_EPSILON << endl;
    cout << "LDBL_EPSILON = " << LDBL_EPSILON << endl;
    cout << "FLT_ROUNDS = " << FLT_ROUNDS << endl;
    return 0;
}
```

此程式在 Linux (Ubuntu 22.04 與 GCC 11.4.0) 的執行結果如下（再強調一次，在不同作業環境裡，浮點數的實作不盡相同，因此此程式的執行結果也會有所不同）：

```
FLT_RADIX = 2
FLT_MANT_DIG = 24
DBL_MANT_DIG = 53
LDBL_MANT_DIG = 64
FLT_DIG = 6
DBL_DIG = 15
LDBL_DIG = 18
FLT_MIN_EXP = -125
DBL_MIN_EXP = -1021
LDBL_MIN_EXP = -16381
FLT_MAX_EXP = 128
DBL_MAX_EXP = 1024
LDBL_MAX_EXP = 16384
FLT_MIN_10_EXP = -37
DBL_MIN_10_EXP = -307
LDBL_MIN_10_EXP = -4931
FLT_MAX_10_EXP = 38
DBL_MAX_10_EXP = 308
LDBL_MAX_10_EXP = 4932
FLT_MIN = 1.17549e-38
DBL_MIN = 2.22507e-308
LDBL_MIN = 3.3621e-4932
FLT_MAX = 3.40282e+38
DBL_MAX = 1.79769e+308
LDBL_MAX = 1.18973e+4932
FLT_EPSILON = 1.19209e-07
DBL_EPSILON = 2.22045e-16
LDBL_EPSILON = 1.0842e-19
FLT_ROUNDS = 1
```

自己動手寫程式查詢浮點數實作資訊

請以 Example 3-7 為例，撰寫一個程式將列示於定義於 cfloat 標頭檔裡有關浮點數的實作資訊（詳如表 3-9）印出。得到這些資訊後，請參考本小節後續的內容，繪製在你的作業環境裡每種浮點數型態的記憶體配置。

從上述的執行結果可以發現，在 Ubuntu 22.04 上的 GCC 11.4.0 在浮點數的實作上，採用二進制作為基底（因為 FTL_RADIX 巨集的值為 2），並且可發現 float、double 與 long double 型態的尾數分別為 24、53 與 64 個位元（可從 FLT_MANT_DIG、DBL_MANT_DIG 與 LDBL_MANT_DIG 巨集的值得知）。考慮到每個浮點數都有一個用以表示正或負數的符號位元（Sign Bit，以 0 代表正數，以 1 代表負數），我們可以使用浮點數所占用的記憶體空間大小減去 1 個符號位元與尾數所占用的位元數後，就可以得到 float、double 與 long double 型態的指數分別占 8、11 與 15 個位元。依據此計算方式，圖 3-4 顯示了 C++ 語言浮點數型態的記憶體配置情形。

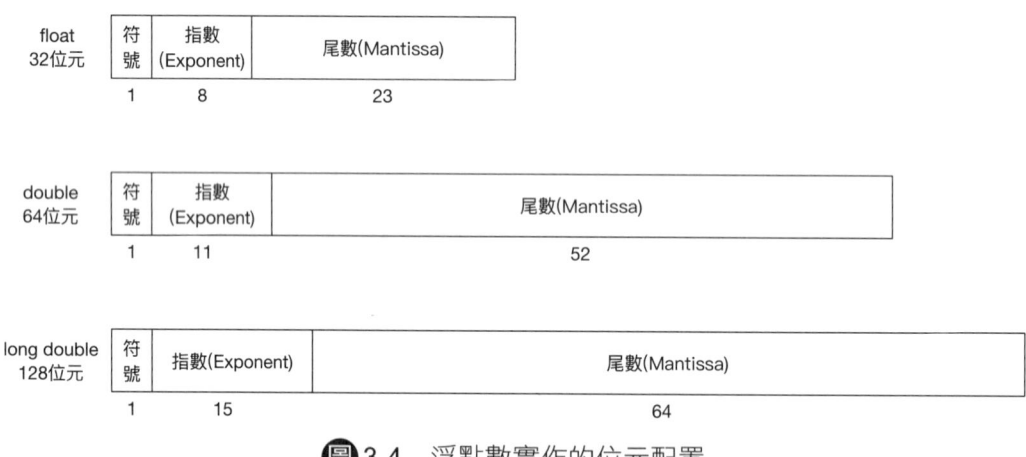

float 32位元	符號	指數(Exponent)	尾數(Mantissa)
	1	8	23

double 64位元	符號	指數(Exponent)	尾數(Mantissa)
	1	11	52

long double 128位元	符號	指數(Exponent)	尾數(Mantissa)
	1	15	64

圖 3-4　浮點數實作的位元配置

❓ long double 到底是 128 位元？還是 80 位元？

讀者可能會從 Example 3-6 的 floatingMemSize.cpp 與圖 3-4 得到不同的 long double 所占記憶體空間大小的資訊！一方面在 floatingMemSize.cpp 裡，我們可以透過 sizeof (long double) 得到其記憶體空間大小為 128 位元；另一方面，圖 3-4 基於 cfloat 所提供的巨集推算出了 long double 共有 1 個符號位元、15 個指數位元以及 64 個尾數位元,總共是 1 + 15 + 64 = 80 位元。所以問題來了,long double 到底是 128 位元?還是 80 位元呢?

> 讓我問了!
>
> 答案是兩者皆是!long double 型態的編譯器有的使用 128 位元 (也就是 16 個位元組) 的空間,但僅使用了其中的 80 個位元 (也就是 10 個位元組) 的空間;有些編譯器的則是 80 位元。
>
> 會造成這個現象的原因之一,是許多處理器 (例如 intel x86 系列) 在設計上,有著浮點數運算的浮點運算器 (Floating Point Unit, FPU) 都將其暫存器設計為 80 個位元,因此不論是 32 位元的 float 或是 64 位元的 double 都會轉換為 80 位元進行運算 —— 雖然有兩個值是並不能轉換,但也只有能存放精確值的空間。
>
> 因此轉換為 80 位元,或者能發生值為恰止確的問題 (都直接接取的問題就是,即沒有 128 位元的 long double,就也要被 128 位元的空間,但是有值是有精確的的空間),將 128 位元上重置所代表的數值傳遞去。i 因此,在現有的 long double 儲備空間的範圍,其實只使用了其中的 80 個位元所存放的數值,剩下的 48 位元空間是閒置不用。如此一來,儲備空間雖然變大,但機器運算速度並沒有變快,這會造成資源的浪費。

數值範圍

依據圖 3-4 的浮點數記憶體配置,就可以分別計算出尾數與指數可表達的數值範圍,並進一步得出浮點數的最大值與最小值。不過在 cfloat 標頭檔中已定義有可以顯示極值的巨集,包含 FLT_MIN、FLT_MAX、DBL_MIN、DBL_MAX、LDBL_MIN 與 LDBL_MAX 等。請讀者參考 Example 3-7 的執行結果,你應該會發現它們的數值與表 3-8 所列示的一致。但要注意的是,Example 3-7 與表 3-8 所顯示的是**最大與最小的正值 (Maximum and Minimum Positive Value)**。讓我們結合了符號位元與最大的正值後(FLT_MAX、DBL_MAX 與 LDBL_MAX),浮點數可以表示的最大與最小值如表 3-10 所示。

表 3-10　浮點數的數值範圍

型態	最小值	最大值
float	-3.40282×10^{38}	$+3.40282 \times 10^{38}$
double	-1.79769×10^{308}	$+1.79769 \times 10^{308}$
long double	$-1.18973 \times 10^{4932}$	$+1.18973 \times 10^{4932}$

當然，對於浮點數來說，最重要的倒不是其最大值與最小值的範圍，而是其小數點後可以顯示的範圍；不論正或負值（也就是不考慮符號位元的話），浮點數可表達的最小數值（亦可直接取自於 cfloat 標頭檔中的 FLT_MIN、DBL_MIN 與 LDBL_MIN 等巨集）如表 3-11。

表 3-11 浮點數的數值範圍

型態	最小正值 (Minimum Positive Value)
float	1.17549×10^{-38}
double	2.22507×10^{-308}
long double	3.3621×10^{-4932}

要注意的是，此處所謂的**最小的正值 (Minimum Positive Value)**，是暫不考慮符號位元的結果，比較像是說明小數點後可以表達的範圍。但是要特別注意的是，這裡的**最小正值**雖然表示的是一個浮點數可以表達到多小的數值，但這並不代表能夠精確地表達。事實上，一個浮點數能夠精確表達到小數點後幾位，其實是要由尾數來決定的。

精確度（有效位數）

浮點數的**精確度**（**Precision**，又稱為**有效位數**）是指數值中有多少位數是精確的，而不是指小數點後有多少位數的是精準的！舉例來說，123.456789 在 7 位精準度的情況下，是指它可以精準到 123.4567，而不是指它可以精準到小數點後 7 位。本節後續將討論 C++ 的浮點數可以提供多少位數的精準度，不過這個主題涉及到二進制的小數表達方法，為了幫助讀者理解並簡化我們的討論，本節將以十進制作為討論的基礎[25]。

如前述，浮點數其實會以圖 3-4 的方式，儲存在記憶體中，其中的尾數部分完全決定了該數值的精確度（Precision，也就是有效位數）。讓我們以一個簡單的例子來說明浮點數的精確度該如何計算：

請考慮一個使用 float 型態儲存的浮點數 123.456789，依照本小節前面的說明，此數值必須先表達為 + 1.23456789 × 10^2，然後分別使用 0、2 與 123456789 作為符號位元（0 表示正數）、指數 (Exponent) 以及尾數 (Mantissa) 的值。如圖 3-4 所示，一個 32 位元的 float 型態，其指數與尾數分別占用了 8 與 23 個位元，因此

---

[25] 關於二進制的小數表達方式，請讀者自行參閱計算機概論相關書籍。

我們將使用這些位元來存放 123.456789 的指數與尾數部分，請參考圖 3-5。

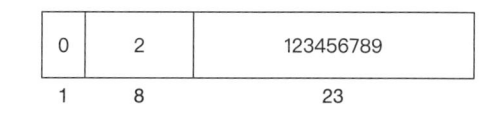

0	2	123456789
1	8	23

圖 3-5 浮點數 123.456789 的記憶體配置

此處主要的問題在於數值 123456789 無法使用 23 個位元來表達，事實上 23 個位元最多可以表達的數值為 $2^{23} - 1 = 8388607$，比起 123456789 還少了兩個位數。因此 123.456789 並無法使用 float 型態來精確地表達。當然，如果將這個數值改以 double 型態來表達時，就沒有精確度的問題，因為 double 使用 52 個位元來表達尾數，其最大可表達的數字遠遠超過 123456789 所需的位數。

有鑑於此，不同的浮點數型態可以提供的精確度是取決於其尾數可以表達的數值範圍，舉例來說，float 型態的尾數為 23 位元，換句話說它可以使用 23 個位元來表達一個二進制的數值，對應回十進制時，其可以表達的最大位數可計算為 $\log 2^{23} = 6.92368990027$，也就是約 6 個位數的精確度。至於 double 與 long double 則可以計算為 $\log 2^{52} = 15.6535597745$ 與 $\log 2^{64} = 19.2659197225$，也就是分別可提供 15 位與 19 位數的精確度。最後還是要再提醒讀者，此處的討論使用的是十進制而非實際使用的二進制，因此在一些細節上並不完全正確，但已經足夠作為觀念的演譯了。有興趣的讀者，可以自行參考二進制的小數表達方式，對浮點數的精確度進行更深入的探討。

數值表達

在 C++ 語言中，浮點數數值的表達方式有兩種方式：

- 十進制 (Decimal)
    - 除正負號外，以數字 0 到 9 以及一個小數點組成。
    - 例如：0.0, 34.3948, 3.1415926, -99.393 皆屬之。
- 科學記號表示法 (Scientific Notation)
    - 由一個十進制的數值與指數所組成。
    - 在十進制的數值前可包含一個正負號，且在數值中可包含一個小數點。
    - 指數的部分是表示 10 的若干次方，以一個 E 或 e 後接次方數表達。
    - 在 E 或 e 的後面可接一個正負號，表示該次方數為正或負。

例如：345E0 代表 345.0、3.45e+1 代表 34.5，以及 3.45E-5 表示 0.000345。

另外，C++ 語言默認的浮點數型態為 double，如果您要特別強制一個數值之型態為 float 或 long double，可以在數值後接上一個 F 或 L（大小寫皆可）。例如：3.45L、3.45f 等皆屬之。以下是一些在 C++ 程式裡使用浮點數數值的例子：

```cpp
// 將數值28.5視為float型態的數值，並給定為price變數的數值
float price = 28.5F;

// 將使用科學記號表示法表示的數值273.15視為float型態
// 並給定為freezing_poing變數的數值
float freezing_point = 2.7315e2f;

// 將數值0.5以預設的double型態給定為ratio變數的數值
double ratio = 0.5;

// 將數值3.14159265358視為long double型態，並給定為pi變數的數值
long double pi = 3.14159265358L;
```

3-3-3 字元型態

所謂的**字元型態 (Character Type)** 就是用以表示文字、符號等資料，包含大小寫的英文字母、阿拉伯數字、空白、換行（也就是 Enter），以及 !@#$%^&*(){}_+-\|~`" 等符號皆屬之，我們都將其統稱為**字元**。C++ 語言提供 char 型態，來儲存與操作使用字元資料。下面這段程式碼宣告了一個 char 型態的變數，並將其初始值設定為字元 A：

```cpp
char c;        // 宣告一個char字元變數c
c ='A';        // 設定變數c的值為字元A
```

要特別注意的是，在 C++ 語言的程式中，我們必須使用一組單引號 ' ' 來將字元值包裹起來。因此上面這段程式碼必須使用 'A'，來表示大寫的英文字母 A。如果沒有使用單引號來標明的話，C++ 語言的編譯器將無法理解它究竟是一個字元還是一個變數名稱。

記憶體大小與字元編碼

現在讓我們來看看一個 char 型態的字元變數，在記憶體中將會占用多少空間？請參考下列程式碼來檢查 char 型態所占用的記憶體大小：

```
cout << sizeof(char) << endl;
```

試試看自己動手寫出可以測試上面這行程式碼的程式[26]！執行看看結果是什麼？沒錯，它所輸出的結果將會是 1，代表一個 char 型態的值會占用 1 個位元組的記憶體空間，也就是 8 個位元。因此 char 型態的值可以有 $2^8 = 256$ 種排列組合，從 00000000 到 11111111（也就是十進制的 0 到 255）。為了能夠在電腦系統內表達不同的字元，最直接的方式就是使用編號的方式，為每個字元給定一個獨一無二的數值號碼，例如字元 A 為 1 號、字元 B 為 2 號、…，依此類推。事實上，我們把這種方式稱之為**字元編碼 (Character Encoding)**。以 8 位元的 char 型態來說，不論採用的編碼方式為何，最多都不能為超過 256 個字元提供不重複的編碼。

ASCII 字元編碼

目前在絕大部分的電腦系統，字元都是採用名為 ASCII 的字元編碼方式來進行編碼。ASCII 是 American Standard Code for Information Interchange（美國標準資訊交換碼）的縮寫，採用整數的編碼值為電腦系統上的每個字元指定了一個介於 0-127 之間的整數值，請參考本書附錄 D 的 ASCII 字元編碼表（為便利起見，表中同時列示了十進制與十六進制的編碼數值）。在 ASCII 的編碼中，數值 0 至 31 以及 127 為**不可見字元 (Unprintable Character)**[27]，主要是用於通訊控制或字元控制的用途；至於數值介於 32 至 126 之間的則是一般的**可見字元 (Printable Character)**。從附錄 C 可得知 ASCII 總共使用了 0 至 127，共 128 個數值來為字元編碼；因此一個以 ASCII 編碼的字元需要使用 7 個位元來儲存其值（因為 7 個位元可以表達二進制的 0000000 到 1111111，或是十進制的 0 到 127，總共 $2^7=128$ 種可能的排列組合）。雖然 ASCII 只使用了 7 個位元所能表達的 128 種可能的排列

---

26 你應該已經有能力寫出可以測試這行程式碼的 C++ 程式了吧？如果還沒有辦法寫出這樣的程式，建議您先暫停本章的內容，返回到前兩章的內容加以回顧，直到寫得出這樣的程式為止。

27 Unprintable Character 應譯作不可印字元，意即無法印（顯示）在螢幕上的字元，本書為更貼近其意涵譯作不可見字元，意即無法在螢幕上看到的字元。同理，Printable Character 本書譯作可見字元。

組合來為字元編碼,但其已經涵蓋了英文的大小寫字母、阿拉伯數字、空白、換行以及一些特殊符號與控制用途的字元,是目前電腦系統使用最廣的編碼方式,幾乎沒有電腦系統不支援 ASCII 編碼!只要是使用 ASCII 編碼方式的字元資料,可以廣泛地應用在各種與字元資料相關的應用之上。

要注意的是,雖然 ASCII 是使用 7 個位元來表示一個字元,但由於系統存取記憶體是以位元組(也就是 8 個位元)為單位,因此實作上 C++ 語言只能選擇大於等於 7、且最為接近 8 的倍數的位元數作為 char 型態[28],這也就是 char 型態占用 8 個位元的原因。

字元的表達

基本上,C++ 語言針對 char 型態的字元值有以下兩種表達方法:

- 字元值:以一對單引號 ' ' 將字元放置其中,例如 'A'、'4'、'p'、'&' 皆屬之。
- 整數值:對應於 ASCII 字元編碼的整數值,例如 65 與 97 皆屬之。

以下的程式碼宣告兩個 char 型態的變數 c1 與 c2,並將它們的初始值都設定為英文大寫字母 A,只不過分別是使用字元值與整數值加以設定:

```
char c1= 'A';        // 宣告一個char字元變數c1,並將字元A作為其初始值
char c2 =66;         // 宣告一個char字元變數c2,並將整數66作為其初始值
```

我們不但可以整數值來作為字元,甚至可以使用不同的數字系統,例如八進制或十六進制。請參考下面的例子:

```
char c3= 0103;       // 宣告一個char變數c3,並將八進制的103作為其初始值
char c4 =0x44;       // 宣告一個char變數c4,並將十六進制的0x44作為其初始值
```

此處宣告了兩個 char 型態的變數 c3 與 c4,並將其初始值分別設定八進制的 101 與十六進制的 0x44(也就是十進制的 67 與 68)。關於整數的八進制與十六進制的表達方法,請參考 3-3-1 小節的說明。

---

[28] 使用 8 個位元來表達 7 個位元的 ASCII 編碼時,已經浪費了 1 個位元;若是使用 16 個位元或更多時,則會浪費更多的位元。

以下的程式碼使用 cout 將上述所宣告的字元變數 c1、c2、c3 與 c4 加以輸出：

```
cout << c1 << c2 << c3 << c4 << endl;
```

由於變數 c1 的值為字元 A，c2、c3 與 c4 則分別是十進制的數值 66、67 與 68，你可以從附錄 D 的 ASCI 編碼表查詢到它們所代表的字元分別為 B、C 與 D，因此上述程式碼的執行結果如下：

```
ABCD↵
```

跳脫序列

C++ 語言還提供一種被稱為**跳脫序列 (Escape Sequence)** 的字元值表達方法，從字面上來看就是使用一組字元或數值，但讓它們跳脫原本的意義。要注意的是，使用時與字元值一樣，必須使用一組單引號將跳脫序列包含在內。在單引號內所包裹的內容，是先以一個反斜線 \ 開頭，再接上一個或多個特定的字元或數值。例如反斜線與字元 n 所組合出的 '\n' 就是一個例子，它代表了要讓游標換行的意思。請參考下面的這段程式碼，它宣告了一個名為 newLine 的字元變數，並使用一組跳脫序列 '\n' 作為其初始值：

```
char newLine= '\n';
```

有了這個變數宣告後，後續我們就可以使用 newLine 這個字元變數來進行換行，例如下面的程式碼：

```
cout << newLine;
```

跳脫序列除了可以用來作為字元變數的值以外，也可以混合在字串當中。例如以下的程式碼，會先印出一個「Hello World!」字串後，然後再加以換行：

```
cout << "Hello World!\n";
```

除了 '\n' 以外，C++ 語言還提供了一些跳脫序列，我們將其彙整於表 3-12。

表 3-12　跳脫序列彙整

Escape Sequence（跳脫序列）	意義
\a	警示音 (Alert)，讓電腦系統的蜂鳴器發出警示音
\b	倒退鍵 (Blackspace)，讓游標倒退一格
\f	跳頁 (Form Feed)，讓游標跳至下一頁的第一個位置
\n	換行 (New Line)，讓游標跳至下一行
\r	歸位鍵 (Carriage Return)，讓游標回到同一行的第一個位置
\t	水平定位 (Horizontal Tab)，讓游標跳至右側的下一個定位點
\v	垂直定位 (Vertical Tab)，讓游標跳至下方的下一個定位點
\\	反斜線 (Backslash)，因為跳脫序列是以反斜線開頭，所以若要輸出的字元就是反斜線時，必須使用兩個反斜線代表
\?	輸出問號
\'	輸出單引號
\"	輸出雙引號

除了表 3-12 所彙整的跳脫序列外，我們也可以在一組單引號內，以反斜線開頭再接上一個整數值（不論是使用八進制、十進制或十六進制皆可，但不支援二進制），來設定字元的 ASCII 編碼值。請參考以下的程式碼片段：

```
char cA= '\65';   //宣告一個char變數cA，並將十進制的65作為其初始值
char cB ='\045';  //宣告一個char變數cB，並將八進制的45作為其初始值
char cC ='\x41';  //宣告一個char變數cC，並將十六進制的0x41作為其初始值
cout << cA << cB << cC << endl;
```

請讀者參考附錄 D 的內容，想想看此程式片段的執行結果為何？此處要提醒讀者使用這種在一組單引號內，以反斜線開頭再接上一個整數值的宣告方法，其中在十六進制的部分並不需要使用 0 開頭，直接使用 x 開頭即可，例如 '\x41' 即可，不需要、也不允許寫成 '\0x41'。

將字元視為整數

如前述，char 型態的字元其實儲存的是 ASCII 編碼的整數值，因此可以將 char 型態視為是整數型態，只不過是個僅占 1 個位元組（8 個位元）的整數！

我們已經在本節前面的內容中，學到了可以將 ASCII 的整數編碼值指定給字元變數，例如：

```
char c=65;
```

此處給定字元變數 c 數值 65（意即 ASCII 編碼值 65），也就是大寫的英文字母 A。請再參考以下的程式碼：

```
int i='A';
```

沒錯！你一點都沒看錯！這行變數宣告也是正確的！在上面的程式碼中，令字元 A 為 int 整數變數的值，其實就是將 A 的 ASCII 編碼值設定為變數 i 的初始值，也就是等同於 int i=65;。

把宣告為 int i='A' 的整數印出來

請試著寫個程式，使用 cout 來將上面例子中的 i 的值印出來。如何？你看到的輸出是整數值 65，還是字元 'A'？為什麼會看到這樣的結果呢？

事實上，char 型態除了可以作為 ASCII 的字元外，也可以直接作為整數使用，甚至還可以進行整數的運算。考慮以下的宣告：

```
int i='A' +3;      // 令int整數變數i為字元A的ASCII編碼值再加上3
int j='N'-'G';     // 令int整數變數j為字元N與字元G的間距
```

在此處宣告的 i 數值為字元 A 的 ASCII 值加上 3，也就是 68；至於 j 的數值則是由字元 'N' 減去字元 'G'，也就是 ASCII 值的 78 減 71，結果等於 7。從這些例子中可得知，char 型態其實就是整數型態，只不過是一個僅佔 1 個位元組（也就是 8 個位元）的整數，其值對應到經由 ASCII 編碼後的字元。

有些程式設計師習慣使用 char 型態作為**較短**的整數，也就是一個占 8 個位元的整數。回想一下整數的型態：預設的 int 型態是 32 位元，如果冠以 short 修飾字就可以將其記憶體大小縮減為 16 位元。所以將 char 型態作為 8 位元的整數之用，就好比是「short short int」[29]——短短整數一樣。在 C++11 還沒有支援 int8_t 之前[30]，這是一種相當常見的做法，尤其是當我們所要處理整數值較小時，實在不需要占用過多的記憶體空間。例如，用以表示「棒球比賽進行時，一個打者的好壞球數」的整數變數 strike 與 ball，其可能的數值分別是介於 0 至 3 與 0 至 4 的整數，若採用 32 位元的整數去存放似乎太浪費記憶體空間了。另一方面，若是將 char 視為是整數型態，還可以加上 signed 與 unsigned 修飾字，來使用或不使用符號位元。表 3-13 彙整了其加上修飾字後的型態變化與數值範圍。

表 3-13　以 char 型態作為整數的記憶體大小與數值範圍

資料型態	記憶體大小（位元）	數值範圍（最小值～最大值）
signed char	8	$-(2^7) \sim (2^7-1) = -128 \sim 127$
char	8	$-(2^7) \sim (2^7-1) = -128 \sim 127$
unsigned char	8	$0 \sim (2^8-1) = 0 \sim 255$

以下以棒球比賽的成績記錄軟體為例，介紹一些適合使用 char 作為整數的例子：

```
//宣告strike、ball與out，以作為記錄棒球比賽的好壞球與出局數的變數
char strike, ball, out;

char inning;          //宣告inning變數代表棒球比賽所進行到的局數
char numPlayer;       //宣告numPlayer代表棒球比賽的球員數
char hit, run;        //宣告hit與run代表安打數與得分數
```

這些變數都有共通的特性：都是整數，而且都是數值範圍有限的整數。上面這些變數當然也可以改用占了 32 位元的 int 型態來宣告，不過如此一來就會浪費 3 倍的記憶體空間。不過從 C++11 開始，筆者更建議您使用 int8_t 來代替 char 型態的整數使用，畢竟使用 char 宣告的整數，在可讀性上還是差了一些。

寬字元 wchar_t 型態

由於 ASCII 僅使用了 7 個位元來進行編碼，所以其可以表達的排列組合相當

---

[29] C++ 並不支援 short short int 型態！
[30] int8_t 是固定使用 8 位元的整數型態，請參考第 3-3-1 小節。

有限。換句話說，這世界上還有許許多多的文字與符號還沒有被收錄，為了解決這個問題，不同的系統先後採用了一些不同的編碼來解決這個問題，目前以 Unicode 編碼是最為普遍、且最廣為被接受的方式。Unicode 一般中譯為**萬國碼**或**統一碼**，其存在就像是一套字典一樣，收錄了全世界所有可能被使用到的各種語言的文字符號，且仍不斷地持續增修中。每一個被收錄在 Unicode 中的字元符號使用 16 位元（也就是 2 個位元組）加以表示。由於 16 位元可表達的編碼空間為 $2^{16} = 65,536$，尚不足以涵蓋全世界各種語言文字符號的需求；因此 Unicode 更進一步依據使用的頻率，將所有的字元符號區分為 17 個平面 (Plane)，以包含更多的可能性。簡單來說，您可以將 Unicode 想像為一套 17 冊的字典，每一冊（也就是每一個平面）都可以收錄 65,536 個字元符號，所以總計可表達 17 × 65,536 = 1,114,112 種排列組合。

不過 Unicode 並不是電腦系統上實際使用的編碼方式，目前在大部分的系統上是使用 UTF-8 來為 Unicode 字元編碼。UTF-8 (8-bit Unicode Transformation Format) 是以 8 位元為基礎的 Unicode 可變長度編碼方式，在實作上以 8 個位元（也就是 1 個位元組）為基礎，依編碼需要使用不同的位元數目來表達文字符號，但其位元數必須是 8 的倍數。換言之，UTF-8 以 8 個位元所組成的一個位元組為基礎，視需要使用一至六個位元組為每個 Unicode 的文字與符號進行編碼；其中使用一個位元組的編碼與 ASCII 相容，所以大部分的 ASCII 文字資料都可以相容於 UTF-8，至於其它的文字與符號則使用兩個至六個位元組進行編碼[31]，以繁體中文為例，UTF-8 使用三個位元進行編碼。

除了 UTF-8 之外，目前亦有 UTF-16 (16-bit Unicode Transformation Format) 被不同的系統使用中，例如 Windows 系統就是預設使用 UTF-16。與 UTF-8 類似，UTF-16 採用 16 個位元作為基礎，任何字元所使用的位元數必須為 16 的倍數。為了因應 UTF-8 與 UTF-16 等各種需要多位元組的編碼方法，C++ 語言除了占用 1 個位元組的 `char` 型態以外，還支援占用多個位元組的 `wchar_t` 型態，其命名是取自於 Wide Character Type 之意，也就是寬字元的意思。在 Linux 與 macOS 系統上，`wchar_t` 型態占了 4 個位元組（也就是 32 個位元），可以配合 UTF-8 用以儲存一個 Unicode 字元；但是在 Windows 系統上，`wchar_t` 的型態則僅占了 2 個位元組（16 個位元），不能夠完整作為一個 Unicode 字元，而是配合 UTF-16 (16-

---

31 儘管原始的 UTF-8 規劃使用 1 至 6 個位元組來表達一個 Unicode 字元，但在 2003 年 11 月所公佈的 RFC 3629 重新規範為最多使用 4 個位元，亦即不能超出原始 Unicode 編碼空間 U+0000 到 U+10FFFF。

bit Unicode Transformation Format）作為一個字元的組成部分。換句話說，在 Linux/macOS 系統上，一個 `wchar_t` 型態的字元可以作為一個 Unicode 的字元；但在 Windows 系統上，則是使用多個 `wchar_t` 型態的字元才能表達一個 Unicode 的字元。

類似於整數型態在不同系統上所占用的記憶體大小不同的問題，從 C++ 11 起，C++ 語言還提供了 `char16_t` 與 `char32_t` 這兩種同樣用於處理多位元組的編碼需求的型態，更重要的是它們不論在哪個作業系統上，其所占用的記憶體大小是固定的（分別是 16 個與 32 個位元）。關於 `wchar_t`、`char16_t` 與 `char32_t` 等寬字元的使用，以及 Unicode、UTF-8 與 UTF-16 更多的細節，我們將在本書第 11 章加以說明；屆時我們也將針對 C++ 語言如何取得與輸入中文的字元與字串等主題加以探討。在此之前，本書後續的範例如有需要字元型態之處，一律都先使用 `char` 型態。

3-3-4 布林型態

除了整數、浮點數與字元以外，C++ 還提供了**布林型態 (Boolean Type)** ── `bool`，供我們使用。布林型態的值是來自於邏輯運算 (Logic Expression)，其運算結果只有兩種可能的值：**true**（真）或 **false**（假），代表著某種情況、情境或是狀態、條件的**正確與錯誤、成立與不成立、真與偽**等正面的或負面的兩種可能。由於 19 世紀著名的英國數學家喬治‧布爾 (George Boole)，對於邏輯運算有極大的貢獻，因此在電腦科學領域又將邏輯運算稱為布林運算 (Boolean Expression)，其值也稱為布林值 (Boolean Value)，這也正是 C++ 語言所提供的布林型態 `bool` 的名稱由來。

請參考以下的布林型態變數宣告：

```
bool b1;
bool b2=true;
bool b3=false;
```

在上述的宣告中，我們以 `bool` 作為變數 `b1`、`b2` 與 `b3` 的型態，其中 `b2` 與 `b3` 還分別給定了 `true` 與 `false` 的初始值。

在此要提醒讀者注意的是，過去 C 語言並沒有提供布林型態，而是直接以整數值 0 作為 `false`，並將其它所有非 0 的整數值視為 `true`（不論正的或負的整數都視為 true）。由於 C++ 語言是源自於 C 語言，所以 bool 型態的值，仍然可以沿用 C 語言的做法──使用非 0 的整數值與 0，來分別表示 true 與 false。不過作為一個 C++ 語言的程式設計師，您應該要儘量避免使用整數值來代替布林值，應該直接以關鍵字 true 與 false 代替整數值，以提升程式的可讀性。以下程式碼示範了整數值與布林值間的關係：

```cpp
bool b1=true;      // 宣告b1為布林型態的變數，其初始值為true
bool b2=false;     // 宣告b2為布林型態的變數，其初始值為true
cout << "b1=" << b << "rb2="<< b2 << endl;    // 印出變數b1與b2的內容
```

讀者可能以為上述程式碼的執行結果會輸出 b1=true b2=false，但其實使用 cout 來輸出布林值時，其輸出的將會是該布林值所對應的整數值。所以上述的程式碼將輸出以下的執行結果：

```
b1=1△b2=0↵
```

這顯示了雖然 C++ 將非零的整數值視為 true，並將整數 0 視為 false；但在實際儲存布林值時並不是使用任意一個非零的整數作為 true，而是使用整數值 1 作為 true，並以整數值 0 作為 false。

接下來，我們將 b1 與 b2 這兩個布林變數的值加以改變，並再次將它們的值印出：

```cpp
b1= 5;         // 改變b1的值為整數值5
b2= -100;      // 改變b2的值為整數值-100
cout << "b1=" << b << "rb2="<< b2 << endl;    // 印出變數b1與b2的內容
```

由於 5 與 -100 皆為非零的整數值，代表的都是 true 的意思，因此 b1 與 b2 的值都會儲存為 1（代表它們都是 true）。所以其執行結果為：

```
b1=1△b2=1↵
```

我們也可以將布林值指定給整數（當然 true 與 false 是分別使用 1 與 0 表示），請參考以下的例子：

```
int x= true;     //宣告整數變數x，並將布林值true作為x的初始值
int y= false;    //宣告整數變數y，並將布林值false作為y的初始值
cout << "x=" << x << " y="<< y << endl;    //印出變數x與y的內容
```

此例的執行結果如下：

x=1△y=0⏎

bool 型態的變數占多少記憶體空間？

請讀者猜猜看，一個 bool 布林型態的變數會占多少記憶體空間？請先別急著寫個使用 sizeof(bool) 的程式來得到答案哦！其實你可以自己推論一下合理的記憶體大小是多少？筆者在此給您兩個提示：

(1) 要使用多少個位元才能表示 true 與 false 兩種可能的情況？
(2) 電腦系統實際存取記憶體的最小單位為 8 個位元（也就是一個位元組）。

好了，等你想出答案後就可以自己寫個程式來驗證一下是否正確了！

解答：bool 型態的變數雖只 1 個位元卻組的記憶體空間。

3-3-5 無值型態

所謂的**無值型態 (Void Type)** 就是指不具備數值 (Valueless) 的意思，C++ 使用 void 作為無值型態的名稱，但它並不適用於變數的宣告──變數就是要用來存放數值的，如果宣告成 void 那不就和變數存在的目的矛盾了！void 型態通常是搭配函式宣告使用，用以表示該函式不需要傳回任何數值。關於 void 型態與函式更多的細節，請參考本書第 9 章。

3-3-6 C++11 新初始化方法

自 C++11 標準開始，變數的初始值給定還有一些新的方法，請參考以下的語法：

Chapter 03 變數、常數與資料型態

變數宣告與初始化語法定義

資料型態 變數名稱[*初始值給定*]? [,變數名稱[*初始值給定*]?]*;

初始值給定 ← =數值 | (數值) | ={數值} | {數值}

上面的語法定義和原本的變數宣告語法相同，只不過在 [*初始值給定*] 除原本的 =數值 之外，還新增了 (數值)、={數值} 與 {數值} 等三種選擇。

> **語法定義符號：| (或)**
>
> 在上面的語法定義中，出現在第 1 行使用斜體表示的 [*初始值給定*] 代表該語法單元還需要其它的補充定義。在第 2 行的 *初始值給定* ← =數值 | (數值) | ={數值} | {數值} 即為其所需的補充定義，其將 [*初始值給定*] 這個語法單元由 ← 符號右方的內容加以定義。
>
> 至於出現在定義中的 | 符號則代表**或者 (or)** 之義；例如，第 2 行所定義的 *初始值給定* 這個語法單元的內容是 =數值 、 (數值)、 ={數值} 與 {數值} 這四個選擇之一。

依據語法規則，我們可以在宣告變數的同時，在變數名稱後面使用 =數值、(數值)、={數值} 或 {數值} 這四個選擇之一來給定初始值。其實第一種 =數值 的初始值給定方式是承襲自 C 語言而來的，至於其它三種選擇（(數值)、={數值} 或 {數值}）才是 C++ 所提供的新變數初始值給定方法。所以若以宣告一個名為 x 的 int 整數變數，並給定 100 作為其初始值的話，依據語法共有以下四種宣告的方法：

```
int x=100;      // 使用 =數值 語法
int x(100);     // 使用 (數值) 語法
int x={100};    // 使用 ={數值} 語法
int x{100};     // 使用 {數值} 語法，自C++11開始支援此語法
```

要特別注意的是，其中最後一種宣告的方法，是在 C++11 的標準才開始提供的。請參考下面的程式範例：

121

Example 3-8：各種變數初始值給定

Location: /examples/ch3

Filename: newVarInitial.cpp

```
1   #include <iostream>
2   using namespace std;
3
4   int main()
5   {
6     int i = 3;
7     int j (4);
8     int k = {5};
9     int l {6};
10
11    cout << "i=" << i << endl;
12    cout << "j=" << j << endl;
13    cout << "k=" << k << endl;
14    cout << "l=" << l << endl;
15
16    return 0;
17  }
```

上述這個程式的第 9 行使用到了 C++11 才開始支援的 `{數值}` 初始值給定方法，所以其編譯方法不同於過去，我們在編譯時必須要使用 `-std=c++11` 或 `-std=gnu++11` 的選項才能順利的編譯，請參考以下的編譯指令：

Linux / macOS（GCC 與 Clang 皆適用）：

使用 -std=c++11 編譯參數

user@urlinux:ch3$ `c++△newVarInitial.cpp△-std=c++11⏎`

或

也可以使用 -std=gnu++11 編譯參數

user@urlinux:ch3$ `c++△newVarInitial.cpp△-std=gnu++11⏎`

Chapter 03　變數、常數與資料型態

Windows（GCC 與 Clang 皆適用）：

使用 -std=c++11 編譯參數

C:\Users\someone\examples\ch3> c++△newVarInitial.cpp△-std=c++11⏎

或

也可以使用 -std=gnu++11 編譯參數

C:\Users\someone\examples\ch3> c++△newVarInitial.cpp△-std=gnu++11⏎

此程式的執行結果如下：

```
i=3
j=4
k=5
l=6
```

新的宣告方式，還提供了型態安全的檢查，我們將上面的程式修改如下：

Example 3-9：含有型態安全檢查的變數初始值給定

Location: ○/examples/ch3

Filename: newVarInitial2.cpp

```
1   #include <iostream>
2   using namespace std;
3
4   int main()
5   {
6       int i = 3.5;
7       int j (4.5);
8       int k = {5.5};
9       int l {6.5};
10      char x {333};
11
12      cout << "i=" << i << endl;
```

```
13      cout << "j=" << j << endl;
14      cout << "k=" << k << endl;
15      cout << "l=" << l << endl;
16      cout << "x=" << x << endl;
17
18      return 0;
19  }
```

其編譯結果如下（以 Linux 與 GCC 為例）：

```
                          使用 -std=c++11 編譯參數
user@urlinux:ch3$ c++ newVarInitial2.cpp -std=c++11
newVarInitial2.cpp: In function 'int main()':
newVarInitial2.cpp:8:15: error: narrowing conversion of
'5.5e+0' from 'double' to 'int' [-Wnarrowing]
    8 |    int k = {5.5};
      |              ^
newVarInitial2.cpp:9:13: error: narrowing conversion of
'6.5e+0' from 'double' to 'int' [-Wnarrowing]
    9 |    int l {6.5};
      |            ^
newVarInitial2.cpp:10:14: error: narrowing conversion of '333'
from 'int' to 'char' [-Wnarrowing]
   10 |    char m {333};
      |              ^
user@urlinux:ch3$
```

　　結果這個程式連編譯都無法通過，因為其第 8 行到第 10 行的宣告，使用了 ={數值} 與 {數值} 的初始值給定方法，這種形式被稱為**初始化列表 (Initialization List)**，列示在 { } 裡的數值將會在進行並通過**型態安全 (Type Safe)** 的檢查後，作為變數的初始值。若是在 { } 內沒有提供初始值的話，編譯器會使用 0 作為其初始值。

　　從編譯的錯誤訊息可發現，第 8 行發生了「narrowing conversion of '5.5e+0' from 'double' to 'int'（**將數值 5.5e+0 從 double 轉換為 int 的降**

級轉換）」錯誤訊息──因為此處的 {5.5} 代表著先對 5.5 做型態安全的檢查，然後才進行初始值的給定，不過若要將 5.5 作為 int 型態的變數 k 的初始值，那就必須先將 5.5 轉換為 int 整數型態，意即數值將從 5.5 變為 5，發生了降級轉換的數值失真的問題。第 9 行和第 8 行的問題是一樣的，至於第 10 行則是發生初始值超出 char 型態的數值範圍的錯誤，以上這些情況都可以在編譯時，使用 { } 來要求進行型態安全檢查，以避免降級轉換的數值失真問題。

C++11 還提供了一種稱為 auto 的宣告方式，依據初始值的內容自動決定變數的型態，我們將其稱為**自動變數 (Automatic Variable)**。請參考以下的程式碼：

Example 3-10：自動變數初始值給定

Location: /examples/ch3

Filename: autoVariable.cpp

```cpp
1   #include <iostream>
2   using namespace std;
3
4   int main()
5   {
6     auto i = 3.5F;
7     auto j (4.4);
8     auto k = 5;
9     auto l = 'X';
10
11    cout << "i=" << i << " size=" << sizeof(i) << endl;
12    cout << "j=" << j << " size=" << sizeof(j) << endl;
13    cout << "k=" << k << " size=" << sizeof(k) << endl;
14    cout << "l=" << l << " size=" << sizeof(l) << endl;
15
16    return 0;
17  }
```

此程式的執行結果如下：

```
i=3.5 size=4
j=4.4 size=8
k=5 size=4
l=X size=1
```

上述程式碼中的第 6 行到第 9 行宣告了 4 個自動變數，並依據其所給定初始值配置適當的資料型態。因為 3.5F 與 4.4 分別是 float 與 double 型態的數值，所以變數 i 與 j 將會自動配置為 float 與 double 型態；至於變數 k 與 l 則依初始值被配置為 int 整數及 char 字元型態。你可以從執行結果所輸出的變數 i、j、k 與 l 的記憶體空間大小得到驗證。

習題

1. 假設 int 整數占 64 位元，以下關於整數型態的描述何者不正確？
   (A) short int 占 32 位元
   (B) long int 占 128 位元
   (C) unsigned int 占 32 位元
   (D) unsigned long int 占 128 位元

2. 關於 C 語言程式中的數值表達，以下何者不正確？
   (A) 二進制數值可以使用 0b 開頭
   (B) 八進制必須使用 0 開頭
   (C) 十進制的數值不可以使用 0 開頭
   (D) 十六進制必須以 0x 或 0X 開頭

3. 請設計一個 C++ 語言的程式 intInfo.cpp，將 int、short int、long int 與 long long int 所占的記憶體空間大小（以位元組為單位）以及其最小值與最大值分別加以列出。此程式的執行結果如下（以 Linux 作業系統為例）：

   ```
   int, size=4, min=-2147483648, max=2147483647
   short int, size=2, min=-32768, max=32767
   long int, size=8, min=-9223372036854775808, max=9223372036854775807
   long long int, size=8, min=-9223372036854775808, max=9223372036854775807
   ```

   【提示】：你需要載入 climits 標頭檔，才能使用相關的巨集定義以求得各型態的極值。此外，此程式在不同平台上的執行結果或有不同，請參考 3-3-1 小節。

4. 請設計一個 C++ 語言的程式 uintInfo.cpp，將 `unsigned int`、`unsigned short int`、`unsigned long int` 與 `unsigned long long int` 所占的記憶體空間大小（以位元組為單位）以及其最大值分別加以列出。此程式的執行結果如下（以 Linux 作業系統為例）：

```
unsigned int, size=4, max=4294967295
unsigned short int, size=2, max=65535
unsigned long int, size=8, max=18446744073709551615
unsigned long long int, size=8, max=18446744073709551615
```

5. 請設計一個 C++ 語言的程式 fixedSizeIntInfo.cpp，將不使用符號位元的固定記憶體大小的 `uint8_t`、`int16_t`、`int32_t` 與 `int64_t` 所占的記憶體空間大小（以位元組為單位）以及其最小值與最大值分別加以列出。此程式的執行結果如下（以 Linux 作業系統為例）：

```
int8_t, size=1, min=-128, max=127
int16_t, size=2, min=-32768, max=32767
int32_t, size=4, min=-2147483648, max=214748364
int64_t, size=8, min=-9223372036854775808, max=9223372036854775807
```

6. 請設計一個 C++ 語言的程式 ufixedSizeIntInfo.cpp，將固定記憶體大小的 `uint8_t`、`uint16_t`、`uint32_t` 與 `uint64_t` 所占的記憶體空間大小（以位元組為單位）以及其最大值分別加以列出。此程式的執行結果如下（以 Linux 作業系統為例）：

```
uint8_t, size=1, max=255
uint16_t, size=2, max=65535
uint32_t, size=4, max=4294967295
uint64_t, size=8, max=18446744073709551615
```

7. 請設計一個 C++ 語言的程式 floatingInfo.cpp，將 `float`、`double` 與 `long double` 等三種浮點數型態所占的記憶體大小（以位元組為單位），以及其最小值與最大值分別加以輸出。此程式的執行結果如下（以 Linux 作業系統為例）：

```
float, size=4, MIN=1.17549e-38, MAX=3.40282e+38
double, size=8, MIN=2.22507e-308, MAX=1.79769e+308
long double, size=16, MIN=3.3621e-4932, MAX=1.18973e+4932
```

【提示】：你需要載入 cfloat 標頭檔，才能使用相關的巨集定義以求得浮點數型態的極值。此外，此程式在不同平台上的執行結果或有不同，請參考 3-3-2 小節。

8. 請設計一個 C++ 語言的程式 a2g.cpp，計算英文字母從 a 到 g 之間共有多少個字母（包含 a 與 g）。此程式執行結果如下：

```
There are 7 letters between a and g.
```

【提示】：由於在 ASCII 編碼中，a 到 z 的英文字母是以順序的方式逐一編碼，因此它們的所對應的 ASCII 整數值可以作為計算的基準。

9. 請設計一個 C++ 語言的程式 difference.cpp，讓使用者輸入兩個英文字母，計算並輸出它們的字母差 (Letter Difference)。此處所謂的字母差是指依英文字母 A 到 Z 的順序，在兩個字母間含有多少個字母（不包含所輸入的兩個字母）。為了簡化起見，我們假設輸入的字母是兩個不相同的英文小寫字母，且第一個輸入的字母在順序上一定排列在第二個字母前。此程式的執行結果可參考如下：

執行結果 1：

```
字母1: c
字母2: k
字母c到k之間的字母差為7個字母
```

執行結果 2：

```
字母1: i
字母2: z
字母i到z之間的字母差為16個字母
```

10. 請設計一個 C++ 語言的程式 findNthLetter.cpp。讓使用者先輸入一個小寫的英文字母 c，以及一個整數 i，請找出從字母 c 開始往後的第 i 的英文字母為何？請注意英文字母的順序是 a、b、c、⋯、y 到 z，若是尋找字母時已超過最後一個英文字母（也就是 z），則從字母 a 開始接續；換句話說，英文字母的順序是 a、b、c、⋯、y 到 z 的循環。此程式的執行結果可參考如下：

執行結果 1：

```
從哪個字母開始? a
要尋找a後面的第幾個字母? 3
在字母a後面的第3個字母為d
```

執行結果 2：

```
從哪個字母開始? y
要尋找y後面的第幾個字母? 4
在字母y後面的第4個字母為c
```

執行結果 3：

```
從哪個字母開始? x
要尋找x後面的第幾個字母? 12
在字母x後面的第12個字母為j
```

Chapter 04 運算式

　　我們已經在過去的章節中提到：「絕大多數的電腦程式，都與資料的輸入、輸出與**處理**有關」，其中所謂的處理通常就是指對資料進行特定的運算，而這也就是本章的主題 —— **運算式 (Expression)**。事實上，軟體的功能就是由一個個的運算式累積堆疊得來的，例如一個籃球遊戲軟體，包含比賽雙方的得分、選手個人投籃的命中率、籃板、助攻與犯規的次數等數據，都必須隨著遊戲的進行使用運算式來計算與更新；甚至就連選手投籃時，球的投射路徑、速度、力量，是否命中得分亦或是籃外空心，都必須經由運算才能得知。再者，遊戲進行時的所有動畫效果，也都是由一系列看似簡單的加、減、乘、除等運算來產生的。本章將從最基礎的運算式、運算子與運算元進行說明，再接續介紹 C++ 語言所支援的各式運算，並提供相關的範例程式以幫助讀者學習。

4-1　運算子與運算元

　　運算式是由**運算元 (Operand)** 與**運算子 (Operator)** 所組成的，其作用是針對**特定的對象**進行**特定的運算操作**，並產生單一的運算結果。以一個簡單的運算式 x+6 為例，就是要針對變數 x 與數值 6 進行加法的運算操作 —— 我們把參與這個運算的對象 x 與 6 稱為運算元，它們所進行的加法操作則稱為運算子。

4-1-1　運算子

　　如前述，運算子就是所要進行的運算操作，它並不會單獨存在，而是必須依其運算目的，搭配運算元才能完成運算。我們可依據運算子所必須搭配的運算元的個數，將運算子區分為以下三類：

- 一元運算子 (Unary Operator)：此種運算子僅與一個運算元相關，例如用以表示數值的正或負的**符號**即為此類。
- 二元運算子 (Binary Operator)：此類運算子與兩個運算元相關，例如常見的加法算術運算符號 +，它必須對其左右兩側運算元的數值進行加法的運算，例如 3+8 的運算結果為 11。
- 三元運算子 (Ternary Operator)：此類運算與三個運算元相關，在 C++ 語言中僅有 ?: 為三元運算子，我們將在本書第 6 章 6-4 節加以介紹。

除了依照運算子所需搭配的運算元數目分類外，我們還可以根據運算性質的不同，將運算子區分為算術運算子 (Arithmetic operator)、關係運算子 (Relational operator)、邏輯運算子 (logical operator) 等不同類別，本章後續將會逐一地提供詳盡的說明，並且搭配相關的範例程式示範各種運算子的程式實作。

優先順序

當一個運算式擁有一個以上的運算子時，我們就必須考慮運算子的**優先順序 (Precedence)**。請考慮以下的運算式，它含有兩個運算子 + 與 ×：

```
x + 3 × 15
```

此運算式包含有加法 + 與乘法 × 兩個運算子，它們會依照 "先乘除、後加減" 的原則，先進行 3 × 15 的運算，然後再將其結果加上 x 的數值。此例中的 "先乘除、後加減" 就是所謂的運算子優先順序的觀念。

　　C++ 的運算式也可以如數學式一樣，使用括號來提升運算的優先順序，但要注意的是並沒有**大括號**、**中括號**與**小括號**之分，一律都是使用小括號 ( ) 來進行優先順序的提升，例如將 x + 3 × 15 使用括號改寫為 (x + 3) × 15，如此一來，就會先進行 x+3 的運算，然後再將其結果與 15 進行乘法的運算。有時候，我們也會使用括號來把預設的[1] 的優先順序加以表明，例如將 x + 3 × 15 改寫為 x + (3 × 15) 雖然根本不會改變其執行的順序與結果，但可以讓自己以及其它人更容易理解運算式的內容——這也屬於提升程式可讀性的一種方法。

　　還有一點要注意的是，由於電腦鍵盤上並沒有乘法符號 (×) 的按鍵，所以 C++ 語言（以及絕大多數的程式語言）是以星號 * 來作為乘法的運算符號。因此，上述這個運算式，若使用 C++ 語言則必須寫成下面的程式碼：

---

1 預設的優先順序又稱為隱含的優先順序 (Implicit Precedence)。

```
x + 3 * 15
```

為了便利讀者學習，後續本書介紹到各個運算子時，都會為你說明其優先順序，並將所有常用的 C++ 運算子的優先順序彙整於附錄 E 運算子的優先順序及關聯性供你查閱。

關聯性

在同一個運算式中，若有一個以上相同優先順序的運算子時，則必須依其**關聯性 (Associativity)** 方向逐一加以執行。所謂的關聯性可以分成左關聯與右關聯兩種：

- 左關聯 (Left Associativity)：意即在相同優先順序的情況下，由左往右加以計算，例如：`i-j-k` 的執行順序應為 `(i-j)-k`，也就是先執行左方的減法（也就是 `i-j`），然後再將其結果與 `k` 進行相減。在 C++ 語言中，大部分的二元運算子都是屬於左關聯。
- 右關聯 (Right Associativity)：與左關聯相反，右關聯是由右往左執行，例如 `-+k`（負的正 `k`）會先執行緊鄰運算元 `k` 的 `+`，然後才是外側的 `-`；換句話說，這兩個運算子執行的順序是由右往左執行，也就是 `-(+k)`。在 C++ 語言中，大部分的一元運算子都是右關聯。

同樣地，為了便利讀者學習，後續本書介紹到各個運算子時，都會為你說明其關聯性，並將所有常用的 C++ 運算子的關聯性彙整於附錄 E 運算子的優先順序及關聯性供你查閱。

4-1-2　運算元

運算元在運算式中的角色就是 **"參與運算的對象"**，其本質為 **"數值"**，包含數值 (Value)、變數 (Variable) 或常數 (Constant) 等，都可以作為運算元。請參考下面的程式碼片段：

```
int numStudent;                    // 宣告numStudent整數變數
const int requiredGrades;          // 宣告requiredGrades常數
12 + numStudent;                   // 讓數值12與變數numStudent進行加法運算
requiredGrades * 10.2;             // 讓變數requiredGrades與數值10.2進行乘
                                   //    法運算
```

在上面的程式碼片段裡,兩個運算式示範了使用數值、變數與常數所進行的運算式。

另外,除了數值、變數與常數之外,我們也可以使用函式 (Function) 作為運算元,因此以下的程式碼也是正確的:

```
123 + pow(3,2);    //讓數值123與函式pow(3,2)的值進行加法運算
```

函式是什麼?

函式 (Functions)[2] 可視為可重複使用的程式片段,它可接收一組參數的輸入,並在執行完特定的運算或處理後,能夠傳回特定的數值或運算結果。C++ 語言已經提供了許多預先設計好的函式,可供我們在設計程式時使用。我們通常將在程式中使用函式的行為,稱為 **"呼叫 (Call)"** 函式,例如在運算式 `123 + pow(3,2)` 裡的 `pow(3,2)` 就是一個被用以計算 3 的 2 次方的函式呼叫。以下是一個呼叫 `pow()` 函式的程式範例,供讀者參考:

Example 4-1:呼叫 pow() 函式
Location: /examples/ch4
Filename: power.cpp

```cpp
1  #include <iostream>
2  #include <cmath>
3  using namespace std;
4
5  int main()
6  {
7      int x=3,y=2;
8      cout << x << "的" << y << "次方=" << pow(x,y) << endl;
9      return 0;
10 }
```

要特別注意的是 `pow()` 函式是定義在 cmath 裡的函式,所以必須要使用 `#include<cmath>` 將其載入。另外要注意的是,在 Linux 作業系統裡,編譯器

---
[2] Function 一詞在數學領域譯作函數,本書為了區別起見,將其譯作函式。

預設並沒有使用數學函式庫,因此無法使用定義在 cmath 裡的函式;遇到此種情況,請在編譯程式時加入 `-lm` 參數,例如:

```
user@urlinux:ch4$ c++ power.cpp -lm⏎
```
← 加入 `-lm` 參數

這樣一來,就可以正確地使用數學相關的函式了。本書後續也會在一些程式範例裡,介紹一些常用的函式給讀者參考。若讀者對於自己設計函式有興趣,則可參考本書第 9 章的說明。

4-2　算術運算子

算術運算子 (Arithmetic Operator) 所進行的就是數學的算術運算,在 C++ 語言中,算術運算子包含了基本的加、減、乘、除等四則運算,以及正、負、餘除 (Modulo) 等運算。表 4-1 為 C++ 語言所支援的算術運算子。

在表 4-1 中,前兩個運算子為代表正號與負號的右關聯一元運算子,在使用時只要在運算元前加上 + 或 - 即可用來表示正數或負數,例如 +5 或 -x。至於後面的幾項皆為左關聯的二元運算子,需要兩個運算元參與運算,其中加法與減法是使用 + 與 - 作為運算符號,至於乘法與除法則是使用星號 * 與斜線 /(就如同數學的分數一樣)。特別一提的是,最後一個使用 % 作為運算符號的餘除運算子,其作用是將兩個運算元進行除法後取其餘數。至於算術運算子的優先順序 (Precedence),請參考表 4-2。

表 4-1　算術運算子

運算子 (Operator)	意義	一元/二元運算 (Unary/Binary)	關聯性 (Associativity)
+	正	一元	右關聯
-	負	一元	右關聯
+	加法	二元	左關聯
-	減法	二元	左關聯
*	乘法	二元	左關聯
/	除法	二元	左關聯
%	餘除	二元	左關聯

表 4-2　算術運算子的優先順序

優先順序 (Precedence)	運算子 (Operator)
高	+、-（一元的正負號）
中	*、/、%
低	+、-（二元的加法與減法）

Example 4-2 展示了算術運算子的使用方式：

Example 4-2：算術運算子使用範例

Location: ⬡/examples/ch4

Filename: arithmetic.cpp

```
1  #include <iostream>
2  using namespace std;
3
4  int main()
5  {
6    int x=100;
7    int y=30;
8
9    cout << "x=" << x << " y=" << y << endl;
10   cout << "x+y=" << x+y << endl;
11   cout << "x-y=" << x-y << endl;
12   cout << "x*y=" << x*y << endl;
13   cout << "x/y=" << x/y << endl;
14   cout << "x%y=" << x%y << endl;
15   return 0;
16 }
```

如何編譯與執行 C++ 程式？

經過前幾章的練習後，相信讀者對於如何進行 C++ 程式的編譯與執行，應該都已經相當熟悉了。為了便利讀者練習，本書在此最後一次提醒讀者如何進行相關的操作，後續若還有編譯與執行上的問題，建議讀者回到本書第 1 章重新複習相關環境的建立與編譯、執行的指令。

為了便利本章範例程式的練習，建議使用 Linux/macOS 與 Windows 的讀者可

Chapter 04 運算式

以先分別建立一個練習用的資料夾 ~\examples\ch4 與 C:\Users\someone\examples\ch4。以 Example 4-2 為例，我們只要在終端機下達 `c++△arithmetic.cpp` 指令就可以進行程式的編譯：

Linux / macOS：

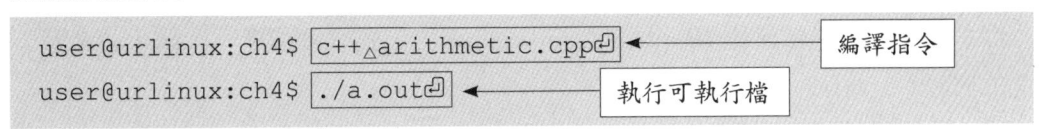

```
user@urlinux:ch4$ c++△arithmetic.cpp↵      ◄── 編譯指令
user@urlinux:ch4$ ./a.out↵                  ◄── 執行可執行檔
```

Windows：

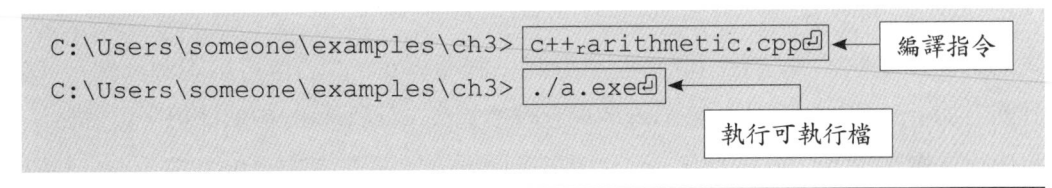

```
C:\Users\someone\examples\ch3> c++△arithmetic.cpp↵    ◄── 編譯指令
C:\Users\someone\examples\ch3> ./a.exe↵
                                          ◄── 執行可執行檔
```

在 Example 4-2 的 arithmetic.cpp 中，我們宣告了兩個 `int` 型態的變數 `x` 與 `y`，其值分別為 100 與 30，並使用 `cout` 將它們的數值以及進行各種算術運算的結果加以輸出，其執行結果如下：

```
x=100△y=30↵
x+y=130↵
x-y=70↵
x*y=3000↵
x/y=3↵
x%y=10↵
```

請仔細看一下 Example 4-2 的執行結果，有沒有發現除法的部分結果並不正確？在第 13 行的 `x/y` 的運算結果應該是 3.33333，但是程式執行的結果卻顯示 3！到底這行程式碼到底出了什麼問題？

13	`cout << "x/y=" <<   x   /   y   << endl;`
	int型態 int型態

這是因為在計算 `x/y` 的結果時，由於在除法 / 這個二元運算子的左右兩側都是 `int` 型態的數值，因此其計算結果也會自動地轉換為 `int` 型態 —— 這種情況稱為**隱性**

137

轉換 (Implicit Conversion)。所以原本應該是 3.33333 的數值，為了符合運算結果所需的 `int` 整數型態，所以小數部分就被無條件捨棄，運算結果就自動地轉換成為了整數 3。其實這並不是我們第一次遇到這個問題，還記得第 2 章的手機違約金計算程式嗎？我們在 Example 2-6 的範例程式裡也曾探討過此一問題，當時我們是將相關變數都改宣告為浮點數型態，來確保運算後的結果能包含小數部分的數值。本節將介紹使用**顯性轉換 (Explicit Conversion)** 的方式來解決此一問題，請參考下面的修改：

```
13    cout << "x/y=" << (float)x / y << endl;
```

我們只要在這個除法左右兩側，任意選取一個運算元 (當然也可以兩個都做)，在其前方加上一個 `(float)`，來強迫地把它轉換為 `float` 型態的數值即可。這個做法將使得原本數值為 100 的變數 x，能夠被編譯器視為是數值為 100.0 的 `float` 型態數值。如此一來，現在在除法的左右兩側至少有一個運算元是浮點數了，因此其運算結果也將會是浮點數的 3.33333！我們又常把這種做法稱為**型態轉換 (Type Casting)**，可以視需要將變數轉換為不同型態，但要注意不是每種轉換都是正確的，例如將一個浮點數轉換為整數時，其小數點後的數值將會消失，運算的結果也就會變得不再精確。

使用顯性轉換來修正除法運算結果不精確的問題

請讀者自行參考上面的說明，將本章 Example 4-2 的程式加以修正，使其能夠精確地輸出除法運算的結果。另外，也請讀者將第 2 章 Example 2-7 的手機違約金計算程式同樣改用此法加以修正。

整數 "數值" 也可以轉換型態嗎？

以下的程式碼片段是用以轉換攝氏溫度到華氏溫度的運算式：

```
Fahrenheit = Celsius*9/5 + 32;
```

但這個運算式裡也有 **"整數除以整數的結果也為整數"** 的問題！請仔細看運算

式裡的 9/5，有沒有發現因為整數相除的關係，9/5 的運算結果將會是整數數值 1，而不是 1.8，這導致了此溫度轉換的結果並不正確。為了解決此一問題，我們可以再將 9 或 5 顯性轉換為 float 型態即可，例如：

```
Fahrenheit = Celsius*9/(float)5 + 32;
```

除了進行顯性轉換外，也可以直接將整數數值改寫為浮點數數值，例如：

```
Fahrenheit = Celsius*9/5.0 + 32;
```

這種在整數數值的後面補上 .0 的做法，同樣可以使這個溫度轉換的程式正確地得到運算結果。

> **養成檢查除法型態的好習慣**
>
> 為了確保計算結果正確，建議讀者養成檢查除法型態的習慣，遇到「int 整數 / int 整數」這種狀況時，若是整數值就直接在其後補上 .0，讓它變成浮點數數值；若是整數變數，那就在其前面加上 (float) 或 (double)，強制將它轉換為浮點數型態。

4-3　賦值運算子

等號 (=) 在 C++ 語言中被稱為**賦值運算子 (Assignment Operator)**，用以將等號右側的數值賦與 (Assign) 給等號的左側。雖然它和數學裡的等號是同一個符號，但意義與作用並不相同！如果把「＝」想像為「←」可能會更為貼切賦值的意涵。例如我們可以把「x=6」想像為「x←6」，其意涵是把整數數值 6 賦與給變數 x。目前絕大多數的程式語言都和 C++ 一樣使用「＝」作為賦值之用，只有少數語言使用其它的運算符號，例如 Pascal 使用「:=」作為賦值之用。

依語法規定，賦值運算子（也就是 =）的左側只能有一個單一的變數（用來接收右側的運算結果），至於右側的內容則可以是一個變數、數值、函式呼叫，甚至是另一個運算式，請參考以下的例子：

```
i = 5;          // 把數值5賦與給變數i（將變數i的值設為5）
j = i;          // 把變數i的數值賦與給變數j（將變數j的值設定為變數i的值）
k = 10 * pow(i, j);   // 把10乘上i的j次方的運算結果賦與給變數k
```

在上述的例子當中，前兩個運算式敘述非常單純，都僅擁有一個賦值運算子（也就是 =），其結果也都相同的把等號右側單一運算元的數值賦與給等號左側的變數。最後一個賦值運算則是將右側 10 * pow(i, j) 運算式[3]先計算完成，再把結果賦與給等號左側的變數 k。

要注意的是，當賦值運算子左右兩側的資料型態不一致時，C 語言將會進行自動的**隱性型態轉換 (Implicit Conversion)**。假設我們宣告兩個變數 i 與 j，分別為 int 與 float 型態，以下的程式碼片段故意將不同型態的值指定給這兩個變數：

```
i = 3.1415f;    // 此處將一個浮點數數值賦與給int整數變數（隱性型態轉換）
j = 100;        // 此處將一個整數數值賦與給float浮點數變數（隱性型態轉換）
```

在上述的程式碼片段裡，i = 3.1415f 與 j = 100 自動進行了隱性型態轉換，將 3.1415 的小數部分無條件捨棄，讓 i 的數值成為整數 3；至於 j = 100 則是在整數值 100 的後面加上 .0，讓 j 的數值成為浮點數 100.0。

如何將浮點數的小數部分無條件捨棄或四捨五入？

在前面的 i = 3.1415f; 例子中，我們已經說明過將浮點數數值賦與整數變數時，會觸發自動的隱性型態轉換，將小數的部分無條件捨棄。若是我們想要把特定浮點數的小數部分無條件捨棄，也可以利用類似的做法，強制地將浮點數轉為整數——也就是進行**顯性型態轉換 (Explicit Conversion)**，例如：

```
double pi = 3.1415;
cout << (int)pi;     // 將double型態的變數數值的小數部分無條件捨棄
```

如果讀者所需要的是將小數的部分四捨五入的話，則可以呼叫定義在 cmath 裡的 round() 函式，請參考以下的範例程式：

---

[3] 此處的 power(i, j) 是計算 i 的 j 次方的函式，請參考本章第 4-1-2 節的說明。

Example 4-3：呼叫 round () 函式
Location: 🗂/examples/ch4
Filename: round.cpp

```
1   #include <iostream>
2   #include <cmath>
3   using namespace std;
4
5   int main()
6   {
7       //呼叫round()函式將小數部分四捨五入
8       cout << round(3.1415) << endl;
9       cout << round(3.5623) << endl;
10  }
```

除了呼叫 round() 函式將小數部分四捨五入外，還有不需使用到函式呼叫的方法，請參考以下的程式碼：

```
double pi = 3.1415;
cout << (int)(pi+0.5);   //將浮點數值先加0.5後無條件捨棄小數部分
```

此處的做法是將浮點數的數值先加上 0.5 之後，再使用強制性的顯性型態轉換來將其小數部分無條件捨去，如此一來，我們就對原始的數值完成了小數部分四捨五入的操作了！

最後要提醒讀者注意的是，賦值運算子是右關聯，所以將會依照由右往左的方向加以執行，例如：a = b = c = 0; 將等同於 a = (b = (c = 0));。

4-4 複合賦值運算子

依據程式設計的需求，有時候在賦值運算子（也就是 =）左側的變數，也有可能會出現在右側的運算式裡。例如有一個代表某位學生的成績變數 score，其原本的數值為 58 分，若執行了以下的運算式就可以幫他再加 2 分：

```
score = score + 2;   //將score原本的數值加上2以後作為score變數新的數值
```

依據運算子 = 與 + 的優先順序，此運算式敘述將會先進行 score + 2 的運算，得到結果為 60 之後，再將數值 60 賦與等號左側的變數 score。如此一來，這位同學就從不及格變成及格了！

針對這種將某個變數的原始數值進行運算後的數值，再作為其新的數值的情況，C++ 語言提供了**複合賦值運算子 (Compound Assignment Operator)**，讓我們可以使用更為便捷的方式來完成。我們可以使用複合賦值運算 += 將上述用來加分的運算敘述改寫如下：

```
score += 2;    //讓score變數的數值加2
```

我們把這種將原本的數值進行加法運算後，作為變數新的數值的 += 運算子，稱為**以和賦值運算子 (Addition Assignment Operator)**。除了以和賦值之外，C++ 語言針對算術運算子還有提供其它的複合賦值運算子，請參考表 4-3。

在表 4-3 裡的所有的複合賦值運算子都是右關聯的二元運算子，請考慮下列的運算式敘述：

```
a+=b+=c;    //此運算等同於a+=(b+=c);
```

此運算式將會由右到左執行 += 的運算，也就是先把 c 的數值加上 b 以作為 b 的新數值，然後再把 b 的新數值加上 a 的數值來作為 a 的新數值。

4-5 遞增與遞減運算子

前一小節所介紹的複合賦值運算子，可以視為是一種精簡的縮寫──例如將 x = x + y 縮寫為 x += y。如果我們要使用複合賦值運算子來將變數 x 的數值加

表 4-3　C++ 語言針對算術運算子所提供的複合賦值運算子

複合賦值運算子	意義	範例
+=	以和賦值 (Addition Assignment)	i+=n 等同於 i=i+n
-=	以差賦值 (Subtraction Assignment)	i-=n 等同於 i=i-n
*=	以積賦值 (Multiplication Assignment)	i*=n 等同於 i=i*n
/=	以商賦值 (Division Assignment)	i/=n 等同於 i=i/n
%=	以餘賦值 (Modulus Assignment)	i%=n 等同於 i=i%n

1 或減 1 的話，除了可以寫做 x += 1 與 x -= 1 之外，C++ 還有提供另一種更精簡的運算子：

- ++：遞增運算子 (Increment Operator)，讓變數值加 1。
- --：遞減運算子 (Decrement Operator)，讓變數值減 1。

使用上述兩個運算子，我們可以把 x = x + 1 或 x += 1，改寫為 x++，這樣同樣可以讓 i 的數值加 1，但卻更為精簡；同理，x-- 則可以用來遞減 x 的數值。

不過這兩個遞增與遞減運算子的作用還不只有這樣而已，它還可以依據放置在運算元（也就是變數）的前面或後面，再區分為前序運算子 (Prefix Operator) 與後序運算子 (Postfix Operator)。當我們把 ++ 寫在變數的前面時，就稱為**前序遞增運算子 (Prefix Increment Operator)**，寫在後面則稱為**後序遞增運算子 (Postfix Increment Operator)**；同樣地，-- 寫在前面與後面則被稱為**前序遞減運算子 (Prefix Decrement Operator)** 與**後序遞減運算子 (Postfix Decrement Operator)**。前序與後序的差別是在於進行運算的時間點不同，以遞增為例，前序的 ++x 會先遞增 x 的數值，然後再傳回新的 x 的數值；但若是後序的情況（也就是 x++）的話，則會先傳回 x 現有的數值，然後才將 x 的數值遞增。請考慮以下的程式碼：

```
int x=1;
cout << "x is" << x   << endl; // 印出x的原始數值
cout << "x is" << ++x << endl; // 先將x的數值遞增，然後才印出其數值
cout << "x is" << x++ << endl; // 先印出x的數值，然後才將其數值遞增
cout << "x is" << x   << endl; // 印出x的數值
```

其執行結果如下：

```
x is 1
x is 2
x is 2
x is 3
```

現在，請讀者先在此花一點時間想一想，為什麼輸出的結果是這樣呢？首先，在第 1 個 cout 敘述裡，我們要印出的是 x 原本的數值，也就是 1。接著在第 2 個 cout 敘述裡，由於 ++ 運算子是前序的，所以會先將 x 的數值遞增，然後才印

出其數值，也就是 2。至於在第 3 個 cout 敘述裡的 ++ 是後序的，所以會先印出 x 原本的數值，也就是 2，然後才將其數值遞增為 3。最後第 4 個 cout 敘述則幫我們把剛才遞增後的 x 數值印出，也就是 3。

❓ 有沒有 **、// 與 %% 運算子？

在 C++ 語言中只有加法與減法有遞增與遞減的寫法，並沒有 **、// 與 %% 運算子。試想，任何數字乘以 1、除以 1 仍等於其本身，至於餘除（進行除法後取餘數）也是類似的結果，任何數字除以本身，其餘數一定是 0，所以 **、// 與 %% 運算子，根本沒有存在的必要。

4-6　逗號運算子

在 C++ 語言的運算式中還有一種較為特殊的左關聯運算子 —— **逗號運算子 (Comma Operator)**，它可以在同一個運算式裡放入多個使用逗號加以分隔的運算式，然後依序由左至右進行運算，並使用最右側的運算式的運算結果作為整個運算式的結果。請參考以下的 Example 4-4：

Example 4-4：呼叫 round () 函式
Location: ☁/examples/ch4
Filename: comma.cpp

```cpp
#include <iostream>
using namespace std;

int main()
{
    int a, b, c, d;
    a=b=c=d=3;
    d = (a=b+c, b+=1, c=a+b);
    cout << "a=" << a << endl;
    cout << "b=" << b << endl;
    cout << "c=" << c << endl;
    cout << "d=" << d << endl;
    return 0;
}
```

此範例程式的執行結果如下：

```
a=6
b=4
c=10
d=10
```

現在讓我們來說明 Example 4-4 的執行結果是怎麼產生出來的？首先在 comma.cpp 的第 6 行，我們宣告了 4 個 `int` 整數變數 a、b、c 與 d，並在第 7 行將它們的數值都設定為 3。在接下來的第 8 行裡，由於使用了括號，所以會先進行 (a=b+c, b+=1, c=a+b) 的運算，然後再把其結果賦與給變數 d。由於 (a=b+c, b+=1, c=a+b) 裡包含了 3 個由 2 個逗號運算子所分隔開的運算式，因此它們將會由左至右（沒忘記我們剛說過逗號運算子是左關聯吧！？）進行運算，分別是 a=b+c、b+=1 以及 c=a+b，依序運算的結果如下：

- 首先 a=b+c 會讓 a 的數值變成 b+c 的結果，也就是 6；
- 接著 b+=1 讓 b 的數值加 1 變成 4；
- 最後的 c=a+b，則會讓 c 的數值變成 a+b 的結果，但要特別注意此時 a 的數值已經在前面的 a=b+c 運算式後變為了 6、b 的數值則在 b+=1 運算後變成了 4，所以這個 c=a+b 的運算會讓 c 變成 10。

讓我們再回到第 8 行的運算敘述 d=(a=b+c, b+=1, c=a+b);，由於括號裡由逗號分隔的 3 個運算式，最終會以最右側的運算式的運算結果作為整個運算的結果，因此第 8 行的運算結果其實等同於 d=(10);──因為最右側的運算結果是 10 的緣故。說明至此，相信讀者已經能夠理解 Example 4-3 的執行結果了。

❓ 想一想，答案是什麼？

在本節結束之前，有一個問題想讓讀者試著回答看看：「如果將 Example 4-4 的 comma.cpp 的第 8 行改為 d=a=b+c, b+=1, c=a+b;，那麼其執行結果還會相同嗎？如果不同，結果是什麼呢？」

```
結果：
a=6
b=4
c=10
d=6
```

4-7　取址運算子

本書第 3 章已經說過，在程式中所宣告的變數，會在記憶體裡分配到一塊適合的空間供其存放數值。如果需要知道某個變數所配置到的記憶體位址在哪？就可以使用本節所要介紹的**取址運算子 (Address-Of Operator)** 來達成。取址運算子是右關聯的一元運算子，其運算符號為 &（可依其作用唸做 Address Of），直接寫在要取回記憶體位址的運算元前面（也就是左側）即可。取址運算子可以取回記憶體位址的運算元包含變數、常數、函式、陣列、指標等，但這已經超出本章範圍許多，所以本節將僅討論有關變數與常數的記憶體位址，至於其它的部分我們將留待未來使用到時再加以說明。

為何需要知道變數所在的記憶體位址？

到目前為止，我們所寫的程式大概都不需要使用到變數所在的記憶體位址資訊。通常我們只需要知道變數的數值即可，並不需要知道它到底放在哪裡？不過等到本書介紹到指標與參考時，屆時就會有需要瞭解變數所在的記憶體位址了。現在先別急，先學會如何得到變數所在的記憶體位址，至於何種應用需要這些資訊可以等到以後再說。

請參考以下的程式片段，它可以幫我們印出 int 整數變數 x 與常數 y 所配置到的記憶體位址：

```
int x;
const int y=0;
cout << "x is located at " << &x << endl;
```

```
cout << "y is located at " << &y << endl;
```

其 **"可能的"** 執行結果如下：

```
x is located at 0x16ef8f3e4
y is located at 0x16ef8f3d4
```

為什麼筆者在此要說是 **"可能的"** 執行結果呢？這是因為現代的作業系統使用位址空間組態隨機載入 (Address Space Layout Randomization, ASLR) 技術，來為同一個程式的每次執行配置不同的記憶體空間，以避免作業系統被 **"駭客"** 攻擊[4]。所以上述的執行結果只是此程式某次執行時的可能結果，並不是固定的結果。

> ⚠️ **關於記憶體位址**
>
> 　　在上述的結果當中，讀者必須特別注意記憶體位址是以 16 進制的數值呈現，所以你會看到它會標記為 0x 開頭（代表為 16 進制的數值）。另外，使用 & 所取回的記憶體位址，其實是指變數所配置到的記憶體空間的 **"起始位址"**（也就是 **"開頭"** 的位址），以一個占用 4 個位元組的 int 整數變數 x 為例，若其起始位址為 0x16ef8f3e4，那麼就表示它所配置到的是 0x16ef8f3e4、0x16ef8f3e5、0x16ef8f3e6 以及 0x16ef8f3e7 等連續的 4 個位元組的空間。

4-8　sizeof 運算子

　　sizeof 運算子是右關聯的一元運算子，可讓我們可以取得特定**變數**、**常數**或**資料型態**所占的記憶體空間大小，其單位是位元組 (Byte)，其使用語法如下：

sizeof 使用語法
sizeof 識別字 | (識別字) | (型態名稱)

---

[4] 如果一個程式在執行時，每次都配置在相同的記憶體位址的話，不懷好意的人就可以針對特定記憶體位址的內容進行查探或是篡改，讓我們的程式資訊外洩或是遭受攻擊。

> **ℹ 表示 or (或者) 的語法符號**
>
> 在上面的語法定義中，我們使用 | 符號表示 or（或者），意即在其左右兩側的語法構件中進行二擇一的選擇。後續本書將繼續使用此種表示法作為語法的說明。

作為一個一元運算子，`sizeof` 必須寫在其運算元的左側。在上述的語法定義中，`sizeof` 的運算元共有三個選擇：識別字、（識別字）與（型態名稱），其中 識別字 是我們所想要取回其記憶體空間大小的變數或常數的名稱，至於 型態名稱 則代表的是想要取回記憶體空間大小的資料型態名稱。由於在語法中使用了兩個 | 符號，所以是三選一的意思。若要使用 `sizeof` 來取得一個變數或常數所占用的記憶體空間大小，那麼前兩個選擇都可以，例如以下的程式碼：

```
int x;
const int y=0;
// 使用sizeof (識別字) 語法
cout << "The size of x is " << sizeof(x) << endl;
// 使用sizeof識別字 語法
cout << "The size of y is " << sizeof y << endl;
```

其執行結果如下[5]：

```
The size of x is 4
The size of y is 4
```

從上述的例子來看，使用 `sizeof` 取得變數或常數的記憶體空間大小時，只要後面接著其名稱即可，不論有或沒有括號皆可。但是如果要使用 `sizeof` 來查詢資料型態的大小時，依語法就只能選第三種方法，一定要在型態名稱的前後加上括號才行，例如：

---

[5] 由於不同平台的資料型態大小或有不同，因此此處所顯示的大小僅供參考。

```
cout << "The size of int type is " << sizeof(int) << endl;
cout << "The size of double type is " << sizeof(double) << endl;
```

其執行結果如下：

```
The size of int type is 4
The size of double type is 8
```

4-9 位元運算子

不同於我們日常生活中所使用的十進制，電腦系統所使用的是二進制的數字系統，C++ 語言也提供了相關的運算子，稱為**位元運算子 (Bitwise Operator)**，讓我們可以進行二進制的數值運算。表 4-4 是 C++ 語言所支援位元運算子。

在表 4-4 中，**位元位移 (Bitwise Shift)** 是將二進制的數值進行左移 (Left Shift) 或右移 (Right Shift) 的運算，其因位移後所產生的空位則一律以 0 填補。例如十進制的數值 36 等同於二進制的 100100，若將其進行一次左移的運算，其數值將變為 1001000，也就是十進制的 72；若再左移一次，則其數值將變為 10010000，也就是十進制的 144。另一方面，若是將十進制的數值 36，進行一次右移的運算，則其數直將從 100100 變為 10010，也就是十進制的 18；若再右移一次，則從 10010 又變為 1001，也就是十進制的 9。從上述的說明可以看出，若將一個二進制的數值進行左移或右移的運算，就等同於該數值進行乘以 2 或除以 2 的運算，所以也常被用以代替乘法與除法的算術運算。

表 4-4 位元運算子 (Bitwise Operator)

運算子 (Operator)	意義	一元/二元運算 (Unary/Binary)	關聯性 (Associativity)
<<	左移	二元	左關聯
>>	右移	二元	左關聯
&	Bitwise AND	二元	左關聯
|	Bitwise OR	二元	左關聯
^	Bitwise XOR	二元	左關聯
~	Bitwise NOT (補數)	一元	右關聯

C++ 語言使用 << 與 >> 作為左移與右移的運算子，使用時在運算子左側接要進行位移的數值，並在右側接要位移的次數（也就是要位移的位數）。請參考以下的程式片段：

```
int a=36;
cout << (a<<1) << endl;    //將a左移一次（等同於乘2），然後交由cout輸出
cout << (a<<2) << endl;    //將a左移二次（等同於乘4），然後交由cout輸出
cout << (a>>2) << endl;    //將a右移二次（等同於除4），然後交由cout輸出
```

其執行結果如下：

```
72
144
9
```

<<是左移？還是流出？>> 是右移？還是流入？

讀者可能會對本節所介紹的位元位移運算子 (Bitwise Shift Operator) 感到疑惑，沒錯，左移與右移的運算子符號與我們使用在 cout 與 cin 時的串流運算子完全相同！同樣都是 << 與 >>！那麼我們寫在程式裡面的 << 與 >> 到底會被視為是左移、右移，還是流出、流入呢？答案是 C++ 語言的編譯器會依據其所搭配的運算元來決定，若在 << 或 >> 的兩側都是數值，那麼它們就會被視為是位元位移的運算子，若是左側是 cout 或 cin 這一類的串流物件，那麼就會被視為是流出與流入。因此，請特別注意像是 cout << (a<<1) << endl; 這樣的一行敘述，如果少了其中的括號而變成了 cout << a<<1 << endl; ，那麼它的輸出結果，也會從 72 變成了 361 了！—— 少了括號後，a<<1 就從先執行完位移運算後再流出給 cout，變成了直接流出給 cout 的數值內容了（流出的 a 的數值 36，以及流出整數值 1）。

除了位移以外，C++ 還支援位元邏輯運算子 (Bitwise Logical Operator)，包含了對數值進行的位元 AND、位元 OR、位元 XOR 與位元 NOT 等運算，我們將這些位元邏輯運算子的運算結果列示於表 4-5。

表 4-5　邏輯運算子的運算結果

a	b	位元 AND (a&b)	位元 OR (a|b)	位元 XOR (a^a)	位元 NOT (~a)
0	0	0	0	0	1
0	1	0	1	1	1
1	0	0	1	1	0
1	1	1	1	0	0

C++ 語言的位元邏輯運算子，都是所謂的**逐位元運算子**，意即其運算是針對二進制數值的每一個位元，進行相關的運算。從表 4-5 可得知，位元 AND、位元 OR 與位元 XOR 的運算子符號分別為 &、| 與 ^，從表中可以得知當兩個位元 a 與 b 進行位元 AND 運算時，只有在 a 與 b 都為 1 的情況下，其運算結果才會為 1，其餘情況皆為 0；當 a 與 b 進行的是位元 OR 運算時，只要 a 或 b 兩者之中至少有一個為 1，其運算結果就會為 1，否則為 0（也可以換句話說，只要 a 與 b 不是兩者皆為 0，則其運算結果就會為 1）。至於位元 XOR 運算，則是所謂的互斥 OR 運算 (Exclusive OR)，只有在 a 與 b 兩者的值不相等時，其運算結果才會為 1，否則為 0。最後在表 4-5 裡還有一個位元 NOT 運算子，其符號為 ~，它的作用是將二進制數值裡的 0 變為 1、1 變為 0。

> **位元運算**
>
> 本節所介紹的位元運算其實對於程式設計的初學者來說，通常會感到相當陌生 —— 因為二進制並不是我們日常生活中慣用的數字系統。但是對於資訊領域來說，是非常重要且普遍的運算，因為電腦系統所使用的就是二進制的數字系統，在許多應用問題上，位元運算可說是不可或缺的一部分。然而，位元運算的基礎通常涵蓋於資訊學系大一的計算機概論或數位系統導論等課程，已超出本書範圍，在此不予贅述。有興趣的讀者請自行參閱其它相關教材。

最後，要提醒讀者的是位元運算子也可以和賦值運算子共同使用，形成所謂的**位元複合賦值運算子 (Bitwise Compound Assignment Operator)**，請參考表 4-6，這些位元複合賦值運算子都是右關聯的二元運算子，其作用都是將運算子左側的運算元與右側的運算元進行特定的位元運算後，將結果寫回到運算子左側的運算元

表 4-6　針對位元運算子所提供的複合賦值運算子

複合賦值運算子	意義	範例
&=	以位元 AND 賦值	i&=n 等同於 i=i&n
|=	以位元 OR 賦值	i|=n 等同於 i=i|n
^=	以位元 XOR 賦值	i^=n 等同於 i=i^n
<<=	以位元左移賦值	i<<=n 等同於 i=i<<n
>>=	以位元右移賦值	i>>=n 等同於 i=i>>n

裡。舉例來說，a&=b 代表的是 a 與 b 進行位元 AND 的運算並將結果寫回至 a，等同於 a=a&b。

4-10　關係與邏輯運算子

所謂的**關係運算子 (Relational Operator)** 是用以比較兩個數值間的關係，例如大於 >、小於 < 等運算。至於**邏輯運算子 (Logical Operator)** 則是對數值進行布林值的運算，包含 AND、OR、XOR (Exclusive Or) 與 NOT。不論是關係或是邏輯運算子，通常都和條件判斷敘述結合使用，因此本章將略過此部分，完整的說明及程式範例請讀者參考本書第 6 章。

習題

1. 以下關於 C++ 語言運算式的描述何者正確？
    (A) 運算式可由多個運算子與運算元組成
    (B) C++ 只有代表數值正或負的 +、- 符號為一元運算子
    (C) 二元運算子只能和兩個或兩個以上的運算元相關
    (D) 三元運算子是由一元及二元運算子共同組成

2. 請考慮下面的程式碼片段：

```
int x=0;
cout << x++ ;
cout << ++x;
cout << x;
```

以下何者為其執行結果？

(A) 012　　　　　　　(B) 022　　　　　　　(C) 122
(D) 123　　　　　　　(E) 以上皆不正確

3. 請考慮下面的程式碼片段：

```
int x=3;
int y=6;
x = y+=++x;
cout << x << y;
```

以下何者為其執行結果？

(A) 610　　　　　　　(B) 613　　　　　　　(C) 109
(D) 1010　　　　　　 (E) 以上皆不正確

4. 請考慮下面的程式碼片段：

```
int a=0,b=1,c,d;
a = a < b;
c = a++;
d = ++c;
cout << a << b << c << d;
```

以下何者為其執行結果？

(A) 2121　　　　　　 (B) 2122　　　　　　 (C) 0122
(D) 0123　　　　　　 (E) 以上皆不正確

5. 假設程式中有 `int x;` 宣告，請問以下選項何者的運算結果與其它三個選項的結果並不相同？

(A) `sizeof(x);`　　　(B) `sizeof(int);`　　(C) `sizeof(short int);`
(D) `sizeof(unsigned);`　(E) 以上皆不正確

6. 請考慮下面的程式碼片段：

```
int a=0,b=1,c=2,d=3;
b=(a+=b, ++b, c+=a, d+=a);
cout << a << b << c << d;
```

以下何者為其執行結果？

(A) 1134　　　　　　(B) 1434　　　　　　(C) 2223
(D) 2323　　　　　　(E) 以上皆不正確

7. 假設某社區管理費以房屋建築坪數為基準，每戶每月收取每坪 50 元的管理費；此外，因為該社區符合新環保規範，所以內政部獎勵補助該社區每戶每平方公尺每年 120 元的獎勵金。該社區決議將環保獎勵金平均分散於每月收取管理費時扣除。請設計一個 C++ 語言程式 adminFee.cpp，幫使用者計算應繳的管理費金額，並將小數部分四捨五入到整數位後輸出。此題如需要使用浮點數，請一律使用 double 型態。此程式的執行結果如下：

執行結果 1：

```
請輸入坪數： 100↵
管理費=1694↵
```

執行結果 2：

```
請輸入坪數： 48.5↵
管理費=822↵
```

【提示】：1 坪 = 3.3058 平方公尺；1 平方公尺 = 0.3025 坪

8. 請設計一個 C++ 語言的程式 GBP2TWD.cpp，讓使用者輸入英磅兌換台幣的匯率以及英磅的數目，計算並輸出可換取的台幣金額，並在扣除百分之 1 的手續費後，將其結果輸出。請注意，若是輸出的金額含有小數部分，則請將其無條件捨棄。此程式的執行結果如下：

執行結果 1：

```
請輸入英磅對台幣的匯率(1 GBP=?TWD)： 39.88
請輸入欲兌換的英磅金額： 201.5
可兌換的台幣金額為7955元
```

執行結果 2：

```
請輸入英磅對台幣的匯率(1 GBP=?TWD)： 42.05
請輸入欲兌換的英磅金額： 100
可兌換的台幣金額為4162元
```

9. RGB 是電腦系統所使用的一種表示顏色的方法，使用三個數值介於 0 到 255 的整數來分別表示構成特定顏色的紅 (Red)、綠 (Green)、藍 (Blue) 三原色。請設計一個 C++ 語言的程式 colorXOR.cpp，讓使用者輸入一個顏色的 R、G、B 數值，並將其和灰色 (R、G、B 數值皆為 128) 進行 XOR 的運算後輸出結果顏色的 R、B、G 數值。注意，兩個顏色的 XOR 運算，就是將其 R、G、B 三原色的數值分別進行逐位元 XOR 運算。此程式的執行結果如下：

執行結果 1：

```
R=? 200
G=? 100
B=? 50
Color(200, 100, 50) XOR Color(128, 128, 128)=Color(72, 228, 178)
```

執行結果 2：

```
R=? 255
G=? 0
B=? 230
Color(255, 0, 230) XOR Color(128, 128, 128)=Color(127, 128, 102)
```

10. 厲恩海先生是手工拉麵的世界記錄保持人，他曾將 1 公斤的麵粉所和成的麵糰，歷經 21 個摔麵回合共拉出了 2097152 根麵條！在每一次的摔麵過程中，只見他使用巧勁將手上的麵糰橫向拉長並甩開,麵條就會變得比前一回合更細、且數量也會達到原先的兩倍。具體來說,我們將原先在手上麵糰視為一根麵條,經過 1 個回合後,麵條的數量變為 2、兩個回合後麵條數量為 4、3 個回合後麵條數量為 8、⋯。請設計一個 C++ 語言的程式 noddles.cpp,讓使用者輸入拱麵的回合數,計算並輸出其可得到的麵條數量。此程式的執行結果可參考如下:

執行結果 1:

```
請輸入拱麵回合數: 10
10個回合後可得到1024根麵條
```

執行結果 2:

```
請輸入拱麵回合數: 21
21個回合後可得到2097152根麵條
```

【提示】:本題可使用定義在 cmath 裡的 pow() 函式,或是使用位元運算子來完成運算。

Chapter 05
輸入與輸出

　　幾乎所有的程式都必須取得外部的資料，並將運算後的結果輸出到外部，因此如何取得來自外部的輸入與輸出資料到外界，是程式設計非常重要的課題之一。C++ 語言使用**串流 (Stream)** 的概念，來作為程式與外部的溝通管道，例如我們在第 2 章所介紹的 BMI (Body Mass Index，身體質量指數) 計算程式，先透過 `cin` **輸入串流 (Input Stream)** 來取得使用者從鍵盤輸入的身高與體重資訊，完成 BMI 數值的計算後，再使用對應到終端機的 `cout` **輸出串流 (Output Stream)** 將結果加以輸出。本章將為讀者進一步說明**串流**的概念與 C++ 語言所提供的四個標準串流：`cin`、`cout`、`cerr` 與 `clog`，其中我們將特別針對最常使用的 `cin` 與 `cout` 提供包含輸入/輸出格式設計、不同資料型態與數字系統的資料輸入與輸出問題等。最後，章末還要為讀者介紹兩個自早期 Unix 系統承襲至今的 I/O 重導向與 Pipe 管線功能。

5-1　串流

> **Stream 的中譯**
>
> 　　在開始說明前，筆者要先指出的是，Stream 一詞通常譯作*流*，但筆者偏好將其譯作*串流*，其原因將在本章後續小節裡為讀者們說明。

　　從上一世紀 70 年代的 Unix 系統開始，一直到現代的各式作業系統，當程式在執行時，系統都會為其建立三個與外界連接的渠道：

- stdin：標準輸入 (Standard Input)，預設連接程式與鍵盤，讓程式可以透過 stdin 取得來自鍵盤的資料輸入。

- stdout：標準輸出 (Standard Output)，預設連接程式與終端機，讓程式可以透過 stdout 將資料輸出到終端機。
- stderr：標準錯誤 (Standard Error)，預設連接程式與終端機，讓程式可以透過 stderr 將錯誤訊息輸出到終端機。

有了這三個標準的渠道，程式設計師不需要知道如何與外界（例如電腦鍵盤與終端機）溝通，只要使用 stdin，就可以取得使用者所輸入的資料，並透過 stdout 與 stderr，就可以輸出資料或錯誤訊息給使用者知悉。C++ 語言進一步使用了**串流 (Stream)** 的概念，來統整輸入與輸出的相關操作。所謂的串流是指程式與外界（包含鍵盤、螢幕等外部裝置，以及其它的檔案）進行資料傳遞的方式。我們可以把串流想像成一種特別的 **"水管"**，如果將這種水管架設在程式與鍵盤之間，使用者就可以透過鍵盤將所輸入的資料流動到程式內；同樣地，架設在程式與終端機間的 **"水管"**，就可以讓程式將資料流動到螢幕終端機上加以顯示。依據資料流動的方向，還可以將串流再進一步區分為**輸入串流 (Input Stream)** 與**輸出串流 (Output Stream)**：

- 輸入串流是可以將資料流動到程式內部的水管 —— 在此情況下，程式是資料流動的**目的地 (Destination)**。
- 輸出串流則是可以讓資料從程式中流動出去的水管 —— 換言之，程式是資料流動的**來源地 (Source)**。

C++ 語言在 iostream 這個標頭檔（此命名是取自 Input Output Stream 之意，也就是輸入/輸出串流的意思）裡，分別定義了輸入串流與輸出串流的 "型態"：

- istream：代表 Input Stream 的 "型態"
- ostrem：代表 Output Stream 的 "型態"

要知道型態本身並不能在程式中直接使用，我們必須先宣告變數才能夠拿來使用；就好比我們不會直接使用 int 型態，而是在程式中先宣告 int 型態的變數，然後才能使用變數來進行資料的操作。因此，在 iostream 裡，還使用了這兩個 **"型態"** 分別宣告了兩個 **"變數"**：

```
istream cin;
ostream cout;
```

沒錯，此處的 cin 與 cout 就是在 C++ 語言裡最常使用的字元輸入與輸出串流，本書已經在好幾個 C++ 範例程式中，示範過如何使用 cin 與 cout 來取得使用者的輸入以及將資料輸出到終端機。由於在 iostream 裡包含有這些 "型態" 定義與 "變數" 宣告，所以大部分需要使用到輸入與輸出的程式，都必須在程式裡使用 #include <iostream> 來將此標頭檔載入，否則將無法使用到這些輸入/輸出串流。

現在，讓我們複習一下目前所學到的知識：istream 與 ostream 是輸入與輸出串流的 "型態"，cin 與 cout 則是這兩個 "型態" 的 "變數"。所以在 C++ 的程式裡，我們是使用 cin 與 cout 來進行資料的輸入與輸出，而不是直接使用 istream 與 ostream。

> ⚠️ **"型態" 與 "變數"？其實應該是類別與物件！**
>
> 不知道細心的讀者們有沒有發現，筆者在討論到 istream 與 ostream 這兩個 "型態"，以及 cin 與 cout 這兩個 "變數" 的時候，都在其前後加上了雙引號？！這是因為其實它們並不是 "型態" 與 "變數"，正確來說它們應該是 "類別" 與 "物件"！但是在本書還未介紹物件導向的概念前，是無法清楚解釋什麼是類別與物件的！所以筆者選擇先以目前為止，讀者應該可以接受的 "型態" 與 "變數" 的概念來說明 istream、ostream 與 cin、cout 間的關係，等到談到物件導向的概念時，我們再回過頭來解釋吧！

除了 cin 與 cout 以外，其實 iostream 裡還定義其它的輸入/輸出串流供程式設計師使用，我們將 iostream 所定義的輸入/輸出串流整理如下：

- cin：用以取得字元資料的輸入串流，預設連接到標準輸入渠道 stdin。
- cout：用以輸出字元資料的輸出串流，預設連接到標準輸出渠道 stdout。
- cerr：用以輸出由字元所組成的錯誤訊息的輸出串流，預設連接到標準錯誤渠道 stderr。
- clog：用以輸出由字元所組成的日誌訊息的輸出串流，與 cerr 相同，預設都是連接到標準錯誤渠道 stderr。

以上這四個輸入/輸出串流，被稱為是 C++ 語言的**標準串流 (Standard Stream)**，它們都是以 c 開頭命名，代表是用以輸入或輸出字元 (Character) 資料的串流，又被稱做**字元串流 (Character Stream)**。其中 cin 是連接到系統所創建的 stdin，負責用以取得使用者從鍵盤所輸入的資料；至於 cout 則是連接到 stdout，用以輸出到終端機；cerr 與 clog 都是連接到 stderr，用來輸出錯誤訊息與日誌資訊[1] 到終端機。

> ⚠️ **std:: 標準串流**
>
> 要提醒讀者注意的是，這四個標準串流都是屬於 std 的命名空間，所以其全名應為 std::cin、std::cout、std::cerr 與 std::clog，但因為我們幾乎都會在程式開頭處使用 using namespace std;，所以在大部分的情況下都是直接以 cin、cout、cerr 與 clog 的名稱加以使用。

在更深入說明串流的用途前，讓我們先回顧一下在本書第 2 章裡所介紹的 BMI 計算程式碼片段：

```
cin >> weight;
cin >> heigth;
```

這就是透過在程式與鍵盤之間的 cin 字元輸入串流（程式與鍵盤分別是流動的目的與來源），來將使用者從鍵盤所輸入的體重與身高資料，流動到程式內的變數 weight 與 height 裡的一個例子。讓我們再繼續回顧這個範例程式：

```
BMI = weight / (height * height);
cout << BMI << endl;
```

在取得使用者所輸入的 weight 與 height 後，此程式接著進行 BMI 值的計算（也就是進行體重除以身高平方的計算），然後將結果透過存在於程式與終端機間的 cout 字元輸出串流（程式此時為流動的來源，螢幕終端機則為目的地）加以輸出 —— 這就是 cout 字元輸出串流的使用範例。我們在此將此 BMI 計算程式是如何使用輸入與輸出串流的過程，呈現在圖 5-1 裡，希望能幫助讀者更容易理解整個過程。

---

[1] 所謂的日誌 (log) 資訊，是指對於程式執行過程的細節記錄，就像是船隻在航行時會記錄航行日誌一樣，程式設計師可以選擇將特定的執行資訊記錄於日誌裡，例如程式何時開始執行、何時結束、取得了什麼資料、做了什麼處理等。這些資訊可供我們查詢程式執行過程中發生了哪些事情，可作為除錯或改善程式效率的參考。

Chapter 05 輸入與輸出

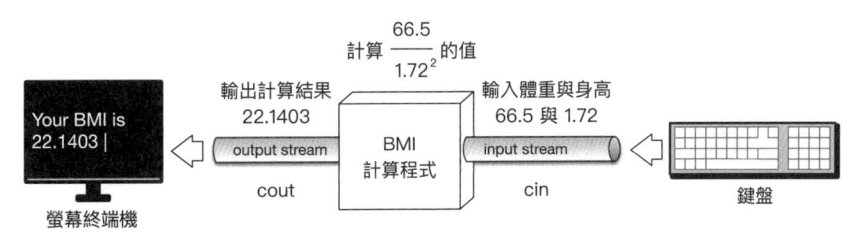

圖 5-1　BMI 計算程式與 cin 輸入串流及 cout 輸出串流

"c"in 與 "c"out 只能輸入與輸出字元嗎？

前面提到 cin 與 cout 的首字母 c，暗示其處理的是字元 (Character) 型態的資料輸入與輸出。但讀者可能會指出「cin 與 cout 不是也可以取得及輸出非字元型態的資料嗎？」，為何要把它們叫做字元輸入/輸出串流呢？以第 2 章的 BMI 計算程式為例，我們不就是透過 cin 輸入串流取得了使用者所輸入的數值資料（身高與體重），並且使用 cout 輸出串流將計算後得到的 BMI 數值輸出到終端機嗎？

請再次參考圖 5-1，沒錯！我們的確是透過 cin 這個**"字元"**輸入串流取得了數值資料 66.5 以及 1.72，但是別忘了，這些所謂的數值資料都是使用者透過鍵盤所輸入的，以數值 66.5 為例，其實是使用者按下了兩次數字鍵 6、1 個小數點以及 1 個數字鍵 5，然後按下 Enter 鍵後才提交給 cin 的。由於鍵盤上的每個按鍵都會對應到使用 ASCII 編碼的特定字元，因此 66.5 的輸入，其實是由使用者透過鍵盤連續輸入 '6'、'6'、'.'、'5' 這 4 個字元所組成的。當使用者按下 Enter 鍵時，這 4 個字元就會由 cin 進行後續處理 —— 把 '6'、'6'、'.'、'5' 這 4 個字元變成數值 66.5 後，才存放到變數裡的！同樣的道理，終端機所能夠顯示的也只有字元，當我們把計算後的 BMI 數值 22.1403 透過 cout 輸出時，cout 所做的其實是幫我們把 22.1403 轉換為連續的 7 個字元 '2'、'2'、'.'、'1'、'4'、'0' 及 '3'，然後再將它們送交給終端機加以輸出。所以不論你所輸入輸出的是什麼樣的資料，從 cin 或 cout 的角度來看，其實就只是一堆連續的字元而已 —— 這就是為什麼它們叫做**"字元"**串流的原因了！

5-2　cin 輸入串流

我們在前一小節已經介紹過，cin 是一個字元輸入串流，可以用來幫我們取得使用者所輸入的資料，本節將就其相關的使用情境加以說明。首先，請參考以下這種最簡單的使用情境 —— 使用 cin 來將使用者的輸入放入到特定變數裡：

```
cin >> somewhere;
```

此處的 >> 被稱為**串流擷取運算子 (Stream Extraction Operator)**，負責進行從指定的串流擷取資料的操作。本節接下來將說明 cin 輸入串流該如何和串流擷取運算子 >> 一同運作，以取得程式裡所需的資料。

> ⚠️ **cin >> weight？cin << weight？傻傻分不清？**
>
> 初學者有時會搞不清楚 cin 搭配的是 >> 還是 <<？很簡單，為了幫助記憶，你可以把 cin >> weight，想像成 cin → weight，利用箭頭的方向表明是把 cin 裡面的東西寫入到 weight 裡面。

5-2-1 串流擷取運算子

串流擷取運算子（**Stream Extraction Operator**，亦有譯作**串流提取運算子**）。其作用是從串流裡擷取資料放到變數裡。哦，對了，它還有一個比較白話的名稱叫作 **Get From 運算子** —— Get data from the stream。作為一個運算子，>> 是左關聯的二元運算子，左側的運算元必須是串流（例如 cin），右側的運算元（通常是變數）則是用來存放擷取回來的資料，當運算完成後（也就是完成資料的輸入或輸出後），其位於左側的串流將作為其運算的結果。讓我們以 cin >> weight 為例加以解析：由於在 >> 運算子的左右兩側分別是 cin 輸入串流與代表體重的變數 weight，因此這個運算式的運算處理就是要從 cin 輸入串流裡擷取資料出來，並放入到變數 weight 裡。

5-2-2 從 cin 擷取資料

首先，讓我們從最簡單的使用情境開始 —— 透過（連接到 stdin 渠道）的 cin 字元輸入串流取得一筆資料，並放入變數 var 裡面。在這種情境下，請使用 cin >> var; 運算敘述完成。請參考以下的程式片段：

```
int a;
float b;
double c;
char d;

cin >> a;
cin >> b;
cin >> c;
cin >> d;
```

從上面的程式碼片段可以發現，儘管變數 a、b、c 與 d 的型態都不相同，但我們都是用同樣的方式從 cin 取得資料。這就是從 cin 串流裡擷取資料最棒的一點—— cin 串流會視在 >> 右側的變數之型態，自動幫我們將來自 stdin 裡的資料轉換為適當的型態！相信學過 C 語言的讀者，應該能夠體會這樣的好處在哪！

> ### 和 C 語言的 scanf() 比較
>
> 筆者順便將上面的程式改寫一個 C 語言的版本給讀者進行比較：
>
> ```
> int a;
> float b;
> double c;
> char d;
>
> scanf("%d", &a);
> scanf("%f ", &b);
> scanf("%lf", &c);
> scanf("%c", &d);
> ```
>
> 如何？應該覺得還是 C++ 比較好用吧！

現在讓我們看看在同一個運算式裡有兩個以上的串流擷取運算子的情況，由於 >> 是左關聯的運算子，且當運算完成後，其位於左側的串流將作為其運算的結果。請參考下面這個有兩個串流擷取運算子 >> 的例子：

```
cin >> a >> b;
```

此處兩個相同的串流擷取運算子 >>，擁有相同的優先順序相同，依據左關聯的做法，此運算式將會從左至右進行，所以我們可以用括號將其執行的順序標明清楚：

```
(cin >> a) >> b;
```

當第一個 >> 運算子開始進行運算處理時，使用者就可以透過鍵盤先輸入一個數值資料，並將它放入到變數 a 裡面；要注意的是，當輸入完成以後，(cin >> a) 的運算結果將會是其原本左側的運算元 —— 也就是此例中的 cin，所以此運算式就變成了下面這樣：

```
cin>> b;
```

因此，第二個 >> 運算子就可以接著再讓使用者輸入第二個數值，並將它放入到變數 b 裡面。套用同樣的做法，我們可以將前面從 cin 擷取四筆資料的例子改寫為：

```
int a;
float b;
double c;
char d;

cin >> a >> b >> c >> d;
```

透過本節的說明，相信聰明的讀者們應該就可以理解為何筆者要將 Stream 譯作 "串流"，而不單單是 "流" 而已了！

再和 C 語言的 scanf() 比較

筆者再順便將上面的程式改寫一個 C 語言的版本：

```
int a;
float b;
double c;
char d;

scanf("%d %f %lf %c", &a, &b, &c, &d);
```

嗯，C++ 還是比較好用吧！

5-2-3　get() 函式

　　筆者已經先預告了很多次：cin 輸入串流與 cout 輸出串流，分別是 istream 與 ostream 類別的物件，但是在還未正式為讀者說明物件導向的相關概念前，筆者還沒辦法為讀者深入介紹串流物件的細節。不過，為了讓讀者能夠更全面的使用 cin 輸入串流，所以筆者打算在此先揭露一些些物件不同於變數之處。

　　作為 istream "類別" 的 "物件"，cin 其實和一般的變數不太一樣；一般的變數只能用來存放資料，但 cin 作為一個串流物件，它除了可以用來存放來自 stdin 的字元資料（以便讓串流擷取運算子 >> 可以擷取到資料並存放到變數裡）外，還可以擁有一些 "函式" 供我們呼叫使用。本節在此將先介紹 cin 輸入串流物件的一個相關的函式（當然，是定義在 cin 所屬的 istream 類別裡），叫作 get()，它可以用來幫我們取得一個 char 型態的字元，它有兩種用法──帶引數及不帶引數：

- 帶引數呼叫：在呼叫 get() 函式時，把要用來存放所擷取回來的字元的變數作為其引數。例如 cin.get(c); 就會把擷取回來的字元放到變數 c 裡面。
- 不帶引數呼叫：在不帶引數的情況下，呼叫 get() 就可以取回一個字元，並將其所取回的字元視為是該呼叫的執行結果。如果你需要這個結果，你必須另外用別的變數加以保存，例如 c=cin.get(); 就是使用變數 c 來存放 cin 所擷取回來的一個字元。

讓我們來看看以下的範例：

帶引數的呼叫方式

```
char c;
cout << "Please input a
character: ";
cin.get(c);  //帶引數的呼叫方式
cout << "Your input is " << c <<
endl;
```

不帶引數的呼叫方式

```
char c;
cout << "Please input a character:
";
c=cin.get();  //不帶引數的呼叫方式
cout << "Your input is " << c <<
endl;
```

以上兩種方式的執行結果都是一樣的：

```
Please△input△a△character:△ V⏎
Your△input△is△V⏎
```

現在，讓我們把上面這兩個程式合併為一個：

```
char c;
cout << "Please input a character: ";
cin.get(c);  //帶引數的呼叫方式
cout << "Your input is " << c << endl;
cout << "Please input another character: ";
c=cin.get();
cout << "Another input is " << c << endl;
```

這程式的執行結果不是很容易預測嗎？不就是取得一個字元、輸出一個字元、再取得一個字元、再輸出一個字元！呃…事情才沒那麼簡單～讓我們來看看它（和你想得不一樣）的執行結果吧：

```
Please△input△a△character:△ V⏎
Your△input△is△V⏎
Please△input△another△character:△Another△input△is⏎
⏎
```

上述程式的執行結果先取得了一個字元，然後輸出一個字元，後續又要求你再輸入另一個字元，不過還沒等我們輸入程式就結束了！會造成這個問題其實是由緩衝區所造成的,我們將在下一小節為你解答。

5-2-4 緩衝區

為了讓輸入與輸出更有效率,stdin 採用了**緩衝區 (Buffer)** 的設計,讓所有經由鍵盤所輸入的內容,都先存放到緩衝區裡,直到緩衝區已滿、或是使用者明確地按下 Enter 鍵將其輸入內容送出時,才會真正地讓緩衝區裡的內容 **"流動"** 到 stdin,然後再進而 **"流動"** 到其所預設連接的 cin 輸入串流裡。若是沒有緩衝區,那麼每當使用者按下任何鍵盤按鍵時,系統就必須將該輸入的字元送交給 stdin,也就是要執行一次相對低速的 I/O 操作,系統整體的效能當然就會受到影響。

現在,讓我們解釋一下前面那個程式到底發生了什麼事?

```
char c;
cout << "Please input a character: ";
cin.get(c);    // 帶引數的呼叫方式  ← 此處的輸入內容為 'V' 與 Enter
cout << "Your input is " << c << endl;
cout << "Please input another character: ";
c=cin.get();  ← 緩衝區內的 Enter 字元被讀取作為 c 的數值
cout << "Another input is " << c << endl;
```

當我們執行到第二行的 `cin.get(c);` 時,使用者輸入了 'V',並且按下 Enter 鍵將它送出,此時的緩衝區裡存在以下的內容:

```
'V', '\n'
```

請注意,Enter 鍵是一個不可視字元,儲存在電腦系統時是以 ASCII 的數值 10 表示,也就是 C++ 語言裡的跳脫出字元 '\n'。由於 `cin.get(c)` 將其中的 'V' 擷取出來,並放到字元變數 c 裡面,所以緩衝區只剩下一個 '\n' 而已:

```
'\n'
```

接下來執行到下一行的 `cout << "Your input is " << c << endl;`,把字元變數 c (其值為剛才擷取到的字元 'V') 加以輸出。然後,程式再繼續執行再下一行的 `c=cin.get();`,試著再讀取使用者所輸入的下一個字元。然而在使用者還沒

輸入下一個字元前，這行程式就已經直接從緩衝區裡擷取到了剛剛遺留在裡面的 '\n'，所以字元變數 c 的內容就變成了 '\n' —— 根本不等使用者完成下一個字元的輸出，程式就已經繼續執行下去了。這就是這個程式所遇到的問題。

5-2-5　ignore() 函式

cin 物件可以使用定義在 istream 類別裡的 ignore() 函式，來將在緩衝區裡的內容加以清除，呼叫時需要兩個引數：size 與 delimiter[2]，用以指定清除在緩衝區裡面的前 size 個字元，或是是一直清除到遇到第一個 delimiter 字元為止。

讓我們將前面那個有問題的程式，在第 2 個 get() 前使用 ignore() 函式來清除在緩衝區裡造成問題的換行字元：

```cpp
char c;
cout << "Please input a character: ";
cin.get(c);
cout << "Your input is " << c << endl;
cin.ignore(1, '\n');  //清除鍵盤緩衝區的內容
cout << "Please input another character: ";
c=cin.get();
cout << "Another input is " << c << endl;
```

此程式在第 5 行使用 cin.ignore(1,'\n'); 來清除在緩衝區裡的第 1 個字元，或是清除到第 1 個換行字元為止 —— 以本例來說，由於緩衝區裡只存在一個 '\n' 換行字元，所以兩者是完全相同的。其執行結果如下：

```
Please input a character: V⏎
Your input is V⏎
Please input another character: P⏎
Another input is P⏎
```

太好了！終於可以順利地取得第 2 個字元輸入了！不過要注意的是，呼叫 ignore() 函式時，我們通常會把第 1 個引數設定為 std::numeric_limits<streamsize>::max()，它是定義在 limits 標頭檔裡，屬於 std 命名

---

[2] Delimiter 是分隔符的意思，是常見的資訊術語之一。

空間，其值代表串流緩衝區大小的最大值；所以使用 `cin.ignore(numeric_limits<streamsize>::max(), '\n');` 就表示要清除掉在緩衝區裡的所有內容，或是遇到第 1 個 `'\n'` 為止──這是一個比較萬無一失的做法。只是千萬別忘了，這個做法必須要載入 limits 標頭檔，才能正確的執行。請參考以下的程式：

```cpp
char c;
cout << "Please input a character: ";
cin.get(c);
cout << "Your input is " << c << endl;
cin.ignore(numeric_limits<streamsize>::max(), '\n'); //清除鍵盤緩
                                                      衝區的內容
cout << "Please input another character: ";
c=cin.get();
cout << "Another input is " << c << endl;
```

至此，關於緩衝區的討論暫時告一段落；不過，請相信我，在不久的將來，我們還會再遇到它～～

5-3　cout 輸出串流

　　`cout` 輸出串流預設連接作業系統所提供的 `stdout` 標準輸出串流，也就是在預設的情況下，使用 `cout` 輸出串流就可以把資料呈現的 `stdout` 預設連接的終端機裡。本節後續將從其所支援的運算子開始說明，並舉例示範如何用以輸出資料。

5-3-1　串流插入運算子

　　就如同前一小節的 `cin` 重新定義了 `>>` 一樣，`cout` 輸出串流也重載了 `<<` 運算子──我們將其稱之為**串流插入運算子 (Stream Insertion Operator)**，讓它往連接到 `stdout` 的 `cout` 輸出串流裡插入資料。它同樣也有個好記的別名：**Put To 運算子**── Put data to the stream。

　　和 `>>` 相同，`<<` 也是左關聯的二元運算子，左側的運算元必須是串流（例如 `cin`），右側的運算元（通常是變數、常數、字元及字元組成的文字串資料）則是用來指定所要輸出的資料，當運算完成後（也就是完成資料的輸出後），其位於左側的串流將作為其運算的結果。

5-3-2　插入資料到 cout 串流

<< 串流插入運算子的使用方式同樣也很簡單，只要將資料插入到 cout 串流裡就可以了，例如：

```
cout << something;
```

與 cin 的自動轉換型態一樣，cout 也會自己想辦法（其實是寫在 ostream 類別裡的程式碼幫我們完成的啦！）把你 **"餵"** 給它的變數內容，轉換為 stdout 所需要的字元型態，例如：

```
int weight=66;
int height=72.5;
cout << weight;    //自動將66轉換為'6'、'6'再交給stdout輸出到終端機
cout << height;    //自動將72.5轉換為'7'、'2'、'.'、'5'再交給stdout輸出到終端機
```

> **和 C 語言的 printf() 比較**
>
> 同樣的事情換到 C 語言，是這樣寫的：
>
> ```
> int weight=66;
> int height=72.5;
> printf("%d", weight);
> printf("%f", height);
> ```
>
> 好的，C++棒多了！

現在讓我們示範使用多個串流插入運算子，將多筆資料一個串一個地輸出：

```
cout << "The value of a and b are " << a << "and" << b << endl;
```

讓我們依據左關聯的做法，使用括號來標明其執行的順序如下：

```
(((((cout << "The value of a and b are ") << a) << "and") << b)
 << endl);
```

現在，你應該更能理解為何筆者要將 Stream 叫做 **"串流"**，而不只是 **"流"** 了吧！

5-3-3　put() 函式

　　cout 同樣也提供一些定義在 ostream 類別裡的函式供我們使用，在此我們選擇介紹和 cin 用來取得一個字元的 get() 函式相似的 put() 函式，其作用是讓 cout 輸出一個字元 —— 嗯，一個 get()、一個 put()，拿出來、放進去，還蠻好記的。以下的程式碼簡單示範其使用方式：

```
char c='A';
cout.put(c);        //以字元變數c作為引數
cout.put('B');      //以字元值'B'作為引數
cout.put(67);       //以字元的ASCII數值作為引數(67是字母C的ASCII數值)
```

上述的程式呼叫 cout 物件的 put() 函式，並將所要輸出字元作為引數 —— 不論是變數或直接給定數值皆可（包含字元或是其對應的 ASCII 編碼皆可），其輸出結果為「ABC」。

5-4　輸入與輸出格式設定

　　本節將介紹如何控制 cin 與 cout 物件，讓它們可以依特定的格式來進行資料的輸入與輸出。我們將會使用到定義在 istream 與 ostream 類別裡的函式，以及定義在 ios、iostream、iomanip 等標頭檔裡的一些專門被設計用來設定 cin 與 cout 輸入/輸出格式的函式。除此之外，我們也會介紹如何讓 cin、cout 配合取得或輸出各種資料型態與數字系統的資料。

5-4-1　輸出寬度與對齊設定

　　cout 預設的輸出是採用**靠右對齊 (Right Align)** 的格式，但也可以透過設定更改為**靠左對齊 (Left Align)**。等等，到目前為止所有的程式輸出好像都是靠左邊，沒有看到靠右邊的呀～為什麼說預設是靠右呢？沒錯，你說的對，目前為止所看到

的 **"好像"** 都是靠左對齊的，例如：

```
cout << "Hello" << endl;
```

它的輸出結果為：

```
Hello↵
```

沒錯，看起來的確是靠左邊，但這只是 **"假象"** 而已，其預設的對齊方式的確是靠右對齊，只不過你並沒有設定右邊界在哪裡，所以看不出靠右對齊的效果！

width() 函式

如果要設定 cout 的右邊界，可以使用定義在 ostream 類別裡的 width() 函式 —— 其實 width 是寬度的意思，此函式所設定的是 cout 輸出的左邊界與右邊界範圍。換句話說，所謂的寬度是指 cout 串流所輸出的資料最多能夠呈現的字元個數，例如使用 cout.width(5); 將寬度設定為 5，就表示最多只能顯示 5 個字元，若所輸出的字元數少於 5 個，那麼會往右側對齊在第 5 個字元處，且其所缺的位數會以空白字元填補。請參考以下的例子：

```
int a=1024;
cout << "123456789" << endl;
cout.width(9);
cout << "Hello" << endl;
cout << "C++" << endl;
cout.width(2);
cout << a;
```

上面的程式片段先輸出一行 123456789 作為 **"尺標"** 的功能，讓我們可以更容易看出輸出格式控制的結果。接著在第 3 行及第 6 號呼叫 cout 物件的 width() 函式，並分別使用 9 與 2 作為其引數 —— 將待會使用 cout 串流的輸出設定為切齊由寬度所定義的右邊界，也就是會將輸出的資料往右側切齊在第 9 個與第 2 個字元處。程式還使用了 3 個 cout 敘述，分別將 "Hello"、"C++" 以及變數 a 的數值加以輸出，其執行結果如下：

```
123456789
△△△△Hello
C++
1024
```

正如你所看到的，受到 cout.width(9) 的影響，所以其下一行的 cout 輸出「Hello」時就會被限制在 9 個字元的寬度，而且是採用靠右對齊的方式編排（你可以很容易地從上一行的數字尺標來比對其輸出結果）。但是，要特別提醒讀者注意的是，cin.width() 是一次性的設定（換句話說，它只規範了下一次的 cout 輸出），因此在其下一行的 cout << "C++"; 並不會受到此寬度的影響，它回歸到沒有設定寬度的情況（也就是 cout.width(0) 的意思），由於沒有寬度、就沒有所謂的右邊界，自然不會有靠右對齊的效果產生。後續第 6 行又進行了一次設定將寬度設為 2，這時就發生了第 7 行所要輸出的變數 a（因為其數值為 1024，需要 4 個字元）所需的空間超過了所設定的寬度 2 —— 這些情況就是所要輸出的資料超出了 wdith() 所設定的寬度，cout 串流的做法是把資料完整輸出而不管寬度限制了。所以最後兩行的輸出看起來 **"好像"** 是靠左對齊 —— 其實，它們還是預設的靠右對齊，只不過超出了右邊界而已。

fill() 函式

其實從結果來看，所謂的靠右對齊只不過是在輸出資料的前面，加上適當個數的空白字元，好讓輸出的結果看起來有靠右對齊的感覺而已 —— 在前面的例中，就是在「Hello」的前面，補上 4 個空白字元。如果你不喜歡空白字元，也可以使用 fill() 函式來改為你偏好的字元。請參考以下的程式碼片段：

```
int a=1024;
cout.width(9);
cout.fill('#');
cout << "Hello" << endl;
cout.width(9);
cout << "C++" << endl;
cout.width(9);
cout << a << endl;
```

其執行結果如下：

```
####Hello↵
######C++↵
#####1024↵
```

由於使用了 `fill()` 函式來設定用來填補的字元為 `'#'`，因此在「Hello」前面就會補上 4 個 # 號。在上面這段程式片段裡，我們還在輸出完「Hello」後，再次使用兩次的 `width(9)` 將稍後兩次的 `cout` 串流輸出再次設定為靠右對齊到第 9 個字元處，其執行結果正如你所看到的，全部都切齊到第 9 個字元處了。對了，這個例子還有一個作用，它展示了對比 `width()` 函式只有一次性的作用，`fill()` 函式的設定則是具有持續性的效果。

`cout` 除了可以使用定義自 `ostream` 類別裡的函式以外，還有一些定義在 ios、iostream、iomanip 或其它標頭檔裡的函式也可以搭配 `cout` 一起使用。本節後續所要介紹的函式是專門設計用來操控串流的輸入與輸出格式，又被稱為**串流操控子 (Stream Manipulator)**。

std::setw()

首先我們要介紹的是名為 `setw()` 的串流操控子，它是定義在 iomanip 標頭檔案[3]裡面的函式，而且屬於 std 命名空間，所以你必須使用 `#include <iomanip>` 載入其標頭檔，並且要記得使用 std 命名空間。`setw()` 串流操控子的命名來自 set width 之意，其功能也和 `width()` 函式一樣，都是一次性的設定接下來串流輸出資料的寬度，並且將輸出靠右對齊。`setw()` 的使用方法，請參考以下的程式碼：

使用 `setw()` 串流操控子	使用 `cout` 的 `width()` 函式
`cout << setw(9) << "Hello";`	`cout.width(9);` `cout << "Hello";`

其執行結果如下：

```
△△△△Hello↵
```

---

[3] iomanip 的命名是取自 IO Manipulator。

std::left, std::right 要靠左還是靠右？

其實不論是使用 `width()` 函式或 `setw()` 操控子都只是單純地設定了輸出的**範圍**而已 —— 這個範圍不但包含右邊界的設定，同時也包含了左邊界；有些人會誤以為 `wdith()` 與 `setw()` 所設定的是靠右對齊，只不過是因為 `cout` 預設的對齊方式是靠右而已。

真正可以控制靠左或靠右對齊的其實是 `left` 與 `right` 這兩個串流操控子，它們定義在 ios 與 iostream 標頭檔裡，只要使用 `#include` 將它們其中之一載入即可；還有，它們屬於 std 命名空間，要記得 `using namesapce std` 或是使用 `std::left` 與 `std::right` 去使用它們。讓我們看看它們的使用方式：

使用 `left` 搭配 `setw()` 串流操控子	使用 `left` 搭配 `cout` 的 `width()` 函式
```cout.fill('#');cout << left << setw(9) << "Hello" << endl;cout << setw(9) << "C++" << endl;```	```cout.fill('#');cout.width(9);cout << left;cout << "Hello" << endl;cout.width(9);cout << "C++" << endl;```

它們的執行結果如下：

```
Hello####↵
C++######↵
```

從上面的例子可以觀察到，`left` 的設定是持續性的，不像是 `setw()` 與 `width()` 只有一次性的作用。如果你想要改回預設的靠右對齊，那麼只要使用 `right` 即可：

使用 `left` 與 `right` 搭配 `setw()` 串流操控子	使 `left` 與 `right` 搭配用 `cout` 的 `width()` 函式
```cout.fill('#');cout << left << setw(9) << "Hello" << endl;cout << setw(9) << right << "C++" << endl;```	```cout.fill('#');cout.width(9);cout << left;cout << "Hello" << endl;cout << right;cout.width(9);cout << "C++" << endl;```

請注意在上述程式碼中,我們也 **"故意"** 示範了寬度與對齊的設定是可以依任意順序使用的。它們的執行結果如下:

```
Hello####↵
######C++↵
```

現在,再讓我們看看下一個例子:

```
cout.fill('.');
cout << setw(9)  << "Name"    << setw(10) << "Score" << endl;
cout << setw(14) << "Jun Wu"  << setw(5)  << 100     << endl;
cout << setw(14) << "Alex Liu" << setw(5) << 90      << endl;
```

這段程式碼適當地利用 `setw()`,將輸出加以對齊成 **"貌似"** 表格一樣,請參考下面的執行結果:

```
.....Name.....Score↵
........Jun△Wu..100↵
......Alex△Liu...99↵
```

想法很好,但看起來有點不那麼漂亮。如果能夠將名字的部分靠左對齊,成績的部分維持靠右,看起來可能會好一點,例如像下面的結果:

```
Name.........Score↵
Jun△Wu.........100↵
Alex△Liu........99↵
```

如果要改成這樣,同樣是使用 `setw()` 操控子來設定寬度,但我們可以利用 `left` 與 `right` 分別設定它們對齊的方式:

```
cout << left << setw(9) << "Name" << right << setw(10) <<
"Score" << endl;
cout << left << setw(14) << "Jun Wu" << right << setw(5) <<
100 << endl;
```

```
cout << left << setw(14) << "Alex Liu" << right << setw(5) <<
90 << endl;
```

❓ cin 也可以設定輸入資料的寬度與對齊方式嗎？

相信讀者對於這個問題應該很感到興趣,其實答案當然是可以的！不過到目前為止,本節所示範的寬度與對齊的設定還不能套用到 cin 輸入串流,必須要等到我們在第 11 章介紹字串時,才會介紹相關的輸入 **"寬度"** 與 **"對齊"** 方式設定。

5-4-2 浮點數的精確度

在預設的情況下,cout 輸出浮點數數值預設的精確度 (Precision) 是 6,意即在**數字**部分將可以顯示到 6 個數字,請先觀察以下的範例:

```
cout << 12.345 << endl;
cout << 12.3456 << endl;
cout << 12.34567 << endl;
cout << 76.54321 << endl;
cout << 123456.789 << endl;
cout << 1234567.89 << endl;
```

其執行結果如下:

```
12.345↵
12.3456↵
12.3457↵
76.5432↵
123457↵
1.23457e+06↵
```

從上述的執行結果可以觀察到,cout 在輸出浮點數值時,所謂的 6 位數的精確度,指的是不包含小數點在內的 6 個位數,只要數值扣除掉小數點後的位數不超過 6 位,全部都可以精確呈現 (不論是小數點前的整數部分,或是小數點後的小數部分），例如：

- 12.345 → 輸出 12.345
- 12.3456 → 輸出 12.3456

當扣除掉小數點後的位數超過 6 位時，則會採用四捨五入的方式到第 6 個位數，例如：

- 12.34567 → 超出的部分進位 → 輸出12.3457
- 76.5432 → 超出的部分捨棄 → 輸出76.5432
- 123456.789 → 超出的部分進位 → 輸出123457

如果所要輸出的浮點數數值的整數部分超出了 6 位，那麼 cout 會自動改以**科學記號表示法 (Scientific Notation)** 將數值輸出，例如：

- 1234567.89 → 整數位數超出 6 位 → 輸出 1.23457e+06 也就是 1.23457×10^6 之意。

還要注意的是 cout 串流輸出浮點數值的預設 6 位精確度是不包含 **"負號"** 的。我們將上面的範例修改，將輸出的數值都改為負數：

```
cout << -12.345 << endl;
cout << -12.3456 << endl;
cout << -12.34567 << endl;
cout << -76.54321 << endl;
cout << -123456.789 << endl;
cout << -1234567.89 << endl;
```

其執行結果如下：

```
-12.345
-12.3456
-12.3457
-76.5432
-123457
-1.23457e+06
```

從結果來看，數字部分保持著 6 位數的輸出，沒有受到負號的影響。

接下來還要提醒讀者注意的是，浮點數的輸出精確度與 **"寬度"** 無關，請參考以下的例子：

```
cout.fill('*');
cout << setw(10) << 12.345 << endl;
cout << setw(10) << 12.3456 << endl;
cout << setw(10) << 12.34567 << endl;
cout << setw(10) << 76.54321 << endl;
cout << setw(10) << 123456.789 << endl;
cout << setw(10) << 1234567.89 << endl;
```

其執行結果如下：

```
****12.345
***12.3456
***12.3457
***76.5432
****123457
1.23457e+06
```

從其執行結果可發現輸出的數值並沒有因為寬度設定為 10，就能夠顯示更多的位數——輸出的寬度與精確度是兩個不同的設定，彼此並不相關。

precision() 函式與 std::setprecision() 操控子

要改變 cout 輸出浮點數的精確位數，可以使用定義在 iomanip 標頭檔裡的 std::setprecision() 串流操控子，或是使用 cout 的 precision() 函式，請參考以下的例子：

使用 setprecision() 串流操控子	使用 cout 的 precision() 函式

```cout << setprecision(8);``
`cout << 12.345 << endl;`
`cout << 12.3456 << endl;`
`cout << 12.34567 << endl;`
`cout << 76.54321 << endl;`
`cout << 123456.789 << endl;`
`cout << 1234567.89 << endl;```
	```cout.precision(8);``
	`cout << 12.345 << endl;`
	`cout << 12.3456 << endl;`
	`cout << 12.34567 << endl;`
	`cout << 76.54321 << endl;`
	`cout << 123456.789 << endl;`
	`cout << 1234567.89 << endl;```

其執行結果如下：

```
12.345
12.3456
12.34567
76.54321
123456.79
1234567.9
```

std::fixed 操控子

上一小節已經介紹過，setprecision() 操控子與 precision() 函式都可以用來設定 cout 在輸出浮點數時的精確度 —— 除小數點以外要輸出的位數（包含小數點前與小數點後的部分）。如果我們只想要設定小數點後的部分，那麼就可以使用定義在 ios 與 iostream 標頭檔（兩個標頭檔載入其中一個即可）裡的 std::fixed 操控子來達成：

```cpp
cout << setprecision(4);
cout << fixed;
cout << 3.123     << endl;
cout << 5.132223 << endl;
cout << 79.29228 << endl;
```

由於我們在第 2 行使用了 fixed 操控子，所以就將第 1 行所設定的 4 位精確度 **"限縮"** 到只規範小數的部分 —— 也就是說設定為小數點後顯示 4 位的輸出。請參考以下的執行結果：

```
3.1230
5.1322
79.2923
```

從上述的執行結果可以發現，fixed 的設定是 **"持續性"** 的；此外，如果小數點後少於精確度要求的位數會補 0，但超出的部分則會四捨五入到所設定的精確位數。

std::defaultfloat 操控子

由於 fixed 的設定是 **"持續性"** 的，如果要改回預設的包含小數點以外所有的位數，那麼可以使用另一個同樣定義在 ios 與 iostream 標頭檔裡的 `std::defaultfloat` 操控子：

```
cout << setprecision(4);
cout << fixed;
cout << 3.123    << endl;
cout << defaultfloat;
cout << 5.132223 << endl;
cout << 79.29228 << endl;
```

其執行結果如下：

```
3.1240
5.132
79.29
```

由於我們在第 4 行使用 `defaultfloat` 還原回預設設定，所以後兩個 cout 所輸出的浮點數，其整數與小數部分合計都不會超過 4 個位數。

std::scientific 操控子

前面已經提到過，當浮點數的整數部分位數大於所設定的精確度時，cout 會自動改以**科學記號表示法 (Scientific Notation)** 將數值輸出。如果要強制將浮點數改為科學記號表示法，那麼就可以使用又是同樣定義在 ios 與 iostream 標頭檔裡的 `std::scientific` 操控子：

```
cout << scientific;
cout << 31.24    <<  endl;
cout << setprecision(4);
cout << 5.132223 << endl;
cout << std::defaultfloat;
cout << 79.29228 << endl;
```

其執行結果如下：

```
3.124000e+01↵
5.1322e+00↵
79.29↵
```

從執行結果可以發現，scientific 是 **"持續性"** 的設定，且精確度的設定會套用在有效數 (Significand) 的小數部分，例如上例中第 1 個及第 2 個輸出的有效數的小數分別經由精確度設定為 6 位與 4 位；另外，如果要回復到原先的預設浮點數輸出方式，則同樣可以使用 defaultfloat 操控子完成。

std::showpoint 與 std::noshowpoint 操控子

請參考以下的程式碼：

```
double a=3.0;
cout << a << endl;
```

此程式的執行結果可能和你想的並不一樣：

```
3↵
```

由於此例中的浮點數變數值為 3.0，並沒有小數的部分，所以 cout 預設在輸出時連小數點都不呈現。如果你不滿意這樣的做法，可以使用 showpoint 操控子強制 cout 輸出浮點數時一定要包含小數點 ── 在含有小數點的情況下，小數的部分也會強制顯示出來（儘管它們都是 0 啦！）。showpoint 操控子的設定是持續性的，但你可以使用 noshowpoint 操控子將它關閉。請參考以下的程式：

```
double a=3.0;
cout << showpoint;
cout << a << endl;
cout << a << endl;
cout << noshowpoint << a << endl;
```

此程式的第 2 行設定要強制顯示小數點,並在接下來的兩行將 a 的數值輸出兩次,好讓你檢查看看 showpoint 的效果是否真的是持續性的。後續在第 5 行則使用 noshowpoint 將原先的設定關閉,並將不帶小數點的 3 加以輸出。其執行結果如下:

```
3.00000
3.00000
3
```

5-4-3 數字系統

數字系統指的是數值所使用的基底 (Base),除了一般日常生活慣用的十進制 (Decimal) 數字系統以外,還有資訊界慣用的二進制 (Binary)、八進制 (Octal) 與十六進制 (Hexadecimal),分述如下:

- 二進制 (Binary):以 2 為基底,每個位數由 0 到 1,共 2 種可能,超出後則進到下一位數。
- 八進制 (Octal):以 8 為基底,每個位數由 0、1、2、3、4、5、6 到 7,共 8 種可能,超出後則進到下一位數。
- 十進制 (Decimal):以 10 為基底,每個位數由 0、1、2、3、4、5、6、7、8 到 9,共 10 種可能,超出後則進到下一位數。
- 十六進制 (Hexadecimal):以 16 為基底,每個位數由 0、1、2、3、4、5、6、7、8、9、A、B、C、D、E 到 F,共 16 種可能,超出後則進到下一位數。

本節將分別就如何透過 cin 取得不同數字系統的數值,以及如何使 cout 輸出加以說明。

設定 cin 輸入的數字系統

cin 除了可以使用定義自 istream 類別裡的函式(例如前面所介紹的 cin.get() 函式)以外,還有一些定義在 iostream 或其它標頭檔裡的函式也可以搭配 cin 一起使用。本節所要介紹的函式都是專門設計用來操控串流的輸入與輸出格式,又被稱為**串流操控子 (Stream Manipulator)** —— 此處的主角當然是可以設定讓 cin 取得不同數字系統的操控子：

- `std::dec`：命名取自 Decimal 的縮寫，意即採用十進制的數字系統。
- `std::hex`：命名取自 Hexadecimal 的縮寫，意即採用十六進制的數字系統。
- `std::oct`：命名取自 Octal 的縮寫，意即採用八進制的數字系統。

我們可以在使用 cin 取得數值資料時，使用以上述的操控子來規範所要使用的數字系統為何？要注意的是，儘管在電腦系統裡，相對比較重要的數字系統是二進制，但 C++ 並沒有支援二進制的輸出與輸入。

以下的範例要求使用者輸入十進制、十六進制與八進制的數值：

```
int a, b, c;
cin >> dec >> a;
cin >> hex >> b;
cin >> oct >> c;
cout << a << endl;
cout << b << endl;
cout << c << endl;
```

在下面的執行結果裡，我們先輸入了三個 100，但它們分別是十進制、十六進制與八進制的數值，後續再使用 cout 將它們都輸出為 10 進制（cout 預設就是以十進制來輸出數值）：

```
100
100
100
100
256
64
```

當設定要取得特定數字系統的數值時，若使用者的輸入超出了該數字系統該有的內容時，cin 只會擷取符合的部分，請參考以下的程式：

```
cin >> hex >> a;
cout << hex << a << endl;
```

使用者在此應該要輸入一個十六進制的數字 FF20，但卻不小心打錯 FF2O（此處示範的是不小心將 '零' 打成 '歐'）：

```
FF2O↵
FF2↵
```

從執行結果可看出，儘管使用的輸入了不正確的十六進制數值，但 cin 仍然還是幫我們將正確的部分取回。

設定 cout 輸出的數字系統

cout 也可以使用 std::dec、std::hex 與 std::oct 來將數值輸出為十進制、十六進制與八進制。請參考以下的程式範例：

```cpp
int a=100;
cout << dec << a << endl;
cout << hex << a << endl;
cout << oct << a << endl;
```

其執行結果如下：

```
100↵
64↵
144↵
```

除此之外，還有一些操控子可以設定輸出格式：

- std::setbase() 設定所要使用的數字系統，可用的引數包含 8、10 與 16，若給定其它數值則一律視為 10 進制。當引數為 8、10 或 16 時，其作用等同於 oct、dec 與 hex。
- std::showbase 設定要輸出各數字系統置於數值前的前綴，例如八進制及十六進制數值前分別冠以 0 及 0x。
- std::noshowbase 關閉 showbase 設定。
- std::uppercase 設定在輸出數值時，將其中包含的英文字母以大寫方式輸出。主要用於十六進制的數值，包含其 0X 前綴以及數值 A、B、C、D、E

與 F。

- `std::nouppercse` 關閉 uppercase 設定。

要注意的是，以上的操控子皆具持續性。

請參考以下的範例：

```
int a;
cin >> dec >> a;
cout << setbase(10) << a << endl; //設定為十進位
cout << showbase;    //設定要輸出數字系統前綴
cout << setbase(8) << a << endl;   //設定為八進制

//設定為十六進制，並將英文字母部分設定為大寫
cout << setbase(16) << uppercase << a << endl;

cout << nouppercase << a << endl;  //取消大寫設定

//設定為十六進制，並將英文字母部分設定為大寫
cout << setbase(16) << uppercase << a << endl;
cout << oct << noshowbase << a << endl;  //取消輸出數字系統前綴
```

其執行結果如下：

```
100↵
100↵
0144↵
0X64↵
0x64↵
144↵
```

5-4-4　布林型態的數值

C++ 語言的布林型態 bool 可以有兩種數值：true 與 false，分別用以表示某種情況、情境或是狀態、條件的**正確與錯誤**、**成立與不成立**、**真與偽**等正面的或負面的兩種可能（讀者可以回顧本書第 3 章 3-3-4 節所介紹的布林型態）。此處要在

提醒讀者注意的是，布林型態的數值 true 與 false 亦可以整數表示，其中所有非 0 的整數值皆視為 true（但預設值為 1），false 則使用 0 表示。

Boolalpha 操控子

讓我們看看以下的範例：

```
bool b1=true;
bool b2=false;
cout << b1 << endl;
cout << b2 << endl;
```

其執行結果如下：

```
1↵
0↵
```

從此執行結果可看出，在預設的情況下，cout 會將 bool 型態的變數值輸出為整數，其中以 1 代表 true、以 0 代表 false。如果你不喜歡看到這種用整數代表布林值的結果，可以使用定義在 ios 與 iosteam 標頭檔裡的 boolalpha 串流操控子，設定 cout 將 bool 型態輸出為 true 與 false。請參考以下的例子：

```
bool b1=true;
bool b2=false;
cout << boolalpha;
cout << b1 << endl;
cout << b2 << endl;
```

由於使用了 cout << boolalpha 的設定，所以 cout 將會把 bool 型態的數值以 true、false 輸出，其執行結果如下：

```
true↵
false↵
```

noboolalpha 操控子

請注意，boolalpha 操控子是持續性的設定，如果要取消可以使用另一個操控子 noboolalpha。這一組 boolalpha 與 noboolalpha 操控子除了可以設定 cout 的輸出以外，也可以用來設定 cin 的輸入。請參考以下的程式：

```
bool b1,b2;
cin >> boolalpha >> b1;
cin >> b2;
cout << boolalpha << b1 << endl;
cout << noboolalpha;
cout << b2 << endl;
```

此程式的執行結果如下：

執行結果 1：

```
true↵
true↵
true↵
1↵
```

執行結果 2：

```
false↵
false↵
false↵
0
```

執行結果 3：

```
typo↵
false↵
false↵
0↵
```

此程式的執行結果依據使用者輸入的不同而有所差異，因此我們將其多次的執行畫面都加以呈現，以涵蓋各種可能的使用者輸入；例如我們針對這個程式，分別考慮了使用者輸入 true、false 與 typo（輸入了 true 與 false 之外的內容，也就是錯誤的輸入情況）。

5-4-5 再談緩衝區

請先閱讀以下程式，想想看，它的執行結果為何？

```
bool b1, b2;
cin >> boolalpha;
cin >> b1;
cin >> b2;
cout << boolalpha;
cout << b1 << endl;
cout << b2 << endl;
```

嗯…想好了，這個程式執行兩次的「**接收使用者輸入的 true 或 false 的布林值，然後加以輸出**」。請比對以下的執行結果：

執行結果 1：

```
true⏎
false⏎
true⏎
false⏎
```

執行結果 2：

```
truth⏎
false⏎
false⏎
```

其中第 1 組執行結果應該和你想的一樣，進行兩次的「**接收使用者輸入的 true 或 false 的布林值，然後加以輸出**」；但第 2 組的執行結果，只有進行一次的「**接收使用者輸入的 true 或 false 的布林值**」，然後就連續輸出兩個布林值了！請你再想想看，為什麼會這樣？

答案和之前介紹 `cin.get()` 時一樣，又是緩衝區的問題。請仔細看上面的第 2 組執行結果，使用者在輸入第 1 個布林值時發生了錯誤，把 true 打成了 truth，所以在程式中第 3 行的 `cin >> b1;` 沒能擷取到正確的布林值，因此會將 b1 視為 false。然而，正因為發生了這個錯誤，所以對於下一個第 4 行的 `cin >> b2;` 造成了影響，導致 b2 也沒能擷取到正確的布林值，所以 b2 也被視為是 false。

既然知道了原因，那麼就可以來**"對症下藥"**了！我們將程式修改如下：

```
bool b1, b2;
cin >> boolalpha;
cin >> b1;
cin.ignore(numeric_limits<streamsize>::max(), '\n'); //清空緩衝區
cin >> b2;
cout << boolalpha;
cout << b1 << endl;
cout << b2 << endl;
```

其實我們在前面 5-2-4 節已經遇過類似的情況，所以這次直接在第 4 行處增加清空緩衝區的程式碼（要記得 `#include <limits>`，將 `numeric_limits <streamsize>::max()` 所需的標頭檔載入）。好了，搞定收工，看看它的執行結果吧：

```
truth⏎
false⏎
false⏎
```

等等，結果怎麼還是不正確？！其實此處所遇到的問題和 5-2-4 節的問題並不相同，所以不能一概而論。此處所遇到的問題，其實是因為在前一個 `cin >> b1;` 使用者輸入了錯誤的內容（既非 true 亦非 flase）所導致的，因此，cin 被註記為在擷取資料時發生錯誤；至於 5-2-4 節的問題是遺留在緩衝區的換行字元，我們並不能確定那是不是一種錯誤（說不定是有意為之）。

針對此種 cin 發生擷取資料錯誤的情形，除了將緩衝區清空外，更重要的是記得使用 `clear()` 函式，來將 cin 被註記的錯誤加以**"解除"**，請參考以下的程式：

```
bool b1, b2;
cin >> boolalpha;
cin >> b1;
cin.clear();    // 使用clear()解除錯誤狀況
cin.ignore(numeric_limits<streamsize>::max(), '\n');
cin >> b2;
cout << boolalpha;
cout << b1 << endl;
cout << b2 << endl;
```

這次我們在第 4 行使用 `cin.clear();` 將錯誤狀況解除，並在第 5 行清除了緩衝區，程式的執行結果終於可以在第一個布林值輸入錯誤的情況下，讓我們繼續擷取下一個布林值了！請參考以下的結果：

```
truth↵
true↵
false↵
true↵
```

好了！一切都正確了！

5-5　cerr 與 clog 輸出串流

　　cerr 與 clog 預設都是連接到 stderr，用來輸出錯誤訊息與日誌資訊到終端機，而 stderr 在許多系統的實作上與 stdout 一樣，都是連接到終端機。它們的使用方式和 cout 完全相同，本節針對 cout 所介紹的各種使用方式，都能套用在 cerr 與 clog 裡，在此不予贅述。

　　當然，它們還是有些不一樣啦～ 其最主要的差別是 cerr 是無緩衝的，而 clog 是有緩衝的。由於 cerr 設計的目的是要顯示程式的錯誤訊息，這有一定的時效性，所以採用無緩衝的設計好讓所有經由 cerr 輸出的資料，可以直接快速地（相對於有緩衝的設計）輸出到 stdout。相對的，clog 的輸出是作為程式執行時的工作日誌用途，所以並沒有時效性的問題，所以和 cout 一樣被設計為有緩衝的。

　　所謂的緩衝 (Buffer) 可以想像為一塊記憶體空間，有緩衝的輸出串流會將所有

的輸出都先放在緩衝區裡,等到遇到以下的輸入或情況,才會將緩衝區內的資料送交給其所連接到的裝置(例如終端)加以顯示:

- `flush()` 函式 ── 強制刷新緩衝區(也就是將緩衝區內所有的內容都交由 stdout 輸出);
- `endl` ── 其實它也是串流操控子,其作用是送出一個換行字元 '\n',然後使用 `flush()` 強制清空緩衝區;
- 緩衝區已滿。

有緩衝的設計,讓輸出串流不需要每一次得到一個輸入就把它立刻輸出到實體裝置上,因為這會耗用掉高成本的 I/O 操作;採用緩衝的設計,能在匯集較多的輸入資料以後,才將其加以輸出,可以有效減少系統發生 I/O 操作的次數,進而提升系統效能。

由於此部分受到不同作業系統實作的差異,以及串流所連接的實體裝置的不同,其實並沒有一致性的做法。在終端機操作時,一般而言,由於採用行緩衝 (Line Buffered),所以每當遇到使用者按下 Enter 時(也就是產生一個換行字元 '\n' 時)就會將緩衝區清空;但若是連接到檔案時,遇到換行字元也不會將緩衝區清空,除非遇到緩衝區已滿或使用 `flush()` 強制清空時,才會發生作用。有時候,甚至不是作業系統的問題,有一些編譯器(包含許多人使用的 GNU 編譯器),連 `flush()` 都沒有實作出該有的功能。

5-6　I/O 重導向與 Pipe 管線

正如本章開頭處所說的,作業系統為每個程式準備了 stdin、stdout 與 stderr 三個標準的輸入/輸出渠道,其中 stdin 預設連接到鍵盤輸入裝置,stdout 與 stderr 則預設連接到終端機。當程式在執行的時候,大部分的作業系統因為或多或少都承襲了早期 Unix 系統的特性,所以也都有提供從早期就有的 **I/O 重導向 (I/O Redirection)** 與 **Pipe 管線**的操作方法。簡單來說,I/O 重導向就是讓我們可以把 stdin、stdout 與 stderr 重新連接到系統內的其它資源,包含特定的檔案與硬體裝置。Pipe 管線則更進一步讓我們可以把不同程式的標準的輸入/輸出渠道互相連接,因此一個程式可以從另外的程式取得輸入的資料,而且也可以將輸出的資料作為其它程式的輸入。如此一來,具有不同功能的程式,就可以串接起來進而提供更強大的功能。由於 C++ 語言所提供的 `cin`、`cout`、`cerr` 與 `clog` 四個標準串流,也是對應連接到標準的輸入/輸出渠道(其中 `cin` 連接到 stdin、`cout` 連接到 stdout、`cerr` 與 `clog` 則都連接到 stderr),因此上述的 I/O 重導向與 Pipe 管線也能實現在使用 C++ 語言所撰寫的程式裡。

I/O 重導向 (I/O Redirection) 具體的做法是使用 >、>> 與 < 符號,指定所要轉向的來源或目的。請先參考以下這一個取得兩個整數並將其相加的程式:

Example 5-1:處理兩數相加

Location: ⬇/examples/ch5

Filename: addTwoNumbers.cpp

```
1  #include <iostream>
2  using namespace std;
3
4  int main()
5  {
6      int a, b;
7      cin >> a;
8      cin >> b;
9      cout << (a+b) << endl;
10     return 0;
11 }
```

現在請使用 `c++ addTwoNumbers.cpp -o addTwoNumbers` 指令將 addTwoNumbers.cpp 編譯成檔名為 addTwoNumbers 的可執行檔(如果是使用 Windows 作業系統的讀者,請編譯為 addTwoNumbers.exe)。完成後,使用 `./addTwoNumbers` 指令來執行此一程式。請參考以下的執行結果:

```
100↵
20↵
120↵
```

接著開啟任何你偏好的文字檔案編輯軟體,建立一個檔案名為 data.txt,其內容如下:

Example 5-2：含有兩個整數的資料檔案

Location: ⌂/examples/ch5

Filename: data.txt

1	121
2	72

現在，讓我們試著將 addTwoNumbers 這個程式所使用的 stdin 進行 I/O 重導向，將原本要從鍵盤取得的輸入，改為從 data.txt 檔案讀取，也就像是把 data.txt "餵" 給 addTwoNumbers 一樣，請參考下面的做法：

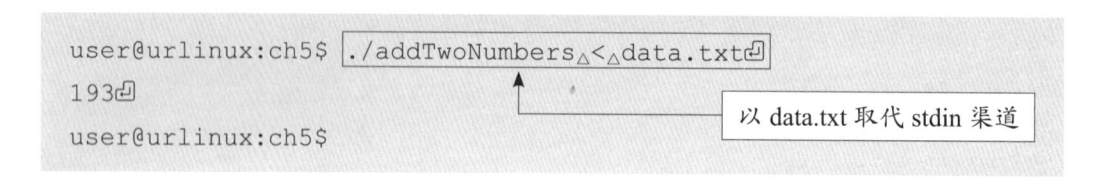

```
user@urlinux:ch5$ ./addTwoNumbers < data.txt ⏎
193 ⏎
user@urlinux:ch5$
```

以 data.txt 取代 stdin 渠道

由於在 data.txt 內的兩個數字分別為 121 與 72，所以上述的執行結果將會是其相加後的 193。注意到了嗎？`addTwoNumbers < data.txt` 這個指令就長得像是要把資料檔案 data.txt "餵" 給 addTwoNumbers 一樣，所以應該很容易記得。透過這個用來進行輸入重導向的 < 符號，就可以將原本在程式裡透過 `cin` 從 stdin 取得使用者從鍵盤所輸入的資料，轉變為是從 data.txt 檔案取得其內容作為輸入。

除了輸入可以重導向以外，我們也可以使用 > 符號進行輸出的重導向：

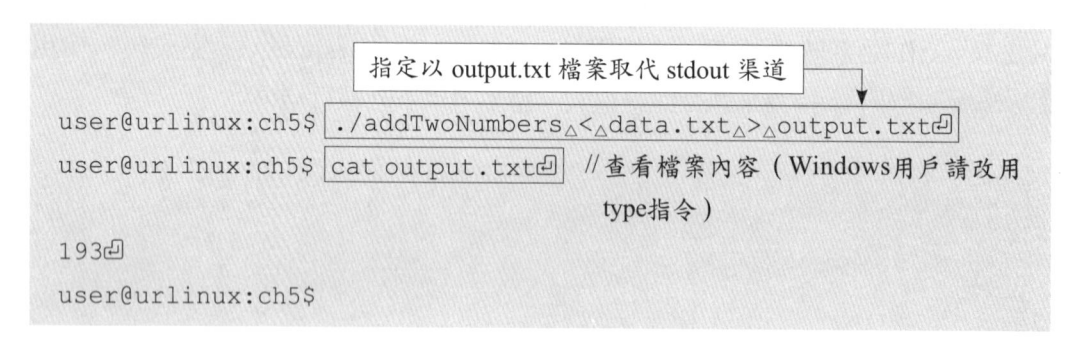

指定以 output.txt 檔案取代 stdout 渠道

```
user@urlinux:ch5$ ./addTwoNumbers < data.txt > output.txt ⏎
user@urlinux:ch5$ cat output.txt ⏎    //查看檔案內容（Windows用戶請改用
                                        type指令）
193 ⏎
user@urlinux:ch5$
```

上述的指令透過 > 這個輸出重導向的符號，讓原本連接到終端機的 stdout 渠道，改為連接到一個檔案 output.txt，所以我們可以看到 output.txt 檔案的內容為兩數相加的結果，也就是 193。換句話說，原本在程式裡透過 `cout` 輸出給 stdout 的資料，其目的地就從終端機改成了 output.txt 檔案了。讀者應該也已經注意到了，

`addTwoNumbers > output.txt` 這個指令就長得像是要求 addTwoNumbers 輸出資料到 output.txt 檔案一樣，好用又好記！

不過要特別注意的是，在使用 > 輸出重導向的符號時，作業系統會幫我們建立新的檔案，若是檔案原本已經存在則會被覆寫。如果不要覆寫，而是要接續既有的檔案內容，那麼就要使用另一個輸出重導向的符號 >>，它會讓我們把新的輸出附加到檔案原有的內容後面（當然，若是檔案並不存在，>> 還是會幫我們建立新的檔案）。請參考下面的例子：

```
user@urlinux:ch5$ cat output.txt         //查看檔案內容 (Windows用戶請改用
                                           type指令)
193
user@urlinux:ch5$ ./addTwoNumbers < data.txt >> output.txt
user@urlinux:ch5$ cat output.txt         //再次查看output.txt檔案內容
193
193                              指定將輸出附加到output.txt檔案原有內容後面
user@urlinux:ch5$
```

由於在執行前，output.txt 檔案已經存在且保有上一次寫入的內容，所以這次的輸出就會附加在既有的內容之後，所以你將會看到兩行的 193。

經過上面的討論之後，相信讀者已經能夠理解 I/O 重導向是什麼意思，同時也已經學會如何使用 I/O 重導向的功能，包含使用 < 進行 stdin 的重導向，以及使用 > 與 >> 進行 stdout 的重導向。最後還有一個 stderr 的重導向，也十分簡單，請使用 2> 進行重導向即可 —— 這個出現在 > 輸出重導向符號前的數字 2，就表示要進行第 2 個標準輸出渠道的重導向，stdout 當然是第 1 個標準輸出渠道，第 2 個當然就是現在介紹的 stderr 了。請先參考以下的程式，我們在程式裡利用 `cerr` 及 `clog`，輸出了一些訊息到 stderr：

Example 5-3：輸出錯誤訊息

Location: ⛅/examples/ch5

Filename: errorAndLog.cpp

```
1  #include <iostream>
2  using namespace std;
3
```

```
4  int main()
5  {
6     cerr << "This is an error message" << endl;
7     clog << "This is a log message" << endl;
8     return 0;
9  }
```

請將這個程式編譯為 errorAndLog 可執行檔，並使用下列方法測試：

```
                                   指定errlog.txt檔案取代第2標準輸出渠道
user@urlinux:ch5$ ./errorAndLog 2> errlog.txt⏎
user@urlinux:ch5$ cat errlog.txt     //查看errlog.txt檔案內容
This is an error message⏎
This is a log message⏎
user@urlinux:ch5$
```

　　除了 I/O 的重導向外，還有一個非常好用的 Pipe 管線可以在兩個程式之間，進行輸入與輸出的串接（當然也可以串接更多程式），其使用方式非常簡單，讓我們再多寫一個程式來做示範：

Example 5-4：將數值加倍

Location: ☁/examples/ch5

Filename: doubleIt.cpp

```
1   #include <iostream>
2   using namespace std;
3
4   int main()
5   {
6      int x;
7      cin >> x;
8      cout << (x*2) << endl;
9      return 0;
10  }
```

這個叫做 doubleIt.cpp 的程式，先取得一個整數的輸入，再將它變成 2 倍以後加以輸出。請自行完成它的編譯，並把可執行檔命名為 doubleIt。接下來，讓我們使用 Pipe 管線的運算符號 |，來將原先的 addTwoNumber 程式的輸出，串接到這個 doubleIt 程式：

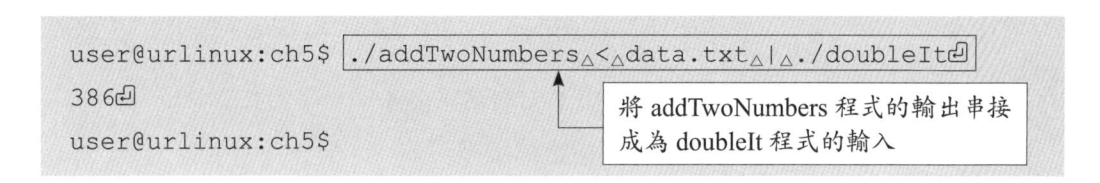

```
user@urlinux:ch5$ ./addTwoNumbers < data.txt | ./doubleIt
386
user@urlinux:ch5$
```

將 addTwoNumbers 程式的輸出串接成為 doubleIt 程式的輸入

上面的做法，使用 | 符號，將 addTwoNumbers 的輸出串接到 doubleIt 作為其輸入，所以 addTwoNumbers 的輸出 193，就變成了 doubleIt 的輸入，所以它把 193 乘以 2 後輸出 386；也就是說，我們實現了將某個程式的輸出視為是另個程式的輸入，從此以後，我們所開發的一個一個小程式，就能夠串接組合出更多變化、實現更複雜、但具有分工合作特性的應用功能。

習題

1. 以下選項何者不是 C++ 語言在 iostream 裡所定義的輸入/輸出串流？
   (A) `cin`　　　　　　(B) `cout`　　　　　　(C) `cerror`
   (D) `clog`　　　　　 (E) 以上皆不正確

2. 以下關於 `setw()` 串流操控子的說明何者正確？
   (A) 它是用以設定接下來串流輸出資料的寬度
   (B) 除非再次設定，否則其設定持續有效
   (C) 它會在指定的寬度內將輸出靠左對齊
   (D) 它屬於 `cout` 命名空間
   (E) 以上皆不正確

3. 假設 `cout` 輸出浮點數值預設的精確度為 n 位數，以下輸出浮點數值的敘述何者錯誤？
   (A) 預設浮點數值輸出包含小數點在內不超過 n 個位數
   (B) 若超出 n 個位數時，則會採用無條件捨棄到第 n 個位數
   (C) 若浮點數值的整數部分已超過 n 個位數，則改以科學記號表示法輸出

(D) 浮點數值的輸出位數限制不包含負號

(E) 以上皆正確

4. 以下何者不是 cin 可以使用的數字系統的操控子？

(A) hex　　　　　(B) dec　　　　　(C) bin

(D) oct　　　　　(E) 以上皆是

5. 關於 I/O 重導 (Redirection) 的說明以下何者不正確？

(A) 可以使用 > 符號將輸出儲存到指定檔案裡

(B) 可以使用 >> 符號將輸出儲存到指定檔案既有內容的後面

(C) 可以使用 < 符號將指定檔案的內容視為程式的輸入

(D) 可以使用 << 符號將指定檔案的內容輸入到程式的後面

(E) 以上皆正確

6. 請設計一個 C++ 語言的程式 align.cpp，接收使用者所輸入的一個（不超過 20）的整數用以設定字串輸出的寬度，並將字串 "xyz" 與 "abcd" 分別使用靠右與靠左對齊的方式分別輸出，且沒有輸出字元的部分請使用 * 星號填充。此題的執行結果可參考如下：

執行結果 1：

```
10⏎
********xyz⏎
abcd*******⏎
```

執行結果 2：

```
4⏎
*xyz⏎
abcd⏎
```

【注意】：本題的輸入只會介於 0~20 之間。

7. 請設計一個 C++ 語言的程式 scientific.cpp，接收使用者所輸入的一個浮點數後，將其以科學記號表示法的方式加以輸出。請注意，在輸出的科學記號表示法結果中，小數的部分請顯示到第 5 位（超過部分請四捨五入）。此題的執行結果可以參考如下：

執行結果 1：

```
Please input a floating-point number: 3.1415926↵
The number can be represented in scientific notation as 3.141
59e+00.↵
```

執行結果 2：

```
Please input a floating-point number: 543.21↵
The number can be represented in scientific notation as 5.432
10e+02.↵
```

執行結果 3：

```
Please input a floating-point number: 12.34567↵
The number can be represented in scientific notation as 1.234
57r+0.1.↵
```

8. 請設計一個 C++ 語言的程式 f2c.cpp，讓使用者輸入一個華氏 (Fahrenheit) 溫度，計算並輸出對應的攝氏 (Celsius) 溫度到小數點後第 2 位（超出位數時，四捨五入到小數點後第 2 位）。溫度計算公式如下：

$$攝氏 = (華氏 - 32)*(5/9)$$

本題的執行結果可參考如下：

執行結果 1：

```
Fahrenheit: 132↵
Fahrenheit 132.00 = Celsius 55.56↵
```

執行結果 2：

```
Fahrenheit: 77.77↵
Fahrenheit 77.77 = Celsius 25.43↵
```

執行結果 3：

```
Fahrenheit: 33.3⏎
Fahrenheit 33.30 = Celsius 0.72⏎
```

執行結果 4：

```
Fahrenheit: -18.05⏎
Fahrenheit -18.05 = Celsius -27.81⏎
```

【注意】：

1. 你可以使用定義在 iomanip 中的 `setprecision()` 或是定義在 iostream 裡的 `precision`，並搭配 fixed 操控子，來設定四捨五入輸出到小數後第 2 位。
2. 本題如有浮點數的處理需求，請一律使用 double 型態。

9. 請設計一個 C++ 語言的程式 numsys.cpp，接收使用者所輸入的一個十進位的整數，並將其輸出為對應的十六進位與八進位整數，此題的執行結果可參考如下：

執行結果 1：

```
100⏎
(100) decimal=(64) hexadecimal=(144) octal⏎
```

執行結果 2：

```
88⏎
(88) decimal=(58) hexadecimal=(130) octal⏎
```

10. 請設計一個 C++ 語言程式 centerAlign.cpp，接收使用者所輸入的一個整數用以設定字串輸出的寬度（假設不會超過 20），並將字串「xyz」以置中對齊的方式加以輸出，其中沒有輸出字元的部分請用 * 星號填充。

請題的執行結果可參考如下：

執行結果 1：

```
Please input the width: 10⏎
***xyz***⏎
```

執行結果 2：

```
Please△input△the△width:△5⏎
***xyz***⏎
```

執行結果 3：

```
Please△input△the△width:△2⏎
***xyz***⏎
```

【注意】：本題所謂的置中對齊，是指必須在「xyz」的左右兩側保留相同的位置空間。但當左右兩側無法均等時，左側可以比右側少一個位置。例如：寬度 10-|xyz|)/2=3.5，此時設定左側與右側分別保留 3 與 4 個位置空間。

Chapter 06 選擇

早在上一世紀 60 年代，學者們就已經證明了從簡單到複雜的各式應用問題都可以由循序 (Sequence)、選擇 (Selection) 與重複 (Repetition) 三種基本結構所組成的程式加以解決[1]，而能夠支援這三種結構的程式語言就叫做結構化程式語言 (Structured Programming Language)，至於使用這三種結構來撰寫程式就叫做結構化程式設計 (Structured Programming)。C++ 語言就是支援這三種結構，讓我們能夠進行結構化程式設計的結構化程式語言之一。截至目前為止，本書所有範例程式的執行都是從 `main()` 函式開始，一行、一行的執行，直到 `main()` 結束為止。這種**"一條腸子通到底"**的線性執行動線就是順序結構的意思 —— 簡單有效、但還不夠，我們還需要學習其它兩種結構才能夠解決所有的問題，這就是本章與下一章的目的 —— 分別為讀者介紹選擇與迴圈結構。

C++ 語言支援讓程式依據特定條件執行不同動線的選擇敘述 (Selection Statement)，我們將可以為程式的執行定義特定條件，讓程式視不同情況執行不同的程式碼。本章將先介紹與定義條件相關的邏輯運算式 (Logical Expression)，以及兩個常用的條件敘述 —— if 及 switch。

6-1 邏輯運算式

所謂的**邏輯運算式 (Logical Expression)** 亦稱為**布林運算式 (Boolean Expression)**，是由著名英國數學家喬治・布爾 (George Boole) 所提出，是當代電腦科學的重要基礎。邏輯運算式的運算結果稱為布林值 (Boolean Value)，只能是 `true` 與 `false` 兩種可能，分別代表某種情況、情境或是狀態、條件的**正確**與**錯**

---

[1] 例如在 Corrado Böhm 與 Giuseppe Jacopini 的論文 Flow diagrams, Turing machines and languages with only two formation rules（發表於 Communications of the ACM, Vol.9, pp. 366-371. 1966）裡，就曾提出此論證。

誤、成立與不成立、真與偽等正面的或負面的兩種可能。我們在本書 3-3-4 節已經介紹過，C++ 語言所支援的布林型態為 `bool`，其數值 `true` 與 `false` 亦可以非 0（預設為 1）以及 0 的整數值表達，並且在 5-4-4 節針對布林型態的數值介紹過其相關的輸入與輸出格式設定相關函式與操控子，請讀者自行加以回顧。

邏輯運算式的運算元 (Operand) 可以是數值、常數、變數、函式呼叫，甚至是其它的運算式；至於在運算子 (Operator) 方面可再區分為關係運算子 (Relational Operator)、相等運算子 (Equality Operator)、不相等運算子 (Inequality Operator) 與邏輯運算子 (Logical Operator) 等多項分類，我們將在本節中分別加以介紹。

6-1-1 關係運算子

關係運算子 (Relational Operator) 是一個左關聯的二元運算子，用以判斷兩個運算元（數值、函式、變數或運算式）之間的關係，其可能的關係有：大於、小於、等於，或不等於。C++ 語言提供以下的關係運算子，請參考表 6-1。

表 6-1　關係運算子

符號	範例	意義
>	a > b	a 是否大於 b
<	a < b	a 是否小於 b
>=	a >= b	a 是否大於或等於 b
<=	a <= b	a 是否小於或等於 b

可以搭配表 6-1 關係運算子使用的運算元與一般運算式一樣，可以是數值、變數、常數、函式呼叫，甚至是運算式。舉例來說，假設 a=5 與 b=10 分別為兩個 `int` 整數變數、c=15 為整數常數，下列的邏輯運算式示範了不同運算元的使用：

Example 6-1：輸出使用關係運算子的邏輯運算式的運算結果
Location: ☁/examples/ch6
Filename: relationalOP.cpp

```
1  #include <iostream>
2  #include <iomanip>
3  #include <cmath>
4  using namespace std;
```

```cpp
5
6   int main()
7   {
8       int a=5, b=10;
9       const int c=15;
10
11      cout << boolalpha;
12      cout << setw(21) << "(a>0)=" << (a>0) << endl;
13      cout << setw(21) << "(12<b)=" << (12<b) << endl;
14      cout << setw(21) << "(a+b)>=c+2)=" << (a+b)>=c+2) << endl;
15      cout << setw(21) << "(a*b>=sizeof(int)*4)=" <<
    (a*b>=sizeof(int)*4) << endl;
16      cout << setw(21) << "(round(3.48)>3)=" << (round(3.48)>3) << endl;
17
18      return 0;
19  }
```

在上面的例子當中，其中作為運算元的部分包含了數值、變數、常數、函式呼叫以及運算式。請試著計算出這些邏輯運算式的運算結果為何？然後再比對下面的執行結果：

```
△△△△△△△△△△△△△△△(a>0) =true
△△△△△△△△△△△△△△(12<b) =false
△△△△△△△△△(a+b)>=c+2) =false
     (a*b>=sizeof(int)*4) =true
△△△△△(round(3.48)>3) =false
```

最後還要注意關係運算子較算術運算子 (Arithmetic Operator) 優先順序低，所以 x+y<i-j 等同於 (x+y) < (i-j)。另外，由於關係運算子是左關聯，因此 x<y<z 等同於 (x<y)<z。

6-1-2 相等與不相等運算子

相等運算子 (Equality Operator) 與**不相等運算子 (Inequality Operator)** 同樣是左關聯的二元運算子，其優先順序也都較算術運算子來得低。C++ 語言提供 == 與 != 運算子，用以判斷兩個運算元（可以是數值、函式、變數或運算式）之值是否相等或不相等，請參考表 6-2。

表 6-2　相等與不相等運算子

符號	範例	意義
==	a == b	a 是否等於 b
!=	a != b	a 是否不等於 b

> ⚠️ **是 ==，不是 =**
>
> 千萬不要將比較兩數是否相等的 == 寫成 =，這實在是一個常常會遇到的錯誤！建議你以後如果遇到程式執行結果錯誤，但找不出任何問題時，試試檢查一下所有的 = 與 ==，有很高的機會可以改正你的程式。

6-1-3　邏輯運算子

C++ 語言提供三種邏輯運算子 (Logical Operator)，如表 6-3。它們的運算結果可參考表 6-4 的 NOT、AND 與 OR 邏輯運算真值表。

在 C++ 所支援的邏輯運算子中，AND 與 OR 都是二元運算子，必須與兩個運算元搭配運算，其運算元通常為邏輯運算式，但也可以是具有布林值或整數值的變數、常數，或可傳回布林值或整數值的函式呼叫等。至於 NOT 則是一元運算子，僅和一個運算元相關。以下我們分別說明三者的用途：

表 6-3　邏輯運算子

符號	範例	意義
==	a == b	a 是否等於 b
!=	a != b	a 是否不等於 b

表 6-4　NOT、AND 與 OR 邏輯運算真值表

X	Y	NOT X	X AND Y	X OR Y
0	0	1	0	0
0	1	1	0	1
1	0	0	0	1
1	1	0	1	1

- AND（運算符號為 `&&`）：AND 用以處理兩個條件皆成立的情形。假設變數 `score` 代表 C++ 語言的修課成績，以下使用 AND 的邏輯運算即為檢查成績是否介於 0~100：

  ```
  ((score >= 0) && (score <=100))
  ```

- OR（運算符號為 `||`）：OR 是用以判斷兩個條件中任意一個成立的情況，例如學生修習某門課程的期末考成績大於等於 60 分或是作業成績不低於 80 分，就可以通過該課程，那麼可以表達為：

  ```
  (( final >= 60 ) || ( homework >=80 ))
  ```

- NOT（運算符號為 `!`）：與前述兩者不同，NOT 是一個一元的運算，它只與一個運算元相關。例如 `quit` 是一個整數變數，其值為 `false` 代表不要離開（或不要結束）程式的執行，所以在程式中可以依使用者的設定或其它狀況將 `quit` 變數設定為 `true`，代表要離開程式的執行。因此，程式中可以使用：

  ```
  (!quit)
  ```

  來表示 Not Quit——意即不要離開程式的執行。由於 `quit=false` 表示不想離開，所以加上 Not 運算後，`!quit` 就變成了 **"不要離開"** 之意[2]！

> ⚠️ **變數 x 是否的值介於 a 與 b 之間？**
>
> 許多初學者在學習邏輯運算式時，通常會犯下一種常見的錯誤：以 a < x < b 來表達變數 x 是否的值介於 a 與 b 之間！這個式子看似正確，實則不然。因為這裡所使用的 < 為左關聯的關係運算子，所以 a < x < b 其實會變成 (a < x) < b 意即先判斷 x 是否大於 a，然後將其判斷結果再與 b 進行比較。假設 a=1、b=10、x=50，我們想要以邏輯運算式 a < x < b 來判斷變數 x 是否

---

[2] 使用 `!quit` 代表程式不要結束是筆者慣用的方法，因為使用英文唸 `!quit` 也是「Not quit（不要離開、不要結束）」之意，除了邏輯上正確外，又具有英文的意涵。

的值介於 a 與 b 之間，由於左關聯的緣故，a < x < b 將會等於 (a < x) < b，也就是 (1<50) <10；由於 (1<50) 的結果是 true（也就是整數值 1），所以 (1<50)<10 就變成了 1<10，也因此其最終的運算結果將會是 true。

但是請你冷靜地想一想在 a=10、b=1 與 x=5 的情況下，變數 x 的數值其實是沒有介於 a 與 b 之間的。如果要正確的判斷變數 x 的數值有沒有介於 a 與 b 之間的話，應該寫成 (a<x)&&(x<b) 才是正確的寫法！

最後還要說明的是，由於邏輯運算子（例如上面的 &&）的優先順序比關係運算子（例如上面的 <）來得低，所以不論 a<x 與 x<b 有沒有使用括號，其運算結果都是正確的。

6-2　if 敘述

當我們在程式寫作時，某些功能可能是要視情況來決定是否要加以執行。在 C++ 語言中，提供一個 if 敘述，可以做到依特定條件成立與否，來決定該執行哪些程式碼。if 的語法如下：

if 敘述語法
if (測試條件) 敘述 | {敘述*}

依據此語法在 if 之後必須以一組括號將所謂的 測試條件 (Test Condition) 包裹於其中 —— 測試條件 即為本章前面所介紹的邏輯運算式，或者也可以直接給定能表示為布林值或整數值的變數、常數或函式呼叫（當使用整數時，以非 0 的數值為 true，以 0 為 false）。當測試條件經檢測其運算結果成立時（也就是其布林值為 true，或是其整數值不為 0 時），就會執行接在其後的一行敘述或是使用一組大括號包裹的多行敘述（也就是語法中的 敘述 \| {敘述*} ）。

下面的程式片段就是在 if 敘述的測試條件後面接一行敘述的例子：

```
if (score >= 60) cout << "You pass!" << endl;
```

除了上面的寫法以外，比較常見的是利用一個換行，將測試條件成立時所要執行的

敘述寫在下一行,並且將它往內縮排:

```
if (score >= 60)
    cout << "You pass!" << endl;
```

不論是上面這兩種寫法中的何者,其意義是完全相同的,差別只在於閱讀時是否容易 **"看出來"** 敘述是不是屬於哪個 if 敘述而已。它們兩者在執行時,經判斷測試條件 (score>=60) 後,若其結果為 true,則印出「You pass!」。當然,若條件不成立時,後面所接的 cout 敘述是不會被執行的。

如果測試條件成立時,想要進行的處理需要一行以上的程式碼該怎麼辦呢?我們可以在 if 敘述後,以一組大括號來將要執行的程式碼包裹起來。這種被包裹起來的程式碼又稱為**複合敘述 (Compound Statement)**。請參考下面的例子:

```
if (score >= 60)
{
    cout << "Your score is " << score << endl;
    cout << "You pass!" << endl;
}
```

如果我們想判斷的條件不只一個,那又該怎麼辦呢?其實 if 敘述也是敘述,所以可以通過測試條件後所要執行的敘述裡,再寫另一個 if 的敘述 —— 如此一來,就是在一個 if 敘述裡再包含另一個 if 的敘述。請參考下面的程式:

```
if (score >= 60)
{
  cout << "Your score is " << score << endl;
  cout << "You pass!" << endl;

  if(score >= 90)
  {
     cout << "You are outstanding!" << endl;
  }
}
```

下面是另一個例子：

```cpp
if (score >= 0)
{
   if(score <= 100)
   {
       cout << "The score " << score << " is valid!" << endl;
   }
}
```

不過這個例子，還可以改寫成：

```cpp
if ((score >= 0)&&(score <=100))
{
   cout << "The score " << score << " is valid!" << endl;
}
```

> ⚠️ **不可以只有我看過…**
>
> 筆者曾經看過有人把程式這樣寫：
>
> ```cpp
> if ( 0 <= score <= 100)
> {
>     cout << "The score " << score << " is valid!" << endl;
> }
> ```
>
> 雖然我可以瞭解他的想法，但其實這個程式是錯誤的！因為關係運算子是左關聯，`0<=score<=100` 在執行順序上其實是 `(0<=score)<=100`，假設 `score` 的值是 110（超出範圍不合理的分數，應判定為 `false` 才是），此測試條件就會等同於 `(true)<=100`，由於 `true` 等同於非 0 的整數，但預設值為 1，所以此測試條件就又變成了 `1 <=100`，因此最終的運算結果為 `true`──可是這是錯的！110 分不介於 0 到 100 之間，是不合理的分數！

延續上面的例子，若是想要在 score 超出範圍時，印出錯誤訊息，那又該如何設計呢？請參考下面的程式：

```
if ((score >= 0)&&(score <=100))
{
    cout << "The score " << score << " is valid!" << endl;
}
if((score<0) || (score>100))
{
    cout << "Error! The score " << score << " is out of range!" << endl;
}
```

在這段程式碼中的兩個 if 敘述，其實是互斥的，也就是當第一個 if 的條件成立時，第二個 if 的條件絕不會成立，反之亦然。這種情況可以利用下面的語法，把兩個 if 敘述整合成一個：

---

if 敘述語法

if (測試條件) 敘述 else 敘述

或

if (測試條件) { 敘述* } else { 敘述* }

---

else 保留字可以再指定一個敘述或是複合敘述，來表明當 if 條件不成立時，所欲進行的處理。請參考下面的例子：

```
if ((score < 0) || (score >100))
{
   cout << "Error! The score " << score << " is out of range!" << endl;
}
else
{
```

211

```
    cout << "The score " << score << " is valid!" << endl;
}
```

再一次考慮到 if 敘述也是一種敘述，在 else 的後面，我們也可以再接一個 if 敘述，例如下面的例子：

```
if ((score < 0) || (score >100))
{
    cout << "Error! The score " << score << " is out of range!" << endl;
}
else
{
    if(score>=60)
    {
        cout << "You pass!" << endl;
    }
}
```

類似的結構延伸，下面的程式碼也是正確的：

```
if ((score < 0) || (score >100))
{
    cout << "Error! The score " << score << " is out of range!" << endl;
}
else
{
    if(score>=60)
    {
        cout << "You pass!" << endl;
    }
    else
    {
        cout << "You fail!" << endl;
```

```
    }
}
```

上述的程式碼，也可以利用 if 敘述及 else 保留字後面可以接一個敘述（只有一個敘述時，大括號可以省略），我們可以將部分的大括號去掉，請參考下面的程式碼：

```
if ((score < 0) || (score >100))
{
    cout << "Error! The score " << score << " is out of range!"
<< endl;
}
else if(score>=60)
{
    cout << "You pass!" << endl;
}
else
{
    cout << "You fail!" << endl;
}
```

在本節結束以前，讓我們來看一些使用 if 敘述完成的程式範例：

Example 6-2：滿五千折五百

Location: /examples/ch6

Filename: discount.cpp

某百貨公司週年慶舉辦「滿五千折五百」活動，請設計一 C++ 程式，讓使用者輸入購物總金額，判斷是否達到折扣門檻並計算其折扣後的金額。

```
1  #include <iostream>
2  using namespace std;
3
4  int main()
5  {
6      float total;
```

```cpp
 7
 8      cout << "請輸入消費金額:";
 9      cin >> total;
10
11      if(total >= 5000 )
12      {
13          total*=0.95;
14          cout << "折扣後的金額為" << total << endl;
15      }
16      else
17      {
18          cout << "很抱歉," << total << "未達折扣門檻!" << endl;
19      }
20
21      return 0;
22  }
```

此程式執行結果如下：

執行結果 1：

請輸入消費金額：8800↵
折扣後的金額為8360↵

執行結果 2：

請輸入消費金額：4200↵
很抱歉，4200未達折扣門檻!↵

Example 6-3：屏東大學接駁車費計算

Location: ☁/examples/ch6

Filename: fare.cpp

屏東火車站有開往屏東大學不同校區的接駁車服務，車資如下：

- 屏東火車站⟷屏商(1) 30元
- 屏東火車站⟷民生(2) 25元
- 屏東火車站⟷林森(3) 20元

請設計一個 C++ 語言程式,讓使用者輸入校區代號(以整數 1, 2, 3 分別代表屏商、民生及林森校區)後,輸出其應付車資。

```cpp
#include <iostream>
using namespace std;

int main()
{
    int campus;

    cout << "請輸入校區代號:";
    cin >> campus;

    if(campus==1)
    {
        cout << "票價為30元" << endl;
    }
    else if(campus==2)
    {
        cout << "票價為25元" << endl;
    }
    else if(campus==3)
    {
        cout << "票價為20元" << endl;
    }
    else
    {
        cout << "校區代號輸入錯誤!" << endl;
    }

    return 0;
}
```

此程式執行結果如下:

執行結果 1:

請輸入校區代號:1⏎
票價為30元⏎

執行結果 2：

請輸入校區代號：2⏎
票價為25元⏎

執行結果 3：

請輸入校區代號：3⏎
票價為20元⏎

執行結果 4：

請輸入校區代號：4⏎
校區代號輸入錯誤!⏎

6-3　switch 敘述

除了 if 敘述以外，C++ 還提供另一種選擇敘述 —— switch 敘述，正如其名稱一樣，它就像一個 **"開關"**，依據特定的數值決定程式不同的執行動線。具體來說，使用 switch 敘述時，必須給定一個特定的整數變數或運算結果為整數的運算式，然後可以針對該整數可能的各種數值，執行不同的程式敘述。其語法如下：

```
                switch 敘述語法

switch(整數變數|整數運算式)
{
  [case 整數值|整數常數運算式:敘述*]*
[default:敘述*]?
}
```

switch 敘述與 if 敘述類似，都可以讓程式視情況執行不同的程式碼，但 switch 針對整數變數或整數型態的運算式可能的不同數值，使用列舉式的方式提供不同的處置操作，其語法第一行的 switch(整數變數|整數運算式) 是以 switch 開頭，緊接著以一組小括號將一個 整數變數 或是一個 整數運算式 加以包裹，分別說明如下：

216

- 整數變數：整數型態的變數（包含 short、long、int 等各種整數型態皆可），但也可以使用 char 字元型態的變數，因為字元的本質就是整數。
- 整數運算式：運算結果為整數的運算式。

在第一行之後，則是以一組大括號與其內的敘述來定義不同情況下的處理方法，其可以使用的敘述包含 **case 標籤敘述**與**預設標籤敘述**兩種，分述如下：

- case 標籤敘述 (case Label Statement)：依其語法 [case 整數值 | 整數常數運算式：敘述*]*，此部分為可選擇性的（可使用 0 次或多次）。換言之，在一個 switch 敘述內可以完全沒有任何 case 標籤敘述，也可以有多個 case 標籤敘述。但每次使用必須以 case 開頭，其後使用一個 整數值 或 整數常數運算式 作為標籤數值，再接上一個冒號：，然後就可以在後面接 0 個或多個程式敘述。以下我們就 整數值 與 整數常數運算式 分別加以說明：
  - 整數值：就是整數型態的數值（包含等同於整數值的字元型態數值），例如數值 1、2、3，或是 'A'、'B'、'C'。
  - 整數常數運算式：就是運算結果為整數的運算式，但其運算元僅為整數值或常數（不可以使用變數或函式呼叫）。

  當接在 switch 後的 整數變數 或 整數運算式 的數值與此處的 整數值 或 整數常數運算式 相同時，程式的執行就會從 switch 處跳躍到此 case 標籤處開始，並依序執行後續的程式敘述。當這些接在 case 標籤後的敘述開始執行後，就會一直往下執行（遇到別的 case 標籤也不會停止），直到遇到 switch 敘述結尾處的右大括號，或是使用 break 敘述來跳離 switch 敘述為止。

- 預設標籤敘述 (Default Label Statement)：依其語法 [default：敘述*]?，此部分是選擇性的，至多可以使用一次，但也可以省略不用。其用意就在於為 整數值 或 整數運算式 的數值，提供一個預設的處理方法。換句話說，若前面的各個 case 標籤的 整數值 或 整數常數運算式 都不等同於 switch 的 整數值 或 整數運算式 時，那麼程式就會略過所有的 case 標籤敘述，直接跳躍到名為 default 的標籤處執行敘述，並直到遇到 switch 敘述結尾的右大括號或是使用 break 敘述加以中斷為止，才會跳離 switch 敘述。

> ⚠️ **break 敘述**
>
> 請特別注意在上述語法說明中所提到的 **break 敘述**，其使用方式就是在需要跳離 switch 敘述的地方，寫下 break; 即可。

現在，讓我們以前一小節所介紹的 Example 6-3 程式為例，將它以 switch 敘述改寫如下：

Example 6-4：屏東大學接駁車費計算（switch 敘述版）

Location: ☁/examples/ch6

Filename: fareSwitch.cpp

```
1  #include <iostream>
2  using namespace std;
3
4  int main()
5  {
6      int campus;
7
8      cout << "請輸入校區代號:";
9      cin >> campus;
10
11     switch (campus)
12     {
13         case 1:
14             cout << "票價為30元" << endl;
15             break;
16         case 2:
17             cout << "票價為25元" << endl;
18             break;
19         case 3:
20             cout << "票價為20元" << endl;
21             break;
22         default:
23             cout << "校區代號輸入錯誤!" << endl;
24     }
25
26     return 0;
27 }
```

請將上述程式碼編輯、編譯並加以執行,看看結果為何?注意,在這個程式中,每個 case 的敘述後都加了一個 break 敘述,其作用是讓程式的執行跳離其所屬的程式區塊中——一個**程式區塊 (Block)** 是一組左右對稱的大括號與其內的敘述所組成。假設使用者在執行到第 9 行的 campus 的輸入時,其輸入數值為 2,接下來程式將會略過一部分程式碼,直接跳躍到第 16 行的 case 2:標籤處繼續執行。這就是我們在說明語法時,所談到的「當接在 switch 後的 整數變數 或 整數運算式 的數值與此處的 整數值 或 整數常數運算式 相同時,程式的執行就會從 switch 處跳躍到此 case 標籤處開始,並依序執行後續的程式敘述。」的情況了。後續當程式執行完第 17 行後,第 18 行的 break; 又會再次地改變順序式的程式碼執行,跳出所屬的程式區塊(也就是由 switch 敘述的大括號所包裹起來的程式區塊),意即將會結束 switch 敘述的執行,跳躍到第 25 行繼續往下執行直到程式結束為止。

現在,請你思考看看,還有哪些應用適合使用 switch 敘述呢?筆者在此提供一些適用的情況:

- 設計一程式讓使用者輸入操作選項,且各選項負責執行不同的功能。例如以下的程式碼片段:

```
switch (choice)   //假設使用者所要執行的功能選項存放於choice字元
                    變數
{
    case 'i':      //當choice的值為字元i時,執行新增資料的功能
                   insert_data();
                   break;
    case 'd':      //當choice的值為字元d時,執行刪除資料的功能
                   delete_data ();
                   break;
        ⋮
}
```

- 設計一程式讓使用者輸入星期幾,然後印出國小學生當天的下課時間(週一至週五,每天下課時間不同,有時半天、有時整天):

```
switch (weekday)
{
   case 1:
   case 2:
   case 4:
   case 5:
          cout << "下午四點下課" << endl;
          break;
   case 3:
          cout << "中午十二點下課" << endl;
}
```

- 設計一程式，讓使用者輸入一個學生成績，再依據以下的規則輸出其對應的成績等第：
  - A：成績大於等於 90
  - B：成績大於等於 80 但小於 90
  - C：成績大於等於 70 但小於 80
  - D：成績大於等於 60 但小於 70
  - F：成績小於 60

```
switch(score/10)
{
   case 10:
   case 9:   cout << "Your grade is A." << endl; break;
   case 8:   cout << "Your grade is B." << endl; break;
   case 7:   cout << "Your grade is C." << endl; break;
   case 6:   cout << "Your grade is D." << endl; break;
   default:  cout << "Your grade is F."<< endl;
}
```

6-4 條件運算式

C++ 語言還有提供一種特別的運算式，稱為 **條件運算式 (Conditional Expression)**，其中所使用的是 C++ 語言唯一一個三元運算子 ?:，可依條件決定運算式的運算結果。最簡單的條件運算式語法如下：

條件運算式語法
測試條件 ? true值運算式 : false值運算式

在上面的語法中，各語法單元的說明如下：

- 測試條件：運算結果為布林值的邏輯運算式，亦可為其它類型的運算式或數值，只要其值為布林值即可。
- `true` 值運算式：當前述的測試條件為 true 時，所要執行的運算式，並以其運算結果作為此條件運算式的運算結果。
- `false` 值運算式：當前述的測試條件為 false 時，所要執行的運算式，並以其運算結果作為此條件運算式的運算結果。

綜合上述的語法單元說明，可將條件運算式視為是依據 測試條件 的成立與否，使用 true 值運算式 或 false 值運算式 的運算結果作為其結果的運算式。更明確來說，當 測試條件 成立時，將 true 值運算式 的運算結果作為條件運算式的運算結果；反之當 測試條件 不成立時，則 false 值運算式 的運算結果作為其運算結果。

條件運算式有時又被視為是 if 敘述的精簡表示法，因為許多 if 敘述都可以使用條件運算式改寫。請參考以下的 if 敘述：

```
if(score+10>= 100)
{
    score=100;
}
else
{
    score=score+10;
}
```

此 if 敘述是判斷代表學生分數的 score 變數數值在加了 10 分後是否會超過 100 分，若超過 100 分則以 100 分計，否則就將學生的分數加 10 分。我們可以使用一行條件運算式將其改寫如下：

```
score= (score+10)>=100? 100 : score+10;
```

以下筆者再多舉一些條件運算式使用的範例（並為幫助讀者理解起見，我們也將對應的 if-else 敘述加以並列）：

- 當 b 是偶數時，將 a 的數值設為 0；當 b 不為偶數時，則將 a 的值設定為 1。

```
a=(b%2==0)?0:1;
```

```
if(b%2==0)
    a = 0;
else
    a=1;
```

- 讓 max 變數的數值等於變數 a 與 b 兩者中的最大值 —— 依據 a 是否大於 b，將 a 或 b 的數值作為此條件運算式的運算結果並賦值給變數 max。

```
max = a>b?a:b;
```

```
if(a>b)
    max = a;
else
    max=b;
```

- 讓 score 已經大於等於 50 分的同學加 10 分 —— 若 score 大於等於 50，將 score=score+10；否則 score 值維持不變。

```
score = score>=50?score+10:score;
```

```
if(score>=50)
    score = score+10;
else
    score = score;
```

除了上述幾個簡單的示範以外，在條件運算式裡的 true 值運算式與 false 值運算式也可以再寫成一個條件運算式，也就是形成在條件運算式裡還有其它條件運算式的複合式使用，請參考下面的例子：

```
score = score<50? score : score<=90? score+10 : 100;
```

綜合上述的範例，條件運算式都是放在賦值運算子的右側，並將其運算結果作為左側變數的數值。但是我們其實也可以把條件運算式放在賦值運算子的左側：

```
int a, b;
cin >> a >> b;
(a<b?a:b)=0;
```

由於條件運算式 (a<b?a:b) 會視 a 與 b 的數值決定採用 a 或 b 作為此運算式的值，然後再使用數值 0 賦與其值。換句話說，(a<b?a:b)=0; 的作用是將 a 或 b 兩者數值較小者的數值設定為 0。同樣的程式還可以這樣寫：

```
int a, b;
cin >> a >> b;
a<b?a=0:b=0;
```

上面的程式片段將會視 a 是否小於 b，進行 a=0 或 b=0 的運算操作。我們甚至還可以再改寫如下：

```
int a, b;
cin >> a >> b;
a<b?cout << a:cout << b;
```

同樣是判斷 a 是否小於 b，但是直接在 true 值運算式與 false 值運算式裡，使用 cout 將結果輸出。

6-5 流程圖

隨著我們學習到愈來愈多 C++ 語言的語法與功能後，過去曾用來思考程式設計的 IPO 模型似乎慢慢地跟不上需求，你將會發現有愈來愈多的程式無法只靠著 IPO 模型完成開發。本節將介紹另一個常用的程式設計思維工具 —— 流程圖 (Flowchart)，透過它應該就可以涵蓋絕大多數的程式設計問題了。

流程圖是一種程式執行動線的視覺化表達方式，對於程式設計師來說是非常適合用來規劃與設計程式功能的圖形化工具。由於流程圖可以表示結構化程式設計所使用的循序 (Sequence)、選擇 (Selection) 與重複 (Repetition) 等三種基本結構，曾有一段很長的時間流程圖是資訊產業界所使用的主流程式設計工具，直到後來物件導向程式設計方法興起才慢慢地改變；不過流程圖仍然受到高度的重視，儘管它不再適合用以規劃使用物件導向方法設計的軟體，但用以設計部分的功能、或描述簡易的資料處理流程，仍然是相當好用的工具。

我們先將流程圖的幾個重要圖示進行說明，請參考表 6-5。此處僅節錄部分常用的圖示，更完整的流程圖圖示請自行參考相關資料[3]。為了幫助讀者理解，筆者先將 IPO 模型改以流程圖的方式將以呈現，請參考圖 6-1。在圖 6-1 中，程式自 Begin 圖示開始，依照程式動線 → 的指示進行取得使用者輸入的動作（使用 ▱ 圖示）；取得使用者所輸入的資料後，再依照動線 → 進行資料的處理（使用 ▭ 圖示）；然後再依照動線 → 進行資料的輸出（與輸入一樣，都使用用 ▱ 圖示）；最後則以 End 圖示表示程式的結束。

除了圖 6-1 所使用到的輸入/輸出與處理等重要的流程圖圖示之外，更重要的還有代表決策的 ◇ 圖示，它可以用以表達本章所介紹的選擇結構。以本章所介

表6-5 流程圖常用圖示說明

圖示	意義
Begin/End	程式或功能的開始或結束
Input/Output	資料輸入或輸出
Process	邏輯與資料處理
Decision	決策 (依特定條件決定後續的程式動線)
→	流程 (也就是程式的動線)

---

[3] 例如教育部於 2004 年 10 月 9 日所制定的「作業標準化 (SOP) 流程圖製作規範」。

```
                    ┌─────────┐
                    │  Begin  │
                    └────┬────┘
                         ↓
                    ╱─────────╲
                    ╲  Input  ╱
                         ↓
                    ┌─────────┐
                    │ Process │
                    └────┬────┘
                         ↓
                    ╱─────────╲
                    ╲ Output  ╱
                         ↓
                    ┌─────────┐
                    │   End   │
                    └─────────┘
```

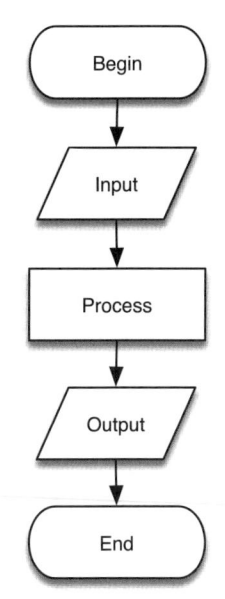

圖 6-1 使用流程圖來表達一般的 IPO 模型

紹的 Example 6-2 的 discount.cpp 程式（滿五千減五百）為例，其流程圖如圖 6-2 所示。圖 6-2 示範了 ◇ 圖示的使用方式，通常在菱形內部我們會將條件式寫在其中（以圖 6-5 為例，我們寫的是「消費金額 >= 5000」），通常不需要特別註明所

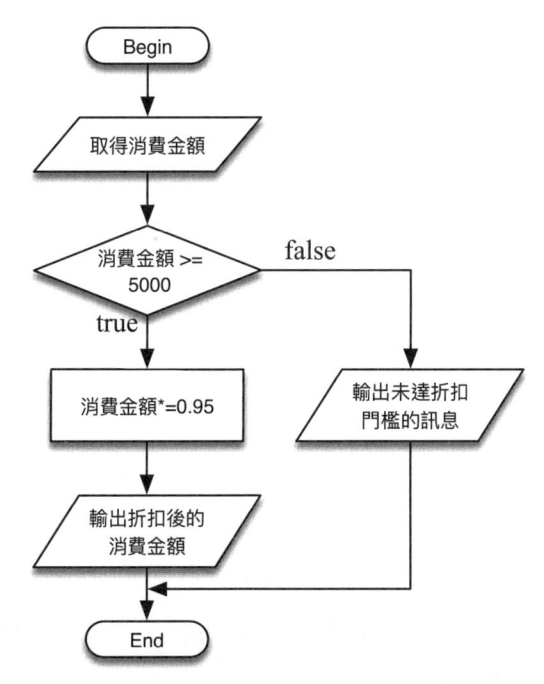

圖 6-2 Example 6-2 的 discount.cpp 程式流程圖

使用的是 if 或是其它的條件敘述,因為程式設計師可以從流程圖的結構中很容易地識別出來 (比方說本例中的 ◇ 圖示只有 true 與 false 兩種可能的動線,此為 if 敘述的特徵之一)。

接下來,再讓我們看一下 Example 6-4 的 fareSwitch.cpp 程式的流程圖,如圖 6-3:

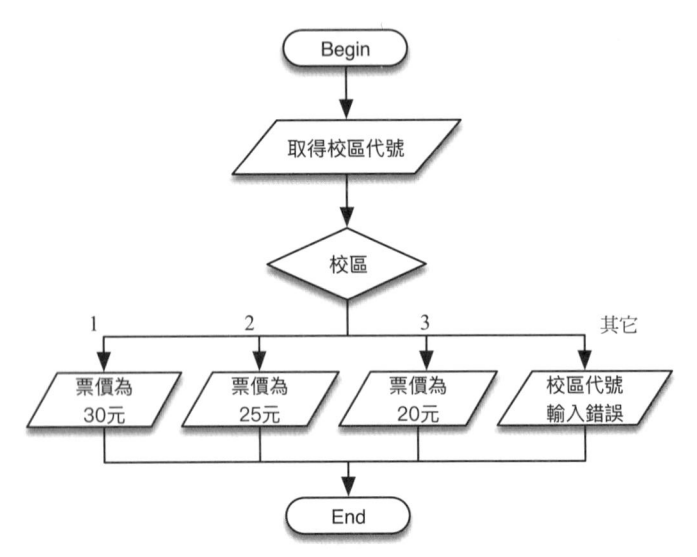

圖 6-3 Example 6-3 的 fareSwitch.cpp 程式流程圖

圖 6-3 中使用 ◇ 圖示作為 switch 結構,我們針對其可能的整數數值以及其它情況,分別繪製不同的動線標示及其對應的輸出。要特別注意的是,通常我們不會將 break 敘述繪製出來,但會假設每個 switch 的 case 處理完成後即會結束,不會接續進行其它的處理。

學習過簡單的流程圖範例之後,相信讀者對於流程圖的作用也有了一定程度的理解,未來除了 IPO 模型圖外,讀者又多了一個可以表示程式處理流程的工具。如果對流程圖的更多圖示及相關應用有興趣,請讀者自行查閱相關書籍。

習題

1. 以下選項何者不屬於結構化程式設計的基本結構?
   (A) 循序 (Sequence)　　(B) 選擇 (Selection)　　(C) 迴圈 (Loop)
   (D) 重覆 (Repetition)　　(E) 以上皆屬於

2. 假設 a=0, b=100, x=180，請問 `cout << a < x < b;` 的執行結果為何？
   (A) 0   (B) 1   (C) 100
   (D) 180   (E) 以上皆不正確

3. 假設 x=3，請問 `cout << 'A'+(x<0?0:x));` 的執行結果為何？
   (A) A   (B) B   (C) C
   (D) D   (E) 以上皆不正確

4. 請問以下程式碼片段的輸出結果為何？

   ```
   int x = 1;
   if(x){
       if(x!=1?0:1){
           x+=1;
           if(x){
               x+=1;
           }
           x+=1;
       }
       x+=1;
   }
   cout << x << endl;
   ```

   (A) 0   (B) 1   (C) 3
   (D) 5   (E) 以上皆不正確

5. 請問以下程式碼片段的輸出結果為何？

   ```
   int x = 0;
   switch(x){
       case 0:
           x+=1;
       case 1:
           x+=1;
       case 2:
           x+=1;
   ```

227

```
            break;
    case 3:
            x+=1;
            break;
    default:
            x+=1;
}
cout << x;
```

(A) 0   (B) 1   (C) 2
(D) 3   (E) 以上皆不正確

6. 請設計一個 C++ 語言的程式 passfail.cpp，讓使用者輸入成績，並依據所輸入的成績輸出不同的訊息如下：

- 若成績大於等於 60 分，則輸出 "及格"
- 若剛好 60 分，則輸出 "剛好及格"
- 若成績大於等於 90 分，則輸出 "高分通過"
- 若成績小於 60 分，則輸出 "不及格(還差 X 分)"
- 另外，如果使用者所輸入的成績超過 100 分或低於 0 分，則請輸出 "錯誤"

此程式執行結果請參考如下：

執行結果 1：

```
90↵
高分通過↵
```

執行結果 2：

```
59↵
不及格(還差1分)↵
```

執行結果 3：

```
60↵
剛好及格↵
```

執行結果 4：

```
75↵
及格↵
```

執行結果 5：

```
101↵
錯誤↵
```

7. 請設計一個 C++ 語言的程式 grade.cpp，讓使用者輸入成績，並依據所輸入的成績換算為對應的成績等第後輸出（若使用者輸入的分數超出 0~100 的範圍，則輸出 "錯誤"）。成績與等第之對應可參考如下：

   - A：100 分~90 分
   - B：89 分~80 分
   - C：79 分~70 分
   - D：69 分~60 分
   - F：59 分~0 分

   此程式執行結果請參考如下：

執行結果 1：

```
90↵
A↵
```

執行結果 2：

```
100↵
A↵
```

執行結果 3：

```
83↵
B↵
```

執行結果 4：

```
55↵
F↵
```

執行結果 5：

```
101↵
錯誤↵
```

8. 設計一個 C++ 語言的程式 date.cpp，要求使用者輸入兩個整數，分別代表月份與日期。請將使用者所輸入的日期轉換為對應的英文後輸出，其執行結果可參考下面的畫面：

執行結果 1：

```
Month (1-12)? 6↵
Date (1-31)? 1↵
Your input date is the 1st day of June.↵
```

執行結果 2：

```
Month (1-12)? 7↵
Date (1-31)? 11↵
Your input date is the 11th day of July.↵
```

執行結果 3：

```
Month (1-12)? 8↵
Date (1-31)? 2↵
Your input date is the 2nd day of August.↵
```

執行結果 4：

```
Month (1-12)? 6↵
Date (1-31)? 21↵
Your input date is the 21st day of June.↵
```

9. 請設計一個 C++ 語言的程式 story.cpp，讓使用者輸入 "何時？"、"在哪裡？" 與 "做什麼？" 等三個選擇，然後由程式輸出產生一個簡短小故事。具體來說，我們首先必須輸入一個代表時間的字元，分述如下：

- M：代表早上
- A：代表下午
- E：代表晚上

另外，我們還要輸入一個代表地點的字元，其中

- S：代表學校
- R：代表餐廳
- G：代表花園

最後再輸入代表所做的事情的字元，其中

- R：代表看書
- S：代表睡覺
- W：代表工作

請取得使用者的輸入後（大小寫都視為正確），產生一段簡單的故事描述。但輸入超出以上範圍的字元時，必須顯示其錯誤！詳細的輸出結果（包含正確與錯誤）請參考以下的執行結果：

執行結果 1：

```
MGS↵
阿財在早上到花園睡覺↵
```

執行結果 2：

```
aRW↵
阿財在下午到餐廳工作↵
```

執行結果 3：

```
XSZ↵
阿財在錯誤的時間到學校做錯誤的事↵
```

執行結果 4：

```
iha
阿財在錯誤的時間到錯誤的地方做錯誤的事
```

10. 屏東大哥大電信公司的行動電話上網服務有以下三種計費方式：

- 方案 1：月租費 499 元，每個月不限流量（吃到飽方案）。
- 方案 2：0 月租費，每月費用以實際流量計算，每 MB 0.1 元。
- 方案 3：月租費 299 元，包含每個月免費 4GB 流量，超過的部分，每 MB 另外加收 0.15 元。

請設計一個 C++ 語言的程式 phonebill.cpp，用以計算上網費用。使用者必須輸入其所使用的方案（整數值 1-3），並輸入該月份的流量（以 MB 為單位，且每 1024MB 等於 1GB），計算該月的費用後加以輸出。

【注意】：
1. 費用可能會有小數的部分，請四捨五入到整數位。
2. 若有處理浮點數的需求，請使用 double 型態。

請參考以下的執行結果：

執行結果 1：

```
1
40000
499
```

執行結果 2：

```
3
1050
299
```

執行結果 3：

```
3
4114
302
```

執行結果 4：

```
2↵
1000↵
100↵
```

執行結果 5：

```
5↵
99↵
Error!↵
```

Chapter 07 迴圈

迴圈 (Loop) 就是結構化程式設計三種基本組成結構中的重覆 (Repetition)，可以讓程式碼依特定的條件重複地執行。一個迴圈通常使用一組大括號將一些程式敘述包裹起來，並且可以重複地執行，直到特定的條件成立或不成立為止。這些被包裹起來被重複執行的程式碼被稱為**迴圈主體 (Loop Body)**；其用以判斷迴圈是否要繼續執行的條件，則稱為**測試條件 (Test Condition)**，通常是一個運算結果必須為布林值（`true` 或 `false`）的**邏輯運算式 (Logical Expression)**。至於判斷是否繼續執行的地方，可以在迴圈區塊的**進入點**（**Entry Point**，意即開頭處）或是**離開點**（**Exit Point**，意即結束處），視所使用的迴圈敘述而定。

C++ 語言支援三種迴圈敘述，同樣都可以讓特定的程式碼重複執行，只是其進入點、離開點與或測試條件的位置與語法不同而已。本章將先從 `while` 迴圈敘述開始介紹 C++ 語言所支援的迴圈敘述，後續再針對 `do while` 與 `for` 迴圈敘述加以說明。

7-1　while 迴圈

7-1-1　語法

`while` 迴圈敘述可讓特定的程式碼反覆執行，直到特定條件不成立為止，其語法如下：

---
while 迴圈敘述語法

while (測試條件) 敘述 | { 敘述* }

---

while 敘述先判斷 測試條件 的值，若為 true 則會執行後續的一行敘述，或是由一組大括號所包裹起來的多行敘述（也就是 { 敘述* }），直到 測試條件 的值為 false 時才結束。我們將 while 迴圈所要重複執行的一行或多行敘述，稱為其**迴圈主體 (Loop Body)**，在 while 迴圈執行時，依據 測試條件 的布林結果，其迴圈主體可能一次都不執行（第一次進入迴圈時，其測試條件就為 false），或是可無限次數的執行下去（每次測試都為 true）。請參考圖 7-1，它將 while 迴圈執行時的過程以流程圖加以表達。

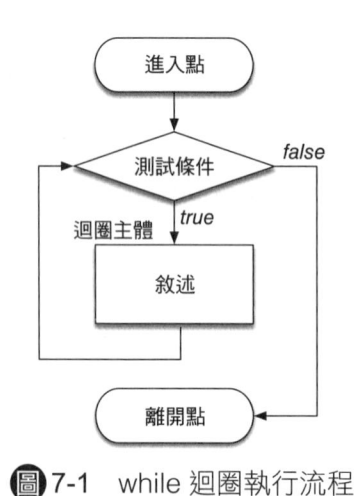

圖 7-1 while 迴圈執行流程

以下三個例子都是讓 while 迴圈重複執行多次，直到變數 i 的數值不再大於 0 為止，只不過其迴圈主體所包含的程式敘述不盡相同而已：

```cpp
int i=5;
while(i>0)          //迴圈主體只有一行敘述
    cout << i--;    //輸出i的數值後將它遞減1
```

```cpp
int i=5;
while(i>0)      //迴圈主體使用一組大括號包裹起來，但裡面仍只有一行敘述
{
    cout << i--;   //輸出i的數值後將它遞減1
}
```

```
int i=5;
while(i>0)        // 迴圈主體使用一組大括號包裹起來
{
    cout << i;    // 輸出i的數值後將它遞減1
    i--;          // 輸出i的數值後將它遞減1
}
```

上述的三個程式,它們的執行結果都是相同的:

```
54321
```

7-1-2 應用範例

以下是一些 while 迴圈的應用範例:

Example 7-1:計算 1+2+3+...+10 的程式

Location: ☁/examples/ch7

Filename: sum1to10.cpp

```
1   #include <iostream>
2   using namespace std;
3
4   int main()
5   {
6       int i = 1, sum = 0;
7
8       while (i <= 10)
9       {
10          sum += i;
11          i++;
12      }
13      cout << "Sum of 1 to 10 is " << sum << endl;
14
15      return 0;
16  }
```

上述程式的執行結果如下：

```
Sum of 1 to 10 is 55
```

Example 7-2：計算 1 到 100 間可被 17 整除的數字

Location: ☁/examples/ch7

Filename: dividedBy17.cpp

```cpp
1   #include <iostream>
2   using namespace std;
3
4   int main()
5   {
6       int i=1;
7       while (i <= 100)
8       {
9           if (i % 17 == 0)
10              cout << i << endl;
11          i++;
12      }
13
14      return 0;
15  }
```

程式的執行結果如下：

```
17
34
51
68
85
```

Example 7-3：反覆執行特定工作直到使用者輸入 'n' 為止

Location: ⬡/examples/ch7

Filename: repeat.cpp

```cpp
1  #include <iostream>
2  using namespace std;
3
4  int main()
5  {
6      //宣告quit變數，數值false表示「沒有要」離開程式的執行
7      bool quit = false;
8      char c;
9
10     while (!quit)
11     {
12         cout << "Do something..." << endl;   //執行特定工作
13         cout << "Continue(y/n)? ";
14         cin >> c;
15         if (c == 'n')
16             quit = true;
17     }
18     return 0;
19 }
```

此程式會反覆執行第 12 行輸出「Do something...」，並且詢問使用者是否要繼續執行，直到使用者輸入 n 為止，其執行結果如下：

```
Do something...⏎
Continue(y/n)?△ y⏎        ←只要不輸入 'n' 就會繼續執行迴圈
Do something...⏎
Continue(y/n)?△ y⏎
       ⋮
Do something...⏎
Continue(y/n)?△ n⏎        ←輸入 'n' 時程式就會結束迴圈的執行
```

7-1-3 無窮迴圈

不正確的使用迴圈有可能會發生測試條件永遠成立（意即永遠都為 true）的情況，其結果將會使得迴圈永遠不會結束其執行 —— 我們將此種情況稱為**無窮迴圈 (Infinite Loop)**。以下幾個例子，是在迴圈主體裡沒有能夠改變測試條件成立與否的程式碼，使得迴圈永無止境地不斷執行：

```cpp
int i=5;
while(i>0)
{
    cout << i;   //輸出i的數值後，打算將它遞減1
                 //但忘了寫i--去改變其數值，因此其測試條件i>0將永遠成立
}
```

```cpp
int i=5;
while(i>0)
{
    cout << i;   //輸出i的數值後，打算將它遞減1
    i++;         //但把遞減錯寫為遞增，因此其測試條件i>0將永遠成立
}
```

```cpp
bool quit=false;
char c;
int count=0;

//反覆執行直到使用者輸入'n'為止

//迴圈的測視條件判斷quit的值是否為false(若為false就繼續執行迴圈)

while(quit=false)   ← 但此處不小心將quit==false寫成了quit=false
{
    // do something
```

```
    cin >> c;
    if(c=='n')    // 若使用者輸入的字元是'n'，將quit變數設為true
        quit=true;
}
```

❓ 發生無窮迴圈該怎麼讓程式停止執行？

若發生無窮迴圈的情形，可以使用 `Ctrl+C` 將程式跳離 (macOS 系統請使用 Control+C)，然後在 Linux/macOS 系統可以使用 `ps△aux` 指令查看程式的 PID，再以 `kill△-9△PID` 指令將程式從系統中移除。至於 Windows 系統，則可以使用 `tasklist` 指令查看程式的 PID，再以 `taskkill△/PID△-t` 指令將程式從系統移除。

7-2　do while 迴圈

do while 迴圈敘述和 while 迴圈是類似的，都適用於在特定條件滿足以前，不斷重複執行迴圈主體的一種結構；但不同於 while 迴圈在進入點（開始執行迴圈時）進行 **測試條件** 的判讀，do while 迴圈是在每次完成迴圈主體的執行後才進行測試條件的判讀──若判斷結果為 true 則繼續回到 do while 迴圈開頭處再次執行；相反地，若測試條件的結果為 false 時，do while 迴圈就會結束。

7-2-1　語法

do while 迴圈的語法如下：

do while 迴圈敘述語法
do [敘述 | { 敘述* }] while(測試條件);

相較於 while 迴圈，由於 do while 迴圈測試條件是在迴圈主體結束後才加以檢查，所以其迴圈主體內容至少會被執行一次；反之，while 迴圈在測試條件不成立的情況下，其迴圈主體有可能一次都沒有執行。要特別注意的是，依照語法，在 do 之後必須在 敘述 與 { 敘述* } 間二擇一，也就是說至少必須接一行程式敘述，

或是選擇 {敘述*} 在一組大括號內接多行的程式敘述；最後才是接 while(測試條件)，並使用分號結尾。請參考圖 7-2，它將 do while 迴圈的運作過程以流程圖加以表達。

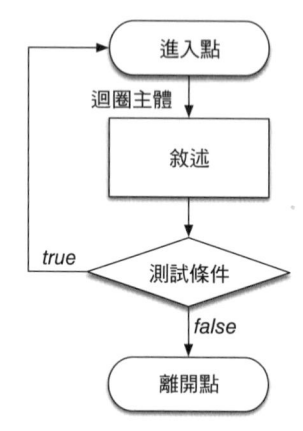

圖 7-2 do while 迴圈執行流程

> ⚠️ **別忘了在 do while 迴圈後的分號**
>
> 　與 while 迴圈不同的是，依照語法 do while 迴圈最後面必須加上一個分號作為結尾。但可能是受到 while 迴圈的影響，很多人在寫程式時，都忘了要為 do while 迴圈加上分號。

7-2-2　應用範例

以下是一些 do while 迴圈的應用範例：

Example 7-4：輸出「10..9..8..7..6..5..4..3..2..1..」

Location: /examples/ch7

Filename: countDown.cpp

```
1  #include <iostream>
2  using namespace std;
3
4  int main()
5  {
6      int i = 10;
```

Chapter 07　迴圈

7	
8	`    do`
9	`    {`
10	`        cout << i << "..";`
11	`        i--;`
12	`    } while (i > 0);`
13	`    cout << endl;`
14	
15	`    return 0;`
16	`}`

上述程式的執行結果如下：

```
10..9..8..7..6..5..4..3..2..1..⏎
```

🖳 讓測試條件多做一點事情！

請注意，有時候我們會讓 do while 迴圈的測試條件多做一些事，例如我們可以將在 Example 7-4 的 countDown.cpp 程式裡第 11 行合併至第 12 行的測試條件裡，以便讓程式更為精簡：

8	`    do`
9	`    {`
10	`        cout << i << "..";`
11	
12	`    } while (--i > 0);    //將原本的 i>0 改寫為 --i>0`

Example 7-5：取得使用者輸入的 "合理的" 成績

Location: ☁/examples/ch7

Filename: validScore.cpp

1	`#include <iostream>`
2	`using namespace std;`
3	

243

```cpp
4   int main()
5   {
6       int score;
7       do
8       {
9           cout << "Please input a score (between 0 to 100): ";
10          cin >> score;
11      } while ((score < 0) || (score > 100));
12
13      return 0;
14  }
```

這個會反覆執行的程式在許多應用中都可以看到,其作用是限制使用者只能輸入特定範圍的數值,其執行結果可參考如下:

```
Please input a score (between 0 to 100):  101⏎
Please input a score (between 0 to 100):  -3⏎
Please input a score (between 0 to 100):  66⏎
                    ⋮
```

Example 7-6:反覆要求使用者輸入兩個整數 a 與 b,直至 a 可以被 b 整除為止
Location: ☁/examples/ch7
Filename: divisible.cpp

```cpp
1   #include <iostream>
2   using namespace std;
3
4   int main()
5   {
6       int a, b;
7       do
8       {
9           cout << "Please input two integers: ";
10          cin >> a >> b;
11      } while ((a % b) != 0);
12
13      return 0;
14  }
```

此程式的執行結果可參考如下：

```
Please△input△two△integers:△ 3△5⏎
Please△input△two△integers:△ 13△5⏎
            ⋮
Please△input△two△integers:△ 13△15⏎
Please△input△two△integers:△ 23△5⏎
Please△input△two△integers:△ 400△20⏎
```

7-3　for 迴圈

　　for 迴圈是 C++ 語言所支援的第三種迴圈結構，但它與前兩者（也就是 while 與 do while 迴圈）比較不同，通常 for 迴圈的執行必須搭配一個用以控制迴圈執行次數的**迴圈變數**（**Loop Variable**，亦稱為**迭代變數 Iteration Variable**），在運行時先使用**初始化敘述 (Initialization Statement)** 對迴圈變數進行初始化的動作，然後開始進行迴圈的**測試條件 (Test Condition)** 判斷（通常此測試條件也與迴圈變數相關），若結果為 true 則進入**迴圈主體 (Loop Body)** 執行，若結果為 false 則結束迴圈；每次迴圈主體執行完後，還必須使用**更新敘述 (Update Statement)** 對迴圈變數執行更新的動作，請參考 7-3 的流程圖。

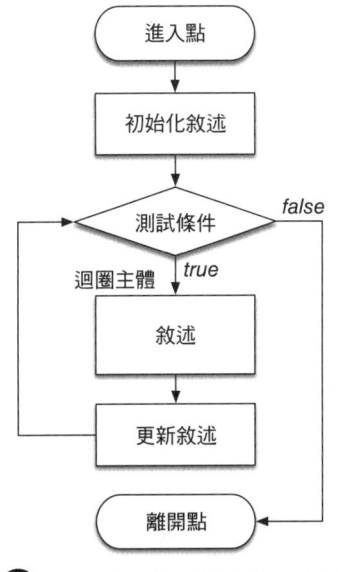

圖 7-3　for 迴圈執行流程圖

7-3-1 語法

for 敘述的語法如下：

```
for 迴圈敘述語法
for ( 初始化敘述; 測試條件; 更新敘述 ) 敘述 | { 敘述* }
```

其中 初始化敘述、測試條件 與 更新敘述，分別是用以定義迴圈的初始條件、中止條件與更新的處理；要注意的是，其初始條件、中止條件與更新通常都是針對迴圈變數所設計。以下分別加以說明：

- 初始化敘述：在迴圈初次執行前被執行，通常用以設定迴圈變數的初始值。
- 測試條件：在迴圈每次執行前加以檢查，視其值決定是否繼續執行；若其值為 true 則繼續，反之若其值為 false 則結束。此測試條件為一個邏輯運算式，其中通常包含有迴圈變數作為其運算元之一。
- 更新敘述：在迴圈主體每次被執行完後加以執行，通常是用來更新迴圈變數的值。

---

i for 迴圈可以轉換為等價的 while 迴圈

基本上 for 迴圈與 while 迴圈是可以互相轉換的，例如我們可以使用 while 的語法來將 for 的語法加以改寫。具體來說，下面的 for 語法：

```
for ( 初始化敘述; 測試條件; 更新敘述 ) 敘述 | { 敘述* }
```

可以改寫為以下等價的 while 迴圈敘述：

```
初始化敘述;
while (測試條件)
{
      敘述 | { 敘述* }
      更新敘述;
}
```

7-3-2 應用範例

以下是一些 do while 迴圈的應用範例：

Example 7-7：計算 1+2+3+…+10 的和（for 迴圈版）

Location: ⌂/examples/ch7

Filename: sum1to10for.cpp

```
1  #include <iostream>
2  using namespace std;
3
4  int main()
5  {
6      int i = 1, sum = 0;
7
8      for(i=1;i<=10;i++)
9      {
10         sum += i;
11     }
12     cout << "Sum of 1 to 10 is " << sum << endl;
13
14     return 0;
15 }
```

此程式的執行結果可參考如下：

```
Sum△of△1△to△10△is△55⏎
```

使用逗號運算子同時指定多個運算式

我們也可以在初始化敘述與更新敘述裡，使用逗號運算子（也就是,）來同時指定多個運算式，例如：

```
int i,sum;

for(i=1, sum=0;i<=10;i++)
```

在初始化敘述裡使用逗號運算子給定兩個運算式

```
    {
        sum+=i;
    }
    cout << "sum=" << sum << endl;
```

Example 7-8：找出 1 到 100 的範圍內，可以被 26 整除的數字

Location: ☁/examples/ch7

Filename: dividedBy26.cpp

```
1  #include <iostream>
2  using namespace std;
3
4  int main()
5  {
6      int i = 1;
7      for (i = 1; i <= 100; i++)
8      {
9          if (i % 26 == 0)
10             cout << i << endl;
11     }
12
13     return 0;
14 }
```

此程式的執行結果可參考如下：

```
26
52
78
```

Example 7-9：找出 x 的因數

Location: ☁/examples/ch7

Filename: factors.cpp

```
1  #include <iostream>
2  using namespace std;
```

```cpp
 3
 4  int main()
 5  {
 6      int i, x;
 7      cout << "x=";
 8      cin >> x;
 9      for (i = 1; i <= x; i++)
10      {
11          if (x % i == 0)
12              cout << i << endl;
13      }
14
15      return 0;
16  }
```

此程式的執行結果可參考如下:

執行結果 1:

```
x= 6
1
2
3
6
```

執行結果 2:

```
x= 30
1
2
3
6
10
15
30
```

Example 7-10：計算五個數字的總和、平均、最大值與最小值

Location: ○/examples/ch7

Filename: aggregation.cpp

```
1   #include <iostream>
2   using namespace std;
3
4   int main()
5   {
6       int i, num, sum = 0, max = -1, min = -1;
7       for (i = 1; i <= 5; i++)
8       {
9           cout << "Number#" << i << "=? ";
10          cin >> num;
11          sum += num;
12          if (max < num)
13              max = num;
14          if (min == -1)
15              min = max;
16          else if (min > num)
17              min = num;
18      }
19      cout << "Sum=" << sum << endl;
20      cout << "Avg=" << sum / 5.0 << endl;
21      cout << "Max=" << max << endl;
22      cout << "Min=" << min << endl;
23
24      return 0;
25  }
```

此程式的執行結果可參考如下：

執行結果 1：

```
Number#1=? △ 12⏎
Number#2=? △ 32⏎
Number#3=? △ 12⏎
Number#4=? △ 3⏎
Number#5=? △ 43⏎
```

```
Sum=102↵
Avg=20.4↵
Max=43↵
Min=3↵
```

執行結果 2：

```
Number#1=?△ 23↵
Number#2=?△ 44↵
Number#3=?△ 2↵
Number#4=?△ 93↵
Number#5=?△ 32↵
Sum=194↵
Avg=38.8↵
Max=93↵
Min=2↵
```

7-4　巢狀迴圈

一個迴圈內如含有另一個迴圈，則稱之為**巢狀迴圈 (Nested Loop)**。每一層的迴圈可以是 `for`、`while` 或 `do while` 其中任一個，以下我們僅以 `for` 迴圈為例，其它的組合你可以自行代換。

請參考以下的範例，它使用一個迴圈讓變數 i 從 1 執行到 10，再用一個內層的迴圈計算 i 的階乘並把計算出來的階乘值加總：

Example 7-11：使用巢狀迴圈計算 1!+2!+…+10! 的總和

Location: ⬇/examples/ch7

Filename: sumFactorials.cpp

```
1  #include <iostream>
2  using namespace std;
3
4  int main()
5  {
6      int i, j, temp, sum=0;
7
```

```
8        for(i=1;i<=10;i++)
9        {
10           temp=1;
11
12           for(j=1; j<=i; j++)
13           {
14               temp*=j;
15           }
16           cout << i << "!=" << temp << endl;
17           sum += temp;
18       }
19
20       cout << "Sum of the above factorials is" << sum << endl;
21       return 0;
22   }
```

此程式的執行結果如下：

```
1!=1
2!=2
3!=6
4!=24
5!=120
6!=720
7!=5040
8!=40320
9!=362880
10!=3628800
Sum of the above factorials is 4037913
```

動動腦、想一想，程式碼可以這樣改嗎？

(1) 第 10 行的 `temp=1` 可不可以省略？

(2) 可以把第 10 行併入第 8 行，寫作 `for(i=1, temp=1; i<=10; i++)` 嗎？

(3) 可以把第 10 行併入第 12 行，寫作 `for(j=1, temp=1; j<=i; j++)` 嗎？

(4) 可以把第 6 行的 `sum=0` 併入到第 8 行，寫作 `for(i=1, sum=0;i<=10;i++` 嗎？

Chapter 07 迴圈

> 解答：
>
> (1) 第 10 行的 temp=1 不可以省略，因為外層迴圈（第 8 行到第 17 行）的每一個回合的運算都必須使用內層迴圈（第 12 行到第 15 行）來計算！階乘值：將不止在內層迴圈開始計算前，將其重新一回合的 (i-1) 階乘的值，還原重置為 1，階乘的計算結果會錯誤。
>
> (2) 不可以，如此一來只有在外層迴圈的第 1 個回合時，temp 階乘的計算才是 1，隨後的回合的正確值為 1；其它的回合時 temp 階乘的計算值，隨後的階乘的並非正確值（其值將會是 (i-1) 的階乘）。
>
> (3) 可以，如此一來在開始執行內層迴圈以來得出，階乘時 temp，階乘的值將被正確地設定為 1。
>
> (4) 可以，因為 sum 階乘有累用在存 1!+2!+3!+…+10! 的階乘值，只需要在外迴圈開始執行第一個回合時，正確地設定 sum=0 即可。

Example 7-12：使用單一迴圈計算 1!+2!+…+10! 的總和

Location: ⊙/examples/ch7

Filename: sumFactorials2.cpp

```
1   #include <iostream>
2   using namespace std;
3   
4   int main()
5   {
6      int i,j,temp=1,sum=0;
7   
8      for(i=1;i<=10;i++)
9      {
10        temp*=i;
11        sum += temp;
12        cout << i << "!=" << temp << endl;
13     }
14     cout << "Sum of the above factorials is" << sum << endl;
15  
16     return 0;
17  }
```

253

此程式的執行結果同 Example 7-11 的 sumFactorials.cpp，在此不予重複。

7-5　從迴圈中跳離

除了使用迴圈的測試條件來控制迴圈的執行外，我們還可以使用 break、continue 與 goto 敘述來改變程式的動線，使其可以跳離迴圈所屬的程式區塊。

7-5-1　break 敘述

我們可以在迴圈主體裡使用 break 敘述來跳離迴圈。在迴圈主體中的 break 敘述一旦被執行，則在此次迴圈執行過程中剩餘還未執行的敘述就會被跳過不執行，並且結束迴圈的執行。當迴圈的中止條件不在開頭或結尾時，break 敘述就變得很有用處，例如以下的範例程式：

Example 7-13：讓使用者反覆輸入整數，並且將其累加，直到輸入 0 為止
Location: ○/examples/ch7
Filename: sumUserInput.cpp

```
1   #include <iostream>
2   using namespace std;
3
4   int main()
5   {
6       int n, sum = 0;
7
8       for (;;)
9       {
10          cout << "Please input a number (0 for quit):";
11          cin >> n;
12          if (n == 0)
13              break;
14          sum += n;
15      }
16      cout << "sum=" << sum << endl;
17
18      return 0;
19  }
```

此程式第 8 行 for(;;) 沒有迴圈的初始化敘述、測試條件與更新敘述,成為了永遠不會結束的無窮迴圈。只有在第 12 行判斷使用者輸入的是 0 的時候,才會執行第 13 行的 break; 敘述——和過去在 switch 敘述中使用 break 一樣,它會立即跳離其所屬的程式區塊,也就是第 8-15 行的 for 迴圈區塊。所以這個程式就可以讓使用者輸入不定個數的整數,並且在第 14 行將它們加總起來,直到滿足第 12 行的 i==0 的條件後,才會使用 break 跳離 for 迴圈、完成此程式的執行。以下是其執行結果:

執行結果 1:

```
Please input a number (0 for quit): 3↵
Please input a number (0 for quit): 5↵
Please input a number (0 for quit): 2↵
Please input a number (0 for quit): 7↵
Please input a number (0 for quit): 0↵
sum=17
```

執行結果 2:

```
Please input a number (0 for quit): 283↵
Please input a number (0 for quit): 397↵
Please input a number (0 for quit): 393↵
Please input a number (0 for quit): 0↵
sum=1073↵
```

使用 while 迴圈改寫 Example 7-13

請參考以下的程式碼片段,將 Example 7-12 的 sumUserInput.cpp 加以改寫:

```cpp
while(true)    //測試條件直接寫成布林值true,所以此迴圈會不斷地執行
{
   //do something
         ⋮
   if(expression)   //直到特定條件成立時,使用break跳離
      break;
}
```

7-5-2　continue 敘述

continue 則和 break 相反，它並不會結束迴圈的執行，而是省略當次執行時未完成的程式碼，直接執行迴圈的下一回合。

Example 7-14：讓使用者反覆輸入整數，並且將其累加，直到輸入 0 為止；但若使用者輸入的是負值，則加以忽略

Location: ☁/examples/ch7

Filename: sumUserInput2.cpp

```cpp
#include <iostream>
using namespace std;

int main()
{
    int n, sum = 0;

    for (;;)
    {
        cout << "Please input a number (0 for quit):";
        cin >> n;
        if (n == 0)
            break;
        if (n < 0)           // 若為負數則使用continue略過此次迴圈的執行
            continue;
        sum += n;
        // continue敘述使程式跳到了這裡
    }
    cout << "sum=" << sum << endl;

    return 0;
}
```

基本上，此程式與前面的 Example 7-13 的 sumUserInput.cpp 相似，但當使用者輸入為負值時，利用第 14 與 15 行的 if(n<0) 與 continue; 來略過當次還未執行完成的迴圈主體，也就是會直接跳躍到第 17 行的迴圈主體的結尾處。如此一來，此程式就可以實現略過負數輸入的功能。以下是其執行結果：

執行結果 1：

```
Please input a number (0 for quit): 3⏎
Please input a number (0 for quit): -4⏎
Please input a number (0 for quit): 7⏎
Please input a number (0 for quit): 0⏎
sum=10⏎
```

執行結果 2：

```
Please input a number (0 for quit): 123⏎
Please input a number (0 for quit): -37⏎
Please input a number (0 for quit): -3⏎
Please input a number (0 for quit): 55⏎
Please input a number (0 for quit): -1⏎
Please input a number (0 for quit): 0⏎
sum=178⏎
```

7-5-3　goto 敘述

　　C++ 語言還提供另一種無條件的跳躍敘述 —— goto 敘述。我們可以在程式碼中的特定位置標記一些標籤 (Label)，其方法為在某行以標記名稱後接冒號的方式來定義，爾後需要改變程式碼執行動線時，則使用「goto **標記名稱;**」的方式即可完成。請參考以下的範例：

Example 7-15：讓使用者反覆輸入整數，並且將其累加，直到輸入 0 為止（goto 敘述版）

Location: ⛅/examples/ch7

Filename: sumUserInput3.cpp

```
1  #include <iostream>
2  using namespace std;
3
4  int main()
5  {
6      int n, sum = 0;
7
```

```
8      for (;;)
9      {
10        cout << "Please input a number (0 for quit):";
11        cin >> n;
12        if (n == 0)
13           goto done;
14        sum += n;
15     }
16  done:
17     cout << "sum=" << sum << endl;
18
19     return 0;
20  }
```

此程式與前面的 Example 7-13 的 sumUserInput.cpp 幾乎一樣，只不過原本第 12 行判斷使用者輸入是否為 0，並使用 `break;` 跳出迴圈的做法，在此改為使用 `goto done;` 的方式，直接跳躍到在第 16 行的 `done:` 標籤處。此程式的執行結果和 Example 7-13 一樣，在此不予重複。

要提醒讀者的是，`goto` 敘述不一定要配合迴圈的使用，請參考以下的程式碼片段：

```
int main()
{
char cmd;

begin:
   cin >> cmd;
   if(cmd != 'q')
      goto begin;

   cout << "Exit" << endl;
}
```

此程式定義了一個名為 begin 的標記，然後在後續的 `if` 敘述裡，若測試條件成立則使用 `goto` 敘述跳躍到 begin 標記處；其結果就是這個程式會讓使用者不斷地輸入一個字元，直到其輸入字元為 'q' 時才結束程式。

是否該在程式裡使用 goto？

由於使用 goto 直接跳躍到程式的任何地方，會破壞結構化程式設計只使用循序 (Sequence)、選擇 (Selection) 與重複 (Repetition) 三種結構的做法，許多程式設計師一直在爭論是否該在程式碼中使用 goto？

關於這正反兩面的意見都值得參考。筆者覺得如果你覺得好用就用吧！只是每次使用時也順便想一想，同樣的功能如果不使用 goto 可以做到嗎？以免以後你不用 goto 就不會寫程式！筆者所認識的程式設計師裡面，贊成與反對者都有，不過反對使用 goto 的人，通常完全容不下在程式中使用 goto 的人。如果你擔心以後工作上的主管或同事不喜歡你寫的含有 goto 的程式，那你最好用與不用都能寫出正確的程式，這樣就沒問題了！

習題

1. 以下哪個選項不是 C++ 語言所支援的迴圈？

    (A) `for`　　　　　　　(B) `while`　　　　　　(C) `do while`
    (D) `repeat until`　　(E) 以上皆是

2. 以下關於 `break` 與 `continue` 的說明何者正確？

    (A) `break` 會略過迴圈還未執行的部分，並結束迴圈執行
    (B) `continue` 會略過迴圈還未執行的部分，並結束迴圈執行
    (C) `break` 會略過迴圈還未執行的部分，繼續執行迴圈的下一回
    (D) `continue` 會略過迴圈還未執行的部分，繼續執行迴圈的下一回
    (E) 以上皆不正確

3. 請參考以下程式片段，在下列選項中找出它的執行結果：

```
int i=5;
while(i-- > 0)
    cout << i--;
```

(A) 543210　　　　　(B) 54321　　　　　(C) 420
(D) 42　　　　　　　(E) 以上皆不正確

4. 請參考以下的程式碼，使用一個 do while 迴圈限制了使用者只能輸入介於 1~5 之間（包含 1，也包含 5）的數字。請問此 do while 迴圈的**測試條件 (test_condition)** 該怎麼寫？

```
int num;
do
{
   cin >> num;
} while(   測試條件   );
```

(A) num<1 || num>5　　　(B) num >= 1 && num <=5
(C) 1 <= num <= 5　　　　(D) num <= 1 || num >=5
(E) 以上皆不正確

5. 關於 while 與 do while 迴圈的說明，以下何者不正確？
   (A) while 迴圈的條件判斷至少會被執行一次
   (B) do while 迴圈的條件判斷至少會被執行一次
   (C) while 迴圈的主體與條件判斷至少都會被執行一次
   (D) do while 迴圈的主體與條件判斷至少都會被執行一次
   (E) 以上皆正確

6. 請設計一個 C++ 語言的程式 sum.cpp，讓使用者輸入一個整數 n 後，計算並輸出 1+2+...+n 的數值。此題的執行結果可參考如下：

執行結果 1：

```
n=? 10
Sum of 1 to 10 is 55
```

執行結果 2：

```
n=? 30
Sum of 1 to 30 is 465
```

7. 請設計一個 C++ 語言的程式 divisible.cpp，讓使用者輸入兩個整數 a 與 b，找出所有介於 1 至 100（含）間同時可以被 a 與 b 整除的數字。此題的執行結果可參考如下：

執行結果 1：

```
Please input two numbers: 15 20
60
```

執行結果 2：

```
Please input two numbers: 3 8
24
48
72
96
```

執行結果 3：

```
Please input two numbers: 76 3
None
```

8. 請設計一個 C++ 語言的程式 average.cpp，讓使用者連續輸入多筆成績，直到所輸入的成績為 -1 時結束，並輸出平均成績。此程式執行結果請參考如下：

執行結果 1：

```
Number #1: 100
Number #2: 50
Number #3: 0
Number #4: -1
Average Score is 50
```

執行結果 2：

```
Number #1: 60
Number #2: 70
Number #3: 100
```

```
Number #4: 80
Number #5: -1
Average Score is 77.5
```

執行結果 3：

```
Number #1: 100
Number #2: 100
Number #3: 100
Number #4: 0
Number #5: 61
Number #6: 57
Number #7: -1
Average Score is 69.6667
```

9. 若一個整數所有真因數（意即除了本身以外的其它因數）的和等於其本身的數值，則稱為完美數 (Perfect Number)。例如 6 的真因數有 1、2 與 3，又 1+2+3=6，所以 6 是一個完美數。請設計一個 C++ 語言程式 perfect.cpp，讓使用者輸入一個大於 0 的整數 N（若使用者輸入不正確的數值，請印出錯誤訊息），找出小於等於 N 的數字中所有的完美數後加以輸出。此題的執行結果可參考如下：

執行結果 1：

```
Please input a number: 3
Perfect number was not found!
```

執行結果 2：

```
Please input a number: 10
6 is a perfect number.
```

執行結果 3：

```
Please input a number: 1000
6 is a perfect number.
28 is a perfect number.
496 is a perfect number.
```

執行結果 4：

```
Please input a number: -2
Error
```

10. 費伯納西曾提出以下的兔子問題：

    - 每一對兔子有 **"新生"**、**"成長中"** 以及 **"已成長"** 等三種狀態
    - 剛誕生的兔子為 **"新生"** 狀態，一個月後成為 **"成長中"** 狀態
    - **"成長中"** 的兔子還需要再一個月才能成為 **"已成長"** 的狀態
    - 每對 **"已成長"** 的兔子都具有生育能力，每個月固定會生一對兔子
    - 假設農場在第一個月有一對 **"新生"** 的兔子
    - 所有兔子永不死去

    依據上述的規則，列出前 10 個月兔子的對數如下：

月份	新生兔子對數	成長中兔子對數	已成長兔子對數	總對數
1	1	0	0	1
2	0	1	0	1
3	1	0	1	2
4	1	1	1	3
5	2	1	2	5
6	3	2	3	8
7	5	3	5	13
8	8	5	8	21
9	13	8	13	34
10	21	13	21	55

    請設計一個 C++ 語言的程式 fibonacci.cpp，讓使用者輸入月份，計算並輸出該月份兔子的總對數（若使用者輸入小於等於 0 的月份，則請輸出 "Error!"）。請參考以下的執行結果：

    執行結果 1：

    ```
    Month: 0
    Error!
    ```

執行結果 2：

```
Month: -1
Error!
```

執行結果 3：

```
Month: 1
There is 1 pairs of rabbits.
```

執行結果 4：

```
Month: 11
There are 89 pairs of rabbits.
```

Chapter 08

陣列

在許多真實的應用裡,程式主要的作用就是幫助人們進行各式各樣資料的處理,因此程式裡通常都會宣告一些變數來存放使用者所輸入的資料,並進行後續相關的資料處理。例如一個(受到學生們歡迎的)在學期末用來調整學生成績的程式,它可以宣告並使用名為 `score` 的變數來取得學生成績,並進行 `score=sqrt(score)*10;` 的運算。然而當我們面對大量資料處理需求時(例如有上百筆或上千筆資料要處理時),難道也只能宣告上百個、上千個變數來處理嗎?C++ 語言提供名為**陣列 (Array)** 的資料結構,幫我們管理相同資料型態的多筆資料,對於有大量資料要處理的程式來說非常方便。本章將針對陣列的概念,以及其相關的操作方法分別加以說明。

8-1 何謂陣列?

陣列 (Array) 是相當簡單,同時也相當重要的一種資料結構。基本上,陣列可視為一些相同型態的資料集合,同時在這個集合中每一筆資料都有一個唯一的編號,我們將這個編號稱為索引;透過索引,您就可以存取在集合中的特定資料。以下本章將就陣列的宣告及使用等細節做一說明,現在先讓我們來看看陣列在使用上需要瞭解的一些性質:

- 陣列中所存放的資料必須為同一種資料型態;
- 存放在陣列中的內容被稱為**元素 (Element)**;
- 每一個在陣列中的元素都有一個唯一的**索引值 (Index Value)**;
- 索引值的範圍是由 0 開始,意即第一筆資料的索引值為 0、第二筆為 1、第三筆為 2、餘依此類推。

現在讓我們假設有一個陣列,其中包含了 5 個學生的成績,如圖 8-1 所示。在圖中的陣列名稱為 score,它是由 5 個 int 整數所組成,也可以說這個陣列擁有 5 個元素。若要存取這 5 個元素,你只要透過陣列的索引(Index,有時亦稱為 Subscript)就可以完成,例如 score 陣列的第 1 個元素為 score[0]、第 2 個元素為 score[1]、…、第 5 個元素為 score[4]。

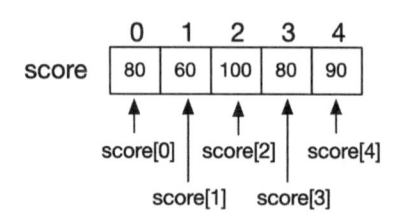

圖 8-1 一個擁有 5 個元素的 score 陣列

為什麼我們需要像陣列這樣的資料結構呢?因為它可以用單一個識別字(也就是陣列的名稱)與索引值,存取多筆資料。試想,如果要處理 5 位學生的成績,可以宣告 5 個變數 score1、score2、score3、score4 與 score5 供程式使用;但如果是 50 位學生?500 位學生?或者更多呢?難道你要像下面這樣宣告一大堆的變數嗎:

```
int score1, score2, score3, score4, score5, score6, score7,
score8, score9, score10, score11, score12, score13, score14,
score15, score16, score17, score18, score19, score20, score21,
score22, score23, score24, score25, score26, score27, score28,
score29, score30, score31, score32, score33, score34, score35,
score36, score37, score38, score39, score40, score41, score42,
score43, score44, score45, score46, score47, score48, score49,
score50;
```

這樣的寫法,你覺得如何呢?是不是相當的難以使用呢?現在讓我們來看看改用陣列後,同樣的程式會變成怎樣:

```
int score[50];    //宣告一個可以存放50整數的陣列
```

有了上面的陣列宣告後,現在我們要存取學生成績時,不用再透過變數 score1、

score2、…、score50 來存取;而是可以改用 score[0]、score[1]、…、score[49] 來存取與操作學生的成績。其中最主要的差異在於,陣列是一組聚合式的資料,對其中某一筆資料操作時是透過陣列名稱(也就是一個識別字)再加上一個索引值來完成的。索引值如果配合迴圈變數來操作,陣列的存取就變得更為容易了。例如以下的程式碼片段使用迴圈來進行陣列初始值的設定:

```
int i;
for ( i=0;i<50;i++)    // 此處的迴圈變數i會從0執行到49
    score[i]=0;        // 所以可以把score[0]到score[49]的初始值都設定為0
```

本章後續將為讀者詳細說明陣列的宣告、初始化、使用等主題。

8-2　一維陣列

在數學裡,$a = <a_0, a_1, ... , a_{n-1}>$ 是一個數列,其中包含有 $a_0, a_1, ... , a_{n-1}$ 共 n 個相同**值域 (Domain)** 的元素。像這樣的數列就是 C++ 語言中的一維陣列,我們可以宣告一個具有 n 個相同資料型態元素的陣列。

8-2-1　宣告

一維陣列的宣告語法如下:

一維陣列宣告語法
型態 陣列名稱[陣列大小];

在一維陣列宣告語法開頭處的 型態 是指定存放在陣列中的資料為何種資料型態 —— 一般變數可使用的資料型態,陣列就可以使用; 陣列名稱 就如同變數的名稱一樣,陣列同樣需要有一個用以識別的名稱,其命名規則與變數命名規則一致;至於接在 陣列名稱 後面的是由一組中括號包裹起來的 陣列大小 ,代表的是陣列所要存放的元素個數。要特別注意的是,此處在陣列宣告語法中所出現的中括號 [],並不是代表可選擇性的語法構件,此處的中括號是必要的。

以下是一些不同資料型態的陣列宣告範例:

```
int score[50];
float data[450];
double dist[50];
char c[10];
```

為了程式日後易於維護與修改，有時我們會配合 #define 這個前置處理器指令來設定陣列的大小：

```
#define N 500
    ⋮
int main()
{
    int score[N];
        ⋮
    for(i=0;i<N;i++)
    {
        score[i]=0;
    }
}
```

在上述的程式片段裡，由於使用了 #define 的方式定義 N 的數值為 500，所以在後續程式中，不論是陣列的大小、用以設定陣列元素數值的迴圈的測試條件裡，都可以使用 N 來代替特定的數值。使用這種方式，日後如果要改變程式欲處理的資料筆數，只需要改變 #define 的 N 數值即可，其餘程式碼並不需要變動。

8-2-2　初始化

陣列的 *初始化* **(Initialization)** 係指為陣列元素設定初始值，我們可以在宣告陣列時使用下列語法來完成初始值的設定：

一維陣列宣告與初始化語法
型態 陣列名稱[陣列大小?] = { 數值組 };

再次提醒讀者,此處的中括號 [ ] 並不是可選擇性的語法單元之意,而是必要的。至於在中括號內的 陣列大小 則是可選擇性的,因為其後的 ? 代表它可以使用 0 次或 1 次) 意即可寫、可不寫。當我們選擇不寫明陣列大小時,編譯器會幫我們從後面的 數值組 中的數值個數,自動決定該陣列適合的大小。至於 數值組 的部分即為欲設定的資料數值,如果是(通常都是)超過一筆以上的資料,請在任意兩筆資料間加上一個逗號加以分隔。下面的例子宣告了一個名為 score 的陣列,它由 5 個 int 整數所組成,並在宣告時使用具有 5 個整數數值的 數值組 作為其初始值(此宣告的結果,就是圖 8-1 所顯示的陣列範例):

```
int score[5]={80, 60, 100, 80, 90};
```

當 數值組 中的數值數目小於 陣列大小 時,其所缺少的數值以 0 填補,請參考以下的例子:

```
int score[5]={80, 60, 100};    // 等同於 int score[5]={80, 60, 100, 0, 0};
```

利用這個將缺少的數值以 0 填補的做法,以下的宣告可以將陣列所有元素的初始值都設定為 0:

```
int score[5]={0};    // 缺少的數值皆以 0 填補,因此所有元素的初始值皆為 0
```

但是要特別注意,如果完全不給定任何數值(意即缺少了 數值組)的話,其語法上是錯誤的。例如以下的宣告是不正確的:

```
int score[5]= {};    // 這行是錯誤的,不允許 {} 中一筆數值都不給定
```

不過如果在宣告裡缺少的是 陣列大小 但有提供 數值組 的話,仍然是正確的——因為編譯器可以依據 數值組 裡的數值個數,推算出陣列的大小。請參考下面的例子:

```
int score[] = {80, 60, 100, 80, 90}    // 陣列的大小被省略,由初始值的個數決定
```

上述用以示範陣列宣告的例子，都是使用 int 整數為例，其實所有 C++ 的資料型態都能夠用以宣告陣列，例如：

```
char data[3] = { 'a', 'b', 'c' };   //宣告並設定char型態的陣列
```

8-2-3 存取陣列元素

陣列的宣告與初始化都學會之後，下一個問題就是該如何使用那些存放在陣列內的元素了。如果要存取陣列內的元素，只要以陣列名稱加上一組中括號，並於其中指定索引值即可，其語法如下：

存取一維陣列元素的語法
陣列名稱[索引值運算式]

在語法中的 索引值運算式 是用以指定所要存取的陣列元素索引值（也就是位置）的運算式，其運算結果必須為整數且應該要小於陣列大小。以下面的 score 陣列宣告為例：

```
int score[5]={80, 60, 100, 80, 90};
```

以下的存取陣列元素的做法都是正確的：

```
x=score[3];  // 取回score陣列的第4個元素(也就是score[3])的數值並賦與給變
             數x
score[2]=x;  // 將變數x的數值賦與給score陣列的第3個元素(也就是score[2])
score[x]=5;  // 將數值5賦與給score陣列的第x+1個元素(也就是score[x])

// 將陣列的第4個元素(也就是score[3])和第5個元素(也就是score[4])相加
x = score[3] + score[4];

// 將score陣列的第y+1個元素(也就是score[y])的數值加2後，
// 賦與給陣列的第x+1個元素(也就是score[x])
```

```
score[x]=score[y]+2;
```

```
// 當i>j時，將score陣列的第i+1個元素(也就是score[i])的數值賦與給變數x
// 反之(當i<=j時)，將score陣列的第1個元素(也就是score[0])的數值賦與給變數x
x=score[i>j?i:0];
```

8-2-4 應用範例

其實一維陣列可以應用在許多資料處理相關的問題，本節在此為讀者挑選一些例子，希望能收拋磚引玉之效，讓讀者學會陣列的使用並且能夠應用在更多問題之上。

聚合運算

聚合運算 (Aggregation) 是指對多筆資料進行包含總和 (Sum)、計數 (Count)、最大值 (Maximum)、最小值 (Minimum) 與平均值 (Average) 等運算，是陣列最常被使用的應用。為了幫助讀者理解，Example 8-1 的 score.cpp 示範了如何搭配迴圈，來對存放在陣列裡的學生成績進行聚合運算。

Example 8-1：成績處理

Location: ☁/examples/ch8

Filename: score.cpp

```
1   #include <iostream>
2   using namespace std;
3
4   int main()
5   {
6       int score[5];
7       int i, sum = 0, max, min, count = 0;
8       float average;
9
10      for (i = 0; i < 5; i++)
11      {
12          cout << "請輸入第" << i + 1 << "位同學的成績: ";
13          cin >> score[i];
14          if (score[i] >= 60)
15              count++;
```

```cpp
16          }
17
18          sum = max = min = score[0];
19          for (i = 1; i < 5; i++)
20          {
21              sum += score[i];
22              if (max < score[i])
23                  max = score[i];
24              if (min > score[i])
25                  min = score[i];
26          }
27
28          average = sum / 5.0;
29
30          cout << "五位同學的總分:" << sum << endl;
31          cout << "平均成績:" << average << endl;
32          cout << "最高分:" << max << endl;
33          cout << "最低分:" << min << endl;
34          cout << "共有" << count << "位同學及格" << endl;
35
36          return 0;
37      }
```

　　此程式利用第 10-16 行的 for 迴圈取回 5 位學生的成績，並放入 score 陣列裡。與此同時，在迴圈裡的第 14 行與第 15 行，則針對當所取回的學生成績大於等於 60 分時，將 count 變數的數值加 1；因此離開第 10-16 行的迴圈後，score 陣列裡已經有使用者所輸入的 5 位學生的成績，並且 count 變數的數值將等於成績及格的學生人數。要特別注意的是，為了搭配陣列的索引值，所以第 10 行的迴圈初始化敘述與測試條件分別設定為 i=0 與 i<5，以便配合存取 score 陣列的元素 score[0] 到 score[4]。

　　接下來，第 18 行將 sum、max 與 min 變數的數值都設定為 score[0]，然後第 19 行到第 26 行的 for 迴圈（初始化敘述與測試條件分別設定為 i=1 與 i<5），則用以將 score[1] 到 score[4] 的數值累加到 sum 變數（原本的值為 score[0] 的數值）裡，完成了 score[0] 到 score[4] 的累加計算；並且在同一個迴圈裡，讓 max 與 min 變數和 score[1] 至 score[4] 這四個元素進行比較，若比 max 還大或比 min 還小，則重設 max 與 min 的數值，直到迴圈結束時，max 與 min 變數的數

值將等於 score[0] 到 score[4] 裡的最大值與最小值。至於平均值的部分,則是在第 28 行,將 sum 變數的數值除以 5.0 即可得到。最後在第 30 行到第 34 行,將 5 位學生的總分、平均、最大值、最小值與及格人數分別加以輸出。請參考以下的執行結果:

執行結果 1:

```
請輸入第1位同學的成績: 92
請輸入第2位同學的成績: 89
請輸入第3位同學的成績: 95
請輸入第4位同學的成績: 100
請輸入第5位同學的成績: 56
五位同學的總分:432
平均成績:86.4
最高分:100
最低分:56
共有4位同學及格
```

執行結果 2:

```
請輸入第1位同學的成績: 98
請輸入第2位同學的成績: 67
請輸入第3位同學的成績: 76
請輸入第4位同學的成績: 50
請輸入第5位同學的成績: 93
五位同學的總分:384
平均成績:76.8
最高分:98
最低分:50
共有4位同學及格
```

多重計數器

陣列也非常適合用以實作多重計數器 (Multiple Counter),例如使用一個大小為 7 的陣列來分別記錄週一到週日每天的來店人數、使用一個大小為 12 的陣列來分別計算各個月份的銷售總額、使用一個陣列來分別統計每個學生的缺曠記錄等,或是使用陣列來分別記錄在文章中特定字母或字詞出現的次數、使用陣列來統計大樂透各個號碼開出大獎的次數等。以下我們以一個用以統計文字檔案裡，各個英文字母出現次數的範例程式，示範此類程式是如何使用陣列來完成多重計數器。

Example 8-2：計算每個字母出現的次數
Location: ⌂/examples/ch8
Filename: letterCounter.cpp

```cpp
#include <iostream>
#include <cctype>
#include <iomanip>

using namespace std;

int main()
{
    int count[26] = {0};
    int i;
    char c;
    while ((c = getchar()) != EOF)
    {
        if (isalpha(c))
        {
            if (isupper(c))
                c = tolower(c);
            count[c - 'a']++;
        }
    }

    for(i=0;i<26;i++)
    {
        char c;
        c='a'+i;
        cout << c << "(" << setw(3) << count[i] << ") ";
        if(i%10==9)
            cout << endl;
    }
    cout << endl;
    return 0;
}
```

此程式在第 9 行宣告一個名為 count、大小為 26 的 int 整數陣列，用來記錄每個英文字母出現在文字檔案中的次數，其中以 count[0] 代表字母 a 出現的次數、count[1] 代表字母 b 出現的次數、…、count[25] 代表字母 z 出現的次數，並且在宣告時將它們的初始值都設定為 0。接下來在第 12 行到第 20 行的 while 迴圈裡，先是把第 12 行迴圈的測試條件寫做 (c = getchar()) != EOF，用以在每次迴圈主體被執行前，使用 getchar() 函式取回一個字元存放到字元變數 c 裡面，並且在所取得的字元不是 EOF 的前提之下，進入迴圈主體執行。要注意的是，此處的 EOF 代表檔案結束 (End of File) 之意，所以我們可以使用 I/O 重導向的方式，將一個文字檔案交由此程式使用第 12 行到第 20 行迴圈，逐字元、逐字元地讀取到程式內，直到該文字檔案結束送出 EOF 為止。

至於每次經由 I/O 重導向從檔案讀取進來的字元，則會在第 14 行以 isalpha() 函式檢查其是否為英文字母（含大小寫），若是則接續在第 16 行使用 isupper() 函式判斷該字元是否為英文大寫字母；若是英文大寫字母，就在第 17 行使用 tolower() 函式將其轉換為小寫字母。換句話說，若我們所取得的字元是英文字母的話，將大寫的英文字母轉換為小寫（原本已是小寫則不用轉換）。然後在第 18 行，利用 c-'a' 算出用以記錄字元 c 出現次數的陣列索引位址，然後將其值遞增，這代表著字元 c 被記錄出現了一次。最後程式的後半段則是負責將所記錄的結果輸出。請參考以下的執行結果：

執行結果 1：

```
user@urlinux:ch8$ ./a.out < letterCounter.cpp
a( 12) b(  0) c( 25) d(  6) e( 16) f(  5) g(  2) h(  5) i( 24) j(  0)
k(  0) l(  8) m(  4) n( 16) o( 12) p(  6) q(  0) r(  9) s(  7) t( 16)
u( 12) v(  0) w(  3) x(  0) y(  1) z(  0)
user@urlinux:ch8$
```

執行結果 2：

```
user@urlinux:ch8$ ./a.out < score.cpp
a( 16) b(  0) c( 21) d(  7) e( 25) f(  6) g(  4) h(  0) i( 31) j(  0)
k(  0) l(  7) m( 18) n( 22) o( 22) p(  1) q(  0) r( 17) s( 18) t( 16)
u( 17) v(  3) w(  0) x(  5) y(  0) z(  0)
user@urlinux:ch8$
```

> ### 字元相關函式
>
> 在 Example 8-2 裡，筆者使用了幾個定義在 cctype 標頭檔裡的函式，例如 `isalpha()`、`issuper()` 與 `tolower()` 等函式，這些函式都是與字元型態的相關操作有關，對於處理字元型態的需求幫助很大。以下是一些定義在 cctype 裡和字元操作相關的函式以及其簡單說明：
>
> - `int isalnum(int c)`：若字元 c 為英文大小寫字母或數字則傳回 1（意即 true），否則傳回 0（意即 false）。
> - `int isalpha(int c)`：若字元 c 為英文大小寫字母則傳回 1（意即 true），否則傳回 0（意即 false）。
> - `int isblank(int c)`：若字元 c 為空白或 tab 則傳回 1（意即 true），否則傳回 0（意即 false）。
> - `int isdigit(int c)`：若字元 c 為數字則傳回 1（意即 true），否則傳回 0（意即 false）。
> - `islower(int c)`：若字元 c 為小寫英文字母則傳回 1（意即 true），否則傳回 0（意即 false）。
> - `int isspace(int c)`：若字元 c 為泛空白字元（含空白、**Tab** 與 **Enter**）則傳回 1（意即 true），否則傳回 0（意即 false）。
> - `int isupper(int c)`：若字元 c 為大寫英文字母則傳回 1（意即 true），否則傳回 0（意即 false）。
> - `int tolower(int c)`：將字元 c 轉換為小寫英文字母。
> - `int toupper(int c)`：將字元 c 轉換為大寫英文字母。

排序

排序 (Sort) 是指將多筆資料進行 **"由小到大"** 的**遞增排序 (Incremental Sort)** 或是 **"由大到小"** 的**遞減排序 (Decremental Sort)**。常見的排序應用包含學生成績的排名、通訊錄依姓名筆劃序進行排序、作業系統的依據工作優先權的高低排定執行順序等。本小節將為讀者介紹**氣泡排序法 (Bubble Sort)**，為便利起見，以下的討論將假設一個存放有 N 個數字的 data 陣列進行遞減排序。

氣泡排序法方法的概念是將陣列裡的數字分為兩類，一類是**未排序數字**

(Unsorted Numbers)，另一類則是**已排序數字 (Sorted Numbers)**。在排序開始前，所有數字皆屬於未排序數字，意即沒有任何數字屬於已排序數字。在開始進行排序後，氣泡排序法針對大小為 N 的陣列，將使用一個外層的 `for` 迴圈來進行 N-1 個回合的操作，其中每一個回合都會在未排序數字中找出一個最小的數字，將它搬移到未排序數字裡的最左側。在第一個回合結束後，在未排序數字 (全部 N 個數字) 中最小的數字（意即 N 個數字裡第 1 小的數字），將會放置在已排序數字裡；接著在第二個回合結束後，在未排序數字（扣除全部 N 個數字中最小的數字後，所剩餘的 N-1 個數字）中最小的數字（意即 N 個數字裡第 2 小的數字），將會放置在已排序數字裡的最左側（意即在第 1 小的數字的左側）；接著在第三個回合結束後，在未排序數字（扣除全部 N 個數字中第 1 小及第 2 小的數字後，所剩餘的 N-2 個數字）中最小的數字（意即 N 個數字裡第 3 小的數字），將會放置在已排序數字裡的最左側（意即在第 2 小的數字的左側）；如此反覆進行 N-1 個回合後，未排序數字將僅剩下 1 個數字（意即全部數字第 N 小的數字），而在已排序數字裡則有 N-1 個數字，依照第 N-1 小、第 N-2 小、...、第 3 小、第 2 小及第 1 小的順序排列。此時只要再將未排序數字裡僅存的數字，放置到已排序數字的左側，N 個數字的遞減排序就此完成。

在上述的說明裡，氣泡排序法必須在每個回合中找出未排序數字中的最小值，並且將其放置於已排序數字的最左側。其做法相當簡單，只要在每個回合裡，讓未排序數字中的數字由左到右進行連續兩個數字的兩兩比對，若是左方的數字比起右方的數字小，就將兩數進行交換，反覆操作直到未排序數字全部都比較過為止。此時，在未排序數字中最小的數字，已經透過一次又一次的交換放置到了未排序數字的最右側，其後面就是已排序數字。我們將已排序數字往左方擴大納入未排序數字最右側的數字，並把它從未排序數字中排除，如此一來，就完成了把未排序數字中最小的數字放置到已排序數字的最左側。請參考以下的範例程式：

Example 8-3：氣泡排序法
Location: ☁/examples/ch8
Filename: bubberSort.cpp

```
1  #include <iostream>
2  using namespace std;
3
4  #define N 10
```

```cpp
5
6   int main()
7   {
8       int data[N] = {10, 33, 13, 60, 65, 25, 100, 34, 99, 0};
9       int i, j, temp;
10
11      for (i = 0; i < N - 1; i++) //進行N-1個回合
12      {
13          for (j = 0; j < N - i - 1; j++) //拜訪未排序數字
14          {
15              //連續的未排序數字進行兩兩比對，並將較小的數字往右側移動
16              if (data[j] < data[j + 1])
17              {
18                  temp = data[j];
19                  data[j] = data[j + 1];
20                  data[j + 1] = temp;
21              }
22          }
23          //完成一個回合
24          //未排序數字中的最小值已移至已排序數字的最左側
25      }
26
27      //輸出排序後的結果
28      for (i = 0; i < N - 1; i++)
29          cout << data[i] << ",";
30      cout << data[i] << endl;
31
32      return 0;
33  }
```

此程式執行結果如下：

```
100,99,65,60,34,33,25,13,10,0
```

8-3　多維陣列

除了一維陣列外，C++ 也支援具有多個維度的**多維陣列 (Multidimensional**

Array)。多維陣列的應用很廣泛,包含多位學生、多個科目、多個考試成績的多維成績處理應用、利用二維陣列來代表棋奕遊戲的棋盤(例如圍棋程式需要宣告 19 × 19 的二維陣列代表棋盤),以及把 640 × 480 解析度影像的每個像素使用 RGB 數值表達的三維陣列應用等,都是典型的多維陣列應用範例。本節最後提供一個代表多位學生、修習多門課程,且每門課程又區分為平時成績、期中考成績、期末考成績以及學期成績等的範例來說明多維陣列。

以二維陣列為例,其宣告語法如下:

二維陣列宣告語法

型態 陣列名稱[$size_1$][$size_2$];

型態 陣列名稱[$size_1$][$size_2$]={ { 數值組$_1$ }, {數值組$_2$}, …, {數值組$_{size_1}$} };

其中 $size_1$ 與 $size_2$ 分別為第一個維度與第二個維度的大小,我們也可以在宣告後直接給定初始值。由於可以經由定義初始值的數值組的個數推算出 $size_1$ 的大小,因此 $size_1$ 是可以省略的;不過要提醒讀者,$size_2$ 不可省略。另外,每一個用以定義初始值的 數值組$_i$ 所含有的數值個數不可大於 $size_1$。

現在考慮前面介紹過的範例,宣告一個陣列用以記載 5 個學生的成績,其中每個學生有國文與英文兩個科目的成績,有兩種思考的方式:

1. `int score[2][5]`:兩個科目,每個科目有五個學生的成績;
2. `int score[5][2]`:五個學生,每個學生有兩個科目的成績。

上面兩種方式都是正確的,至於要使用哪一種其實是取決於你慣用的思考方式。我們以第一種方式為例,在宣告的同時,順便給定初始值:

```
int score[2][5] = { { 80, 60, 100, 80, 90 }, {100, 60, 90, 80, 75} };
```

當程式執行時,我們可以想像在記憶體內會得到如圖 8-2 的陣列。

然而,其實二維陣列在記憶體中並不是長得像這樣的。請參考下面的程式碼片段,我們可以把陣列所有元素的記憶體位址印出:

	score	0	1	2	3	4
第1維度	0	80	60	100	80	90
	1	100	60	90	80	75

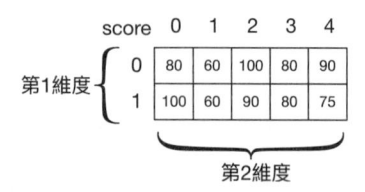

第2維度

圖 8-2 二維陣列範例 (兩個科目，每個科目有五個學生的成績)

Example 8-4：二維陣列應用示範

Location: /examples/ch8

Filename: memoryAddress.cpp

```cpp
#include <iostream>
using namespace std;

int main()
{
    int score[2][5] = {{80, 60, 100, 80, 90}, {100, 60, 90, 80, 75}};
    int i, j;

    cout << "&score=" << showbase << hex << &score << endl;
    cout << "&score[0]=" << showbase << hex << &score[0] << endl;
    cout << "&score[1]=" << showbase << hex << &score[1] << endl;

    for (i = 0; i < 2; i++)
    {
        for (j = 0; j < 5; j++)
        {
            cout << "&score[" << dec << i << "][" << j << "]="
                 << showbase << hex << &score[i][j] << endl;
        }
    }
    return 0;
}
```

此程式的執行結果如下（此程式所輸出的記憶體位址僅供參考，其數值以實際執行結果為準）：

```
&score=0x7ffeca355500
&score[0]=0x7ffeca355500
&score[1]=0x7ffeca355514
&score[0][0]=0x7ffeca355500
&score[0][1]=0x7ffeca355504
&score[0][2]=0x7ffeca355508
&score[0][3]=0x7ffeca35550c
&score[0][4]=0x7ffeca355510
&score[1][0]=0x7ffeca355514
&score[1][1]=0x7ffeca355518
&score[1][2]=0x7ffeca35551c
&score[1][3]=0x7ffeca355520
&score[1][4]=0x7ffeca355524
```

從上述的輸出結果可得知，score 陣列被配置到 0x7ffeca355500 位址，也就是 score[0][0] 所在的位址，當然 score[0] 這一列 (Row) 也是從這個位址開始。再仔細看一下結果，因為陣列元素的型態為 int（大小為 4 個位元組），所以 score[0][0] 用以存放一個整數的記憶體空間是位於 0x7ffeca355500 - 0x7ffeca355503；緊接的下一個位址 0x7ffeca355504 正好就是 score[0][1] 的位址，再加 4 之後，0x7ffeca355508 就是 score[0][2] 的位置。依此類推，score[0][j] 的記憶體位址可依下列式子計算：

```
&score[0][j] = &score[0] + j*4
```

請自行檢查一下前述的程式執行結果是否與上述公式一致。

現在讓我們繼續查看 score[0][4]（也就是 score[0] 這一列的最後一個元素），其所在位址為 0x7ffeca355510。觀察程式執行的結果，下一列 score[1] 的元素是存放於 0x7ffeca355514 這個位址。換句話說，score[0][4] 與 score[1][0] 所在的記憶體位址其實是連續的空間配置，請參考圖 8-3。所以，score[i][j] 的位址可以由以下公式計算：

```
&score[i][j] = &score + (i*size2*4) + j*4;
```

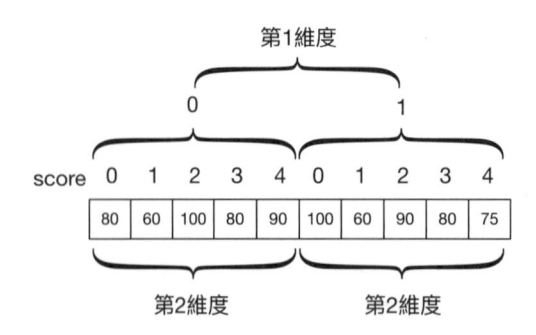

[圖示:二維陣列記憶體配置，第1維度含0、1兩部分，每部分第2維度有0~4共5格，數值為80、60、100、80、90、100、60、90、80、75]

圖 8-3 二維陣列的記憶體空間是連續配置的

或

```
&score[i][j] = &score + (i*size2+j)*sizeof(score[0][0]);
```

雖然我們現在已瞭解了陣列在記憶體中實際的配置為連續空間配置，但平常在使用陣列時不需要使用如圖 8-3 這種與我們日常生活中的概念不一致的方式思考，建議還是以圖 8-2 的方式構思即可。

其它更多維度的陣列也是類似的觀念，下面筆者再舉一個三維陣列的例子：宣告一個陣列用以記載國文與英文兩個科目的平時與考試兩個成績，且一共有 5 位學生修習這兩門課程。因此可以考慮為一個 2 × 2 × 5 的三維陣列。請參考下面的程式宣告：

```
int score[2][2][5] = {  { {80, 60, 100, 80, 90}, {100, 60,
                  90, 80, 75} },
                { { 90, 50, 95, 90, 85 }, { 95, 100, 100,
                  90, 65} } };
```

圖 8-4 與圖 8-5 顯示了這個例子的概念圖。

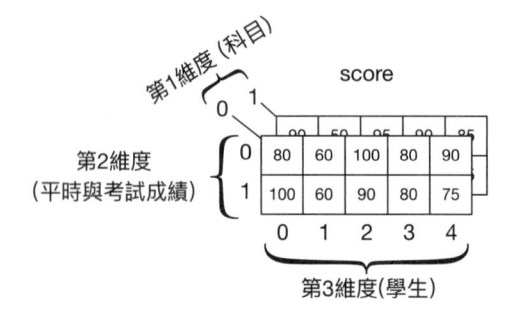

[圖示:三維陣列，第1維度(科目)有0、1；第2維度(平時與考試成績)有0、1；第3維度(學生)有0~4，顯示數值80、60、100、80、90、100、60、90、80、75]

圖 8-4 三維陣列範例（兩個科目，每個科目有五個學生的成績，每個學生又有平時成績與考試成績）

Chapter 08 陣列

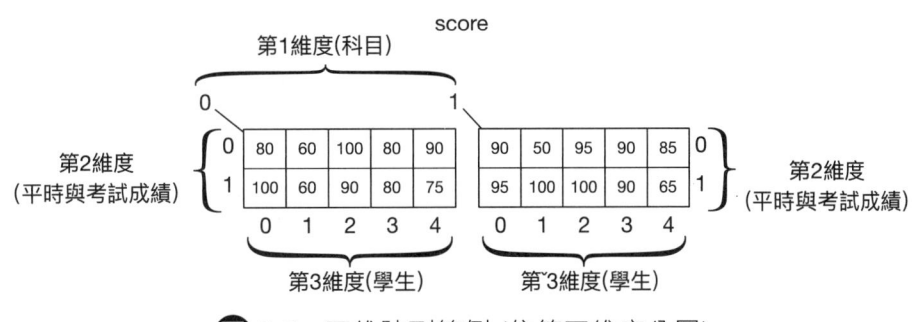

圖 8-5 三維陣列範例 (依第三維度分層)

動動腦！想一想！

考慮一個三維陣列宣告為 `int data[10][5][2]`。你能夠推導計算出 `data[i][j][k]` 所在的記憶體位址的公式嗎？

解答：

`data[i][j][k]` 的記憶體位址可以計算如下：

&data[i][j][k] = &data + (i*size2*size3*4) + (j*size3*4) + k*4;

或

&data[i][j][k] = &data + (i*size2*size3 + (j*size3) + k)*si
ze of(data[0][0][0]);

8-4 使用以範圍為基礎的 for 迴圈存取陣列

自 C++ 11 起，我們可以使用**以範圍為基礎的 for 迴圈 (Range-Based for Loop)** 來對陣列進行存取。原本在存取陣列元素時，我們通常搭配 for 迴圈的控制變數，利用它每一回合遞增的數值作為索引值以存取陣列中的每個元素；但這種寫法有許多潛在的風險，例如沒有正確地設定迴圈的終止條件，將有可以導致存取超出陣列

283

範圍的錯誤發生。新的以範圍為基礎的 for 迴圈則提供了一種更為簡便、更不容易出錯的方式，來存取包含陣列在內的**容器 (Container)**[1] 裡的元素，其使用語法如下：

```
以範圍為基礎的 for 迴圈語法

for ( 宣告 :    範圍 )
{
       迴圈主體
}
```

以陣列的存取為例，在上述語法中的 範圍 就是陣列的名稱，此 for 迴圈將會在每一回合從陣列裡存取一個元素，直到所有元素皆被存取過為止；為了要在迴圈主體裡使用所存取的陣列元素，語法中的 宣告 就是針對每個回合所存取的元素進行宣告。請參考以下的範例程式：

```cpp
int data[5]={80,60,100,80,90};
for(int e : data)    //針對每個在data陣列裡的int整數e
{
   cout << e << endl;   //輸出e的數值
}
```

上面的程式碼使用了以範圍為基礎的 for 迴圈，針對 data 陣列進行存取（將 data 設定為範圍），並宣告 e 為每回合從 data 中所取出的 int 元素。如此一來，存取陣列中的元素變得更為簡單了！為了比較起見，下面是使用原本的 for 迴圈的程式碼：

```cpp
for(int i=0; i<5; i++)
{
   cout << data[i] << endl;
}
```

---

[1] 所謂的容器是指可以存放特定資料員素的資料結構，除了常用的陣列以外，還包含 C++ 語言標準函式庫裡的 `std::array`、`std::vector`、`std::list`、`std::deque`、`std::set`、`std::unordered_set`、`std::map`、`std::unordered_map`、`std::forward_list` 與 `std::string` 等。

此種寫法儘管看起來並沒有比以範圍為基礎的 `for` 迴圈複雜多少，但其實是很容易錯的，例如錯把要當成陣列索引值的迴圈控制變數宣告為從 1 開始，或是終止條件寫錯為小於等於 5，這都會造成陣列存取的錯誤。

習題

1. 以下關於陣列的敘述，以下何者正確？
   (A) 陣列可以用來存放多筆不同資料型態的資料
   (B) 陣列大小一經宣告後，只能調整其大小一次
   (C) 陣列名稱之命名規則和變數的命名規則相同
   (D) 多維陣列可以為每個維度宣告不同的資料型態
   (E) 以上皆不正確

2. 以下何者可宣告一個 5 × 3 的二維陣列？
   (A) `int score[5,3];`　　(B) `int score[5][3];`　　(C) `int score[5x3];`
   (D) `int score[5]x[3];`　(E) 以上皆不正確

3. 有一個陣列宣告為 `int data[5] = {23, 54, 84, 12, 88};`，請問其中 `data[5]` 的數值為何？
   (A) 23　　　　　　　　(B) 12　　　　　　　　(C) 88
   (D) null　　　　　　　(E) 以上皆非

4. 假設程式中有 `int data[10];` 以及 `int i=0;` 的宣告，下列有關 `data` 陣列的操作何者有誤？
   (A) `data[i]++;`　　　　(B) `data[i++]=i;`　　(C) `data[10-i]++;`
   (D) `i=data[i]++;`　　　(E) 以上皆正確

5. 假設 `scores` 陣列是用以存放 5 個學生成績的一維陣列，其宣告為 `int scores[5];`，以下何者有誤？
   (A) `scores[0]` 是陣列中的第 1 筆資料
   (B) `scores[4]` 是陣列中的最後 1 筆資料
   (C) `scores[2]` 的記憶體位置一定比 `scores[3]` 來得小
   (D) `scores[2]` 的數值一定比 `scores[3]` 的數值小
   (E) 以上皆正確

6. 請設計一個 C++ 語言的程式 sort.cpp，讓使用者輸入 10 個整數後，進行遞減（由大到小）排序加以輸出。此題的執行結果可參考如下：

   執行結果 1：

   ```
   Please input 10 numbers: 17 3 98 99 2 0 -1 4 221 -10⏎
   The numbers are sorted as follows:
   221 99 98 17 4 3 2 0 -1 -10⏎
   ```

   執行結果 2：

   ```
   Please input 10 numbers: 9 2 1 88 2 34 2 7 11 0⏎
   The numbers are sorted as follows:
   88 34 11 9 7 2 2 2 1 0⏎
   ```

7. 請設計一個 C++ 語言的程式 barchart.cpp，此程式讀入使用者輸入的 7 個整數（都是介於 0（含）至 10（含）之間的整數），並依據其值輸出長條圖。本題的執行結果可參考如下：

   執行結果：

   ```
   Please input 7 numbers: 3 2 0 4 1 6 7⏎
   . △ . △ . △ . △ . △ . △ . ⏎
   . △ . △ . △ . △ . △ . △ . ⏎
   . △ . △ . △ . △ . △ . ⏎
   . △ . △ . △ . △ . △ . △ # ⏎
   . △ . △ . △ . △ . △ # △ # ⏎
   . △ . △ . △ . △ # △ # ⏎
   . △ . △ . △ # △ . △ # △ # ⏎
   # △ . △ . △ # △ . △ # △ # ⏎
   # △ # △ . △ # △ . △ # △ # ⏎
   # △ # △ . △ # △ # △ # △ # ⏎
   1 △ 2 △ 3 △ 4 △ 5 △ 6 △ 7 ⏎
   ```

8. 請設計一個 C++ 語言的程式 aggregation.cpp，讓使用者輸入 10 筆學生的成績（皆為整數）後，計算他們的平均（僅輸出小數點後一位）、最高分與最低分後輸出。請特別注意，當所輸入的成績低於 0 分時，該成績以 0 分計；所輸入的成績超過 100 時，以 100 分計。此題的執行結果如下：

執行結果 1：

```
Please input 10 scores:
189 175 66 48 90 100 -73 80 -2 0
Average=58.4
MaxScore=100
MinScore=0
```

執行結果 2：

```
Please input 10 scores:
199 88 77 66 -11 22 -33 100 155 180
Average=65.3
MaxScore=100
MinScore=0
```

9. 請設計一個 C++ 語言的程式 score.cpp，讓使用者輸入 10 筆學生的成績（皆為介於 0（含）到 100（含）間的整數）。請將其中最高分的 6 次的平均（四捨五入到整數位）加以輸出。執行結果如下：

執行結果 1：

```
Please input 10 scores:
89 75 66 48 90 100 73 79 2 0
Average=84
```

執行結果 2：

```
Please input 10 scores:
66 80 100 95 90 60 0 75 90 100
Average=93
```

執行結果 3：

```
Please input 10 scores:
100 100 100 95 100 100 100 75 90 100
Average=100
```

10. 請設計一個 C++ 語言的程式 checkAnswer.cpp，讓使用者輸入 4 個數字，並在所輸入的數字沒有重複的前題下，與數字 1234 進行比較。若有數值與位置皆相同的數字則記為 A，數值正確但位置不正確的數字則記為 B，請將比較後的結果輸出。此題的執行結果可參考如下：

執行結果 1：

```
Please input a 4-digit number: 2314
Checking Result: 1A3B
```

執行結果 2：

```
Please input a 4-digit number: 3456
Checking Result: 0A2B
```

Chapter 09 函式

　　函式 (Function) 是模組化程式設計的基石，有了它以後，程式可以將各自不同的功能寫成函式，並用以組合出完整的系統或軟體功能；更重要的是，我們所設計的函式，還可以重複地在其它的程式中使用 —— 就如同我們已經使用過許多 C++ 事先定義好的函式一樣。我們可以把函式視為一個 "小程式"，它可以接收輸入、進行特定的處理並且輸出資料。如同程式可以使用 IPO 模型分析一樣，"小程式"（也就是函式）當然也可以用 IPO 模型來加以分析 —— 不過要特別注意的是，一個函式可以有 0 個或多個輸入，但只能有 0 個或一個輸出。我們將函式的輸入部分稱為**參數 (Parameter)**，並將其輸出部分稱為傳回值 (Return Value)，請參考圖 9-1。

　　C++ 語言的函式其實與數學領域的函數[1] 十分相似，請參考以下的數學函數：

$$f(x) = 2x + 5, f : \mathbb{Z} \to \mathbb{Z}$$

此函數名稱為 f，其定義域與對應域（Domain，又稱值域）皆為整數（含正整數、負整數與 0），依據引數 (Argument) x 的數值，可計算 2x+5 後得到此函數的數值，例如：f(1) = 7、f(2) = 9、f(3) =11，餘依此類推。以這個數學函數為例，我們

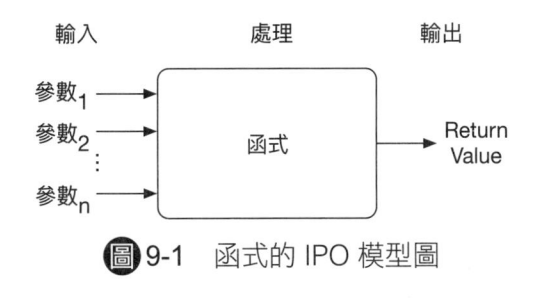

圖 9-1　函式的 IPO 模型圖

---

1 在數學領域，Function 一詞譯作函數，但為了區別起見，本書將程式設計領域的 Function 譯作函式。

可以使用 C++ 語言定義一個函式，其 IPO 模型圖如圖 9-2。

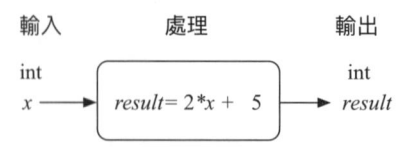

```
輸入            處理              輸出
int                               int
 x   ──→  result= 2*x + 5  ──→  result
```

圖 9-2 對應數學函式 f(x) = 2x+5 的 IPO 模型圖

此處的 C++ 函式在設計時，宣告了其定義域與對應域 —— 都是 `int` 型態，以及定義了要如何使用引數 `x` —— 如同數學函數 f 一樣，計算 `2*x+5` 的運算結果，並作為函數的傳回值。在此讀者只需要先大略知道 C++ 可以如同數學函數一樣，將一些運算或特定的處理定義為函式，並在程式中去使用它們 —— 正如同我們使用 C++ 語言預先設計好的函式一樣（例如定義在 cmath 裡的 `pow()` 與 `round()` 函式，以及定義在 cctype 裡的 `isalpha()`、`isdigit()`、`tolower()`、`toupper()` 等函式）。以下本章將先為讀者說明如何進行函式的定義，再針對函式的使用以及相關的議題進行說明。

9-1　函式定義

函式在被使用之前必須先加以定義，其定義語法如下：

```
                    函式定義語法

        傳回值資料型態 函式名稱 ( 參數定義 )
        {
            敘述*
        }
```

在上述語法中，我們首先必須提供的是 傳回值資料型態 。正如我們在前面已提到過的，每個函式只能有 0 個或一個輸出，而其型態有以下的規則：

- 一個函式至多只能有一個輸出，除了不能傳回陣列外，所有資料型態皆可。
- 若沒有要傳回的值（意即沒有輸出），則必須寫做 `void`，表示無型態。

接下來，在 傳回值資料型態 後面的就是 函式名稱 ── 就如同變數要有識別的名稱一樣，函式也需要有名稱，且其命名規則也如同變數的命名規則一樣：

- 只能由英文大小寫字母、數字與底線 (Underscore) 組成；
- 不能使用數字開頭；
- 不能與 C++ 語言的關鍵字 (Keyword) 相同；
- 英文大小寫字母視為不同的字元，也就是大小寫敏感 (Case Sensitive)。

也如同變數的命名一樣，儘管函式名稱只需要符合上述四個規則，但仍建議依函式的功能使用較具意義的名稱，以增進程式的可讀性 (Readability)。

再接下來的部分，則是在函式名稱後面以一組小括號 () 來定義的 參數定義，其目的是定義輸入給函式的參數（又稱為傳入參數），其語法如下：

函式參數定義語法
[資料型態 參數名稱 [, 資料型態 參數名稱]*]?

> **語法定義符號**
>
> 在此提醒讀者注意在上面的語法說明中，[ ] 為選擇性的語法單元，其後接續 ? 表示該語法單元僅能出現 0 次或 1 次，* 則表示該語法單元可出現 0 次或多次。

依據上述的語法，最後方的 ? 表示參數定義是選擇性的，只能出現 0 次或 1 次；換句話說，參數定義對一個函式來說，是可有可無的。以下將語法規則列舉如下：

- 一個函式可以有 0 個或多個輸入參數；
- 若超過一個以上的參數，則任意兩個參數間必須要使用逗號分隔；
- 每個參數都必須定義其名稱及其所屬之資料型態；
- 參數的名稱亦為識別字，同變數命名規則；
- 參數的資料型態並無限制；
- 參數的值於使用函式時傳入，可在函式內部的處理敘述中使用。

> ⚠️ **宣告相同資料型態的參數**
>
> 在變數宣告時我們可以使用 int i, j; 這種方式，一次宣告多個整數；但在函式的參數定義時，並不可以使用這種方式。如果需要傳入多個參數，那麼你必須分別宣告，例如：
>
> ```
> void foo(int i, int j)
> {
>     ⋮
> }
> ```

在函式定義語法的最後面，則是在一組大括號 { } 包裹定義負責函式功能或運算的處理敘述。在大括號內的部分又被稱為是函式內容區塊，你可以在其中使用任意的 C++ 語言敘述，也包含使用變數宣告敘述來宣告僅供函式內部使用的變數。相關規則如下：

- 若在函式內沒有變數宣告的需求，則可以省略變數宣告敘述；
- 若函式有定義傳回值的資料型態，那麼在處理敘述中至少須包含一行 return 敘述；
- return 敘述語法為 return 運算式;，且運算式的運算結果的資料型態必須與 傳回值資料型態 相同。

以下是一個簡單的函式範例：

```
int sum( int x, int y)
{
    int result;
    result = x+y;
    return result;
}
```

上面的程式碼定義了一個名為 sum 的函式，其接收兩個 int 型態的參數 x 與 y，並在其函式的內容區塊裡計算 x+y 的結果，並使用 return 將運算結果（同樣也是

int 整數型態）傳回。為了幫助讀者理解，圖 9-3 顯示了 sum() 函式的 IPO 圖。

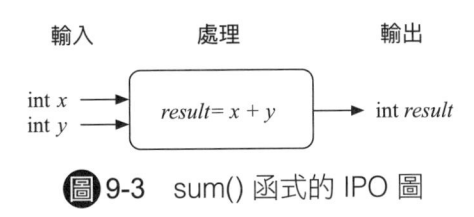

```
  輸入              處理              輸出

  int x      ┌──────────────┐
         →   │ result= x + y │  →   int result
  int y      └──────────────┘
```

圖 9-3 sum() 函式的 IPO 圖

接下來，讓我們來看另一個以印出程式資訊為目的，而且沒有傳回值的函式範例：

```cpp
void showInfo()
{
    cout << "This program is written by Jun Wu. " << endl;
    cout << "All right reserved. " << endl;
}
```

由於這個函式不需要傳回值，所以在其函式內容區塊裡並不需要 return 敘述，且函式的傳回值資料型態必須寫做 void —— 代表此函式並不會傳回數值給呼叫者的意思。

9-2 函式呼叫

不論是 C++ 預先設計好的函式，或是我們自行設計的函式，都可以經由**呼叫 (Call)** 的方式來加以使用。所謂的函式呼叫就是在程式裡，使用**函式的名稱再加上使用一組小括號所包裹起來的引數**所組成的程式碼，例如我們可以在程式中，使用以下的程式碼來呼叫 sum() 函式，並將其結果使用 cout 加以輸出：

```cpp
cout << sum( 3, 5);
```

此處的 sum(3,5) 就是對 sum() 函式的一個呼叫 —— 也就是要求執行 sum() 函式之意。當此呼叫被執行時，原本程式執行的動線將會暫停，改為跳躍到 sum() 函式裡，並且將呼叫時的兩個數值 3 與 5 作為引數傳遞給 sum() 函式使用；在 sum() 函式裡則會以參數 x 與 y 來接收這兩個數值，並在進行完 x+y 的運算後將結果傳回使用 return 敘述傳回。圖 9-4 顯示了上述的呼叫與引數傳遞的過程，請讀者加

```
                呼叫時將引數值傳遞過去
     cout <<   sum( 3 , 5 );      int sum( int x , int y )
                                  {
                                     int result;
                                     result = x+y;
                                     return result ;
                                  }
                將計算結果傳回
```

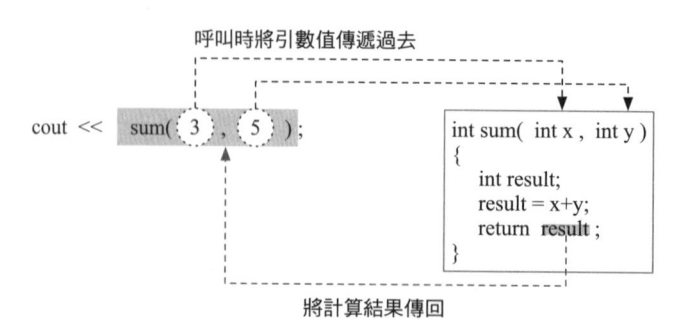

圖 9-4 呼叫 sum() 函式的引數傳遞與傳回值接收示意圖

以參考。

要注意的是，當函式使用 return 敘述將結果傳回時，也會將程式的執行動線返回到當初呼叫函式的地方，並且將該處以函式的傳回值加以代替。以上述的呼叫為例，其 return 返回時，3 與 5 相加的結果（也就是整數值 8）將會替代掉原本的函式呼叫，因此原本的程式碼：

```
cout << sum( 3, 5);
```

將會變成：

```
cout << 8;
```

然後再接續地執行下去。

❓ 參數？引數？

在本章介紹函式定義與呼叫時，我們分別使用了**參數 (Parameter)** 和**引數 (Argument)** 來表示函式用以接收傳入數值的變數，以及呼叫時傳遞的數值。但由於這兩個詞彙在使用上有時容易混淆，且與數學領域的定義有些不同，因此筆者在此再幫讀者釐清：在程式設計領域，所謂的參數是我們在定義函式時所指定的輸入變數，至於引數則是指在使用函式時所傳入的值或運算式。

現在請參考 Example 9-1，其中包含了前述的 sum() 函式定義以及呼叫函式的示範：

Chapter 09 函式

Example 9-1：sum() 函式的定義與呼叫

Location: ☁/examples/ch9

Filename: sumfunc.cpp

```cpp
#include <iostream>
using namespace std;

int sum( int x, int y)
{
   int result;
   result = x+y;
   return result;
}

int main()
{
    int a, b;
    a=10;
    b=45;
    const int c=20;
    int x=33,y=77;

    cout << "sum(3,5)=" << sum(3,5) << endl;
    cout << "sum(a,b)=" << sum(a,b) << endl;
    cout << "sum(x+y, x-y)=" << sum(x+y, x-y) << endl;
    cout << "sum(c,sum(a,b))=" << sum(c,sum(a,b)) << endl;
    return 0;
}
```

此程式的執行結果如下：

```
sum(3,5)=8
sum(a,b)=55
sum(x+y, x-y)=66
sum(c,sum(a,b))=75
```

在 Example 9-1 的 sumfunc.cpp 裡，第 4 行到第 9 行是 `sum()` 函式的定義，第 11 行到第 24 行則是我們慣常使用的 `main()` 函式。在此範例中，儘管程式的前半段是 `sum()` 函式，後面半段才是 `main()` 函式，但程式仍然會從 `main()` 開始執行──因為 `main()` 函式是 C++ 程式規定的進入點 (Entry Point)。在開始執行以後，`main()` 函式裡的第 19 行到第 22 行多次呼叫 `sum()` 函式，每次都會暫停 `main()` 函式執行的動線並跳躍到 `sum()` 函式裡，然後等 `sum()` 函式計算完所傳入的兩個引數的和之後，再使用 `return` 敘述將其傳回給在 `main()` 函式裡當初呼叫 `sum()` 函式的地方。

從上述的說明可以得知，除了 `main()` 函式以外，每個函式的執行都是肇因於程式裡的某個函式對其所進行的呼叫。我們把呼叫函式的函式稱為**呼叫者函式**（**Caller Function**，或簡稱為*呼叫者*），並且把被呼叫的函式稱為**被呼叫函式**（**Callee Function**，或簡稱為*被呼叫者*）。例如在 Example 9-1 的 sumfunc.cpp 中的 `main()` 函式就是呼叫者函式，而它所呼叫的 `sum()` 函式就是被呼叫函式。當呼叫者函式發起了一個對被呼叫函式的呼叫時，呼叫者函式就會被暫停執行，轉而執行被呼叫函式；等到被呼叫函式結束它的工作後，才會返回到當初發起呼叫的呼叫者函式繼續它未完成的工作，與此同時，如果被呼叫函式是以 `return` 敘述結束的話，也會有數值傳回給呼叫者函式使用。

現在，讓我們整理一下作為呼叫者函式的 `main()` 函式，在此程式裡對 `sum()` 函式進行了以下 4 次的呼叫：

- 第 19 行呼叫 `sum(3,5)`：將數值 3 與 5 作為引數傳遞給 `sum()` 函式；
- 第 20 行呼叫 `sum(a,b)`：將變數 a 與變數 b 的數值作為引數傳遞給 `sum()` 函式；
- 第 21 行呼叫 `sum(x+y,x-y)`：將運算式 x+y 與 x-y 的運算結果作為引數傳遞給 `sum()` 函式；
- 第 22 行呼叫 `sum(c,sum(a,b))`：將常數 c 的數值以及呼叫 `sum(a,b)` 函式的傳回值作為引數傳遞給 `sum()` 函式。

讀者應該已經從上面的呼叫觀察到，對於函式呼叫而言，我們可以使用數值、變數、常數、函式呼叫，甚至可以是運算式作為呼叫函式時的引數。

最後，還要告訴讀者的是，函式呼叫時的引數還可以是陣列，例如下面的例子：

Example 9-2：印出陣列內容的函式

Location: ☁/examples/ch9

Filename: showData.cpp

```cpp
1   #include <iostream>
2   using namespace std;
3   
4   void showData(int data[], int size)
5   {
6       int i;
7       for (i = 0; i < size; i++)
8           cout << "data[" << i << "]=" << data[i] << " " << endl;
9   }
10  
11  int main()
12  {
13      int mydata[5] = {2, 4, 6, 8, 10};
14      showData(mydata, 5);
15      return 0;
16  }
```

此程式的第 4 行所定義 `showData()` 函式，可以傳遞一個陣列作為引數；並且在第 14 行呼叫並實際傳遞了名為 `mydata` 的陣列供函式使用。此程式的執行結果如下：

```
data[0]=2↵
data[1]=4↵
data[2]=6↵
data[3]=8↵
data[4]=10↵
```

9-3　main() 函式

儘管本書到了現在的第 9 章才開始介紹函式，但從本書的第一個範例程式開始，就有一個函式的定義不斷地出現──也就是在 hello.cpp 程式以及後續的每一個程式裡的 `main()` 函式！讓我們再回顧一下 hello.cpp：

Example 1-1 (repeat)：你的第一個 C++ 語言程式
Location: ⓒ/examples/ch1
Filename: hello.cpp

```cpp
1   /* Hello, C++! */
2   // This is my first C++ program
3
4   #include <iostream>
5   using namespace std;
6
7   int main()
8   {
9       cout << "Hello, C++!" << endl;
10      return 0;
11  }
```

在這個程式中，第 7 行到第 11 行定義了 main() 函式，它是作為 C++ 語言程式進入點的一個特別的函式，其傳回值的資料型態可以是 int 或 void，代表將傳回一個 int 整數或是不傳回數值，它還具有以下的特別規則：

- 當傳回值定義為 int 時：
    - 可使用 return 敘述傳回整數以說明程式執行狀態；
    - return 敘述可以省略，此時會傳回預設值 0。
- 當傳回值定義為 void 時：
    - 不可使用 return 敘述；
    - main() 函式還是會傳回預設的傳回值 0。

依據上述規則，以下的 main() 函式寫法都是正確的：

```cpp
int main()
{
    ⋮
}
```

```
int main()
{
    ⋮
    return 0;
}
```

```
void main()
{
    ⋮
}
```

但下面這個 main() 函式,既用了 void 表示沒有傳回值,卻又用了 return 敘述傳回數值,這樣當然是錯誤的:

```
void main()
{
    ⋮
    return 0;
}
```

每次執行一個 C++ 語言的程式時,首先被執行的都是 main() 函式,並且當 main() 函式的內容區塊執行完成時,或者是執行到 return 敘述時,程式就會隨之結束。在前一小節(9-2 節)裡,我們已經說明過一個函式可以經由呼叫的方式加以執行,並且把呼叫函式加以執行的函式稱為呼叫者函式,把被呼叫的函式稱為被呼叫函式。呼叫者函式在呼叫函式時,可以傳遞引數給被呼叫函式;而且被呼叫函式也可以透過 return 敘述,將運算的結果傳回給呼叫者函式。讀者可能會好奇,對於 main() 函式來說,它所要傳回的是什麼數值?另外,它又要將結果傳遞給誰呢?

其實一個 C++ 的程式通常是利用 main() 函式裡的 return 敘述,來將代表程式是否正常結束的狀態加以傳回(0 代表程式正常結束,非 0 的數值則代表錯誤),並且是傳回給呼叫它啟動的地方。由於一個 C++ 語言的程式有好幾種啟動執行的方式,所以也有幾個可能傳回的地方,其中最常見的啟動方式是在終端機裡使用指令加以執行,以及在其它程式裡使用系統呼叫(例如 exec() 函式)來加以執行[2]。如果程式是在終端機裡執行的話,其 return 敘述的傳遞對象就是終端機;如果是透過別的程式來啟動執行的話,那麼 return 敘述的傳遞對象就是啟動它的程式。

由於本書的範例程式都是在終端機裡執行程式,因此可以在終端機裡取得 main() 函式的傳回值,請參考下面的例子:

```
#include <iostream>
using namespace std;

int main()
{
    cout << "Hello!" << endl;
    return 100;
}
```

上面這個程式在執行完成後,使用 return 100; 敘述將數值 100 傳遞回終端機環境,存放在系統的環境變數裡面。請參考以下的**執行**以及**執行後**的結果:

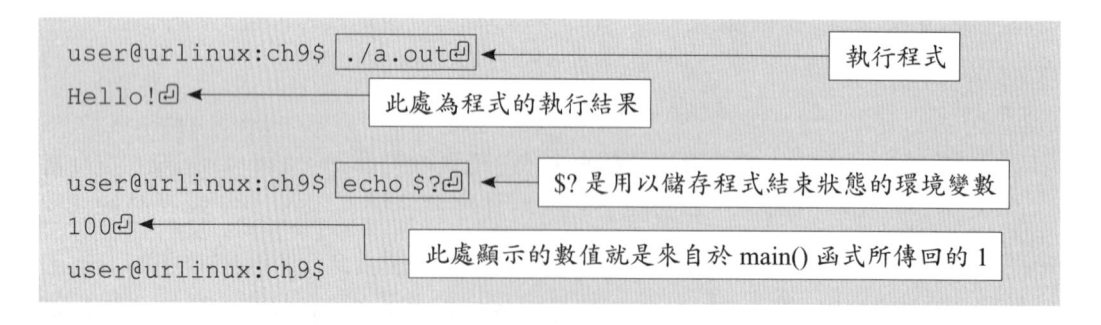

```
user@urlinux:ch9$ ./a.out      ← 執行程式
Hello!                          ← 此處為程式的執行結果
user@urlinux:ch9$ echo $?      ← $? 是用以儲存程式結束狀態的環境變數
100
user@urlinux:ch9$              ← 此處顯示的數值就是來自於 main() 函式所傳回的 1
```

從上面的執行及執行後的結果可得知,大部分的系統是使用 $? 來儲存前一個程式的結束狀態,通常以數值 0 代表正常結束,以非 0 的數值代表不正常結束。另外,還要注意系統預設取回的 main() 函式傳回值為一個 8 位元的 unsigned int,若傳回值超出此範圍時,數值將可能會有溢位或不正確的問題。

---

2 使用系統呼叫來啟動其它程式的執行,已超出本書範圍,請有興趣的讀者可以參考其它相關書籍,例如 Operating Systems: Three Easy Pieces (https://pages.cs.wisc.edu/~remzi/OSTEP)。

9-4 變數範圍

在本章之前,所有的程式範例都只擁有一個 main() 函式,所有宣告的變數都是在 main() 函式裡使用。但從本章介紹了函式以後,在一個程式裡將可以有多個函式,所以在程式裡的變數也將不再是只供 main() 函式使用,而是可以為不同的函式宣告不同的變數,或是宣告所有函式都可以使用的變數。我們將在函式的參數以及在函式內所宣告的變數都稱為**區域變數 (Local Variable)**,它們能夠作用的範圍就僅限於使用一組大括號所包裹的函式內容區塊裡。請參考下例,我們標示了每個函式可使用的區域變數:

Example 9-3:區域變數示範

Location: /examples/ch9

Filename: localVariables.cpp

```
1   #include <iostream>
2   using namespace std;
3   
4   int foo(int i, int j)
5   {
6       //這裡可以使用的變數為i和j
7       return i + j;
8   }
9   
10  int main()
11  {
12      //這裡可以使用的變數為x和y
13      int x = 3, y = 5;
14      cout << foo(x, y) << endl;
15      return 0;
16  }
```

在上面的程式裡,第 4 行到第 8 行定義了一個名為 foo 的函式,其接收兩個 int 整數參數 i 與 j;第 10 行到第 15 行則是 main() 函式的定義。以 foo() 函式來說,在第 4 行到第 8 行裡只有定義了會傳遞給它使用的參數 i 與 j,它們也就是在 foo() 函式裡可以使用的區域變數;至於 main() 函式,則是有在第 13 行所定義的變數 x 與 y,因此在 main() 函式裡可以使用的區域變數就是 x 與 y。

存取其它函式的區域變數？

請試著修改 Example 9-3 的 localVariables.cpp 程式，在 main() 函式裡故意使用 foo() 函式的區域變數 i 與 j（或者在 foo() 函式裡故意使用 main 函式的區域變數 x 與 y），看看會發生什麼事？

> 解答：由於區域變數只能在其所被宣告的函式裡被使用，若在其它函式裡硬是使用，將會在編譯時發到「error: use of undeclared identifier 'x'」（假設你用了未經宣告的變數 'x'）的錯誤訊息。其中的 X 代表你在程式裡錯誤地使用的那個變數的名稱。

Example 9-3 示範了不同函式可以擁有自己的區域變數，且其作用範圍僅限於其所宣告的函式裡。其實我們還可以為不同的函式，宣告具有 **"相同"** 名稱的區域變數！但宣告在不同函式裡的變數以及參數，就算名稱一樣，但它們各自都會有各自的記憶體空間，是完全不同的個體。假設 A() 函式與 B() 函式都擁有一個名為 X 的變數，那麼我們應該將其視為 A() 函式的 X 變數與 B() 函式的 X 變數 —— 為了便利起見，可以寫做 A.x 與 B.x，並且唸做 A 的 X 與 B 的 X。請參考下面的程式範例：

Example 9-4：在不同函式裡具有相同名稱的區域變數

Location: ☁/examples/ch9

Filename: localVariables2.cpp

```cpp
1  #include <iostream>
2  using namespace std;
3
4  int foo(int i, int j)
5  {
6      //這裡的變數x,y應視為foo.x與foo.y
7      int x = 100, y = 200;
8      if (i > j)
9          return x;
10     else
11         return y;
12 }
```

```
13
14   int main()
15   {
16       //這裡的變數x,y應視為main.x與main.y
17       int x = 3, y = 5;
18       cout << foo(x, y) << endl;
19       return 0;
20   }
```

此程式的第 4 行到第 12 行的 `foo()` 函式，與第 14 行到第 20 行的 `main()` 函式都有名為 x 與 y 的區域變數可以使用，儘管它們的名稱相同，但它們各自有各自的記憶體空間，各自會有各自的數值 —— 在 `main()` 函式裡的 x 與 y 的數值為 3 和 5，在 `foo()` 函式裡的 x 與 y 的數值則是 100 與 200。我們應該將它們分別視為是 `foo()` 函式裡的 x 與 y，以及在 `main()` 函式裡的 x 與 y；或者更簡單一些地視為 foo.x、foo.y、main.x 與 main.y。

變數除了宣告在函式內部以外，還可以宣告在所有函式的外面 —— 我們將其稱為**全域變數 (Global Variable)**，它們的作用範圍涵蓋整個程式，不論在哪個函式裡都可以使用。但是若在某個函式裡有相同樣名稱的變數，則以該函式裡自身的變數為主。請參考下面的例子：

Example 9-5：全域變數示範

Location: ./examples/ch9

Filename: global.cpp

```
1    #include <iostream>
2    using namespace std;
3
4    //全域變數x,y,可以視為global.x 與global.y
5    int x, y;
6
7    int foo(int x, int y)
8    {
9        //這裡可以使用的區域變數x,y,可視為foo.x 與foo.y
10       if (x > y)
11           return x;
12       else
```

303

```cpp
13      return y;
14 }
15
16 int foo2(int i, int j)
17 {
18     // 這裡可以使用的區域變數i,j,可視為foo2.i, foo2.j
19     // 這裡還可以使用的是全域變數global.x 與 global.y
20     if ((i > x) && (j > y))
21         return i + j;
22     else
23         return x + y;
24 }
25
26 int main()
27 {
28     // 這裡可以使用的是全域變數是global.x 與 global.y
29     cout << foo(x, y) << endl;
30     cout << foo2(x, y) << endl;
31     return 0;
32 }
```

想一想,動動手!

請先想一想 Example 9-3、9-4 與 9-5 的程式會有怎麼樣的執行結果?然後再將上述的程式範例加以編譯執行,看看和你想的結果是否一致?

9-5 函式原型與標頭檔

如同變數必須在使用前先完成宣告一樣,函式也必須在呼叫前,先提供該函式的定義。在本章前面的範例中,我們都將函式的定義寫在 main() 函式前面,所以我們才能夠在 main() 函式裡呼叫這些自己定義的函式;但如果我們不想將函式的定義寫在前方的話,只要在 main() 的前方先提供函式的**原型 (Prototype)** 宣告即可先在 main() 函式裡使用,後續再提供完整的函式定義即可。請參考下面的例子:

Example 9-6：函式原型宣告示範

Location: ☁/examples/ch9

Filename: prototype.cpp

```cpp
1  #include <iostream>
2  using namespace std;
3
4  void foo();    //此處為 foo() 函式的原型宣告
5
6  int main()
7  {
8      foo();   //只要在首次使用前有提供函式的原型宣告即可
9      cout << "This is the main function." << endl;
10     return 0;
11 }
12
13 //此處是 foo() 函式的完整定義
14 void foo()
15 {
16     cout << "This is foo." << endl;
17 }
```

在這個範例程式中，我們將 foo() 函式定義於第 14 行到第 17 行 —— 位於第 6 行到第 11 行的 main() 函式之後；不過為了讓 main() 函式的內容區塊裡還是能呼叫 foo() 函式（例如第 8 行），所以我們 main() 函式前先提供 foo() 函式的原型說明（請參考第 4 行）。函式的原型宣告語法如下：

函式原型宣告語法
傳回值資料型態 函式名稱(參數*);

其實函式原型宣告的語法與函式定義的語法完全相同，只不過少了函式的內容區塊而已，並且要在結尾處加上一個 ; 分號。

> **函式的介面與實作**
>
> 　　所謂的**函式原型 (Prototype)** 是指函式的定義,但不包含其內容區塊。從原型所提供的資訊來看,我們已經可以知道函式的名稱、輸入參數的個數與型態、還有傳回值的型態為何,這些資訊被稱為是函式的**介面 (Interface)**,而這些資訊已經足夠讓我們呼叫這個函式。
>
> 　　至於函式的內容區塊,則是函式實際進行處理的地方,也就是說內容區塊決定了函式所提供的功能為何?相較於函式的介面,內容區塊被稱為函式的**實作 (Implement)**。

　　如果一個或一個以上的函式,常常會被不同程式使用,那麼將它的函式定義在所有使用到的程式中,應該是一個很糟的決定,不但麻煩而且日後很難維護。比較常見的做法是,將函式另外定義在獨立的程式檔案中,並且提供關於函式原型宣告的標頭檔 (Header File),日後使用這些函式的人,只要在其程式碼中使用 `#include` 指令來載入你所提供的標頭檔案,然後在編譯時將實際包含有函式定義的檔案一起納入編譯,如此即可完成程式的開發。請參考以下的範例:

Example 9-7:函式標頭檔與實作檔案

Location: ⬇/examples/ch9

Filename: sum.h

```
1  // 此處為定義sum()函式的標頭檔
2  int sum(int x, int y);
```

Filename: sum.cpp

```
1  // 此處為sum()函式的實作
2  int sum(int x, int y)
3  {
4      return x+y;
5  }
```

Filename: main_sum.cpp

```cpp
1  #include <iostream>
2  using namespace std;
3
4  // 此處載入了sum()的函式標頭檔
5  #include "sum.h"
6
7  int main()
8  {
9      cout << "3+5=" << sum(3,5) << endl;
10     return 0;
11 }
```

請分別使用以下指令來編譯與執行：

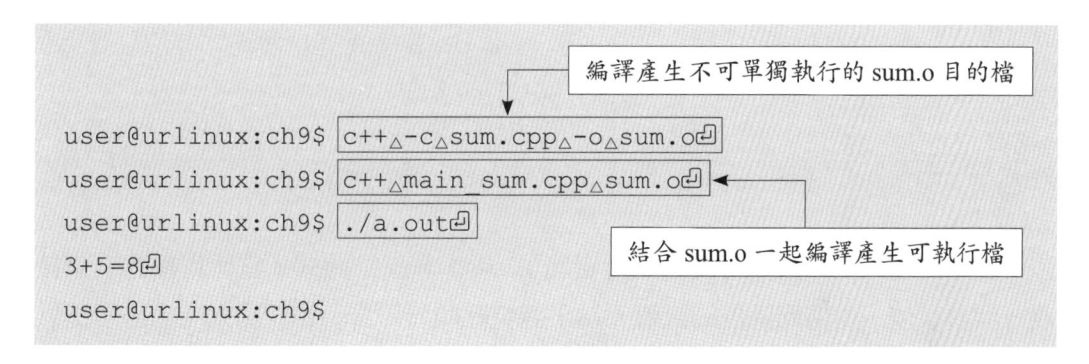

```
user@urlinux:ch9$ c++ -c sum.cpp -o sum.o⏎         編譯產生不可單獨執行的 sum.o 目的檔
user@urlinux:ch9$ c++ main_sum.cpp sum.o⏎
user@urlinux:ch9$ ./a.out⏎                         結合 sum.o 一起編譯產生可執行檔
3+5=8⏎
user@urlinux:ch9$
```

上述的做法將 sum() 函式的宣告（也就是介面）放在 sum.h 檔案裡，並且把其實作的程式碼放在 sum.cpp 裡，由於分別編譯的關係，所以我們只要提供 sum.h 與編譯過後的 sum.o 檔案給其它的程式設計師使用，他們就可以在不知道你是如何實作的情況下使用你所設計的函式。如果你的工作是專責開發函式，那麼這種做法對你將會非常有幫助。

9-6 預設引數值

承襲自 C 語言的 C++ 語言，其大部分的語法與功能都與 C 語言相同。不過身為 C 語言的後繼者，C++語言還是有許多創新的功能，例如本節要介紹的**預設引數值 (Default Argument)**——允許函式的引數可以有預設的數值。有了預設引數值後，當我們在呼叫函式時，若是少提供了引數的話，編譯器將可以幫助我們使用預設的引數值來補足。請參考 Example 9-8 的 twoTimes.cpp：

Example 9-8：函式預設引數值設定與使用範例
Location: ⓓ/examples/ch9
Filename: twoTimes.cpp

```
1  #include <iostream>
2  using namespace std;
3
4  int twoTimes(int p=5)
5  {
6      return 2*p;
7  }
8
9  int main()
10 {
11     cout << twoTimes() << endl;
12     return 0;
13 }
```

在這個程式裡的第 4 行到第 7 行定義了 twoTimes() 函式，它使用參數 p 來接收一個整數值，並傳回兩倍的數值。為了避免呼叫 twoTimes() 函式時，忘了提供引數值的情況，所以此程式在設計 twoTimes() 函式時，使用了預設引數值的方法──預設引數值的設定非常簡單，只要在函式的參數宣告時，在參數名稱後接上等號並給予一個數值即可，就像在第 4 行所使用的方法一樣：

```
4  int twoTimes(int p=5)
```

詳細地來說，第 4 行宣告參數 p 被宣告為 int 整數型態，並在其後使用 =5 來指定數值 5 作為其預設的引數值。在此情況下，若是呼叫 twoTimes() 函式時，沒有提供給參數 p 的引數值，那麼編譯器將幫我們使用數值 5 作為其值。例如 twoTimes.cpp 的第 11 行：

```
11     cout << twoTimes() << endl;
```

Chapter 09　函式

由於在上面的 `twoTimes()` 函式呼叫裡缺少了引數值,所以會使用預設引數值 5 來替代,傳遞給 `twoTimes()` 函式的參數 p 來接收,最終傳回運算後的結果 10 再使用 `cout` 加以輸出。

❓ 到底是參數?還是引數?

讀者可能會對前述這句話感到困惑:「`twoTimes()` 函式宣告,指定數值 5 作為參數 j 的預設引數值。」其實本章 9-2 節已經說明過,函式宣告時可以指定用以接收輸入的變數,我們將其稱為函式的**參數 (Parameter)**;當函式被呼叫時,我們可以將特定的數值(也可以是變數、常數、運算式或其它函式呼叫)放置在函式名稱後面的一組小括號裡面,我們將這些數值稱為**引數 (Argument)**,它們會隨著呼叫傳遞給函式,並由函式的參數加以接收,如此一來就可以在函式的內容區塊裡使用。讓我們再回顧下面這句話:

「`twoTimes()` 函式宣告,指定數值 5 作為參數 p 的預設引數值。」

這句話的意思是,當 `twoTimes()` 函式被呼叫時,如果沒有數值傳遞給參數 p 的話,那麼將會使用數值 5 作為預設的數值,傳遞給參數 p 的接收。

要使用預設引數值,必須在函式原型宣告或定義時加以指定,但只能從參數列的尾端反序設定。例如一個具有 3 個參數 i、j 與 k 的 `foo()` 函式:「`int foo ( int i, int j, int k);`」,必須從其最尾端的參數 k 開始反序設定,也就是必須依照倒數第 1 個、倒數第 2 個、倒數第 3 個的順序進行設定。換句話說,當最尾端、倒數第 1 個參數 k 沒有設定預設引數值時,倒數第 2 個參數 j 就不能設定預設引數值;同理,當倒數第 2 的參數 j 沒有設定預設引數值時,倒數第 3 個參數 i 就不能設定預設引數值。考慮一個具有 n 個參數的函式,其參數由左到右分別為 p_1、p_2、... 到 p_n,除了最尾端、倒數第 1 個參數 p_n 可以自由地設定是否需要使用預設引數值外,其它任意一個參數 p_i 只有在其右側的參數(意即 p_{i+1})已設定預設引數值的情況下,才能設定預設引數值。

請參考以下的範例 Example 9-9,其中第 12 行、第 14 行與第 16 行在 `main()` 函式裡對 `exchange()` 函式進行呼叫,儘管這三次呼叫所提供的引數數目不盡相同,但受到預設引數值的幫助,它們都能正確地執行:

Example 9-9：函式預設引數值設定與使用範例 2

Location: ☁/examples/ch9

Filename: defaultArgument.cpp

```cpp
#include <iostream>
using namespace std;

int exchange(double amount, double rate = 32.01, double charge = 0.01)
{
    return amount * rate * (1 - charge);
}

int main()
{
    cout << "美金100元(匯率32.25，手續費2%)可兌換台幣"
         << exchange(100, 32.25, 0.02) << "元" << endl;
    cout << "美金50元(匯率31.65，預設手續費1%)可兌換台幣"
         << exchange(50, 31.65) << "元" << endl;
    cout << "美金80元(預設匯率32.01，預設手續費1%)可兌換台幣"
         << exchange(100) << "元" << endl;
    return 0;
}
```

上述程式的執行結果如下：

美金100元(匯率32.25，手續費2%)可兌換台幣3160元↵
美金50元(匯率31.65，預設手續費1%)可兌換台幣1566元↵
美金80元(預設匯率32.01，預設手續費1%)可兌換台幣3168元↵

這個程式在第 4 行設定了 exchange() 函式的倒數第 1 個與倒數第 2 個參數的預設引數值：

```
4  int exchange(double amount, double rate = 32.01, double charge = 0.01)
```

然後在 main() 函式裡的第 14 行與第 16 行，分別使用忽略部分引數的方式呼叫 exchange() 函式：

```
14              << exchange(50, 31.65) << "元" << endl;
15      cout << "美金80元(預設匯率32.01，預設手續費1%)可兌換台幣"
16              << exchange(100) << "元" << endl;
```

其中第 14 行的呼叫 exchange(50, 31.65)，省略了倒數第 1 個引數，所以會使用 0.01 替代，因此其呼叫結果等同於 exchange(50, 31.65, 0.01)；至於第 16 行的呼叫 exchange(100)，省略了倒數第 1 個與倒數第 2 個引數，所以會使用 0.01 與 32.01 替代，因此其呼叫結果等同於 exchange(100, 32.01, 0.01)。

如同設定預設引數值時必須從最後面的參數開始反序定義，在呼叫函式時，若要省略部分的引數值（並使用預設引數值代替），也必須從最後面的引數反序進行。換句話說，對於一個具有 n 個參數的函式而言，若最後 1 個（倒數第 1 個）引數已省略，那麼倒數第 2 個引數才能省略；若倒數第 2 個引數已省略，倒數第 3 個引數才能省略，餘依此類推。因此，以下的呼叫是不正確的：

```
exchange(100,    , 0.02);   //省略倒數第2個引數，但倒數第1個沒省略
```

9-7 函式多載

有時候，我們會需要針對不同的資料型態設計功能相同的不同函式：

Example 9-10：為不同的資料型態設計不同的函式

Location: ☁/examples/ch9

Filename: sum2Numbers.cpp

```
1   #include <iostream>
2   using namespace std;
3
4   int sum2Int(int a, int b)
5   {
6       return a + b;
7   }
8
9   double sum2Double(double a, double b)
10  {
```

```
11        return a + b;
12  }
13
14  int main()
15  {
16      cout << sum2Int(3, 5) << endl;
17      cout << sum2Double(3.23, 6.23) << endl;
18      return 0;
19  }
```

在這個程式裡,我們針對兩個數值的相加設計了適用於不同資料型態的兩個版本:`sum2Int()` 函式與 `sum2Double()` 函式。當我們在 `main()` 函式裡要使用函式來進行兩個數值的相加時,就可以依據資料型態選擇適當的版本進行呼叫,例如第 16 行與第 17 行。

C++ 語言還有一項很強大的新功能 —— **函式多載 (Function Overloading)**,它允許我們為函式設計多個具備同樣名稱的版本,但依其參數的不同可被視為不同的版本。因此,筆者將這種做法稱為設計 **"同名異式"** 的函式,將適用於不同資料型態的不同版本(但通常功能相同)的函式改以多載的方式設計。請參考 Example 9-11:函式多載範例。

Example 9-11:函式多載範例

Location: /examples/ch9

Filename: sum2Numbers2.cpp

```
1   #include <iostream>
2   using namespace std;
3
4   int sum2Numbers(int a, int b)
5   {
6       return a + b;
7   }
8
9   double sum2Numbers(double a, double b)
10  {
11      return a + b;
12  }
```

```
13
14  int main()
15  {
16      cout << sum2Numbers(3, 5) << endl;
17      cout << sum2Numbers(3.23, 6.23) << endl;
18      return 0;
19  }
```

在此程式中，負責 int 整數與 double 浮點數資料的相加函式，分別定義於第 4 行到第 7 行以及第 9 行到第 12 行；儘管它們還是用以負責不同的資料型態，但它們可以使用相同的名稱命名。以後在使用這種多載的函式時，你只要記得函式名稱以及它的功能，不需要再針對不同的資料型態呼叫不同名稱的函式了。例如第 16 行與第 17 行都是呼叫 sum2Numbers() 函式，就可以完成兩個 int 整數與兩個 double 浮點數相加的工作。

9-8　函式模板

上一小節介紹的多載，解決了一部分的問題，以後不必再依據不同的資料型態設計並使用不同的函式！不過卻也還有些不完美之處，因為如果要支援更多的型態，就必須提供更多版本的實作 —— 但是以 Example 9-11 為例，相同名稱的不同版本（例如第 4 行到第 7 行以及第 9 行到第 12 行所定義的，分別是針對兩個 int 整數與 double 浮點數資料進行相加的函式），其實作內容是完全相同的。以後我們若是為了要支援更多的資料型態，就必須再寫出更多其實內容是完全相同的多個函式的實作版本！

不過，C++ 還提供了另一個稱為**函式模板 (Function Template)** 的功能，可以將上述的問題解決！我們可以設計一個 "模板" 讓它套用在任意的資料型態之上！請參考以下的程式碼：

Example 9-12：函式模板範例

Location: ☁/examples/ch9

Filename: sum2Numbers3.cpp

```
1  #include <iostream>
2  using namespace std;
```

```cpp
 3
 4  template <class T>
 5  T sum2Numbers(T a, T b)
 6  {
 7      return a + b;
 8  }
 9
10  int main()
11  {
12      cout << sum2Numbers(3, 5) << endl;
13      cout << sum2Numbers(3.23, 6.23) << endl;
14      return 0;
15  }
```

在上述程式的第 4 行到第 8 行定義了一個名為 sum2Numbers 的模板，其中第 4 行使用的 template <class T>，代表將 T 視為某種資料型態；未來當 sum2Numbers() 函式被呼叫時，將會視當時所傳入的參數來決定 T 究竟是何種型態，並將函式內容中所有出現的 T，以該型態進行代換。例如第 12 行的 sum2Numbers(3,5) 呼叫傳入了兩個 int 型態的引數，因此會觸發編譯器依照 sum2Numbers 模板，將 T 代換為 int，並產生對應於 int 型態版本的程式碼如下：

```
T sum2Numbers(T a, T b)
{
    return a + b;
}
```
將 T 代換為 int ➔
```
int sum2Numbers(int a, int b)
{
    return a + b;
}
```

同樣的，第 13 行的 sum2Numbers(3.23, 6.23) 呼叫，就會自動產生對應於 double 型態的版本。所以，使用函式模本就不必再為了要支援更多的資料型態，而寫出更多內容完全相同的實作版本！

9-9 命名空間

當一個程式具有多個函式時，有可能會遇到一些命名衝突的問題，例如在同一個程式裡出現了兩個具有同樣名稱與參數的函式。隨著大型應用程式需求的提升，其功能也愈形複雜，一個應用程式將可能由多人所開發、分散在不同檔案裡的許多函式所組成。由於函式是由不同的人所開發,在沒有充份溝通的情況下,命名衝突的問題也愈發常見。不但有可能發生多個函式名稱相同的問題,甚至在不同檔案裡供函式使用的全域變數也可能會發生命名衝突。C++ 語言提供了**命名空間 (Namespace)** 的概念,可以讓我們建立與管理程式中的特定範圍,並且不允許在同一個範圍裡有相同名稱的變數或具有相同原型的函式存在[3],同時也提供我們存取在其它範圍裡的變數或函式的方法。

要建立一個命名空間相當簡單,只要使用一組大括號將特定的程式範圍加以包裹,並使用 namespace 關鍵字定義該命名空間的名稱即可。以下的程式碼片段定義了兩個名為 A 與 B 的命名空間,並在其中 "故意" 宣告了具有相同名稱的變數與函式:

```cpp
namespace A
{
    int myData;
    void showData() {cout << "A的myData=" << myData;}
}

namespace B
{
    int myData;
    void showData() {cout << "B的myData=" << myData;}
}
```

當我們要存取在特定命名空間裡的變數,或是進行函式呼叫時,可以使用以下的語法:

存取或呼叫特定命名空間裡的變數或函式語法
命名空間 :: 變數 | 函式呼叫

其中兩個冒號 (::) 被稱為**範圍解析運算子 (Scope Resolution Operator)**,我們可以在其左邊指定要存取的命名空間,並在右方指定要存取的變數,或是進行函式的呼

---

3 函式的原型包含其函式名稱、參數個數與型態,以及傳回值的型態,詳見本章 9-5 節。

叫。請參考以下的程式碼,它分別存取了在命名空間 A 與 B 裡的變數,並進行函式呼叫:

```
A::myData=5;
B::myData=10;
if(A::myData>B::myData)
    A::showData();
else
    B::showData();
```

若在程式中使用 `using namespace 命名空間`,則可以指定使用特定的命名空間,其作用是讓編譯器在遇到不認識的變數或函式名稱時,使用此特定的命名空間進行變數的存取或函式的呼叫。因此上述程式碼片段還可以再簡化如下:

```
using namespace A;
myData=5;          ← 此行會被視為 A::myData=5;
B::myData=10;
if(myData>B::myData)  ← 此行會被視為 if(A::myData>B::myData)
    showData();    ← 此行會被視為 A::showData();
else
    B::showData();
```

除了我們所自行建立的命名空間外,每個 C++ 語言的程式都會有一個預設的命名空間 —— **全域命名空間 (Global Namespace)**,其範圍涵蓋整個程式。意即在預設的情況下,整個程式都會被視為是一個被稱為 **"全域 (Global)"** 的命名空間。若要存取在全域命名空間裡的變數,或是要進行函式呼叫,只要使用範圍解析運算子 (::) 並省略其右方的命名空間名稱即可。請參考以下的程式片段:

```
int data;
    ⋮
void setData(int data)
{
    ::data = data;     ← 使用 :: 存取全域變數 data
}
```

上述的程式片段有兩個相同名稱的變數 data，其中一個是宣告在所有函式以外的全域 data 變數，另一個則是屬於 setData() 函式的參數 data。我們打算在 setData()函式裡，將所傳入的參數 data 設定為全域變數 data 的數值。為了區分這兩個 data 變數，我們在 `::data = data;` 這一行程式裡，使用 ::data 表明其是在預設的全域命名空間裡的 data 變數。

9-10　Makefile

從本章開始，以函式的介面定義與實作為例，有時候一個應用程式的開發會包含有多個原始程式檔與標頭檔，所以其編譯也變得開始複雜起來。在此我們建議讀者可以開始使用編譯工具，來簡化複雜的編譯動作，例如最為普及的 Makefile。以本章 Example 9-7 為例，用以進行兩個整數加總的 sum() 函式的介面與實作，分別是在 sum.h 與 sum.cpp 裡，至於使用 sum() 函式則是在 main_sum.cpp 程式裡。為了要完成其編譯，我們必須先將 sum.cpp 編譯為 sum.o 目的檔，然後再進行 main_sum.cpp 的編譯（且將 sum.o 一起加入），請參考以下的指令：

```
user@urlinux:ch9$ c++ -c sum.cpp -o sum.o
user@urlinux:ch9$ c++ main_sum.cpp sum.o
```

為了簡化我們每次編譯的程序，我們將以此為例使用 Makefile 來進行編譯。首先請先建立一個檔名為 Makefile 的檔案，並輸入以下內容：

```
all: main_sum.cpp sum.o
    [tab]    c++ main_sum.cpp sum.o

sum.o: sum.cpp sum.h
    [tab]    c++ sum.cpp -c

clean:
    [tab]    rm -f *.cpp~ *.h~ *~ *.o a.out
```

> **請注意 `tab` 圖示！**
>
> 在 Makefile 裡的每個目標的工作內容定義時，必須以 Tab 鍵開頭，所以在上述的範例中，我們使用了 `tab` 圖示來提醒讀者注意。

在這個 Makefile 當中，我們定義了三個目標 (Target)，分別為 all、sum.o 以及 clean；每個目標必須使用冒號結尾，並在其後註明相依的檔案（也就是與此目標相關的檔案），換行後使用一個 tab 鍵進行縮排，然後指定該目標所要使用的編譯或 shell 命令。此 Makefile 的三個目標將分別執行以下的命令：

- all：執行 `c++ main_sum.cpp sum.o` 的編譯命令，以產生 a.out 可執行檔。此目標與 main_sum.cpp 和 sum.o 相關，只有在 main_sum.cpp 的檔案內容發生變動後才會執行，且執行時目錄內必須存在 sum.o 檔案。若是 sum.o 檔案不存在，則會先執行 sum.o 這個目標，等到得到所需的 sum.o 後才會加以執行。
- sum.o：執行 `c++ sum.cpp -c` 的編譯命令，將 sum.cpp 加以編譯以得到 sum.o。此目標與 sum.cpp 以及 sum.h 相關，只有在這兩個檔案的內容發生變動後才會執行。
- clean：執行 `rm -f *.cpp~ *.h~ *~ *.o a.out`，將目錄中的一些檔案加以刪除，包含了 a.out 及所有的目的檔，還有一些不需要的檔案也將一併刪除，例如文字編輯軟體的暫存檔。當我們執行 `make clean` 後，就可以得到一個全新的環境，只包含與這個程式相關的原始程式與標頭檔。

有了此 Makefile 後，我們可以使用 `make all`、`make sum.o` 以及 `make clean` 來分別執行上述的命令，其中 `make all` 也可以改為使用 `make`——因為 make 指令預設的目標就是 Makefile 中的第一個目標。其中 `make all` 與 `make sum.o` 是分別用以進行 sum.cpp 以及產生 sum.o 的編譯動作；至於 `make clean` 則是整理目錄，將不必要的檔案刪除。

Makefile 可以幫助我們快速地完成編譯的動作，且它會依據各個目標所指定的相依檔案是否有被修改過，再決定是否要進行對應的編譯指令。換句話說，以後當我們修改過部分程式的檔案內容後，只需要簡單地直接使用 `make` 指令，就會自動地檢查有哪些需要被編譯的檔案，並且逐一進行相關的編譯動作。在本書後續的習題以及範例程式中，若是由多個程式檔案所組成的話，我們將會提供相關的 Makefile，以便利讀者們完成編譯的動作。

習題

1. 以下關於 C++ 函式的敘述，何者不正確？
    (A) 允許函式的引數可以有預設的數值
    (B) 允許設計具備同樣名稱，但參數的不同的多個函式
    (C) 允許設計功能、操作皆相同，但適用於不同資料型態的函式模板
    (D) 允許函式透過多載的方式，回傳兩個以上的運算結果
    (E) 以上皆正確

2. 請參考以下的程式碼片段：

   ```
   template<class T>
   T add2Num(T a, T b)
   {
      return a+b;
   }
   int main()
   {
      int i=38, j=5;
      double x=1.234, y=2.234;
        ... 略 ...
   }
   ```

   以下何者函式呼叫並不正確？
    (A) `add2Num(i,j)`   (B) `add2Num(x,y)`   (C) `add2Num(y,x)`
    (D) `add2Num(i,y)`   (E) 以上皆正確

3. 以下關於函式的預設引數值的說明何者正確？
    (A) 預設引數值一經設定，呼叫時就不可以傳入該引數的數值
    (B) 一個擁有多個引數的函式，可以設定多個預設引數值
    (C) 一個擁有多個引數的函式，可只就其第 1 個引數設定預設引數值

(D) 一個擁有多個引數的函式，可只就其中 1 個引數設定預設引數值

(E) 以上皆不正確

4. 以下關於函式多載 (Function Overloading) 的說明何者正確？

(A) 函式多載係指可設計多個名稱相同，但參數的型態與個數不同的版本

(B) 函式多載係指可設計多個名稱與參數皆完全相同的不同版本

(C) 函式多載係指可設計多個參數型態與個數皆相同，但名稱不同的多個版本

(D) 函式多載係指可設計多個名稱相同、參數個數相同，但參數型態不同的版本

(E) 以上皆不正確

5. 以下選項何者為使用函式的優點？

(A) 能夠減少重複的程式碼編寫　　(B) 增加程式可讀性

(C) 提高開發程式的效率　　(D) 可分工由多人開發不同的函式

(E) 以上皆是

6. 請參考以下的程式碼 main.cpp 與 myfunctions.h（可於網路下載並解壓縮本書習題相關檔案後，在 /exercises/ch9/6 目錄中取得）：

Location: /exercises/ch9/6

Filename: main.cpp

```cpp
#include <iostream>
using namespace std;
#include "myfunctions.h"

int main()
{
    int x,y;
    cout << "請輸入兩個整數: ";
    cin >> x >> y;

    cout << x << "與" << y << "的和為" << sum(x,y) << endl;
    cout << x << "與" << y << "的最大值為" << max(x,y) << endl;
}
```

Location: ⬇/exercises/ch9/6

Filename: myfunctions.h

```
1  int sum(int, int);
2  int max(int, int);
```

你必須完成名為 myfunctions.cpp 的 C++語言程式，其中包含 sum() 與 max() 函式的實作。此程式完成後，可讓使用者輸入兩個數字，並且輸出兩數相加的和，以及輸出其最大值為何。此題可使用以下的 Makefile 進行編譯（可自行下載取得）：

Location: ⬇/exercises/ch9/6

Filename: Makefile

```
1  all: main.cpp myfunctions.o
2      [tab]    c++ main.cpp myfunctions.o
3
4  myfunctions.o: myfunctions.cpp myfunctions.h
5      [tab]    c++ myfunctions.cpp -c
6
7  clean:
8      [tab]    rm -f *.cpp~ *.h~ *~ *.o a.out
```

此題的執行結果可參考如下：

執行結果 1：

請輸入兩個整數：▲3▲5⏎
3與5的和為8⏎
3與5的最大值為5⏎

執行結果 2：

請輸入兩個整數：▲32▲23⏎
32與23的和為55⏎
32與23的最大值為32⏎

7. 請參考以下的程式碼 main.cpp 與 homework.h（可於網路下載並解壓縮本書習題相關檔案後，在 /exercises/ch9/7 目錄中取得）：

Location: ⌂/exercises/ch9/7

Filename: main.cpp

```cpp
#include <iostream>
using namespace std;
#include "homework.h"

int main()
{
    int homework[size];

    cout << "請輸入10筆作業成績:" << endl;
    for (int i = 0; i < size; i++)
    {
        cin >> homework[i];
    }

  cout << "前8筆中的最高分是" << maxHomeworkScore(homework, 8) << endl;
    cout << "前5筆中的最高分是" << maxHomeworkScore(homework, 5) << endl;
    cout << "所有作業的最高分是" << maxHomeworkScore(homework) << endl;
}
```

Location: ⌂/exercises/ch9/7

Filename: homework.h

```cpp
#define size 10
int maxHomeworkScore(int hw[], int num = 10);
```

你必須完成名為 homework.cpp 的 C++ 語言程式，其中包含 maxHomeworkScore() 函式的實作。此程式完成後，可讓使用者輸入 10 筆作業成績，並且輸出在 10 筆作業成績中前 8 筆、前 5 筆以及全部 10 筆當中的最高分數並加以輸出。此題可使用以下的 Makefile 進行編譯（可自行下載取得）：

Location: ☁/exercises/ch9/7

Filename: Makefile

```
1  all: main.cpp homework.o
2      tab     c++ main.cpp homework.o
3
4  homework.o: homework.cpp homework.h
5      tab     c++ homework.cpp -c
6
7  clean:
8      tab     rm -f *.cpp~ *.h~ *~ *.o a.out
```

此題的執行結果可參考如下：

執行結果 1：

請輸入10筆作業成績:↵
10△20△30△40△50△60△70△80△90△100↵
前8筆中的最高分是80↵
前5筆中的最高分是50↵
所有作業的最高分是100↵

執行結果 2：

請輸入10筆作業成績:↵
79△25△88△64△82△60△97△80△98△10↵
前8筆中的最高分是97↵
前5筆中的最高分是88↵
所有作業的最高分是98↵

8. 請參考以下的程式碼 main.cpp（可於網路下載並解壓縮本書習題相關檔案後，在 /exercises/ch9/8 目錄中取得）：

Location: ☁/exercises/ch9/8

Filename: main.cpp

```
1  #include <iostream>
2  using namespace std;
3  #include "template.h"
```

```
4
5    int main()
6    {
7        int x, y;
8        double a, b;
9
10       count << "請輸入兩個int整數: ";
11       cin >> x >> y;
12       count << "請輸入兩個double浮點數: ";
13       cin >> a >> b;
14
15       cout << "兩個整數的最大值是" << maxOf(x, y) << endl;
16       cout << "兩個浮點數的最大值是" << maxOf(a, b) << endl;
17   }
```

你必須完成名為 template.h 的 C++ 語言程式標頭檔，其中包含使用函式樣板的方式完成 maxOf() 函式的實作，以支援任意資料型態的兩個數值比較與傳回最大值。此程式完成後，可讓使用者輸入 2 個整數及 2 個浮點數，然後分別輸出它們兩兩間的最大值。此題可使用以下的 Makefile 進行編譯（可自行下載取得）：

Location: ⬇/exercises/ch9/8
Filename: Makefile

```
1    all: main.cpp template.h
2        [  tab  ]c++ main.cpp
3
4    clean:
5        [  tab  ]rm -f *.cpp~ *.h~ *~ *.o a.out
```

此題的執行結果可參考如下：

執行結果：

請輸入兩個int整數: ▲3▲5↵
請輸入兩個double浮點數: ▲36.123▲15.223↵
兩個整數的最大值是5↵
兩個浮點數的最大值是36.123↵

Chapter 10 指標與參考

截至目前為止，我們所寫的程式都是透過變數來儲存及操作各式的資料，同時我們也已經瞭解一個變數的值 (Value) 其實是儲存在某個記憶體位置內，在程式中所有對該變數的操作，其結果就是對該記憶體位置內的值進行存取及運算。在本章中我們將為你介紹一種不同於變數的資料存取方法 —— 透過指標來進行資料的存取。我們可以將指標想像為一種特別變數，其所存放的並不是值，而是一個記憶體位址 (Memory Address)！因此，在程式中我們可以透過指標來對特定的記憶體位址進行操作。除此之外，本章也將就 C++ 語言不同於 C 語言的另一項創新 —— 參考 (Reference) 進行說明。參考可以被想像為變數的別名 (alias)，如果我們為某個變數建立一個參考（就如同為它取一個綽號一樣），那麼將來就可以透過參考（也就是綽號）來存取該變數的內容。本章後續將針對指標與參考的概念、相關的語法以及操作進行詳細的說明。

10-1 基本觀念

要學習指標與參考就必須先瞭解記憶體與變數的關係。在開始之前，先讓我們來談談變數與記憶體位址的相關概念。電腦系統在執行程式時，所有的資料都是存放在記憶體當中。一個程式在執行時，會經由作業系統的幫助取得一塊專屬的記憶體空間，所有在程式中所宣告的變數、常數、陣列等，都會在這其中分配到一塊記憶體空間，而後續在程式中，只需要透過這些變數的名稱、常數的名稱、陣列的名稱，就可以對它們所配置到的記憶體空間來進行各項操作。例如以下的變數宣告：

```
int x=38;
```

在程式執行時，上面這個宣告就會在記憶體裡取得一塊 4 個位元組 (Bytes) 的空間，並將數值 38 存放於該記憶體空間裡。請參考圖 10-1，我們假設該變數被配置到了從 0x7ffff34fff00 記憶體位址開始的連續 4 個位元組（因為 int 整數占 4 個位元組）。

```
                0x7ffff34fff01        0x7ffff34fff03
0x7ffff34fff00  ↓    0x7ffff34fff02   ↓
       ↓        ↓           ↓         ↓
   ┌────────┬────────┬────────┬────────┐
   │00000000│00000000│00000000│00100110│
   └────────┴────────┴────────┴────────┘
```

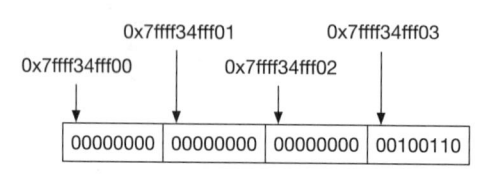

🖻 10-1　變數 x 所配置到的記憶體空間（橫式表達）

你可以在上圖中看到，x 變數的初始值 38 已經存放在記憶體裡了──當然，是用二進制的數值存放，也就是 $(00000000000000000000000000100110)_2$。

ⓘ 以橫式或直式表達的記憶體內容

通常描述記憶體空間的圖有兩種畫法，其一為圖 10-1 的模式，另一則是圖 10-2 的直式，兩者的意義相同。

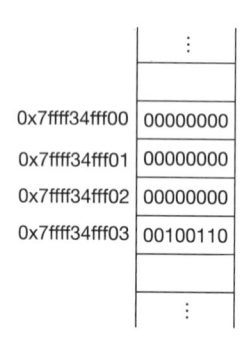

```
                    ⋮
       0x7ffff34fff00  │00000000│
       0x7ffff34fff01  │00000000│
       0x7ffff34fff02  │00000000│
       0x7ffff34fff03  │00100110│
                    ⋮
```

🖻 10-2　變數 x 所配置到的記憶體空間（直式表達）

儘管在一個變數的背後有上述這些和記憶體相關的細節，但我們在過去的程式範例裡都只需要抽象地將變數 x 想像成在記憶體中的某塊空間，不用特別去注意變數到底配置在何處。圖 10-3 就是我們常用的（省略細節的、抽象的）思考方式。

x │ 38 │

🖻 10-3　變數 x 的抽象表示

如同我們在第 4 章所說明的，如果我們想要知道一個變數到底存放在哪個記憶體位址，可以使用**取址運算子 &** 來取得。請參考以下的程式，它宣告了一個整數變數，並將其值與記憶體位址加以輸出。

Example 10-1：輸出變數的值與記憶體位址

Location: /examples/ch10
Filename: valueAndAddress.cpp

```
1  #include <iostream>
2  #include <iomanip>
3  using namespace std;
4
5  int main()
6  {
7      int x;
8
9      x = 38;
10
11     cout << "變數x的數值為" << x << endl;
12     cout << "x配置在"
13          << showbase << hex << &x << "記憶體位址"endl;
14     return 0;
15 }
```

此程式的執行結果如下（變數所配置之記憶體位址僅供參考，其數值視實際情況而定）：

```
變數x的數值為38
x配置在0x7ffff34fffa3記憶體位址
```

10-2 指標變數

指標變數 (Pointer Variable)，顧名思義即為一個變數，但其所儲存的不是**值 (Value)** 而是**記憶體位址 (Memory Address)**；當然，我們也可以說指標所儲存的值是記憶體位址。其宣告方法等同一般的變數宣告，但在變數名稱前，必須加入一個星號 *，請參考以下的宣告語法：

指標變數宣告敘述語法定義
資料型態 *指標變數名稱;

【註】：此處的星號是語法的一部分，而不是代表可出現 0 次或多次的意思。

依據這個語法，我們可以宣告一個指標變數如下：

```
int *p;
```

其中 p 就是語法中的 指標變數名稱，至於星號的位置可以有些彈性，以下的兩個宣告方式也都是正確的：

```
int * p;
int* p;
```

以上這三種宣告的結果都相同，都會建立一個可以儲存記憶體位址的空間，不過其中以 `int *p;` 這種宣告的方式是最常被使用的。細心的讀者會提出一個問題：「既然只是要得到一個可以儲存記憶體位址的空間，那又為何要宣告為 `int`？」。這的確是一個好問題！其實這樣的宣告是要告訴編譯器，將來儲存在這裡的是一個記憶體位址，而且在那個記憶體位址中，所存放的是一個 `int` 型態的整數。讓我們回想一下前面使用過的例子：假設指標 p 所存放的記憶體位址是 0x7ffff34fff00，而且在 0x7ffff34fff00 位址裡面所存放的是一個整數，也就是變數 x 的值。

C++ 語言也允許我們混合一般的變數宣告與指標變數宣告，請參考下面的這些宣告：

```
int *x, y;      // x是指標變數，y是一般變數
int i, *j;      // i是一般變數，j是指標變數
int* i,j, k;    // i是指標變數，j與k則是一般變數
```

在前述的例子中，指標變數都被宣告為 **"應該會"** 指向儲存 int 整數的記憶體位址，所以上述的宣告可視為宣告了一些**整數的指標變數**。C++ 語言允許我們將指標宣告為各種型態，例如下面這些都是可行的宣告：

```
double *p;
char *p;
float *p;
```

請先執行下列程式，以確認你的系統上的記憶體使用情形：

Example 10-2：指標的記憶體空間大小

Location: ⛅/examples/ch10

Filename: size.cpp

```
1  #include <iostream>
2  using namespace std;
3
4  int main()
5  {
6      cout << "一個int整數的記憶體空間為" << sizeof(int)
              << "個位元組" << endl;
7      cout << "一個指向int整數的指標的記憶體空間為" << sizeof(int *)
              << "個位元組" << endl;
8      return 0;
9  }
```

以 Ubuntu Linux 22.04.3 LTS 為例，上述程式的執行結果顯示一個 int 的整數占用 4 個位元組（32 位元）的記憶體空間，而一個整數指標占用 8 個位元組（64 位元）：

```
一個int整數的記憶體空間為4個位元組
一個指向int整數的指標的記憶體空間為8個位元組
```

> **記憶體定址空間**
>
> 以 Linux 系統為例，雖然一個記憶體位址占 64 位元，但目前僅使用了其中的 48 位元，還有 16 位元是保留未使用的。而以 48 位元定址的系統，其最大的可定址空間為 256TB，未來若將保留的 16 位元也拿來使用，則最大可定址到 16EB。
>
> 【註】：1024GB = 1TB，1024TB = 1PB，1024PB = 1EB。

圖 10-4 顯示了一個 int 整數 x 與整數指標 p（它是由 int *p 加以宣告），假設整數變數 x 是儲存於記憶體位址中的 0x7ffff34fff00 - 0x7ffff34fff03（32 位元的整數占 4 個位元組），其值為 38，且假設整數指標 p 儲存於 0x7ffff34fff68- 0x7ffff34fff6f（8 個位元組等於 64 個位元），其值為 0x7ffff34fff00。

位址	內容	
0x7ffff34fff00	00000000	
0x7ffff34fff01	00000000	x
0x7ffff34fff02	00000000	
0x7ffff34fff03	00100110	
⋮		
0x7ffff34fff68	00000000	
0x7ffff34fff69	00000000	
0x7ffff34fff6a	01111111	
0x7ffff34fff6b	11111111	p
0x7ffff34fff6c	11110011	
0x7ffff34fff6d	01001111	
0x7ffff34fff6e	11111111	
0x7ffff34fff6f	00000000	

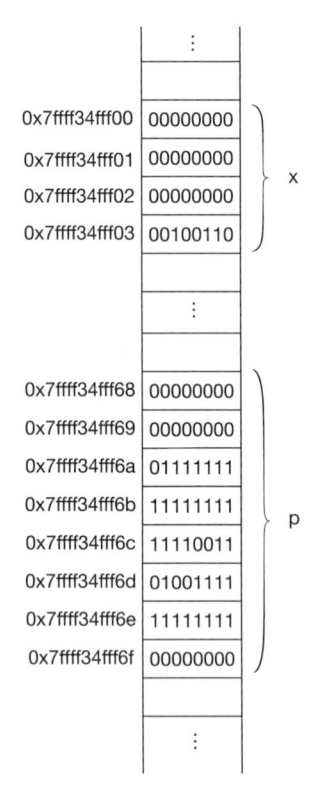

圖 10-4　變數 x 與指標 p

若不考慮記憶體位址的細節，我們可以將圖 10-4 改為比較抽象的圖 10-5：

p　0x7ffff34fff00　　　x　38

圖 10-5　指標 p 與變數 x 的抽象表式 1

在圖 10-5 裡，p 是一個指向 0x7ffff34fff00 位址的指標，因為當初我們有宣告 p 的參考型態為 int，所以 C 語言的編譯器會知道，p 所指向的是位於 0x7ffff34fff00 - 0x7ffff34fff03 的 4 個位元組。從抽象角度來看，由於 p 所儲存的值，正好是 x 所在的位址，因此我們更常用圖 10-6 來表達這樣的一個關係。

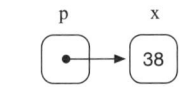

p　→　x 38

圖 10-6　指標 p 與變數 x 的抽象表式 2

好了，我們現在已經學會 **"假設"** 指標變數 p 存放了變數 x 所在的記憶體位址時的表達方法，但問題是 —— 該如何讓指標 p **"真的"** 去指向變數 x 呢？還記得我們曾在第 4 章 4-7 節，提過一個變數可以使用取址運算子（Address-Of，也就是 & 符號）來取得其所在的記憶體位址嗎？我們可以透過下面的程式碼，來將整數變數 x 的位址，指定給整數指標 p：

```
int x=38;
int *p;
p=&x;
```
或
```
int x=38;
int *p=&x;
```

還記得本章開頭時曾說「**我們可以將指標想像為一種特別變數，其所存放的並不是值，而是一個記憶體位址**」嗎？在上面的程式碼片段裡，我們利用 & 取得變數 x 所在的記憶體位址，並且透過賦值運算將其賦與給 **"特別的變數 p"**。如此一來，就如同圖 10-6 一樣，p 成為了指向整數變數 x 的指標。

10-3　記憶體位址與間接存取運算子

除了取址運算子 & 可以用來取得變數所在的記憶體位址之外，C++ 語言還提供**間接存取運算子 (Indirect Access Operator)** 來存取指標變數所指向的記憶體位址裡面的數值。間接存取運算子的運算符號是 *，我們只要在指標變數前冠以 * 就可以取得該指標所指向的記憶體位址裡面的數值。請參考以下程式：

Example 10-3：間接存取運算子示範

Location: ☁/examples/ch10

Filename: indirect.cpp

```cpp
#include <iostream>
#include <iomanip>
using namespace std;

int main()
{
    int x = 38;
    int *p;

    cout << "&x的數值(變數x所在的記憶體位址)為";
    cout << showbase << hex << &x << endl;

    p = &x; //讓指標變數p指向變數x所在的記憶體位址

    cout << "*p的數值(p所指向的記憶體位址裡面的數值)為";
    cout << showbase << dec << *p << endl;
    return 0;
}
```

此程式的第 13 行將變數 x 所在的記憶體位址賦與給 p，換句話說，p 指向了變數 x 所在的記憶體位置。接下來在第 16 行使用間接存取運算子，將 p 所指向的記憶體位置裡面的數值加以輸出。請參考以下的執行結果：

```
&x的數值(變數x所在的記憶體位址)為0x7ffff777ff3c
*p的數值(p所指向的記憶體位址裡面的數值)為38
```

間接存取運算子 *，不單是能夠將指標所指向的位址裡的值拿出來，它也能夠讓我們把數值放進去──不然為什麼要叫做間接 **"存取"** 運算子，叫間接 **"取"** 運算子就好了。請參考下面的程式碼片段：

332

Chapter 10 指標與參考

Example 10-4：間接存取運算子示範 2

Location: ⬈/examples/ch10

Filename: indirect2.cpp

```cpp
1  #include <iostream>
2  using namespace std;
3
4  int main()
5  {
6      int x, *p;
7
8      p = &x;
9
10     x = 6;
11     cout << "x=" << x << " *p=" << *p << endl;
12
13     *p = 8;
14     cout << "x=" << x << " *p=" << *p << endl;
15     return 0;
16 }
17
```

此程式的執行結果如下：

```
x=6△ *p=6⏎
x=8△ *p=8⏎
```

此程式在第 8 行，同樣將變數 x 所在的記憶體位址賦與給 p（p 指向了變數 x 所在的記憶體位置），然後在第 10 行將 x 的數值設定為 6，所以第 11 行所輸出的 x 以及 p 所指向的記憶體位置裡的數值皆為 6；後續第 13 行，透過間接存取運算子來將數值 8 放置到 p 所指向的記憶體位置裡（那個位置就是變數 x 所在的位置），因此第 14 行所輸出的 x 與 p 所指向的記憶體位置裡的數值皆為 8。

333

10-4 指標賦值

C 語言允許兩個指標，彼此間進行值的賦與 —— 當然，此處的值指的是記憶體位址。請先考慮下面的程式碼片段：

```
int x=5, y=8, *p, *q;
p = &x;
q = &y;
*p=*q;    //將q所指向之處的數值賦與給p所指向之處
```

上面的程式碼宣告了兩個 int 整數變數 x 與 y，其值分別為 5 與 8；另外還宣告了兩個指標變數 p 與 q，並透過 p=&x; 與 q=&y; 讓指標 p 與 q 分別指向了變數 x 與 y，請參考圖 10-7 的左側：

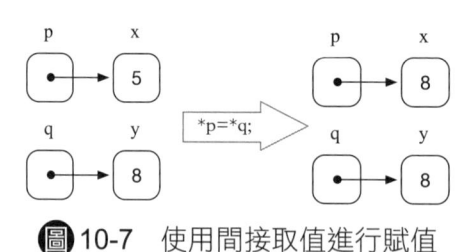

圖 10-7 使用間接取值進行賦值

接下來進行 *p=*q; 將指標 q 所指向的記憶體位址裡面的數值，賦與給指標 p 所指向的記憶體位址裡。由於指標 q 所指向的變數 y 的數值為 8，且指標 p 指向變數 x，因此 x 的數值將變成 8，如圖 10-7 右側所示。

現在，讓我們再考慮以下的程式碼片段：

```
int x=5, y=8, *p, *q;
p = &x;
q = &y;
p=q;      //將q的值賦與給p，意即讓p指向q所指向的地方
```

基本上，這段程式碼和前面的程式碼片段除了最後一行外完全相同。其最後一行 p=q; 進行的是**指標賦值 (Pointer Assignment)** —— 將指標 q 的值賦與給指標 p，意即讓 p 指向 q 所指向之處，其執行結果可參考圖 10-8。

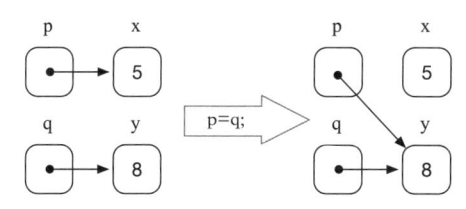

圖 10-8　指標賦值（讓指標 p 指向指標 q 所指向的位址）

10-5　指標與陣列

在 C++ 語言中，因為陣列是記憶體中連續的一塊空間，因此我們也可以透過指標來存取儲存在陣列中的資料。本節將說明如何使用指標來存取陣列中的元素，並進一步探討指標與陣列的關係。

10-5-1　指標運算與陣列

考慮以下的程式碼：

Example 10-5：印出陣列及陣列元素的記憶體位址

Location: ⊙/examples/ch10

Filename: arrayAddress.cpp

```
1  #include <iostream>
2  using namespace std;
3
4  int main()
5  {
6      int data[10] = {1, 2, 3, 4, 5, 6, 7, 8, 9, 10};
7
8      int i;
9
10     cout << "data=" << data << endl;
11
12     for (i = 0; i < 10; i++)
13     {
14         cout << "&data[" << i << "]=" << &data[i] << endl;
15     }
16     return 0;
17 }
```

335

其執行結果如下：

```
data=0x7fffb0aad1e0
&data[0]=0x7fffb0aad1e0
&data[1]=0x7fffb0aad1e4
&data[2]=0x7fffb0aad1e8
&data[3]=0x7fffb0aad1ec
&data[4]=0x7fffb0aad1f0
&data[5]=0x7fffb0aad1f4
&data[6]=0x7fffb0aad1f8
&data[7]=0x7fffb0aad1fc
&data[8]=0x7fffb0aad200
&data[9]=0x7fffb0aad204
```

上述的程式碼宣告並在記憶體內配置了一塊連續 10 個 int 整數的陣列，並且將其位址配置印出。由於陣列是連續的空間配置，在上面的例子中，data 位於 0x7fffb0aad1e0，那麼其第一筆資料（也就是 data[0]）就是位於同一個位址，或者更詳細的說，是從 0x7fffb0aad1e0 到 0x7fffb0aad1e3，這 4 個連續的記憶體位址。由於一個位址代表一個位元組，4 個位元組就剛好表示一個 32 位元的整數。其後的每筆資料也都剛好間隔 4 個位元組。

如果我們想要讓一個指標指向 1 個陣列，那麼我們可以想辦法指向其第 1 個元素所在之處。由於 Example 10-5 的執行結果顯示 data 與 &data[0] 的值（記憶體位址）相同，因此以下的程式碼宣告了一個整數指標 p，並且讓 p 指向 data 陣列的開頭處：

```
int *p = data;          或    int *p=&data[0];
```

上述程式碼的效果如圖 10-9 所示。

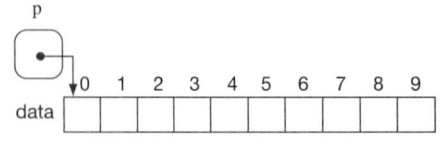

圖 10-9　指標 p 指向 data 陣列的第 1 個元素所在的位址

當我們有了指向陣列開頭處的指標 p 之後，就可以透過它來存取陣列中的元素。例如我們可以使用下列程式碼印出 data[0] 的數值：

```
cout << *p ;
```

因為 p 被宣告為 int *，代表其所指向的地方是一個 int 整數型態，所以當我們使用 *p 去存取它所指向的地方裡面的數值時，編譯器可以合理地期待那個位置裡放的是一個 int 整數數值；換句話說，對 *p 的存取，將會從 p 所指向的記憶體位址開始，存取一個 int 整數的大小（也就是 4 個位元組）。

若要存取陣列中的其它元素，例如第 i 個元素，則可以使用 *(p+i) 來加以存取。假設 p 目前指向的是 0x7fffb0aad1e0（也就是 data[0] 所在的位址），p+i 的運算結果並不會等於 0x7fffb0aad1e0+i，而是等於 0x7fffb0aad1e0 + i*sizeof(int) —— 因為此處的加法操作的運算元之一是一個指向 int 整數的指標，因此若對它進行加法的運算，其運算單位也必須以 int 整數的大小為依據，所以 p+i 會等於 p 加上 i 個 int 整數的大小。以 *(p+2) 為例，其所存取的將會是 0x7fffb0aad1e0 + 2*sizeof(int) = 0x7fffb0aad1e8 這個位址開始連續的 4 個位元組，也就是 data[2] 所在的位址。

指標除了可以進行加法的運算外，也可以進行減法的運算。以下的程式碼承接了前面的 data 陣列與指標 p 宣告，額外再宣告一個指標 q 並讓指標 p 指向 data 陣列的第 6 個元素所在的位址：

```
int data[10] = {1, 2, 3, 4, 5, 6, 7, 8, 9, 10};
int *p;
int *q;

p=&data[5];    //讓p指向data陣列的第6個元素


q = p-2;   //q現在指向data[3]
p -= 3;    //p現在指向data[2]
```

前面提到，指標的運算是以其參考型態的大小為依據。當運算元皆是指標時，其運算結果也是會轉換為其參考型態的大小間的差距：

```
int i;
p = &data[5];
q = &data[2];

i = p - q;   //i的值為3
i = q - p;   //i的值為-3
```

指標還可以使用關係運算子（包含<, < =, ==, >=, >, !=）進行比較，依指標值其比較結果可以為 true 或 false。請參考下面的例子：

```
p = &data[5];
q = &data[2];
if( p > q )
    cout << "p指向的位置在q所指向的位置的後面" ;
if( *p > *q )
    cout << "p所指向的位置裡面的數值大於q所指向的位置裡面的數值";
```

10-5-2 以指標走訪陣列

下面的程式，配合迴圈的使用，利用指標來將陣列中每個元素都拜訪一次：

Example 10-6：使用指標走訪陣列元素

Location: ⓓ/examples/ch10

Filename: visiting.cpp

```
1  #include <iostream>
2  using namespace std;
3
4  int main()
5  {
6      int data[10]={1,2,3,4,5,6,7,8,9,10};
7
8      int i;
9      int *p;
10
```

```
11      p=&data[0];
12      for(i=0;i<10;i++)
13        cout << "data[" << i << "]=*(p+" << i << ")=" << *(p+i) << endl;
14
15      return 0;
16    }
```

此程式的執行結果如下：

```
data[0]=*(p+0)=1
data[1]=*(p+1)=2
data[2]=*(p+2)=3
data[3]=*(p+3)=4
data[4]=*(p+4)=5
data[5]=*(p+5)=6
data[6]=*(p+6)=7
data[7]=*(p+7)=8
data[8]=*(p+8)=9
data[9]=*(p+9)=10
```

當然，我們也可以直接使用指標來操作：

Example 10-7：使用指標走訪陣列元素 2

Location: ⊙/examples/ch10

Filename: visiting2.cpp

```
1   #include <iostream>
2   using namespace std;
3
4   #define Size 10
5
6   int main()
7   {
8       int data[Size]={1,2,3,4,5,6,7,8,9,10};
9
10      int i;
11      int *p;
```

```
12
13      p=&data[0];
14      for(p=&data[0];p<&data[Size];p++)
15        cout << *p << " " ;
16
17      cout << endl;
18
19      return 0;
20    }
```

此程式的執行結果如下：

1 2 3 4 5 6 7 8 9 10

Example 10-7 還可以改用 while 迴圈，並配合 ++ 更新指標：

Example 10-8：使用指標走訪陣列元素 3

Location: ☁/examples/ch10

Filename: visiting3.cpp

```
1   #include <iostream>
2   using namespace std;
3
4   #define Size 10
5
6   int main()
7   {
8     int data[Size] = {1, 2, 3, 4, 5, 6, 7, 8, 9, 10};
9     int *p;
10
11    p = &data[0];
12    while (p < &data[Size])
13       cout << *p++ << " ";
14
15    cout << endl;
16
17    return 0;
18  }
```

此程式的執行結果同 Example 10-7。

10-5-3　指標與陣列互相轉換使用

我們也可以直接把陣列當成一個指標來使用：

Example 10-9：將陣列當成指標

Location: ☁/examples/ch10

Filename: arrayAsPointer.cpp

```cpp
#include <iostream>
using namespace std;

#define Size 10

int main()
{
    int data[Size] = {1, 2, 3, 4, 5, 6, 7, 8, 9, 10};
    int i;

    for (i = 0; i < Size; i++)
        cout << *(data + i) << " ";
    cout << endl;

    cout << endl;

    int *p;
    for (p = data; p < data + Size; p++)
        cout << *p << " ";

    cout << endl;
    return 0;
}
```

當然，也可以把指標當成陣列來使用：

Example 10-10：把指標當成陣列

Location: /examples/ch10

Filename: pointerAsArray.cpp

```cpp
#include <iostream>
using namespace std;

#define Size 10

int main()
{
    int data[Size] = {1, 2, 3, 4, 5, 6, 7, 8, 9, 10};
    int *p = data;
    int i;

    for (i = 0; i < Size; i++)
        cout << p[i] << endl; // 把指標當成陣列來使用
    cout << endl;

    return 0;
}
```

10-5-4　常見的陣列處理

本節以指標操作一些常見的陣列處理：

Example 10-11：使用指標走訪陣列並進行加總

Location: /examples/ch10

Filename: sum.cpp

```cpp
#include <iostream>
using namespace std;

#define Size 10

int main()
{
   int data[Size]={1,2,3,4,5,6,7,8,9,10};
```

```
9      int *p;
10     int sum=0;
11
12     for(p=&data[0];p<&data[Size];p++)
13     {
14        sum += *p;
15     }
16     cout << "sum = " << sum << endl;
17
18     return 0;
19  }
```

Example 10-12：使用指標走訪陣列並找出陣列中的最大值

Location: ⓐ/examples/ch10

Filename: max.cpp

```
1   #include <iostream>
2   using namespace std;
3
4   #define Size 10
5
6   int main()
7   {
8       int data[Size] = {321, 432, 343, 44, 55, 66, 711, 84, 19, 610};
9       int *p;
10      int max;
11
12      max = *(p = &data[0]);
13      for (; p < &data[Size]; p++)
14          max = (max < *p) ? *p : max;
15
16      cout << "max = " << max << endl;
17
18      return 0;
19  }
```

Example 10-13：使用指標走訪陣列並進行排序

Location: ☁/examples/ch10

Filename: sort.cpp

```cpp
#include <iostream>
using namespace std;

#define Size 10

int main()
{
  int data[Size]={3451,25,763,3454,675,256,37,842,3439,510};

  int *p, *q;

  for(p=&data[0];p<&data[Size-1];p++)
    for(q=p+1; q < &data[Size]; q++)
      if(*p<*q)
      {
         int temp = *p;
         *p = *q;
         *q = temp;
      }

  for(p=&data[0];p<&data[Size];p++)
    cout << *p << endl;

  return 0;
}
```

10-5-5　以陣列作為函式的引數

在函式的設計上，可以陣列作為引數。請參考下面的例子：

```cpp
int sum( int a[], int n)
{
    int i=0, s=0;
    for(;i<n;i++)
```

```
    {
        s+=a[i];
    }
    return s;
}
```

在上面的例子中,我們設計了一個可以計算陣列中元素和的函式。我們可以下面方式呼叫此函式:

```
int data[10]={12,522,43,3423,23,21,34,22,55,233};
int summation = 0;
        ⋮
summation = sum(data,10);
```

由於陣列與指標可互相轉換的特性,前述的函式也可改成:

```
int sum( int *a, int n)
{
    int i=0, s=0;
    for(;i<n;i++)
    {
        s+=a[i];
    }
    return s;
}
```

同樣地,在呼叫時也可以用下列的方法:

```
summation = sum( &data[0], 10);
```

或者

```
summation = sum( (int *)&data, 10);
```

另外，也可以使用以下的方法來計算從陣列第 4 筆元素開始，往後 5 筆的和。

```
summation = sum( &data[3], 5 );
```

10-5-6　指標與多維陣列

本節以二維陣列為例，探討指標與多維陣列的關係。請參考以下的例子：

Example 10-14：使用指標走訪操作二維陣列

Location: /examples/ch10

Filename: multiArray.cpp

```
1  #include <iostream>
2  #include <iomanip>
3  using namespace std;
4
5  #define ROW 3
6  #define COL 5
7
8  int main()
9  {
10     int data[ROW][COL];
11
12     int i, j;
13
14     for (i = 0; i < ROW; i++)
15         for (j = 0; j < COL; j++)
16             data[i][j] = i * COL + j;
17
18     for (i = 0; i < ROW; i++)
19     {
20         for (j = 0; j < COL; j++)
21         {
22             if (j > 0)
23                 cout << ", ";
24             cout << setw(3) << data[i][j];
25         }
```

```
26            cout << endl;
27        }
28
29        return 0;
30    }
```

在這個例子中,我們宣告了一個 ROW × COL (3 × 5) 的二維陣列,給定其初始值後將陣列內容輸出。一般而言,我們可以將二維陣列視為一個二維的表格,如圖 10-10 所示。

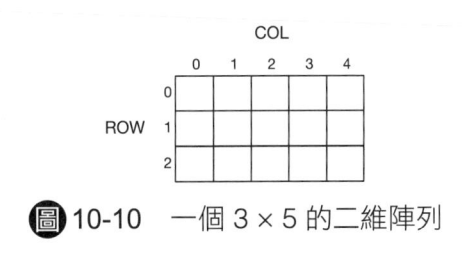

圖 10-10 一個 3 × 5 的二維陣列

我們可以宣告一個指標,來存取這個二維陣列,例如:

```
int (*p)[COL];
i = 0;
for(p=&data[0]; p<&data[ROW] ; p++)
{
    for(j=0;j<COL;j++)
    {
        (*p)[j] = i*COL+j;
    }
    i++;
}
```

但其實在記憶體的配置上,仍是以連續的空間進行配置的,如圖 10-11 所示。

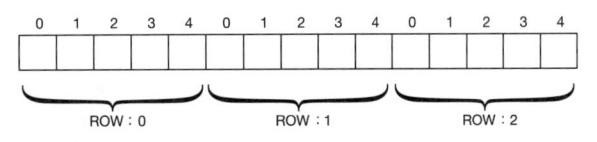

圖 10-11 二維陣列連續記憶體空間配置

所以,同樣的初始值給定的程式碼也可以改寫如下:

```
int *p;
for(i=0, p=&data[0][0]; p<= &data[ROW-1][COL-1];i++, p++)
    *p = i;
```

如果要單獨取出二維陣列中的第 i 列 (row),那麼可以下列程式碼完成:

```
p = &data[i][0];
```

或者

```
p = data[i];
```

❓ 取回陣列中的某一行 (Column)

上面說明了如何使用指標取回二維陣列中的某一列的方法,但是若要取回陣列中的某一行 (Column),那麼又該如何進行呢?關於這點我們留待本章末的習題讓同學做練習吧!

10-6 指標與函式

10-6-1 以指標作為函式引數

一個 C++ 語言的函式 (Function) 可以接受多個引數 (Arguments),並在計算後傳回結果。但要注意的是,函式只能傳回單一的數值,不能傳回多個數值。假設我們需要設計一個函式,接受一個 double 數值作為引數,並將其整數與小數部分分別傳回,則可以考慮以下的做法:

```
void decompose(double val, long *int_part, double *frac_part)
{
    *int_part = (long) val;
```

```
    *frac_part = val - ((long)val);
}
```

這個函式 decompose 並沒有任何的傳回值,可是它接受了兩個指標作為其引數,並在其計算過程中,透過 * 間接存取運算子進行相關的計算,所以其計算的結果過直接存放在這兩個指標所指向的記憶體位址內。如此一來,就可以做到讓一個函式可以傳回(事實上並沒有傳回的動作了)一個以上的數值。

要注意的是,函式的原型可以使用下列兩者之一進行宣告:

```
void decompose(double val, long *int_part, double *frac_part);
void decompose(double, long *, double *);
```

下面的程式碼展示了呼叫 decompose() 函式的方法:

```
double d = 3.1415;
int i;
double f;

decompose(d, &i, &f);
```

10-6-2 以指標作為函式傳回值

除了可以使用指標作為函式的引數,我們也可以使用指標作為函式的傳回值,請參考以下的範例:

```
int *max(int *a, int *b)
{
   if( *a > *b)
      return a;
   else
      return b;
}
```

在呼叫時，要注意必須要以一個整數的指標來接收函式的傳回值：

```
int x, y;
int *p;

p = max( &x, &y);
```

或者，以下列的方法取回函式執行後傳回的指標，並透過間接存取，直接存取該指標所指向的位址裡的值。請參考下面的程式：

Example 10-15：取回函式執行後傳回的指標
Location: /examples/ch10
Filename: returnPointer.cpp

```cpp
 1  #include <iostream>
 2  using namespace std;
 3
 4  int *max(int *a, int *b)
 5  {
 6      if (*a > *b)
 7          return a;
 8      else
 9          return b;
10  }
11
12  int main()
13  {
14      int x = 5, y = 10;
15      int *p;
16
17      p = max(&x, &y);
18      cout << "The maximum value is " << *p << endl;
19
20      *max(&x, &y) = 100;
21
22      cout << "The values of x and y are " << x << " and " << y << endl;
23
24      return 0;
25  }
```

10-7　傳值呼叫與傳址呼叫

本節將為讀者說明兩個與函式呼叫相關的名詞，分別是**傳值呼叫 (Call By Value)** 與**傳址呼叫 (Call By Address)**：

- **傳值呼叫 (Call By Value)** 是指呼叫者函式 (Caller Function) 在進行函式呼叫時，將數值作為引數傳遞給被呼叫函式 (Callee Function) 使用。
- **傳址呼叫 (Call By Address)** 是指呼叫者函式 (Caller Function) 在進行函式呼叫時，將記憶體位址作為引數傳遞給被呼叫函式 (Callee Function) 使用。

> **Caller 與 Callee 函式**
>
> 我們把呼叫函式的函式稱為**呼叫者函式**（**Caller Function**，或簡稱為**呼叫者**），並且把被呼叫的函式稱為**被呼叫函式**（**Callee Function**，或簡稱為**被呼叫者**）。當呼叫者函式發起了一個對被呼叫函式的呼叫時，呼叫者函式就會被暫停執行，轉而執行被呼叫函式；等到被呼叫函式結束它的工作後，才會返回到當初發起呼叫的呼叫者函式繼續它未完成的工作，與此同時，如果被呼叫函式是以 return 敘述結束的話，也會有數值傳回給呼叫者函式使用。

下面我們使用兩個程式分別就傳值呼叫與傳址呼叫做一示範：

```cpp
void swap(int x, int y)
{
    int temp=x;
    x=y;
    y=temp;
}

int main()
{
    int a, b;
    cin >> a >> b;
    swap(a,b);
    cout << "a=" << a << " b=" << b << endl;
}
```

上面這個程式取得使用者輸入的兩個整數 a 與 b 後，發起一個函式呼叫去呼叫 swap() 函式，並將 a 與 b 的數值作為引數傳遞給 swap() 函式裡的參數 x 與 y。swap() 函式在執行時，會將這兩個數值進行交換。

但此程式的執行結果與我們預期的並不一樣，其執行後的輸出的 a 與 b 的值並沒有交換成功。這是因為當我們呼叫 swap() 時，所傳入的是 a 與 b 的數值，雖然在 swap() 中將兩者做了交換，但回到 main() 時，在 swap() 內交換好的 a 與 b 的值，已經不存在。其原因在於這些變數都是屬於所謂的**區域變數 (Local Variable)**，離開函式回到 main() 時，那些在函式內的變數就不再存在。

如果需要在 swap() 函式內完成在 main() 內的兩個變數的值的交換，可以參考以下使用**傳址呼叫 (Call By Address)** 的程式：

Example 10-16：傳址呼叫範例

Location: /examples/ch10

Filename: swap.cpp

```cpp
#include <iostream>
using namespace std;

void swap(int *x, int *y)
{
    int temp=*x;
    *x=*y;
    *y=temp;
}

int main()
{
    int a, b;

    cin >> a >> b;
    swap(&a,&b);
    cout << "a=" << a << " b=" << b << endl;

    return 0;
}
```

此程式在第 16 行針對 swap() 函式進行函式呼叫時，所傳遞的引數是變數 a 與 b 的記憶體位置；當這兩個記憶體位址傳送給 swap() 函式後，將會由兩個 int 整數指標 x 與 y 來接收（如第 4 行所定義的函式參數）。由於採用了傳址呼叫的方式，swap() 函式後續在進行兩個數值交換時，它其實是透過指標 x 與 y 去間接存取實際上宣告在 main() 函式裡的 a 與 b 變數。換句話說，在 swap() 函式裡所交換的是兩個記憶體位址裡面的數值 —— 而這兩個記憶體位址正是位於 main() 函式裡的變數 a 與 b。等到 swap() 函式執行結束返回 main() 後，這兩個變數 a 與 b 的數值，早就已經在 swap() 函式裡完成了互相交換。

10-8　參考

在 C++ 語言裡的變數可以直接用其名稱來存取，或是使用指標來對它所配置到的記憶體空間進行間接的存取。除此之外，C++ 語言還提供了一種新的方式來存取變數 —— **參考 (Reference)**。所謂的參考可以視為是變數的**別名 (Alias)**，讓變數除了原本的名稱之外，又多了新的名稱可以對它進行存取。參考在使用前也必須先加以宣告，其宣告語法如下：

參考宣告敘述語法定義
資料型態&參考名稱＝變數名稱；

在上述語法中要特別注意的是，參考在宣告時就必須完成初始值給定，所以在上述語法中的初始值部分並不是可選擇性的，而是必須的。所謂的參考的初始值給定，其實就是要定義其參考的對象（也就是要 **"講明白"** 它是要作為誰的別名）。還要注意的是，一旦宣告後，就不可以再改變其參考的對象。請參考下面的程式碼：

```
double a = 3.1415927;
double &b = a;
```

上述程式宣告了一個名為 a 的 double 型態變數，以及一個名為 b 的參考，並透過初始值給定將 b 作為變數 a 的別名 —— 換句話說，現在不論是使用變數名稱 a，或是參考名稱 b，都是對同一個記憶體空間裡的數值進行存取。請參考以下的範例程式：

```cpp
#include <iostream>
using namespace std;

int main ()
{

    double a;
    double &b = a;   // b is a

    a = 2.8;
    cout << "a=" << a << " b=" << b << endl;
    b = 3.5;
    cout << "a=" << a << " b=" << b << endl;
}
```

在上述範例中，b 被宣告為 a 的別名，你會發現不論是對 a 或對 b 做操作，結果兩者都會有一樣的內容。

參考變數也可以用在函式的引數宣告，例如下面的程式碼：

Example 10-17：傳參考呼叫範例

Location: ⌒/examples/ch10

Filename: callByReference.cpp

```cpp
1  #include <iostream>
2  using namespace std;
3
4  void change(double &r, double s)
5  {
6      r = 100;
7      s = 200;
8  }
9
10 int main()
11 {
```

```cpp
12      double k, m;
13
14      k = 3;
15      m = 4;
16
17      change(k, m);
18      cout << k << ", " << m << endl;
19      return 0;
20  }
```

Example 10-18：傳參考呼叫範例 2

Location: ☁/examples/ch10

Filename: callByReference2.cpp

```cpp
1   #include <iostream>
2   using namespace std;
3
4   double &biggest(double &r, double &s)
5   {
6       if (r > s)
7           return r;
8       else
9           return s;
10  }
11
12  int main()
13  {
14      double k = 3;
15      double m = 7;
16
17      cout << "k: " << k << endl; //輸出k: 3
18      cout << "m: " << m << endl; //輸出m: 7
19      cout << endl;
20
21      biggest(k, m) = 10;
22
23      cout << "k: " << k << endl; //輸出k: 3
24      cout << "m: " << m << endl; //輸出m: 10
25      cout << endl;
26
```

```
27        biggest(k, m)++;
28
29        cout << "k: " << k << endl; //輸出 k: 3
30        cout << "m: " << m << endl; //輸出 m: 11
31        cout << endl;
32
33        return 0;
34    }
```

習題

1. 請參考以下的程式碼片段：

    ```
    int x=38;
    int *p=&x;
    cout << --*p;
    ```

    其輸出結果為以下哪個選項？

    (A) x   (B) 37   (C) 38
    (D) 39   (E) 以上皆不正確

2. 請參考以下的程式碼片段：

    ```
    int x=5;
    int y=8;
    int *p=&x;
    int *q=&y;
    *p=100;
    p=q;
    x++;
    y+=x++;
    (*p)++;
    y=++(*q);
    cout << x << ' ' << y << ' ' << *p << ' ' << *q;
    ```

其輸出結果為以下哪個選項？

(A) 5△8△100△8　　(B) 111△111△111△111　　(C) 102△14△102△15

(D) 102△111△111△111　　(E) 以上皆不正確

3. 請參考下面的程式碼片段：

```
int a = 3;
int &b = a;
b+=a;
cout << a << b;
```

其輸出結果為以下哪個選項？

(A) 33　　(B) 36　　(C) 63

(D) 66　　(E) 以上皆不正確

4. 請參考以下的程式碼片段：

```
int &smallest (int &r, int &s)
{
   if (r > s) return r;
   else       return s;
}

int main ()
{
   int k = 3;
   int m = 2;
   smallest (k, m) = 10;
   smallest (k, m) ++;
   cout << k << m;
}
```

其輸出結果為以下哪個選項？

(A) 410　　(B) 44　　(C) 112

(D) 311　　(E) 以上皆不正確

5. 請參考以下的程式碼片段：

```
int data[3][5] = {{ 1, 2, 3, 4, 5},
{ 6, 7, 8, 9,10},
{11,12,13,14,15}};
int (*p)[5] = &data[0];
cin >> col;
for(;p<=&data[2];p++)
{
    cout <<    (a)   [col] << endl;
}
```

其中標示為 (a) 之處，應填入下列哪個選項才能使此程式輸出第 col 列的數值（例如當 col 的值為 1 與 2 時，輸出結果分別為「2⏎7⏎12⏎」與「3⏎8⏎13⏎」）？

(A) (*p) 　　　　　(B) *p 　　　　　(C) p
(D) *p[0] 　　　　(E) 以上皆不正確

6. 請參考以下的程式碼 main.cpp 與 min.h（可於網路下載並解壓縮本書習題相關檔案後，在 /exercises/ch10/6 目錄中取得）：

Location: ☁/exercises/ch10/6

Filename: main.cpp

```
1  #include <iostream>
2  using namespace std;
3  #include "min.h"
4
5  int main()
6  {
7      int x, y;
8      int *p;
9      cout << "Please input two numbers: ";
10     cin >> x >> y;
11     p = min(&x, &y);
12     cout << "The minimal number is "<<*p<<"."<< endl;
13 }
```

Location: /exercises/ch10/6
Filename: min.h

```
1  int *min(int *, int *);
```

你必須完成名為 min.cpp 的 C++ 語言程式，其中包含定義在 min.h 裡的 min() 函式的實作。此程式完成後，可讓使用者輸入兩個整數，並且把其中較小的數值輸出。此題可使用以下的 Makefile 進行編譯（可自行下載取得）：

Location: /exercises/ch10/6
Filename: Makefile

```
1  all: main.cpp min.o
2      tab  c++ main.cpp min.o
3
4  min.o: min.cpp min.h
5      tab  c++ -c min.cpp
6
7  clean:
8      tab  rm -f *.o *~ *.*~ a.out
```

此題的執行結果可參考如下：

執行結果 1：

```
Please two numbers: 3 5
The minimal number is 3.
```

執行結果 2：

```
Please two numbers: 8 6
The minimal number is 6
```

7. 請參考以下的程式碼 main.cpp 與 twoNumbers.h（可於網路下載並解壓縮本書習題相關檔案後，在 /exercises/ch10/7 目錄中取得）：

Location: /exercises/ch10/7

Filename: main.cpp

```cpp
#include <iostream>
using namespace std;
#include "twoNumbers.h"

int main()
{
    int x, y;
    cout << "Please input two numbers: ";
    cin >> x;
    cin >> y;

    if (x != y)
    {
        show(x, y);
        swap(x, y);
        show(x, y);
        min(x, y) = 0;
        show(x, y);
    }
    else
        cout << "Error!" << endl;
}
```

Location: /exercises/ch10/7

Filename: twoNumbers.h

```cpp
void show(int i, int j);
void swap(int &a, int &b);
int & min(int &i, int &j);
```

你必須完成名為 twoNumbers.cpp 的 C++ 語言程式，其中包含定義在 twoNumber.h 裡的三個函式的實作。此程式完成後，可讓使用者輸入 2 個整數變數的值，並且將它們的數值進行交換、將其數值最小者設定為 0。此題可使用以下的 Makefile 進行編譯（可自行下載取得）：

Location: /exercises/ch10/7

Filename: Makefile

```
1  all: main.cpp twoNumbers.o
2      tab    c++ main.cpp twoNumbers.o
3
4  twoNumbers.o: twoNumbers.cpp twoNumbers.h
5      tab    c++ -c twoNumbers.cpp
6
7  clean:
8      tab    rm -f *.o *~ *.*~ a.out
```

此題的執行結果可參考如下：

執行結果 1：

```
Please input two numbers: 10 20
10 20
20 10
20 0
```

執行結果 2：

```
Please input two numbers: 18 6
18 6
6 18
0 18
```

8. 請參考以下的程式碼 main.cpp 與 rounding.h（可於網路下載並解壓縮本書習題相關檔案後，在 /exercises/ch10/8 目錄中取得）：

Location: /exercises/ch10/8

Filename: main.cpp

```
1  #include <iostream>
2  using namespace std;
3  #include "rounding.h"
4
5  int main()
```

```
 6  {
 7      double x;
 8      int p;
 9  
10      cin >> x >> p;
11      rounding(&x, p);
12      cout << x << endl;
13      rounding(x, p);
14      cout << x << endl;
15  }
```

Location: ⬇/exercises/ch10/8

Filename: rounding.h

```
1  void rounding(double *num, int pos);
2  void rounding(double &num, int pos);
```

請配合以上程式，完成名為 rounding.cpp 的 C++ 語言程式，其中包含定義在 rounding.h 裡的兩個分別為傳址呼叫以及傳參考呼叫的函式實作。呼叫此函式時必須傳入兩個引數：

- 一個浮點數的記憶體位址或參考：double *num 或 double &num
- 一個代表位數的整數值：int pos（此數值介於正負 3（含）之間）

此函式的作用是將所傳入的記憶體位址或參考所在的浮點數數值，依指定的 pos 位數進行四捨五入的運算，且其運算結果必須存放於該記憶體位址或參考內。具體說明如下：

- 當 pos 值為正整數時，是將浮點數數值四捨五入到小數點後第 pos 位（假設浮點數數值為 113.641590 且 pos=3，處理完成後的數值為 113.642）
- 當 pos 值為 0 時，則是將浮點數數值的小數部分無條件捨棄（假設浮點數數值為 113.641590 且 pos＝0，處理完成後的數值為 113）
- 當 pos 值為負數值時，則是將浮點數數值四捨五入到小數點 **"前"** 第 pos 位數（以浮點數數值為 113.641590 為例，當 pos=-1 時，處理結果為 114、當 pos=-2 時，處理結果為 110，以及當 pos=-4 時，處理結果為 0）

此程式完成後，可讓使用者輸入一個浮點數數值以及一個代表位數的整數值，透過在 main() 裡對 rounding() 函式的呼叫（包含傳址呼叫以及傳參考呼叫），將可輸出四捨五入或無條件捨棄後的數值。此題的執行結果可參考如下：

執行結果 1：

```
113.641590△3⏎
113.642⏎
113.642⏎
```

執行結果 2：

```
113.641590△1⏎
113.6⏎
113.6⏎
```

執行結果 3：

```
113.641590△0⏎
113⏎
113⏎
```

執行結果 4：

```
113.641590△-2⏎
110⏎
110⏎
```

此題可使用以下的 Makefile 進行編譯（可自行下載取得）：

Location: ⛅/exercises/ch10/8

Filename: Makefile

```
1  all: main.cpp rounding.o
2      tab   c++ main.cpp rounding.o
3
4  rounding.o: rounding.cpp rounding.h
5      tab   c++ -c rounding.cpp
```

```
6
7  clean:
8      tab    rm -f *.o *~ *.*~ a.out
```

9. 請參考以下的程式碼 main.cpp 與 array.h（可於網路下載並解壓縮本書習題相關檔案後，在 /exercises/ch10/9 目錄中取得）：

Location: /exercises/ch10/9

Filename: main.cpp

```
1  #include <iostream>
2  using namespace std;
3  #include "array.h"
4
5  int main()
6  {
7      int data[10];
8      cout << "Please input 10 numbers: " << endl;
9      for(int i=0;i<10;i++)
10         cin >> data[i];
11
12     sortArray(data,10,true);
13     showArray(data,10);
14     sortArray(data,10,false);
15     showArray(data,10);
16 }
```

Location: /exercises/ch10/9

Filename: array.h

```
1  void sortArray(int *data, int size, bool inc);
2  void showArray(int *data, int size);
```

你必須完成名為 array.cpp 的 C++ 語言程式，其中包含定義在 array.h 裡的兩個函式的實作。此程式完成後，可讓使用者輸入 10 個整數，並且在遞增與遞減排序後輸出排序後的 10 個整數（sortArray() 函式的第三個參數值若為 true 則是遞增，為 false 則是遞減）。此題可使用以下的 Makefile 進行編譯（可自行下載取得）：

Location: ⬇/exercises/ch10/9

Filename: Makefile

```
1  all: main.cpp array.o
2  [  tab  ] c++ main.cpp array.o
3
4  array.o: array.cpp array.h
5  [  tab  ] c++ -c array.cpp
6
7  clean:
8  [  tab  ] rm -f *.o *~ *.*~ a.out
```

此題的執行結果可參考如下：

執行結果 1：

```
Please△input△10△numbers:⏎
1△2△3△4△5△6△7△8△9△10⏎
1,△2,△3,△4,△5,△6,△7,△8,△9,△10⏎
10,△9,△8,△7,△6,△5,△4,△3,△2,△1⏎
```

執行結果 2：

```
Please△input△10△numbers:⏎
88△12△31△64△52△62△7△88△22△83⏎
7,△12,△22,△31,△52,△62,△64,△83,△88,△88⏎
88,△88,△83,△64,△62,△52,△31,△22,△12,△7⏎
```

10. 承上題，此題一樣是要讓使用者輸入 10 個整數，並且在遞增與遞減排序後輸出排序後的 10 個整數（sortArray() 函式的第三個參數值若為 true 則是遞增，為 false 則是遞減）。要注意的是，此題所需的 main.cpp 與 Makefile 皆和前一題相同。但關於函式的介面與實作都不相同，請參考以下的 array.h（可於網路下載並解壓縮本書習題相關檔案後，在 /exercises/ch10/10 目錄中取得）：

Location: ⊙/exercises/ch10/10

Filename: array.h

```
1  void sortArray(int (&data)[10], int size, bool inc);
2  void showArray(int (&data)[10], int size);
```

和上一題一樣,你必須完成名為 array.cpp 的 C++ 語言程式,其中包含定義在 array.h 裡的兩個函式的實作,但此次呼叫函式時將改為傳參考呼叫的方式進行。此題的執行結果亦和前一題相同,在此不予贅述。

如何宣告陣列的參考?

本章已經說明過如何建立一個變數的參考,例如下面的程式碼將 b 作為變數 a 的參考:

```
int a;
int &b=a;
```

但我們要如何為一個陣列建立參考呢?請參考下面的示範:

```
int data[5];
int (&r)[5]=data;
```

為了要讓 r 成為 data 陣列的參考,我們必須將 r 宣告為一個參考,並且是一個 int[5] 陣列的參考,所以先使用括號將 r 宣告為參考,然後在其前後的 int 與 [5] 則是將它宣告為 int [5] 陣列的參考。

最後,提醒讀者注意 int (&r)[5] 與 int &r[5] 是不同的,int &r[5] 所宣告的是一個存放了 5 個 int 參考的陣列。

Chapter 11 字串

字串 (String) 是由 0 或多個字元所組成的資料，常見於許多程式應用裡，例如在一個學生成績登錄應用程式裡，包含學生的姓名、學號與住址等資料都是字串。其實早在本書第 1 章的 Example 1-1 裡就出現過的 Hello, C++! 就是一個由 'H'、'e'、'l'、'l'、'o'、','、' '、'C'、'+'、'+' 以及 '!' 等 6 個大、小寫英文字母、1 個空白字元、2 個加號以及 1 個驚嘆號所組成的字串。由於 C++ 語言是將在記憶體中連續存放的字元視為字串，所以關於字串操作的原理與細節就牽涉到了陣列與指標等主題，所以必須等到本章才有足夠的基礎為讀者加以介紹。本章後續將先為讀者說明 C++ 語言承襲自 C 語言的空值結尾字串、字串變數的宣告與初始化、字串的輸入與輸出，以及相關的字串處理函式（例如比較兩個字串內容、將字串內容由小寫改為大寫英文字母，以及尋找特定子字串等）；後續再就命令列引數以及 C++ 語言新增的 string 類別，分別加以說明。本章最後也將說明如何輸入與輸出含有中文的字串。

11-1 字串與記憶體

字串和**基本內建資料型態 (Primitive Built-In Data Type)**[1] 的資料一樣，在程式執行時其值都是存放在記憶體裡的某塊空間裡，但它們有以下兩點差異：

1. 基本內建資料型態的資料只能有單一的值，但字串的值則是由 0 或多個字元所組成 —— 我們將此種由其它資料型態所組成的型態稱為**複合型態 (Compound Type)**。

2. 基本內建資料型態的資料占用固定大小的記憶體空間，但字串所占的記憶體空間則由字串的**長度 (Length)** 而定，也就是由組成字串的字元數目決

---
[1] 基本內建資料型態包含整數、浮點數、字元與布林值，請參考本書第 3 章

定，字串長度愈長者占愈多記憶體空間。

　　有鑑於上述的差異，字串存放在記憶體裡的方式與相關操作都不同於基本內建資料型態的資料。為了解決字串長度不一的問題，C++ 語言採用承襲自 C 語言的做法，規定字串必須以一個**空值 (Null)** 作為結尾。空值其實就是整數值 0，在 C++ 語言中代表 "空的"、"沒有" 的意義；當我們將它放在字串尾端時，空值就被視為是一個特殊的**不可見字元 (Unprintable Character)**[2]，其 ASCII 碼的值為 0，並使用 '\0' 加以表示──我們將其稱為**空字元 (Null Character)**。

　　以字串內容 Alex Chu 為例（包含 7 個英文大小寫字元以及 1 個空白字元），假設其存放於從 0x563402d7f004 位址開始的連續 8 個記憶體位置裡（每個字元占 1 個位元組），圖 11-1 使用直式的方式顯示了該字串在記憶體內的配置情形──從 0x563402d7f004 到 0x563402d7f00c 位址，我們將存放在其中的資料使用二進位的方式呈現，並將其對應的字元內容和 ASCII 碼的數值列示於右。請特別注意在圖中最後一個字元 'u' 的後面（也就是 0x563402d7f00c 位址），其數值為 0──也就是用以標記字串內容已結束的空值（或稱為空字元）。

> ### 空值結尾字串與位元組字串
>
> 　　由於 C++ 規定必須使用空值為字串結尾，因此字串又被稱作**空值結尾字串 (Null-Terminated String, NTS)**。另外，截至目前為止，我們所討論的字串都是由占 1 個位元組 (Byte) 的 char 字元所組成的，所以又被稱為**位元組字串 (Byte String)**[3]；或者結合以上兩者，C++ 的字串亦可稱為**空值結尾位元組字串 (Null-Terminated Byte String, NTBS)**。

　　除了圖 11-1 所使用的直式方式外，在記憶體內的字串內容更常以圖 11-2 所採用的橫式方式呈現。為了節省顯示的空間，當字串在記憶體中的內容以橫式呈現時，通常會將其字串內容改用 16 進位的數值加以顯示，如圖 11-2(a) 所示；不過對於一個字串來說，最常見的顯示方式應該是如圖 11-2(b) 一樣，直接在記憶體位址上顯示組成字串的字元值。本章後續將繼續說明如何在程式中宣告並使用字串。

---

[2] 關於不可見字元可參考本書第 3 章 3-3-3 小節。
[3] 直到本章 11-9 節，本書才會介紹由占 1 個位元組以上的字元（例如中文）所組成的字串，我們將其稱為多位元組字串 (Multibyte String)。

位址	二進位	字元	ASCII值
0x563402d7f004	01000001	'A'	65
0x563402d7f005	01101100	'l'	108
0x563402d7f006	01100101	'e'	101
0x563402d7f007	01111000	'x'	120
0x563402d7f008	00100000	' '	32
0x563402d7f009	01000011	'C'	67
0x563402d7f00a	01101000	'h'	104
0x563402d7f00b	01110101	'u'	117
0x563402d7f00c	00000000	'\0'	0

◉ 圖 11-1　使用直式方式呈現在記憶體裡的字串內容

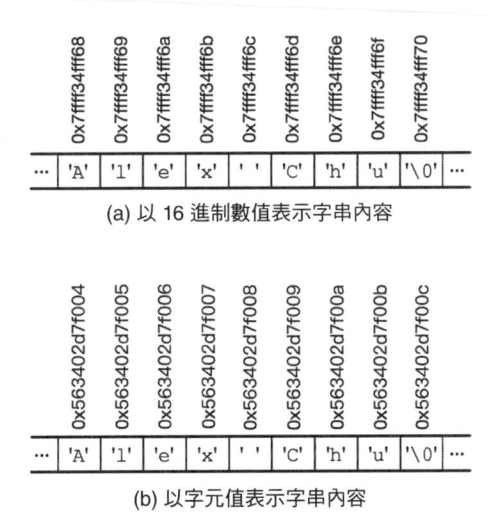

0x7fff34fff68	0x7fff34fff69	0x7fff34fff6a	0x7fff34fff6b	0x7fff34fff6c	0x7fff34fff6d	0x7fff34fff6e	0x7fff34fff6f	0x7fff34fff70
'A'	'l'	'e'	'x'	' '	'C'	'h'	'u'	'\0'

(a) 以 16 進制數值表示字串內容

0x563402d7f004	0x563402d7f005	0x563402d7f006	0x563402d7f007	0x563402d7f008	0x563402d7f009	0x563402d7f00a	0x563402d7f00b	0x563402d7f00c
'A'	'l'	'e'	'x'	' '	'C'	'h'	'u'	'\0'

(b) 以字元值表示字串內容

◉ 圖 11-2　使用橫式方式呈現在記憶體裡的字串內容

11-2　字串常值

在 C++ 語言裡，我們只要使用雙引號將字串內容（也就是組成字串的字元們）包裹起來，就可以將字串內容存放在一塊連續的記憶體空間裡。例如在程式碼裡使用 "Alex Chu" 就可以得到和圖 11-1 與圖 11-2 一樣的連續記憶體空間配置（除了實際配置到的記憶體位址數值不同以外）—— 我們將此種在程式碼裡使用雙引號包裹的字串都稱為**字串常值 (String Literal)**。相信讀者對於字串常值應該不會感到陌生，因為從本書的第一個程式範例 hello.cpp 開始，我們已經在許多程式裡使用過雙引號將特定的字串內容包裹起來。但是大家除了知道可以使用 cout 來將字串常值加以輸出外，在其它方面應該可說是一無所知吧！以下筆者將為大家先從語法上來說明字串常值的更多細節。

首先，一個使用雙引號所包裹的字串常值，將會在記憶體裡得到一塊型態為 `const char[N+1]` 的連續空間用以存放其內容 —— 也就是以 char 字元所組成的陣列；其中 N 為組成該字串的字元數目，至於加 1 的部分則是用以存放代表字串結尾的空字元。例如在程式中有一個由 8 個字元所組成的 "Alex Chu" 字串常值，它將會被配置一塊 `const char[9]` 的陣列空間（假設被配置在 0x563402d7f004 位址），如圖 11-3 所示：

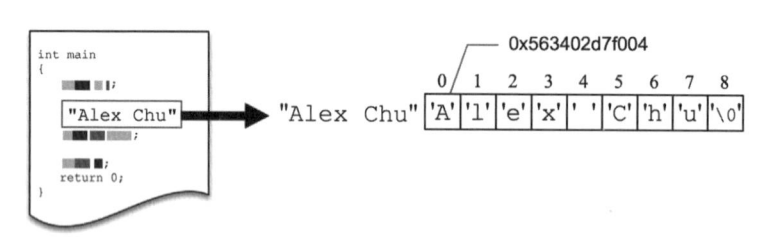

圖 11-3 出現在程式碼裡的 "Alex Chu" 字串常值記憶體配置

上述記憶體配置的過程就等同於執行了以下的陣列宣告及初始值給定的程式碼：

```
const char "Alex Chu"[9]={'A','l','e','x',' ','C','h','u','\0'};
```

要特別注意的是，在程式中相同內容的字串常值只會被配置一次的記憶體空間。換句話說，C++ 語言不會重複地配置記憶體空間給相同內容的字串常值。完成此字串常值的記憶體配置後，在程式碼中的 "Alex Chu" 就會被視為是陣列的名稱，下面的程式範例將字串常值的內容及其所配置到的記憶體位址加以輸出：

Example 11-1：印出字串常值的內容及其所配置的記憶體位址

Location: ⌂/examples/ch11

Filename: stringLiteral.cpp

```
1  #include <iostream>
2  using namespace std;
3
4  int main()
5  {
```

370

```
 6        cout << "Alex Chu" << " at "
 7             << &"Alex Chu" << endl;
 8        for(int i=0;i<9;i++)
 9        {
10            cout << "Alex Chu"[i] << " at "
11                 << (void *)&"Alex Chu"[i] << endl;
12        }
13        return 0;
14    }
```

此程式的執行結果如下（請注意其中所出現的記憶體位址僅供參考，其數值依實際執行結果而定）：

```
Alex△Chu△at△0x563402d7f004⏎
A△at△0x563402d7f004⏎
l△at△0x563402d7f005⏎
e△at△0x563402d7f006⏎
x△at△0x563402d7f007⏎
△△at△0x563402d7f008⏎
C△at△0x563402d7f009⏎
h△at△0x563402d7f00a⏎
u△at△0x563402d7f00b⏎
△at△0x563402d7f00c⏎
```

此程式在第 6 行、第 7 行、第 10 行與第 11 行共出現了 4 次 "Alex Chu"，以及在第 6 行與第 10 行出現了兩次 "△at△"，但我們已經在前面說明過，相同內容的字串常值不論在程式中出現多少次，其所需要的記憶體空間只會被配置一次。因此在程式執行時將會在記憶體裡配置兩個 const char[] 陣列的空間，分別用以存放 "Alex Chu" 與 "△at△" 字串常值的內容。

說明完字串常值的記憶體配置後，現在讓我們來說明此程式的第 6 行與第 7 行：

```
 6        cout << "Alex Chu" << " at "
 7             << &"Alex Chu" << endl;
```

從語法來看，在程式中所出現的 "Alex Chu" 與 "△at△" 將會被視為是存放字串常值的陣列之名稱。因此第 6 行「cout << "Alex Chu" << " at "」就是要將兩個存放字串常值的陣列使用 cout 加以輸出 —— 從陣列開頭處的第 1 個字元開始逐一輸出字元內容，直到遇到代表字串結束的空字元為止。至於在第 7 行則是透過 & 取址運算子 (Address Of) 取得存放 "Alex Chu" 字串常值的陣列所在的記憶體位址後，將其加以輸出。後續在第 8 至第 12 行的 for 迴圈裡，我們將 "Alex Chu" 視為是陣列的名稱，並使用 [i] 來取得其第 i 個索引位址的字元值 ("Alex Chu"[i]) 以及其所在的記憶體位址 ((void *)&"Alex Chu"[i]) 後，使用 cout 加以輸出。要特別注意的是，我們必須先使用 & 取址運算子來取得 "Alex Chu"[i] 的記憶體位址，然後再使用 (void *) 強制轉型，讓 cout 將其視為是一個記憶體位址後，才能正確地輸出其所在的記憶體位址。

(void *) 是什麼？

我們使用 "Alex Chu" 在記憶體裡所建立的字串常值，其實在語法上會被 C++ 語言的編譯器視為是 const char [] 型態（也就是 char 字元陣列）。當我們在程式中使用字串常值時，從語法上來看就是代表在記憶體中的字元陣列的名稱；若是我們在字串常值後面再加上一組方括號，就可以取得在陣列中的特定元素，例如 "Alex Chu"[i] 代表的就是陣列中的第 i 個索引位址裡的字元。在 Example 11-1 (stringLiteral.cpp) 第 11 行的 &"Alex Chu"[i] 則是陣列第 i 個索引位址所在的記憶體位址 —— 但是當我們想要將此記憶體位址使用 cout 加以輸出時，還必須額外進行型態的轉換。

當我們將一個存放有 char 字元的記憶體位址給 cout 時（也就是 char * 型態 —— 指向 char 字元的指標），其處理方式是從該記憶體位址開始，逐一印出字元內容直到遇到 '\0'（空字元）為止。請參考以下的程式碼：

```
cout << "Alex Chu";
```

"Alex Chu" 除了在語法上被視為是陣列的名稱外，實際上它所代表的是配置給字串常值的 char 陣列空間的記憶體起始位址 —— 一個存放有 char 內容的記憶體位址，也就是指向 char 字元的指標 (char *)。所以上述的程式碼將會從該位址開始，往後逐一將存放在記憶體裡的字元印出，直到遇到空字元為止，其執行的輸出結果如下：

```
Alex△Chu
```

現在,讓我們考慮下面這一行程式碼:

```
cout << &"Alex Chu"[i];
```

此處使用 & 取得 "Alex Chu" 陣列的第 i 個索引位址所在的記憶體位址,然後交給 cout 加以輸出;由於 cout 所得到的仍是一個存放有 char 內容的記憶體位址,因此它會從該位址開始往後逐一將存放在記憶體裡的字元印出,直到遇到空字元為止。假設 i=2,則上述程式的輸出結果如下:

```
ex△Chu
```

若是想要把存放有 char 字元內容的 **"記憶體位址"** 輸出,而不是輸出由該位址開頭的字串內容,那麼就可以使用 (void *) 將該記憶體位址的型態從存放有 char 字元的指標,強制轉型為**無型態指標** void * ── 忽略該記憶體位址內所存放的內容為何型態。如此一來就能夠正確地將 **"記憶體位址"** 加以輸出了,例如下面的程式碼就可以正確地把 "Alex Chu" 字串常值第 i 個索引位址所在的記憶體位址加以輸出:

```
cout << (void *)&"Alex Chu"[i];
```

最後還要特別提醒讀者注意,儲存字串常值的陣列型態有使用 const 修飾字,所以存放在記憶體裡的字串常值內容是不允許變更的。

試試看把 Alex Chu 改名為 Flex Chu!

由於在程式中的字串常值會在記憶體裡被配置為 char 字元陣列,因此以下的程式碼就是將 "Alex Chu" 陣列的第 0 個元素內容改為 'F':

```
"Alex Chu"[0]='F';
```

請讀者試試看將上面的程式碼加入到 Example 11-1 的 stringLiteral.cpp 範例程式裡，看看可不可以順利地將 Alex Chu 改名為 Flex Chu？

> 其中的錯誤訊息為：
>
> error: assignment of read-only location '"Alex Chu"[0]'（譯：為唯讀的 "Alex Chu"[0] 指派數值）
>
> 關於：由於字串常值在記憶體裡所配置的空間型態為 const char[]，其中的 const 就是常數 (Constant) 之意，其存放在記憶體裡的字串內容就如同常數一樣不允許改變。因此若你試圖對字串值內容進行修改，你將會得到以下的錯誤訊息：

瞭解了字串常值是配置在記憶體裡的 const char[] 字元陣列後，我們也可以使用指標進行操作 —— 當然，因為 const 修飾字的關係，相關的操作僅限於讀取字元內容，並不允許對其內容加以修改。請參考以下的 Example 11-2：

Example 11-2：使用指標印出字串常值內容及其所配置的記憶體位址
Location: ⌂/examples/ch11
Filename: stringLiteral2.cpp

```cpp
#include <iostream>
using namespace std;

int main()
{
    const char *p;
    p="Alex Chu";

    cout << p << " at "
         << &p << endl;
    while(*p!='\0')
    {
        cout << *p << " at "
             << (void *)p << endl;
        p++;
```

```
16        }
17        return 0;
18 }
```

此程式的執行結果與 Example 11-1 相同（請注意其中所出現的記憶體位址僅供參考，其數值依實際執行結果而定），在此不予贅述。在此程式第 7 行所出現的 "Alex Chu" 將會在記憶體裡配置到一塊 const char[9] 的陣列空間，並且將其位址賦值給第 6 行所宣告的 const char * 指標 p。後續則利用指標 p 將此字串常值陣列內的每個字元及其所配置到的記憶體位址加以輸出。要特別注意的是，指向字串常值的指標必須被宣告為 const char *，若是僅宣告為 char *，則會得到以下的警告訊息：

```
warning: conversion from string literal to 'char *' is
deprecated（警告：從字串常值轉換為 char * 的做法已被取消）
```

11-3 字元陣列

承襲自 C 語言的做法，C++ 語言可以使用**字元陣列 (Character Array)** 來進行字串變數的宣告，以一個具有 N 個字元的字串（或是字串內容不會超過 N 個字元的字串）為例，我們可以將其宣告為大小為 N + 1 的 char 字元陣列[4]，其作法如下：

使用陣列宣告字串
char 字串變數名稱[N+1];

要提醒讀者注意的是，此處的中括號 [ ] 並不是代表可選擇的語法構件，而是用以定義陣列大小的必要構件。

若我們想要宣告一個字串變數來儲存由 8 個字元（含 7 個英文大小寫字母以及 1 個空白字元）所組成的 Alex Chu 名字，那麼我們可以將其變數名稱命名為

---
4 多出來的 1 個字元就是放在結尾處的空字元 '\0'。

name，並且宣告一個大小為 8+1 的 char 字元陣列如下：

```
char name[9];
```

宣告完成代表字串的陣列後，我們就可以使用下列的程式碼將 Alex Chu 的名字儲存在 name 陣列裡：

```
name[0]='A';
name[1]='l';
name[2]='e';
name[3]='x';
name[4]=' ';
name[5]='C';
name[6]='h';
name[7]='u';
name[8]='\0';
```

雖然這個作法完全正確，但逐一給定字串陣列每個索引位址的字元內容卻有些麻煩；為了便利起見，C++ 語言允許我們使用下列的方式完成字串陣列初始值的給定：

```
char name[9]="Alex Chu";
```

上述的做法會將接在等號後面使用雙引號包裹的內容，作為字串陣列的初始值，並且在字串結束時自動地加入空字元 '\0'。另外，我們在第 8 章中已經提過，若在宣告陣列時提供初始值的話，就可以省略陣列大小的宣告，因此字串變數宣告還可以寫做如下：

```
char name[]="Alex Chu";
```

要提醒讀者注意的是，此處接在等號後方使用雙引號包裹的 "Alex Chu" 並不是前一小節所介紹的字串常值，而是作為陣列的初始值；不論我們使用上述的哪一種宣告方法，其作用都等同於下列的程式碼：

```
char name[9]={'A','l','e','x',' ','C','h','u','\0'};
```

> ⚠️ **到底是字串陣列初始值？還是字串常值？**
>
> 我們在 11-2 節中曾說過：「在程式碼裡使用雙引號包裹的字串都稱為字串常值」。但在本節中的字串陣列的初始值也是使用雙引號將其初始值加以包裹，因此前述敘述應修改為：「在程式碼裡除了作為字串陣列的初始值之外，其它使用雙引號包裹的字串都稱為字串常值。」

宣告字串變數時的陣列過大或過小有何影響？

以 "Alex Chu" 為例，考慮到其字串內容包含有 8 個字元，包含字串結尾的空字元後，其陣列應宣告為 8+1 個字元大小，但若是向下面這行宣告一樣，將大小宣告為 10 會造成什麼結果呢？

```
char name[10]="Alex Chu";
```

我們在第 8 章已經說明過，在這種情況下 C++ 語言的編譯器會在多出來的位置補上 0 —— 0 正好就是空字元 ('\0') 的 ASCII 數值，所以其結果就等同於以下的宣告：

```
char name[10]={'A','l','e','x',' ','C','h','u','\0','\0'};
```

過大的陣列宣告，儘管會占用較多的記憶體空間，但字串結尾處還是正確地放置了空字元（只不過有可能會多放置一些空字元），所以字串仍然正確地完成了宣告，在使用上並不會造成問題。

但若是宣告時陣列大小過小，又會發生什麼狀況呢？在這種情況下，C++ 無法幫我們在字串結束處補上 '\0'，因此有可能在未來的操作上出現問題。例如使用 cout 印出字串時，因為在字串結尾處缺少了空字元的關係，將會一直不停地往

後印出字元直到 **"碰巧"** 遇到空字元時才會停下來，如此一來輸出的結果將會是錯誤的。因此請讀者要特別注意不要犯下這種錯誤，或是儘量使用以下的方式：

```
char name[]="Alex Chu";
```

讓編譯器自動幫我們計算並宣告適切的陣列大小。

使用陣列宣告的字串變數與字串常值最大的差異就是，存放在字串變數裡的字串內容是可以被更改的，請參考以下的程式範例：

Example 11-3：使用字元陣列宣告字串變數並修改其內容
Location: /examples/ch11
Filename: stringArray.cpp

```
1  #include <iostream>
2  using namespace std;
3
4  int main()
5  {
6      char name[9]="Alex Chu";
7      cout << name << endl;
8      name[5]='L';
9      name[6]='i';
10     cout << name << endl;
11     return 0;
12 }
```

此程式的執行結果如下：

```
Alex△Chu⏎
Alex△Liu⏎
```

此程式在第 6 行宣告了名為 name 的字串變數，並以 Alex Chu 作為其初始值，然後在第 8 行與第 9 行將其索引值為 5 及 6 的字元內容改為 'L' 與 'i'，因此其輸出的結果就會從原先的 Alex Chu（朱）變成了 Alex Liu（劉）了。

除了使用一維的 char 字元陣列來作為字串以外，我們還可以使用二維的字元陣列，來表示擁有多個字串的陣列 —— 稱之為**字串陣列 (Array of Strings)**。請參考下面的程式宣告：

```
char names[3][10]= {"Alex Chu", "Jeff Li", "Benny Liu"};
```

上述宣告的記憶體配置可參考圖 11-4：

names	0	1	2	3	4	5	6	7	8	9
0	'A'	'l'	'e'	'x'	' '	'C'	'h'	'u'	'\0'	'\0'
1	'J'	'e'	'f'	'f'	' '	'L'	'i'	'\0'	'\0'	'\0'
2	'B'	'e'	'n'	'n'	'y'	' '	'L'	'i'	'u'	'\0'

圖 11-4 存放 3 個字串的 names 字串陣列

此處宣告為 3×10 的二維陣列 names 裡，存放了 3 個長度（包含 '\0' 在內）不超過 10 個字元的字串[5]（初始值長度），其中 names[0]、names[1] 與 names[2] 的字串內容分別為 "Alex Chu"、"Jeff Li" 與 "Benny Liu"。

11-4 字元指標

除了使用陣列外，我們也可以使用**字元指標 (Character Pointer)** 的方式，來進行字串變數的宣告，請參考以下的字串宣告與操作：

```
char nameArray[]="Alex Chu";
char *namePointer="Alex Chu";
cout << nameArray << endl;
cout << namePointer << endl;
```

不論使用上述何種方法進行字串的宣告，當它們使用 cout 來加以輸出時，將會分別從 nameArray 陣列開始的記憶體位址，以及 namePointer 指標所指向的記憶體位址（也就是 "Alex Chu" 字串常值所在的記憶體位址）開始逐一地往後將字元內容加以輸出，直到遇到空字元為止，因此其兩者的輸出結果都是相同的：

---

[5] 在此二維陣列內的元素值由宣告時的初始值決定，但依據陣列初始值給定的規定，沒有給定初始值的陣列元素的值將會是 0，而 0 也正好是代表字串結束的空字元 '\0'。

```
Alex␣Chu⏎
Alex␣Chu⏎
```

儘管 `nameArray` 與 `namePointer` 看起來相同，但其實它們兩者並不相同，`nameArray` 是我們在上一小節（11-3 節）中所介紹的字串陣列，至於 `namePointer` 則是一個指標 —— 指向一個字串常值 "Alex Chu" 所在的記憶體位址（請參考 11-2 節）。還需要特別注意的是，由於字串常值的型態為 `const char[]`，所以透過 `namePointer` 指標只能夠讀取字串常值的內容，而不能將其加以修改。

除了讓一個字元指標指向一個字串外，我們也可以宣告一個存放有多個字串的陣列，例如以下的宣告：

```
char *names[3] = {"Alex Chu", "Jeff Li", "Benny Liu"};
```

上述的宣告會產生一個大小為 3 的陣列 `names`，用以存放 3 個字元指標（也就是 3 個存放有字元內容的記憶體位址）；依據等號右側的內容，記憶體裡也會產生 3 個字串常值。請參考圖 11-5，透過陣列初始值給定的程式宣告，`names` 陣列中的元素，將存放 3 個字串常值在記憶體裡的位址。換句話說，`names[0]`、`names[1]` 與 `names[2]` 分別是指向 3 個字串常值的指標。

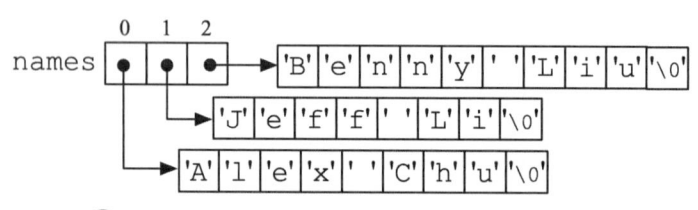

圖 11-5　存放 3 個字串的 `names` 字串陣列

11-5　字串的輸出與輸入

在 C++ 語言裡，有一些不同的方法可以進行字串的輸出，其中最簡單的就是使用 `cout` 輸出串流，請參考以下的程式範例：

Example 11-4：使用 cout 輸出字串

Location: /examples/ch11

Filename: outputString.cpp

```
1   #include <iostream>
2   using namespace std;
3   #include <iomanip>
4
5   int main()
6   {
7     char str[] = "Hello World";
8     cout << str << endl;
9     cout.fill('.');
10    cout << setw(20) << str << endl;
11    cout << left << setw(20)  << str << endl;
12    return 0;
13  }
```

此程式在第 7 行宣告了一個字串陣列 str，並在接下來的程式裡，使用 cout 以及在第 5 章所介紹的函式或串流操控子對 str 進行相關的操作，其執行結果如下：

```
Hello△World⏎
.........Hello△World⏎
Hello△World.........⏎
```

　　如果要輸出的字串內容是放在一個字串陣列或是指向字串常值的指標陣列裡，例如：

```
char names[3][10]= {"Alex Chu", "Jeff Li", "Benny Liu"};
```

或是

```
char *names[3] = {"Alex Chu", "Jeff Li", "Benny Liu"};
```

我們仍然可以使用 cout 將它們加以輸出：

```
cout << names[0] << endl;
cout << names[1] << endl;
cout << names[2] << endl;
```

不論 names 是被宣告為二維的 char 字元陣列或是存放有字元指標的陣列，使用上述的 cout 敘述都可以得到和以下一樣的結果：

```
Alex Chu
Jeff Li
Benny Liu
```

字串除了可以使用 cout 進行輸出外，也可以使用 cin 輸入串流來取得使用者所輸入的字串內容。請先參考以下的範例程式：

Example 11-5：使用 cin 取得字串輸入

Location: /examples/ch11

Filename: inputString.cpp

```
1  #include <iostream>
2  using namespace std;
3
4  int main()
5  {
6    char name[20];
7    cout << "Please input your name: ";
8    cin >> name;
9    cout << "Hello, " << name << endl;
10   return 0;
11 }
```

此程式的執行結果如下：

```
Please input your name: Jack
Hello, Jack
```

看起來沒問題，但如果我們輸入的名字中含有空白字元，其結果將不正確，例如：

```
Please input your name: Jack Lin⏎
Hello, Jack⏎
```

注意到了嗎？那個空白字元及其後的 Lin 都不見了──因為當 cin 遇到空白字元時就視為此字串的輸入完成了。要解決這個問題可以使用 cin 的 getline() 函式，它們可以取得使用者的輸入直到遇到換行為止。Example 11-6 使用 cin 的 getline() 函式將 Example 11-5 改寫如下：

Example 11-6：使用 cin 的 getline() 函式取得字串輸入

Location: ☁/examples/ch11

Filename: inputString2.cpp

```
1   #include <iostream>
2   using namespace std;
3   
4   int main()
5   {
6     char name[20];
7     cout << "Please input your name: ";
8     cin.getline(name, 20);
9     cout << "Hello, " << name <<  endl;
10    return 0;
11  }
```

此程式的第 8 行使用了 cin 的 getline() 函式代替了原本取得字串的方法。getline() 函式在呼叫時需要兩個引數，第一個是存放輸入的字串，第二個則為字串的長度（記得要保留一個字元來存放 '\0'）。以第 8 行為例，它將會以換行（Enter 鍵）作為結束取得不超過 20 個字元的輸入，並將其放置於 name 這個字元陣列裡。此程式的執行結果如下：

```
Please input your name: Jack Lin⏎
Hello, Jack Lin⏎
```

現在可以正確地取得包含有空白字元的字串了！

除了 getline() 之外，cin 還有另一個作用非常相似的函式 get()，請試著將 Example 11-6 的第 8 行改為「cin.get(name, 20);」，你應該會得到一樣的執行結果。但是要注意的是 getline() 會將完成字串輸入的換行字元從鍵盤緩衝區讀入，但不會放在輸入結果內；至於 get() 則會將該換行字元留在緩衝區內，因此下一次的輸入將有可能遇到問題。請參考下面的程式：

Example 11-7：使用 cin 的 get() 函式取得字串輸入
Location: /examples/ch11
Filename: inputString3.cpp

```
1  #include <iostream>
2  using namespace std;
3
4  int main()
5  {
6    char firstname[20];
7    char lastname[20];
8    cout << "Please input your first name: ";
9    cin.get(firstname, 20);
10   cout << "Please input your last name: ";
11   cin.get(lastname, 20);
12   cout << "Hello, " << firstname
13        << " " << lastname <<  endl;
14   return 0;
15 }
```

此程式要求使用者先後輸入代表名字 (first name) 與姓氏 (last name) 的兩個字串，請參考以下的執行結果：

```
Please input your first name: Jack↵
Please input your last name: Hello, Jack↵
```

當我們先輸入 Jack 作為名字並按下 Enter 鍵後，第 9 行的程式還沒等我們輸入姓氏就直接結束了！因為當 cin 的 get() 遇到換行鍵時，就會結束字串的輸入，但將 Enter 鍵留在緩衝區裡；等到執行到第 11 行的 cin.get() 時，就會把緩衝區裡的

Enter 鍵視為是給它的輸入,因此結束了 lastname 的輸入並使得它成為了一個沒有內容的空字串。

要解決這個問題,我們可以在第 9 行的 cin.get() 後面再加上一個 cin.get(),來將緩衝區裡的換行字元清除:

| 9 | `cin.get(firstname, 20);`
`cin.get();  // 加入此行,將緩衝區裡的 Enter 清除` |

因為 get() 函式會將 cin 本身傳回,所以我們也可以將兩行 cin 的 get() 函式合併為一行[6]:

| 9 | `(cin.get(firstname, 20)).get();` |

使用 ignore() 函式清除緩衝區

除了使用 get() 函式以外,還有一些其它的方法也能夠解決遺留在緩衝區裡的 Enter 鍵所造成的問題。還記得第 5 章所介紹的 ignore() 函式嗎?請使用它來將 Example 11-7 的範例程式加以改寫,讓使用者可以正確地輸入 firstname 與 lastname 字串。

最後要提醒讀者注意的是,若是要將字串輸入存放到字串陣列中,要記得加上適當的陣列索引位址,例如以下的程式敘述分別使用本節所介紹的三種方法取得使用者輸入的字串,並分別存放到 names 陣列中的 3 個字串裡:

```
cin >> names[0];
cin.getline(names[1], 10);
cin.get(names[2],10).get();
```

11-6　字串與函式呼叫

字串也可以作為函式設計時的引數或傳回值,以引數為例,下面的程式示範

---

6 此行程式也可以將包裹在 (cin.get(firstname,20)) 外側的括號省略,其執行結果仍然是正確的。此處使用括號的原因,只是為了標明此行程式的兩個 get() 函式的執行順序。

了傳入一個字串,計算並傳回其中包含空白字元的個數:

Example 11-8:將字串作為引數傳遞給函式計算內含的空白字元數目
Location: ⌂/examples/ch11
Filename: countSpace.cpp

```cpp
#include <iostream>
using namespace std;

int countSpace(const char s[])
{
  int count=0, i;
  for(i=0;s[i]!='\0';i++)
  {
    if(s[i]==' ')
    {
      count++;
    }
  }
  return count;
}

int main()
{
  char str[]="This is a test.";
  
  cout << "There are " << countSpace(str) << " space(s) in the string." << endl;
  return 0;
}
```

上述程式的執行結果如下:

```
There△are△3△space(s)△in△the△string.⏎
```

要注意此程式在宣告函式時,使用 const char s[] 表示該引數為一個字串。更明確來說,這個引數所傳入的是一個字串所在的記憶體位址,在 main() 函式中呼叫時,我們以 countSpace(str) 將 str 字串的位址傳入即可。其中的 const 保證了所傳入的值不會被函式加以更改。

我們也可以使用指標的方式,來設計相同的程式,請參考下例:

Example 11-9:將字串作為引數傳遞給函式計算內含的空白字元數目
Location: ⚙/examples/ch11
Filename: countSpace2. cpp

```cpp
#include <iostream>
using namespace std;

int countSpace(const char *s)
{
  int count=0;

  for(;*s!='\0';s++)
  {
    if(*s==' ')
    {
      count++;
    }
  }
  return count;
}

int main()
{
  char str[]="This is a test.";

   cout << "There are " << countSpace(str)<< " space(s) in the string." << endl;
  return 0;
}
```

此程式的執行結果與前一個範例相同,在此不予贅述。

我們也可以讓字串作為函式的傳回值,例如 Example 11-10。但要注意的是,此情況下僅能以 char * 作為函式的傳回值,不能以 char [] 作為函式傳回值——因為 C++ 不允許函式傳回多個數值:

Example 11-10：傳回兩個字串中長度較長者的函式設計
Location: ☁/examples/ch11
Filename: longerString.cpp

```
1   #include <iostream>
2   using namespace std;
3
4   char *longerString(char *s1, char *s2)
5   {
6      int i=0;
7      while(*(s1+i)!=0)
8      {
9         if(*(s2+i)==0)
10           return s1;
11        i++;
12     }
13     return s2;
14  }
15  int main()
16  {
17    char str1[]="Hello";
18    char str2[]="Welcome";
19    char *longer;
20
21    longer = longerString(str1, str2);
22    cout << longer << " is longer." << endl;
23    return 0;
24  }
```

11-7　字串處理函式

　　承襲自 C 語言的 C++ 語言，除了在許多方面都和 C 語言相似，也能夠使用 C 語言為字串處理所提供的許多函式。在 C++ 語言的程式裡使用這些 C 語言的字串處理函式前，要記得使用 #include 載入 cstring 標頭檔[7]。關於 C 語言的字串處理函式請自行參考 C 語言的相關書籍，本節僅列示範一些常用的字串處理函式：

---

7 因為 C 語言的字串處理函式標頭檔為 string.h，所以在 C++ 語言中使用時應載入 cstring。

- `char *strcpy(char *s1, const char *s2);` 將字串 s2 的內容複製到字串 s1 中，且複製完成的新字串也會傳回。
- `char *strncpy(char *s1, const char *s2, size_t n);` 將 s2 字串中前 n 個字元複製到 s1 中，其中 `size_t` 其實就是 `int` 型態。
- `size_t strlen(const char *s);` 傳回字串 s（不包含空字元在內）的長度。
- `char *strcat(char *s1, const char *s2);` 將字串 s2 的內容串接於 s1 之後。
- `int strcmp(const char *s1, const char *s2);` 比較字串 s1 與 s2 的內容[8]，若 s1 與 s2 的內容相同則傳回 0；若 s1>s2 則傳回大於 0 的值，反之若 s1<s2 則傳回小於 0 的值。

請參考以下的範例程式，它示範了這些常見的 C 語言字串處理函式的呼叫與執行結果：

Example 11-11：使用 C 語言的字串處理函式範例

Location: ☁/examples/ch11

Filename: cstringFunctions.cpp

```
1  #include <iostream>
2  using namespace std;
3  #include <cstring> //載入cstring才能使用C語言字串處理函式
4
5  int main()
6  {
7    char str1[20], str2[20];
8    const char *str3;
9
10   strcpy(str1, "Hello"); //將"Hello"複製到str1裡
11   //將"Globalization"的前6個字元複製到str2裡
12   strncpy(str2, "Globalization", 6);
13   cout << "str1:" << str1 << endl;
14   cout << "str2:" << str2 << endl;
15
16   str3=" World"; //讓str3指向字串常值" World"所在的位址
```

---

[8] strcmp 函式比較兩個字串的方法，就是一般字典在排列英文字的方法，我們稱之為字典序 (Lexicographic Order)。

```cpp
17      strcat(str1, str3); //將str3字串內容串接在str1後面
18      strcat(str2, str3); //將str3字串內容串接在str2後面
19      cout << "str1:" << str1 << endl;
20      cout << "str2:" << str2 << endl;
21
22      //使用strlen()函式取得字串長度並加以比較
23      if(strlen(str1)<strlen(str2))
24        cout << "str2 is longer than str1." << endl;
25
26      //比較str1與str2的內容是否不相等?
27      if(strcmp(str1, str2)!=0)
28        cout << "str1 is not equal to str2." << endl;
29
30      //將str1[6]與str1[7]所在的記憶體位址視為字串
31      //並比較它們是否內容相同?
32      if(strcmp( &str1[6], &str2[7])==0)
33        cout << &str1[6] << " and " << &str2[7]
34            << " are equal." << endl;
35      return 0;
36    }
```

請特別注意此程式的第 32 行與第 33 行,我們將 &str1[6] 與 &str2[7] 所代表的 str1 與 str2 字元陣列的索引值 6 與 7 所在的記憶體位址視為是兩個字串,並且將此兩個字串的內容使用 strcmp() 函式與 cout 輸出串流,進行內容的比較與輸出。此程式的執行結果如下:

```
str1:Hello
str2:Global
str1:Hello World
str2:Global World
str2 is longer than str1.
str1 is not equal to str2.
World and World are equal.
```

除了定義在 C 語言的 string.h 裡的字串處理函式外,還有一些 C 語言的函式可用以將字串轉換為其它型態的數值,同時它們也可以在 C++ 語言裡使用。例如定

義在 stdlib.h 裡的 atoi()、atol() 與 atof() 等函式可以將字串轉成整數、長整數與浮點數，請參考以下的程式：

Example 11-12：使用 C 語言的字串轉換數值函式範例
Location: /examples/ch11
Filename: cstringToValue.cpp

```cpp
#include <iostream>
using namespace std;
#include <cstdlib>

int main(void)
{
    cout << atoi("123") << endl;
    cout << atof("45.678") << endl;
    cout << atoi("10987654321") << endl;
    cout << atol("10987654321") << endl;
    return 0;
}
```

請注意這些字串轉換數值的函式是定義在 C 語言的 stdlib.h 裡，所以在 C++ 語言使用時，必須像此範例程式的第 3 行一樣載入 cstdlib 檔案。此程式的執行結果如下：

```
123
45.678
-1897247567
10987654321
```

此程式的執行結果顯示第 7 行與第 8 行的程式，分別將 "123" 與 "45.678" 這兩個字串轉換並輸出為 int 型態與 double 型態的數值；至於第 9 行與第 10 行分別使用 atoi() 與 atol() 函式，來將 "10987654321" 轉換為 int 與 long 型態整數值，但其執行結果顯示由於該數值超出了 int 型態的範圍，所以顯示為代表溢位 **(Overflow)** 的負值。

11-8　string 類別

除了本章前述延襲自 C 語言的字串（字元陣列與字元指標）外，C++ 還提供了一個 string 類別（使用時必須使用 #include<string> 載入 string 標頭檔），我們可以利用此類別進行字串的操作。使用 string 類別進行字串處理時，必須先宣告產生 string 類別的物件，然後才可以加以使用。儘管我們還沒有正式地介紹 C++ 語言的類別，但讀者在本章可以暫時先將 string 類別想像為一個資料型態，必須先宣告 string 型態的變數才能使用，例如下面的程式碼片段宣告了一個名為 str 的 string 類別的物件（讀者可以先將其想像為是宣告了一個 string 型態的變數）：

```
#include <string>
        ⋮
string str;
```

如同一般的變數可以被初始化一樣，string 類別的物件也可以在宣告的同時進行初始化，請參考本書第 3 章 3-1-2 與 3-3-6 節的說明。以前述的 str 物件為例，其可以使用的四種初始化方式如下：

```
string str="Hello";
string str ("Hello");
string str={"Hello"};
string str {"Hello"};
```

str 物件不同於一般的變數之處在於，它還可以使用 string 類別所提供的各種函式，以下列舉了部分常用的函式供讀者參考[9]：

- string& assign(const char *s);　以指標 s 所指向的字串內容作為新的字串內容。
- size_t size();　傳回字串（不包含空字元）的長度。
- size_t length();　同上，一樣是傳回字串（不包含空字元）的長度。

---

[9] 如同本書第 9 章 9-7 節所介紹過的，C++ 語言支援同名異式的函式多載，因此相同名稱的字串操作函式通常具有多個不同的版本。本章在此僅列舉每各函式最常被使用的版本，如需要更多版本的資訊，讀者可以自行查閱相關資料，例如 cplusplus.com 所提供的 C++ 完整參考資料（網址為 https://cplusplus.com/reference/）。

- void clear(); 清除字串內容。
- bool empty(); 查詢字串內容是否空白。
- string& append (const string& s); 將字串 s 的內容新增到原字串內容的尾端。
- size_t find(const char *s, size_t pos)：從字串的 pos 位置開始,查詢特定子字串 s 所出現的位置。
- string substr (size_t pos, size_t len)：從字串的 pos 位置開始,擷取 len 個字元產生一個新的字串。
- int compare(const string& s)：和字串 s 比較內容,若兩者內容相同則傳回 0;若字串內容大於 s 則傳回大於 0 的值,否則傳回小於 0 的值。
- char* c_str()：產生傳統 C 語言的字串。

Example 11-13 示範了 string 類別的物件宣告以及相關的函式使用:

Example 11-13：使用 C++ 語言的 string 類別範例
Location: /examples/ch11
Filename: stringClass.cpp

```cpp
1  #include <iostream>
2  using namespace std;
3  #include <string>
4
5  int main()
6  {
7    string str1;
8    string str2 = "World";
9    string str3;
10   getline(cin, str1); //取得使用者輸入的字串作為str1的內容
11   str3.assign("Hello "); //將"Hello "字串內容賦與給str3
12   str3.append(str2);     //將str2串接在str3的尾端
13
14   // 印出3個字串的內容
15   cout << "str1=" << str1 << endl;
16   cout << "str2=" << str2 << endl;
17   cout << "str3=" << str3 << endl;
18
19   //印出str1的長度
```

```
20      cout << "size of str1=" << str1.size() << endl;
21      cout << "length of str1=" << str1.length() << endl;
22
23      //若str1的內容不為空,則將其清空
24      if(!str1.empty())
25          str1.clear();
26
27      //印出str1的內容(此時應無內容)
28      cout << "str1=" << str1 << endl;
29
30      //找出str3裡從第0個字元開始首次出現"World"之處
31      //並從該位置開始,將後續連續5個字元產生為一個新的字串
32      //將所產生的新字串作為str1的字串內容
33      str1=str3.substr(str3.find("World",0), 5);
34
35      //印出str1的內容
36      cout << "str1=" << str1 << endl;
37
38      //判斷str2與str1是否內容相同
39      if(str2.compare(str1)==0)
40          cout << "str1 and str2 are the same!" << endl;
41
42      //將str3字串視為char陣列,並將其索引值為6的字元改為'w'
43      str3[6]='w';
44      cout << "str3=" << str3 << endl;
45      return 0;
46  }
```

首先要注意的是,為了要能夠使用 string 類別,此程式在第 3 行使用 #include<string> 將所需的標頭檔先加以載入。後續在第 7-9 行宣告了 3 個 string 類別的物件,其中 str2 在宣告時有順便給定了其初始的字串內容;至於 str1 與 str3 則沒有給定初始值,其中 str1 在第 10 行使用定義在 string 標頭檔裡的 getline() 取得使用者所輸入的字串內容[10],至於 str3 則是在第 11 行與第 12 行分別使用 assign() 與 append() 函式來進行賦值(其賦與的字串內容為 "Hello ")以及將 str2 的字串內容串接在其後。請想一想此時 str1、str2 與 str3 的字串內容為何,並且將你的答案和第 15-17 行所印出的結果加以比對。

---

10 請注意此處並不是使用 cin 的 getline() 函式。

後續的第 20 行與 21 行，分別使用 `size()` 與 `length()` 印出 str1 不包含空字元在內的字串長度 —— 讀者應該會發現這兩個函式的運作結果是相同的。第 24 與 25 行則使用 `empty()` 判斷當 str1 字串內容不為空時，使用 `clear()` 將其內容清空 —— 換句話說，經過這兩行程式碼後，不論 str1 原本內容為何，現在都將會是空的，讀者可從第 28 行的輸出結果得到驗證。至於第 33 行，則是使用 `find()` 找出 str3 裡從第 0 個字元開始首次出現 "World" 的位置；並使用 `substr()` 從該位置開始，將後續連續 5 個字元產生為一個新的字串，並作為 str1 的字串內容。此程式的第 39 行，示範了如何使用 `compare()` 來判斷兩個字串內容是否相同。要注意的是，string 類別的物件，也可以被當成是 char 陣列，直接以陣列的索引值加以存取。例如在此程式的第 43 行，就是將 str3 字串視為 char 陣列，並將其索引值為 6 的字元改為 'w'。此範例程式的執行結果如下：

```
Happy⏎
str1=Happy⏎
str2=World⏎
str3=Hello World⏎
size of str1=5⏎
length of str1=5⏎
str1=⏎
str1=World⏎
str1 and str2 are the same!⏎
str3=Hello world⏎
```

　　string 類別的物件除了有許多有用的函式可以使用以外，還可以進行加法與等號的運算[11]。請參考以下的範例程式：

Example 11-14：使用 string 類別的運算子範例

Location: ⓒ/examples/ch11

Filename: stringClass2.cpp

```
1  #include <iostream>
2  using namespace std;
3  #include <string>
4
```

---

11 此部分的細節可以參考本書第 18 章的運算子多載。

395

```cpp
 5  int main()
 6  {
 7      string str1;
 8      string str2="World";
 9      string str3;
10  
11      str1 = str2; //透過等號運算子將str2的內容賦與給str1
12      //將"Hello "與str2的內容串接起來並作為str3的內容
13      str3 = "Hello " + str2;
14      str1 += str2; //將str2的內容串接到str1的尾端
15  
16      cout << "str1=" << str1 << endl;
17      cout << "str2=" << str2 << endl;
18      cout << "str3=" << str3 << endl;
19  
20      return 0;
21  }
```

在此範例程式裡，第 11 行透過等號運算子將 str2 的內容賦與給 str1，並在第 13 行，使用加法運算子來將 "Hello " 與 str2 的內容串接起來，並使用等號運算子將其作為 str3 的字串內容。第 14 行則使用了以和賦值的運算子（也就是 +=）來將 str2 的內容串接到 str1 的尾端。此程式的執行結果如下：

```
str1=WorldWorld⏎
str2=World⏎
str3=Hello△World⏎
```

11-9　多位元組字串[12]

　　早期電腦系統的開發並沒有考慮到不同語文的問題，C++ 語言承襲自 C 語言的 char 字元型態其實就是配置一個位元組（也就是 8 個位元，但實際僅使用了其中的 7 個位元）的 ASCII 文字符號編碼[13]，其原始的設計僅涵蓋了英文而已。後來

---

12 由於中文輸出與輸入在不同平台上仍有差異，因篇幅有限，本節內容係針對 Linux 系統所寫；如需要 Windows 與 macOS 的版本，讀者可下載本書範例解壓縮後在 /examples/ch11 目錄中取得。

13 關於 char 型態與 ASCII 的更多細節，請參考本書第 3 章 3-3-3 節。

隨著電腦系統的普及，很自然地必須支援英文以外的語文，但原本 8 個位元的編碼並不符合大多數語言的需求，例如常用的中文字就超過四千個以上，這已經遠遠超過 8 個位元所能表達的範圍[14]；更何況完整的中文字數達數萬字以上。因此使用一個以上的位元組來表示的**多位元組字元集 (Multibyte Character Set, MBCS)**，也就應運而生才能夠讓電腦系統處理更多的語文。

多位元組字元集能夠讓電腦系統能夠處理包含中文在內的各種語文，但過去曾有過一段非常混亂的時期，電腦系統針對不同的語文不但需要不同的字元集，有時甚至同一個語文也會存在多種不同的字元集 —— 單以台灣所使用的繁體中文為例，就曾先後有倚天碼、公會碼、Big 5（大五碼）、王安碼、IBM 5550 碼、電信碼等多種不同的多位元組字元集問世。這些大量不同的字元集不但造成了需要進行字元集間的轉換問題，甚至依不同目的、需求所制定的字元集有時還會發生衝突的情形。

所幸這種大量不同字元集的亂象，已由自 1991 年 10 月發佈第一個版本的 **Unicode**（**統一碼**或稱**萬國碼**）加以終結。截至 2023 年 9 月所發佈的 15.1 版為止，Unicode 已收錄了 167 種語文的 149,813 個文字，是目前全世界通用的多位元組字元集。用最簡單的方式來說，Unicode 就是為每一個文字定義一個專屬的整數值，通常使用 U+ 作為前綴再加上以 16 進制的整數值加以表達，例如「中文」兩字的 Unicode 分別為 U+4E2D 與 U+6587。為了便利在電腦系統裡使用，在 Unicode 的標準裡還包含了適用的多位元的編碼方式，其中以 **UTF-8 (8-Bit Unicode Transformation Format)** 最為普及。UTF-8 使用 1 至 4 個位元組來對 Unicode 字元集裡的文字進行編碼[15]，其中原本的 ASCII 使用 1 個位元組（從 U+0000 到 U+007F），至於台灣所使用的繁體中文則包含在所謂的**中日韓統一表意文字 (CJK Unified Ideographs)** 裡，其範圍為 U+2E80 到 U+9FFF。讀者可以透過一些線上的網站來查詢每個文字的 Unicode 編碼，例如 Unicode Plus（網址為 https://unicodeplus.com）或是 Unicode Explorer（網址為 https://unicode-explorer.com）。

針對 Unicode 等多位元組字元集，C 語言提供了一個名為 `wchar_t` 的新資料型態 —— 代表**寬字元 (Wide Character)** 之意。它可用以處理包含 UTF-8 的 Unicode 在內，需要一個以上位元組的字元集。這個 `wchar_t` 的型態在 C++ 語言也可以使

---

14 因為 $2^8 = 256$，遠小於中文常用字的字數。
15 原始的 UTF-8 支援 1-6 個位元組的編碼，但 2003 年 11 月 UTF-8 被網際網路工程任務組 (Internet Engineering Task Force, IETF) 的 RFC 3629 規範只能使用 4 個位元組來定義 Unicode。

用[16]，只要記得使用 #include<cwchar> 載入相關標頭檔即可。要注意的是常用的 cin 與 cout 並無法正確地處理寬字元，所以要記得改為使用專門用以處理寬字元資料輸入與輸出的 wcin 與 wcout。另外，為了要能夠正確地處理繁體中文的輸入與輸出，在使用寬字元及其相關的函式之前，必須在程式裡先使用以下的敘述來正確地設定所使用的字元編碼[17]：

```
ios_base::sync_with_stdio(false);
wcin.imbue(locale("zh_TW.UTF-8"));
wcout.imbue(locale("zh_TW.UTF-8"));
```

另外，在 C++ 程式裡若要使用寬字元或寬字元的字串常值，請記得要在框註字元或字串的單引號與雙引號前，加上一個大寫的 L，請參考以下的例子：

```
wchar_t name[]=L"大谷翔平";
wchar_t gradeA=L'甲', gradeB=L'乙';
wcout << L'中' << L"文" << endl;
wcout << name << L"是二刀流的棒球選手" << endl;
```

Example 11-15 示範了更多關於 wchar_t 型態的使用，請讀者加以參考：

Example 11-15：使用 wchar_t 處理繁體中文的輸入與輸出範例

Location: ☁/examples/ch11

Filename: wchar_t.cpp

```
1  #include <iostream>
2  using namespace std;
3
4  int main()
5  {
```

---

[16] 若使用較早版本的 C++ 語言編譯器，可能需要使用 #include<cwchar> 將寬字元的標頭檔加以載入。

[17] 為了兼顧和 C 語言的相容性，C++ 在輸入輸出方面預設是與 C 語言的標準輸入輸出同步；換句話說，C++ 語言的輸入輸出是使用 C 語言的標準輸入輸出 (Standard Input/Output) 來加以完成。此處的 ios::sync_with_stdio(false) 就是用以關閉 C++ 與 C 語言的同步，並使用 wcin 與 wcout 的 imbue 函式將字元編碼設定為 zh_TW.UTF-8。

```
6          ios::sync_with_stdio(false);
7          wcin.imbue(locale("zh_TW.UTF-8"));
8          wcout.imbue(locale("zh_TW.UTF-8"));
9
10         wchar_t otani[]=L"大谷翔平";
11         wchar_t baseball_1=L'棒', baseball_2=L'球';
12         wchar_t name[10];
13
14         wcout << L"請輸入你的名字:";
15         wcin >> name;
16
17         wcout << name << L"最欣賞的";
18         wcout << baseball_1 << baseball_2;
19         wcout << L"選手是";
20
21         for(int i=0;i<wcslen(otani); i++)
22              wcout << otani[i];
23
24         wcout << endl;
25         return 0;
26    }
```

在此範例程式裡的第 6-8 行，就是讓 C++ 程式能夠順利使用 UTF-8 編碼的繁體中文的敘述。第 10 與 11 行宣告了寬字元字串與字元的變數並給定使用 L 前綴的多位元組字串與字元的初始值。第 12 行則宣告了一個 wchar_t 的陣列，並在第 15 行使用 wcin 取得使用者輸入的寬字元字串內容。後續第 17-19 行使用 wcout 將寬字元字串、寬字元以及寬字元的字串常值加以輸出，並在第 21-22 行使用 for 迴圈將寬字元字串中的每個字元逐一地加以輸出。要特別注意的是，在第 21 行使用了 wcslen() 函式來取得寬字元字串中的字元數目。此程式的執行結果可參考如下：

```
請輸入你的名字:王小明⏎
王小明最欣賞的棒球選手是大谷翔平⏎
```

除了使用 wchar_t 型態以外，C++ 也提供了對應於 string 類別的寬字元版本——wstring（寬字元字串類別），請參考 Example 11-16：

Example 11-16：使用 wstring 處理繁體中文的輸入與輸出範例

Location: ☁/examples/ch11

Filename: wstring.cpp

```cpp
#include <iostream>
using namespace std;

int main()
{
    ios::sync_with_stdio(false);
    wcin.imbue(locale("zh_TW.UTF-8"));
    wcout.imbue(locale("zh_TW.UTF-8"));

    wstring otani=L"大谷翔平";
    wchar_t baseball_1=L'棒', baseball_2=L'球';
    wstring name;

    wcout << L"請輸入你的名字:";
    wcin >> name;

    wcout << name << L"最欣賞的";
    wcout << baseball_1 << baseball_2;
    wcout << L"選手是";

    for(int i=0;i<otani.length(); i++)
        wcout << otani[i];

    wcout << endl;
    return 0;
}
```

此程式與 Example 11-15 大致相同，只不過把第 10 行與第 12 行所宣告的變數，從 wchar_t 型態變為 wstring；另外，在第 21 行也改為使用 wstring 類別的 length() 函式來取得寬字元字串的長度。由於此程式的執行結果和前面的 Example 11-15 一樣，在此不予贅述。

習題

1. 以下的程式碼片段使用了 string 類別宣告了字串物件，並進行相關運算：

```
string str1 {"Hello "};
string str2 {"My Lord"};
string str3;
string str4;

str3=str1;
str1=str1+str2;
str2+=str3;
str4+=str1;
```

請問以下何者錯誤？

(A) str1 的字串內容為 "Hello My Lord"

(B) str2 的字串內容為 "My Lord Hello"

(C) str3 的字串內容為 "Hello My Lord"

(D) str4 的字串內容為 "Hello My Lord"

(E) 以上皆正確

2. 以下的程式碼片段使用了 string 類別宣告了字串物件，並進行相關運算：

```
string str1 {"C"};
string str2 {"C++"};
string str3, str4;

str3=str1;
str3+=str2;
str4=str1+str2+str3;
cout << str1 << str2 << str3 << str4;
```

請問其執行結果為何？

(A) CC++C++CC++C++ (B) CC++CC++C++CC++ (C) CC++C++C++CC++
(D) CC++CC++CC++CC++ (E) 以上皆錯誤

3. 關於空字串的相關說明以下何者正確？
   (A) 空字串不以空字元結尾
   (B) 空字串為不包含任何字元的字串
   (C) 空字串是只包含空白字元的字串
   (D) 空字串是只包含空字元的字串
   (E) 以上皆不正確

4. 關於字串常值的相關說明以下何者不正確？
   (A) 字串常值是除陣列初始值以外，使用雙引號框註的字串內容
   (B) 多個相同內容的字串常值，只會在記憶體裡配置到一塊空間
   (C) 配置在記憶體裡的字串常值，其型態為 char [] 字元陣列
   (D) 字串常值的內容不允許被修改
   (E) 以上皆正確

5. 請參考下面的程式碼片段：

   ```
   char name1[]="Jack";
   char name2[]="Amy";
   strcpy(name1, name2);
   cout << name1;
   ```

   其輸出結果為以下哪個選項？
   (A) Jack   (B) Amy   (C) JackAmy
   (D) AmyJack   (E) 以上皆不正確

6. 請完成一個 C++ 語言程式 login.cpp，讓使用者輸入帳號及密碼（大小寫視為不同字元），依據下表進行檢查以完成系統登入驗證。

帳號	密碼
Amy Liu	Show me the money
Bob Wang	I forgot
Tony Chou	Let me in

若使用者登入成功,則印出 "Welcome,△XXX!" (XXX 為帳號名);若登入失敗,則依帳號或密碼錯誤輸出 "Wrong△Account!" 或 "Wrong△Password!"。此題的執行結果可參考如下:

執行結果 1:

```
Account:△Amy△Liu⏎
Password:△Show△me△the△money⏎
Welcome,△Amy△Liu!⏎
```

執行結果 2:

```
Account:△Amy△liu⏎
Wrong△Account!⏎
```

執行結果 3:

```
Account:△Bob△Wang⏎
Password:△I△forget⏎
Wrong△Password!⏎
```

【提示】:本題可使用定義在 string 類別的 compare() 函式,來進行兩個字串內容的比較;當兩個字串內容相同時,該函式將會傳回 0。

7. 請參考以下的程式碼 main.cpp 與 fruitPrice.h(可於網路下載並解壓縮本書習題相關檔案後,在 /exercises/ch11/7 目錄中取得):

Location: ⏏/exercises/ch11/7

Filename: main.cpp

```
1  #include <iostream>
2  #include <string>
3  using namespace std;
4
5  #include "fruitPrice.h"
6
7  int main()
8  {
```

```
 9      string fruits[5] = {"Apple", "Banana", "Cherry", "Durian",
        "Fig"};
10      int prices[5] = {15, 20, 2, 40, 10};
11      string fruitName;
12      bool found;
13      cout << "Please input a frait: ";
14      cin >> fruitName;
15      found = findPrice(fruitName, fruits, prices);
16      if (!found)
17      {
18          cout << "Not Found!" << endl;
19      }
20  }
```

Location: /exercises/ch11/7

Filename: fruitPrice.h

```
1  bool findPrice(string fruitName, string fruits[], int prices[]);
```

你必須完成名為 fruitPrice.cpp 的 C++ 語言程式，其中包含定義在 min.h 裡的 `findPrice()` 函式的實作，此函式將接收一個代表水果名稱的字串，以及兩個分別代表 5 種水果的名稱及價錢的陣列（於 main.cpp 的第 9 行及第 10 行宣告並給定初始值）。此函式完成後，可讓我們查找在使用者所輸入的水果價錢並加以輸出。此題可使用以下的 Makefile 進行編譯（可自行下載取得）：

Location: /exercises/ch11/7

Filename: Makefile

```
1  all: main.cpp fruitPrice.o
2  [tab] c++ main.cpp fruitPrice.o
3
4  fruitPrice.o: fruitPrice.cpp fruitPrice.h
5  [tab] c++ -c fruitPrice.cpp
6
7  clean:
8  [tab] rm -f *.o *~ *.*~ a.out
```

此題的執行結果可參考如下：

執行結果 1：

Please△input△a△fruit:△[Apple⏎]
15⏎

執行結果 2：

Please△input△a△fruit:△[apple⏎]
Not△Found!⏎

執行結果 3：

Please△input△a△fruit:△[Pitaya⏎]
Not△Found!⏎

【注意】：本題在查找水果名稱時，大小寫字母視為不同字元。

8. 承上題，請依照前一題的要求，設計一個 C++ 語言程式 findFruitPrice.cpp，讓使用者輸入一個水果的名稱，然後查找在使用者所輸入的水果價錢並加以輸出（若找不到則請輸出 "找不到對應的水果價格!"）。不同於前一題的是，本題將水果名稱改為中文，請讀者使用多位元組字串來進行相關的程式設計。本題所要查找的水果名稱及單價如下表所示：

水果名稱	單價
蘋果	15
香蕉	20
櫻桃	2
榴槤	40
蓮霧	10

此題的執行結果可參考如下：

執行結果 1：

請輸入水果名稱：▲蘋果⏎
蘋果的價格為15元⏎

執行結果 2：

請輸入水果名稱：▲蘋▲果⏎
找不到對應的水果價格！⏎

執行結果 3：

請輸入水果名稱：▲火龍果⏎
找不到對應的水果價格！⏎

9. 請完成一個 C++ 語言的程式 count.cpp，讓使用者輸入一個不超過 80 個字元的字串（含 '\0' 空字元在內），請計算使用者所輸入的字串中，每個英文字母輸入了多少次（大小寫視為相同）。此題的執行結果可參考如下：

執行結果 1：

```
A▲Santa▲at▲NASA.⏎
A(6)⏎
N(2)⏎
S(2)⏎
T(2)⏎
```

執行結果 2：

```
In▲2024,▲this▲book▲just▲published!⏎
B(2)⏎
D(1)⏎
E(1)⏎
H(2)⏎
I(3)⏎
J(1)⏎
K(1)⏎
L(1)⏎
N(1)⏎
```

```
O(2)↵
P(1)↵
S(3)↵
T(1)↵
U(2)↵
```

執行結果 3：

```
2024-02-14△^_^!↵
None△of△the△English△letters!↵
```

10. 請設計一個 C++ 語言的程式 sortStrings.cpp，讓使用者反覆輸入不超過 10 個字串（假設每個字串含 '\0' 在內不超過 20 個字元，且每個字串裡都沒有空白字元），直到輸入 "End" 為止。請將使用者所輸入的字串內容進行排序後輸出（依英文字在字典中的順序加以輸出，又稱為 Lexicographical Order）。此題的執行結果可參考如下：

執行結果 1：

```
banana↵
cherry↵
apple↵
End↵
apple↵
banana↵
cherry↵
```

執行結果 2：

```
poke↵
coke↵
joke↵
joy↵
box↵
boy↵
cow↵
bill↵
```

```
wow
jelly
bill
box
boy
coke
cow
jelly
joke
joy
poke
wow
```

執行結果 3：

```
Kevin
end
Gimmy
Yvonne
End
end
Gimmy
Kevin
Yvonne
```

Chapter 12
使用者自定資料型態

程式設計的目的就是為了解決或滿足特定應用領域的問題,其中又以資料處理是最為常見的需求。所以我們在設計程式時,往往需要宣告很多變數來代表真實(或抽象、虛擬)的世界中的人、事、時、地、物。在許多的應用裡的變數,其實彼此間是具有相關性的,因此本章將以**使用者自定資料型態 (User-Defined Data Type)** 來定義出更為符合真實應用需求的**複合資料型態 (Composite Data Type)**,例如我們為學生定義一個型態,其中包含有學生的學號、姓名、班級、成績等資訊,或是為產品定義型態,其中包含產名代碼、名稱、單價與規格等資訊。本章將就此種複合資料型態的定義、變數宣告與操作等議題加以說明。

12-1 結構體

在進行程式設計時,我們可以將相關的資料項目集合起來,將其定義為一個**結構體 (Structure)**。從程式的角度來看,結構體是一個包含有多個變數的資料集合,可作為使用者自定的資料型態,並用以宣告所謂的**結構體變數 (Structure Variable)**,進行相關的處理與操作。

12-1-1 結構體變數

結構體變數 (Structure Variable) 的宣告,是以 `struct` 保留字將相關的資料項目定義為一個或一個以上的**欄位 (Field)** 定義,又稱為**資料成員 (Data Member)**。對一個結構體而言,每個欄位其實就是一個變數的宣告,但是不可以包含初始值的給定[1],其語法如下:

---

[1] 自 C++ 11 起已放寬此項規定,只要在編譯時加上 -std=gnu++11 或 -std=c++11 等參數就可以給定結構體欄位的初始值。

```
                    結構體變數宣告語法定義
         struct
         {
              [資料型態  欄位名稱;]+
         } 結構體變數名稱 [, 結構體變數名稱]*;
```

依據此語法，下面的程式碼片段定義了兩個在平面上的點（命名為 p1 與 p2），每個點包含有 x 與 y 軸的座標位置：

```
struct
{
   double x;
   double y;
} p1, p2;
```

當然，你也可以這樣寫：

```
struct
{
   double x, y;
} p1, p2;
```

在上述的程式碼片段中，p1 與 p2 被宣告為結構體變數，我們可以使用 p1.x、p1.y、p2.x 與 p2.y 來存取其在結構體中的欄位。下面提供另一個例子：

```
struct
{
   int   productNo;
   char  productName[8];
   float price;
} ifone;
```

這個例子宣告了一個名為 ifone 的結構體變數，其中包含有產品編號、名稱與單價。現在讓我們來看看這些結構體變數在記憶體中的配置，如圖 12-1 所示：

```
          x              y
    ┌─────────┬─────────────┐
p1  │         │             │
    └─────────┴─────────────┘
          x              y
    ┌─────────┬─────────────┐
p2  │         │             │
    └─────────┴─────────────┘
     productNo  productName  price
      ┌─────────┬───────────┬─────┐
ifone │         │           │     │
      └─────────┴───────────┴─────┘
```

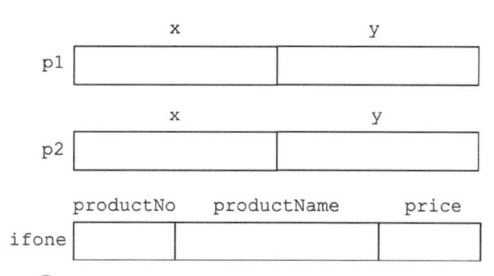

圖 12-1　結構體變數的記憶體配置

請讀者們動動腦，想想看在前述例子中的 p1、p2 與 ifone 各占用了多少的記憶體空間呢？結構體變數通常在 32 位元與 64 位元的作業系統上，分別會被配置 4 與 8 個位元組倍數的記憶體空間。以 64 位元的系統為例，在記憶體空間配置時，每次會以 8 個位元組為單位為每個欄位逐一進行配置，當已配置的剩餘空間不足以供下一個欄位使用時，就會將已配置的剩餘空間擱置，另外再要求配置新的 8 個位元組供後續的欄位使用。因此，上述的結構體變數 p1 與 p2 與 ifone 在現今 64 位元的系統上，其所占之記憶體空間可計算如下：

1. p1 與 p2：其結構體定義由兩個 double 型態的變數所組成，每占 8 個位元組，因此 p1 與 p2 皆占 16 個位元組。
2. ifone：此結構體先取得 8 個位元組供第一個欄位 productNo 使用，由於 productNo 為 4 個位元組的 int 型態，所以還剩餘 4 個位元組可使用。下一個欄位 productName 為 char 型態的指標，需要 8 個位元組來存放，由於之前剩餘的空間只有 4 個位元組，所以必須再配置一塊 8 個位元組的空間供 productName 使用。最後雖然只剩下一個需要 4 個位元組記憶體空間的 int 型態欄位（price 欄位），但由於上一個配置的 8 個位元組已全部用完，所以還必須再配置一個 8 個位元組的空間供 price 使用。綜合上述，ifone 所占的記憶體空間為 24 個位元組。

下載取得範例程式檔案

請寫一個簡單的 C++ 程式，使用 sizeof 驗證前述關於 p1、p2 與 ifone 所占的記憶體空間計算是否正確？若是將 ifone 所屬結構體中的 price 與 productName 欄位交換順序，其所需的記憶體空間又為何？

結構體變數也可以在宣告時給定其初始值，以 ={ … } 的方式，依欄位的順序進行給定，請參考下面的例子：

```
struct
{
   double x;
   double y;
} p1 = {0.0,0.0},
  p2 = {1.1253, 2.3411};

char name[]="iFone 16";

struct
{
   int  productNo;
   char *productName;
   float price;
} ifone = {12, name, 35000};
```

若是不想要依照欄位的順序給定初始值，或是只想給定部分欄位的初始值，那麼可以使用指定初始子 (Designated Initializer) 來給定欄位的名稱，就可以不受原本順序的限制且可忽略部分欄位，請參考下例：

```
struct
{
   double x;
   double y;
} p1 = {.x=0.0,.y=0.0},
  p2 = {.y=2.3411, .x=1.1253};

char name[]="iFone 16";

struct
{
   int  productNo;
```

```
    char productName[8];
    float price;
} ifone = {.productName=name, .price=35000};
```

12-1-2　結構體變數的操作

結構體變數的操作相當簡單，我們可以使用以下的方式存取欄位的值：

結構體變數的欄位存取語法
結構體變數名稱.欄位名稱

我們將其中的點 . 稱為**直接成員選取運算子 (Direct Member Selection Operator)**，唸做 dot（即英文中的點），但筆者更建議你將它唸做中文的 **"的"** —— 用來表示你要存取的是結構體變數 **"的"** 某個欄位。例如我們可以使用 p1.x 或 p2.y 來分別存取 p1 與 p2 結構體變數裡的 x 與 y 欄位；並且將其唸做 "p1 **的** x" 與 "p2 **的** y"。要特別注意的是，直接成員選取運算子是一個二元運算子，其運算元就是其左右兩側的結構體變數以及欄位名稱；其運算結果就是結構體變數內的特定欄位之數值。具體的使用範例，可參考以下的程式範例：

Example 12-1：使用直接成員選取運算子存取結構體變數裡的欄位

Location: ☁/examples/ch12

Filename: struct.cpp

```
 1  #include <iostream>
 2  using namespace std;
 3
 4  struct
 5  {
 6      double x;
 7      double y;
 8  } p1 = { 0.0, 0.0 },
 9    p2 = { 1.1253, 2.3411 };
10
11  int main()
```

```
12  {
13      p1.x = 10.25;
14      double z;
15      z = sqrt(p1.x*p1.x + p1.y*p1.y);
16      p2.x+=5.2;
17      cout << "p1.x=? ";
18      cin >> p1.x;
19      cout << "z=" << z << endl;
20      cout << "p1(" << p1.x << ", " << p1.y << ")\n";
21      cout << "p2(" << p2.x << ", " << p2.y << ")\n";
22
23      return 0;
24  }
```

此程式的執行結果如下：

```
p1.x=? △3.1415⏎
z=10.25⏎
p1(3.1415,△0)⏎
p2(6.3253,△2.3411)⏎
```

　　結構體變數除了可以把相關的資料欄位收集在一起以外，更方便的地方在於可以使用賦值運算子（也就是 =），讓兩個結構體變數互相給定其值──包含所有欄位的值。請參考下面的程式：

Example 12-2：結構體變數賦值範例

Location: ☁/examples/ch12

Filename: struct2.cpp

```
1  #include <iostream>
2  using namespace std;
3
4  char name[]="iFone 16";
5
6  struct
7  {
8      int    productNo;
```

```cpp
9       char *productName;
10      int   price;
11  } ifone = {12, name, 35000},
12    ifone2;
13
14  int main()
15  {
16      cout << ifone.productNo << "|" ;
17      cout << ifone.productName << "|";
18      cout << ifone.price << endl;
19
20      ifone2=ifone;
21      ifone2.productNo=13;
22      cout << ifone2.productNo << "|" ;
23      cout << ifone2.productName << "|";
24      cout << ifone2.price << endl;
25
26      return 0;
27  }
```

此程式的第 20 行，使用 = 等號進行賦值，將 ifone 結構體變數內的每個欄位的值都複製給 ifone2 結構體。後續在第 21 行，再將 ifone2 的 productNo 的值改為 13。此程式的執行結果如下：

```
12|iFone△16|35000⏎
13|iFone△16|35000⏎
```

12-1-3　結構體型態

我們也可以單獨地定義結構體，而不用像前述的例子都是定義結構體的同時，還要 "順便" 進行其變數的宣告。這樣做有很多的好處，尤其是當程式碼需要共享時，我們可以將結構體的定義獨立於某個檔案，爾後其它程式可以直接載入該檔案來得到相關的定義。結構體的定義語法如下：

```
                    結構體定義語法
        struct 結構體名稱
        {
            [資料型態 欄位名稱;]+
        };
```

有了先宣告好的結構體之後，就可以在需要時以 `struct 結構體名稱` 或是直接以 `結構體名稱` 作為型態，以進行變數的宣告。請參考下面的程式：

```
struct point
{
   double x;
   double y;
};
struct point p1, p2;       // 以struct point作為型態
point p3 ={6.23, 5.62};    // 以point作為型態
```

當然，你也可以這樣寫：

```
struct point
{
   double x,y;
} p1, p2;

point p3;
```

儘管我們可以在 C++ 語言裡，直接將結構體的名稱作為資料型態，但基於語法的相容性（與 C 語言的語法兼容），仍然有些人習慣 **"明確地"** 進行型態定義，其語法如下：

Chapter 12 使用者自定資料型態

```
結構體型態定義語法 1

struct 結構體名稱
{
    [資料型態 欄位名稱;]+
};
typedef [struct]? 結構體名稱 型態名稱;
```

或是

```
結構體型態定義語法 2

typedef struct
{
    [資料型態 欄位名稱;]+
} 型態名稱;
```

如此一來,我們就可以利用這個新的資料型態來宣告變數,請參考下面的程式:

```
struct point
{
    int x,y;
};

typedef struct point Point;
```

或是

```
typedef struct
{
    int x,y;
} Point;
```

417

接著你就可以在需要的時候，以 Point 作為資料型態的名稱來進行變數的宣告，例如：

Example 12-3：以結構體作為新的資料型態範例
Location: /examples/ch12
Filename: struct3.cpp

```cpp
#include <iostream>
using namespace std;

struct point
{
  double x;
  double y;
};

typedef struct point Point;

int main()
{
    Point p1;
    Point p2 = {5.12, 3.265};

    p1=p2;
    p1.x+=p1.y+=1.12;

    cout << "p1=(" << p1.x << "," << p1.y << ")\n";
    cout << "p2=(" << p2.x << "," << p2.y << ")\n";

    return 0;
}
```

此程式在第 10 行將名為 point 的結構體定義為新的資料型態 Point，並在第 14 行與第 15 行宣告了 Point 型態的變數，後續的程式碼就是使用這些變數進行簡單的操作。此程式的執行結果如下：

```
p1=(9.505,4.385)
p2=(5.12,3.265)
```

12-1-4　結構體與函式

結構體變數也可以作為呼叫函式時的引數，請參考下面的例子：

Example 12-4：以結構體變數作為呼叫函式時的引數範例

Location: ○/examples/ch12

Filename: funArg.cpp

```cpp
#include <iostream>
using namespace std;

struct point
{
   double x,y;
};

void showPoint(point p)
{
   cout << "(" << p.x << ", " << p.y << ")" << endl;
}

int main()
{
   point p1;
   point p2 = {5.12, 3.245};

   p1=p2;
   p1.x+=p1.y+=10.1;

   showPoint(p1);
   showPoint(p2);

   return 0;
}
```

此程式在第 22 行與第 23 行，將 point 結構體的變數 p1 與 p2，作為呼叫 showPoint() 函式的引數。此程式的執行結果如下：

```
(18.465, 13.345)
(5.12, 3.245)
```

請看下一個程式,我們設計另一個函式,讓我們修改所傳入的 point 的值:

Example 12-5:在函式內修改結構體變數的值
Location: ☁/examples/ch12
Filename: funArgModify.cpp

```cpp
#include <iostream>
using namespace std;

struct point
{
   double x,y;
};

void resetPoint(point p)
{
   p.x=0.0;
   p.y=0.0;
}

void showPoint(point p)
{
   cout << "(" << p.x << ", " << p.y << ")" << endl;
}

int main()
{
   point p1 = {5.12, 3.245};

   showPoint(p1);
   resetPoint(p1);
   showPoint(p1);

   return 0;
}
```

此程式在第 24 行呼叫 resetPoint() 函式,試圖要將結構體變數的 x 與 y 欄位都設定為 0。但第 11 行是對函式內的結構體變數(而不是第 21 行宣告在 main() 函式裡的結構體變數)進行操作,所以回到 main() 函式後 p1 的值並沒有改變。此程式的執行結果如下:

```
(5.12, 3.245)
(5.12, 3.245)
```

很明顯地,上述的範例程式並不正確 —— 沒有正確地在 resetPoint() 函式內修改 main() 函式裡的 p1 結構體變數。下面的這個範例,採用了**傳址呼叫 (Call By Address)** 的方式,在函式內完成了結構體變數值的改變:

Example 12-6:使用傳址呼叫的方式在函式內修改結構體變數的值
Location: ⊕/examples/ch12
Filename: funCallByAddress.cpp

```cpp
1  #include <iostream>
2  using namespace std;
3
4  struct point
5  {
6    double x,y;
7  };
8
9  void resetPoint(point *p)
10 {
11   (*p).x=0;
12   p->y=0.0;
13 }
14
15 void showPoint(point p)
16 {
17   cout << "(" << p.x << ", " << p.y << ")" << endl;
18 }
19
20 int main()
21 {
22   point p1 = {5.12, 3.245};
```

421

```
23
24      showPoint(p1);
25      resetPoint(&p1);
26      showPoint(p1);
27
28      return 0;
29  }
```

此程式第 9 行的 resetPoint() 函式改為接收一個 point 結構體的記憶體位址，並且在第 24 行呼叫時也配合傳入 p1 的記憶體位址。因此在第 11 行與第 12 行所進行的變更，就是對在 main() 函式裡的 p1 進行變更。要特別注意的是，第 11 行是透過傳入 resetPoint() 函式的指標 p，使用間接存取的方式去改變結構體變數的欄位值；所以要先寫做 (*p) 用以代表要間接存取指標 p 所指向的結構體變數，然後再透過 .x 來取存它名為 x 的欄位。至於後續第 12 行的 p->y=0，則提供了另一種存取結構體指標的欄位的語法；使用被稱為**箭頭運算子 (Arrow Operator)** 的 -> 符號組合，來存取指標所指向的結構體裡的特定欄位值。儘管第 11 行與第 12 行在結果上是相同的，但第 12 行的箭頭運算子在使用上比起第 11 行所使用的間接存取方式，要來得精簡得多，也是大部分程式設計師會選用的方式。此程式將可以正確地將結構體變數的欄位值重設為零，其執行結果可參考如下：

```
(5.12,△3.245)⏎
(0,△0)⏎
```

> ⚠️ **(*p).x 不等於 *p.x**
>
> 讀者們必須注意直接成員選取運算子（也就是 .) 的優先順序高於間接存取運算子（也就是 * ）。因此，為了正確地改變指標 p 所指向的結構體變數的 x 欄位，Example 12-6 第 11 行的 (*p).x 先使用一組小括號來提升間接存取運算子的優先權，然後再使用直接成員選取運算子去存取欄位 x 的值。
>
> 但若是不小心將小括號省略掉，*p.x 就會變成是存取一個名為 p 的結構體變數的 x 欄位，且由於在前面還有間接存取運算子（也就是 * ），所以這就表示 x 欄位被定義為指標，所以必須使用間接存取的方式才能存取其值。

使用匿名結構體變數作為函式引數

當我們在呼叫某個函式時,也可以直接產生一個匿名的新的結構體變數作為引數,例如:

```
showPoint( (point){1.5, 6.23} )
```

此處直接產生一個沒有名稱的結構體變數作為引數

上述的程式碼等同於:

```
point p1={1.5, 6.23};
showPoint( p1 );
```

若此處所先宣告的 p1 在後續程式中並不會再次使用到,那麼就可以考慮使用前述產生匿名結構體變數的方法;反之,則必須將後續還會使用到的變數先加以宣告。

我們也可以讓結構體作為函式的傳回值,請參考下面的例子:

Example 12-7:傳回結構體的函式設計範例

Location: /examples/ch12

Filename: funReturn.cpp

```
1  #include <iostream>
2  using namespace std;
3
4  struct point
5  {
6      double x,y;
7  };
8
9  point addPoints(point p1, point p2)
10 {
11     point p;
12     p.x = p1.x + p2.x;
```

423

```
13        p.y = p1.y + p2.y;
14        return p;
15  }
16
17  void showPoint(point p)
18  {
19        cout << "(" << p.x << ", " << p.y << ")" << endl;
20  }
21
22  int main()
23  {
24        point p1 = {5.02, 3.25};
25        point p2 = {1.0, 6.35};
26        point p3;
27
28        p3=addPoints(p1,p2);
29        showPoint(p3);
30        return 0;
31  }
```

此程式在第 9-15 行設計了一個名為 `addPoints()` 的函式，用以接收兩個 `point` 結構體並將它們的 x 欄位與 y 欄位相加後作為一個新的結構體傳回，其執行結果可參考如下：

```
(6.02,△9.6)⏎
```

除了前述的做法以外，我們也可以讓函式傳回結構體的指標，請參考下面這個程式：

Example 12-8：傳回結構體指標的函式設計範例

Location: ☁/examples/ch12

Filename: funReturnPointer.cpp

```
1  #include <iostream>
2  using namespace std;
3
4  struct point
```

424

```
5  {
6      double x,y;
7  };
8
9  point *higherPoint(point *p1, point *p2)
10 {
11     if(p1->y > p2->y)
12         return p1;
13     return p2;
14 }
15
16 void showPoint(point p)
17 {
18     cout << "(" << p.x << ", " << p.y << ")" << endl;
19 }
20
21 int main()
22 {
23     point p1 = {5.02, 3.25};
24     point p2 = {1.0, 6.35};
25     point *higher;
26
27     higher=higherPoint(&p1,&p2);
28     showPoint(*higher);
29     return 0;
30 }
```

此程式在第 9-14 行設計了一個名為 higherPoint () 的函式，用以接收兩個 point 結構體的指標（也就是其所在的記憶體位址），並將它們兩者間 y 欄位數值較高者傳回（傳回值為結構體的指標），其執行結果可參考如下：

(1,△6.35)↵

12-1-5 巢狀式結構體

我們也可以在一個結構體內含有另一個結構體作為其欄位，請參考下面的程式：

Example 12-9：巢狀結構體應用範例

Location: ☁/examples/ch12

Filename: contact.cpp

```cpp
1   #include <iostream>
2   using namespace std;
3
4   #include <stdio.h>
5
6   struct Name
7   {
8      char firstname[20];
9      char lastname[20];
10  };
11
12  struct Contact
13  {
14     Name name;
15     char phone[11];
16  };
17
18  void showName(Name n)
19  {
20     cout << n.lastname << ", " << n.firstname << endl;
21  }
22
23  void showContact(Contact c)
24  {
25     showName(c.name);
26     cout << c.phone << endl;
27  }
28
29  int main()
30  {
31     Contact someone={.phone="0912123456",
32         .name={.firstname="Alex", .lastname="Wang"}};
33
34     showContact(someone);
35     return 0;
36  }
```

此程式在第 6-10 行先宣告了一個名為 Name 的結構體，然後在第 12-16 行宣告了一個包含有 Name 結構體型態欄位的結構體 —— Contact（也就是聯絡人之意），後續此程式在 main() 函式裡宣告並使用 Contact 型態的變數，其執行結果如下：

```
Wang, Alex
0912123456
```

12-1-6 結構體陣列

我們也可以利用結構體來宣告陣列，下面的程式碼片段宣告了兩個一維的 point 結構體陣列：

```
Point twoPoints[2];
Point points[10] = {{0,0}, {1,1}, {2,2}, {3,3}, {4,4},
                    {5,5}, {6,6}, {7,7}, {8,8}, {9,9} };
```

完成了陣列的宣告後，就可以透過索引值來存取在陣列裡的結構體，例如以下的操作：

```
twoPoints[0].x=5;
twoPoints[0].y=6;

points[1] = twoPoints[0];
```

12-2 共有體

共有體 (Union) 與結構體非常相像，但不論一個共有體內有多少個欄位，其在記憶體內所保有的空間僅能存放一個欄位的資料，適用於某種資料可能有兩種以上不同型態的情況，例如數值資料可能在某些情境應用時是整數，但在另一些情境時則可能會是浮點數。我們可以宣告一個 union 來解決此問題：

```
union
{
   int i;
   double d;
} data;
```

當我們需要它是整數時,就使用其 i 的欄位;若需要它是浮點數時,就使用其 d 的欄位,例如下面的共有體範例:

Example 12-10:共有體應用範例

Location: /examples/ch12

Filename: union.cpp

```
1  #include <iostream>
2  using namespace std;
3
4  union
5  {
6      int i;
7      double d;
8  } data;
9
10 int main()
11 {
12     data.i = 5;
13     cout << data.i << endl;
14     cout << data.d << endl;
15
16     data.d = 10.5;
17     cout << data.i << endl;
18     cout << data.d << endl;
19
20     return 0;
21 }
```

此程式在第 12 行將 data 共有體的欄位 i 賦與了整數值 5，data 共有體就被用以存放這個整數值 5，其欄位 d 就沒有作用 —— 因此當第 14 行將欄位 d 輸出時，就會得到無意義的數值；後續在第 16 行將 data 共有體的欄位 d 賦與了浮點數值 10.5，因此欄位 i 就不具有意義 —— 第 17 行輸出欄位 i 時將會得到無意義的數值。此程式的執行結果可以參考如下：

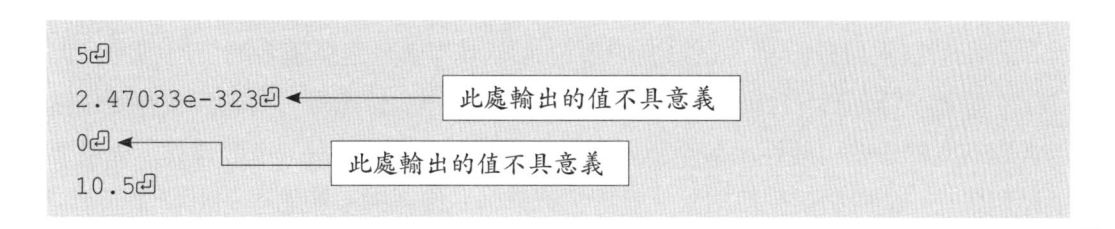

```
5
2.47033e-323    ← 此處輸出的值不具意義
0               ← 此處輸出的值不具意義
10.5
```

本章前述針對結構體時可以使用的宣告方式，都可以適用在 union 上，例如下面的程式碼都是正確的：

```
union
{
    int i;
    double d;
} data = {0} //只有第一個欄位可以有初始值

union
{
    int i;
    double d;
} data = {.d=3.14} //可以指定其它的欄位作為初始值

union num
{
    int i;
    double d;
};

typedef union num Num;

typedef union
```

```
{
    int i;
    double d;
} Num;
```

12-3 列舉

當我們在宣告變數時,最重要的事情是必須為變數選擇適合的資料型態,但除了在整數、浮點數、字元這些大範圍的資料型態裡去做選擇,有時候某些變數僅有非常有限的數值可能性,甚至是五根手指數得完的範圍 —— 這種時候,你需要的是將所有可能的數值列舉出來,並把它們變為一個型態。例如:

- 一個代表撲克牌花色的變數,其可能的數值為 Spade、Heart、Diamond 與 Club。
- 一個代表服裝尺碼的變數,其可能的數值為 XXL、XL、L、M、S 與 XS。
- 一個代表血型的變數,其可能的數值為 A 型、B 型、AB 型與 O 型。
- 一個代表成績等第的變數,其可能的數值為 A++、A+、A、A-、B+、B、B-、C 與 F。
- 一個代表訂單狀態的變數,其可能的數值為訂單成立、撿貨、理貨、出貨與已送達。

針對上述這些需求,C++ 語言提供 enum 保留字讓我們明確的將可能的數值列舉出來,並且將其命名為一個新的型態,然後就可以用來宣告所需的變數了。請參考以下的語法:

列舉變數宣告語法之一

```
enum
{
    數值[,數值]*;
} 列舉變數名稱 [,列舉變數名稱]*;
```

依據上面的語法定義,我們可以使用以下的宣告,來宣告 s1 與 s2 為代表撲克牌花色的變數,並將它們可能的數值以正面列表的方式述明:

```
enum { SPADE, HEART, DIAMOND, CLUB } s1, s2;
```

就如同 struct 與 union 一樣，我們也可以先把 enum 定義好，然後將其視為是型態名稱在後續的程式碼中進行變數的宣告，其語法如下：

```
                列舉變數宣告語法之二

    enum 列舉名稱
    {
        數值[,數值]*;
    }

    [enum]? 列舉名稱 列舉變數名稱[,列舉變數名稱]*;
```

以下是一些宣告的例子：

```
enum suit { SPADE, HEART, DIAMOND, CLUB };
enum suit s1, s2;    //將enum suit視為型態
suit s3, s4;         //直接將suit視為型態
```

當然我們也可以使用（過去 C 語言所慣用的方式），使用 typedef 將列舉定義為一個型態（當然這只是和過去 C 語言的用法保持一致而已，C++ 語言可以直接使用列舉名稱作為型態名稱）。例如以下的程式碼使用 typedef 將代表撲克牌花色的列舉定義為名為 Suit 的型態：

```
typedef enum { SPADE, HEART, DIAMOND, CLUB } Suit;
```

後續就可以使用 Suit 作為型態宣告相關的變數：

```
Suit s1, s2;
```

其實 enum 的實作是把列舉正面列示的數值視為整數，其中第一個數值視為 0，第二個為 1，依此類推。不過，我們也可以自行定義其數值：

```
enum suit { SPADE=1, HEART=13, DIAMOND=26, CLUB=39 };
```

雖然列舉的數值是以整數值的方式實作，但這並不代表我們可以直接把整數值賦與給列舉變數。假設我們使用以下的程式碼宣告了 suit 列舉的變數 s 與：

```
enum suit { SPADE=1, HEART=13, DIAMOND=26, CLUB=39 };
suit s;
```

當我們想要賦與列舉變數 s 數值時，應該要從 suit 列舉正面表列的數值當中挑選適當的值，例如 s=SPADE 或是 s=DIAMOND。但若是使用 s=1 或 s=26 這種直接給定整數值的方式，將會被 C++ 語言視為是不安全的型態轉換[2]，必須使用以下的方式為之：

```
s=static_cast<suit>(1);
s=static_case<suit>(26);
```

上面敘述中的 static_cast 將會在程式編譯時，進行安全的型態轉換，其中 <suit> 是用以說明欲轉換的型態，在括號裡面的數值則是要轉換的對象。

習題

1. 以下關於共有體 (union) 與結構體 (struct) 相異處的描述，何者有誤？
   (A) union 與 struct 相同，都可以宣告定義多個資料欄位
   (B) union 與 struct 不同，在使用時只能選擇使用其中一個資料項目
   (C) union 與 struct 相同，都可以使用 typedef 定義為資料型態
   (D) union 與 struct 不同，可以在宣告其變數時給定初始值
   (E) 以上皆正確

2. 請參考以下的程式碼：

---

[2] 但這樣的轉換在 C 語言是可行的，而且是正確的做法。

```
struct point {
  int x,y;
};
void resetPoint(point *p) {
  p->x=p->y=0;
}
```

請問以下哪個選項的程式碼可以將結構體 p 的 x 與 y 欄位的數值都設定為 0？

(A) `resetPoint(p);` (B) `resetPoint(*p);`

(C) `resetPoint(&p);` (D) `resetPoint(p[0,0]);`

(E) 以上皆錯誤

3. 關於列舉資料型態宣告敘述，以下何者有誤？

(A) `typedef enum { Spade, Heart, Diamond, Club } Suit;`

(B) `enum { Spade, Heart, Diamond, Club } s1, s2;`

(C) `enum typedef Suit { Spade, Heart, Diamond, Club };`

(D) `enum suit { Spade=1, Heart=13, Diamond=26, Club=39 };`

(E) 以上皆正確

4. 請參考以下的程式碼：

```
struct point
{
    int x;
    int y;
} p1={0,5}, p2={5, 10};

Point *p3=&p1;
Point &p4=p2;
```

請問下列選項何者輸出值不是 10？

(A) `cout << p1.y + p2.x;`

(B) `cout << p1.x + p2.y;`

(C) `cout << p3->x + p4.y;`

(D) `cout << p3.y + p4->x;`

(E) 以上皆輸出 10

5. 請考慮以下的結構體宣告：

```
struct
{
    int productID;
    char *productName;
    float price;
    int quantity;
    float discount;
} mfone;
```

請找出 `cout << sizeof(mfone);` 的執行結果：

(A) 17　　　　　　　　(B) 24　　　　　　　　(C) 32

(D) 40　　　　　　　　(E) 以上皆不正確

6. 請參考以下的程式碼 main.cpp 與 ball.h（可於網路下載並解壓縮本書習題相關檔案後，在 /exercises/ch12/6 目錄中取得）：

Location: /exercises/ch12/6

Filename: main.cpp

```
1  #include <iostream>
2  #include <string>
3  using namespace std;
4
5  #include "ball.h"
6
7  int main()
8  {
9      ball b1 = {200, "Ball#1"};
10     ball b2 = {.label = "Ball#2"};
11     ball *max;
12     cout << "Please input the value of Ball#2: ";
13     cin >> b2.value;
14     max = maxBall(&b1, &b2);
```

```
15      cout "The ball with the larger value is ";
16      showABall(*max);
17  }
```

Location: /exercises/ch12/6

Filename: ball.h

```
1  struct ball
2  {
3      int value;
4      char label[10];
5  };
6
7  void showABall(ball b);
8  ball *maxBall(ball *b1, ball *b2);
```

你必須完成名為 ball.cpp 的 C++ 語言程式，其中包含定義在 ball.h 裡的 showABall() 以及 maxBall() 函式的實作，其中 showABall() 函式將印出一個 ball 結構體的 value 及 label 內容；maxBall() 函式則會將所傳入的兩個 ball 結構體的指標所指向的結構體進行其 value 的比較，並將比較大者的記憶體位址傳回。此題可使用以下的 Makefile 進行編譯（可自行下載取得）：

Location: /exercises/ch12/6

Filename: Makefile

```
1  all: main.cpp ball.o
2  [ tab ] c++ main.cpp ball.o
3
4  ball.o: ball.cpp ball.h
5  [ tab ] c++ -c ball.cpp
6
7  clean:
8  [ tab ] rm -f *.o *~ *.*~ a.out
```

此題的執行結果可參考如下：

執行結果 1：

```
Please input the value of Ball#2: 
300⏎
The ball with the larger value is Ball#2(value=300)⏎
```

執行結果 2：

```
Please input the value of Ball#2: 
20⏎
The ball with the larger value is Ball#1(value=200)⏎
```

執行結果 3：

```
Please input the value of Ball#2: 
100⏎
The ball with the larger value is Ball#1(value=200)⏎
```

7. 請參考以下的程式碼 main.cpp 與 contact.h（可於網路下載並解壓縮本書習題相關檔案後，在 /exercises/ch12/7 目錄中取得）：

Location: ☁/exercises/ch12/7

Filename: main.cpp

```
1   #include <iostream>
2   #include <string>
3   using namespace std;
4   #include "contact.h"
5   
6   int main()
7   {
8       int i;
9   
10      Contact mycontacts[numContact];
11      for (i = 0; i < numContact; i++)
12          mycontacts[i] = getAContact();
13  
14      cout << "Sorted by name..." << endl;
15      sortContacts(mycontacts, name);
16      showAllContacts(mycontacts);
```

```
17
18      cout << "Sorted by age..." << endl;
19      sortContacts(mycontacts, age);
20      showAllContacts(mycontacts);
21  }
```

Location: /exercises/ch12/7

Filename: contact.h

```
1  #define numContact 3
2
3  enum Gender {Male, Female};
4  enum Month {January=0, February, March, April, May, June,
   July, August, September, October, November, December};
5  struct Date
6  {
7    Month month;
8    short day;
9    short year;
10 };
11 struct Name
12 {
13   char firstname[20];
14   char lastname[10];
15 };
16 struct Landline
17 {
18   char areacode[4];
19   char number[9];
20 };
21 struct Contact
22 {
23   Name name;
24   Gender gender;
25   Date birthday;
26   Landline phone;
27 };
28
29 enum Criteria {name, age} ;
30
31 Contact getAContact();
```

```
32  void showAContact(Contact c);
33  void showAllContacts(Contact cs[]);
34  void sortContacts(Contact cs[], Criteria c);
```

你必須完成名為 contact.cpp 的 C++ 語言程式，其中包含定義在 contact.h 裡的 showAContact()、showAllContacts() 以及 sortContacts() 函式的實作。此題可使用以下的 Makefile 進行編譯（可自行下載取得）：

Location: ☁/exercises/ch12/7
Filename: Makefile

```
1  all: main.cpp contact.o
2      c++ main.cpp contact.o
3
4  contact.o: contact.cpp contact.h
5      c++ -c contact.cpp
6
7  clean:
8      rm -f *.o *~ *.*~ a.out
```

此程式完成後將可以接收使用者所輸入的三個聯絡人的資料，並呼叫 sortContacts() 函式進行排序後輸出。請注意呼叫 sortContacts() 函式所傳入的第二個參數是定義為 Criteria 的列舉型態（其值可為 name 或 age），依其值分成兩種處理方式：

1. 當其為 name 時，請依照聯絡人的姓名進行排序 —— 先依據 lastname（姓）由小到大排序，當 lastname 相同時再依 firstname（名字）由小到大排序（本題所使用的測試檔將不會包含兩個聯絡人同名同姓的情況）。此處所謂的由小到大係指依字典中的順序加以輸出，又稱為 Lexicographical Order，例如 Apple 小於 Banana。
2. 當其為 age 時，請依照聯絡人的年齡（以其生日為依據）由大到小進行排序（本題所使用的測試檔將不會包含兩個聯絡人同年同月同日生的情況）。

此題的執行結果可參考如下：

Chapter 12 使用者自定資料型態

執行結果 1：

```
Jun△Wu△M△1972/2/28△(08)1234567
Joe△Javey△F△1973/06/21△(02)22118888
Bruce△Wu△M△1973/4/1△(02)22117777
Sorted by name...
△△△Joe△Javey△(Female),△June△21st,△1973,△(02)22118888.
△△△Bruce△Wu△(Male),△April△1st,△1973,△(02)22117777.
△△△Jun Wu (Male), February 28th, 1972, (08)1234567.
Sorted by age...
△△△Jun△Wu△(Male),△February△28th,△1972,△(08)1234567.
△△△Bruce△Wu△(Male),△April△1st,△1973,△(02)22117777.
△△△Joe△Javey△(Female),△June△21st,△1973,△(02)22118888.
```

執行結果 2：

```
Joe△Chang△M△2000/05/2△(08)8888888
Alex△Cheung△M△2000/05/1△(03)3333333
Bony△Benity△F△2000/05/3△(02)22116666
Sorted by name...
△△△Bony△Benity△(Female),△May△3rd,△2000,△(02)22116666.
△△△Joe△Chang△(Male),△May△2nd,△2000,△(08)8888888.
△△△Alex△Cheung△(Male),△May△1st,△2000,△(03)3333333.
Sorted by age...
△△△Alex△Cheung△(Male),△May△1st,△2000,△(03)3333333.
△△△Joe△Chang△(Male),△May△2nd,△2000,△(08)8888888.
△△△Bony△Benity△(Female),△May△3rd,△2000,△(02)22116666.
```

Chapter 13
記憶體管理

電腦程式在執行時，所有的資料都是對應到記憶體裡的某塊空間 —— 而這些空間通常是透過變數的宣告來取得。C++ 語言的記憶體管理方法可分為三種主要的類別[1]：**自動儲存類別 (Automatic Storage Class)**、**靜態儲存類別 (Static Storage Class)** 與**動態儲存類別 (Dynamic Storage Class)**，本章將為讀者分別加以說明。

13-1 自動儲存類別

所謂的**自動儲存類別 (Automatic Storage Class)**，適用於宣告於函式內或程式碼區塊內所宣告的區域變數[2]。請參考 Example 13-1：

Example 13-1：使用自動儲存類別的區域變數範例

Location: ☁/examples/ch13

Filename: automatic.cpp

```
1  #include <iostream>
2  using namespace std;
3
4  int maxScore(int score[]) //配置score[]陣列的記憶體空間
5  {
6      int max; //配置max變數的記憶體空間
7      max=score[0];
8      for(int i=1;i<10;i++) //區塊開始,配置變數i的記憶體空間
9      {
```

---

[1] 其實還有適用於執行緒的**緒儲存類別 (Thread Storage Class)**，但此類別已超出本書範圍，在此不予說明。

[2] 關於區域變數可參考本書第 9 章 9-4 節。

```cpp
10          if(score[i]>max)
11              max=score[i];
12      } // 區塊結束,回收變數i的記憶體空間
13      return max; // 回收變數max與陣列score[]的記憶體空間
14  }
15
16  int main()
17  {
18      int hwscore[10]; // 配置hwscore[]陣列的記憶體空間
19      int max; // 配置變數max的記憶體空間
20      double average; // 配置變數average的記憶體空間
21
22      { // 區塊開始
23          int sum=0; // 配置變數sum的記憶體空間
24          for(int i=0;i<10;i++) // 區塊開始,配置i的記憶體空間
25          {
26              int score; // 配置變數score的記憶體空間
27              bool error=false; // 配置變數error的記憶體空間
28              do
29              {
30                  if(error)
31                      cout << "error!\n";
32                  cin >> score;
33              }while(error=true, (score>100)||(score<0));
34              sum+=score;
35              hwscore[i]=score;
36          } // 區塊結束,回收變數i、score與error的記憶體空間
37          average=sum/10.0;
38      } // 區塊結束,回收變數sum的記憶體空間
39      cout << "Average: " << average << endl;
40      cout << "Max Score: " << maxScore(hwscore) << endl;
41  } // 回收變數max、average與hwscore[]陣列的記憶體空間
```

在上述程式碼片段中,定義在第 4 行到第 14 行的 maxScore() 函式使用名為 score 的陣列來接收呼叫時所傳遞過來的一個陣列所在的記憶體位址,並在函式內宣告了一個名為 max 的變數。maxScore() 函式將會把在 score 陣列中的最大值放在 max 變數裡,並將它傳回給呼叫者。此處在 maxScore() 函式裡的 score 陣列與 max 變數,都是使用自動儲存類別的方式來管理記憶體空間的**自動變數 (Automatic**

Variable)[3] ── 在程式執行時,其所需的記憶體空間將會自動地**配置 (Allocation)** 與**回收 (Recycle)**[4]。更具體來說,當程式執行到函式後,才會依據其所宣告的型態自動地配置適當大小的記憶體空間,以供函式內的程式碼使用;直到函式執行結束時,再自動地將其所配置的空間回收。在 Example 13-1 的 automatic.cpp 裡,除了宣告在 maxScore() 函式裡的變數之外,宣告在 main() 函式裡的變數(例如在第 18-20 行的 hwscore 陣列以及 max、i 與 average 變數),同樣也屬於自動變數。

除了函式外,宣告在**程式區塊 (Block)** 裡的變數也是自動變數。此處所謂的程式區塊是指使用一組大括號包裹起來的程式碼,例如在程式中接在 if 敘述或是 for、while 與 do while 等迴圈敘述後面,原本僅能反覆執行一行程式敘述,但若使用一組大括號就可以將多行程式敘述包裹為一個可反覆執行的程式區塊,例如 automatic.cpp 的第 8-12 行的 for 迴圈區塊、第 24-36 行的 for 迴圈區塊以及第 28-33 行的 do while 迴圈區塊。除此之外,我們甚至可以在程式裡刻意地使用一組大括號產生程式區塊,例如第 22-38 行即為一例。當程式區塊開始執行後,宣告在其內部的變數就會自動地進行記憶體空間配置,並在區塊結束時旋即加以回收。由於此類的變數僅在程式碼中的特定區域有作用,因此又被稱為是**區域變數 (Local Variable)**。

表 13-1 所彙整了 automatic.cpp 在各個函式與程式區塊內所使用的自動變數,請讀者加以參考:

表 13-1 宣告在 Example 13-1 automatic.cpp 裡的自動變數彙整

函式或程式區塊	自動變數
第 4 行至第 14 行的 maxScore() 函式	score 陣列以及變數 max
第 8 行至第 12 行的 for 程式區塊	變數 i
第 16 行至第 41 行的 main() 函式	hwscore 陣列以及變數 max 與 average
第 22 行至第 38 行的程式區塊	變數 sum
第 24 行至第 36 行的 for 程式區塊	變數 i、score 與 error
第 28 行至第 33 行的 do while 程式區塊	無

---

3 雖然名為自動變數,但陣列也包含在內。
4 此處回收之意為釋放記憶體空間,以便後續使用。

> **善用程式區塊使用暫時性變數**
>
> 　　在進行各式資料運算時，有時我們會需要一些暫時性的變數來儲存運算過程中的暫時性資料、或是儲存一些階段性的運算結果，並在完成運算後就不再需要使用這些暫時性的變數。例如在 Example 13-1 的 automatic.cpp 程式中，為了在 `main()` 函式裡找出 10 個成績的平均值，所以在使用者輸入成績的過程中，我們需要一個暫時性的變數 `sum` 來儲存已輸入成績的總和，然後才能在使用者輸入完成後，利用此總和來計算平均。由於在得到平均成績後，就不再需要變數 `sum`，所以我們在第 22-38 行使用一組大括號**刻意地**創造了一個程式區塊，並在第 23 行宣告了這個暫時性的變數 `sum`，用來將使用者所輸入的成績進行加總，並在第 37 行時用以計算出平均成績。由於變數 `sum` 是宣告在我們刻意產生的程式區塊裡，所以在第 38 行結束此程式區塊時，此變數就會被加以回收。
>
> 　　在刻意建立的程式區塊裡使用暫時性變數方面，以下是一個更常見的例子：
>
> ```
> {
>     int temp;
>     temp=a;
>     a=b;
>     b=temp;
> }
> ```
>
> 此例是利用一個暫時性的變數 `temp` 進行 a 與 b 兩數的交換，由於將 `temp` 宣告在刻意產生的程式區塊裡，所以完成兩數交換後此暫時性的變數就不再存在。

13-2　靜態儲存類別

　　上一節所介紹的自動儲存類別，其變數僅在程式執行到其宣告所在的函式或程式區塊時才有作用。C++ 語言還提供**全域變數 (Global Variable)**[5] 與**靜態變數**

---
5 關於全域變數可參考本書第 9 章 9-4 節。

(Static Variable) 兩種方式,讓變數可以在程式執行的過程中持續占有記憶體空間──它們都屬於**靜態儲存類別 (Static Storage Class)**。

全域變數在記憶體內的空間配置是**靜態的 (Static)**,必須宣告在所有函式與程式區塊之外,其記憶體空間自程式開始執行時加以配置,直到程式結束執行前都不會被回收。請參考以下的範例程式:

Example 13-2:使用靜態儲存類別的全域變數範例
Location: ☁/examples/ch13
Filename: global.cpp

```
1   #include <iostream>
2   using namespace std;
3   
4   int x=100,y=200; // 全域變數宣告
5   
6   void foo()
7   {
8       int x=5; // 區域變數宣告
9       cout << "在foo()函式裡" << endl;
10      cout << "區域變數: x=" << x << endl;
11      cout << "全域變數: y=" << y << endl;
12  }
13  
14  int main()
15  {
16      int i=15; // 區域變數宣告
17      cout << "在main()函式裡" << endl;
18      cout << "區域變數: i=" << i << endl;
19      cout << "全域變數: x=" << x << " y=" << y << "\n\n";
20      foo();
21  }
```

在上述程式碼片段中,宣告在第 4 行的變數 x 與 y 獨立於所有的函式與程式區塊之外的全域變數,其記憶體空間會從程式開始執行時加以配置,直到程式結束前都不會被回收。第 11 行與第 19 行示範了全域變數可以在任何一個函式裡使用,除非在該函式內有相同名稱的區域變數。例如第 8 行宣告在 foo() 函式裡的區域變數,其名稱與全域變數 x 相同,所以在 foo() 函式裡使用的變數 x 是指區域變數的 x,

而不是全域變數 x。此程式的執行結果如下：

```
在main()函式裡
區域變數: i=15
全域變數: x=100 y=200

在foo()函式裡
區域變數: x=5
全域變數: y=200
```

除了全域變數以外，我們也可以在區域變數前使用 static 修飾字，來將變數的記憶體配置從自動改為靜態，且在程式執行的過程中，該變數會持續占有記憶體空間 —— 不會隨著函式或程式區塊的執行與結束進行配置與回收，我們將其稱為**靜態變數 (Static Variable)**。一個靜態變數與全域變數相同，都是在程式開始執行時，配置記憶體空間並在程式結束前不會加以回收。請參考以下的範例程式：

Example 13-3：使用靜態儲存類別的靜態變數範例

Location: /examples/ch13

Filename: static.cpp

```cpp
1  #include <iostream>
2  using namespace std;
3
4  void foo()
5  {
6      static int count=0;
7      cout << "第" << ++count << "次呼叫foo()" << endl;
8  }
9  int main()
10 {
11     for(int i=0;i<5;i++)
12         foo();
13 }
```

此程式的執行結果如下：

```
第1次呼叫foo()
第2次呼叫foo()
第3次呼叫foo()
第4次呼叫foo()
第5次呼叫foo()
```

此範例程式第 6 行所宣告的 count 變數，由於使用的 static 修飾字，所以將會在程式執行時就配置到一塊整數的記憶體空間，並將其初始值設為 0。後續當 main() 函式裡使用迴圈多次呼叫 foo() 函式時，第 6 行的程式碼並不會再次地宣告 count 變數，而是會直接使用已經配置好的記憶體空間，在第 7 行使用 ++count 將其值遞增後透過 cout 加以輸出。在函式內的 static 變數，就好比讓函式有了記憶一樣，我們可以把每次呼叫函式時的計算結果或特定的數值保存起來，在後續的呼叫中使用。

存取其它函式的區域變數？

請試著修改 Example 13-3 的 static.cpp 程式，將宣告在 foo() 函式裡的 count 變數前的 static 移除。猜猜看，此程式的執行結果將會變得如何？

> 解答：將原有 static 從 count 變數宣告移除後 foo() 函式內的自動變數，每當 foo() 函式被呼叫時，它就會被加以配置（且將其值設為 0），然後在 ++count 後結束 foo() 函式的執行，並將 count 變數所得到的值顯示輸出。所以最下方 foo() 又被呼叫時，count 變數又會被重新加以配置（且其值又被設為 0），因此其執行結果將會輸出 5 次的「第 1 次呼叫 foo()」。

13-3　動態儲存類別

　　動態儲存類別 (Dynamic Storage Class) 的記憶體管理方式相當簡單：需要取得記憶體空間時，使用 new 保留字進行配置，並使用指標來對該記憶體空間進行操作；當不再需要該空間時，則使用 delete 來將空間回收[6]。這種動態配置與回收的方法，適用於基本內建資料型態的數值、陣列、字串以及使用者自定的資料型態，本節後續將逐一加以介紹。

13-3-1　基本內建資料型態

使用 new 配置記憶體空間來操作**基本內建資料型態 (Primitive Built-In Data Type)** 的數值非常簡單，只要在 new 的後面接上資料型態即可。以下我們將以 int 整數為例，示範基本內建資料型態的動態記憶體空間配置與回收（讀者可以自行將 int 整數替換為其它基本內建資料型態）。請參考以下的程式碼，它會動態地配置一個 int 整數的記憶體空間，並將該空間的起始位址傳回：

```
new int;
```

為了要能夠使用所配置到的空間，我們可以宣告一個指標來存放 new 所傳回的記憶體位址：

```
int *p;
p = new int;
```

或是將動態配置記憶體空間的敘述寫在指標變數後面：

```
int *p = new int;
```

讓指標指向動態配置的記憶體空間後，就可以透過間接存取的方式來存取該空間內的數值[7]，例如：

```
*p = 5;        //將整數值5存放在指標p所指向的記憶體空間裡
x = *p + 2;    //將指標p所指向的整數值加上2後，存放於變數x裡
cout << *p;    //將指標p所指向的整數值加以輸出
cin >> *p;     //將使用者輸入的數值存放於指標p所指向的記憶體空間
```

---

6 雖然 delete 字面上是刪除之意，但已配置的記憶體空間只是被釋放回收而已，並不會真的被刪除。

7 關於指標的操作可以參考本書第 10 章。

當所配置的空間不再需要時,則使用 delete 加以回收:

```
delete p;
```

13-3-2 動態陣列

我們也可以透過 new 與 delete 來動態地配置與回收陣列的記憶體空間。請參考下面的例子:

```
int *p = new int [10];
```

上面的敘述動態地配置了一塊可用以存放 10 個 int 整數的陣列空間,並且讓指標 p 指向它。後續我們就可以透過指標 p 來存取陣列中的數值,例如以下的程式碼將陣列中索引值為 i 的整數設定為 i:

```
for(int i=0;i<10;i++)
   *(p+i) = i;
```

除了上述的操作方式之外,我們也可以把指向陣列的指標當成陣列來使用[8]。請參考以下的程式碼,它和上面那段程式碼的作用是相同的:

```
for(int i=0;i<10;i++)
   p[i] = i;
```

要特別注意的是,當我們不再需要使用動態配置的陣列空間時,要記得使用以下敘述加以回收:

```
delete [] p;
```

13-3-3 動態結構體

結構體也可以使用 new 與 delete 來進行配置與回收。下面的程式碼先定義了一個名為 point 的結構體:

---

[8] 此部分可參考本書第 10 章 10-5-3 節。

```
struct point
{
    int x;
    int y;
};
```

如同動態配置基本內建資料型態的記憶體空間一樣，我們只需要在 new 的後面接上要配置的結構體名稱即可：

```
point *p = new point;
```

後續我們可以使用間接存取的方式，操作這個動態配置的結構體空間，例如以下的程式碼把結構體內的 x 與 y 欄位分別設定為 5 與 10：

```
(*p).x = 5;
(*p).y = 10;
```

但是要注意的是，透過指向結構體的指標來存取其內部的資料欄位時，還可以使用**箭頭運算子 (Arrow Operator)**，也就是 -> 來進行存取，例如下面的程式碼同樣將結構體內的 x 與 y 欄位分別設定為 5 與 10：

```
p->x = 5;
p->y = 10;
```

當所配置的結構體空間不再使用時，也可以使用 delete 來加以回收：

```
delete p;
```

13-3-4　動態結構體陣列

下面的程式範例，宣告並動態配置了結構體陣列：

Example 13-4：動態結構體陣列範例

Location: ☁/examples/ch13

Filename: dynStruct.cpp

```cpp
#include <iostream>
using namespace std;

struct point
{
   int x, y;
};

int main()
{
  point *pdata = new point [10];

  for(int i=0;i<10;i++)
  {
     pdata[i].x=pdata[i].y=i;
  }

  cout << "pdata[0].x = " << pdata[0].x << endl;
  cout << "(*pdata).x = " << (*pdata).x << endl;
  cout << "pdata[2].x = " << pdata[2].x << endl;

  cout << "(pdata+2)->x = " << (pdata+2)->x << endl;
  cout << "(*(point *)(pdata+3)).x = ";
  cout << (*(point *)(pdata+3)).x << endl;
  cout << "(*pdata).x = " << (*pdata).x << endl;

  delete [] pdata;
  return 0;
}
```

請讀者參考前兩個小節的內容，應該就能理解此範例程式的內容，在此不以贅述。此程式的執行結果如下：

```
pdata[0].x = 0
(*pdata).x = 0
pdata[2].x = 2
(pdata+2)->x = 2
(*(point *)(pdata+3)).x = 3
(*pdata).x = 0
```

Example 13-5 則是動態配置二維的結構體陣列的範例,請讀者加以參考:

Example 13-5:動態二維結構體陣列範例

Location: /examples/ch13

Filename: dyn2DStruct.cpp

```
1   #include <iostream>
2   using namespace std;
3   
4   #define ROW 3
5   #define COL 2
6   
7   struct point
8   {
9     int x, y;
10  };
11  
12  int main()
13  {
14    point **p2d = new point *[ROW];
15  
16    for(int i=0;i<ROW;i++)
17    {
18      p2d[i]=new point [COL];
19      for(int j=0;j<COL;j++)
20      {
21        p2d[i][j].x = p2d[i][j].y = (i+1)*(j+1);
22      }
23    }
24  
25    cout << "p2d[i][j]=" << endl;
```

```cpp
26      cout << "i\\j|\t0   |\t1   |" << endl;
27      cout << "---+-------+-------+" << endl;
28
29      for(int i=0;i<ROW;i++)
30      {
31        cout << " " << i << " | ";
32        for(int j=0;j<COL;j++)
33          cout << "(" << p2d[i][j].x << "," << p2d[i][j].y << ") |";
34        cout << endl;
35      }
36
37      cout << endl;
38      cout << "p2d[0][0].x = (*p2d)[0].x = " << (*p2d)[0].x << endl;
39      cout << "p2d[0][1].x = (*p2d)[1].x = " << (*p2d)[1].x << endl;
40      cout << "p2d[2][0].x = (*(p2d+2))[0].x = " << (*(p2d+2))[0].x
          << endl;
41
42      cout << endl;
43      cout << "p2d[2][0].x = (*(p2d+2))->x = " << (*(p2d+2))->x
             << endl;
44      cout << "p2d[2][1].x = ((*(p2d+2))+1)->x = "
          << ((*(p2d+2))+1)->x << endl;
45
46      for(int i=0;i<ROW;i++)
47        delete [] p2d[i];
48      delete [] p2d;
49
50      return 0;
51    }
```

此程式的執行結果如下：

```
p2d[i][j]=
i\j|<-->0  |<-->1  |
---+-------+-------+
 0 | (1,1) | (2,2) |
 1 | (2,2) | (4,4) |
 2 | (3,3) | (6,6) |
```

```
p2d[0][0].x = (*p2d)[0].x = 1
p2d[0][1].x = (*p2d)[1].x = 2
p2d[2][0].x = (*(p2d+2))[0].x = 3

p2d[2][0].x = (*(p2d+2))->x = 3
p2d[2][1].x = ((*(p2d+2))+1)->x = 6
```

13-3-5　動態字串

我們也可以使用 new 及 delete 來動態地配置與回收字串所需的記憶體空間，請參考下面這個程式：

Example 13-6：動態字串範例

Location: ⬭/examples/ch13

Filename: dynString.cpp

```
1   #include <iostream>
2   using namespace std;
3
4   char * getUserName()
5   {
6      char temp[80];
7      cout << "Enter your name: ";
8      cin.getline(temp, 80);
9
10     char *pName = new char[ strlen(temp) + 1];
11     strcpy(pName, temp);
12
13     return pName;
14  }
15
16  int main()
17  {
18     char *name;
19     name=getUserName();
20     cout << "Hello, " << name << "!\n";
21     delete [] name;
```

```
22
23      return 0;
24  }
```

此程式透過 getUserName() 函式來將使用者所輸入的姓名先存放於一個大小為 80 的 char 字元陣列 temp，然後再透過 new char[strlen(temp) + 1] 依據姓名的字串長度動態地配置所需（含 '\0' 在內）的記憶體空間，最後再將 temp 裡的字串內容以 strcpy() 函式複製到我們動態建立的空間裡。因此，此程式會依據使用者所輸入的姓名長度，動態地配置適當的記憶體空間，其執行結果如下：

```
Enter your name:△Alex△Liu⏎
Hello,△Alex△Liu!⏎
```

習題

1. 以下關於 C++ 語言記憶體管理的敘述，何者正確？
   (A) 自動儲存是指使用 auto 修飾宣告的變數，例如 auto int temp;
   (B) 靜態儲存是指使用 static 修飾宣告的變數，例如 static int count;
   (C) 動態儲存必須以 malloc 配置記憶體空間
   (D) 動態儲存的記憶體空間必須使用 free 加以釋放
   (E) 以上皆錯誤

2. 因為宣告在函式內的變數是使用 **"自動儲存"** 的方式管理其記憶體空間，所以又被稱為 **"自動變數"**。以下哪個選項關於自動變數的敘述是錯誤的？
   (A) 自動變數在程式執行時，會被自動配置一塊適合的記憶體空間
   (B) 自動變數所占的記憶體空間大小，是由其宣告的資料型態決定
   (C) 配置給自動變數的記憶體空間僅在其所處的函式範圍內存在
   (D) 當自動變數所處的函式執行結束時，其配置的記憶體空間就會被回收
   (E) 以上皆正確

3. 假設我們使用 int *p = new int [10]; 建立了一個的動態陣列。若不再需要使用此動態陣列，應該使用以下何種方法回收（釋放）其空間？

(A) `delete p;`   (B) `delete [] p;`   (C) `delete p[];`
(D) `delete array(p);`   (E) 以上皆錯誤

4. 請參考以下的程式碼：

```
struct point
{
    int x, y;
};

point *p = new point;
```

請問下列選項何者正確？
(A) 我們可以使用 `p->x=5`，將該結構體的 x 欄位設定為 5
(B) 我們可以使用 `*p.y=10`，將該結構體的 y 欄位設定為 10
(C) 我們可以使用 `cout << *p`，將該結構體的 x 與 y 欄位內容輸出
(D) 我們可以使用 `delete *p` 將其記憶體空間加以釋放
(E) 以上皆錯誤

5. 請參考以下的 C++ 程式碼片段：

```
int x=38;
int *p = new int;

*p=5;
p=&x;

cout << x << " and " << *p;
```

以下何者為其執行輸出的結果？
(A) 38△and△5   (B) 38△and△38   (C) 5△and△38
(D) 5△and△5   (E) 以上皆錯誤

6. 請參考以下的程式碼 main.cpp 與 dynArray.h（可於網路下載並解壓縮本書習題相關檔案後，在 /exercises/ch13/6 目錄中取得）：

Location: /exercises/ch13/6

Filename: main.cpp

```cpp
#include <iostream>
using namespace std;
#include "dynArray.h"

int main()
{
  int **data;

  data=make2DArray();

  for(int i=0;i<4;i++)
  {
    for(int j=0;j<3;j++)
      cout << data[i][j] << " " ;
    cout << endl;
  }

  for(int i=0;i<4; i++)
    delete [] data[i];
  delete [] data;
  return 0;
}
```

Location: /exercises/ch13/6

Filename: dynArray.h

```cpp
int **make2DArray();
```

你必須完成名為 dynArray.cpp 的 C++ 語言程式，其中包含定義在 dynArray.h 裡的 make2DArray() 函式的實作，此函式會動態配置一個 4×3 的二維 int 整數陣列，並將其數值設定為 {{1,2,3},{4,5,6},{7,8,9},{10,11,12}}。此題可使用以下的 Makefile 進行編譯（可自行下載取得）：

Location: ☁/exercises/ch13/6

Filename: Makefile

```
1  all: main.cpp dynArray.o
2      [ tab ]  c++ main.cpp dynArray.o
3
4  dynArray.o: dynArray.cpp dynArray.h
5      [ tab ]  c++ -c dynArray.cpp
6
7  clean:
8      [ tab ]  rm -f *.o *~ *.*~ a.out
```

此題的執行結果可參考如下：

執行結果：

```
1△2△3⏎
4△5△6⏎
7△8△9⏎
10△11△12⏎
```

7. 請參考以下的程式碼 main.cpp 與 nums.h（可於網路下載並解壓縮本書習題相關檔案後，在 /exercises/ch13/7 目錄中取得）：

Location: ☁/exercises/ch13/7

Filename: main.cpp

```
1  #include <stdio.h>
2  #include <stdlib.h>
3  #include "nums.h"
4  using namespace std;
5
6
7  int main()
8  {
9      int *nums;
10     bool quit=false;
11     char cmd;
12     int size=5;
```

```
13      int i,j=1;
14
15      nums= new int[size];
16      for(i=0;i<size;i++)
17      {
18        nums[i]=j++;
19        j=j==4?1:j;
20      }
21
22      while(!quit)
23      {
24        cmd=getchar();
25        switch(cmd)
26        {
27          case 'l':
28            showAllNumbers(nums, size);
29            getchar();
30            break;
31          case 'i':
32            nums=increasingSpace(nums, size);
33            size*=2;
34            getchar();
35            break;
36          case 'd':
37            nums=decreasingSpace(nums, size);
38            size=size<=5?size:size/=2;
39            getchar();
40            break;
41          case 'q':
42            quit=true;
43            break;
44        }
45      }
46    }
```

Location: ☁/exercises/ch13/7

Filename: nums.h

```
1   void showAllNumbers(int nums[], int size);
2   int *increasingSpace(int nums[], int size);
3   int *decreasingSpace(int nums[], int size);
```

你必須完成名為 nums.cpp 的 C++ 語言程式,其中包含定義在 nums.h 裡的 showAllNumbers()、increasingSpace() 與 decreasingSpace() 函式的實作。此程式預先建立了一個大小為 5 的動態陣列空間 nums,然後在執行時依使用者指令,進行以下操作:

- l:呼叫 showAllNumbers() 列示 nums 中所有的數字。
- i:呼叫 increasingSpace() 增加一倍空間。
- d:呼叫 decreasingSpace() 減少一半空間,但 nums 的大小不得小於 5。

要注意的是,不論 nums 中有多少空間,其所存放的皆為數字 1、2 與 3,並且會維持此依序(請自行觀察本題的執行結果)。此題可使用以下的 Makefile 進行編譯(可自行下載取得):

Location: ⬇/exercises/ch13/7
Filename: Makefile

```
1  all: main.cpp nums.o
2      tab   c++ main.cpp nums.o
3
4  nums.o: nums.cpp nums.h
5      tab   c++ -c nums.cpp
6
7  clean:
8      tab   rm -f *.o *~ *.*~ a.out
```

此題的執行結果可參考如下:

執行結果 1:

```
l↵
12312↵
q↵
```

執行結果 2:

```
i↵
i↵
l↵
```

```
12312312312312312312↵
d↵
1↵
1231231231↵
d↵
1↵
12312↵
d↵
Cannot resize it!
1↵
12312↵
q↵
```

8. 請參考以下的程式碼 main.cpp 與 box.h（可於網路下載並解壓縮本書習題相關檔案後，在 /exercises/ch13/8 目錄中取得）：

Location: ☁/exercises/ch13/8

Filename: main.cpp

```cpp
#include<iostream>
using namespace std;
#include "box.h"

int main()
{
    int *box;
    box=makeBox();
    showBox(box);
    randBox(box);
    showBox(box);
    delete [] box;
}
```

Location: ☁/exercises/ch13/8

Filename: box.h

```cpp
void showBox(int *box);
void randBox(int *box);
int *makeBox();
```

你必須完成名為 box.cpp 的 C++ 語言程式，其中包含定義在 box.h 裡的 showBox()、randBox() 與 makeBox() 函式的實作，其中 makeBox() 函式將會動態配置一個可存放 10 個 int 整數的陣列空間，並將整數值 1~10 依序放入該陣列中再將其記憶體位址回傳；randBox() 則將所傳入的記憶體位址視為一個 int[10] 整數陣列，並使用亂數將其中的數值打亂順序。至於 showBox() 同樣將所傳入的記憶體位址視為一個 int[10] 整數陣列，並將其內容輸出。此題可使用以下的 Makefile 進行編譯（可自行下載取得）：

Location: ⌂/exercises/ch13/8
Filename: Makefile

```
1  all: main.cpp box.o
2   [tab]  c++ main.cpp box.o
3
4  box.o: box.cpp box.h
5   [tab]  c++ -c box.cpp
6
7  clean:
8   [tab]  rm -f *.o *~ *.*~ a.out
```

此題的執行結果可參考如下（輸入結果中的第二行內容是由亂數打亂順序後的陣列內容，其內容依實際執行結果而定）：

執行結果 1：

```
1,2,3,4,5,6,7,8,9,10
9,1,5,8,3,7,4,10,6,2
```

執行結果 2：

```
1,2,3,4,5,6,7,8,9,10
6,10,1,2,9,7,4,5,8,3
```

Chapter 14 走向物件導向世界

　　從本章開始，我們將正式開始朝向「物件導向世界」邁進。自 1970 年代起，結構化程式語言，透過循序 (Sequence)、選擇 (Selection) 與重複 (Repetition) 等控制結構，再加上使用函式所能達成的模組化設計，有效滿足了當時絕大多數程式設計的功能需求。然而從 1970 年代至今，電腦系統的功能與使用者的需求不斷地提升，為了因應隨之大幅增加的軟體開發困難度與複雜性，程式語言與程式設計的方法、工具和技術也隨之不斷演化。支援物件導向程式設計 (Object-Oriented Programming, OOP) 的 C++ 語言即為一例，它不但承襲了來自 C 語言的特點，還引入了包含**抽象 (Abstraction)**、**封裝 (Encapsulation)**、**繼承 (Inheritance)** 與**多型 (Polymorphism)** 等特性，顛覆了以往程式設計以 **"功能"** 為核心的做法，轉變成為以 **"物件"** 為主的思維方法。自 1983 年 C++ 問世已來，歷四十餘年的發展，C++ 語言已經成為資訊產業最主流的程式語言之一，同時也是支援物件導向的程式語言 (Object-Oriented Programming Language, OOPL) 當中最為強大、但也最為複雜的語言。在我們開始學習物件導向的觀念與程式設計方法之前，本章將先為讀者說明物件導向技術是如何用來解決傳統程式設計既有的一些問題，並就物件導向程式設計的特性與思維方式加以簡介。

14-1　思維的演進

　　從有程式語言以來，程式設計師的工作就是撰寫程式來解決問題或滿足使用者的需求，但由於軟硬體環境的快速改變與使用者的需求持續提升，我們的工作內容也變得愈來愈複雜與困難。雖然程式語言也在持續地演化當中，但不論其如何發展，終究只是被用來設計程式的工具而已。對程式設計師而言，首先要依據特定的思維方式，來制定解決問題或滿足需求的方案；然後才是依據程式語言的語法規則，將方案實作為程式碼。

一直以來，不斷地有人提出許多不同的程式設計思維方法，希望能夠幫助程式設計師更容易地完成各式程式的開發，然而由於問題的多樣性與複雜性，不太可能使用單一的方法去滿足所有不同程式的設計需求。據筆者個人的觀察，大部分使用結構化程式語言（例如 C 語言）的程式設計師，在累積一定數量的程式開發經驗後，或許是受到結構化程式語言的特性影響，往往都會在無形當中自然養成一種以 **"功能"** 為導向的思維方式 —— 針對所要開發的程式，首先思考的是 **"程式該提供哪些功能?"**，然後才是思考 **"該如何用程式碼來完成這些功能?"**。例如一個銀行的帳戶管理程式與學校的成績處理程式，分別會需要為客戶計算其銀行帳戶餘額利息，以及判斷學生的修課成績是否及格；這些需求通常會很直覺地轉換為程式所應該提供的功能，然後使用結構化程式語言所提供的循序、選擇與重複等控制結構，依據功能的處理流程與邏輯分別將這些功能開發為 `interest()` 與 `isPass()` 等函式。筆者將這種習慣成自然的思維方法稱為**功能導向程式設計思維方法 (Function-Oriented Programming Paradigm, FOPP)**，或簡稱為**功能導向方法**。

本節後續將從這種 "習慣成自然" 的功能導向程式設計思維方法開始，帶領讀者一覽其優缺點，並討論物件導向的思維方式如何因應相關問題。

> ⚠️ **功能導向程式設計思維方法**
>
> 功能導向程式設計思維方法 (Function-Oriented Programming Paradigm, FOPP)一詞在本書僅用以表示重視 **"功能"** 的構思與程式開發方法 —— 先確認程式所需的功能為何，再以循序、選擇與重複等控制結構來實現程式功能，並常常將功能開發為函式。儘管此名詞與一些其它既有的程式設計思維方法的名稱相似，例如**程序導向程式設計 (Procedure-Oriented Programming)** 與**函式程式設計 (Functional Programming)** 等，但它們的內涵並不相同，請讀者不要被看起來相似的名稱給混淆了。

14-1-1 功能導向方法

功能導向程式設計思維方法（**Function-Oriented Programming Paradigm**，簡稱為**功能導向方法**）可以視為是一種以目的為驅動的方法，針對所要開發的程式，首要的工作是思考 **"程式該提供哪些功能?"**，後續再思考 **"該如何完成這些功能?"**。考慮到模組化設計的好處，在大部分的情況下，我們都會將所要開發的功能設計為函式;但是要提醒讀者注意的是,函式只是實作程式功能的做法之一,並不是強制性或必要的做法。事實上,本書所使用的功能導向一詞是用來表示程式的開發是功能為主體,但不限定實作的方法。

現在,讓我們以功能導向程式設計思維方法為例,考慮一個銀行的帳戶管理程式與學校的成績處理程式,假設它們分別需要計算客戶的銀行帳戶餘額利息,以及判斷學生的修課成績是否及格等功能,我們可以分別將這兩個功能開發為兩個函式 interest() 與 isPass():

```cpp
int interest(int balance, double rate)
{
    return balance*rate;
}
```

```cpp
bool isPass(int score)
{
    return (score>=60);
}
```

假設在程式裡有代表銀行客戶 Amy 的銀行帳戶餘額變數 amy_balance,以及代表學生 Bob 的修課成績變數 bob_score:

```cpp
int amy_balance;
int bob_score;
```

我們可以將 amy_balance 及利率 0.01(也就是 1%)作為引數,對 interest() 函式進行呼叫,以得到其應得之利息金額;另外也可以將 bob_score 作為引數,去呼叫 isPass() 函式,就可以得知 Bob 是否及格。請參考下的程式碼:

```cpp
//呼叫interest()取得Amy應得的利息金額
cout << interest(amy_balance, 0.01) << endl;

//呼叫isPass()判斷Bob是否及格
if (isPass(bob_score))
    cout << "Bob Pass" << endl;
```

我們將上述這種程式開發的方法，稱為功能導向程式設計思維方法 —— 以程式所需要的 **"功能"** 為主體，將其設計為函式，並將相關資料作為引數進行函式呼叫。在這種思維裡，功能是主角，提供功能所需的資料或是會受到這些功能影響的 **"對象"**（例如客戶與學生）只是配角。

14-1-2　功能導向的缺點

許多讀者應該對前一小節所介紹的功能導向方法並不陌生，但它存在兩個主要的缺點，分述如下：

1. **函式容易被錯誤地使用**：採用功能導向的程式設計思維方法時，為了實現特定功能所開發的函式，也可以在不同的程式裡再次使用，例如計算利息的 interest() 與及格與否的 isPass() 函式，未來也可以在銀行的定期存款處理程式（需要為客戶計算定存可實現利息收入）與學校的期中成績預警程式（需要針對期中成績不及格同學發出預警）中再次使用。函式可以重複使用的好處是顯而易見的（例如可以縮短軟體的開發時程、降低開發成本），但卻也可能造成新的問題，例如同樣呼叫這些函式但卻提供了不正確的引數，雖然在語法上是正確的（所以能夠通過編譯），但卻會帶來無意義（或不正確的）運算結果 —— 這種情況就是主角與配角的組合出了問題，又可稱為 **"語法正確但語意錯誤"**，是比單純語法錯誤更難發現及改正的錯誤。例如以下的兩個呼叫：

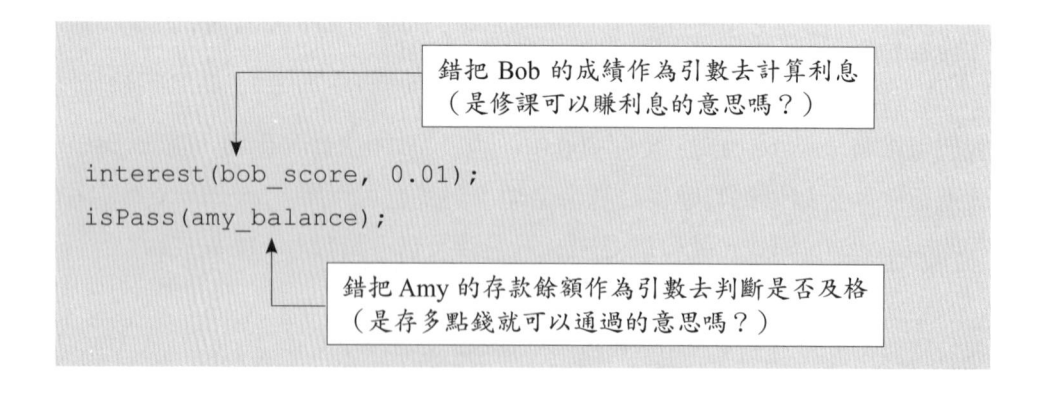

   ```
   interest(bob_score, 0.01);
   isPass(amy_balance);
   ```

   > 錯把 Bob 的成績作為引數去計算利息（是修課可以賺利息的意思嗎？）
   >
   > 錯把 Amy 的存款餘額作為引數去判斷是否及格（是存多點錢就可以通過的意思嗎？）

2. **鬆散的相關資料項目**：其實上述的例子還存在更多的問題，例如一個銀行帳戶管理的程式，其實不太可能只考慮客戶的帳戶餘額和利息的計算而已，通常可能還包含有客戶的姓名、身分證字號、帳號等資訊以及包含存款、提款、轉帳、終止帳戶等功能；若暫時不討論功能的部分，僅就資料項目來看，我們至少要為 Amy 這位客戶新增以下的變數宣告：

```
string amy_name;
string amy_ID;
string amy_accountNo;
int    amy_balance;
```

同理，我們也必須為 Bob 這位同學新增一些變數：

```
string bob_name;
string bob_SID;
int    bob_score;
```

像這種針對單一 "對象"（例如客戶與學生）宣告多個變數的做法，除了過於麻煩以外還有鬆散的問題；因為我們必須要宣告好多個變數，而且同一個 "對象" 的多個變數彼此間也不具有相關性。若是未來應用到更多個客戶、更多個學生時，事情就更為為麻煩了，因為我們就必須要為更多的客戶與學生宣告更多的變數：

```
string amy_name;
string amy_ID;
string amy_accountNo;
int    amy_balance;
string betty_name;
string betty_ID;
string betty_accountNo;
int    betty_balance;
string catherine_name;
string catherine_ID;
string catherine_accountNo;
int    catherine_balance;
            ⋮
string bob_name;
```

```
string bob_SID;
int    bob_score;
string robert_name;
string robert_SID;
int    robert_score;
string tiffany_name;
string tiffany_SID;
int    tiffany_score;
           :
```

當然這個問題可以使用陣列來稍微改善,例如:

```
string customer_name[SIZE];
string ID[SIZE];
string accountNo[SIZE];
int    balance[SIZE];

string student_name[SIZE];
string SID[SIZE];
int    score[SIZE];ring tiffany_SID;
```

但這種將對象(也就是例子中的客戶與學生)的多個相關資料宣告為陣列的方法,儘管少了宣告大量變數的問題,但仍然沒有解決鬆散的問題——因為同一個 "**對象**" 的多個陣列間還是不具備相關性!舉例來說,你怎麼能夠從陣列 ID[] 的名稱知道它是代表銀行客戶還是學生的身分證字號?又如何從陣列 balance[] 的名稱知道它是代表銀行客戶的帳戶餘額?還是學生的學餐預付卡餘額呢?

針對功能導向所具有的缺點,我們將在接下來的小節裡說明如何使用結構體與類別來加以解決。

14-1-3 結構體 1.0

在過去,在程式碼裡鬆散的變數或陣列是否具有相關性,無法直接從程式碼中加以理解,必須透過我們另外給定的附加說明(例如程式碼註解)才能得知。不

過這個 "鬆散" 的問題其實並不難處理，只要採用結構體就可以解決了。具體做法是針對所要處理的 "對象" 使用結構體的方式，將其相關的資料項目集中起來宣告為一個結構體，然後再將我們所要處理的對象宣告為這個結構體的變數。例如銀行的客戶與學生就是我們所討論的對象，而他們的姓名、身分證字號、帳號、學號、成績等資訊就是所謂的相關資料項目。請參考以下的 Customer 與 Student 結構體宣告：

```
struct Customer
{
    string name;
    string ID;
    string accountNo;
    int    balance;
};
struct Student
{
    string name;
    string SID;
    int    score;
};
```

有了 Customer 與 Student 這兩個結構體後，就可以將 Amy 與 Bob 這兩個我們所要處理的對象宣告為這兩個型態的變數：

```
Customer amy;
Studnet  bob;
```

像這樣使用結構體將同一對象的相關資料項目收納在一起的做法，就把鬆散的問題解決了！現在 amy 和 bob 分別是 Customer 和 Student 結構體的變數，所有和 amy 與 bob 相關的資料項目都屬於他們自己：

```
// 通通都是amy的(.)
amy.name;
amy.ID;
```

```
amy.accountNo;
amy.balance;

// 通通都是bob的(.)
bob.name;
bob.SID;
bob.score;
```

像這樣透過結構體的使用，我們就可以從程式碼看出哪些資料項目彼此間是相關；甚至當你錯誤地使用它們時，編譯器也能夠幫我們把關，例如當你想要使用銀行客戶 Amy 的 **"成績"**（也就是 `amy.score=100`），或是學生 Bob 的 **"帳號"**（也就是 `bob.accountNo=200000`）時，你將會看到以下的錯誤訊息：

```
error: no member named 'score' in 'Customer'
    amy.score=100;
    ~~~ ^
error: no member named 'balance' in 'Student'
    bob.balance=200000;
    ~~~ ^
```

本節所使用的結構體其實是 C++ 語言承襲 C 語言而來的，因此上述的討論雖然是 C++ 語言的程式碼，但其實也可以適用於 C 語言；由於 C++ 語言後續又將結構體的語法與功能又加以擴展，所以已經和以往的 C 語言不盡相同，為了區別起見，本書後續將 C++ 語言改變後的結構體，稱為**結構體 2.0** —— 請參考下一小節的說明。

14-1-4　結構體 2.0

經過前一小節的說明，我們可以利用結構體 1.0 來將具有相關性的資料項目集中起來，讓 amy 的歸 amy、bob 的歸 bob，有效地解決了資料鬆散的問題。但是使用錯誤引數呼叫函式（也就是語法正確但語意錯誤）的問題仍然還沒解決。請參考下面的例子：

```
interest(bob.score, 0.01);
isPass(amy.balance);
```

錯把 Bob 的成績作為引數去計算利息
（是修課可以賺利息的意思嗎？）

錯把 Amy 的存款餘額作為引數去判斷是否及格
（是存多點錢就可以通過的意思嗎？）

為了解決這個問題，現在就輪到結構體 2.0 登場了！本章前面已經提到，作為 C 語言的後繼者，C++ 把承襲自 C 語言的結構體 1.0，增加功能擴充為更強大的結構體 2.0，其中最大的變革就是允許結構體定義專供自己使用的函式。例如我們可以將計算 Amy 的銀行帳戶餘額利息，以及判斷 Bob 的修課成績是否及格等功能，將其設計為在結構體內的函式。請參考以下的程式碼：

```
struct Customer
{
    string  name;
    string  ID;
    string  accountNo;
    int     balance;
    // 加入了計算存款利息的函式
    int interest(double rate)
    {
        return balance*rate;
    }
};

struct Student
{
    string  name;
    string  SID;
    int     score;

    // 加入了判斷成績是否及格的函式
```

```
bool isPass()
   {
      return (score>=60);
   }
};
```

在上面的程式碼裡，interest() 與 isPass() 這兩個函式分別實作在 Customer 和 Student 結構體的定義內，成為了和結構體相關的功能，將專供自己使用 —— 也就是只有宣告為該結構體的變數才能夠加以呼叫。請參考下面的程式碼：

```
Customer amy;     //amy被宣告為Customer結構體
Studnet  bob;     //bob被宣告為Sutdent結構體

                        呼叫 amy 自己專用的 interest() 函式
cout << amy.interest(0.01) << endl;
if(bob.isPass())        呼叫 bob 自己專用的 isPass() 函式
   cout << "Bob Pass" << endl;
```

如果你試圖讓身為銀行客戶的 amy 去呼叫 isPass() 或是讓 bob 同學去呼叫 interest()，現在就會由編譯器顯示以下的錯誤訊息：

```
error: no member named 'interest' in 'Student'
    bob.interest();
    ~~~ ^
error: no member named 'isPass' in 'Customer'
    amy.isPass();
    ~~~ ^
```

至此，我們可以發現 C++ 語言的結構體 2.0，不但可以針對特定的對象將相關資料集合起來（解決了資料鬆散的問題），同時還透過可以設計專用的函式來解決錯誤呼叫函式的問題 —— 功能導向程式設計可能帶來的相關問題，都被結構體 2.0 解決了。

14-1-5 類別與物件

作為使用者自定資料型態的結構體，當 C++ 將其擴展至結構體 2.0 時，其作用早已超出了單純的資料型態，更像是物件導向觀念中的**類別 (Class)**──可用以定義特定對象的屬性與方法，其中屬性就是指相關的資料項目，方法（又稱為行為）則是操作相關資料項目的函式。C++ 語言提供 class 保留字，讓我們可以用來定義類別，請參考下面的程式碼：

```cpp
class Customer
{
public:
    string name;
    string ID;
    string accountNo;
    int    balance;
    // 加入了計算存款利息的函式
int interest(double rate)
    {
        return balance*rate;
    }
};

struct Student
{
public:
    string name;
    string SID;
    int    score;

    // 加入了判斷成績是否及格的函式
bool isPass()
    {
        return (score>=60);
    }
};
```

上面這段程式碼的內容是 C++ 語言的類別定義，儘管我們還未開始說明其語法[1]，但讀者們應該可以發現它與前面的結構體定義基本上是相同的，除了把 struct 換成 class 以外，就只有在大括號裡的開頭處新增了一行「public:」——關於其作用以及結構體 2.0 與類別間的差異，我們將在下一章加以說明。

有了上述的類別定義後，我們就可以用來將 amy 與 bob 宣告為 Customer 類別與 Student 類別的變數：

```
Customer  amy;
Studnet   bob;
```

上述的 amy 與 bob 變數若使用物件導向的術語來說，它們分別是 Customer 類別與 Student 類別的**物件 (Object)**。物件的使用也如同結構體變數一樣，可以使用**直接成員選取運算子**（也就是 .）[2] 來存取其屬性（也就是相關的資料項目）或使用其方法（也就是呼叫專供其使用的函式），請參考以下的例子：

```
amy.balance = 100000;   // 設定amy的存款餘額為100000
amy.interest(0.02);     // 呼叫amy的計算利息函式（利率2%）
bob.score=59;           // 設定bob的分數為59分
bob.isPass();           // 呼叫bob的判斷是否及格函式
```

本節僅先就類別與物件的概念進行粗淺的介紹，更詳細的說明請參考本書第 15 章。

14-2　物件導向思維

到目前為止，我們已經從功能導向的優缺點一路談到結構體 1.0、結構體 2.0 及類別；在範例中的客戶與學生，也從原本稱呼為 "對象" 轉變為 "物件"。我們也已經為讀者說明了 C++ 語言是如何使用**類別 (Class)** 來解決功能導向程式設計思維方法的缺點。要提醒讀者注意的是，前一節（14-1 節）的目的並不只是說明類別可以解決功能導向方法的不足而已，它其實是要指出我們過去所習慣的程式設計方法儘管還是可以解決問題、滿足使用者的需求，但隨著程式複雜性與困難性的提

---

[1] 關於類別更詳細的說明，請參考本書下一章（也就是第 15 章）。
[2] 直接成員選取運算子可參考本書第 12 章 12-1-2 節。

升，過去習慣的方法已經遇到了一些問題與瓶頸；而物件導向的存在不只是為了解決以往的問題，更重要的是它代表了一種全新的觀念與思維方式。此一嶄新的思維方式，將會決定與影響我們如何看待應用程式、如何看待程式所代表的物件導向世界、如何看待物件與物件，以及物件與使用者間的互動等。想要學習物件導向程式設計，就是要學習如何使用物件導向的思維方法來構思、設計與實作程式。

就像人們在做任何事情時，腦海裡或多或少都有一些習慣性的思維方式，而這些思維的方法會影響人們的決策與行為。但不要以為思維是自由的！是不受限的！其實思維是會受限於我們所使用的工具與環境。試想在原始人類的時代，當他們好不容易狩獵到野豬回到部落後，腦海裡浮現的可能只有鑽木取火來做原味炭烤，或是任其風吹日曬製作成肉乾；再怎麼摩登的原始人，也無法想像有冰箱可以保存食物、有瓦斯爐、烤箱、微波爐、電鍋、大同電鍋、蒸籠等各種器具，還有油、鹽、醬、醋、糖以及各種現代的食材可以料理的時代。所以在原始人的腦海裡永遠不會有 "把 -10 度 C 低溫保存的豬肋排從冰箱拿出來微波解凍後，用烤箱 200 度高溫烘焙 30 分鐘" 的料理方法吧！

物件導向其實就是一種思維的方式，讀者們除了要能夠掌握、理解以物件為核心的思考方式外，還必須學習如何使用支援物件導向的程式語言，來將概念轉化為實作的程式碼。對於程式設計師而言，我們的思維方式很大幅度地會受限於慣用的程式語言的功能與特性，例如慣用結構性程式語言的人（例如本書在本章之前的內容，絕大部分都承襲自 C 語言，也就是屬於結構化程式語言的部分），很自然地就會朝向使用循序、選擇與重複等控制結構來構思程式的功能該如何實現 ── 無形中已養成功能導向的思維模式。

筆者也曾指出，功能導向的程式設計思維方法並不是特別學習得到的，而是在大量程式開發的過程中慢慢地深植在我們腦海裡的。對於這種已經根深蒂固的思維方法來說，要學習物件導向的思維方法，從以 **"功能"** 為主改成以 **"物件"** 為主的思維方式，其實是非常困難的。所以筆者將繼續為讀者說明物件導向的概念與思維方式，待讀者們有了基本的理解後，才會在後續的章節裡說明 C++ 語言與物件導向相關的語法與程式碼範例。

14-3　抽象化

當我們說物件導向的思維方法是以 **"物件"** 為核心，而不是以 **"功能"** 為核心的時候，並不代表使用物件導向所開發的應用程式就沒有了功能！事實上，應用程式當然必須提供功能去滿足它的使用者,否則就失去了存在的意義。使用物件導向技術所開發的應用程式,當然還是要提供功能給使用者,只不過其實作的方法和過去不同而已。下面這段敘述簡略說明了如何開發物件導向的應用程式,以及它是如何執行以完成使用者所需的功能:

> 物件導向的應用程式,就是以物件為思考的核心,所設計建構的一個抽象的、由物件組成的物件導向世界;當應用程式被執行時,就像是啟動了這個物件導向世界的運轉,透過在執行過程中物件屬性的改變、行為的執行以及物件與物件、物件與使用者的互動等,來實現使用者所需要的各項功能。

上面這段敘述的第一個重點是:物件導向應用程式的開發就是要設計與建構一個 **"抽象"** 的物件導向的世界。儘管從物件導向的觀點來看,大到整個宇宙、小到一顆塵埃,萬事萬物都是物件!不過,我們並不需要全部都放進物件導向世界裡,而是只要依據應用程式的目的挑選相關的物件即可 —— 這種挑選相關物件的過程,就叫做抽象化!

❓ 物件是什麼?

本章已經開始使用**物件 (Object)** 這個名詞,但卻還未正式地為讀者介紹物件的定義。用最簡單的方法來說,**物件**就是 **"東西"**(用台語的東西就唸做 **"物件 (/mih-kiānn/)"**),它是一種廣泛的代稱,我們可以說一台車子是一個東西、一本書是一個東西、一件衣服也是東西、一個人也可以算是東西…,不管你搞得清楚還是搞不清楚的東西都是東西!

抽象化 (Abstraction) 是物件導向四大特性之一[3],指得是將複雜的事物依據特定目的簡化為精簡版本的過程。在物件導向應用程式的開發過程裡,抽象化的工作範圍涵蓋很廣,包含在初始構思階段時的兩項重要工作:決定要將哪些物件放入到物件導向的世界裡?以及決定每個物件的內容為何?以下我們將分項加以說明。

1. **決定要將哪些物件放入物件導向世界**:我們可將在物件導向世界裡的每個物件視為在真實世界裡有形或無形的人、事、時、地、物的**抽象對應**

---

[3] 除抽象化外,剩下三個特性分別是封裝、繼承與多型,我們將在後續章節中陸續加以介紹。

(Abstraction Mapping)。具體來說，**有形的 (Tangible)** 物件是指具有實體的、看得到、模得到的東西，例如學生、教師、銀行客戶、員工、商品、書籍與房子等；**無形的 (Intangible)** 物件則是指虛擬的、看不到、模不到的，例如系所、班級、課程、學期、銀行帳戶與家庭等。

通常在設計應用程式時，我們會先將真實世界裡與應用程式相關的物件逐一加以考慮，經檢視其與應用程式目的的相關性後，最終只需要加入部分物件即可。舉例來說，當我們為一個成績處理應用程式設計其物件導向世界時，首先考慮的就是在真實世界裡與應用程式相關的物件，例如學校、系所、班級、課程、老師與學生等都是與成績處理相關的物件，但當我們再進一步考慮到該應用程式的目的為儲存、列印學生的成績資訊，並針對及格與否進行示警，所以在此物件導向世界裡只需要保留學生的物件，而不必包含學校、系所、班級、課程與老師等物件；可是當應用程式的目的包含輸出每位老師所開授課程的不及格學生名單時，那麼包含學生、老師、課程等物件都應該要存在於物件導向世界裡。

2. **決定物件的內容**：當一個在真實世界中的有形或無形物件被加入到物件導向的世界後，我們還要進一步決定它的內容 —— 將物件抽象化表達為屬性、行為與關係：

   - **屬性 (Attribute)**：與物件相關的資料項目或狀態，在 C++ 裡是以變數的方式存在，例如學生物件具有學號、姓名、性別、學籍狀態、就讀班級、成績、聯絡電話、住址、Email 信箱等屬性。

   - **行為 (Behavior)**：物件可以進行的工作、運算或資料處理等，在 C++ 裡是以函式方式存在，例如學生物件具有查詢是否及格、加選課程、退選課程等行為。

   - **關係 (Relationship)**：物件與物件間也可以存在特定的關係，例如一個學生物件是歸屬於特定的系所與班級物件、一個班級物件可以擁有多個學生物件、一個課程物件可以有多個選修的學生物件、一個學生物件可以選修多們課程物件等。在 C++ 裡可以在物件裡宣告變數、陣列或是使用特定的資料結構（例如 Vector 等）加以表示。

在真實的世界裡，一個物件可能具備許多的屬性、行為與關係，但我們不必全部保留在物件裡，而是再一次的依據與應用程式的相關性進行篩選，保留一部分即可。例如在真實的世界裡，一個學生具有包含姓名、學號、身分證字號、系所、班級、成績、性別、地址、電話、血型、身高、體重、生日、偏好的食物、宗教信仰與疫苗注射記錄等許多的屬性,選修課程、登錄成績、查詢成績、請假、借閱圖書、借用設備等許多行為,以及和課程物件間的修習課程關係、和社團物件間的參與關係、以及和其它學生物件間的朋友關係等眾多的關係。當我們考慮到與成績處理應用程式的相關性時,我們僅需要保留姓名、學號與成績等屬性,選修課程、登錄成績與查詢成績等部分行為,以及和課程物件間的修習課程關係即可,其它與應用目的不相關的屬性、行為與關係則不需要保留。

由於物件所應擁有的屬性、行為與關係是依據應用程式的需求而決定,所以在不同應用情境下,相同的物件也可能會有完全不同的屬性、行為和關係。舉例來說,以表 14-1 顯示了同樣是作為學生的物件,在不同應用情境下,它們的屬性、行為與關係將會有所不同:

表 14-1 學生物件在不同應用情境下的屬性與行為

	成績處理	健康履歷	圖書館借還書	請假	選課
屬性	學號 姓名 平常成績 期中考成績 期末考成績	學號 姓名 性別 健保卡卡號 身高 體重 血型 傷病記錄	學號 姓名 已借圖書數目 逾期罰款	學號 姓名 病假數 公假數 曠課數 是否扣考	學號 姓名 系所 班級 學分數上限 已選課程
行為	查詢作業成績 查詢期中考成績 查詢期末考成績 查詢學期總成績	新增傷病記錄 查詢傷病記錄 預約門診	預約圖書 取消預約 查詢已借圖書 續借圖書	請假申請 取消申請 修改申請 查詢已核準申請 查詢未核準申請	預選登記 查詢預選結果 選課登記 查詢選課順序 查詢選課人數 列印已選清單

除了物件本身的屬性與行為外,我們還要思考物件與物件間可能存在的各種關係,例如在成績處理方面,學生與學生間具有選修同一門課程的同學關係,以及學生與課程間具有一對多的選修關係;在健康履歷方面,則可能存在的校醫與學生的多對多醫病關係;選課方面,則要考慮不同系所、不同年級學生,與特定課程間的限制性關係,例如大一同學必選修課程、非資訊學院學生必修通識程式設計課程

等。這些關係也會影響到程式各項功能的實作,通常都必須在構思階段就應該加以釐清。

當我們完成物件導向世界的構思後,下一步就是要想辦法將這個抽象的物件導向世界建構出來,並且啟動這個世界的運轉(也就是執行應用程式),以實現應用程式所需要的各式功能。在接下來的章節裡,我們將說明如何定義類別?如何使用類別來產生物件?如何透過物件來實現所需的應用功能?此外,我們也將為讀者說明除抽象化以外的另外三大物件導向特性:封裝、繼承與多型,以幫助讀者奠定良好的物件導向程式設計基礎。

習題

1. 請參考以下用以代表銀行客戶以及學生的結構體宣告,以及一個用以計算學生成績是否及格的 `isPass()` 函式:

```
struct Customer {
    string name;
    string ID;
    string accountNo;
    int    balance;
}

struct Student {
    string bob_name;
    string bob_SID;
    int    bob_score;
}
bool isPass(int score){
    return (score>=60);
}
```

假設我們在後續的程式碼中宣告以下的結構體變數:

```
Customer amy;
Student bob;
```

並且呼叫 isPass(amy.balance) 與 isPass(bob.score)，以下敘述何者不正確？

(A) isPass(amy.balance) 的呼叫語法上正確

(B) isPass(bob.score) 的呼叫語法上正確

(C) 呼叫 isPass(amy.balance) 所傳入的引數在語意上不正確

(D) 呼叫 isPass(bob.score) 所傳入的引數在語意上不正確

(E) 以上皆是

2. 請參考以下用以代表銀行客戶以及學生的類別宣告：

```
class Customer {
public:
    string name;
    string ID;
    string accountNo;
    int    balance;
}
class Student {
public:
    string bob_name;
    string bob_SID;
    int    bob_score;
    bool isPass(){
         return (score>=60);
     }
}
```

假設我們在後續的程式碼中進行以下的宣告：

```
Customer amy;
Student bob;
```

並且呼叫 isPass(amy.balance) 與 isPass(bob.score)，以下敘述何者不正確？

(A) `isPass(amy.balance)` 的呼叫語法上正確

(B) `isPass(bob.score)` 的呼叫語法上正確

(C) 正確的呼叫方式應該是 `amy.isPass()`

(D) 正確的呼叫方式應該是 `bob.isPass()`

(E) 以上皆錯

3. 以下何者不屬於物件導向的四個特性？
   (A) 抽離 (B) 封裝 (C) 繼承
   (D) 多型 (E) 以上皆是

4. 物件可視為在真實世界裡有形或無形的人、事、時、地、物的抽象對應。以下何者不是有形的物件？
   (A) 學生 (B) 教師 (C) 班級
   (D) 教室 (E) 以上皆是

5. 當我們設計一個學生選課系統時，以下何者不應是學生物件的行為：
   (A) 加選課程 (B) 列印已選課程清單 (C) 依教師姓名查詢課程
   (D) 依時段查詢課程 (E) 以上皆是

Chapter 15
類別與物件

在前一章中,我們已經為讀者說明了在應用程式構思階段的兩件重要的抽象化工作:決定代表應用程式的物件導向世界要由哪些物件所組成,並決定每個物件的屬性、行為與關係。為了要將所構思的物件導向世界加以實現,我們必須先依據構思階段的決定來定義**類別 (Class)**,然後再用類別來產生所需的各式**物件 (Object)**。本章將為讀者說明並示範如何使用 C++ 語言來完成這些工作,分別包含類別的定義以及產生物件的方法。

15-1　類別定義

當我們以物件導向思維方法完成對應用程式的構思後(也就是完成物件的抽象化之後),接下來就是要使用各式物件來將物件導向的世界建構出來。具體的步驟如下:

- 將物件所屬的類別先加以定義 —— 依據構思時所決定的物件屬性、行為與關係,定義各物件所屬的類別。
- 宣告與建立各式類別的物件 —— 依據需求在程式中宣告並產生各個類別的物件。我們把依據類別定義產生物件的動作稱為**實體化 (Instantiate)**,至於所產生出的物件則被稱為**物件實體 (Object Instance)**。
- 實現程式所需提供的各式功能 —— 透過設定或改變物件的屬性數值、呼叫物件的函式、進行物件與物件間的互動等,來實現應用程式所需的功能 —— 當然這部分必須等我們學習到更多 C++ 語言類別與物件的相關語法後,才能繼續加以討論。

其中類別的定義其實並不困難,正如我們已經在之前的討論中所看到過的一樣,只要使用類似結構體的定義方式,將類別相關的屬性及行為加以定義即可。但在開始介紹類別的定義語法前,先讓我們說明一下與類別相關的術語,因為物件導向在不同程式語言所使用的術語並不一致,所以有時會發生同樣一個觀念或技術的名詞會有不一致的困擾;表 15-1 彙整了 C++ 語言、UML[1] 以及 Java 語言關於類別的屬性與行為所使用的名詞,請讀者自行加以參考;其中現階段對我們最為重要的就是 C++ 語言,它是使用**資料成員 (Data Member)** 與**成員函式 (Member Function)** 來稱呼類別的屬性與行為。

表 15-1 物件導向術語彙整

	C++ 語言	UML	Java 語言
屬性	資料成員 (Data Member)	屬性 (Attribute)	欄位 (Field)
行為	成員函式 (Member Function)	操作 (Operation)	方法 (Method)

現在,請參考以下的 C++ 語言類別定義語法:

```
                    類別定義語法

    class 類別名稱
    {
    public:
        // 資料成員宣告
        [資料型態 變數名稱[, 變數名稱]*];*

        // 成員函式宣告(與實作)
        [回傳型態 函式名稱([參數型態 參數名稱 [, 參數型態 參數名稱]*]?)
        [{
            // 函式實作
            程式敘述;*
        }]?
    };
```

其語法上大致與結構體的定義相同,除了必須提供類別名稱以外,還要記得在大括號裡的開頭處寫下 `public:`(關於此點我們將在下一章進行說明),另外就是在其大括號的內部宣告相關的資料成員與成員函式,請參考以下的說明:

---

1 UML 全名為 Unified Modeling Language(統一塑模語言),是主流的物件導向分析設計語言。

- **資料成員 (Data Member)**：此部分就如同結構體一樣，可以定義多個與此類別相關的資料項目，但要注意的是在 C++ 11 前並不允許在宣告變數時給定初始值。
- **成員函式 (Member Function)**：此部分語法就如同原本 C++ 語言的函式定義一樣，只不過現在是寫在類別內部。

> ⚠️ **世上大多數的程式設計師都曾犯過的錯！！！**
>
> 請特別注意在上述的語法裡，在類別定義完成後，在其右大括號的後方還必須加上一個 **"分號"** 作為定義敘述的結尾。但包含筆者在內，幾乎所有的程式設計師可能都曾不小心忘了加上這個分號，導致發生編譯時的語法錯誤！由於這個錯誤實在太常見了，因此才會在此特別提醒大家，可千萬別忘了！

以下我們使用前一章所使用的銀行客戶與學生範例，示範如何使用 C++ 語言進行 `Customer` 類別與 `Student` 類別的定義：

```cpp
class Customer
{
public:
    string name;
    string ID;
    string accountNo;
    int    balance;
    int interest(double rate)
    {
        return balance*rate;
    }
};

class Student
{
public:
    string name;
```

```cpp
    string SID;
    int    score;
    bool isPass()
    {
        return (score>=60);
    }
};
```

上面的例子相信讀者應該很容易理解，在此不另行說明。不過前面我們也提到，C++語言已經把結構體升級為 2.0，所以以下的結構體定義也是正確的：

```cpp
struct Customer
{
    string name;
    string ID;
    string accountNo;
    int    balance;
    int interest(double rate)
    {
        return balance*rate;
    }
};

struct Student
{
    string name;
    string SID;
    int    score;
    bool isPass()
    {
        return (score>=60);
    }
};
```

雖然你現在不論怎麼看,都只會覺得 C++ 語言的類別與結構體定義除了一個用 class、一個用 struct 以外,一個有寫 public:、一個沒寫以外,它們根本是完全相同的!但是筆者要提醒讀者,它們兩者間還是存在著其它差異,但現在還不是為你揭曉的時候,等到下一章我們介紹到另一個物件導向的封裝特性與存取控制後,我們就能夠為讀者說明其差異。

15-2 物件變數與實體

完成類別的定義後,我們就可以把類別視為模具,未來就可以在程式裡面用來生產物件了!請參考以下的程式碼,雖然它看起來好像是將 Student 類別視為型態,並宣告了一個變數 bob,但是它其實是幫我們產生出一個 **"Student 類別的物件"**:

```
Student bob;
```

更具體來說,上面這行宣告敘述和一般的自動變數宣告(例如 int x;)一樣,會 **"自動"** 的配置一塊適合 Student 類別大小的空間供其使用,而這個所配置到的空間裡的內容就是依據 Student 類別的定義所配置的,裡面可用來存放其所有相關的資料成員,以及它的成員函式的程式碼,請參考圖 15-1 —— 這塊在記憶體內的空間才是物件的 **"本體"**,依物件導向的術語我們將其稱為**物件實體 (Object Instance)**。至於那個宣告時所使用的 bob,只是一個識別字,它只是用來幫助我們

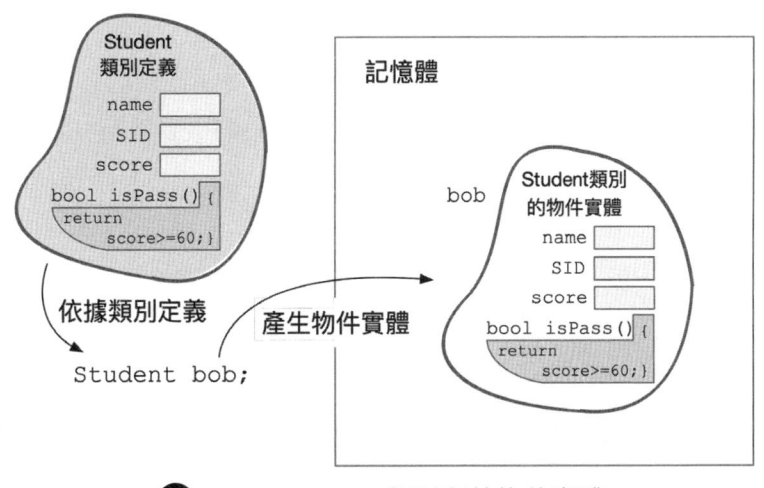

圖 15-1 Student 類別與其物件實體

在後續的程式裡去使用物件實體，包含去存取它的資料成員以及呼叫它的成員函式，例如以下的程式碼：

```
bob.score=100;
bob.isPass();
```

> **使用正確的物件導向術語**
>
> 儘管我們現在已經明白 Student bob; 的相關細節，但如果每次都把物件說成「在記憶體裡的某塊依據 Student 類別所加以配置的連續空間」、把 bob 說成「可以用來存取在記憶體裡的某塊依據 Student 類別所加以配置的連續空間的資料成員，以及呼叫該塊連續空間裡的成員函式的識別字」，似乎也太過於麻煩了。筆者建議使用以下的方法稱呼它們：
>
> - **物件/物件實體**：把在記憶體裡所配置的空間叫作物件，這點是正確的，但可以稱之為**物件實體 (Object Instance)** 會更加精確。
> - **物件變數**：至於宣告類別物件時所使用的名稱，儘管只是個識別字，但也有人也抽象地將它稱為**物件**，不過筆者覺得這樣很容易和物件實體混淆，所以建議將其稱為**物件變數 (Object Variable)**。

15-3　物件實體化

依據類別定義在記憶體裡配置空間給其物件使用這件事情，就稱為**物件實體化 (Object Instantiate)**──就是在記憶體裡產生物件實體的意思！本節將說明 C++ 語言如何進行物件的實體化，並介紹如何為其資料成員進行初始值給定。

15-3-1　自動物件變數

首先第一種方式就是宣告物件變數，可在定義類別後將類別視為型態進行變數宣告，或是在定義類別的同時進行宣告（就好像結構體一樣）：

```
class Student
{
```

```
public:
   string name;
   string SID;
   int    score;
   bool isPass()
   {
      return (score>=60);
   }
} bob; //此處在類別定義後,直接宣告一個名為bob的物件變數

Student tony; //此處宣告一個名為tony的Student類別物件變數
```

15-3-2　全域與區域

如同變數的宣告一樣,類別的定義以及物件的宣告在程式中的位置就決定了它們可以被使用的地方,以下是將類別定義為全域的(意即將它宣告於所有函式之外)例子:

Example 15-1：全域類別定義範例

Location: ☁/examples/ch15

Filename: globalClass.cpp

```
1  #include <iostream>
2  using namespace std;
3
4  class Student // Student類別定義是全域的
5  {
6  public:
7     string name;
8     string SID;
9     int    score;
10    bool isPass()
11    {
12       return (score>=60);
13    }
14    void showInfo()
15    {
```

```cpp
16          cout << name << " (" << SID << ") " << score << endl;
17      }
18  } bob; // 使用全域的Student類別宣告全域的bob物件變數
19
20  // 使用全域的Student類別宣告全域的robert物件變數
21  Student robert;
22
23  int main()
24  {
25      // 使用全域的Student類別宣告區域的alice物件變數
26      Student alice;
27
28      bob.name="Bob";
29      bob.SID="CBB123001";
30      bob.score=100;
31      bob.showInfo();
32
33      robert.name="Robert";
34      robert.SID="CBB123002";
35      robert.score=80;
36      robert.showInfo();
37
38      alice.name="Alice";
39      alice.SID="CBB123003";
40      alice.score=55;
41      alice.showInfo();
42
43      return 0;
44  }
```

在此範例程式裡，由於 Student 類別被定義於所有的函式以外，所以它是屬於所謂的**全域類別 (Global Class)**，可以在程式的任何地方被使用 —— 例如我們分別在第 18、21 與 26 行使用此全域類別來宣告物件變數 bob、robert 與 alice；又因為它們被宣告的位置不同，其中 bob 與 robert 是全域的物件變數，至於 alice 則是宣告在 main() 函式裡的區域變數。為了檢視每個物件的內容，我們也在此程式的第 14-17 行定義了一個名為 showInfo() 的函式，用以將學生的姓名、學號與成績加以輸出。此程式的執行結果如下：

```
Bob△(CBB123001)△100↵
Robert△(CBB123002)△80↵
Alice△(CBB123003)△55↵
```

除了全域類別外，也可以定義所謂的**區域類別 (Local Class)**，請參考下面的例子：

Example 15-2：區域類別定義範例

Location: ⊕/examples/ch15

Filename: localClass.cpp

```
1   #include <iostream>
2   using namespace std;
3   
4   // 以下這行會發生編譯錯誤，因為全域的Student類別定義並不存在
5   Student robert;
6   
7   int main()
8   {
9       class Student // 定義在main()函式內部的區域類別
10      {
11      public:
12          string name;
13          string SID;
14          int score;
15          bool isPass()
16          {
17              return (score >= 60);
18          }
19          void showInfo()
20          {
21              cout << name << " (" << SID << ") " << score << endl;
22          }
23      } bob; // 使用區域的Student類別宣告區域的bob物件變數
24  
25      // 使用區域的Student類別宣告區域的alice物件變數
26      Student alice;
27
```

```
28        bob.name = "Bob";
29        bob.SID = "CBB123001";
30        bob.score = 100;
31        bob.showInfo();
32
33        alice.name = "Alice";
34        alice.SID = "CBB123003";
35        alice.score = 55;
36        alice.showInfo();
37
38        return 0;
39    }
```

此範例程式在第 9-23 行將 `Student` 類別被定義在 `main()` 函式裡,所以它是僅能在 `main()` 函式內使用的**區域類別 (Local Class)**,例如在第 23 行與第 26 行使用此區域類別所宣告物件變數 `bob` 與 `alice`。另外,請特別注意此程式的第 5 行錯誤地使用區域類別宣告一個全域物件變數 `robert` —— 這是不被允許的,因此此程式編譯時將會得到以下的錯誤訊息:

```
localClass.cpp:5:1: error: unknown type name 'Student'
Student robert;
^
1 error generated.
```

請將此程式的第 5 行加以註解後再進行編譯,其執行結果如下:

```
Bob△(CBB123001)△100⏎
Alice△(CBB123003)△55⏎
```

15-3-3　匿名類別

有的時候,我們在程式裡所定義的類別(不論全域或區域類別)可能被用來進行一次物件宣告後,在後續的程式碼裡就再也沒有使用到該類別 —— 可視為是一次性的類別定義。C++ 語言針對此種應用情境,提供 **"可省略類別名稱"** 的做法,我們將其稱為**匿名類別 (Anonymous Class)**,請參考以下的範例:

Example 15-3：匿名的全域類別定義範例

Location: ☁/examples/ch15

Filename: anonymousClass.cpp

```cpp
#include <iostream>
using namespace std;

class // 定義一個匿名的全域類別
{
public:
    string name;
    string SID;
    int score;
    bool isPass()
    {
        return (score >= 60);
    }
    void showInfo()
    {
        cout << name << " (" << SID << ") " << score << endl;
    }
} bob; // 宣告此匿名類別的全域物件變數

int main()
{
    bob.name = "Bob";
    bob.SID = "CBB123001";
    bob.score = 100;
    bob.showInfo();

    return 0;
}
```

此範例程式的執行結果如下：

Bob△(CBB123001)△100⏎

除了 Example 15-3 所示範的匿名全域類別定義之外，我們也可以使用匿名的區域類別定義，請參考 Example 15-4：

Example 15-4：匿名的區域類別定義範例
Location: ○/examples/ch15
Filename: anonymousLocalClass.cpp

```cpp
1   #include <iostream>
2   using namespace std;
3
4   int main()
5   {
6       class //定義一個匿名的區域類別
7       {
8       public:
9           string name;
10          string SID;
11          int score;
12          bool isPass()
13          {
14              return (score >= 60);
15          }
16          void showInfo()
17          {
18              cout << name << " (" << SID << ") " << score << endl;
19          }
20      } bob; //宣告此匿名類別的區域物件變數
21
22      bob.name = "Bob";
23      bob.SID = "CBB123001";
24      bob.score = 100;
25      bob.showInfo();
26
27      return 0;
28  }
```

此範例程式的執行結果同 Example 15-3，在此不予贅述。

15-3-4　資料成員預設值

讓我們先回顧一下圖 15-1，有沒有發現在圖中的物件實體裡，所有的資料成員都是空白的 —— 這代表它們還沒有被賦與任何的初始值。自 C++11 起，支援給定類別資料成員預設值 (Default Member Value)，請參考下例（若要順利編譯範例程式，請記得使用 `-std=C++11` 或 `-std=gnu++11` 的編譯器參數）：

Example 15-5：類別資料成員預設值範例

Location: ⬇/examples/ch15

Filename: defaultMemberValue.cpp

```cpp
#include <iostream>
using namespace std;

class Student
{
public:
    string name = "noname";
    string SID = "noID";
    int score = 0;
    bool isPass()
    {
        return (score >= 60);
    }
    void showInfo()
    {
        cout << name << " (" << SID << ") " << score << endl;
    }
};

int main()
{
    Student bob, robert, alice;
    bob.showInfo();
    robert.showInfo();
    alice.showInfo();

    return 0;
}
```

此範例程式在第 7 至 9 行為所有的資料成員設定了初始值，被稱作為資料成員的預設值，請參考圖 15-2，讀者可以發現現在依據 Student 類別所產生的所有物件實體的資料成員都會具有這些數值：

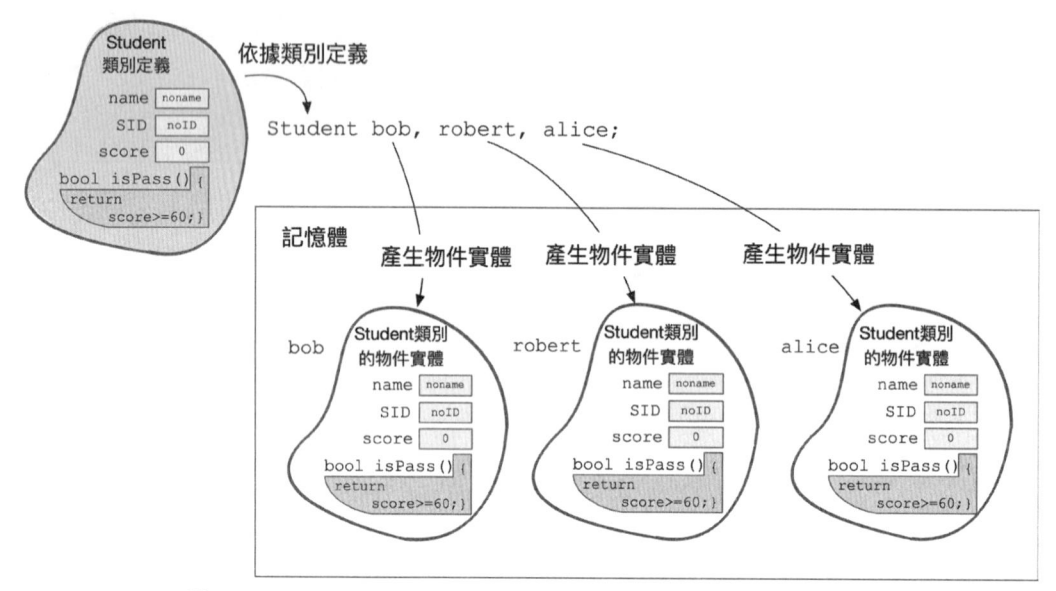

圖 15-2　依據類別定義（含成員預設值）產生的物件實體

由於各個 Student 類別的物件現在都有了資料成員預設值，所以當我們呼叫這些物件的 showInfo() 函式時，它們將顯示以下的執行結果：

```
noname△(noID)△0⏎
noname△(noID)△0⏎
noname△(noID)△0⏎
```

15-3-5　資料成員初始值給定

不同於上一小節所提到的資料成員預設值，本節將介紹的**資料成員初始值給定 (Data Member Initialization)** 是指在產生物件時給予資料成員初始值的一種方法，和我們在第 12 章 12-1-1 節裡所提到的結構體變數的初始值給定方法相同，只要在類別物件變數宣告時以 `={ … }` 的方式，依類別定義資料成員的順序進行給定即可，請參考下面的例子：

Example 15-6：類別資料成員初始值範例

Location: ⬇/examples/ch15

Filename: defaultMemberInitialization.cpp

```cpp
#include <iostream>
using namespace std;

struct Student
{
public:
    string name;
    string SID;
    int score;
    bool isPass()
    {
        return (score >= 60);
    }
    void showInfo()
    {
        cout << name << " (" << SID << ") " << score << endl;
    }
} bob={"Bob", "CBB123001", 100};

int main()
{
    Student robert={"Robert", "CBB123002", 59};
    Student alice={.name="Alice", .score=80};
    Student tony={.SID="CBB123004", .name="Tony", .score=92};

    bob.showInfo();
    robert.showInfo();
    alice.showInfo();
    tony.showInfo();

    return 0;
}
```

此範例程式在第 18 行、第 22 至第 24 使用了資料成員初始值給定的方式，在宣告 Student 類別的物件時，也將其資料成員的數值加以給定。第 18 行與第 22 行依據資料成員在類別中的宣告順序，依序給定了其姓名、學號與成績的初始值；第 23 行與第 24 行，則使用了**指定初始子 (Designated Initializer)** 來給定特定資料成員的初始值，不但可不受到宣告順序的規範，甚至可以省略部分的資料成員。此程式的執行結果如下：

```
Bob△(CBB123001)△100⏎
Robert△(CBB123002)△59⏎
Alice△()△80⏎
Tony△(CBB123004△92⏎
```

要特別注意的是，若要使用資料成員初始值給定方法，在類別中的資料成員不能像 Example 15-5 的 defaultMemberValue.cpp 一樣在第 7 行至第 9 行宣告資料成員時給予初始值。

15-3-6 動態記憶體配置

除了利用物件變數宣告讓 C++ 幫我們自動產生物件實體以外，還有另外一種產生物件實體的方法，透過 new 與 delete 來自行決定何時要產生物件實體所需的記憶體空間[2]，何時又要將其加以收回 —— 這種做法被稱為**動態記憶體配置 (Dynamic Memory Allocation)**，或是稱為**物件實體化 (Object Instantiation)**。以下的程式碼依據 Student 類別的定義，在記憶體裡面動態配置一塊空間：

```
new Student;
```

經過本章目前為止的討論，相信讀者應該可以理解此處所配置的空間就是一個 Student 類別的物件實體，其所配置空間的起始位址會由 new 加以傳回。我們可以使用以下的程式碼將其所配置空間的起始位址加以輸出：

```
cout << hex << (new Student);
```

---

[2] 關於 new 與 delete 可參考本書第 13 章 13-3 節。

其可能的執行結果如下[3]：

```
0x60000144c200
```

當一個物件實體被動態產生之後，我們可以使用指標來指向該物件實體，並透過指標存取它的資料成員、呼叫其成員函式，請參考下面的程式碼：

```
Student *bob = new Student;
```

在上述的程式碼等號左邊的 Student *bob 宣告了一個指標 bob（也就是用以儲存記憶體位址的變數），它應該要指向在記憶體裡某個 Student 類別的物件實體所在的位址；至於在等號右邊的 new Student; 則會動態地在記憶體裡配置一個 Student 類別的物件實體，並將其所配置的記憶體空間的起始位址傳回給等號左邊的 bob 指標接收 —— 至此，bob 指標順利地指向了在記憶體裡的 Student 類別的物件實體。

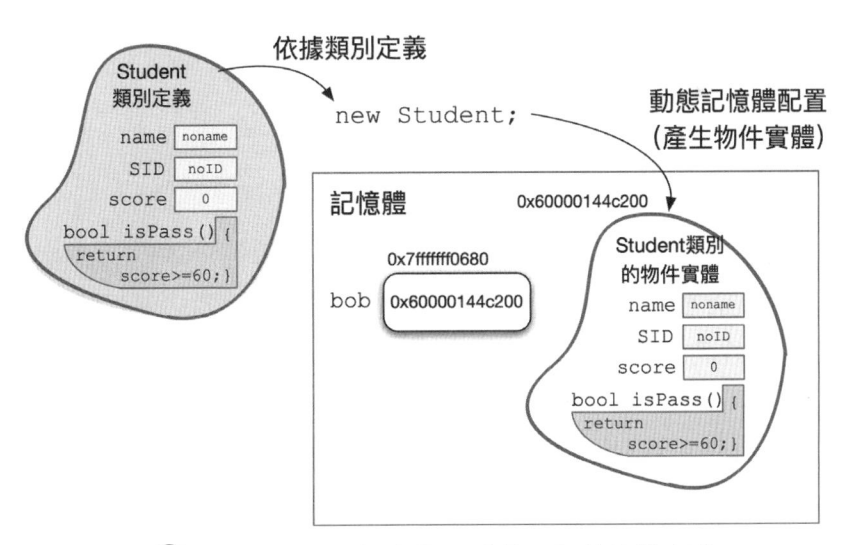

圖 15-3 透過指標來使用動態配置的物件實體

當然，我們也可以用比較抽象的方式來看待指標與物件實體，請參考圖 15-4：

---

[3] 由於程式每次執行時所配置到的記憶體位置並不相同，此處所顯示的記憶體位址依實際執行結果而定。

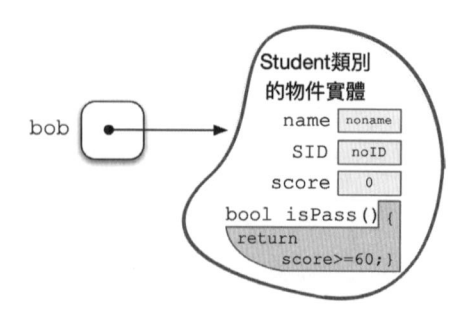

```
                    ┌─────────────┐
                    │ Student類別 │
                    │ 的物件實體  │
                    │ name noname │
      bob ┌─┐       │  SID  noID  │
          │•┼──────▶│ score  0    │
          └─┘       │ bool isPass(){ │
                    │   return    │
                    │   score>=60;} │
                    └─────────────┘
```

圖 15-4 指向物件實體的指標

　　另外，要提醒讀者注意的是，當透過指標來使用物件實體時，就好比透過指標來使用結構體時一樣，要存取其資料成員與成員函式時，可以使用間接存取運算子，先存取該指標所指向物件實體，再存取其成員，例如 `(*bob).score=100;`；或者也可以使用箭頭運算子來存取該指標所指向的物件實體的成員，例如 `bob->showInfo();`。

15-3-7　動態物件實體陣列

　　當然，我們也可以動態地建立物件實體的陣列，例如下面的程式碼動態配置了可存放 50 個 Student 類別的物件的陣列，並且讓指標 csie1A 指向該陣列：

```
Student *csie1A = new Student [50];
```

後續我們就可以使用 `csie1A[i]` 來存取索引值為 `i` 的陣列元素 —— 每個元素都是一個 Student 類別的物件實體，例如下面的程式碼把陣列當中前兩個 Student 類別的物件實體的姓名加以設定：

```
csie1A[0].name="Amy";
csie1A[1].name="Tony";
```

我們也可以改為使用指標以及箭頭運算子來進行同樣的工作：

```
Student *someone;
someone=csie1A;
someone->name="Amy";
```

```
someone++;
someone.name="Tony";
```

最後要提醒讀者注意的是,當不再使用該陣列時,必須使用 `delete` 來加以回收其記憶體空間,例如:

```
delete [] csie1A;
```

15-4 類別定義與實作架構

通常,我們會將類別的定義與實作分開放在不同的檔案,以本章用以示範的 Student 類別為例,Example 15-7 將其類別定義的部分放在 .h 的標頭檔,實作的部分則放在 .cpp 的原始程式檔案,至於使用該類別的程式則放置在 main.cpp 裡:

Example 15-7:Student 類別定義、實作與使用的檔案架構示範

Location: /examples/ch15/15-7

Filename: student.h

```
1  #include <iostream>
2  using namespace std;
3
4  class Student
5  {
6  public:
7      string name;
8      string SID;
9      int    score;
10     bool   isPass();
11     void   showInfo();
12 };
```

Location: /examples/ch15/15-7

Filename: student.cpp

```cpp
#include "student.h"
// 將成員函式寫在類別外部時，必須在名稱前加上類別名稱及::
bool Student::isPass()
{
    return score>=60;
}
// 將成員函式寫在類別外部時，必須在名稱前加上類別名稱及::
void Student::showInfo()
{
   cout << name << " (" << SID << ") " << score << endl;
}
```

要特別提醒讀者注意的是，當我們把原本寫在類別定義裡的成員函式，另行寫到類別定義之外時，必須在函式的名稱前再加上一個類別名稱與 :: 的前綴，例如 student.cpp 檔案的第 3 行與第 8 行，我們分別在 `isPass()` 與 `showInfo()` 函式的名稱前，加上了 student::。

Location: /examples/ch15/15-7

Filename: main.cpp

```cpp
#include <iostream>
#include "student.h"
using namespace std;

int main()
{
  Student *bob = new Student;
  bob->name="Bob";
  bob->SID="CBB123001";
  bob->score=100;
  bob->showInfo();
   return 0;
}
```

通常我們也會搭配使用 Makefile 來簡化多個檔案的編譯程序，請參考以下的 Makefile：

Location: ☁/examples/ch15/15-7
Filename: Makefile

```
1  all: main.cpp student.o
2      tab  c++ main.cpp student.o
3
4  student.o: student.cpp student.h
5      tab  c++ -c student.cpp
6
7  clean:
8      tab  rm -f *.o *.*~ *~ a.out
```

有了 Makefile 後，定義、實作與使用 Student 類別的程式檔案就可以使用 `make` 指令來完成編譯。以下是這個範例的執行結果：

```
Bob△(CBB123001)△100⏎
```

在類別內部與外部實作成員函式的差異

除了在類別外部實作成員函式時，必須在函式名稱前加上類別名稱與 :: 的前綴之外，其實寫在類別內部與外部還有一個細微的差異：實作在類別內部的成員函式預設會被編譯器視為是 **inline** 函式以增進效能。所謂的 inline 函式，在編譯時會將函式內的程式碼 **"複製"** 一份到其所被呼叫之處，並在該處執行程式碼，省略了函式 **"呼叫與傳回"** 的動作。

寫在類別定義外部的成員函式預設則不是 inline 函式，但我們也可以使用 `inline` 保留字來將其定義為 inline 函式，例如 `isPass()` 函式可以使用下面的方式改寫為 inline 函式：

```cpp
inline bool Student::isPass()
{
    return score>=60;
}
```

> 但要注意的是，inline 函式並不是絕對可以使用，一切必須視所使用的編譯器而定，例如一些編譯器並不支援在 inline 函式裡使用迴圈、switch 或是 goto 等敘述，此外 inline 函式不可以設計為遞迴型式，也不支援宣告 static 的變數。還有，最重要的一點是，很多編譯器其實都沒有完全支援 inline 函式。所以，儘管我們可以將成員函式儘量寫在類別定義的內部，或是寫成在外部的 inline 函式，但其實有很大的機率是沒有任何效用的！

15-5 建構函式

請回顧一下前面使用 Student 類別的物件實體的程式，以 Example 15-7 的 main.cpp 為例，當我們使用動態配置記憶體的方法來建立物件實體時，則通常會有以下這一行：

```
Student *bob = new Student;
```

請把它代換為下面這一行：

```
Student *bob = new Student();
```

請修改完成後再重新編譯與執行程式，看看有沒有什麼差別？

嗯，沒錯，沒有任何差別！其實不論是 new Student() 或是 new Student，除了其中的 new Student 是用來配置 Student 類別的物件實體所需的記憶體空間外，它還會幫我們呼叫一個名為 Student() 的成員函式 —— **不論你在 new Student 的後面有沒有加上括號都會做一樣的事情！**但問題是我們並沒有定義這個成員函式啊？是的，我們的確沒有定義這個成員函式，可是 C++ 的編譯器預設會幫我們在類別定義內產生一個與類別同名的成員函式，我們將其稱之為**建構函式 (Constructor)**，或稱為**建構子**。例如 Student 類別會自動包含以下的程式碼：

```
Student() {}
```

這是一個特殊的成員函式，它 **"沒有（也不能有）"** 傳回型態的宣告，且其內容為空白（也就是什麼都沒做）。在我們使用 new Student() 或是 new Student 時，這個建構函式 Student() 就會被自動呼叫！但由於預設自動產生的建構函式的內容是空白的，所以並沒有任何作用，因此我們可以視需要，自己寫一個新的版本來取代它！例如，我們可以寫一個用來給定資料成員初始值的建構函式，來代換掉那個空白的預設版本：

```
Student()
{
   name="unknown";
   SID ="unknown";
   score=0;
}
```

要提醒讀者注意的是，不單單是上述使用 new 動態建立的物件實體，會在配置記憶體空間後呼叫建構函式，就連自動配置的物件變數在完成記憶體空間的自動配置後，也會呼叫建構函式。請參考以下的程式碼：

```
Student amy;
amy.showInfo();
```

假設 Student 類別已包含有前述給定資料成員初始值的建構函式，那麼在上面的程式碼裡所宣告的自動物件變數 amy，除了會自動完成記憶體空間的配置外，還會呼叫預設沒有參數的建構函式（也就是前述給定資料成員初始值的建構函式）。因此其執行結果如下：

```
unknown△(unknown)△0⏎
```

還記得第 9 章 9-7 節所介紹過的**函式多載 (Function Overloading)** 嗎？我們也可以使用這個方法來提供不同版本的建構函式，例如：

```
Student(string n, string i)
{
   name=n;
   SID=i;
   score=0;
```

```
}

Student(string n, string i, int s)
{
   name=n;
   SID=i;
   score=s;
}
```

如此一來，我們就可以在物件實體化的同時，順便把其資料成員做相關的初始值設定，而且可以視你手上有些什麼資料來呼叫不同的版本。例如以下的宣告（包含自動物件變數與動態產生的物件實體）：

```
Student amy ("Amy","CBB123001", 100);
Student tony ("Tony", "CBB123002");
Student *bob = new Student("Bob", "CBB123002");
Student *robert = new Student("Robert", "CBB123003", 99);
```

自 C++ 11 標準起，C++ 還提供了**委派建構函式 (Delegating Constructor)** 的做法，可以讓建構函式去呼叫其它的建構函式，只要在建構函式的原型後面加上冒號並進行呼叫即可。例如上面所設計的兩個建構函式，可以改用委派建構函式的方式設計如下（但要記得在編譯時加上 -std=c++11 或 -std=gnu++11 的參數）：

```
Student(string n, string i): Student(n,i,0){}
```
↑ 呼叫具有 3 個參數的建構函式

```
Student(string n, string i, int s)
{
   name=n;
   SID=i;
   score=s;
}
```

不過要特別注意，如果我們已為類別定義了建構函式（不論是有沒有參數的版本），編譯器就不會再幫我們產生預設的建構函式，因此以下的程式碼是錯誤的：

Example 15-8：缺少無參數版本的建構函式範例

Location: ☁/examples/ch15

Filename: studentNoDefaultConstructor.cpp

```
1   #include <iostream>
2   using namespace std;
3
4   class Student
5   {
6   public:
7       string name;
8       string SID;
9       int score;
10      Student(string n, string i, int s)
11      {
12          name = n;
13          SID = i;
14          score = s;
15      }
16      bool isPass()
17      {
18          return (score >= 60);
19      }
20      void showInfo()
21      {
22          cout << name << " (" << SID << ") " << score << endl;
23      }
24  };
25
26  int main()
27  {
28    Student *bob = new Student; // 此處會發生錯誤
29    bob->showInfo();
30    return 0;
31  }
```

此程式第 28 行的 new Student; 除了配置 Student 類別的物件實體外，還會呼叫其預設沒有參數的建構函式，但由於我們已經在第 10 行至第 15 行提供了一個具有參數的建構函式，因此編譯器將不會幫我們產生預設沒有參數的建構函式，導致此程式將無法通過編譯。

為了確保我們所設計的類別，不會遇到此一問題，筆者建議讀者可以養成一個習慣：**永遠為你的類別提供一個預設無參數的建構函式**！例如：

```
Student::Student()
{
    do whatever you like!
}
```

這樣一來，就萬無一失了！

預設建構函式與複製建構函式

本節所介紹的建構函式可以視需要定義多個不同版本，但 C++ 語言將其中無參數的版本稱為**預設建構函式 (Default Constructor)**，編譯器甚至會在沒有定義任何建構函式的情況下，為我們 **"偷偷"** 地產生一個預設建構函式（也就是沒有參數、也沒有內容的版本）。

但除此之外，每個類別都還會有另一個由編譯器幫我們產生的建構函式，專門用在產生物件實體時，複製其它物件實體的資料成員內容作為自己的初始值，其原型如下：

```
類別名稱(const 類別名稱 &物件名稱);
```

此建構函式被稱為**預設複製建構函式 (Default Copy Constructor)**，呼叫此建構函式必須傳入同一類別的其它物件實體的參考（在參數前有 const 前綴，所以所傳入的物件實體內容不會被變更，但此 const 並非強制，我們可以視情況自行決定是否需要使用），以下的使用範例先宣告了一個 amy 物件，然後將其值複製給 amy2 與 amy3，最後再利用 amy3 複製成為 amy4：

```
Student amy("Amy", "CBB123001", 100);
Student amy2(amy);
Student *amy3 = new Student(amy);
Student *amy4 = new Student(*amy3);
amy.showInfo();
amy2.showInfo();
amy3->showInfo();
amy4->showInfo();
```

在上述的程式碼中自動物件 amy2 與動態建立的物件 amy3，都是使用預設複製建構函式來完成初始值設定的範例。由於 amy2 與 amy3 都複製了 amy 的資料成員，所以其執行結果如下：

```
Amy△(CBB123001)△100↵
Amy△(CBB123001)△100↵
Amy△(CBB123001)△100↵
Amy△(CBB123001)△100↵
```

除了預設的複製建構函式外，我們也可以提供自己的版本。參考其原型，我們可以設計一個複製建構函式將複製過來的姓名與學號後面加上 COPY，並將成績設為 0 分，其程式碼如下：

```
Student (const Student &another)
{
    name=another.name+"COPY";
    SID=another.SID+"COPY";
    score=0;
}
```

有了此新的複製建構函式後，我們可以再次執行以下的程式碼：

```
Student amy("Amy", "CBB123001", 100);
Student amy2(amy);
```

```
Student *amy3 = new Student(amy);
Student *amy4 = new Student(*amy3);
amy.showInfo();
amy2.showInfo();
amy3->showInfo();
amy4->showInfo();
```

其執行結果如下（要特別注意的是 amy4 的數值是複製自 amy3，所以會在已經加上 COPY 的字串後再加上一次 COPY）：

```
Amy△(CBB123001)△100⏎
AmyCOPY△(CBB123001COPY)△0⏎
AmyCOPY△(CBB123001COPY)△0⏎
AmyCOPYCOPY△(CBB123001COPYCOPY)△0⏎
```

15-6　成員初始化串列

學會了類別的建構函式該如何撰寫後，本節將介紹一個專屬於建構函式的**成員初始化串列 (Member Initializer List)**，用以在建構出物件實體時將指定的資料成員進行初始值的設定。成員初始化串列的語法是在建構函式後，使用一個冒號：並將所要設定初始值的資料成員的名稱及數值依下列語法進行設定：

成員初始化串列語法定義
:資料成員名稱(運算式),[資料成員名稱(運算式)]*;

依據上述的語法，若要設定一個以上的資料成員初始值時，可以使用逗號,加以分隔。另外，語法中的 運算式 的運算元可以是數值、建構函式的參數以及該類別的資料成員，但其運算結果必須與所要設定的資料成員型態一致（否則將啟動自動型態轉換，且當無法轉換為所需的資料型態時，就會得到編譯錯誤）。最簡單的 運算式 就是不包含任何運算子，僅包含一個運算元的形式，請參考下面這個簡單的範例：

```
Student(string n):name(n)
{
}
```

上面的建構函式,使用成員初始化串列的方式,將參數 n 作為資料成員 name 的初始值。但這個方法之所以稱為成員初始化串列,就是因為它可以定義多個成員函式的初始值,例如下面這個範例除資料成員 name 外,也將參數 id 作為資料成員 SID 的初始值:

```
Student(string n, string id):name(n), SID(id)
{
}
```

下面的範例則使用示範了如何使用運算式來設定資料成員的初始值:

```
Student(string n, string i, int s)
            : name(n), SID(i), score(s>100?100:s)
{
}
```

在上例中的成員初始化串列裡,除了使用參數 n 及 i 作為資料成員 name 與 SID 的數值外,還使用運算式 s>100?100:s 來設定資料成員 score 的數值,並確保大於 100 分的分數以 100 分計!

成員初始化串列練習

請讀者使用成員初始化串列的方法,在 Student 類別的建構函式裡將 score 的初始值加以設定,但必須確保 score 若大於 100 分以 100 分計,以及小於 0 分則以 0 分計。

請再看下面的例子:

```
Student::Student(): name("unknown"), SID(name), score(0)
{
}
```

此例先以 unknown 設定為資料成員 name 的數值,然後再以剛設定好的 name 作為 SID 的數值。但請讀者要特別注意的是,列示在成員初始化串列中要進行初始化的資料成員,其初始化的順序並不是依照在串列中的順序,而是依照在類別內宣告的先後順序進行。所以下面的做法在編譯時將會得到警告訊息:

```
Student::Student(): SID("unknown"), name(SID), score(0)
{
}
```

因為成員初始化串列的執行順序是以當初宣告在 Student 類別裡的順序加以決定,所以此成員初始化串列首先會執行的是 name(SID),然後才是 SID("unknown") 與 score(0)。所以在執行第一個 name(SID) 時,由於另一個資料成員 SID 的值其實還沒給定,所以就會造成潛在的問題。

15-7 解構函式

除了建構函式之外,C++ 也會在我們進行 delete 以回收不再需要的物件實體時,或是當物件實體的生命週期結束時(例如在函式內的區域物件變數離開函式範圍,或是全域類別變數遇到程式執行結束時),呼叫一個特別的成員函式,稱為**解構函式 (Destructor) 或解構子**。如果我們並沒有提供解構函式,那麼編譯器將會自動幫我們產生下面的函式:

```
Student::~Student() {  }
```

沒錯,又是空白的內容。所以我們也可以實作自己的解構函式:

```
Student::~Student()
{
```

```
    cout << "Bye!" << endl;
}
```

解構函式通常不是用來做上面這種無意義的事情，它最常見的用途是幫我們將物件實體裡動態配置的記憶體空間加以回收。Example 15-9 將 Student 類別內的 name 與 SID 改為使用 char * 宣告，並且在建構函式內為新產生的物件實體動態地配置 name 與 SID 所需的字串記憶體空間；最後則是解構函式裡將這些字串的記憶體空間加以回收：

Example 15-9：使用解構函式回收記憶體空間範例

Location: ⬇/examples/ch15/15-9

Filename: student.h

```
1  class Student
2  {
3  public:
4    char *name;
5    char *SID;
6    int  score;
7    Student();
8    ~Student();
9    bool   isPass();
10   void   showInfo();
11 };
```

Location: ⬇/examples/ch15/15-9

Filename: student.cpp

```
1  #include <iostream>
2  #include "student.h"
3  using namespace std;
4
5  Student::Student()
6  {
7    name = new char[20];
8    SID = new char[10];
9  }
```

```cpp
10
11  Student::~Student()
12  {
13    delete [] name;
14    delete [] SID;
15  }
16
17  bool Student::isPass()
18  {
19      return score>=60;
20  }
21
22  void Student::showInfo()
23  {
24      cout << name << " (" << SID << ") " << score << endl;
25  }
```

此程式第 5-9 行的建構函式，為 name 與 SID 動態配置了字串所需的記憶體空間，並在第 11-15 行的解構函式中，使用 delete 將它們加以回收。

Location: /examples/ch15/15-9
Filename: main.cpp

```cpp
1   #include <iostream>
2   #include "student.h"
3   using namespace std;
4
5   int main()
6   {
7     Student *bob = new Student;
8     strcpy(bob->name,"Bob");
9     strcpy(bob->SID, "CBB123001");
10    bob->score=100;
11    bob->showInfo();
12    delete bob;
13    return 0;
14  }
```

Location: /examples/ch15/15-9

Filename: Makefile

```
1  all: main.cpp student.o
2      tab  c++ main.cpp student.o
3
4  student.o: student.cpp student.h
5      tab  c++ -c student.cpp
6
7  clean:
8      tab  rm -f *.o *.*~ *~ a.out
```

習題

1. 請考慮以下的程式碼：

```cpp
class Student
{
public:
    string name;
    string SID;
    int    score;
    bool isPass()
    {
        return (score>=60);
    }
};
Student amy;
Student *bob = new Student;
```

以下敘述何者不正確？

(A) amy 是一個自動物件變數

(B) bob 是一個應指向 Studnet 類別物件的指標

(C) 透過呼叫 bob.isPass() 可以得到 bob 是否及格的資訊

(D) 透過 `if(amy.score>=60)` 可以得到 amy 是否及格的資訊

(E) 以上皆正確

2. 請考慮以下的程式碼：

```cpp
class Student
{
public:
    string name;
    string SID;
    int    score;
    bool isPass()
    {
        return (score>=60);
    }
};
```

以下敘述何者可以建立 100 位學生的物件實體？

(A) `new Student [100];`

(B) `malloc(sizeof(Student)*100);`

(C) `new sizeof(Student*100);`

(D) `malloc Student[100]`

(E) 以上皆不正確

3. 請參考以下的程式碼：

```cpp
class Student
{
public:
    string name;
    string SID;
    int    score;
    bool isPass()
    {
        return (score>=60);
    }
};
```

為了要在程式中能使用 csie1A 陣列來存取 50 位學生的姓名、學號與成績等屬性，例如以下的程式碼配合迴圈完成 50 位學生的成績加總：

```
for(int i=0;i<50;i++)
    sum+=csie1A[i].score;
```

我們必須在程式中如何宣告 csie1A？

(A) `Student csie1A = new Student[50];`

(B) `Student csie1A[50] = new Student [50];`

(C) `Student *csie1A=new Student [50];`

(D) `Student *csie1A[50] = new Student [50];`

(E) 以上皆不正確

4. 請參考以下的程式碼：

```
class Student
{
public:
    string name;
    string SID;
    int    score;
    bool isPass()
    {
        return (score>=60);
    }
};
```

由於此類別並未定義建構函式，因此以下的敘述何者正確？

(A) 只能使用 `new Student;` 且不能使用 `new Student();` 來產生物件實體

(B) 由於缺少建構函式，使用 `new Student();` 會發生編譯錯誤

(C) 使用 `new Student();` 時，編譯器將會以預設的建構函式將其 score 屬性設為 0

(D) 使用 `new Student;` 時，編譯器將會略過對建構函式的呼叫

(E) 以上皆不正確

5. 請參考以下的程式碼：

```cpp
class Student
{
public:
    string name;
    string SID;
    int    score;
    Student::Student(string n, string i, int s)
    {
        name=n;
        SID=i;
        score=s;
    }
};
```

以下何者會發生編譯錯誤？

(A) `Student *amy;`

(B) `Student *bob = new Student("Bob", "cbb111999", 99);`

(C) `Student calvin ("Calvin", "cbb111333", 66);`

(D) `Student denny = {"Denny", "cbb111000", 90};`

(E) 以上皆不會發生編譯錯誤

6. 請參考以下的程式碼：

```cpp
1  using namespace std;
2  #include <iostream>
3
4  class Person
5  {
6  public:
7    string name;
8    void printName()
9    {
10     cout << "Name: " << name << endl;
11   }
12 };
13
```

```cpp
14  int main()
15  {
16      Person someone={    A    };
17      Person *sometwo = new Person();
18      getline(    B    );
19      someone.printName();
20          C       .printName();
21      return 0;
22  }
```

此程式執行結果如下：

執行結果 1：

```
Alex△Liu⏎
Name:△Tony△Wang⏎
Name:△Alex△Liu⏎
```

執行結果 2：

```
Amy△Wu⏎
Name:△Tony△Wang⏎
Name:△Amy△Wu⏎
```

請將此程式第 16、18 與 20 所缺少的程式碼，填入以下的作答區：

(A) _____

(B) _____

(C) _____

7. 請設計一個 person.h 的 C++ 語言標頭檔，其中應包含一個名為 Person 的類別定義。此標頭檔將會被下面的 main.cpp 載入（可於網路下載並解壓縮本書習題相關檔案後，在 /exercises/ch15/7 目錄中取得）：

Location: /exercises/ch15/7

Filename: main.cpp

```cpp
#include <iostream>
using namespace std;
#include "person.h"

int main()
{
    Person someone;

    cin >> someone.firstname;
    cin >> someone.lastname;
    cin >> someone.age;

    someone.showInfo();
    return 0;
}
```

請參考以下的執行結果，完成 Person 類別的定義：

執行結果 1：

```
Alex⏎
Chu⏎
32⏎
Alex△Chu△is△32△years△old.⏎
```

執行結果 2：

```
Ben⏎
Tsai⏎
22⏎
Ben△Tsai△is△22△years△old.⏎
```

8. 請參考以下的程式碼 main.cpp 與 book.h（可於網路下載並解壓縮本書習題相關檔案後，在 /exercises/ch15/8 目錄中取得）：

Location: ◌/exercises/ch15/8

Filename: main.cpp

```cpp
#include <iostream>
using namespace std;
#include "book.h"

int main()
{
    Book *b1=new Book("Programming in C", "Jun Wu", "987-123-456-1");
    Book b2 ("Smart Programming", "Tony Liu", "987-111-222-3");
    Book b3;

    b1->showInfo();
    delete b1;
    b2.showInfo();
    b3.showInfo();
}
```

Location: ◌/exercises/ch15/8

Filename: book.h

```cpp
#include <iostream>
using namespace std;

class Book
{
    public:
        string title;
        string author;
        string ISBN;
        Book();
        Book(string t, string a, string isbn);
        void showInfo();
};
```

你必須完成名為 book.cpp 的 C++ 語言程式，將定義在 book.h 裡的 Book 類別的建構函式及 showInfo() 函式加以實作，使其能得到以下的執行結果：

執行結果：

```
Programming△in△C△(Jun△Wu),△ISBN:987-123-456-1⏎
Smart△Programming△(Tony Liu),△ISBN:987-111-222-3⏎
unknown△(unknown),△ISBN:undefined⏎
```

此題可使用以下的 Makefile 進行編譯（可自行下載取得）：

Location: ☁/exercises/ch15/8
Filename: Makefile

```
1  all: main.cpp book.o
2  [ tab ] c++ main.cpp book.o
3
4  book.o: book.cpp book.h
5  [ tab ] c++ -c book.cpp
6
7  clean:
8  [ tab ] rm -f *.o *~ *.*~ a.out
```

9. 請使用 C++ 語言設計一個名為 date.h 及 data.cpp 的標頭檔及程式檔，用以定義 Date 類別的介面與實作。Date 類別可儲存一個日期的年、月與日三個短整數，並提供包含 TW、US 與 UK 三種區域格式，以及提供與日期相關的操作。三種區域的日期格式如下：

- TW：年/月/日
- US：MM/DD/YYYY
- UK：DD/MM/YYYY

舉例來說，以 2024 年 10 月 21 日為例，使用 TW、US 與 UK 格式可表示如下：

- TW：113/10/21
- US：10/21/2024
- UK：21/10/2024

Date 類別的物件，可以使用 toString() 函式取得代表該日期的字串（string

類別的物件），其內容係依據區域（TW、US 與 UK）與顯示格式（Short 與 Full）而定。以 2024 年 10 月 21 日為例，`toString()` 傳回的字串內容如下：

- TW 以及 Short：113/10/21
- US 以及 Short：10/21/2024
- UK 以及 Short：21/10/2024
- TW 以及 Full：民國 113 年 10 月 21 日
- US 以及 Full：October 21st, 2024
- UK 以及 Full：21st October, 2024

再以 1911 年 5 月 2 日為舉例如下：

- TW 以及 Short：-1/5/2
- US 以及 Short：5/2/1911
- UK 以及 Short：2/5/1911
- TW 以及 Full：民國前1年5月2日
- US 以及 Full：May 2nd, 1911
- UK 以及 Full：2nd May, 1911

【注意】：若是呼叫 `toString()` 時，沒有給予引數，那麼預設傳回 US 以及 Short 格式的字串內容。

請參考以下的 main.cpp 程式：

Location: ☁/exercises/ch15/9

Filename: main.cpp

```
1  #include <iostream>
2  using namespace std;
3  #include "date.h"
4
5  int main()
6  {
7      string dateStr;
8      int m,d,y;
9
10     Date d1 ("9/11/2021");  // 若無指定日期格式，預設為US
```

```cpp
11      Date d2;
12      Date *d3, *d4=new Date("113/5/19", TW);
13      Date d5;
14      Date *older;
15
16      cout << "Please input a date (US: MM/DD/YYYY): ";
17      cin >> dateStr;
18      d2.setDate(dateStr);    // 若無指定日期格式，預設為US
19
20      cout << "Please input a date (UK: DD/MM/YYYY): ";
21      cin >> dateStr;
22      d3=new Date();
23      d3->setDate(dateStr,UK);
24
25      d4->setDate(*d3);
26
27      d4->setYear(d4->getYear()-1);
28
29      cout << "Month: ";
30      cin >> m;
31      d5.setMonth(m);
32      cout << "Day: ";
33      cin >> d;
34      d5.setDay(d);
35      cout << "Year: ";
36      cin >> y;
37      d5.setYear(y);
38
39      cout << "d1:" << endl;
40      cout << "Default: " << d1.toString() << endl;
41      cout << "US: "     << d1.toString(US, Short) << endl;
42      cout << "UK: "     << d1.toString(UK, Short) << endl;
43      cout << "TW: "     << d1.toString(TW, Short) << endl;
44      cout << "US-F: "   << d1.toString(US, Full) << endl;
45      cout << "UK-F: "   << d1.toString(UK, Full) << endl;
46      cout << "TW-F: "   << d1.toString(TW, Full) << endl;
47
48      cout << "d2:" << endl;
49      cout << "Default: " << d2.toString() << endl;
50      cout << "US: "     << d2.toString(US, Short) << endl;
51      cout << "UK: "     << d2.toString(UK, Short) << endl;
```

```cpp
52      cout << "TW: "      << d2.toString(TW, Short) << endl;
53      cout << "US-F: "    << d2.toString(US, Full) << endl;
54      cout << "UK-F: "    << d2.toString(UK, Full) << endl;
55      cout << "TW-F: "    << d2.toString(TW, Full) << endl;
56
57      cout << "d3:" << endl;
58      cout << "Default: " << d3->toString() << endl;
59      cout << "US: "      << d3->toString(US, Short) << endl;
60      cout << "UK: "      << d3->toString(UK, Short) << endl;
61      cout << "TW: "      << d3->toString(TW, Short) << endl;
62      cout << "US-F: "    << d3->toString(US, Full) << endl;
63      cout << "UK-F: "    << d3->toString(UK, Full) << endl;
64      cout << "TW-F: "    << d3->toString(TW, Full) << endl;
65
66      cout << "d4:" << endl;
67      cout << "Default: " << d4->toString() << endl;
68      cout << "US: "      << d4->toString(US, Short) << endl;
69      cout << "UK: "      << d4->toString(UK, Short) << endl;
70      cout << "TW: "      << d4->toString(TW, Short) << endl;
71      cout << "US-F: "    << d4->toString(US, Full) << endl;
72      cout << "UK-F: "    << d4->toString(UK, Full) << endl;
73      cout << "TW-F: "    << d4->toString(TW, Full) << endl;
74
75      cout << "d5:" << endl;
76      cout << "Default: " << d5.toString() << endl;
77      cout << "US: "      << d5.toString(US, Short) << endl;
78      cout << "UK: "      << d5.toString(UK, Short) << endl;
79      cout << "TW: "      << d5.toString(TW, Short) << endl;
80      cout << "US-F: "    << d5.toString(US, Full) << endl;
81      cout << "UK-F: "    << d5.toString(UK, Full) << endl;
82      cout << "TW-F: "    << d5.toString(TW, Full) << endl;
83
84      cout << endl;
85
86      if(d2.compare(*d3)==0)
87      {
88          cout << "d2 is equal to d3.\n";
89      }
90      else
91      {
92          older=d3->older(&d2);
```

```
93              cout << "The date" << older->toString() << " is earlier than ";
94              if(d3->compare(d2)>0)
95                  cout << d3->toString() << ".\n";
96              else
97                  cout << d2.toString() << ".\n";
98          }
99      }
```

關於 Date 類別的定義，請參考以下的 date.h 檔案：

Location: /exercises/ch15/9

Filename: date.h

```
1   #include <string>
2   using namespace std;
3   
4   enum Locale {TW, US, UK};
5   enum DateFormat {Short, Full};
6   
7   class Date
8   {
9   private:
10      short int year;
11      short int month;
12      short int day;
13  public:
14      Date();
15      Date(string dateStr);
16      Date(string dateStr, Locale loc);
17  
18      void setDate(string dateStr);
19      void setDate(string dateStr, Locale loc);
20      void setDate(Date d);
21  
22      void setYear(short int y);
23      short int getYear();
24      void setMonth(short int m);
25      short int getMonth();
26      void setDay(short int d);
```

```
27        short int getDay();
28
29        Date *older(Date *d);
30        int compare(Date d);
31
32        string toString();
33        string toString(Locale loc, DateFormat formt);
34   };
```

你必須完成名為 date.cpp 的 C++ 語言程式，其中包含 Date 類別的實作。此程式完成後，可讓使用者輸入兩個日期，並將宣告在 main.cpp 裡的 d1、d2、d3、d4 與 d5 等日期輸出，並判定 d3 與 d2 的關係。此題可使用以下的 Makefile 進行編譯（可自行下載取得）：

Location: ☁/exercises/ch15/9
Filename: Makefile

```
1   all: main.cpp date.o
2   [ tab ] c++ main.cpp date.o
3
4   date.o: date.cpp date.h
5   [ tab ] c++ -c date.cpp
6
7   clean:
8   [ tab ] rm -f *.o *~ *.*~ a.out
```

此題的執行結果可參考如下：

執行結果：

```
Please input a date (US: MM/DD/YYYY): 10/01/1998↵
Please input a date (UK: DD/MM/YYYY): 30/9/1998↵
Month: 1↵
Day: 01↵
Year: 1900↵
d1:↵
Default: 9/11/2021↵
```

```
US: 9/11/2021
UK: 11/9/2021
TW: 110/9/11
US-F: September 11th, 2021
UK-F: 11th September, 2021
TW-F: 民國110年9月11日
d2:
Default: 10/1/1998
US: 10/1/1998
UK: 1/10/1998
TW: 87/10/1
US-F: October 1st, 1998
UK-F: 1st October, 1998
TW-F: 民國87年10月1日
d3:
Default: 9/30/1998
US: 9/30/1998
UK: 30/9/1998
TW: 87/9/30
US-F: September 30th, 1998
UK-F: 30th September, 1998
TW-F: 民國87年9月30日
d4:
Default: 9/30/1997
US: 9/30/1997
UK: 30/9/1997
TW: 86/9/30
US-F: September 30th, 1997
UK-F: 30th September, 1997
TW-F: 民國86年9月30日
d5:
Default: 1/1/1900
US: 1/1/1900
UK: 1/1/1900
TW: -12/1/1
US-F: January 1st, 1900
```

```
UK-F:△1st△January,△1900⏎
TW-F:△民國前12年1月1日⏎
⏎
The△date△9/30/1998△is△earlier△than△10/1/1998.⏎
```

【提示】:你可能會需要使用定義在 sstream 裡的 stringstream 類別,請自行查閱相關資料。

Chapter 16 封裝

　　封裝 (Encapsulation) 是物件導向的四個主要特性之一[1]，其意是讓外界無法得知物件內部的資料數值、狀態以及運作方式，以避免不正確地存取物件的資料成員進而造成錯誤的發生，進而達成**資訊隱藏 (Information Hiding)** 的目的。具體來說，封裝是透過將物件相關的資料以及操作資料的方法的**可存取性 (Accessibility)** 進行適當地定義，用以限制外界對物件內部成員的存取。例如一台神奇美味咖啡機，製造商使用外殼將產品內部的構造與運作的原理隱藏起來，讓消費者只要按下一個 **"神奇的按鈕"**，就可以得到一杯香醇濃郁、神奇好喝的咖啡。咖啡機如若少了外殼，消費者就有可能會不小心觸碰到高壓、高溫的鍋爐，造成嚴重的燙傷；又或者消費者直接在裸露的電路板上進行不正確的操作，造成短路或其它更嚴重的事故（例如弄壞感溫電阻所可能造成的鍋爐過熱意外）。C++ 語言可以使用類別將物件相關的資料成員與成員函式封裝在一起，然後再透過**存取修飾字 (Access Modifier)** 控管，將物件內部使用了什麼變數、資料結構、運算邏輯、處理流程等細節隱藏起來 —— 這便是本章所要介紹的 **"以封裝達成資訊隱藏"** 的作法。

16-1　存取修飾字

　　凡事過與不及都不好。以咖啡機為例，儘管我們可以利用外殼將內部構造隱藏起來，以避免消費者不正確地操作機器所造成的危險。但若是過度謹慎地連那個能 **"製作一杯神奇好喝的咖啡"** 的按鈕、放置沖泡咖啡用水的水箱與放置咖啡豆的儲存槽都沒有的話，那就變成一台 **"明明有能力製作神奇好喝的咖啡，但卻不對外開放使用的咖啡機了"**！如果我們完全不允許外界存取一個物件內部的所有資料成員與成員函式，儘管可以避免發生任何的錯誤，但這個物件也變得一點用處都沒有了（因為根本完全無法使用）。

---
[1] 物件導向的四個主要特性包含抽象、封裝、繼承與多型。

所以 C++ 語言允許我們可以在類別內部為每個資料成員與成員函式，視情況定義不同的**可存取性 (Accessibility)** 權限，例如我們可以將不想公開或是僅限內部使用的資料成員或成員函式完全隱藏起來，但也可以選擇將部分成員視為是物件的介面，讓外界可以透過開放的介面來對物件進行操作 —— 就好比那顆 "能製作一杯神奇好喝的咖啡" 的按鈕一樣。

要使用類別實現封裝與資訊隱藏，就一定要瞭解 C++ 語言用以控制類別成員（包含資料成員與成員函式）存取性的 public、protected 和 private 這三個**存取修飾字 (Access Modifier)**，就如同字面上的意思，這三個存取修飾字的意思分別是公開的、被保護的和私有的，分別有著以下不同程度的保護層級：

- public 是指完全公開的存取權限，任何函式或物件裡都可以存取。
- protected 是指受限制的存取權限，除了類別自己本身可以使用外，只有其成員函式與類別的朋友 (Friend) 以及子類別（又稱為衍生類別）可以存取（關於成員函式與類別的朋友，以及子類別會在本書後續再行說明）。
- private 是指限制最嚴格的存取修飾字，只有在類別本身內部可以存取。

我們將 C++ 語言提供的三個存取修飾字：public、protected 與 private，再加上不使用修飾字共有四種情形，將其可存取性彙整於表 16-1，請讀者自行參考。舉例來說，表 16-1 顯示了當存取修飾子 private 被使用時，只有在同一個類別以及朋友類別內才可以被存取。

16-2 類別成員可存取性

C++ 允許我們在設計類別時，可以針對不同的成員（包含資料成員與成員函式）設定不同的**可存取性 (Accessibility)** —— 意即可以控制類別成員只能由哪些外界的類別來使用。一般來說，為了達成資訊隱藏的目的，我們通常都會將類別

表 16-1　存取修飾字與可存取性彙整

位置	private	protected	public	無
同一類別	v	v	v	v
朋友類別	v	v	v	v
子類別		v	v	
其它類別			v	

Chapter 16　封裝

裡的資料成員和某些只供內部使用的成員函式設為 `private`，然後開放一些成員函式作為和外界溝通的介面，依開放的程度可設定這些成員函式為 `public` 或者是 `protected`。這樣做的好處就是可以讓類別內部的程式修改不會影響到其它的類別，而其它外界類別因為無法存取類別內部的資料成員，也可以減少不可預知的程式錯誤，進而控制程式除錯的範圍。

我們把定義類別的語法，增加**存取修飾字**（**Access Modifier**，又稱為 **Access Specifier**），來限制資料成員與成員函式的使用，其語法如下：

包含存取修飾字的類別定義語法

```
class 類別名稱
{
[存取修飾字:
    // 資料成員宣告
    [資料型態 變數名稱[, 變數名稱]*];*

    // 成員函式宣告(與實作)
    [回傳型態 函式名稱([參數型態 參數名稱 [, 參數型態 參數名稱]*])?
    [{
            // 函式實作
            程式敘述;*
    }]? ]*
};
```

依據上述包含存取修飾字的類別定義語法，一個類別裡面可以視需求使用一個或一個以上的存取修飾字，來控制特定成員的可存取性。下面的程式範例將所有的資料成員都宣告為 `private`，並將所有的成員函式皆宣告為 `public`，意即資料成員不開放外界使用，但所有的成員函式都公開給外界使用：

Example 16-1：類別成員的可存取性範例

Location: /examples/ch16

Filename: accessModifier.cpp

1	`#include <iostream>`
2	`using namespace std;`
3	

```cpp
 4  class Student
 5  {
 6  private:
 7      string name;
 8      string SID;
 9      int    score;
10  
11  public:
12      bool isPass()
13      {
14          return score>=60;
15      }
16      void showInfo()
17      {
18          cout << name << "(" << SID << ") " << score << endl;
19      }
20  };
21  
22  int main()
23  {
24      Student bob;
25      bob.name="Bob";
26      bob.SID="CBB123001";
27      bob.score=100;
28      bob.showInfo();
29      return 0;
30  }
```

此範例程式利用第 6 行的 private:，將 Student 類別的所有資料成員的可存取性皆設為 private，但在第 24 行宣告了一個 Student 類別名為 bob 的物件後，卻又在第 25-27 行（類別的外部）試圖要存取其私有的資料成員（因為其資料成員的可存取性皆為 private），因此在編譯時將會得到以下的錯誤訊息（此處僅摘錄部分錯誤訊息）：

```
accessModifier.cpp:25:9: error: 'std::string Student::name' is
private within this context（在此處name為私有）
   25 |     bob.name="Bob";
      |         ^~~~
accessModifier.cpp:26:9: error: 'std::string Student::SID' is
private within this context（在此處SID為私有）
   26 |     bob.SID="CBB123001";
      |         ^~~
accessModifier.cpp:27:9: error: 'int Student::score' is private
within this context（在此處score為私有）
   27 |     bob.score=100;
      |         ^~~~~
```

請適當地調整資料成員的可存取性

請試著修改 Example 16-1 accessModifier.cpp 的程式碼，調整 Student 類別之資料成員的可存取性，使其能夠正確地完成編譯並可加以執行。

預設的存取修飾字

在預設的情況下類別成員預設的可存取性為 `private`，結構體則為 `public` 的。因此當我們在定義類別時，若忽略了存取修飾字，則其成員的可存取性皆為 `private`，因此以下兩個類別的定義是完全相同的：

```cpp
class Student
{
    string name;
    string SID;
    int score;
};
```

```cpp
class Student
{
private:
    string name;
    string SID;
    int score;
};
```

同理，以下的兩個結構體定義也是相同的（預設可存取性為 `public`）：

```
struct Student                    Struct Student
{                                 {
    string name;                  pubic:
    string SID;                       string name;
    int score;                        string SID;
};                                    int score;
                                  };
```

16-3　供外部使用的介面

　　我們在本章開頭處,已經簡單說明過資訊隱藏的作用。通常為了滿足物件的資訊隱藏需求,最簡單的做法是將類別裡面所有的資料成員都宣告為私有的 (private) —— 意即完全不允許外界使用;但會另外提供一些公開的 (public) 成員函式,讓外界能夠透過它們來存取私有的資料成員。透過這種使用特定的成員函式來存取私有資料成員的做法,可確保物件的資料成員數值的正確性與安全性 —— 因為外界無法任意存取它們的數值,只能透過這些特定的函式為之,而這些函式可以用來檢查對資料成員的存取是否會造成問題?或是其數值是否在正確的數值範圍內?

　　這些特定供外界用以存取私有資料成員的函式,通常會被命名為公開的 setXXX() 與 getXXX() 成員函式,我們分別將它們稱作 setter 函式與 getter 函式:

- setter:又稱為 Mutators,其成員函式命名通常為 setXXX(),或是 set_XXX()。
- getter:又稱為 Accessors,其成員函式命名通常為 getXXX(),或是 get_XXX()。

為了進一步說明,Example 16-2 示範了將 Student 類別的資料成員都宣告為私有的,並且提供所有資料成員的 setter 與 getter 函式:

Example 16-2：Student 類別的 setter 與 getter 函式的設計與使用範例

Location: ⬇/examples/ch16/16-2

Filename: student.h

```
1  #include <iostream>
2  using namespace std;
3
4  class Student
5  {
6  private:
7     string name;
8     string SID;
9     int    score;
10 public:
11    bool   isPass();
12    void   showInfo();
13    void   setName(string n);
14    string getName();
15    void   setSID(string sid);
16    string getSID();
17    void   setScore(int s);
18    int    getScore();
19 };
```

定義在 student.h 裡的 Student 類別，其第 6 行與第 10 行的 private: 與 public: 分別將所有的資料成員與成員函式設定為 private（私有的，類別外部不可使用）的 public（公開的，類別外部亦可使用）。為了讓外界可以存取私有的資料成員，第 13 行至第 18 行宣告了 name、SID 與 score 這三個成員的 setter 與 getter 函式，並在以下的 student.cpp 程式裡加以實作：

Location: ⬇/examples/ch16/16-2

Filename: student.cpp

```
1  #include "student.h"
2
3  bool Student::isPass()
4  {
5     return score>=60;
6  }
```

```cpp
 7
 8  void Student::showInfo()
 9  {
10      cout << name << " (" << SID << ") " << score << endl;
11  }
12
13  void Student::setName(string n)
14  {
15    name=n;
16  }
17
18  void Student::setSID(string sid)
19  {
20    SID=sid;
21  }
22
23  string Student::getName()
24  {
25    return name;
26  }
27
28  string Student::getSID()
29  {
30    return SID;
31  }
32
33  void Student::setScore(int s)
34  {
35      if (s > 100)
36      { score = 100; }
37      else {
38        if (score < 0) { score = 0; }
39        else { score = s; }
40      }
41  }
42
43  int Student::getScore()
44  {
45    return score;
46  }
```

在 student.cpp 裡，我們實作了 Student 類別的成員函式，其中第 33 行到第 41 行所實作的 setScore() 函式，有特別針對成績超出合理範圍的情況做了處置（超過 100 分，以 100 分計；低於 0 分，則以 0 分計），因此可避免 score 被設為不合理的數值。至於其它成員函式的實作相對更為簡單，在此略過相關說明。

Location: /examples/ch16/16-2

Filename: main.cpp

```cpp
#include <iostream>
#include "student.h"
using namespace std;

int main()
{
  Student *bob = new Student;

  bob->setName("Bob");
  bob->setSID("CBB123001");
  bob->setScore(102);

  cout << "Name: "  << bob->getName() << endl;
  cout << "SID: "   << bob->getSID() << endl;
  cout << "Score: " << bob->getScore() << endl;

  bob->showInfo();

  return 0;
}
```

請特別注意在 main.cpp 裡的第 11 行，它在呼叫 setScore() 函式時，傳入了一個超出成績範圍的數值；但由於我們所實作的 setScore() 函式，有針對成績是否為合理範圍進行檢查與更正，因此在第 17 行輸出 bob（Student 類別的物件）時，其成績已經被改為 100 分。以上的程式，可以使用下面的 Makefile 進行編譯：

Location: ⓓ/examples/ch16/16-2

Filename: Makefile

```
1  all: main.cpp student.o
2      tab    c++ main.cpp student.o
3
4  student.o: student.cpp student.h
5      tab    c++ -c student.cpp
6
7  clean:
8      tab    rm -f *.o *.*~ *~ a.out
```

此範例程式的執行結果如下：

```
Name: △Bob⏎
SID: △CBB123001⏎
Score: △100⏎
Bob△(CBB123001)△100⏎
```

16-4　this 指標

C++ 語言在類別定義中為每個物件實體，預設了一個隱含的 this 指標，此指標會指向物件實體本身。以下我們先為讀者說明 this 指標常見的用途，請回顧 Example 16-2 的 student.cpp 程式碼，其中第 13 行至第 16 行內容為 setName() 的實作：

Location: ⓓ/examples/ch16/16-2

Filename: student.cpp

```
13  void Student::setName(string n)
14  {
15      name=n;
16  }
```

這個成員函式非常簡單，就是把傳入的參數 n 設定為物件的資料成員 name 的數值。但若是為了提升程式的可讀性，我們可以將其傳入的參數從 n 改為 name，請參考改動後的結果（改動的部分使用方框標示）：

```
void Student::setName(string name )
{
   name = name ;
}
```

此時很明顯就會發生問題，在程式碼中的 name = name ; 究竟是誰等於誰啊？其實此處的兩個 name 指得都是所傳入的參數，而非物件的資料成員！此時若使用 this 指標將程式碼修改如下，即可清楚地區別兩者：

```
void Student::setName(string name)
{
   this->name = name;
}
```

因為 this 是指向物件本身的指標，所以 this->name 就是指該物件本身的資料成員 name。

我們再以 Example 16-3 來示範 this 指標用於傳址呼叫與傳參考呼叫的函式設計。在 Example 16-3 裡，我們為 Student 類別增加一個公開的成員函式 compareScore()，可用以比較自己與其它同樣是 Student 類別的物件實體，兩者間誰的成績比較高分，並傳回高分者的物件實體傳回：

Example 16-3：使用 this 指標進行傳址呼叫與傳參考呼叫的函式設計範例

Location: 🗂/examples/ch16/16-3

Filename: student.h

```
1  #include <iostream>
2  using namespace std;
3
4  class Student
5  {
6  private:
7     string name;
```

```cpp
8      string SID;
9      int    score;
10  public:
11     Student();
12     Student (string n, string i, int s);
13     bool   isPass();
14     void   showInfo();
15     void   setName(string n);
16     string getName();
17     void   setSID(string sid);
18     string getSID();
19     void   setScore(int s);
20     int    getScore();
21
22     // 傳址呼叫的compareScore()版本
23     Student *compareScore(Student *anotherStudent);
24
25     // 傳參考呼叫的compareScore()版本
26     Student &compareScore(Student &anotherStudent);
27  };
```

此程式大致上與前面的範例相同，但在第 23 行與第 24 行分別定義了傳址呼叫與傳參考呼叫的函式 compareScore()，可讓我們用以比較兩個 Student 類別的物件的分數孰高孰低，並在下面的 student.cpp 裡進行實作。

Location: ☁/examples/ch16/16-3
Filename: student.cpp

```cpp
1   #include <iostream>
2   #include "student.h"
3   using namespace std;
4
5   Student::Student(){}
6
7   Student::Student(string n, string i, int s)
8   {
9     name=n;
10    SID=i;
```

```cpp
11      score=s;
12  }
13
14  bool Student::isPass()
15  {
16     return score>=60;
17  }
18
19  void Student::showInfo()
20  {
21     cout << name << "(" << SID << ") " << score << endl;
22  }
23
24  void Student::setName(string n)
25  {
26    name=n;
27  }
28
29  void Student::setSID(string sid)
30  {
31    SID=sid;
32  }
33
34  string Student::getName()
35  {
36    return name;
37  }
38
39  string Student::getSID()
40  {
41    return SID;
42  }
43
44  void Student::setScore(int s)
45  {
46     if (s > 100)
47     { score = 100; }
48     else {
49       if (score < 0) { score = 0; }
50       else { score = s; }
51     }
```

```
52  }
53
54  int Student::getScore()
55  {
56    return score;
57  }
58
59  Student * Student::compareScore(Student *anotherStudent)
60  {
61    if(score>(anotherStudent->score))
62      return this;
63    else
64      return anotherStudent;
65  }
66
67  Student & Student::compareScore(Student &anotherStudent)
68  {
69    if(score>(anotherStudent.score))
70      return *this;
71    else
72      return anotherStudent;
73  }
```

在 student.cpp 裡，我們實作了 compareScore() 函式，讓 Sutdent 類別的物件可以和另一個物件進行比較，並將分數較高者傳回。此函式分別實作了傳址呼叫（第 59 行至第 65 行）與傳參考呼叫（第 67 行至第 73 行）兩個版本，其中的傳址呼叫的版本接收傳入的另一個 Student 類別物件的指標 anotherStudent 作為參數，並將自己的資料成員 score 和 anotherStudent 指標所指向的物件的 score 進行比較，也就是第 61 行的 if(score>(anotherStudent->score))。若是比較的結果是 anotherStudent->score 較大，那麼我們就將 anotherStudent 指標傳回；反之，若是物件自己的 score 較大，那麼就要把物件本身所在的記憶體位址傳回──也就是將 this 指標傳回。

另一個採用傳參考呼叫的版本，則是接收傳入的另一個 Student 類別物件的參考（同樣命名為 anotherStudent），並將自己的資料成員 score 和 anotherStudent 參考的 score 進行比較。由於 anotherStudent 是 Student 類別的參考，所以 anotherStudent 就等同於所傳入的物件，我們可以直接以

anotherStudent.score 來存取其成績數值。請參考第 69 行，此處兩個物件分數的比較將可寫做 if(score>(anotherStudent.score))，並依據比較的結果，傳回較大者的參考（意即傳回值即可），所以當自己比較大時，傳回 *this（也就是 this 指標所指向的 Student 類別的物件值）；反之，則將 anotherStudent 直接傳回（因為 anotherStudent 本身就是參考）。

Location: ⌂/examples/ch16/16-3
Filename: main.cpp

```cpp
#include <iostream>
#include "student.h"
using namespace std;

int main()
{
  Student *bob = new Student;
  Student *robert = new Student;

  bob->setName("Bob");
  bob->setSID("CBB12301");
  bob->setScore(80);

  robert->setName("Robert");
  robert->setSID("CBB12302");
  robert->setScore(66);

  Student *higherScoreStudent;

  higherScoreStudent = bob->compareScore(robert);
  cout << higherScoreStudent->getName() << " ("
       << higherScoreStudent->getSID()
       << ") has a higher score!" << endl;

  delete bob;
  delete robert;

  Student s1, s2;
  s1.setName("S1");
  s1.setSID("CBB12301");
  s1.setScore(30);
```

```
32      s2.setName("S2");
33      s2.setSID("CBB12302");
34      s2.setScore(85);
35
36      Student &s3=s2;
37      s3=s1.compareScore(s2);
38      cout << s3.getName() << " ("
39           << s3.getSID() << ") has a higher score!"
40           << endl;
41      return 0;
42  }
```

在 main.cpp 裡的第 7 行與第 8 行，我們宣告並建立了兩個 Student 類別的物件並使用指標 bob 與 robert 指向它們，後續在第 10-12 行與 14-16 行，分別設定了這兩個物件的資料成員數值（透過 setter 函式完成）。接下來再第 18 行宣告了一個名為 higherScoreStudent 的指標，並在第 22 行執行以下的函式呼叫：

```
higherScoreStudent = bob->compareScore(robert);
```

因為此處呼叫 compareScore() 函式時，其所傳入的參數 robert 是指向 Student 類別的物件指標，所以其所呼叫的是定義在 student.cpp 裡第 59-65 行的版本，也就是傳址呼叫的版本。在完成比較成績的高低後，此函式將傳回具有較高成績的 Student 類別的物件的記憶體位址，並由 higherScoreStudent 指標加以接收。後續在第 21-23 行，透過 higherScoreStudent 指標就可以將具有較高分數的 Student 類別的物件資訊加以輸出。此部分完成後，在第 25 與 26 行使用 delete，將不再需要使用的 bob 與 robert 所指向的記憶體空間加以回收。

第 28-34 行類似前面的做法，宣告了兩個物件 s1 與 s2 並設定它們的資料成員數值，但此次是以物件變數的方式為之。接著在第 37 行呼叫 s1 的 compareScore() 函式並將 s2 傳入。由於此處所傳入的 s2 是 Student 類別的物件，而非物件的記憶體位址，所以對應的 compareScore() 函式的版本是定義在 student.cpp 裡第 67-73 行的版本，也就是傳參考呼叫的版本。compareScore() 函式在完成比較成績的高低後，將具有較高成績的 Student 類別物件的參考傳回，並由在第 35 行所宣告的參考 s3 加以接收，所以 s3 將為 s1 與 s2 兩者間分數較高者的參考。後續在第 38-40 行，透過 s3 就可以將具有較高分數的 Student 類別的物件資訊加以輸出。此範例程式可以使用下面的 Makefile 進行編譯：

Location: ☁/examples/ch16/16-3
Filename: Makefile

```
1  all: main.cpp student.o
2      tab   c++ main.cpp student.o
3
4  student.o: student.cpp student.h
5      tab   c++ -c student.cpp
6
7  clean:
8      tab   rm -f *.o *.*~ *~ a.out
```

此範例程式的執行結果如下：

```
Bob△(CBB12301)△has△a△higher△score!↵
S2△(CBB12302)△has△a△higher△score!↵
```

16-5　常數物件與常數成員

將 const 關鍵字放在變數宣告前，就成了常數宣告，例如以下的程式碼宣告了一個名為 PI 的 double 浮點數常數，其宣告時所給定的數值不允許被修改。

```
const double PI=3.1415926;
```

至於在類別內所定義的資料成員，自 C++ 11 起，同樣可以宣告為常數以避免其數值被修改 —— 我們將其稱為**常數資料成員 (Constant Data Member)**。請參考下面的程式碼，在 Circle 類別裡的 PI 資料成員即為一例：

```
class Circle
{
    ⋮
    double radius;
```

```
    const double PI=3.1415926;
        ⋮
};
```

除了資料成員以外，C++ 還允許我們將成員函式也宣告為 const，代表該成員函式內將不會變更到任何一個資料成員的數值，其語法是在函式原型後（但在實作前）加上 const —— 我們將其稱為**常數成員函式 (Constant Member Function)**，並且與常數資料成員合稱為**常數成員 (Constant Member)**。請參考下面例子當中的 calculateArea() 函式：

```
class Circle
{
        ⋮
    double radius;
    const double PI=3.1415926;
        ⋮
    double calculateArea() const
    {
        return radius*radius*PI;
    }
};
```

除此之外，若是在使用類別宣告物件時使用了 const，那麼整個物件內的所有資料成員都不被允許修改數值（不論資料成員是否被宣告為 const）—— 我們將其稱為**常數物件 (Constant Object)**。例如以下所宣告的 c1 是可修改物件資料成員的物件，但被宣告為 const 的 c2 就不被允許修改任何資料成員的數值：

```
Circle c1;
const Circle c2;
```

若是我們想要讓某個資料成員，就算是透過常數成員函式仍能對其數值進行改變，則可以在該資料成員宣告前加上 mutable 作為前綴即可，下面例子中的 area 資料成員即為一例：

```cpp
class Circle
{
    ⋮
    double radius;
    mutable double area;
    const double PI=3.1415926;
    ⋮
    double calculateArea() const
    {
        return area=radius*radius*PI;
    }
};
```

習題

1. 關於 C++ 語言的存取修飾字，以下敘述何者不正確？
   (A) `public` 的存取是公開的，任何函式或物件裡都可以存取
   (B) `protected` 的存取是受限的，除了類別自己外，只有其成員函式與類別的朋友以及子類別可以存取
   (C) `private` 是限制最嚴格的，只有在類別本身內部可以存取
   (D) 預設（即不使用任何存取修飾字時）的存取權限等同於 `private`
   (E) 以上皆正確

2. 關於類別成員的可存取性的說明，以下何者正確？
   (A) 類別的資料成員應設計為 `private`
   (B) 類別的成員函式應設計為 `public`
   (C) 類別的建構函式應設計為 `private`
   (D) 類別成員預設的可存取性為 `protected`
   (E) 以上皆不正確

3. 對於一個 C++ 語言的類別而言，this 是預設存在的指標。以下關於 this 的說明何者正確？

(A) this 指向的是該類別所在的記憶體位址

(B) this 指向的是該類別的物件實體所在的記憶體位址

(C) this 所指向的是該類別的建構函式所在的記憶體位址

(D) 若有宣告自訂的建構函式，this 指標將不復存在

(E) 以上皆不正確

4. 請考慮以下的程式碼：

```
class Student
{
private:
    string name;
    string SID;
public:
    int     score;
    void    setScore(int s) {score=s;}
    int     getScore() {return score;}
};
```

假設在 main() 裡有 Student *amy = new Student; 的宣告，以下程式碼何者能夠正確地通過編譯？

(A) amy->score=100;

(B) amy->setScore(100);

(C) (*amy).getScore();

(D) (*(&amy))->setScore(100);

(E) 以上皆能正確地通過編譯

5. 以下關於常數物件與常數成員的說明，何者正確？

(A) 在類別的資料成員宣告前加上 const，可確保該資料成員不可被修改其數值

(B) 在類別的成員函式宣告前加上 const，可確保該成員函式不可修改任何資料成員的數值

(C) 在宣告類別的物件前加上 const，可確保該物件不可修改任何資料成員的數值

(D) 在類別的資料成員宣告前加上 mutable，可確保該資料成員能被任何成員函式修改

(E) 以上皆正確

6. 請參考以下的程式碼：

```
1   #include <iostream>
2   using namespace std;
3
4   class Book
5   {
6       private:
7           string title;
8           string author;
9       (a)
10          void setTitle(string t) {     (b)     }
11          void setAuthor(string a) {     (c)     }
12          string getTitle() {     (d)     }
13          string getAuthor() {     (e)     }
14      (f)
15
16  int main()
17  {
18      Book b1,b2;
19
20      b1.setTitle("Programming in C++");
21      b1.setAuthor("Jun Wu");
22      b2=b1;
23      b2.setTitle("Smart Programming");
24
25      cout << b1.getTitle() << "(" << b1.getAuthor() << ")" << endl;
26      cout << b2.getTitle() << "(" << b2.getAuthor() << ")" << endl;
28  }
```

此程式執行結果如下：

執行結果：

```
Programming△in△C++(Jun△Wu)⏎
Smart△Programming(Jun△Wu)⏎
```

請將程式碼所缺少的程式碼，填入以下的作答區：

(a) _____
(b) _____
(c) _____
(d) _____
(e) _____
(f) _____

7. 請使用 C++ 語言設計一個名為 Star 的類別，用以提供明星的基本資料維護。Star 類別將可以儲存一個明星的姓名、性別、生日與地址，請先參考以下的 star.h 所定義的類別內容（可於網路下載並解壓縮本書習題相關檔案後，在 /exercises/ch16/7 目錄中取得）：

Location: ☁/exercises/ch16/7
Filename: star.h

```
1  #include <iostream>
2  #include "date.h"
3  using namespace std;
4
5  enum Gender
6  {
7      Male,
8      Female,
9      Undef
10 };
11
12 class Star
13 {
14 private:
15     string name;
16     Gender gender;
17     Date birthdate;
```

```cpp
18        char *address;
19
20  public:
21        Star();
22        Star(string name);
23        Star(string name, Gender gender);
24        Star(string name, Gender gender, string birthdate, string address);
25        Star(string name, Gender gender, string address);
26
27        void setName(string n);
28        string getName();
29        void setGender(Gender g);
30        Gender getGender();
31        void setBirthdate(string s);
32        void setBirthdate(Date d);
33        void setBirthdate(string s, Locale l);
34        Date getBirthdate();
35        void setAddress(string s);
36        string getAddress();
37        void setAStar(string name, Gender gender, string birthdate, string address);
38        void show()
39        {
40            cout << name << "("
41                 << (gender == Male ? "Male" : gender == Female ? "Female" : "Undef")
42                 << "," << birthdate.toString() << ") Address: " << address << endl;
43        }
44  };
```

【注意】：

1. 在 Star 類別裡的 birthdate 是使用第 15 章習題第 9 題所設計的 Date 類別進行宣告，你必須將該題的 date.h 與 date.cpp 和本題的答案一同進行編譯。

2. Star 類別中的 address 被宣告為 char *，請依據其地址的字數動態地配置適切的記憶體位置，例如 "No.△19,△Happy△Rd,△NY"，應使用 new char[21] 進行配置。

請設計一個 C++ 語言的程式 star.cpp，將包含定義在 star.h 裡的 Star 類別的建構函式與各個成員函式加以實作完成，並使用下列 main.cpp 進行測試：

Location: ⌂/exercises/ch16/7
Filename: main.cpp

```cpp
#include <iostream>
using namespace std;
#include "star.h"
#include <string>

int main()
{
  Star tom;

  tom.setName("Tom Cruise");
  tom.setGender(Male);
  tom.setBirthdate("7/31/1962");
  tom.setAddress("No. 19, Happy Rd, NY");

  Star *kelly = new Star("Kelluy McGillis");
  kelly->setBirthdate(Date("9/7/1957", UK));
  kelly->setGender(Female);

  Star val("Val Edward Kilmer", Male, "12/31/1959", "19 La Lita Ln, Santa Barbara, CA");
  Star meg("Meg Ryan", Female, "No. 101, Almond St, PA");
  meg.setBirthdate(Date("12/19/1961"));

  tom.show();
  kelly->show();
  val.show();
  meg.show();
}
```

此題可使用以下的 Makefile 進行編譯（可自行下載取得）：

Location: ⬇/exercises/ch16/7

Filename: Makefile

```
1  all: main.cpp star.o date.o
2  [tab]   c++ main.cpp star.o date.o
3
4  star.o:    star.cpp star.h
5  [tab]   c++ -c star.cpp
6
7  date.o:    date.cpp date.cpp
8  [tab]   c++ -c date.cpp
9
10 clean:
11 [tab]   rm -f *.o *~ *.*~ a.out
```

此程式的執行結果如下:

執行結果:

```
Programming in C++(Jun Wu)
Tom Cruise(Male,7/31/1962) Address: No. 19, Happy Rd, NY
Kelluy McGillis(Female,7/9/1957) Address: Undef
Val Edward Kilmer(Male,12/31/1959) Address: 19 La Lita Ln, Santa Barbara, CA
Meg Ryan(Female,12/19/1961) Address: No. 101, Almond St, PA
```

8. 當你完成了第 15 章習題第 9 題的 Date 類別與上一題的 Star 類別的設計與實作後,現在可以進一步寫一個簡單的明星管理程式,讓我們可以輸入明星的資料。此程式預設先配置 5 個 Star 類別的物件所需的記憶體空間,並可在程式執行的過程中,依使用者指令將記憶體空間從既有的空間變為兩倍。此題程式執行時,將接收以下指令:

- i:新增一個明星的資料
- l:列出所有明星資料
- d:將既有的記憶體空間倍增
- q:結束程式

此題的執行結果可參考如下（日期皆為 US 美式）：

執行結果：

```
<CMD>? 1⏎
#1: ***empty***⏎
#2: ***empty***⏎
#3: ***empty***⏎
#4: ***empty***⏎
#5: ***empty***⏎
<CMD>? i⏎
Name: Tom Cruise⏎
Gender (F/M): M⏎
Birthdate (MM/DD/YYYY): 7/31/1962⏎
Address: No. 19, Happy Rd., NY⏎
<CMD>? i⏎
Name: Kelluy McGillis⏎
Gender (F/M): F⏎
Birthdate (MM/DD/YYYY): 7/9/1957⏎
Address: I don't know⏎
<CMD>? i⏎
Name: Val Edward Kilmer⏎
Gender (F/M): M⏎
Birthdate (MM/DD/YYYY): 12/31/1959⏎
Address: 19 La Lita Ln, Santa Barbara, CA⏎
<CMD>? i⏎
Name: Meg Ryan⏎
Gender (F/M): F⏎
Birthdate (MM/DD/YYYY): 12/19/1961⏎
Address: No. 101, Almond St, PA⏎
<CMD>? 1⏎
#1: Tom Cruise(Male,7/31/1962) Address: No. 19, Happy Rd.,
 NY⏎
#2: Kelluy McGillis(Female,7/9/1957) Address: I don't know⏎
#3: Val Edward Kilmer(Male,12/31/1959) Address: 19 La Lita L
 n, Santa Barbara, CA⏎
```

```
          #4:△Meg△Ryan(Female,12/19/1961)△Address:△No.△101,△Almond△St,
   △PA⏎
          #5:△***empty***△⏎
          <CMD>?△i⏎
          Name:△Anthony△Edwards⏎
          Gender△(F/M):△M⏎
          Birthdate△(MM/DD/YYYY):△7/19/1962⏎
          Address:△300△N△Los△Carneros△Rd,△Goleta,△CA⏎
          <CMD>?△i⏎
          Not△enough△space!⏎
          <CMD>?△l⏎
          #1:△Tom△Cruise(Male,7/31/1962)△Address:△No.△19,△Happy△Rd.,△
   NY⏎
          #2:△Kelluy△McGillis(Female,7/9/1957)△Address:△I△don't△know⏎
          #3:△Val△Edward△Kilmer(Male,12/31/1959)△Address:△19△La△Lita△L
   n,△Santa△Barbara,△CA⏎
          #4:△Meg△Ryan(Female,12/19/1961)△Address:△No.△101,△Almond△St,
   △PA⏎
          #5:△Anthony△Edwards(Male,7/19/1962)△Address:△300△N△Los△Carne
   ros△Rd,△Goleta,△CA⏎
          <CMD>?△d⏎
          Space△doubled!⏎
          <CMD>?△l⏎
          #1:△Tom△Cruise(Male,7/31/1962)△Address:△No.△19,△Happy△Rd.,△
   NY⏎
          #2:△Kelluy△McGillis(Female,7/9/1957)△Address:△I△don't△know⏎
          #3:△Val△Edward△Kilmer(Male,12/31/1959)△Address:△19△La△Lita△L
   n,△Santa△Barbara,△CA⏎
          #4:△Meg△Ryan(Female,12/19/1961)△Address:△No.△101,△Almond△St,
   △PA⏎
          #5:△Anthony△Edwards(Male,7/19/1962)△Address:△300△N△Los△Carne
   ros△Rd,△Goleta,△CA⏎
          #6:△***empty***△⏎
          #7:△***empty***△⏎
          #8:△***empty***△⏎
          #9:△***empty***△⏎
          #10:△***empty***△⏎
```

```
<CMD>?_△ i⏎
Name:_△ Thomas_△Skerritt⏎
Gender_△(F/M):_△ M⏎
Birthday_△(MM/DD/YYYY):_△ 8/25/1933⏎
Address:_△ 10125_△E_△Jefferson_△Ave,_△Detroit,_△MI⏎
<CMD>?_△ l⏎
#1:_△Tom_△Cruise(Male,7/31/1962)_△Address:_△No._△19,_△Happy_△Rd.,_△NY⏎
#2:_△Kelluy_△McGillis(Female,7/9/1957)_△Address:_△I_△don't_△know⏎
#3:_△Val_△Edward_△Kilmer(Male,12/31/1959)_△Address:_△19_△La_△Lita_△Ln,_△Santa_△Barbara,_△CA⏎
#4:_△Meg_△Ryan(Female,12/19/1961)_△Address:_△No._△101,_△Almond_△St,_△PA⏎
#5:_△Anthony_△Edwards(Male,7/19/1962)_△Address:_△300_△N_△Los_△Carneros_△Rd,_△Goleta,_△CA⏎
#6:_△Thomas_△Skerritt(Male,8/25/1933)_△Address:_△10125_△E_△Jefferson_△Ave,_△Detroit,_△MI⏎
#7:_△***empty***_△⏎
#8:_△***empty***_△⏎
#9:_△***empty***_△⏎
#10:_△***empty***_△⏎
<CMD>?_△ q⏎
```

Chapter 17 繼承

繼承 (Inheritance) 是物件導向的四個主要特性之一,它可以讓一個類別繼承來自其它類別的屬性與行為。我們在前面的章節裡曾提過,在物件導向程式設計的思維裡,我們除了要找出有哪些類別的物件存在於應用系統裡,還需要找出物件與物件之間是否存在某種關係。本章所介紹的繼承也是屬於物件和物件中的關係之一。具體來說,如果類別 A 繼承了類別 B,我們就會說類別 A 與類別 B 之間存在著繼承的關係。本章後續將就如何使用 C++ 語言來完成繼承類別的設計,並且探討繼承關係發生後類別成員(包含建構函式與解構函式在內)會發生什麼樣的變化?

17-1 繼承與可重用性

我們在過去幾章已經瞭解物件導向程式大致的開發程序,是先審視並找出程式裡有哪些物件的需求,然後再針對這些物件所屬的類別進行定義並據以產生物件;但若所需的物件是既有的類別,那麼就可以不用定義類別,直接用以產生物件即可。一旦所需的物件都產生出來後,剩下的工作就是設定物件的屬性(設定資料成員數值)、執行物件的行為(呼叫成員函式),或是進行物件與物件間的互動來實現應用程式所需的功能。

其實,上面所描述的開發程序並不是非黑即白 —— 用以產生所需物件的類別,不是只有存在與不存在兩種可能;其實還有一種更常見的情況是,既有的類別 "大致上" 符合我們對物件的需求,但僅有小部分與既有的類別定義不同。在這種情況下,我們可以選擇 "繼承" 既有的類別,並新增或修改部分的資料成員與成員函式即可滿足新的需求。例如我們在上一章用以示範的 Student 類別已可滿足簡單的成績處理需求,但若是要進一步針對特定身分的學生進行一些不一樣的處理,例如境外生 (Foreign Student) 的處理需求基本上和一般生相同,但還需要額外記錄及輸出其國籍資料；在此情況下，我們不需要針對境外生重新進行類別定義，因為它和一般生的處理需求大致上相同，所以我們只需要先繼承 Student 類別再增加國籍 (Nationality) 資料成員以及其相關的成員函式即可，請參考圖 17-1，其中在 ForeignStudent 類別中的大部分成員都是繼承自 Student 類別而來的（如圖中其中標示為灰色的部分），僅有資料成員 nationality 是其新增的。

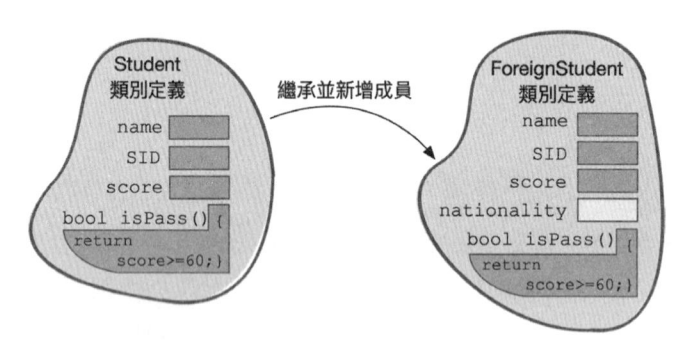

圖 17-1 繼承既有的 Student 類別再新增 nationality 資料成員

　　一般而言，像這樣透過繼承的方式，既有的類別可以用來減少開發新類別的時間成本，提升了程式碼的**可重用性 (Reusability)**。然而要享受繼承的好處是必須付出代價的，為了要讓以後的新類別能有 **"既有的類別"** 可以用來繼承，所以我們在開發類別時就必須思考 **"未來可能會有繼承此類別的需求"**，好讓以後的類別能有既有的類別可供繼承；或是在設計新類別時，考慮如何讓程式碼能夠透過繼承的方式去滿足未來可能的新類別需求 —— 這意味著我們甚至必須在設計一個新類別時，可以先 **"故意"** 地設計其它類別再透過繼承完成新類別的設計。舉例來說，假設在開發 ForeignStudent 類別前，並沒有 Student 類別的存在，若是摒除了未來的可能性，直接開發一個新的 ForeignStudent 類別的話，那麼在未來如果又需要開發一個針對轉學生的類別時（儘管轉學生也是學生，只是需要額外記錄其原就讀學校、系所而已），我們又會再次遇到沒有適合的既有類別可供繼承的窘境。

　　但是，如果一開始面對 ForeignStudent 類別的需求時，就將未來的可能性列入考慮的話，那麼就必須先設計出 Student 類別（但其實我們並不知道未來到底會不會使用到）、然後再用以繼承設計出 ForeignStudent 類別；或是考慮更長遠一些，先設計出 Person 類別、然後再繼承設計為 Student，最後才是 ForeignStudent 類別。當然，像這樣的做法比起直接開發新類別麻煩了許多，但是在未來如果真的又需要設計轉學生新類別時，那就可以享受到繼承既有類別的好處了！

Everything comes with a price! 要享受繼承所帶來的可重用性的好處，在設計 **"蛋"** 之前，就要付出額外的時間，不但要先設計出可以生蛋的 **"母雞"**，而且可能還要連 **"雞爸爸"**、**"雞爺爺"**、**"雞奶奶"** 都要一起設計出來！

17-2　ISA 關係

我們在上一小節已經說明過繼承 (Inheritance) 是指讓某一類別繼承其它類別的屬性與行為。從結果來看，如果類別 A 繼承了類別 B，那麼類別 A 就會得到類別 B 的資料成員與成員函式，這種情況可以說類別 A 與類別 B 之間具有 **"A is a kind of B"** 的特殊關係 —— 簡稱為 ISA (is a (kind) of) 關係。我們也可以把類別 A 與類別 B 之間的 ISA 關係視為是一種**特殊化 (Specialization)** 關係，或者說類別 A 是一種特殊的類別 B，意即類別 A 透過繼承已經成為了類別 B，但類別 A 又比類別 B 更為特殊一些 —— 試想，如果兩者完全一樣就不需要新的類別了，因此通常透過繼承所得到的新類別，還會額外再新增或修改一部分的資料成員與成員函式，好讓自己比較特殊一些。舉例來說，當 ForeignStudent 類別繼承了 Student 類別後，境外學生就成為了學生，但是比起學生，境外學生比較特殊一些，它還額外具有國籍相關的資料成員與成員函式，請參考圖 17-2。

圖 17-2 使用了簡化的 UML 類別圖來顯示 ForeignStudent 是 Student 類別的一種特殊化，除了 Student 類別原有的成員外，它還額外多了 notationality 資料成員。我們將繼承關係的來源與目的分別稱為**父類別 (Parent Class)** 與**子類別 (Child Class)**[1] —— 也就是父母賺的錢都留給子女使用的概念。例如 ForeignStudent 類別可以稱為是 Student 類別的子類別，而 Student 類別是 ForeignStudent 類別的父類別。此外，父類別與子類別又常被稱為**基底類別 (Base Class)** 與**衍生類別 (Derived Class)**，或是被稱為 **Super 類別**與 **Sub 類別**。本書後續為了便利說明起見，將統一採用字面意義上最容易理解的**父類別**與**子類別**。

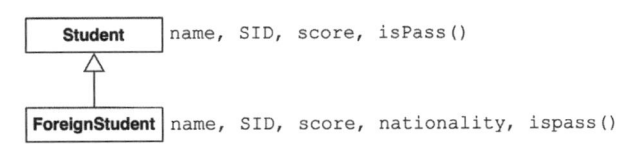

```
  ┌─────────┐
  │ Student │  name, SID, score, isPass()
  └─────────┘
       △
       │
┌──────────────┐
│ForeignStudent│  name, SID, score, nationality, ispass()
└──────────────┘
```

圖 17-2　ForeignStudent 類別與 Student 類別間的 ISA 關係

---

[1] 話說，這些術語也太過父權以及不符合性別平等的要求了，應該要改為父母類別與兒女類別才是。不過這就只是術語而已，掌握術語所代表的意涵比起討論字面上的意涵更為重要，不是嗎？

17-3 類別繼承

本節將為讀者說明 C++ 類別繼承的語法,讓我們可以繼承既有的父類別以完成子類別的定義。

17-3-1 繼承語法

以下的類別繼承定義語法,讓我們可以繼承既有的父類別以完成子類別的定義:

```
類別繼承定義(子類別定義)語法

class 子類別名稱 : [ 存取修飾字 ]? 父類別名稱
{
    // 內容定義
}
```

上述的語法顯示子類別的定義十分簡單,只要依據原本類別定義的語法,在子類別名稱後面加上一個冒號 : 與至多一個**存取修飾字**(**Access Modifier**,又稱為 **Access Specifier**),並指定所欲繼承的 父類別名稱 即可;在此定義語法中的 存取修飾字,就是第 16 章所介紹用以定義類別成員的可存取性的三個修飾字:`private`、`protected` 與 `public`,本節在說明類別繼承語法時,將先使用其中可存取性最高的 `public` 進行講解。至於這些存取修飾字在類別繼承時的作用,我們將在下一小節再詳細地加以說明。

現在,讓我們假設成績處理應用程式為例,除了我們已經相當熟悉的 `Student` 學生類別之外,假設還需要增加一種特殊身分的學生類別──`ForgignStudent` 境外學生類別。境外學生和一般生無異,但有額外的國籍資料需要處理。我們可以先依據前述的類別繼承語法,使用下列的程式碼讓 `ForeignStudent` 類別繼承 `Student` 類別:

```
class ForeignStudent : public Student
{
};
```

如此一來,`ForeignStudent` 類別就可以透過繼承得到 `Student` 類別的資料成員及成員函式，但因為境外生還需要額外處理國籍資料，所以我們可以在其類別定義裡增加 nationality 資料成員，以及它的 setter 與 getter 函式：

```cpp
class ForeignStudent : public Student
{
private:
    string nationality;
public:
    void setNationality(string n);
    string getNationality();
};

void ForeignStudent::setNationality(string n)
{
    nationality = n;
}

string ForeignStudent::getNationality()
{
    return nationality;
}
```

如此一來，境外學生類別就初步設計完成，請參考以下完整的 Example 17-1 範例程式：

Example 17-1：ForeignStudent 類別的定義、實作與應用範例

Location: ⊕/examples/ch17/17-1

Filename: student.h

```cpp
1  #include <iostream>
2  using namespace std;
3
4  class Student
5  {
6  private:
7      string name;
```

```
8        string SID;
9        int score;
10
11   public:
12       Student();
13       Student(string n, string i, int s);
14       bool isPass();
15       void showInfo();
16       void setName(string n);
17       string getName();
18       void setSID(string sid);
19       string getSID();
20       void setScore(int s);
21       int getScore();
22   };
```

Location: ⛅/examples/ch17/17-1

Filename: student.cpp

```
1    #include "student.h"
2
3    Student::Student()
4    {
5    }
6
7    Student::Student(string n, string i, int s)
8    {
9        name = n;
10       SID = i;
11       score = s;
12   }
13
14   bool Student::isPass()
15   {
16       return score >= 60;
17   }
18
19   void Student::showInfo()
20   {
```

```cpp
21       cout << name << " (" << SID << ") " << score << endl;
22  }
23
24  void Student::setName(string n)
25  {
26      name = n;
27  }
28
29  void Student::setSID(string sid)
30  {
31      SID = sid;
32  }
33
34  string Student::getName()
35  {
36      return name;
37  }
38
39  string Student::getSID()
40  {
41      return SID;
42  }
43
44  void Student::setScore(int s)
45  {
46      if (s > 100)
47      { score = 100; }
48      else {
49        if (score < 0) { score = 0; }
50        else { score = s; }
51      }
52  }
53
54  int Student::getScore()
55  {
56      return score;
57  }
```

上述兩個程式分別是讀者們已經熟悉的 Student 類別的定義與實作，Student 類別具有 name、SID 與 score 等資料成員，以及 showInfo()、setName()、 getName()、setSID()、getSID()、setScore()、getScore() 與 isPass() 等成員函式（為簡化起見並不包含 compare() 函式的宣告與實作）。

Location: /examples/ch17/17-1
Filename: foreignStudent.h

```
1  #include "student.h"
2
3  class ForeignStudent : public Student
4  {
5  private:
6      string nationality;
7  public:
8      void setNationality(string n);
9      string getNationality();
10 };
```

在 foreignStudent.h 裡，我們使用類別繼承的語法，讓 ForeignStudent 類別繼承 Student 類別，並在第 6 行增加一個用以保存境外學生國籍的 private 資料成員 nationality；此外，也在第 8 行與第 9 行定義了其 setter 與 getter 函式 —— 關於此兩個成員函式的實作，請參考下面的 foreignStudent.cpp。

Location: /examples/ch17/17-1
Filename: foreignStudent.cpp

```
1  #include "foreignStudent.h"
2
3  void ForeignStudent::setNationality(string n)
4  {
5      nationality = n;
6  }
7
8  string ForeignStudent::getNationality()
9  {
10     return nationality;
11 }
```

Chapter 17 繼承

以下的 main.cpp 示範了 ForeignStudent 類別使用透過繼承所得到的 Student 父類別的成員：

Location: ⬇/examples/ch17/17-1
Filename: main.cpp

```cpp
#include <iostream>
using namespace std;

#include "foreignStudent.h"

int main()
{
    Student amy;
    ForeignStudent bob;

    amy.setName("Amy");
    amy.setSID("CBB123001");
    amy.setScore(100);
    amy.showInfo();

    bob.setName("Bob");
    bob.setSID("CBB123002");
    bob.setScore(80);
    bob.showInfo();
    bob.setNationality("USA");
    cout << "Nationality: " << bob.getNationality() << endl;
    return 0;
}
```

在 main.cpp 的第 8 行與第 9 行，我們分別宣告了 Student 類別與 ForeignStudent 類別的兩個物件 amy 與 bob。接著在第 11 行至第 13 行，透過 Student 類別裡公開的成員函式（同時也是其私有資料成員的 setter 函式）設定其姓名、學號與成績，並在第 14 行呼叫其 showInfo() 函式將其資訊加以輸出。至於 bob 物件，儘管它是屬於 ForeignStudent 類別的物件，仍可呼叫其透過繼承 Student 父類別所得到的成員函式，例如在第 16 行至第 18 行就是呼叫這些繼承而來的函式完成了其姓名、學號與成績的設定，並在第 19 行呼叫同樣是繼承而來的 showInfo() 函式將其資訊加以輸出。不過，作為 Student

567

類別的子類別，`ForeignStudent` 類別還具有不同於父類別的成員，例如在第 20 行呼叫 `setNationality()` 函式設定了 bob 的國籍，並在第 21 行將呼叫 `getNatinality()` 函式所得到的國籍加以輸出。

Example 17-1 的程式範例，可以使用以下的 Makefile 進行編譯：

Location: ⬇/examples/ch17/17-1
Filename: Makefile

```
1  all: main.cpp foreignStudent.o student.o
2      [tab] c++ main.cpp student.o foreignStudent.o
3
4  foreignStudent.o: foreignStudent.cpp foreignStudent.h
5      [tab] c++ -c foreignStudent.cpp
6
7  student.o: student.cpp student.h
8      [tab] c++ -c student.cpp
9
10 clean:
11     [tab] rm -f *.o main *.*~ *~
```

此範例程式的執行結果如下：

```
Amy△(CBB123001)△100↵
Bob△(CBB123002)△80↵
Nationality:△USA↵
```

17-3-2　繼承可存取性

本節將詳細說明在類別繼承時，如何利用存取修飾字來定義子類別繼承父類別的成員之可存取性 —— 我們將其稱為**繼承可存取性 (Accessibility of Inheritance)**。在進行類別繼承時，依語法可以選擇使用三種不同的存取修飾字，依其可存取性由低至高分別為 `private`、`protected` 與 `public`，其中我們已在上一小節使用 `public` 示範了 `ForeignStudent` 子類別可以透過繼承使用 `Student` 父類別的成員。但其實子類別繼承自父類別的成員，其可存取性還可以做更精細的設

定,請參考以下的類別繼承與可存取性的定義語法[2]:

```
類別繼承與可存取性定義語法

class 子類別名稱 : [private|protected|public]? 父類別名稱
{
    // 內容定義
}
```

在上述語法中,若子類別繼承父類別時使用不同的存取修飾字,將可以決定繼承得到的成員不同程度的可存取性。為便利起見,我們也將使用 private、protected 與 public 存取修飾字所繼承產生的子類別,稱為**私有衍生 (Private Derivation)**、**保護衍生 (Protected Derivation)**、與**公開衍生 (Public Derivation)** 類別。表 17-1 彙整並列示出子類別繼承父類別時所使用的存取修飾字,與父類別的成員原本的可存取性所形成的各種組合之下,子類別自父類別繼承得到的成員將具有何種可存取性。

在表 17-1 中,子類別在繼承父類別時,所使用的存取修飾字可分為不使用(也就是無)、private、protected 與 public 四種;至於父類別的成員原本所使用的存取修飾字同樣可分為不使用(無)、private、protected 與 public 四種。要注意的是,當我們不使用任何存取修飾字時,其預設值為 private。以 Example 17-1 為例,在 foreignStudent.h 的第 3 行 (`class ForeignStudent : public Student`),使用 public 繼承了 Student 類別,所以對於 ForeignStudent

表 17-1 存取修飾字與可存取性彙整

子類別的繼承存取性	父類別成員的可存取性			
	無	private	protected	public
無	不可存取	不可存取	private	private
private	不可存取	不可存取	private	private
protected	不可存取	不可存取	protected	protected
public	不可存取	不可存取	protected	public

---

[2] 其實此語法與上一小節(17-3-1 節)的類別繼承定義(子類別定義)語法相同,但其中的存取修飾字被代換為 private|protected|public。

類別而言，依據表 17-1 最下面一列所示，其所繼承自 Student 父類別的成員，若原本沒使用存取修飾字或使用 private，則在 ForeignStudent 子類別裡並不允許存取該成員；另一方面，若原本使用 protected 與 public 存取修飾字，則在 ForeignStudent 類別裡繼承而來的成員之可存取性維持不變（意即維持原本的 protected 與 public）。

讀者可以試著將 Example 17-1 中的 main.cpp 裡的第 16 行，從原本的 bob.setName("Bob"); 改為 bob.name="Bob";，看看會發生什麼事？由於在父類別中的 name 資料成員是被宣告為 private（請參考 student.h 第 6 行與第 7 行），依據表 17-1，當子類別使用 public 繼承時，原本在父類別裡宣告為 private 的成員在子類別中將變為不可存取，因此上述的變更將會得到以下的編譯錯誤訊息：

```
main.cpp:16:9: error: 'std::string Student::name' is private within this context(錯誤：此處的name為私有的)
   16 |     bob.name="Bob";
      |         ^~~~ss ForeignStudent : public Student
```

但要注意的是，除第 16 行會發生編譯錯誤外，第 17-19 行所呼叫的繼承自 Student 類別的成員函式，由於是在 student.h 的第 11 行裡被宣告為 public，同樣依據在表 17-1 最下面一列，其所繼承自 Student 父類別的成員，若原本是使用 public 存取修飾字，則在 ForeignStudent 子類別仍維持 public 的可存取性。請參考表 17-2[3]，當類別成員的可存取性為 public 時，不論在同一類別、朋友類別、子類別與其它類別內，都可以加以存取。因此 main.cpp 的第 17-19 行都能夠正確地編譯與執行。

現在，讓我們試著將 foreignStudent.h 裡的第 3 行，從 class ForeignStudent

表 17-2　存取修飾字與可存取性彙整

位置	private	protected	public	無
同一類別	v	v	v	v
朋友類別	v	v	v	v
衍生類別		v	v	
其它類別			v	

---

3 此表格即為第 16 章表 16-1，為便利讀者起見，在此再列示一次。

: public Student 改為 class ForeignStudent : private Student;請看看又會發生什麼事？由於我們從 public 繼承改為了 private 繼承，所以依據表 17-1 的第二列，此時就算原本在 Student 父類別中的公開成員，也將變為 private 了，因此經此修改後將得到以下的編譯錯誤[4]：

```
main.cpp:16:16: error: 'void Student::setName(std:: string)' is inaccessible within this context
（此處setName(string)不可存取）
   16 |      bob.setName("Bob");
      |      ~~~~~~~~~~~^~~~~~~
main.cpp:17:15: error: 'void Student::setSID(std:: string)' is inaccessible within this context
（此處setSID (string)不可存取）
   17 |      bob.setSID("CBB123002");
      |      ~~~~~~~~~~^~~~~~~~~~~~~
main.cpp:18:17: error: 'void Student::setScore(int)' is inaccessible within this context
（此處setScore(int)不可存取）
   18 |      bob.setScore(80);
      |      ~~~~~~~~~~~~~^~~~
```

相信讀者們現在應該有能力參考表 17-1 與表 17-2，在設計父類別與子類別時選擇使用適當的存取修飾字，來控制外部其它類別存取其成員時所需的可存取性。

17-3-3 朋友函式與朋友類別

我們在設計類別時，必須考慮類別成員的可存取性需求，適當地依據表 17-1 與 17-2 來定義可存取性。然而，在考慮類別成員的可存取性時，有時也會有例外的情況，但上一小節所介紹的方法過於僵化，當一個類別的成員經由存取修飾字定義其可存取性後，原則上是無法變更的；尤其透過繼承的方式，只會讓可存取性降低而已 ——（請仔細看看表 17-1，只要透過繼承，原始的可存取性只會降低或持平）。因此，當我們設定某個類別成員的可存取性之後，將一視同仁，所有的類別都會受到一樣的規範。

---

4 為節省篇幅，此處僅節錄部分錯誤訊息。

C++ 語言提供朋友類別 (Friend Class) 與朋友函式 (Friend Function) 機制，讓我們在定義成員的可存取性時，可以 "網開一面" 地讓 "朋友" 不受其規範，請參考表 17-2，讀者應該可以發現不論原本宣告為何種可存取性，朋友類別都可以不受限制。宣告朋友類別與朋友函式的方法很簡單，只要依據以下的語法在類別定義裡註明哪些類別或函式要成為 "朋友"：

> 朋友類別與朋友函式定義語法
>
> friend class 類別名稱;
> friend 函式原型;

例如，我們可以修改 Example 17-1 的程式，增加設計一個名為 AcademicAffairs 的教務處類別，讓其可以透過一個名為 getStudentGrade() 的成員函式，來計算學生的成績等第，其中 90 分（含）以上為等第 A、80 分（含）以上為等第 B、70 分（含）以上為等第 C、60 分（含）以上為等第 D、60 分（不含）以下為等第 F。除此類別外，我們也將獨立於類別外設計一個同樣的 getStudentGrade() 函式。請參考以下的 Example 17-2，我們在 main.cpp 裡完成了以上的設計：

Example 17-2：朋友類別與朋友函式應用範例

Location: /examples/ch17/17-2

Filename: main.cpp

```
1  #include <iostream>
2  using namespace std;
3
4  #include "foreignStudent.h"
5
6  class AcademicAffairs
7  {
8  public:
9      char getStudentGrade(Student s)
10     {
11         char grade[]="FFFFFFDCBAA";
12         return grade[(s.score/10)];
13     }
```

```
14  };
15
16  char getStudentGrade(Student s)
17  {
18      char grade[]="FFFFFFDCBAA";
19      return grade[(s.score/10)];
20  }
21
22  int main()
23  {
24      Student amy;
25      ForeignStudent bob;
26      AcademicAffairs aa;
27
28      amy.setName("Amy");
29      amy.setScore(80);
30      bob.setName("Bob");
31      bob.setScore(54);
32      cout << amy.getName() << " has a grade " <<
    getStudentGrade(amy) << endl;
33      cout << bob.getName() << " has a grade " <<
    aa.getStudentGrade(bob) << endl;
34      return 0;
35  }
```

在上述程式碼中的第 12 行與第 19 行，試圖在 Student 類別外使用定義為 private 的資料成員 score，這當然違反了可存取性的規定。為了 **"網開一面"** 地讓外部的 AcademicAffairs 類別以及獨立的 getStudentGrade() 函式可以存取 Student 類別的私有成員，以下的 student.h 在第 22 行與第 23 行將它們定義為 **"朋友"**，如此一來就可以讓它們存取其私有成員了。

Location: ⬇/examples/ch17/17-2
Filename: student.h

```
1  #include <iostream>
2  using namespace std;
3
4  class Student
```

```cpp
5   {
6   private:
7       string name;
8       string SID;
9       int score;
10  
11  public:
12      Student();
13      Student(string n, string i, int s);
14      bool isPass();
15      void showInfo();
16      void setName(string n);
17      string getName();
18      void setSID(string sid);
19      string getSID();
20      void setScore(int s);
21      int getScore();
22      friend class AcademicAffairs;
23      friend char getStudentGrade(Student s);
24  };
```

此範例程式至此已完成了朋友類別與朋友函式可以打破可存取性規範的示範，其執行結果如下：

```
Amy has a grade B
Bob has a grade F
```

請注意 Example 17-2 還需要其它包含 student.cpp、foreignStudent.h、foreignStudent.cpp 與 Makefile 等檔案，其內容與 Example 17-1 相同，在此不予贅述，有需要的讀者可自行下載所需檔案。

17-4　預設的建構與解構函式

我們已經知道子類別可以繼承來自父類別的公開成員，其中當然也包含其建構函式與解構函式，本節將就其中的細節加以說明。在本章的前面的程式範例中，我們已經使用過公開衍生 (Public Derivation) 的方式，來讓 ForeignStudent 子類

Chapter 17　繼承

別繼承 Student 父類別。在 Student 類別中，我們已經提供了 Student(string, string, int) 型式的建構函式，可以將 name、SID 與 score 的初始值加以設定。現在，讓我們試著使用下列程式碼，來產生 ForeignStudent 類別的物件實體並加以初始化：

```
ForiegnStudent *ohtani;
ohtani = new ForeignStudent("ohtani", "INTL017", 100);
```

請讀者自行試著將上述程式碼加入到 Example 17-1 或 Example 17-2 裡，經編譯後應該會得到類似下的的錯誤訊息（依編譯器版本不同，其錯誤訊息或有不同）：

```
main.cpp:29:18: error: no matching constructor for
    initialization of 'ForeignStudent'（錯誤：沒有符合的建構函式可以為
    ForeignStudent進行初始值給定）
    ohtani = new ForeignStudent("ohtani", "INTL017", 100);
             ^                  ~~~~~~~~~~~~~~~~~~~~~~~~~
./foreignStudent.h:3:7: note: candidate constructor (the
    implicit copy constructor) not viable: requires 1 argument,
    but 3 were provided（候選的建構函式(隱含的複製建構函式)不可用：它需要1
    個參數，但此處卻提供了3個）
class ForeignStudent : public Student
      ^
./foreignStudent.h:3:7: note: candidate constructor (the
    implicit default constructor) not viable: requires 0 arguments,
    but 3 were provided（候選的建構函式(隱含的預設建構函式)不可用：它需0個
    參數，但此處卻提供了3個）
1 error generated.
make: *** [all] Error 1
```

依據上面所得到的編譯錯誤訊息可以得知，我們在程式裡使用 new ForeignStudent("ohtani", "INTL017", 100); 來產生 ForeignStudent 類別的物件實體時，所呼叫的一個具有 3 個參數的建構函式目前並不存在；此外，編譯器還進一步提供了它比對兩個可能的建構函式後的結果 —— 儘管它們都和我們呼叫的 3 個參數的版本不符合，但這些錯誤訊息其實告訴我們一個重要的訊息：這

575

個ForeignStudent 類別還有一個隱含的複製建構函式 (Copy Constructor)[5] 以及一個隱含的預設建構函式 (Default Constructor) 存在。要注意的是，這些隱含的 (Implicit) 函式是 "偷偷" 存在的，我們不用把它們寫在類別裡，但每個類別內都會有它們存在！其中的預設建構函式就是我們在上一章已介紹過的 **"每個類別預設都會有一個沒有參數的建構函式"** —— 不管我們有沒有 "寫" 在程式裡，它都會 "存在"。

17-4-1　預設建構函式

所謂的預設建構函式 (Default Constructor) 就是函式名稱與類別名稱相同，且沒有接收任何參數的建構函式。我們已在第 16 章說明過，若類別定義時沒有提供任何建構函式，那麼會由編譯器幫忙提供一個沒有任何參數以及內容的預設建構函式。當我們使用繼承的方式產生子類別時，在預設的情況下子類別會繼承到來自父類別的預設建構函式。請參考 Example 17-3：

Example 17-3: 子類別所繼承的預設建構函式範例

Location: /examples/ch17

Filename: defaultConstructor.cpp

```
1  #include <iostream>
2  using namespace std;
3
4  class Student
5  {
6  private:
7      string name;
8      string SID;
9      int score;
10
11 public:
12     Student()
13     {
14         cout << "The default constructor of Student Class." << endl;
15     }
16     Student(string n, string i, int s)
```

---

5 關於複製建構函式可參考本書第 15 章 15-5 節。

```cpp
17        {
18            name = n;
19            SID = i;
20            score = s;
21        }
22        bool isPass() { return score >= 60; }
23        void showInfo() { cout << name << " (" << SID << ") " << score << endl; }
24        void setName(string n){ name = n; }
25        string getName() { return name; }
26        void setSID(string sid) { SID=sid;}
27        string getSID() { return SID; }
28        void setScore(int s) { score=s>100?100:s<0?0:s; }
29        int getScore() { return score; }
30  };
31
32  class ForeignStudent : public Student
33  {
34  };
35
36  int main()
37  {
38      ForeignStudent bob;
39      ForeignStudent *robert = new ForeignStudent();
40  }
41
```

此範例程式在第 4 行至第 31 行提供了 Student 類別的定義與實作，並在第 33 行至第 35 行使用繼承 Student 類別的方式，定義了 ForeignStudent 子類別，但為簡化起見，ForeignStudent 的類別定義並沒有任何內容。換句話說，ForeignStudent 類別目前所有可以操作的成員，皆是透過繼承的方式從 Student 父類別所取得。請參考在 main() 函式裡的第 39 行及第 40 行，它們分別宣告了一個 ForeignStudent 類別的自動物件變數以及一個使用動態配置產生的物件實體。由於這兩個物件在建立的過程中，都會呼叫其預設的（沒有參數的）建構函式，但 ForeignStudent 類別並沒有提供此建構函式，所以在執行時將會呼叫其透過繼承所得到來自於 Student 類別的預設建構函式，其執行結果如下：

```
The△default△constructor△of△Student△Class.⏎
The△default△constructor△of△Student△Class.⏎
```

現在,讓我們修改 Example 17-3 的程式碼,為 ForeignStudent 類別提供預設建構函式的實作,請參考以下的 Example 17-4:

Example 17-4:子類別實作自己的預設建構函式範例

Location: ☁/examples/ch17

Filename: defaultConstructor2.cpp

```
1   #include <iostream>
2   using namespace std;
3   
4   class Student
5   {
6   private:
7       string name;
8       string SID;
9       int score;
10  
11  public:
12      Student()
13      {
14          cout << "The default constructor of Student Class." << endl;
15      }
16      Student(string n, string i, int s)
17      {
18          name = n;
19          SID = i;
20          score = s;
21      }
22      bool isPass() { return score >= 60; }
23      void showInfo() { cout << name << " (" << SID << ") " << score << endl; }
24      void setName(string n){ name = n; }
25      string getName() { return name; }
26      void setSID(string sid) { SID=sid;}
```

```cpp
27        string getSID() { return SID; }
28        void setScore(int s) { score=s>100?100:s<0?0:s; }
29        int getScore() { return score; }
30   };
31
32   class ForeignStudent : public Student
33   {
34   public:
35        ForeignStudent()
36        {
37            cout << "The default constructor of ForeignStudent Class." << endl;
38        }
39   };
40
41   int main()
42   {
43        ForeignStudent bob;
44        ForeignStudent *robert = new ForeignStudent();
45   }
```

此範例程式與 Example 17-3 的 defaultConstruct.cpp 幾乎相同，除了在第 35 行至第 38 行提供了 `ForeignStudent` 類別預設建構函式的實作。修改後的程式執行結果如下：

```
The default constructor of Student Class.
The default constructor of ForeignStudent Class.
The default constructor of Student Class.
The default constructor of ForeignStudent Class.
```

觀察此執行結果可以得知，子類別會繼承來自父類別的預設建構函式，並在產生子類別的物件實體時加以呼叫；另外，若子類別有提供自己的預設建構函式，在產生子類別的物件實體時，則會依序呼叫執行父類別與子類別的預設建構函式。不過還要提醒讀者，除了預設的建構函式外，其餘的建構函式並不會被繼承到子類別；換句話說，只有無參數的預設建構函式會被繼承。

17-4-2 預設解構函式

解構函式與建構函式類似，子類別也會繼承父類別的預設解構函式，請參考以下的 Example 17-5：

Example 17-5：子類別所繼承的預設解構函式範例
Location: ☁/examples/ch17
Filename: defaultDestructor.cpp

```cpp
#include <iostream>
using namespace std;

class Student
{
private:
    string name;
    string SID;
    int score;

public:
    Student()
    {
        cout << "The default constructor of Student Class." << endl;
    }
    Student(string n, string i, int s)
    {
        name = n;
        SID = i;
        score = s;
    }
    ~Student()
    {
        cout << "A Student's object is removed!" << endl;
    }
    bool isPass() { return score >= 60; }
    void showInfo() { cout << name << " (" << SID << ") " << score << endl; }
    void setName(string n){ name = n; }
    string getName() { return name; }
```

```
30      void setSID(string sid) { SID=sid;}
31      string getSID() { return SID; }
32      void setScore(int s) { score=s>100?100:s<0?0:s; }
33      int getScore() { return score; }
34   };
35
36   class ForeignStudent : public Student
37   {
38   };
39
40   int main()
41   {
42      ForeignStudent *amy = new ForeignStudent();
43      ForeignStudent *tony = new ForeignStudent(*amy);
44
45      delete amy;
46      delete tony;
47
48      return 0;
49   }
```

此範例與 Example 17-3 相似，其中第 42 行呼叫了來自父類別的預設建構函式，第 43 行所呼叫的則是**複製建構函式**。

不過除了建構函式以外，此程式還為 Student 父類別增加了解構函式（第 22 行至第 25 行），且 ForeignStudent 子類別並沒有設計自己的解構函式，因此當第 45 行與第 46 行的 delete 將會呼叫繼承自父類別的解構函式。請參考以下的執行結果：

```
The default constructor of Student Class.
A Student's object is removed!
A Student's object is removed!
```

若是子類別也提供了自己的解構函式，當物件實體經由 delete 回收時，將會依序呼叫執行子類別與父類別的解構函式（與呼叫建構函式的順序相反），請參考以下的程式範例：

Example 17-6:子類別自己以及繼承自父類別的預設解構函式範例

Location: ⊙/examples/ch17

Filename: defaultDestructor2.cpp

```cpp
#include <iostream>
using namespace std;

class Student
{
private:
    string name;
    string SID;
    int score;

public:
    Student()
    {
        cout << "The default constructor of Student Class." << endl;
    }
    Student(string n, string i, int s)
    {
        name = n;
        SID = i;
        score = s;
    }
    ~Student()
    {
        cout << "A Student's object is removed!" << endl;
    }
    bool isPass() { return score >= 60; }
    void showInfo() { cout << name << " (" << SID << ") " << score << endl; }
    void setName(string n){ name = n; }
    string getName() { return name; }
    void setSID(string sid) { SID=sid; }
    string getSID() { return SID; }
    void setScore(int s) { score=s>100?100:s<0?0:s; }
    int getScore() { return score; }
};
```

```
35
36  class ForeignStudent : public Student
37  {
38  public:
39      ~ForeignStudent()
40      {
41          cout << "A ForeignStudent's object is removed!" << endl;
42      }
43  };
44
45  int main()
46  {
47      ForeignStudent *amy = new ForeignStudent();
48      ForeignStudent *tony = new ForeignStudent(*amy);
49
50      delete amy;
51      delete tony;
52
53      return 0;
54  }
```

由於 ForeignStudent 子類別在第 39 行至第 42 行，提供了自己的解構函式，因此當第 50 行與第 51 行的 delete 將會依序先呼叫子類別自己的解構函式，然後再呼教繼承自父類別的解構函式。請參考以下的執行結果：

```
The default constructor of Student Class.
A ForeignStudent's object is removed!
A Student's object is removed!
A ForeignStudent's object is removed!
A Student's object is removed!
```

17-4-3 呼叫父類別的建構函式

當我們考慮子類別的建構函式需求時，如果所需要的功能和原本父類別的建構函式完全相同時，其實不需要設計自己的版本，只需要使用透過繼承得來的預設建構函式即可。不過子類別的需求往往會與父類別相似，但卻又不會完全相同，例如以下所列出的 Student 父類別與 ForeignStudent 子類別的建構函式，都需要設定資料成員的初始值，但兩者的資料成員卻又十分相似：

```
Student::Student(string n, string i, int s)
{
    name=name;
    SID=i;
    score=s;
}

ForeignStudent::ForeignStudent(string n, string i, int s,
string na)
{
    name=n;
    SID=i;
    score=s;
    nationality=na;
}
```

讀者應該可以看出，由於 ForeignStudent 子類別的資料成員比 Student 父類別多出了 nationality，所以前者的建構函式也比起後者多出了一行。此時，若能夠呼叫父類別的建構函式，將可以簡化子類別的建構函式設計。請參考以下新設計的 ForeignStudent 類別建構函式（請注意其中使用方框標示的程式碼）：

```
ForeignStudent::ForeignStudent(string n, string i, int s,
string na):Student(n,i,s)
{
    nationality=na;
}
```

我們只要在子類別的建構函式原型後面使用冒號 :，就可以呼叫父類別的建構函式，例如上述的程式碼呼叫了 Student 類別的建構函式，完成了 name、SID 與 score 的初始值設定，然後只要提供 ForeignStudent 子類別的 nationality 成員初始值設定即可，簡化了子類別建構函式的設計。

我們也可以將上述建構函式搭配第 15 章 15-6 節所介紹的成員初始化串列的方式再修改如下：

```
ForeignStudent::ForeignStudent(string n, string i, int s, ↵
string na) : Student(n,i,s) , nationality(na)
{
}
```

Example 17-7 示範了本節所討論的在子類別的建構函式裡呼叫父類別的建構函式的方法：

Example 17-7：在子類別的建構函式裡呼叫父類別的建構函式範例

Location: /examples/ch17

Filename: callParentConstructor.cpp

```
1  #include <iostream>
2  using namespace std;
3
4  class Student
5  {
6  private:
7      string name;
8      string SID;
9      int score;
10 public:
11     Student(string n, string i, int s)
12     {
13         name = n;
14         SID = i;
15         score = s;
16     }
17     bool isPass() { return score >= 60; }
18     void showInfo() { cout << name << " (" << SID << ") " << score << endl; }
19     void setName(string n){ name = n; }
20     string getName() { return name; }
21     void setSID(string sid) { SID=sid;}
```

```cpp
22        string getSID() { return SID; }
23        void setScore(int s) { score=s>100?100:s<0?0:s; }
24        int getScore() { return score; }
25 };
26
27 class ForeignStudent : public Student
28 {
29 private:
30     string nationality;
31 public:
32     ForeignStudent(string n, string i, int s, string na):Student(n, i, s), nationality(na)
33     {
34     }
35     string getNationality() { return nationality; }
36 };
37
38 int main()
39 {
40     ForeignStudent *yijoon = new ForeignStudent("Yi-Joon", "INTL0010", 95, "Korea");
41     yijoon->showInfo();
42     cout << "[" << yijoon->getNationality() << "]" << endl;
43 }
```

上面程式中的第 32 行就是使用本節所介紹的方式,讓 ForeignStudent 子類別的建構函式去呼叫執行 Student 父類別的建構函式,然後再使用成員初始化串列的方式完成 nationality 成員的初始值設定。此程式的執行結果如下:

```
Yi-Joon△(INTL0010)△95[Korea]⏎
```

17-5　覆寫成員函式

本章已經不斷地展示,物件導向程式設計可以透過讓子類別繼承父類別,來實現軟體的可重用性。以 ForeignStudent 境外學生類別的設計為例,由於境外學生也是學生(只不過是比較特殊的學生),我們只要透過繼承的方式就可以讓

ForeignStudent 類別取得 Student 類別的成員。然後再針對境外學生不同於學生之處，設計新的成員即可完成 ForeignStudent 類別的設計。然而，若是某些繼承自父類別的成員函式不符合子類別的需求時，又該如何處理呢？請先參考以下的程式片段：

```
ForeignStudent *ohtani =
    new ForeignStudent("Ohtani", "INTL017", 100, "Japan");
ohtani->showInfo();
```

上述的程式片段動態地產生了一個境外學生的物件實體（呼叫 17-4-3 小節為 ForeignStudent 類別所設計具有 4 個參數的建構函式），並呼叫其繼承自 Student 父類別的 showInfo() 成員函式，其執行結果如下：

```
Ohtani△(INTL017)△100⏎
```

由於 Student 類別在設計 showInfo() 成員函式時，其目的是要將 Student 類別的所有資料成員加以輸出，但當 ForeignStudent 子類別使用此一繼承而來的 showInfo() 成員函式時，它就缺少了關於境外學生的國籍資料輸出。

　　針對此一問題，我們可以透過 C++ 所支援的**函式覆寫 (Function Overriding)** 來加以解決。覆寫的意思就是當繼承自父類別的成員函式不符合子類別需求時，子類別可以對其進行改寫，所以我們可以為 ForeignStudent 類別寫一個新的 showInfo() 成員函式的版本如下：

```
void ForeignStudent::showInfo()
{
    cout << name << " (" << SID << ") " << score << endl;
    cout << "[" << nationality << "]" << endl;
}
```

由於 ForeignStudent 類別有了自己實作的 showInfo() 版本，所以在執行時將不再會去呼叫繼承自父類別的 showInfo() 函式，而是呼叫自己實作的版本。因此呼叫 ohtani->showInfo(); 將會變為以下的執行結果：

```
Ohtani△(INTL017)△100⏎
[JAPAN]⏎
```

在使用覆寫的方式時，有時候子類別所寫的新版本其實與父類別既有的版本是相似的，只是子類別的需求的功能多一些。在這種情況下，我們其實可以在新版本裡先呼叫既有的版本，然後再增添新功能 —— 使用 :: 來指定呼叫的函式是屬於哪個類別的版本就可以達成這個目的。例如前述為 ForeignStudent 類別實作的 showInfo() 成員函式，可以 Student::showInfo() 來指定呼叫 Student 父類別的 showInfo() 版本！請參考下面的實作：

```
void ForeignStudent::showInfo()
{
    Student::showInfo();      ← 先指定呼叫父類別裡的 showInfo() 版本
    cout << "[" << nationality << "]" << endl;
}
                              再針對子類別的需求，新增輸出國籍的程式碼
```

最後，我們針對 ForeignStudent 類別再提供另一個覆寫父類別成員函式的範例。假設我們針對境外學生將及格標準改為 50 分，那麼我們就可以選擇將父類別既有的 isPass() 進行改寫如下：

```
bool ForeignStudent::isPass()
{
    return getScore()>=50;
}
```

Example 17-8 將本節所示範的子類別覆寫父類別成員函式的例子，撰寫為一個完整可執行的程式範例，請讀者自行參考：

Example 17-8：子類別覆寫父類別的成員函式範例

Location: ⬇/examples/ch17

Filename: overriding.cpp

```cpp
#include <iostream>
using namespace std;

class Student
{
private:
    string name;
    string SID;
    int score;
public:
    Student(string n, string i, int s)
    {
        name = n;
        SID = i;
        score = s;
    }
    bool isPass() { return score >= 60; }
    void showInfo() { cout << name << " (" << SID << ") " << score << endl; }
    void setName(string n){ name = n; }
    string getName() { return name; }
    void setSID(string sid) { SID=sid;}
    string getSID() { return SID; }
    void setScore(int s) { score=s>100?100:s<0?0:s; }
    int getScore() { return score; }
};

class ForeignStudent : public Student
{
private:
    string nationality;
public:
    ForeignStudent(string n, string i, int s, string na):Student(n, i, s), nationality(na)
    {
```

```cpp
34          }
35          string getNationality() { return nationality; }
36          void showInfo()
37          {
38              Student::showInfo(); //先指定呼叫父類別裡的showInfo()版本
39              cout << "[" << nationality << "]" << endl;
40          }
41          bool isPass()
42          {
43              return getScore() >= 50;
44          }
45  };
46
47  int main()
48  {
49      ForeignStudent *ohtani = new ForeignStudent("Ohtani", "INTL017", 100, "Japan");
50      ohtani->showInfo();
51      cout << endl;
52
53      ForeignStudent *yijoon = new ForeignStudent("Yi-Joon", "INTL0010", 55, "Korea");
54      yijoon->showInfo();
55      if (yijoon->isPass())
56          cout << "Yi-Joon Pass!" << endl;
57  }
```

此程式的執行結果：

```
Ohtani△(INTL017)△100⏎
[JAPAN]⏎
⏎
Yi-Joon△(INTL0010)△55⏎
[Korea]⏎
Yi-Joon△Pass!⏎
```

寫新的函式 vs. 覆寫既有的函式

當父類別既有的函式無法滿足子類別的需求時，究竟是要寫個全新的函式？還是去覆寫父類別既有的函式？其實這兩個選擇的成本幾乎是一樣的，因為不論是寫一個全新的或是去改寫既有的，除了函式的名稱不同以外，其內容應該完全相同；所以決策的重點在於：究竟是用新的函式名稱或是用既有的函式名稱比較適合？筆者認為答案其實要依子類別的需求而定，如果新、舊函式對於物件而言做的是同一件事，只是其內容不同（例如本章的 `ForeignStudent` 類別與 `Student` 類別其實都有輸出學生個人資訊的需求，只是其輸出的內容不同而已），那麼我們應該採用覆寫的方式，為這兩個父子類別在面對 **"輸出個人資訊"** 的功能上，提供同一個 **"介面"** —— 也就是不論是父類別或子類別，只要做同一件事，就應該呼叫同一個名稱的函式！

但是如果子類別的新需求，其實是一件不同於父類別的工作內容，那麼就應該設計一個新的函式來加以處理。例如轉學生如果有一個要 "輸出國籍" 的需求，那就應該為其設計一個新的函式 `showNationality()`。若是你在這種情況下，選擇去覆寫 `showInfo()` 讓它輸出國籍，儘管以後 `ForeignStudent` 類別的物件要輸出國籍時可以呼叫你改寫後的 `showInfo()`，但若是要輸出學生的個人資訊時又應該呼叫誰呢？

⚠ 多載 (Overloading) 與覆寫 (Overriding)

多載 (Overloading) 讓我們可以針對同一個函式開發多個版本，彼此以參數的型態與個數作為區別；但**覆寫 (Overriding)** 則是讓子類別可以撰寫新版本的函式，來取代繼承自父類別的既有版本，它們的參數的型態與個數是相同的。若是在父類別裡，同一函式已有不同的版本，子類別也可以選擇性的進行覆寫，或是全部都加以覆寫，或者視需求再設計新的版本 —— 可說是既多載又覆寫！

17-6 在繼承階層間的型態轉換

在實務上，有時我們會需要將同一繼承階層裡的不同類別之物件，進行型態的轉換。以本章所使用的學生類別的繼承階層為例（可參考 Example 17-4 所定義的 Student 類別與 ForeignStudent 類別），假設有以下的物件與指標的宣告：

```
Student so("Amy", "CBB123001", 80);
Student *sp = new Student("Bob", "CBB123002", 90);
ForeignStudent fso("Ohtani", "INTL017", 100, "JAPAN");
ForeignStudent *fsp = new ForeignStudent("Min-Jun", "INT L027",
    90, "KOREA");
```

以下的程式碼將 ForeignStudent 類別的物件，轉換為 Student 類別的物件，也就是將子類別的物件轉換為父類別的物件：

```
Student s1 = fso;
Student s2 = *fsp;
Student *s3 = &fso;
Student *s4 = fsp;
s1.showInfo();
s2.showInfo();
s3->showInfo();
s4->showInfo();
```

由於子類別擁有所有父類別的成員[6]，因此可以順利地將子類別的物件視為是父類別的物件，不需進行型態轉換。上述程式碼的執行結果如下：

```
Ohtani△(INTL017)△100⏎
Min-Jun△(INTL027)△90⏎
Ohtani△(INTL017)△100⏎
Min-Jun△(INTL027)△90⏎
```

---

6 還記得 "子類別 is a kind of 父類別" 嗎？透過繼承，子類別會擁有和父類別相同的成員，且由於子類別比父類別更為特殊，所以還可以有其它更多的成員。

但是當我們要將 Student 父類別的物件，轉換為 ForeignStudent 子類別的物件時，由於父類別的成員少於子類別，原則上是不能進行轉換的 —— 因為子類別的物件裡將會有部分的成員無法從父類別那裡得到。因此，以下的程式碼將無法通過編譯：

```
ForeignStudent fs1 = so;
ForeignStudent fs2 = *sp;
```

若真的需要將程式中的父類別視為子類別的話，則可以利用指標來完成轉換：

```
ForeignStudent *fp1, *fp2;
fp1 = (ForeignStudent *)&so;
fp2 = (ForeignStudent *)sp;
fp1->showInfo();
fp2->showInfo();
```

儘管 so 是 Student 類別的物件，但使用 &so 代表其記憶體位址後，再強制使用 (ForeignStudent *) 將該記憶體位址內的物件視為是 ForeignStudent 類別的物件，就可以成功地讓 ForeignStudent 類別的指標 fp1 指向該位址，並進行操作（例如後續的 fp1->showInfo() 呼叫）；同理，fp2 也指向了使用 (ForeignStudent *) 強制轉型的 Student 類別指標 sp 所指向的記憶體位址。上述程式碼的執行結果如下：

```
Amy△(CBB123001)△80⏎
[]⏎
Bob△(CBB123002)△90⏎
[]⏎
```

請注意，因為我們在此進行了將 Student 父類別轉換為 ForeignStudent 子類別的操作（透過 (ForeignStudent *)），但 Student 類別的物件相較於 ForeignStudent 類別的物件，缺少了 nationality 資料成員。儘管我們可以進行強制的類別轉換，但轉換後的物件並沒有國籍資訊，所以當我們呼叫 showInfo() 函式時，其輸出的結果並沒有國籍的資訊。

17-7　多重繼承

　　類別的設計其實就是將真實世界中的人、事、時、地、物進行抽象化的設計，也就是將屬於同一類別的物件，粹取其共通且與應用程式相關的屬性、行為與關係等設計為用以產生物件的模具。然而，在真實世界中，物件有時不會只專屬於某一類別，例如蝙蝠同時屬於夜行性動物與哺乳類動物的類別、公車同時屬於車輛與大眾交通工具類別，工讀生同時屬於學生與雇員類別等情況。為了能夠更為貼近真實世界，C++ 支援多重繼承，讓一個新的類別可以繼承一個以上的類別，定義需要多重繼承的子類別時，只要在代表繼承的冒號後面，使用逗號將所要繼承的多個父類別（及其存取修飾字）加以分隔即可，其語法如下：。

```
類別繼承定義（子類別定義）語法

class 子類別名稱:[存取修飾字]? 父類別名稱, [[存取修飾字]? 父類別名稱]*
{
    // 內容定義
}
```

　　要特別注意的是，當我們使用多重繼承時，預設會依據繼承時的順序由左至右呼叫**"父類別們"**的建構函式。另外，當繼承到的成員有名稱衝突時（意即繼承自不同類別的成員有相同的名稱），則必須使用**範圍限定字 (Scope Qualifier)** 與**範圍解析運算子 (Scope Resolution Operator)** 來清楚地說明使用的為哪個父類別的成員。請參考以下的 Example 17-9，它使用多重繼承的方式設計了一個繼承自學生與雇員類別的工讀生類別：

Example 17-9：使用多重繼承來設計子類別的範例
Location: ⓒ/examples/ch17
Filename: multipleInheritance.cpp

```
1  #include <iostream>
2  using namespace std;
3
4  class Student
5  {
```

```cpp
 6  private:
 7      string name;
 8      string SID;
 9      int score;
10  public:
11      Student() { cout << "A Student's object is created!" << endl; }
12      Student(string n, string id, int s):name(n), SID(id), score(s)
13  { cout << "A Student's object is created!" << endl; }
14      bool isPass() { return score >= 60; }
15      void showInfo() { cout << name << " (" << SID << ") " << score << endl; }
16      void setName(string n){ name = n; }
17      string getName() { return name; }
18      void setSID(string sid) { SID=sid;}
19      string getSID() { return SID; }
20      void setScore(int s) { score=s>100?100:s<0?0:s; }
21      int getScore() { return score; }
22  };
```

此程式的第 4 行到第 22 行是我們熟悉的 Student 學生類別，其中第 11 行是無參數的預設建構函式，在第 12 行至第 13 行則是使用成員初始化串列的方式將所傳入的 3 個參數作為資料成員的初始值。我們在上述兩個建構函式裡，都輸出一行「A Student's object is created!」，以便從輸出結果裡看出何時建立了一個 Student 類別的物件實體。至於下面的第 24 行到第 49 行則是本例新增的 Employee 類別，其具有 name（姓名）、EID（員工代碼）、wage（時薪）與 hoursWorked（工作時數）等 4 個資料成員。另外在第 32 行是無參數的預設建構函式，在第 33 行至第 35 行則是使用成員初始化串列的方式將所傳入的參數作為資料成員的初始值。與 Student 類別一樣，我們也在上述兩個建構函式裡，都輸出一行「A Employee's object is created!」，以便從輸出結果裡看出何時建立了一個 Employee 類別的物件實體。Employee 類別在第 44 行提供了一個名為 getSalary() 函式，計算員工的薪水（時薪乘以工時）後傳回。另外，Employee 類別也在第 45 行到第 48 行提供了一個 showInfo() 函式，同樣用以輸出員工的相關資訊，包含姓名、員工代號與薪水。

```cpp
24  class Employee
25  {
26  private:
27      string name;
28      string EID;
29      int wage;
30      float hoursWorked;
31  public:
32      Employee() { cout << "An Employee's object is created!" << endl; }
33      Employee(string n, string id, int w, float h):
34              name(n), EID(id), wage(w), hoursWorked(h)
35              { cout << "An Employee's object is created!" << endl; }
36      string getName() { return name; }
37      void setName(string n) { name=n; }
38      string getEID() { return EID; }
39      void setEID(string id) {EID=id; }
40      int getWage() { return wage; }
41      void setWage(int w) { wage=w; }
42      void setHoursWorked(float h) { hoursWorked=h;}
43      float getHoursWorked() {return hoursWorked;}
44      int calculateSalary { return wage*hoursWorked;}
45      void showInfo()
46      {
47          cout << getName() << " EID(" << getEID() << ") Salary=" << calculateSalary() << endl;
48      }
49  };
```

接下來，我們在第 51 行到第 72 行，設計了一個新的類別 StudentEmployee 工讀生類別。由於工讀生同時具有學生與員工的雙重身分，所以在第 51 行使用多重繼承的方式來繼承兩個父類別——Student 學生類別與 Employee 雇員類別。如此一來，StudentEmployee 類別就將夠過繼承取得來自兩個父類別的成員，請參考圖 17-3。

如圖 17-3 所示，StudentEmployee 類別的資料成員包含來自 Student 類別的 name、SID 與 score，以及來自 Employee 類別的 name、EID、wage、hoursWorked。除此之外，StudentEmployee 類別還繼承到用以存取資料成員的 setter 與 getter 函式（為簡化起見，圖 17-3 並未顯示這些 setter 與 getter 函式）。儘

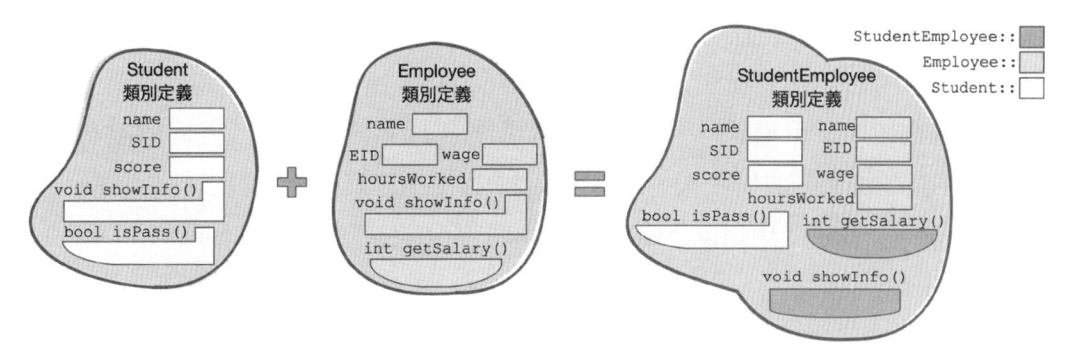

● 圖 17-3　StudentEmployee 類別繼承自父類別的成員示意圖

管父類別裡已經有可以計算薪資及輸出基本資訊的 getSalary() 與 showInfo() 函式，但由於工讀生的薪資計算方式不同於一般雇員，且其所要輸出的資訊亦有不同之處，所以 StudentEmployee 類別還是將它們加以覆寫。

```
51  class StudentEmployee : public Student, public Employee
52  {
53  public:
54      StudentEmployee() : Student(), Employee() {}
55      StudentEmployee(string n, string id, int w, float h, int s):Employee(n, id, w, h)
56      {
57          setScore(s);
58      }
59      void showInfo()
60      {
61          cout << Employee::getName() << " EID(" << getEID()
62              << ") Salary(h:" << getHoursWorked() << "|w:"
63              << getWage() << "|s:" << getScore() << ")=" << getSalary() << endl;
64      }
65      int calculateSalary()
66      {
67          if(getScore()>=80)
68              return getWage()*1.05*getHoursWorked();
69          return getWage()*getHoursWorked();
70      }
71      void setName(string n) { Employee::setName(n); }
72  };
```

請注意在第 54 行的預設無參數建構函式採用的是我們在 17-4-3 節所介紹的呼叫父類別建構函式的方法，但因為有兩個父類別的關係，所以使用逗號將其呼叫分隔開來。其實在使用多重繼承時，在產生子類別的物件實體時，預設就會依據繼承的順序呼叫父類別們的建構函式。請參考第 51 行，由於其繼承的順序為 Student 類別、Employee 類別，所以以下兩種建構函式的寫法的作用是完全相同的：

```
StudentEmployee(): Student(), Employee {}
StudentEmployee() {}
```

至於第 55 行至第 58 行則是具有 5 個參數的建構函式，其中前面 4 個參數透過呼叫 Employee 父類別建構函式的方法完成了 name、id、wage、hoursWorked 的初始值設定，剩下的最後一個參數則是在建構函式內，呼叫繼承至 Student 類別的 setScore() 函式來完成 score 的初始值給定。還要特別注意的是，為了鼓勵能兼顧課業與工作的工讀生，若其學業成績不低於 80 分的話，則其薪資可增加 5%！所以在第 65 行到第 70 行將 Employee 父類別的 calculateSalary() 函式加以覆寫如下：

```
int calculateSalary()
{
    if(getScore()>=80)
        return getWage()*1.05*getHoursWorked();
    return getWage()*getHoursWorked();
}
```

由於計算薪資方式的差異，有可能發生使用 showInfo() 函式輸出資訊時，工讀生與一般員工的時薪與工作時數相同卻領不同薪資的情況，所以我們想要覆寫 showInfo() 函式，將工讀生關於薪資的細節（包含計算薪資所需的時薪、工作時數與成績）加以輸出。請參考第 59 行到第 64 行所覆寫的 showInfo() 函式：

```
void showInfo()
{
    cout << Employee::getName() << " EID(" << getEID()
         << ") Salary(h:" << getHoursWorked() << "|w:"
```

```
        << getWage() << "|s:" << getScore() << ")=" <<
calculateSalary() << endl;
}
```

此函式所要輸出的資料包含 name、EID、wage、hoursWorked、score 與薪資，其中薪資可以使用前述所覆寫的 calculateSalary() 函式來取得其值，至於其它的資料儘管在父類別裡皆為 private 的資料成員，但在 StudentEmployee 類別裡可以透過繼承自父類別的 getter 函式來取得數值 —— 除了用來取得 name 數值的 getName() 函式。因為 StudentEmployee 類別從 Student 與 Employee 兩個父類別處都繼承到了 getName() 函式，所以當我們在 StudentEmployee 裡呼叫 getName() 時，編譯器將無法判斷是要呼叫哪一個？在這種情況下，我們必須在呼叫時使用**範圍限定字 (Scope Qualifier)** 與**範圍解析運算子 (Scope Resolution Operator)**（也就是兩個冒號 ::），來修飾所要使用的是繼承自 Employee 父類別的 getName() 函式，也就是使用下面的方式：

```
Employee::getName()
```

其實在存取所有繼承自父類別的成員時，都可以使用這種方式，但在沒有因名稱相同而無法區分的情況下，則可以省略此種範圍的修飾。例如在此函式裡所呼叫的 getScore() 函式只有在 Student 類別裡才有，至於 getEID()、getWage() 與 getHoursWorked() 都只有宣告在 Employee 類別裡，所以都可以直接使用而不會讓編譯器無法區分。

```
74  int main()
75  {
76      StudentEmployee amy ("Amy", "1011", 175, 50, 79);
77      amy.Employee::showInfo();
78      amy.showInfo();
79      cout << endl;
80
81      StudentEmployee bob;
82      bob.setName("Bob");
83      bob.setEID("1012");
84      bob.setWage(175);
85      bob.setHoursWorked(50);
```

```
86        bob.setScore(80);
87        bob.Employee::showInfo();
88        bob.showInfo();
89
90        return 0;
91    }
```

　　完成上述多重繼承 `Student` 與 `Employee` 類別的 `StudentEmployee` 類別的設計後，我們在 `main()` 函式裡的第 76 行與第 81 行宣告了 `amy` 與 `bob` 兩個 `StudentEmployee` 類別的物件，它們在完成自動的記憶體配置後，將會依照第 51 行多重繼承父類別的順序去呼叫它們父類別的建構函式。因此我們將可以在執行結果裡看到 `amy` 物件與 `bob` 物件都會先輸出「`A△Student's△ object△is△created!⏎`」與「`An△Employee's△object△is△created!⏎`」── 這正是它們的建構函式被呼叫後所輸出的內容。此程式在第 76 行以及第 82-86 行，分別使用建構函式與 setter 函式完成了 `amy` 物件與 `bob` 物件的資料成員數值設定。為了便於比較起見，我們故意將它們的時薪與工作時數都設定為相同的數值 (`wage=175, hoursWorked=50`)，但把 `amy` 與 `bob` 的成績分別設定為 79 分與 80 分 ── 我們可以從第 78 行與第 88 行的其輸出結果中看出，由於 `bob` 的成績已符合薪資獎勵的條件（成績大於等於 80 分），所以可以領取比 `amy` 高的薪資（`amy` 與 `bob` 的薪資分別為 8750 與 9187）。但我們也故意在第 77 行與第 87 行，使用 `Employee::` 作為前綴指定呼叫其 `Employee` 父類別的 `showInfo()` 函式 ── 此時所輸出的薪資只會以時薪乘以工作時數加以計算。此程式的執行結果如下：

```
A△Student's△object△is△created!⏎
An△Employee's△object△is△created!⏎
Amy△EID(1011)△Salary=8750⏎
Amy△EID(1011)△Salary(h:50|w:175|s:79)=8750⏎
⏎
A△Student's△object△is△created!⏎
An△Employee's△object△is△created!⏎
Bob△EID(1012)△Salary=8750⏎
Bob△EID(1012)△Salary(h:50|w:175|s:80)=9187⏎
```

17-8 使用命名空間管理類別

經過本章的說明後，相信讀者已經對於類別的繼承有了基礎的認識。本章最後將為讀者說明如何使用**命名空間 (Namespace)** 來管理具有相同名稱的類別？以學生類別為例，假設屏東大學 (NPTU) 和屏東社區大學 (PTCC) 都使用了相同名稱的 Student 類別，但是其實作之內容並不完全相同，我們可以建立兩個不同的命名空間分別進行類別的定義：

- 屏東大學的 Student 類別放在 NPTU 命名空間裡

```
namespace NPTU
{
    class Student
    {
    public:
        string name;
        string SID;
        int score;
        Student(string n, string i, int s) : name(n),
SID(i), score(s) {}
        bool isPass() { return score >= 60; }
        void showInfo() { cout << "NPTU: " << name << "
(" << SID << ") " << score << endl; }
    };
}
```

- 屏東社區大學的 Student 類別放在 PTCC 命名空間裡

```
namespace PTCC
{
    class Student
    {
    public:
        string name;
        string SID;
        int score;
```

```
        Student(string n, string i, int s) : name(n),
SID(i), score(s) {}
        bool isPass() { return score >= 50; }
        void showInfo() { cout << "PTCC: " << name << "
(" << SID << ") " << score << endl; }
    };
}
```

儘管他們都使用了相同的 Student 類別名稱,但透過命名空間的幫助,我們還是可以清楚地區分他們兩者,例如我們可以分別宣告 NPTU 與 PTCC 的學生類別物件如下:

```
NPTU::Student amy("Amy","CBB123001", 50);
PTCC::Student bob("Bob", "CC0001", 50);
```

Example 17-10 是上述程式片段的完整版本,請讀者加以參考。

Example 17-10:使用命名空間管理類別的範例

Location: ⊙/examples/ch17

Filename: namespace.cpp

```cpp
1  #include <iostream>
2  using namespace std;
3
4  namespace NPTU
5  {
6      class Student
7      {
8      public:
9          string name;
10         string SID;
11         int score;
12         Student(string n, string i, int s) : name(n), SID(i), score(s) {}
13         bool isPass() { return score >= 60; }
14         void showInfo() { cout << "NPTU: " << name << " (" << SID << ") " << score << endl; }
15     };
```

```cpp
16  }
17
18  namespace PTCC
19  {
20      class Student
21      {
22      public:
23          string name;
24          string SID;
25          int score;
26          Student(string n, string i, int s) : name(n), SID(i), score(s) {}
27          bool isPass() { return score >= 50; }
28          void showInfo() { cout << "PTCC: " << name << " (" << SID << ") " << score << endl; }
29      };
30  }
31
32  int main()
33  {
34      NPTU::Student amy("Amy","CBB123001", 50);
35      PTCC::Student bob("Bob", "CC0001", 50);
36      amy.showInfo();
37      bob.showInfo();
38      if(amy.isPass())
39          cout << amy.name << " Pass." << endl;
40      if(bob.isPass())
41          cout << bob.name << " Pass." << endl;
42  }
```

其執行結果如下：

```
NPTU:△Amy△(CBB123001)△50⏎
PTCC:△Bob△(CC0001)△50⏎
Bob△Pass.⏎
```

17-9 條件式編譯

C++ 語言的原始程式在進行編譯時，其實會由**前置處理器 (Preprocessor)** 進行程式碼的修改，然後才會交由編譯器 (Compiler) 進行後續的編譯動作，以產生最終的目的檔或可執行檔。本附錄所要介紹的**條件式編譯 (Conditional Compilation)**，係指在原始程式碼中使用**前置處理指令 (Preprocessor directive)** 標記一些條件，然後在編譯時依條件成立與否決定哪些程式碼需要進行編譯（或是不用編譯）。

假設我們將 Student 類別定義於 student.h 檔案裡，以便讓需要使用 Student 類別定義的程式，都可以使用**檔案引入 (File Inclusion)** 前置處理指令將其加以載入（也就是使用 `#include "student.h"`）[7]。例如要繼承 Student 類別的 ForeignStudent 子類別的定義程式，以及要建立並使用 Student 類別的物件實體的程式，都會需要使用 #include 來將 student.h 檔案加以載入。然而，當一個標頭檔案被多個程式檔案載入時，就有可能發生相同的常數、變數、物件、函式原型、使用者自定型態與類別定義等被重複宣告與定義的編譯錯誤。

為了解決此一問題，我們可以使用 #ifndef 與 #endif 這一組前置處理指令將 Student 類別的定義加以包裹，請參考以下的 student.h 檔案內容：

Filename: student.h

```
1  #ifndef _STUDENT_
2  #define _STUDENT_
3
4  class Student
5  {
6  public:
7    string  name;
8    string  SID;
9    int     score;
10   bool    isPass();
11   void    showInfo();
12 };
13 #endif
```

---

[7] 在程式裡使用 #include 所載入的檔案內容就好比 **"複製/貼上"** 一樣，將會被複製起來貼上在程式中使用 #include 的地方加以代替。對於 C++ 的程式設計師而言，檔案引入應該是最為熟悉的前置處理指令，因為從你學習的第一個程式開始，應該已經在許多程式裡使用過 `#include <iostream>` 來將與輸入輸出串流相關所需的物件宣告、函式原型與常數定義等加以載入。

現在 Student 類別被第 1 行的 `#ifndef _STUDENT_` 與第 13 的 `#endif` 所包裹，只有在 _STUDENT_ 未定義的情況下，第 2-12 行被包裹起來的程式碼才會被加以編譯。由於在首次載入 student.h 時，尚未定義過 _STUDENT_，所以第 2-12 行被包裹起來的程式碼將會被加以編譯，其中第 2 行使用了 `#define` 前置處理指令定義了 _STUDENT_，所以未來若有其它程式檔案再次載入 student.h 時，就會是 _STUDENT_ 已定義的情況，第 2-12 行的程式碼將不會再次被編譯。如此一來，從 `#ifndef` 開始到 `#endif` 為止，其內部的程式碼不論被載入多少次，只有在其第一次被載入時會進行編譯，解決了重複載入的錯誤。

習題

1. 關於 C++ 語言所支援的物件導向繼承特性，以下敘述何者正確？
   (A) 父類別可以透過繼承存取子類別的資料成員
   (B) 子類別可以經由繼承得到和父類別相同的資料成員
   (C) 子類別可以透過繼承改變父類別的資料成員數值
   (D) 繼承自同一父類別的多個子類別彼此間可以互相存取資料成員
   (E) 以上皆正確

2. 以下何者不是設定繼承存取性的修飾字？
   (A) `private`   (B) `protected`   (C) `public`
   (D) `persist`   (E) 以上皆是

3. 關於子類別的建構函式的說明，以下何者錯誤？
   (A) 子類別的預設建構函式名稱必須父類別名稱相同，且沒有任何參數
   (B) 當子類別有提供自己的預設建構函式時，在產生子類別的物件實體時，會依序呼叫執行父類別與子類別的預設建構函式
   (C) 當子類別沒有提供自己的預設建構函式時，子類別會繼承來自父類別的預設建構函式，並在產生子類別的物件實體時加以呼叫
   (D) 除了預設的建構函式外，其餘的建構函式並不會被繼承到子類別
   (E) 以上皆正確

4. 請參考以下的程式碼片段：

```
class Student {
public:
   Student() {cout << "S";}
};

class ForeignStudent : public Student {
public:
   ForeignStudent() { cout << "F";}
};

int main()
{
   Student *amy=new Student;
   ForeignStudent *bob = new ForeignStudent;
   Student calvin;
   ForeignStudent denny[2];
}
```

請問上述程式執行後分別會輸出幾個 'S' 與 'F' 字元?

(A) 2 個 'S' 與 2 個 'F'

(B) 2 個 'S' 與 3 個 'F'

(C) 5 個 'S' 與 3 個 'F'

(D) 5 個 'S' 與 0 個 'F'

(E) 以上皆不正確

5. 在以下程式碼片段中標示為 (a)、(b)、(c) 與 (d) 的四行敘述,請問何者不會引發對預設的複製建構函式 (Default Copy Constructor) 的呼叫?

```
       Student amy;
(a)    Student *tony = new Student(amy); // (a)
(b)    Student bob (*tony); // (B)
(c)    Student terry (bob);  // (C)
(d)    terry=bob; // (D)
```

(A) (a)　　　　　　(B) (b)　　　　　　(C) (c)
(D) (d)　　　　　　(E) 以上皆會

6. 請參考以下的程式碼：

```
1  #include <iostream>
2  using namespace std;
3
4  class Student
5  {
6  private:
7      string name;
8      string SID;
9      int score;
10 public:
11     Student(){};
12     Student(string n, string i, int s)
13     {
14         name = n;
15         SID = i;
16         score = s;
17     }
18     void showInfo() { cout << name << " (" << SID << ") " << score << endl; }
19 };
20
21 class ForeignStudent : public Student
22 {
23 private:
24     string nationality;
25 public:
26     ForeignStudent() {}
27     ForeignStudent(string n, string i, int s, string na) : Student(n, i, s), nationality(na)
28     {
29     }
30     string getNationality() { return nationality; }
31     void showInfo()
32     {
33         Student::showInfo();
34         cout << "[" << nationality << "]" << endl;
35     }
```

```
36  };
37
38  int main()
39  {
40      Student s1("Amy", "CBB123001", 80);
41      Student s2;
42
43      ForeignStudent *fp1 = new ForeignStudent("Min-Jun",
    "INTL027", 90, "KOREA");
44      ForeignStudent *fp2;
45
46      s2=      (a)     fp1;
47      s2.showInfo();
48
49      fp2=     (b)     s1;
50      fp2->showInfo();
51  }
```

請參考以下的執行結果,將第 46 行及第 49 行標示為 (a) 與 (b) 之處所缺少的程式碼,填入以下的作答區:

執行結果:

```
Min-Jun△(INTL027)△90⏎
Amy△(CBB123001)△80⏎
[]⏎
```

(a) _____

(b) _____

7. 請參考以下的程式碼 book.h 與 book.cpp(可於網路下載並解壓縮本書習題相關檔案後,在 /exercises/ch17/7 目錄中取得):

Location: ☁/exercises/ch17/7

Filename: book.h

```
1  #ifndef _BOOK_
2  #define _BOOK_
3
```

```
4   #include <iostream>
5   using namespace std;
6   
7   class Book
8   {
9   private:
10      string title;
11      string author;
12  
13  public:
14      Book();
15      Book(string t, string a);
16      void setTitle(string t);
17      void setAuthor(string a);
18      string getTitle();
19      string getAuthor();
20      void showInfo();
21  };
22  #endif
```

Location: ⌂/exercises/ch17/7

Filename: book.cpp

```
1   #include "book.h"
2   
3   Book::Book()
4   {
5       title = "unknown";
6       author = "unknown";
7   }
8   Book::Book(string t, string a)
9   {
10      title = t;
11      author = a;
12  }
13  void Book::setTitle(string t) { title = t; }
14  void Book::setAuthor(string a) { author = a; }
15  string Book::getTitle() { return title; }
16  string Book::getAuthor() { return author; }
17  void Book::showInfo()
18  {
19      cout << title << "(" << author << ")" << endl;
20  }
```

你必須完成名為 comicbook.h 與 comicbook.cpp 的 C++ 語言程式標頭檔及程式檔，將前述所定義與實作的 Book 類別加以繼承，完成 ComicBook 類別的介面定義與實作。關於 ComicBook 類別的設計與實作，可參考以下在 main.cpp 程式裡的使用方式及其執行結果：

Location: ☁/exercises/ch17/7

Filename: main.cpp

```
1  #include "book.h"
2  #include "comicbook.h"
3
4  int main()
5  {
6      Book foundation("Foundation", "Isaac Asimov");
7      ComicBook zona84(foundation);
8      zona84.showInfo();
9      zona84.setTitle("Zona 84");
10     zona84.setColor(Color);
11     zona84.showInfo();
12
13     ComicBook *starstream=new ComicBook(zona84);
14     starstream->setTitle("Starstream");
15     starstream->setColor(BlackWhite);
16     starstream->showInfo();
17
18     ComicBook slamdunk("Slam Dunk", "Takehiko Inoue");
19     slamdunk.showInfo();
20
21     ComicBook *xmen = new ComicBook("X-Men","Jack Kirby", Color);
22     xmen->showInfo();
23 }
```

執行結果：

```
Undefined(Comic)(Isaac△Asimov)⏎
Zona△84(Colored△Comic)(Isaac△Asimov)⏎
Starstream(B/W△Comic)(Isaac△Asimov⏎
Slam△Dunk(Comic)(Takehiko△Inoue)⏎
X-Men(Colored△Comic)(Jack△Kirby)⏎
```

此題可使用以下的 Makefile 進行編譯（可自行下載取得）：

Location: ⊙/exercises/ch17/7

Filename: Makefile

```
1  main: main.cpp book.o comicbook.o
2      tab   c++ main.cpp book.o comicbook.o
3
4  book.o:   book.cpp book.h
5      tab   c++ -c book.cpp
6
7  comicbook.o: comicbook.cpp comicbook.cpp
8      tab   c++ -c comicbook.cpp
9
10 clean:
11     tab   rm -f *.o *~ *.*~ a.out
```

8. 請參考以下的程式碼 main.cpp（可於網路下載並解壓縮本書習題相關檔案後，在 /exercises/ch17/8 目錄中取得）：

Location: ⊙/exercises/ch17/8

Filename: main.cpp

```cpp
1  #include "book.h"
2  #include "comicbook.h"
3  #include "audiobook.h"
4
5  int main()
6  {
7      Book foundation("Foundation", "Isaac Asimov");
8      ComicBook zona84("Zona 84", "Isaac Asimov", Color);
9      Star freeman("Morgan Freeman", Male);
10
11     AudioBook aub1(foundation);
12     aub1.showInfo();
13     aub1.setVoiceBy(&freeman);
14     aub1.showInfo();
15
16     AudioBook *aub2 = new AudioBook(zona84);
```

```
17      aub2->showInfo();
18      aub2->setVoiceBy(&freeman);
19      aub2->showInfo();
20  }
```

在上面的程式碼中，使用了我們在上一題（第 7 題）所開發的 Book 類別、ComicBook 類別，以及在第 16 章習題第 7 題所開發的 Star 類別，所以請讀者先準備好相關的檔案（也包含 Star 類別裡會使用到的 Date 類別）。本題需要讀者設計一個新的 Book 類別的子類別 —— AudioBook 類別。AudioBook 類別就是有聲書，除了和書籍一樣具有書名及作者資訊以外，本題還假設有聲書都是由明星為其配音、朗讀，所以還具有額外的配音者 (Voice By) 的資訊（也就是 Star 類別的物件）。請參考以下的執行結果，完成所需的 audiobook.h 標頭檔及 audiobook.cpp 程式實作檔案的設計：

執行結果：

```
Audio Book - Foundation(Audio Book)(Isaac Asimov)(Voice By:Isaac Asimov)
Audio Book - Foundation(Audio Book)(Isaac Asimov)(Voice By:Morgan Freeman)
Audio Book - Zona 84(Audio Book)(Isaac Asimov)(Voice By:Isaac Asimov)
Audio Book - Zona 84(Audio Book)(Isaac Asimov)(Voice By:Morgan Freeman)
```

此題可使用以下的 Makefile 進行編譯（可自行下載取得）：

Location: /exercises/ch17/7

Filename: Makefile

```
1  main: main.cpp book.o comicbook.o audiobook.o  star.o date.o
2     tab    c++ main.cpp book.o comicbook.o audiobook.o star.o date.o
3
4  audiobook.o:   audiobook.cpp audiobook.h
5     tab    c++ -c audiobook.cpp
6
```

```
 7  star.o:   star.cpp star.h
 8    [ tab ]  c++ -c star.cpp
 9
10  date.o:   date.cpp date.h
11    [ tab ]  c++ -c date.cpp
12
13  book.o:   book.cpp book.h
14    [ tab ]  c++ -c book.cpp
15
16  comicbook.o:   comicbook.cpp comicbook.h
17    [ tab ]  c++ -c comicbook.cpp
18
19  clean:
20    [ tab ]  rm -f *.o *~ *.*~ a.out
```

Chapter 18

多型

多型 (Polymorphism) 是物件導向四大特性的最後一項,其目的在於提供 "介面重用",讓我們在呼叫函式以完成某件事時,可以使用相同的介面來完成 —— 不論是透過哪個類別的物件來呼叫函式、也不論所傳入的參數個數與型態是否相同。具體來說,多型讓我們在同一個類別裡提供多個相同名稱的函式,在呼叫時依據其所傳入的參數個數與型態來決定所要執行的版本;多型也可以讓我們在不同的類別裡提供多個相同名稱的函式,在呼叫時依據物件所屬的類別,決定要執行哪個類別裡的版本。簡單來說,多型可以讓同一類別或不同的類別執行內容不同(實作內容不同)的同一件事(呼叫介面相同的函式)。本章將針對 C++ 語言所支援的**靜態多型 (Static Polymorphism)** 與**動態多型 (Dynamic Polymorphism)** 分別加以介紹。

18-1 靜態多型

靜態多型 (Static Polymorphism) 是指多個函式使用相同介面但各自具有不同實作的方式,來提供 "不同內容的同一件事"。此處所謂的相同介面是指多個函式使用相同的函式名稱,在編譯時依據其所傳入的引數個數與型態,來決定該執行的版本為何?由於在編譯階段所決定的事,在執行時將不會改變,因此又被稱為**編譯時期多型 (Compile-Time Polymorphism)**。本節將逐一介紹包含函式多載 (Function Overloading)、運算子多載 (Operator Overloading) 及函式模板 (Function Template) 等三種相關的靜態多型方法。

18-1-1 函式多載

還記得我們在第 9 章 9-7 節所介紹過的**函式多載 (Function Overloading)** 嗎?它可以讓同一個程式擁有多個名稱相同、但型式(參數的個數與型態不同)不同

的函式 —— 那時我們將其稱之為 "同名異式" 的函式。C++ 語言允許我們在同一個類別裡，設計多個同名異式的函式 —— 其結果可讓同一個類別的物件能夠針對特定的行為，使用固定的呼叫方法。當我們考慮到類別繼承時，由於子類別可以透過繼承得到來自父親類別的成員函式，並可視需要選擇自行開發新的版本 —— 意即函式多載的概念可以進一步衍生拓展到類別繼承階層之上。舉例來說，不論是 Employee（一般雇員）或是 StudentEmployee（工讀生）都應該有計算薪資 calculateSalary() 的行為，但其內容（也就是其計算的方法）可以不同。請參考我們在上一章末（第 17 章 17-6 節）的範例，儘管 StudentEmployee 類別的物件，可使用繼承自 Employee 類別的 calculateSalary() 成員函式，但為了鼓勵能兼顧課業與工作的工讀生，若其學業成績不低於 80 分的話，則其薪資可增加 5%！因此 StudentEmployee 類別的物件不能直接使用繼承自 Employee 類別的 calculateSalary() 函式，必須要設計新的版本。以下是 Employee 類別與 StudentEmployee 類別所分別實作的 calculateSalary() 函式的內容：

```cpp
int Employee::calculateSalary()
{
    return wage*hoursWorked;
}

int StudentEmployee::calculateSalary()
{
    if(getScore()>=80)
        return getWage()*1.05*getHoursWorked();
    return getWage()*getHoursWorked();
}
```

在下面的程式碼中，我們分別宣告了 Employee 類別與 StudentEmployee 類別的物件 amy 與 bob，並且呼叫 calculateSalary() 函式。在編譯時，編譯器就會先分別依據 amy 與 bob 物件所屬的類別，決定它們所要呼叫執行的對應版本，例如 amy.calculateSalary() 與 bob->calculateSalary()，分別會執行 Employee 類別與 StudentEmployee 類別的版本；另外，儘管 bob 是 StudentEmployee 類別的物件，但 bob->Employee:: calculateSalary() 還是會強制地執行 Employee 類別的版本。

```
Employee amy ("Amy", "1011", 175, 50);
StudentEmployee *bob = new StudentEmployee("Bob", "1012", 175,
50, 85);
cout << amy.calculateSalary() << endl;
cout << bob->Employee::calculateSalary() << endl;
cout << bob->calculateSalary() << endl;
```

上述程式片段的執行結果如下：

```
8750
8750
9187
```

18-1-2 運算子多載

當物件或是結構體作為運算元參與一個運算時，**運算子多載 (Operator Overloading)**，允許我們定義運算子的運算行為。例如針對兩個代表像素坐標系統裡的點的 `Point` 結構體變數，我們可以透過對 + 運算子進行多載，設定其運算行為是將兩者的 x 與 y 軸的數值分別相加。不過要注意的是，並不是所有的運算子都可以進行多載，請參考表 18-1 所列示的 C++ 語言可支援多載的運算子列表：

表 18-1　C++ 語言可支援多載的運算子列表

+	-	*	/	%	^	&	|	~
!	,	=	<	>	<=	>=	++	--
<<	>>	!=	&&	||	+=	-=	/=	%=
^=	&=	|=	*=	<<=	>>=	[]	()	->
->*	new	new[]	delete	delete[]				

至於不允許多載的運算子，請參考表 18-2 的列表：

表 18-2　C++ 語言不支援多載的運算子列表

::	.*	.	?:

除了上述的列表外,C++ 語言對於運算子多載還有一些其它限制,首先**基本內建資料型態 (Primitive Built-In Data Type)**(包含 `int`、`float`、`double`、`char`、`bool` 等)的運算子是不可以被多載的,在進行運算子多載時,相關的運算元至少要有一個是自定的資料型態或是類別的物件。另外,一個運算子不論是否經過多載,其優先順序與結合律(左關聯或右關聯)皆維持不變。

語法定義

具體來說,運算子多載是以函式定義的方式來加以實現的,其函式名稱必須以 operator 開頭並接上所要多載的運算子,例如要對加法的+符號進行多載時,其函式名稱即為 operator+;至於函式的參數與傳回值則是分別是參與運算的運算元以及所要傳回的運算結果。依據運算子的個數(視運算元為一元或二元運算子而定),我們將其設計為函式的參數。若以函式原型的宣告為例,其語法可表示如下:

運算子多載語法定義
傳回值型態 operatorOP (型態 運算元 [, 型態 運算元]?);

在上述的語法定義中,函式名稱 `operatorOP` 中的 `OP` 就是指要多載的運算子,運算元則是參與此運算的運算元(可依需要使用超過一個以上的運算元),傳回值型態則是運算完成後所要傳回的數值的型態。因此,若我們要針對 `Point` 結構體進行多載,讓兩個點的 x 軸與 y 軸數值分別相加,則可以請參考下面的程式片段:

```
Point operator+(Point pL, Point pR)
{
    Point p;
    p.x = pL.x + pR.x;
    p.y = pL.y + pR.y;
    return p;
}
```

依語法定義,此處所宣告名為 `operator+` 的函式,就代表要對 + 進行運算子多載,其參數 `Point p1` 與 `Point p2`,即代表所要多載的是 **"Point + Point"** 的運算,並且將左邊與右邊的運算元稱作 pL 與 pR。至於其函式內容則賦與了此運算子的運算內容為將 pL 與 pR 的 x 與 y 軸數值分別相加,將其結果存放於一個新的結構體變數 p 內後,然後再將其值加以傳回。假設程式裡有兩個 Point 結構體變數 px 與 py,它們的數值分別為 (5,6) 與 (7,8),下面宣告了一個 Point 結構體變數 pz 用來存放 px+py 的結果:

```
Point pz = px + py;
```

其等同於:

```
Point pz = operator+(px, py);
```

由於我們所設計的 operator+() 函式,會將所傳入的兩個 Point 結構體變數的 x 軸與 y 軸數值相加後,將結果傳回賦與給 pz,所以 pz 的數值將會成為 (12,14)。

上述運算子多載的函式設計,是屬於所謂的**傳值呼叫 (Call By Value)** 的方式;若想要消去參數傳遞所需要的值的複製,也可以將其改為**傳參考呼叫 (Call By Reference)** 的方式為之:

```
Point operator+(Point &pL, Point &pR)
{
    Point p;
    p.x = pL.x + pR.x;
    p.y = pL.y + pR.y;
    return p;
}
```

通常,若函式所接收的參數只會以其值進行運算,並不會在函式中改變其值,因此,還可以再改寫如下:

```
Point operator+(const Point &pL, const Point &pR)
{
    Point p;
    p.x = pL.x + pR.x;
```

```
    p.y = pL.y + pR.y;
    return p;
}
```

自定與基本內建資料型態的運算子多載

本節前面曾經提過,在進行運算子多載時,相關的運算元至少要有一個是自定的資料型態或是類別的物件;換句話說,對於一個二元運算子而言,只要有其中一個運算元為自定資料型態或類別的物件即可,另一個運算元可以是基本內建資料型態。例如以下的運算子多載,進行的是 **"Point + int"** 的運算,讓 Point 結構體變數 pL 的 x 軸與 y 軸的數值都加上一個 int 整數值 pR:

```
Point operator+(const Point pL, int pR)
{
    Point p;
    p.x = pL.x + pR;
    p.y = pL.y + pR;
    return p;
};
```

如此一來,我們將可以進行像是 pz=px+3 的運算,將原本數值為 (5,6) 的 px,分別將其 x 軸與 y 軸的數值加上整數值 3 後,將結果 (8,9) 傳回賦與給 pz。

除了前述的運算子多載的例子外,若是要進行例如 ++ 或 += 此類的運算時,其運算後的傳回值會存放在左運算元本身(例如 x+=5,其意涵為 x = x + 5,我們必須將 x+5 的結果賦與給 x),所以左運算元不但是傳入的參數,同時也是傳回值所要存放的地方。請參考下面的程式碼:

```
Point & operator+=(Point &pL, const Point &pR)
{
  pL.x+=pR.x;
  pL.y+=pR.y;
  return pL;
}
```

以下是上述討論內容的完整範例程式：

Example 18-1：Point 結構體的運算子多載範例

Location: ☁/examples/ch18

Filename: OPOverloading.cpp

```cpp
#include <iostream>
using namespace std;

struct Point
{
    int x;
    int y;
};

Point operator+(Point pL, Point pR)
{
    Point p;
    p.x = pL.x + pR.x;
    p.y = pL.y + pR.y;
    return p;
}

Point operator+(Point pL, int pR)
{
    Point p;
    p.x = pL.x + pR;
    p.y = pL.y + pR;
    return p;
}

Point & operator+=(Point &pL, const Point &pR)
{
  pL.x+=pR.x;
  pL.y+=pR.y;
  return pL;
}

int main()
{
```

```
35      Point px = {5, 6}, py = {7, 8};
36      Point pz = px + py;
37      cout << "(" << pz.x << "," << pz.y << ")" << endl;
38
39      pz=px+3;
40      cout << "(" << pz.x << "," << pz.y << ")" << endl;
41
42      pz+=py;
43      cout << "(" << pz.x << "," << pz.y << ")" << endl;
44
45      return 0;
46   }
```

上述程式在第 10-16 行、第 18-24 行以及第 26-31 行，分別將本節所討論的三個運算子多載的需求都加以實作。從結果來看，由於同樣名為 operator+() 的函式被定義了三次，這也是 "同名異式" 的函式多載的又一次實例。此程式的執行結果如下：

```
(12,14)
(8,9)
(15,17)
```

串流運算子多載

接下來，讓我們試著多載串流插入運算子 (Stream Insertion Operator)，也就是 << 運算子，好讓輸出結構體變數的數值變得更為容易。換句話說，我們想要透過運算子多載，來使用 cout << pz; 這種方式來輸出結構體變數 pz 的數值，而不是使用 cout << "(" << pz.x << "," << pz.y << ")" << endl; 這種方式。請讀者注意此處的 << 為運算子，cout 與 pz 則分別為運算元，其多載的函式實作如下：

```
void operator<<(ostream &outL, Point &pR)
{
  outL << "(" << pR.x << "," << pR.y << ")";
}
```

此處要提醒讀者注意的是，一般我們用以輸出的 cout 其實是 ostream 類別的物件，所以此運算子多載函式的第一個參數（也就是左運算元的型態）是 ostream 類別，第二個則是要輸出的 Point 結構體。請讀者試著修改 Example 18-1，將上述的運算子多載加以完成，並在 main() 函式裡將原本用以輸出 pz 數值的第 37 行、第 40 行與第 43 行改為 cout << pz; 看看結果會如何？然後再試者將這三行再換為 cout << pz << endl;，看看又會發生什麼事？還能夠正常地通過編譯並加以執行嗎？

答案是不行！無法通過編譯。因為當我們執行 cout << pz << endl; 時，依據 << 左關聯的特性，此運算式執行時的優先順序可使用括號表示為 (cout << pz) << endl;。有沒有注意到上面所實作的運算子多載函式的傳回值為 void？這表示當優先執行的 cout << pz 完成後，此運算式將變為不正確且無意義的 void << endl; 了。為了解決此一問題，我們可以在此多載完成輸出後，將用以輸出的串流物件傳回：

```
ostream & operator<<(ostream &outL, Point &pR)
{
    outL << "(" << pR.x << "," << pR.y << ")";
    return outL;
}
```

如此一來，(cout << pz) << endl; 在執行完 cout << pz 後，會將呼叫時所傳入的 cout 傳回，因此運算式將變為 cout << endl;，完成了所需的 **"一個串一個"** 的串流輸出了！Example 18-2 將上述的方法加以實作，請讀者加以參考：

Example 18-2：Point 結構體的運算子多載範例 2

Location: /examples/ch18

Filename: OPOverloading2.cpp

```
1  #include <iostream>
2  using namespace std;
3
4  struct Point
5  {
6      int x;
7      int y;
```

```cpp
8   };
9
10  Point operator+(Point pL, Point pR)
11  {
12      Point p;
13      p.x = pL.x + pR.x;
14      p.y = pL.y + pR.y;
15      return p;
16  }
17
18  Point operator+(Point pL, int pR)
19  {
20      Point p;
21      p.x = pL.x + pR;
22      p.y = pL.y + pR;
23      return p;
24  }
25
26  Point & operator+=(Point &pL, const Point &pR)
27  {
28    pL.x+=pR.x;
29    pL.y+=pR.y;
30    return pL;
31  }
32
33  ostream & operator<<(ostream &outL, Point &pR)
34  {
35    outL << "(" << pR.x << "," << pR.y << ")";
36    return outL;
37  }
38
39  int main()
40  {
41      Point px = {5, 6}, py = {7, 8};
42      Point pz = px + py;
43      cout << pz << endl;
44
45      pz=px+3;
46      cout << pz << endl;
47
48      pz+=py;
```

```
49        cout << pz << endl;
50
51        return 0;
52  }
```

此程式的執行結果與 Example 18-1 相同,在此不予贅述。最後,筆者提供 >> 運算子的多載範例,讀者可以試著將其開發為一個完整的程式進行測試:

```
istream & operator>>(istream &inL, Point &pR)
{
   in >> pR.x >> pR.y ;
   if(!in)
      pR.x=pR.y=0;
   return inL;
};
```

類別的運算子多載

現在讓我們將 Example 18-1 與 Example 18-2 的例子,改以類別的方式加以實作,請參考 Example 18-3:

Example 18-3:Point 類別的運算子多載範例
Location: ☁/examples/ch18/
Filename: OPOverloading3.cpp

```
1   #include <iostream>
2   using namespace std;
3
4   class Point
5   {
6   Public:
7       int x;
8       int y;
9   };
10
```

```cpp
11  Point operator+(Point pL, Point pR)
12  {
13      Point p;
14      p.x = pL.x + pR.x;
15      p.y = pL.y + pR.y;
16      return p;
17  }
18
19  Point operator+(Point pL, int pR)
20  {
21      Point p;
22      p.x = pL.x + pR;
23      p.y = pL.y + pR;
24      return p;
25  }
26
27  Point & operator+=(Point &pL, const Point &pR)
28  {
29    pL.x+=pR.x;
30    pL.y+=pR.y;
31    return pL;
32  }
33
34  ostream & operator<<(ostream &outL, Point &pR)
35  {
36    outL << "(" << pR.x << "," << pR.y << ")";
37    return outL;
38  }
39
40  int main()
41  {
42      Point px = {5, 6}, py = {7, 8};
43      Point pz = px + py;
44      cout << pz << endl;
45
46      pz=px+3;
47      cout << pz << endl;
48
49      pz+=py;
50      cout << pz << endl;
51
```

```
52      return 0;
53  }
```

有沒有發現，Example 18-3 其實除了將 Example 18-2 裡的 struct 改成 class 外，以及使用 public: 修飾其資料成員外，並沒有其它的修改 —— 但其執行結果完全相同。這是因為結構體和類別原本差異就不大（還記得類別是從結構體 2.0 演進而來的嗎？）。不過目前這些運算子多載的函式都是以一般的函式來實作，但當我們改用類別時，可以將這些多載的函式改寫為類別的成員函式，請參考以下的 Example 18-4：

Example 18-4：Point 類別的運算子多載範例 2

Location: /examples/ch18/

Filename: OPOverloading4.cpp

```
1   #include <iostream>
2   using namespace std;
3   
4   class Point
5   {
6   public:
7       int x;
8       int y;
9       Point operator+(Point pR)
10      {
11        Point p;
12        p.x = x + pR.x;
13        p.y = y + pR.y;
14        return p;
15      }
16  
17      Point operator+(int pR)
18      {
19        Point p;
20        p.x = x + pR;
21        p.y = y + pR;
22        return p;
```

```cpp
23        }
24        Point & operator+=(const Point &pR);
25  };
26
27  Point & Point::operator+=(const Point &pR)
28  {
29    x += pR.x;
30    y += pR.y;
31    return *this;
32  }
33
34  ostream & operator<<(ostream &outL, Point &pR)
35  {
36    outL << "(" << pR.x << "," << pR.y << ")";
37    return outL;
38  }
39
40  int main()
41  {
42      Point px = {5, 6}, py = {7, 8};
43      Point pz = px + py;
44      cout << pz << endl;
45
46      pz=px+3;
47      cout << pz << endl;
48
49      pz+=py;
50      cout << pz << endl;
51
52      return 0;
53  }
```

在此範例程式中，我們將運算子多載的函式寫為 Point 類別的成員函式，例如第 9-15 行、第 17-23 行以及在第 24 行定義並在第 27-32 行，我們將兩個函式寫在類別內部，並將一個函式實作於類別之外。不過要注意的是，當以成員函式實作運算子多載時，其參數部分已隱含了一個 **"預設參數"**，也就是 this 指標，它會作為 **"隱形的"** 第一個參數，因此在上述的三個函式裡，其函式的參數都比原本前面的範例少了一個參數。

Chapter 18 多型

另外，在第 34-38 行所實作的 << 運算子多載函式，其內容是要進行 **"ostream << Point"** 的運算；此時若將 this 指標作為第一個參數這就會帶來問題，例如以下的實作其實會變成 **"Point << ostream"**：

```
ostream & operator<<(ostream &outR)
{
    outR << "(" << x << "," << y << ")";
    return outR;
}
```

因此，在這種情況下，此類的運算子多載必須要使用非成員函式的方式才能正確地實作 —— 如第 34-38 行所示。

⚠ 不同運算子的多載也要注意一致性

請修改 Example 18-4 的程式碼，在 main() 函式裡加入下面這一行，並試著加以編譯看看會得到什麼結果：

```
cout << px + py << endl;
```

由於 + 的優先權比起 << 來得高，所以會先執行 px+py 的運算，然後才會執行 cout 將其加以輸出。依據第 9 行的函式定義，兩個 Point 類別的物件相加，其傳回值為 Point 類別的物件；然而在第 34 行為 << 所定義的運算子多載函式裡，在 << 右側的運算元（也就是第二個參數）卻是一個 Point 類別的物件參考 —— 由於型態的不一致，所以導致了編譯錯誤的發生。若要解決此一問題，只要將 + 運算字多載函式的傳回值與 << 運算字多載函式的第二個參數設計為同樣的型態即可。例如，以下的兩種方式，都可以解決上述的問題：

● 統一使用 Point 類別的物件

```
          ┌─ 傳回值的型態為 Point 類別的物件
          ↓
 Point  Point::operator+(const Point &pR)
{
```

```
        Point p;
        p.x = x + pR.x;
        p.y = y + pR.y;
        return p;
    }
```

右運算元也為 Point 類別型態的物件

```
ostream & operator<<(ostream &outL, Point pR)
{
    outL << "(" << pR.x << "," << pR.y << ")";
    return outL;
}
```

- 統一使用 Point 類別的物件參考

傳回值的型態為 Point 類別的物件參考

```
Point & Point::operator+(const Point &pR)
{
    Point *p=new Point;
    p->x = x + pR.x;
    p->y = y + pR.y;
    return *p;
}
```

右運算元也為 Point 類別型態的物件參考

```
ostream & operator<<(ostream &outL, Point &pR)
{
  outL << "(" << pR.x << "," << pR.y << ")";
  return out;
}
```

前置與後置運算子多載

經過前述的說明，相信讀者應該已經瞭解運算子多載的用途及使用方法了，但是針對 ++ 或 -- 運算子的多載，還有一個問題必須處理，那就是如何區分前置與後置？也就是如何針對 ++p 與 p++ 分別進行運算子多載呢？以本節所使用的 Point 類別為例，依據運算子多載的語法，它們兩者的多載函式的原型皆為：

```
Point & operator++(Point &p)
```

為了區別起見，C++ 語言針對前置的情況維持同樣的做法，但針對後置則增加一個 **"假"** 的 int 參數以視區別。假設 ++p 與 p++ 皆是將 x 軸與 y 軸的數值加 1，那麼我們可以將前置與後置的 ++ 運算子多載函式設計如下：

● 前置

```
Point & operator++(Point &p)
{
  p.x++;
  p.y++;
  return p;
}
```

● 後置

```
Point & operator++(Point &p, int)
{
  p.x++;
  p.y++;
  return p;
}
```

此處增加一個假的參數

18-1-3 函式模板

還記得我們在第 9 章 9-8 節所介紹的函式模板嗎？函式模板可以定義適用於多種資料型態的函式，其作用同樣可以讓我們使用同一個函式名稱來針對不同資料型態的參數執行同一件事。其實我們也可以在類別裡使用函式模板，並透過編譯器的幫助，在編譯時自動幫我們完成對應的成員函式，與函式多載和運算子多載一樣，都是屬於靜態多型的方式。請參考下面的 Example 18-5：

Example 18-5:在類別裡使用函式模板的應用範例

Location: /examples/ch18/

Filename: template.cpp

```cpp
1  #include <iostream>
2  using namespace std;
3
4  class Calculator
5  {
6  public:
7      template <class T>
8      T abs(T val)
9      {
10         if (val < 0)
11             return -val;
12         else
13             return val;
14     }
15 };
16
17 int main()
18 {
19     Calculator cal;
20     long int x = -100L;
21
22     cout << cal.abs(x) << endl;
23     cout << cal.abs(-314) << endl;
24     cout << cal.abs(-3.15) << endl;
25 }
```

此程式的執行的結果如下：

```
100
314
3.15
```

18-2 動態多型

使用物件導向的好處之一是可以透過繼承的方式,得到程式碼重用及快速開發新類別的好處。本章前述所介紹的靜態多型(包含函式多載、運算子多載及函式模板)可以讓我們能夠有**多個不同的版本來做同一件事**" —— 簡單來說,就是可以有多個 **"同名異式"** 的函式版本。儘管同一個函式有了多個版本,但在程式中對這些函式的呼叫,都可以透過編譯器事先決定其所對應的正確版本,因此被稱為**靜態多型 (Static Polymorphism)** —— 在執行程式時,每個對函式的呼叫都是固定執行在編譯時就決定的特定版本。本節則要為讀者介紹更為複雜的**動態多型 (Dynamic Polymorphism)**,指得是對函式的呼叫必須等到執行階段,才能決定其對應的版本。例如當我們考慮到類別的繼承階層時,一個物件指標對某個成員函式所進行的呼叫,必須視該指標在執行時所指向的物件實體是屬於繼承階層裡的哪一個類別?才能夠知道應該呼叫哪個版本。因此,動態多型又被稱為是**執行時期多型 (Run-Time Polymorphism)**。

本節後續將使用一個學生類別繼承階層的範例,為讀者說明及示範相關的動態多型應用。我們先針對所有學生都共通的屬性與行為設計一個名為 Student 的類別,然後透過繼承 Student 類別的方式,分別針對境外學生與一般本地學生設計新的 ForeignStudent 與 LocalStudent 子類別。最後,考慮到本地學生有可能半工半讀的情況,我們還可以再繼承 LocalStudent 類別設計一個本地的在職學生 LocalParttimeStudent 類別。關於此繼承的階層可參考圖 18-1 以及 Example 18-6 的範例程式:

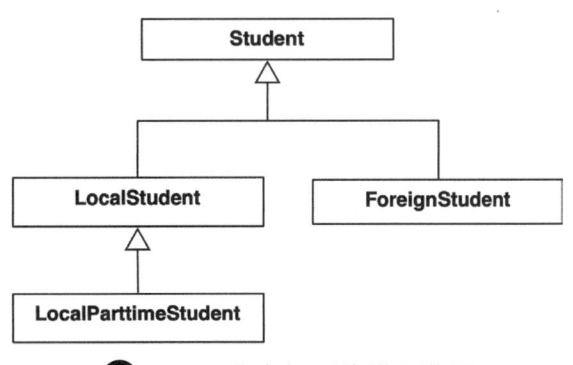

圖 18-1　學生類別的繼承階層

請參考 Example 18-6,我們將此繼承階層加以實作,並且為了幫助讀者瞭解是函式的哪個版本被執行,我們將會在所有成員函式裡輸出其所屬的類別資訊。

Example 18-6：學生類別繼承階層應用範例

Location: ☁/examples/ch18/

Filename: students.cpp

```cpp
#include <iostream>
using namespace std;

class Student
{
private:
    string name;
    int score;

public:
    void setName(string n) { name = n; }
    string getName() { return name; }
    void setScore(int s) { score = s; }
    int getScore() { return score; }
    bool isPass()
    {
        cout << "Student::isPass() ";
        if (score >= 60)
            return true;
        return false;
    }
    void showInfo()
    {
        cout << "Student::showInfo() " << getName() << " Score=" << getScore() << endl;
    }
};
```

上面的 Student 類別定義只簡單地考慮 name 及 score 的資料成員，以及判斷是否及格 isPass() 和印出學生資訊的 showInfo() 成員函式。至於 ForeignStudent、LocalStudent 與 LocalParttimeStudent 類別則可以透過繼承的方式設計如下：

```cpp
28  class ForeignStudent : public Student
29  {
30  private:
31      string nationality;
32  public:
33      void setNationality(string n) { nationality = n; }
34      string getNationality() { return nationality; }
35  };
36
37  class LocalStudent : public Student
38  {
39  };
40
41  class LocalParttimeStudent : public LocalStudent
42  {
43  };
```

在上面的程式碼裡，我們完成了 ForeignStudent、LocalStudent 與 LocalParttimeStudent 類別的設計，由於透過繼承的方式它們可以取得來自父類別（以及父類別的父類別）的資料成員及成員函式。但是不同身分的學生，其資料成員與成員函式的需求並不一定相同，因此我們先在第 28-35 行的 ForeignStudent 類別增加了國籍 (Nationality) 以及其 setter 和 getter 函式；至於其它兩個類別，則為了簡化起見暫時不增加成員。

完成了類別的定義後，我們在下面的 main() 函式裡，進行了簡單的測試，分別宣告了這三個子類別的物件並透過繼承自 Student 類別的 setter 函式設定了資料成員（除了境外學生 amy 的國籍是使用自己的 setter）後，再使用 showInfo() 將三個物件的資訊輸出。後續從第 64 行開始，則使用同樣是繼承自 Student 類別的 isPass() 函式判斷這三位學生的成績是否及格。

```cpp
45  int main()
46  {
47      ForeignStudent amy;
48      LocalStudent bob;
49      LocalParttimeStudent peter;
50
51      amy.setName("Amy");
52      amy.setNationality("Japan");
53      amy.setScore(56);
```

```cpp
54      amy.showInfo();
55
56      bob.setName("Bob");
57      bob.setScore(65);
58      bob.showInfo();
59
60      peter.setName("Peter");
61      peter.setScore(51);
62      peter.showInfo();
63
64      if (amy.isPass())
65          cout << amy.getName() << " pass." << endl;
66      else
67          cout << amy.getName() << " fail." << endl;
68      if (bob.isPass())
69          cout << bob.getName() << " pass." << endl;
70      else
71          cout << bob.getName() << " fail." << endl;
72      if (peter.isPass())
73          cout << peter.getName() << " pass." << endl;
74      else
75          cout << peter.getName() << " fail." << endl;
76
77  }
```

此程式的執行結果如下：

```
Student::showInfo() Amy Score=56
Student::showInfo() Bob Score=65
Student::showInfo() Peter Score=51
Student::isPass() Amy fail.
Student::isPass() Bob pass.
Student::isPass() Peter fail.
```

從 Example 18-6 的執行結果可以看出，由於衍生的子類別全部都沒有提供自己的 isPass() 與 showInfo() 實作版本，所以全部都是執行繼承自 Student 類別的版本。若我們對於輸出資訊的內容要求或是成績及格標準有所不同，那麼我們就必須為不同的類別設計其自己的成員函式來覆寫父類別的版本。例如 ForeignStudent 類別的學生還必須輸出國籍資料，ForeignStudent 與

LocalParttimeStudent 類別的學生，其及格條件為分數大於等於 50 分，至於 LocalStudent 則維持 60 分不變。下面的 Example 18-7 的程式碼透過覆寫成員函式的方法，在每個衍生的子類別裡，提供不同的 isPass() 與 showInfo() 成員函式的實作。

Example 18-7：學生類別繼承階層子類別覆寫成員函式應用範例
Location: ☁/examples/ch18/
Filename: students2.cpp

```cpp
#include <iostream>
using namespace std;

class Student
{
private:
    string name;
    int score;

public:
    void setName(string n) { name = n; }
    string getName() { return name; }
    void setScore(int s) { score = s; }
    int getScore() { return score; }
    bool isPass()
    {
        cout << "Student::isPass() ";
        if (score >= 60)
            return true;
        return false;
    }
    void showInfo()
    {
        cout << "Student::showInfo() " << getName() << " Score=" << getScore() << endl;
    }
};

class ForeignStudent : public Student
{
private:
```

```cpp
31        string nationality;
32    public:
33        void setNationality(string n) { nationality = n; }
34        string getNationality() { return nationality; }
35        bool isPass()
36        {
37            cout << "ForeignStudent::isPass() ";
38            return getScore()>=50;
39        }
40        void showInfo()
41        {
42         cout << "ForeignStudent::showInfo() " << getName() << " Score=" << getScore()
43                 << "[" << getNationality() << "]" << endl;
44        }
45    };
46
47    class LocalStudent : public Student
48    {
49    public:
50        bool isPass()
51        {
52            cout << "LocalStudent::isPass() ";
53            return Student::isPass();
54        }
55        void showInfo()
56        {
57            cout << "LocalStudent::showInfo() " << getName() << " Score=" << getScore() << endl;
58        }
59    };
60
61    class LocalParttimeStudent : public LocalStudent
62    {
63    public:
64        bool isPass()
65        {
66            cout << "LocalParttimeStudent::isPass() ";
67            return getScore()>=50;
68        }
69        void showInfo()
```

```cpp
                {
                    cout << "LocalParttimeStudent::showInfo() " << getName()
                        << " Score=" << getScore() << endl;
                }
};

int main()
{
    ForeignStudent amy;
    LocalStudent bob;
    LocalParttimeStudent peter;

    amy.setName("Amy");
    amy.setNationality("Japan");
    amy.setScore(56);
    amy.showInfo();

    bob.setName("Bob");
    bob.setScore(65);
    bob.showInfo();

    peter.setName("Peter");
    peter.setScore(51);
    peter.showInfo();

    if (amy.isPass())
        cout << amy.getName() << " pass." << endl;
    else
        cout << amy.getName() << " fail." << endl;
    if (bob.isPass())
        cout << bob.getName() << " pass." << endl;
    else
        cout << bob.getName() << " fail." << endl;
    if (peter.isPass())
        cout << peter.getName() << " pass." << endl;
    else
        cout << peter.getName() << " fail." << endl;
}
```

此程式的第 35-39 行與第 40-44 行，分別為 `ForeignStudent` 類別提供了 `isPass()` 及 `showInfo()` 新的實作版本，其中境外學生的及格條件改為 50 分，`showInfo()` 函式則除了印出姓名與成績外，還將境外學生的國籍加以輸出。至於在 `LocalStudent` 與 `LocalParttimeStudent` 類別方面，我們也提供了 `isPass()` 與 `showInfo()` 函式的實作，其中 `isPass()` 用來將本地學生及本地在職學生的及格成績分別設為 60 分（透過第 53 行對呼叫父類別的 `isPass()` 函式來完成）與 50 分，`showInfo()` 則輸出學生的姓名與成績。請參考以下的執行結果：

```
ForeignStudent::showInfo() Amy Score=56[Japan]
LocalStudent::showInfo() Bob Score=65
LocalParttimeStudent::showInfo() Peter Score=51
ForeignStudent::isPass() Amy pass.
LocalStudent::isPass() Student::isPass() Bob pass.
LocalParttimeStudent::isPass() Peter pass.
```

儘管 Example 18-7 示範了讓子類別透過覆寫父類別的成員函式，來滿足在繼承階層裡的不同類別對同一件事的不同需求，然而還存在著兩個缺點：

- 不能保證衍生的子類別會記得覆寫 `isPass()` 與 `showInfo()` 函式。
- 當使用父類別的指標來存取子類別時，無法呼叫到正確的 `isPass()` 與 `showInfo()` 版本。

我們將在後續的小節裡討論相關的解決方法。

18-2-1　抽象類別與純虛擬函式

為了解決前述的第一個問題，C++ 語言可以讓我們使用 **"純虛擬函式 (Pure Virtual Function)"** 來加以解決。所謂的純虛擬函式是指只有介面而無實作的函式，其語法是在成員函式宣告前加上 `virtual`，並在結尾處加上 `=0`。如此一來，在進行類別的繼承設計時，子類別就必須針對父類別裡的純虛擬函式，提供自己的實作版本，否則的話就無法通過編譯。

以下的程式碼將 `Student` 類別裡的 `isPass()` 及 `showInfo()` 宣告為純虛擬函式：

```
class Student
{
private:
    string  name;
    int     score;
public:
    void    setName(string n) { name=n; }
    string  getName() { return name; }
    void    setScore(int s) { score=s; }
    int     getScore() { return score; }
    // 以下兩個函式皆宣告為純虛擬函式
    virtual bool isPass()=0;
    virtual void showInfo()=0;
};
```

只要在類別內有任何一個純虛擬函式存在時，我們就將該類別稱為**抽象類別 (Abstruct Class)**，可用以規範其衍生的類別必須提供其中宣告為純虛擬函式的實作。要注意的是，抽象類別不可用以產生物件實體，因此不論是自動物件變數或是使用 new 來動態產生物件實體都是不被允許的。以下的宣告都是錯誤的：

```
Student amy;
Student *bob = new Student();
```

但若只是宣告指標且指向其子類別的物件實體，則是可以允許的，例如：

```
Student *amy;
ForeignStudent *bob = new ForeignStudent();
Amy=bob;
```

事實上，抽象類別存在的目的只是用來規範其衍生的類別必須提供純虛擬函式的實作。例如我們在本小節所使用的學生範例，不論學生的身分為何，都應該要有判定及格與否的方法以及印出資訊的行為，只不過不同身分的學生，其判定及格的標準不同、所要印出的資訊也不相同。由於 Student 類別現在具有 isPass() 及

showInfo() 這兩個純虛擬函式,使其成為了一個抽象類別。所有繼承自 Student 類別的衍生子類別就必須要提供 isPass() 與 showInfo() 的實作,解決了衍生的子類別不一定會覆寫 isPass() 與 showInfo() 函式的問題 —— 因為不覆寫抽象類別的純虛擬函式的話,現在連編譯都不會通過了!

Example 18-8:覆寫抽象類別的純虛擬函式範例

Location: /examples/ch18/

Filename: students3.cpp

```
1  #include <iostream>
2  using namespace std;
3
4  class Student
5  {
6  private:
7      string name;
8      int score;
9  public:
10     void setName(string n) { name = n; }
11     string getName() { return name; }
12     void setScore(int s) { score = s; }
13     int getScore() { return score; }
14     virtual bool isPass()=0;
15     virtual void showInfo()=0;
16 };
17
18 class ForeignStudent : public Student
19 {
20 private:
21     string nationality;
22 public:
23     void setNationality(string n) { nationality=n; }
24     string getNationality() { return nationality; }
25     bool isPass()
26     {
27         cout << "ForeignStudent::isPass() ";
28         return getScore()>=50;
29     }
30     void showInfo()
31     {
```

```cpp
            cout << "ForeignStudent::showInfo() " << getName() << " Score=" << getScore()
                 << "[" << getNationality() << "]" << endl;
        }
};

class LocalStudent : public Student
{
public:
    bool isPass()
    {
        cout << "LocalStudent::isPass() ";
        return (getScore()>=60);
    }
    void showInfo()
    {
        cout << "LocalStudent::showInfo() " << getName() << " Score=" << getScore() << endl;
    }
};

class LocalParttimeStudent : public LocalStudent
{
public:
    bool isPass()
    {
        cout << "LocalParttimeStudent::isPass() ";
        return getScore()>=50;
    }
    void showInfo()
    {
        cout << "LocalParttimeStudent::showInfo() " << getName()
             << " Score=" << getScore() << endl;
    }
};

int main()
{
    ForeignStudent amy;
    LocalStudent bob;
    LocalParttimeStudent peter;
```

```
71
72      amy.setName("Amy");
73      amy.setNationality("Japan");
74      amy.setScore(56);
75      amy.showInfo();
76
77      bob.setName("Bob");
78      bob.setScore(65);
79      bob.showInfo();
80
81      peter.setName("Peter");
82      peter.setScore(51);
83      peter.showInfo();
84
85      if (amy.isPass())
86          cout << amy.getName() << " pass." << endl;
87      else
88          cout << amy.getName() << " fail." << endl;
89      if (bob.isPass())
90          cout << bob.getName() << " pass." << endl;
91      else
92          cout << bob.getName() << " fail." << endl;
93      if (peter.isPass())
94          cout << peter.getName() << " pass." << endl;
95      else
96          cout << peter.getName() << " fail." << endl;
97
98  }
```

此程式的執行結果如下：

```
ForeignStudent::showInfo() Amy Score=56[Japan]
LocalStudent::showInfo() Bob Score=65
LocalParttimeStudent::showInfo() Peter Score=51
ForeignStudent::isPass() Amy pass.
LocalStudent::isPass() Bob pass.
LocalParttimeStudent::isPass() Peter pass.
```

請注意此程式為 LocalStudent 類別所覆寫的 isPass() 函式，不同於 Example 18-7 裡的第 53 行所使用的呼叫 Student 類別的 isPass() 的方法 (return Student::isPass();)，此處的第 43 行改成自行計算成績是否及格（大於等於 60 分）的方式 (return (getScore()>=60);) —— 因為此例的 Student 類別已變成抽象類別，其中的 isPass() 函式並沒有實作，而是定義為純虛擬函式，所以就算寫成了 return Student::isPass();，現在也沒有東西讓你呼叫了！

18-2-2 虛擬函式

前一小節所介紹的純虛擬函式是使用 virtual 為函式的前綴，並使用 =0 作為結尾，且後續子類別必須要提供純虛擬函式的實作版本。本小節將介紹的是**虛擬函式 (Virtual Function)**，與純虛擬函式相同但不需要使用 =0 結尾，子類別可以視需要決定是否要提供自己的版本；若是子類別沒有提供實作版本，則使用從父類別繼承下來的版本，因此父類別必須要提供虛擬函式的實作版本 —— 這是和純虛擬函式的第二個差異！

現在，我們在本小節接著討論第二個問題：當使用父類別的指標來存取子類別時，無法呼叫到正確的 isPass() 與 showInfo() 版本的解決方法。假設我們在程式中已有以下的宣告：

```
ForeignStudent amy;
LocalStudent bob, betty, bill;
LocalParttimeStudent peter;
```

接著，我們繼續假設有 5 位學生修習 C++ 程式設計課程，其中他們的身分包含了境外學生 amy、本地學生 bob、betty 與 bill，以及一位本地在職學生 peter。為了程式設計的方便性，我們打算將這 5 位學生都放入到一個名為 cpp 的陣列裡 —— 問題是，這個陣列應該宣告為何種類別的陣列？由於 5 位學生涵蓋了 ForeignStudent、LocalStudent 與 LocalParttimeStudent 三種類別的物件，所以這三個類別都不適合作為此陣列的型態。當我們要管理多個屬於同一個類別繼承階層裡的物件時，使用它們共同的父類別是唯一可行的做法，因此我們將 cpp 陣列宣告為 Student 類別的陣列，並將上述學生的物件實體放入其中：

```
Student cpp[5];
cpp[0]=amy;
cpp[1]=bob;
cpp[2]=betty;
cpp[3]=bill;
cpp[4]=peter;
```

換句話說，儘管這 5 個學生分屬於 ForeignStudent、LocalStudent 與 LocalParttimeStudent 類別，但我們可以將他們視為其父類別（Student 類別）的物件，並使用下列方式將所有學生的資訊輸出：

```
for(int i=0;i<5;i++)
{
    cpp[i].showInfo();
}
```

Example 18-9 為此範例的完整版本，請讀者加以參考：

Example 18-9：子類別沒有正確呼叫成員函式的範例
Location: /examples/ch18/
Filename: students4.cpp

```
1   #include <iostream>
2   using namespace std;
3
4   class Student
5   {
6   private:
7       string name;
8       int score;
9   public:
10      void setName(string n) { name = n; }
11      string getName() { return name; }
12      void setScore(int s) { score = s; }
13      int getScore() { return score; }
14      bool isPass()
```

```cpp
15      {
16          cout << "Student::isPass() ";
17          return true;
18      }
19      void showInfo()
20      {
21          cout << "Student::showInfo() " << getName() << " Score=" << getScore() << endl;
22      }
23  };
24
25  class ForeignStudent : public Student
26  {
27  private:
28      string nationality;
29  public:
30      void setNationality(string n) { nationality = n; }
31      string getNationality() { return nationality; }
32      bool isPass()
33      {
34          cout << "ForeignStudent::isPass() ";
35          return getScore() >= 50;
36      }
37      void showInfo()
38      {
39          cout << "ForeignStudent::showInfo() " << getName() << " Score=" << getScore()
40              << "[" << getNationality() << "]" << endl;
41      }
42  };
43
44  class LocalStudent : public Student
45  {
46  public:
47      void showInfo()
48      {
49          cout << "LocalStudent::showInfo() " << getName() << " Score=" << getScore() << endl;
50      }
51  };
52
```

```cpp
53  class LocalParttimeStudent : public LocalStudent
54  {
55  public:
56      bool isPass()
57      {
58          cout << "LocalParttimeStudent::isPass() ";
59          return getScore() >= 50;
60      }
61      void showInfo()
62      {
63          cout << "LocalParttimeStudent::showInfo() " << getName()
64              << " Score=" << getScore() << endl;
65      }
66  };
67
68  int main()
69  {
70      ForeignStudent amy;
71      LocalStudent bob, betty, bill;
72      LocalParttimeStudent peter;
73
74      amy.setName("Amy");
75      amy.setNationality("Japan");
76      amy.setScore(55);
77
78      bob.setName("Bob");
79      bob.setScore(50);
80
81      betty.setName("Betty");
82      betty.setScore(76);
83
84      bill.setName("Bill");
85      bill.setScore(52);
86
87      peter.setName("Peter");
88      peter.setScore(53);
89
90      Student cpp[5];
91      cpp[0] = amy;
92      cpp[1] = bob;
93      cpp[2] = betty;
```

```
94        cpp[3] = bill;
95        cpp[4] = peter;
96
97        for (int i = 0; i < 5; i++)
98        {
99            cpp[i].showInfo();
100       }
101   }
```

此程式的執行結果如下：

```
Student::showInfo() Amy Score=55
Student::showInfo() Bob Score=50
Student::showInfo() Betty Score=76
Student::showInfo() Bill Score=52
Student::showInfo() Peter Score=53
```

從上述結果可看出，不論學生的身分為何，現在都被視為是 Student 類別的物件，因此呼叫它們執行 showInfo() 時，都是執行來自父類別 Student 的版本——這就是第二個問題的所在！

為了要解決這個問題，具體的做法是改用指標來存取物件。若在類別的繼承階層的父類別裡使用 virtual 來宣告的函式，各個衍生的子類別視情況決定是否要提供自己的實作版本（若是要強制衍生類別一定要提供實作版本，則必須在結尾處使用 =0，使其成為子類別一定要實作的純虛擬函式）。我們可以使用指向父類別的指標來存取子類別，且透過父類別指標來執行在父類別裡宣告為 virtual 的函式時，子類別的實作版本將會被加以執行。請參考以下的 Example 18-10：

Example 18-10：使用指標及虛擬函式讓子類別正確地呼叫成員函式範例

Location: /examples/ch18/

Filename: students5.cpp

```
1    #include <iostream>
2    using namespace std;
3
```

```cpp
 4  class Student
 5  {
 6  private:
 7      string name;
 8      int score;
 9  public:
10      void setName(string n) { name = n; }
11      string getName() { return name; }
12      void setScore(int s) { score = s; }
13      int getScore() { return score; }
14      virtual bool isPass()
15      {
16          cout << "Student::isPass() ";
17          return score >= 60;
18      }
19      virtual void showInfo()
20      {
21          cout << "Student::showInfo() " << getName() << " Score=" << getScore() << endl;
22      }
23  };
24
25  class ForeignStudent : public Student
26  {
27  private:
28      string nationality;
29  public:
30      void setNationality(string n) { nationality = n; }
31      string getNationality() { return nationality; }
32      bool isPass()
33      {
34          cout << "ForeignStudent::isPass() ";
35          return getScore() >= 50;
36      }
37      void showInfo()
38      {
39          cout << "ForeignStudent::showInfo() " << getName() << " Score=" << getScore()
40                  << "[" << getNationality() << "]" << endl;
41      }
42  };
```

```cpp
43
44  class LocalStudent : public Student
45  {
46  public:
47      void showInfo()
48      {
49          cout << "LocalStudent::showInfo() " << getName() << " Score=" << getScore() << endl;
50      }
51  };
52
53  class LocalParttimeStudent : public LocalStudent
54  {
55  public:
56      bool isPass()
57      {
58          cout << "LocalParttimeStudent::isPass() ";
59          return getScore() >= 50;
60      }
61      void showInfo()
62      {
63          cout << "LocalParttimeStudent::showInfo() " << getName()
64               << " Score=" << getScore() << endl;
65      }
66  };
67
68  int main()
69  {
70      ForeignStudent amy;
71      LocalStudent bob, betty, bill;
72      LocalParttimeStudent peter;
73
74      amy.setName("Amy");
75      amy.setNationality("Japan");
76      amy.setScore(55);
77
78      bob.setName("Bob");
79      bob.setScore(50);
80
81      betty.setName("Betty");
82      betty.setScore(76);
```

```
83
84          bill.setName("Bill");
85          bill.setScore(52);
86
87          peter.setName("Peter");
88          peter.setScore(53);
89
90          Student *cpp[5];
91          cpp[0] = &amy;
92          cpp[1] = &bob;
93          cpp[2] = &betty;
94          cpp[3] = &bill;
95          cpp[4] = &peter;
96
97          for (int i = 0; i < 5; i++)
98          {
99              cpp[i]->showInfo();
100         }
101     }
```

　　此程式所定義的 Student 類別，在第 14-18 行與第 19-22 行分別將 isPass() 與 showInfo() 函式宣告為虛擬函式（使用 virtual 前綴），必且都提供了實作版本。除此之外，ForeignStudent、LocalStudent 與 LocalParttimeStudent 類別也都有提供這兩個虛擬函式的實作。不過考慮到 LocalStudent 本地學生與 Student 學生的成績評定標準相同，所以 LocalStudent 並沒有提供 isPass() 的實作版本，它將使用繼承自 Student 類別的版本。

　　為了讓子類別的物件能夠正確地呼叫到正確的版本，我們在第 90 行將 cpp 宣告為儲存 Student 類別的物件指標陣列，並在第 91 行到第 95 行將 5 個學生的物件實體所在的記憶體位址存放到 cpp 陣列裡。最後在第 97-100 行的迴圈裡使用 cpp[i]->showInfo() 來進行函式呼叫。在此情況下，程式在執行時將會視每個指標所指向的位址裡所存放的物件實體的型態為何，呼叫正確的版本加以執行。以下是此程式的執行結果：

```
ForeignStudent::showInfo() Amy Score=55[Japan]
LocalStudent::showInfo() Bob Score=50
```

```
LocalStudent::showInfo() Betty Score=76
LocalStudent::showInfo() Bill Score=52
LocalParttimeStudent::showInfo() Peter Score=53
```

這種透過指標實現的函式呼叫，會在執行時依據該指標所指向的物件實體所屬的類別來決定該執行的函式版本，就是動態多型的一種具體做法。

18-2-3　override 關鍵字

當父類別包含有一個（或一個以上的）虛擬函式時，衍生的子類別就應該要負責提供其自己版本的函式實作，意即覆寫父類別的版本。請回顧 Example 18-10，其中定義在第 14-18 行的是 Student 類別的 isPass() 函式被宣告為虛擬函式（使用 virtual 作為前綴）：

```
virtual bool isPass()
{
    cout << "Student::isPass() ";
    return true;
}
```

至於繼承自 Student 類別的 ForeignStudent 子類別，則在第 32-36 行，提供了其 isPass() 函式的覆寫：

```
bool isPass()
{
    cout << "ForeignStudent::isPass() ";
    return getScore() >= 50;
}
```

自 C++ 11 起，我們可以在成員函式的原型後面，使用 override 關鍵字，代表此函式覆寫了在其父類別裡的虛擬函式，並且可以在編譯階段由編譯器幫忙檢查 —— 包含父類別是否有對應的虛擬函式，以及子類別裡是否有正確地進行覆寫！以前述的 isPass() 為例，我們可以在其後加上 override：

```cpp
bool isPass() override
{
    cout << "ForeignStudent::isPass() ";
    return getScore() >= 50;
}
```

由於我們在子類別的 `isPass()` 函式的原型後加上了 `override` 關鍵字，所以編譯器將會進行檢查，以確保 `isPass()` 函式在父類別裡有註明為 `virtual`，且子類別也有正確地覆寫。若是註明了 `override`，但在父類別裡找不到對應的虛擬函式（常見於父類別與子類別的函式原型不一致）的情況，編譯器就會產生編譯錯誤──等同於強制要求子類別一定要覆寫父類別的虛擬函式。

18-2-4　final 關鍵字

C++ 語言還允許我們使用 `final` 關鍵字，來避免某個類別被繼承或是其虛擬函式被加以覆寫。首先在類別方面，以本章所使用的學生類別為例，只要在類別名稱後面加上 `final` 關鍵字，即表示不允許被繼承：

```cpp
class Student final
{
    ⋮
};
```

或者我們想要讓繼承自 `Student` 類別的 `ForeignStudent` 不再允許被加以繼承，也可以使用 `final` 來達成：

```cpp
class ForeignStudent final : public Student
{
    ⋮
};
```

若是將 `final` 關鍵字加到虛擬函式的原型後面，則表示不允許任何衍生的子類別覆寫此版本──意即針對繼承階層中的所有類別，提供一致性的處理方式。

以學生類別及其衍生類別為例，若我們將 Student 類別的 isPass() 函式宣告為 final，則所有繼承 Student 類別的衍生類別，將只能使用此處所提供的版本：

```
class Student
{
        ⋮
   virtual bool isPass() final
    {
        cout << "Student::isPass() ";
        return score >= 60;
    }
        ⋮
};
```

習題

1. 以下關於 C++ 語言所支援的多型說明，何者不正確？
   (A) 多型的目的在於提供介面重用，使用相同的介面執行內容不同的同一件事
   (B) 依據編譯時可否決定所要執行的版本，可以再區分為靜態多型與動態多型
   (C) 從實作的角度來看，多型是讓多個函式可以有相同的介面，但各自有不同的實作方法
   (D) 同一個類別裡的多個相同名稱的函式，在呼叫時依據其所傳入的參數個數與型態來決定所要執行的版本
   (E) 以上皆正確

2. 多型 (Polymorphism) 是使用單一介面但不同實作的方式，來提供 "不同內容的同一件事"。例如對一個函式，提供兩個以上的實作版本，就是多型的一種實現，我們又將其稱為多載 (Overloading)。以下選項中何者錯誤？
   (A) 在同一個類別內的函式可以進行多載
   (B) 子類別可以多載繼承自父類別的函式
   (C) 運算子多載是針對不同的運算元賦與不同的運算意涵
   (D) 運算元多載是針對不同的運算子進行不同的運算操作

(E) 以上皆正確

3. 請參考以下 Student 類別與 ForeignStudent 類別的定義與實作：

```cpp
class Student
{
private:
    string name;
    int    score;
public:
    void    setName(string n) { name=n; }
    string getName() { return name; }
    void    setScore(int s) { score=s; }
    int    getScore() { return score; }
    void showInfo(){
        cout << "Student::showInfo() " << getName() << " Score=" << getScore() << endl;
    }
};

class ForeignStudent : public Student
{
private:
    string nationality;
public:
    void setNationality(string n) { nationality=n; }
    string getNationality() { return nationality; }
    void showInfo(){
        cout << "ForeignStudent::showInfo() " << getName()
             << " Score=" << getScore() << "[" << getNationality() << "]"
             << endl;
    }
};
```

以下的 main() 函式使用了上述類別，關於其編譯與執行結果的敘述，何者正確？

```
int main()
{
    ForeignStudent amy;
    amy.setName("Amy");
    amy.setNationality("Japan");
    amy.setScore(55);
    ((Student *)(&amy))->showInfo();
}
```

(A) 編譯正確，且其執行結果會輸出 Student::showInfo() Amy Score=55

(B) 編譯正確，且其執行結果會輸出 ForeignStudent::showInfo() Amy Score=55[Japan]

(C) 編譯正確，但執行時會發生錯誤無法輸出結果

(D) 編譯不正確，無法執行

(E) 以上皆不正確

4. 同樣針對上一題（第 3 題）所定義與實作的 Student 類別與 ForeignStudent 類別，請參考以下的 main() 函式內容，在以下關於其編譯與執行結果的敘述中，找出正確的選項：

```
int main()
{
    Student *amy=new ForeignStudent;
    amy->setName("Amy");
    amy->setNationality("Japan");
    amy->setScore(55);
    (*amy).showInfo();
}
```

(A) 編譯正確，且其執行結果會輸出 Student::showInfo() Amy Score=55

(B) 編譯正確，且其執行結果會輸出 ForeignStudent::showInfo() Amy Score=55[Japan]

(C) 編譯正確，但執行時會發生錯誤無法輸出結果

(D) 編譯不正確，無法執行

(E) 以上皆不正確

5. 同樣針對第 3 題所定義與實作的 Student 類別與 ForeignStudent 類別，請參考以下的 main() 函式內容，在以下關於其編譯與執行結果的敘述中，找出正確的選項：

```cpp
int main()
{
    ForeignStudent *amy=new ForeignStudent;
    amy->setName("Amy");
    amy->setNationality("Japan");
    amy->setScore(55);
    ((Student)(*amy)).showInfo();
}
```

(A) 編譯正確，且其執行結果會輸出 Student::showInfo() Amy Score=55

(B) 編譯正確，且其執行結果會輸出 ForeignStudent::showInfo() Amy Score=55[Japan]

(C) 編譯正確，但執行時會發生錯誤無法輸出結果

(D) 編譯不正確，無法執行

(E) 以上皆不正確

6. 請參考以下的程式碼 main.cpp 與 book.h（可於網路下載並解壓縮本書習題相關檔案後，在 /exercises/ch18/6 目錄中取得）：

Location: /exercises/ch18/6

Filename: main.cpp

```
1  #include <iostream>
2  using namespace std;
3
4  #include "book.h"
5
6  int main()
7  {
```

```
 8      Book b1;
 9      double originalPrice;
10
11      cin >> originalPrice;
12      b1.setPrice(originalPrice);
13      b1--;
14      cout << b1.getPrice() << endl;
15
16      --b1;
17      cout << b1.getPrice() << endl;
18
19      b1++;
20      cout << b1.getPrice() << endl;
21
22      ++b1;
23      cout << b1.getPrice() << endl;
24 }
```

Location: /exercises/ch18/6

Filename: book.h

```
 1  class Book
 2  {
 3  public:
 4      double price;
 5      void setPrice(double p);
 6      double getPrice();
 7      void operator++(int);
 8      void operator++();
 9      void operator--(int);
10      void operator--();
11  };
```

你必須完成名為 book.cpp 的 C++ 語言程式，其中包含定義在 book.h 裡多個函式的實作（包含運算子多載函式）。此程式完成後，可讓使用者輸入一本書的原始售價後，並使用遞增與遞減的方式，將其售價增加或減少 10%。此題可使用以下的 Makefile 進行編譯（可自行下載取得）：

Location: ⬇/exercises/ch18/6

Filename: Makefile

```
1  main: main.cpp book.o
2  [ tab ]  c++ main.cpp book.o
3
4  book.o:   book.cpp book.h
5  [ tab ]  c++ -c book.cpp
6
7  clean:
8  [ tab ]  rm -f *.o *~ *.*~ a.out
```

此題的執行結果可參考如下：

執行結果 1：

```
100⏎
90⏎
81⏎
89.1⏎
98.01⏎
```

執行結果 2：

```
11.99⏎
10.791⏎
9.7119⏎
10.6831⏎
11.7514⏎
```

7. 請參考以下的程式碼 main.cpp 與 itbook.h（可於網路下載並解壓縮本書習題相關檔案後，在 /exercises/ch18/7 目錄中取得）：

Location: ⬇/exercises/ch18/7

Filename: main.cpp

```
1  #include <iostream>
2  using namespace std;
```

```
3
4  #include "itbook.h"
5
6  int main()
7  {
8      ITBook b1 ("CPP Expert!");
9      ITBook *b2 = new ITBook("Smart Programming");
10     ITBook b3;
11
12     cout << b1 << *b2 << endl << b3 << endl;
13 }
```

Location: /exercises/ch18/7

Filename: itbook.h

```
1  class ITBook
2  {
3  public:
4      string title;
5
6      ITBook();
7      ITBook(string t);
8  };
9
10 ostream &operator<<(ostream &out, ITBook &b);
```

你必須完成名為 itbook.cpp 的 C++ 語言程式，其中包含定義在 itbook.h 裡多個函式的實作（包含運算子多載函式）。此程式完成後，可讓 ITBook 類別的物件搭配 cout 串流輸出。此題可使用以下的 Makefile 進行編譯（可自行下載取得）：

Location: /exercises/ch18/7

Filename: Makefile

```
1  main: main.cpp itbook.o
2      [tab] c++ main.cpp itbook.o
3
4  itbook.o:   itbook.cpp itbook.h
5      [tab] c++ -c itbook.cpp
```

```
6
7  clean:
8      tab    rm -f *.o *~ *.*~ a.out
```

此題的執行結果可參考如下：

執行結果：

```
[CPP△Expert!][Smart△Programming]⏎
[unknown]⏎
```

8. 請參考以下的程式碼 main.cpp 與 combinebook.h（可於網路下載並解壓縮本書習題相關檔案後，在 /exercises/ch18/8 目錄中取得）：

Location: ☁/exercises/ch18/8

Filename: main.cpp

```
1  #include <iostream>
2  using namespace std;
3
4  #include "combinebook.h"
5
6  int main()
7  {
8      Book *b1 = new Book("CPP Expert", 499);
9      Book *b2 = new Book("Smart Programming", 599);
10     Book *b3;
11     b3 = *b1 + *b2;
12
13     cout << *b3 << endl;
14 }
```

Location: ☁/exercises/ch18/8

Filename: combinebook.h

```
1  class Book
2  {
3  public:
4      string title;
```

```
5      int price;
6
7      Book();
8      Book(string t);
9      Book(string t, int p);
10     Book *operator+(Book b);
11 };
12
13 ostream &operator<<(ostream &out, Book &b);
```

你必須完成名為 combinebook.cpp 的 C++ 語言程式，其中包含定義在 combinebook.h 裡多個函式的實作（包含運算子多載函式）。此程式完成後，可讓 Book 類別的兩個物件進行加法運算（將書名串接並加總售價），並可搭配 cout 串流輸出。此題可使用以下的 Makefile 進行編譯（可自行下載取得）：

Location: /exercises/ch18/8
Filename: Makefile

```
1 main: main.cpp combinebook.o
2     tab   c++ main.cpp combinebook.o
3
4 combinebook.o:   combinebook.cpp combinebook.h
5     tab   c++ -c combinebook.cpp
6
7 clean:
8     tab   rm -f *.o *~ *.*~ a.out
```

此題的執行結果可參考如下：

執行結果：

[CPP△Expert+Smart△Programming(1098)]⏎

Appendix A
安裝終端機編譯器

早期電腦系統的操作,必須在稱為**終端機 (Terminal)** 的文字介面環境中,使用指令來完成。儘管現代的作業系統都已提供了更為便利的視窗作業環境,但這種終端機文字介面仍被保留下來,例如在 Linux 作業系統裡的 xterm、macOS 作業系統裡的終端機 (Terminal) 以及 Microsoft Windows 系統裡的命令提示字元 (Command Prompt) 等應用程式都是讓我們可以使用文字指令進行系統操作的終端機軟體。對於專業的程式設計師而言,比起視覺化的視窗圖形使用者介面,使用終端機以文字指令來進行操作,可以省去移動滑鼠、點擊滑鼠所耗費的時間,操作起來更為便捷。有鑑於此,本書的程式演示都是以終端機環境的操作為主,請讀者先參考本附錄的內容完成可以終端機環境裡使用的 C++ 語言編譯器。

所以本附錄將針對 Linux、macOS 與 Windows 作業系統的終端機環境,說明如何安裝兩套常用的C++語言編譯器 —— GCC 與 Clang/LLVM。要提醒讀者注意的是,不論你使用哪個作業系統、安裝哪個編譯器,為了便利起見,本書的範例程式都是使用預設的 `c++` 指令進行編譯;也因此本附錄也會為讀者說明,如何讓預設的 c++ 指令對應到自行安裝的 C++ 編譯器。

A-1 在 Linux 安裝編譯器

> ⚠️ **本小節示範內容使用 Ubuntu Linux 22.04.3 LTS**
>
> 本小節是使用 Ubuntu Linux 22.04.3 LTS 進行示範,使用其它版本的讀者在進行相關操作時,請自行做必要的修改。

GCC 編譯器套件

　　Linux 作業系統已經預先安裝了包含多個程式語言編譯器的 GCC 編譯器套件 (GNU Compiler Collection)，其中的 C++ 語言編譯指令是 `g++`[1]。請讀者開啟**終端機 (Terminal)**[2] 應用程式，並下達 `g++ --version` 指令，確認系統內是否已安裝有 g++：

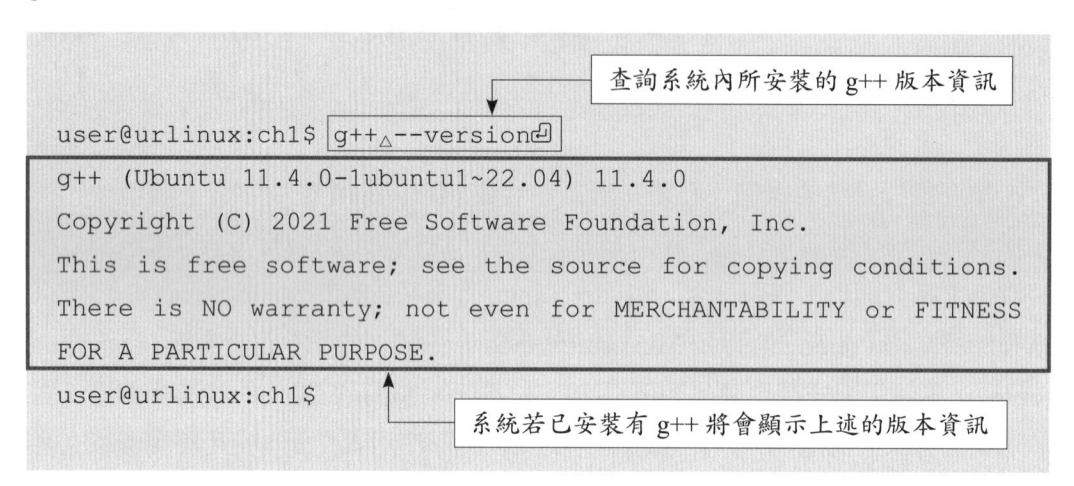

```
user@urlinux:ch1$ g++ --version     ← 查詢系統內所安裝的 g++ 版本資訊
g++ (Ubuntu 11.4.0-1ubuntu1~22.04) 11.4.0
Copyright (C) 2021 Free Software Foundation, Inc.
This is free software; see the source for copying conditions.
There is NO warranty; not even for MERCHANTABILITY or FITNESS
FOR A PARTICULAR PURPOSE.
user@urlinux:ch1$
```
系統若已安裝有 g++ 將會顯示上述的版本資訊

若是讀者所使用的 Linux 系統並沒有安裝 g++，那麼你將會看到以下的執行結果：

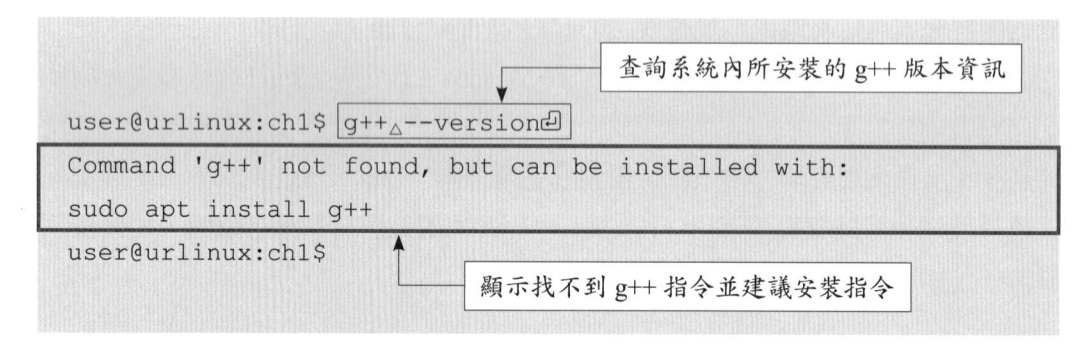

```
user@urlinux:ch1$ g++ --version     ← 查詢系統內所安裝的 g++ 版本資訊
Command 'g++' not found, but can be installed with:
sudo apt install g++
user@urlinux:ch1$
```
顯示找不到 g++ 指令並建議安裝指令

　　遇到這種情況時，請不要使用系統建議的 `sudo apt intall g++` 指令來進行安裝，因為此指令所安裝的是只包含 C++ 語言編譯器的 g++，可能還缺少相關的函式庫及相關編譯工具。請有需要安裝的讀者，使用 `sudo apt install build-`

---

[1] 在 Linux 作業系統裡的指令，通常就是某個可執行的檔案。在 GCC 裡的 C++ 編譯器的檔案名稱為 g++，因此其指令即為 `g++`。

[2] 因 Linux 作業系統版本間的差異，部分讀者可能會找不到名為**終端機 (Terminal)** 的應用程式。在這種情況下，可以試著尋找名為 gnome-terminal、konsole、guake 或 xterm 的應用程式作為替代。

essential 指令進行安裝³ —— 此指令所安裝的 build-essential 套件包含可供 C 與 C++ 語言使用的函式庫 libc6-dev、編譯器 gcc 與 g++，以及編譯工具 make。

在此要提醒讀者注意的是，Linux 系統有預設的 C++ 語言編譯器指令 c++，並且在預設的情況下，該指令是對應到 GCC 裡的 C++編譯器（也就是 g++ 指令）。請參考以下 c++△--version 指令的執行結果：

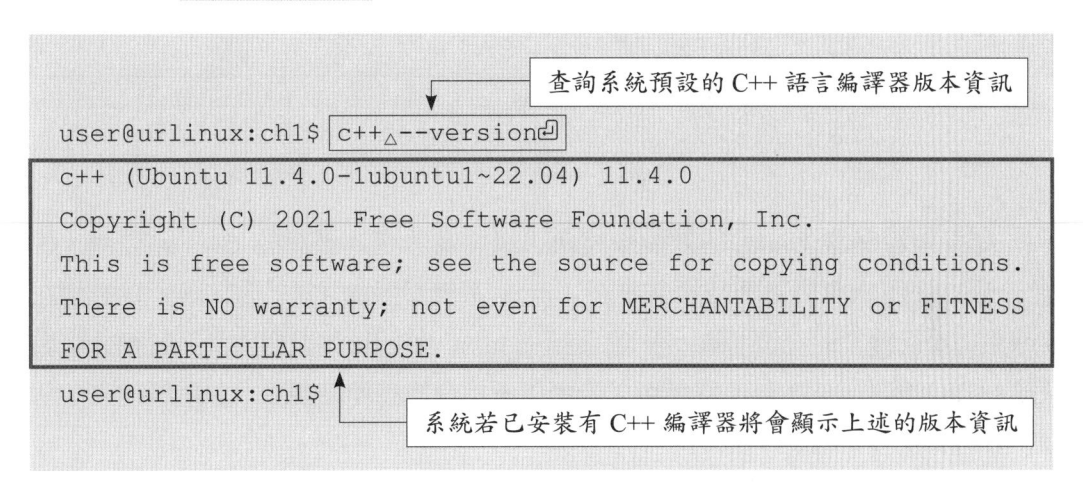

```
                                    ┌─ 查詢系統預設的 C++ 語言編譯器版本資訊
                                    ▼
user@urlinux:ch1$ c++△--version⏎
c++ (Ubuntu 11.4.0-1ubuntu1~22.04) 11.4.0
Copyright (C) 2021 Free Software Foundation, Inc.
This is free software; see the source for copying conditions.
There is NO warranty; not even for MERCHANTABILITY or FITNESS
FOR A PARTICULAR PURPOSE.
user@urlinux:ch1$
                  └─ 系統若已安裝有 C++ 編譯器將會顯示上述的版本資訊
```

有沒有注意到上述的執行結果和前述 g++△--version 指令的結果，除了 c++ 與 g++ 的差異外，其實是完全相同的，因此在需要進行 C++ 程式編譯時，讀者可以自由地切換使用 c++ 與 g++ 指令。

Clang 編譯器

另一方面，除了預先安裝好的 GCC 以外，讀者也可以選擇在 Linux 系統上使用其它的 C++ 語言的編譯器，例如編譯效率更高且提供更完整錯誤訊息的 Clang —— 有興趣的讀者可以使用 sudo△apt△install△clang 指令加以安裝。一旦安裝完成後，讀者可以使用 Clang 的 C++ 編譯器指令 clang++ 來進行 C++ 原始程式的編譯。請參考以下的終端機指令確認系統內是否安裝有 Clang 並且顯示其版本資訊：

---

3 此指令前的 sudo 代表要使用超級使用者 (Super User) 的身分來進行安裝，你必須輸入超級使用者的密碼後才能進行後續的安裝。

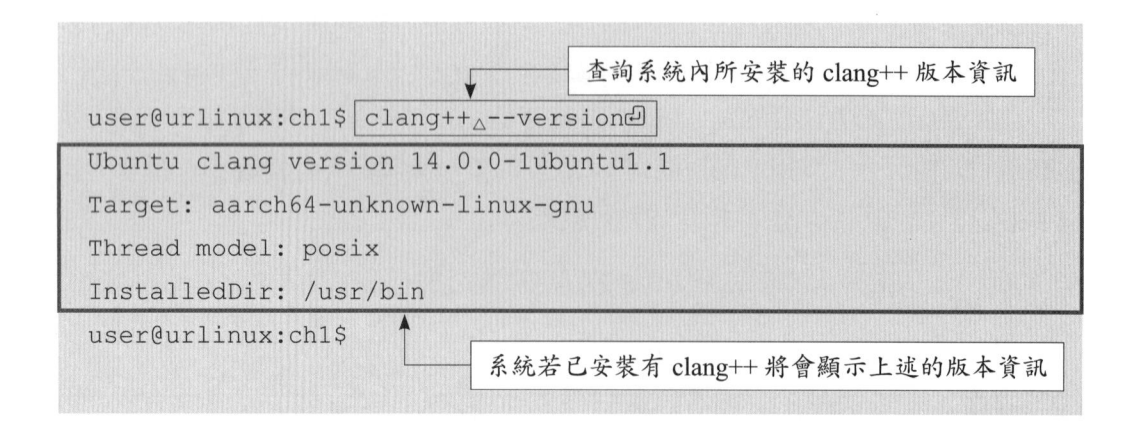

```
user@urlinux:ch1$ clang++ --version⏎
Ubuntu clang version 14.0.0-1ubuntu1.1
Target: aarch64-unknown-linux-gnu
Thread model: posix
InstalledDir: /usr/bin
user@urlinux:ch1$
```

查詢系統內所安裝的 clang++ 版本資訊

系統若已安裝有 clang++ 將會顯示上述的版本資訊

如果讀者滿意 Clang 的效能，建議可以將其設定為預設的 C++ 編譯器，如此一來在使用上會更為便利。其實在 Linux 系統預設的 C++ 編譯器，是一個在 `/usr/bin` 目錄裡的一個名為 c++ 的連結 (Link)，該連結預設對應到系統預先安裝好的 GCC 套件裡的 g++。我們可以使用以下指令將該連結刪除，並重新建立一個對應到 clang++ 的連結：

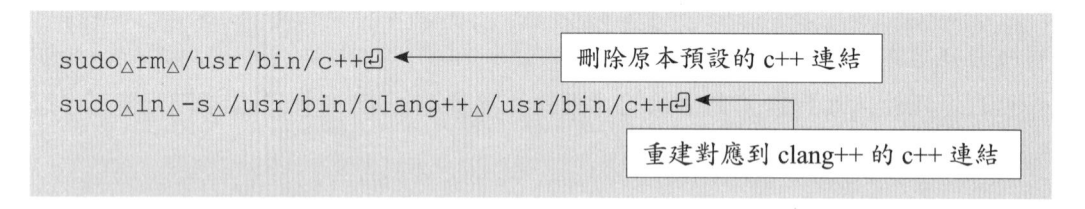

```
sudo rm /usr/bin/c++⏎
sudo ln -s /usr/bin/clang++ /usr/bin/c++⏎
```

刪除原本預設的 c++ 連結

重建對應到 clang++ 的 c++ 連結

如此一來，我們就可以使用預設的 `c++` 指令來進行 C++ 程式的編譯，請參考下面的執行結果：

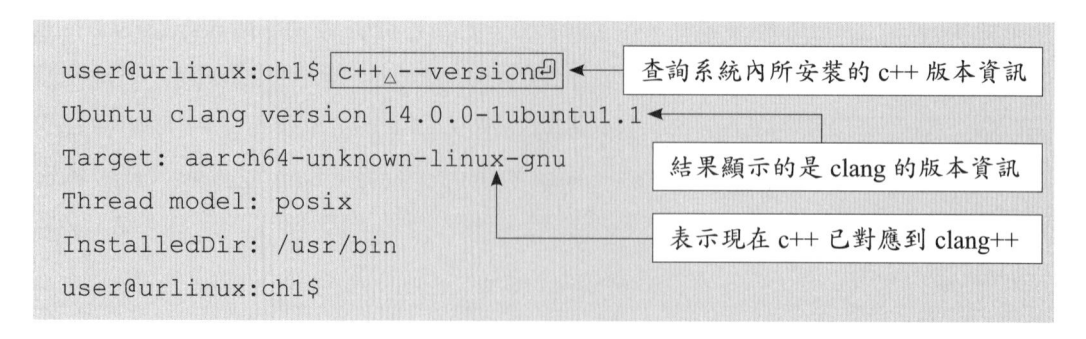

```
user@urlinux:ch1$ c++ --version⏎
Ubuntu clang version 14.0.0-1ubuntu1.1
Target: aarch64-unknown-linux-gnu
Thread model: posix
InstalledDir: /usr/bin
user@urlinux:ch1$
```

查詢系統內所安裝的 c++ 版本資訊

結果顯示的是 clang 的版本資訊

表示現在 c++ 已對應到 clang++

本小節最後再次提醒讀者，本書在示範於終端機進行 C++ 原始程式編譯時，不論讀者安裝的是 GCC 或 Clang，將一律使用預設的 `c++` 編譯指令進行示範。因此，建議在 Linux 系統上使用 Clang 的讀者，先參考上述的做法建立對應到 clang++ 的 c++ 連結；或是自行使用正確的編譯器指令進行編譯。

A-2　在 macOS 安裝編譯器

> ⚠️ **本小節示範內容使用 macOS Sonoma 14.0**
>
> 本小節是使用 macOS Sonoma 14.0 進行示範，使用其它版本的讀者在進行相關操作時，請自行做必要的修改。

Clang 編譯器

Clang 是 macOS 官方所採用的 C++ 語言的編譯器[4]，其用以進行編譯的指令為 `clang++`，但要特別注意的是 macOS 並沒有幫我們預先安裝 —— 因為並不是所有 macOS 的使用者都有程式設計的需求。請讀者開啟終端機 (Terminal) 應用程式，輸入 `clang++ --version` 指令查詢系統所安裝的 Clang 的版本資訊，在預設未安裝的情況下，你將會得到以下的結果輸出：

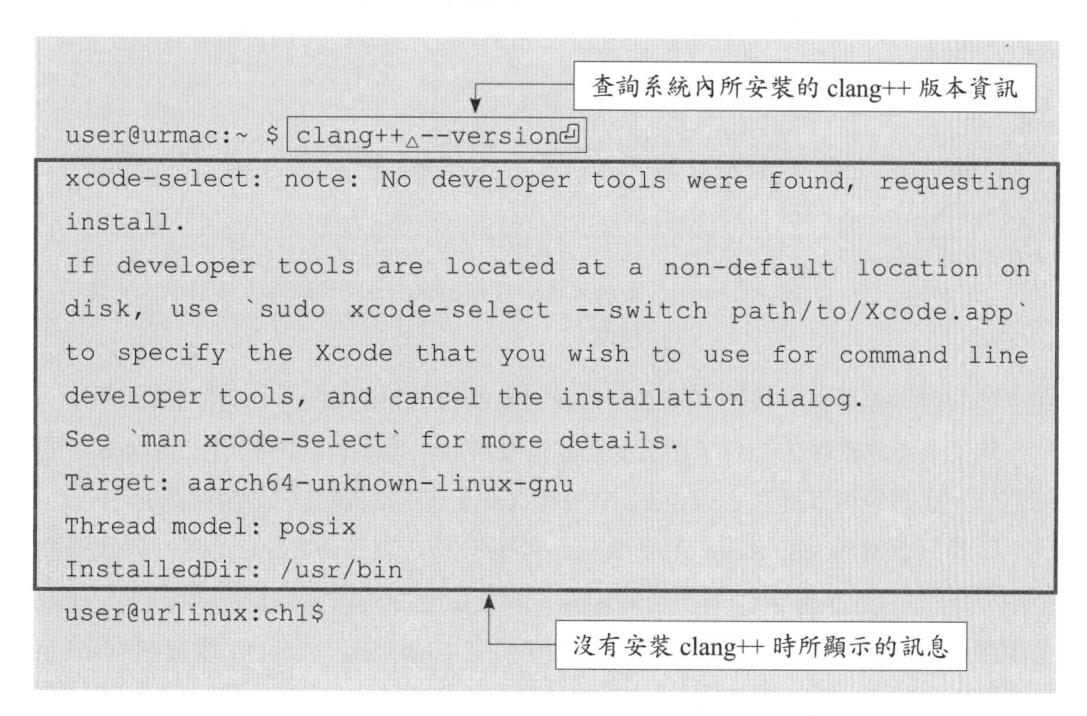

```
                                    查詢系統內所安裝的 clang++ 版本資訊
user@urmac:~ $ clang++ --version⏎
xcode-select: note: No developer tools were found, requesting
install.
If developer tools are located at a non-default location on
disk, use `sudo xcode-select --switch path/to/Xcode.app`
to specify the Xcode that you wish to use for command line
developer tools, and cancel the installation dialog.
See `man xcode-select` for more details.
Target: aarch64-unknown-linux-gnu
Thread model: posix
InstalledDir: /usr/bin
user@urlinux:ch1$
                    沒有安裝 clang++ 時所顯示的訊息
```

上述的查詢結果，一方面讓我們確認了系統還未安裝有 clang++（也就是 Clang 編譯器）；另一方面，由於系統發現我們想要使用還未安裝的 `clang++` 指

---

[4] 除了 C++ 語言以外，Clang 還可以用於 C 語言及 Objective-C 語言程式的編譯。

令，因此會跳出一個如圖 A-1 的對話窗，詢問我們是否要安裝 clang++ 相關的命令列開發者工具？讀者只要在此按下**安裝**按鈕，就會開始自動進行相關檔案的下載與安裝，請讀者依提示操作就可以完成 Clang 編譯器的安裝。

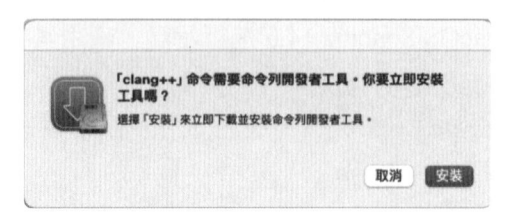

圖 A-1 系統詢問是要安裝 clang++ 命令列開發者工具

等到系統安裝完成後，我們就可以再次查詢 Clang 的版本資訊：

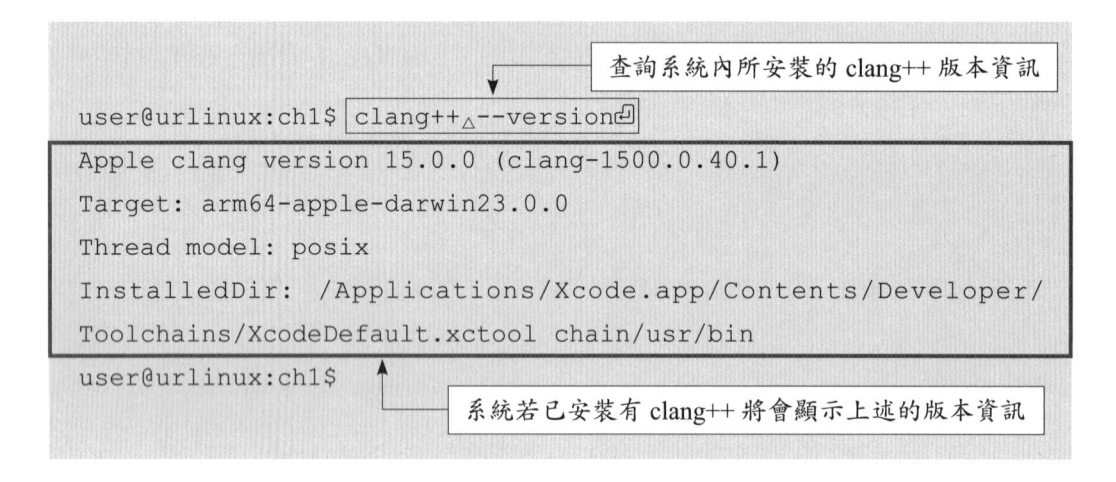

```
user@urlinux:ch1$ clang++ --version       ← 查詢系統內所安裝的 clang++ 版本資訊
Apple clang version 15.0.0 (clang-1500.0.40.1)
Target: arm64-apple-darwin23.0.0
Thread model: posix
InstalledDir: /Applications/Xcode.app/Contents/Developer/
Toolchains/XcodeDefault.xctool chain/usr/bin
user@urlinux:ch1$                          ← 系統若已安裝有 clang++ 將會顯示上述的版本資訊
```

在上述的查詢結果裡，我們可以看到系統已安裝有蘋果的 clang 15 版的訊息。

除了上述的安裝方法外，由於 Clang 是屬於蘋果電腦官方的開發工具 Xcode 的一部分，我們也可以透過 App Store 來搜尋 Xcode 並加以安裝，請參考圖 A-2。

讀者只要透過 App Store 完成 Xcode 的安裝後，就可以在 macOS 的終端機裡使用 `clang++` 指令進行 C++ 語言的編譯。最後還要提醒讀者的是，為了顧及 Unix 衍生系統及類 Unix 系統的慣例，當我們安裝完 Clang 後，macOS 還會在 /usr/bin 的資料夾內建立一個 c++ 檔案（其內容等同於在同一目錄內的 clang++），因此我們除了使用 `clang++` 作為編譯指令外，也可以使用大多數系統所慣用的 `c++` 指令進行 C++ 程式的編譯。

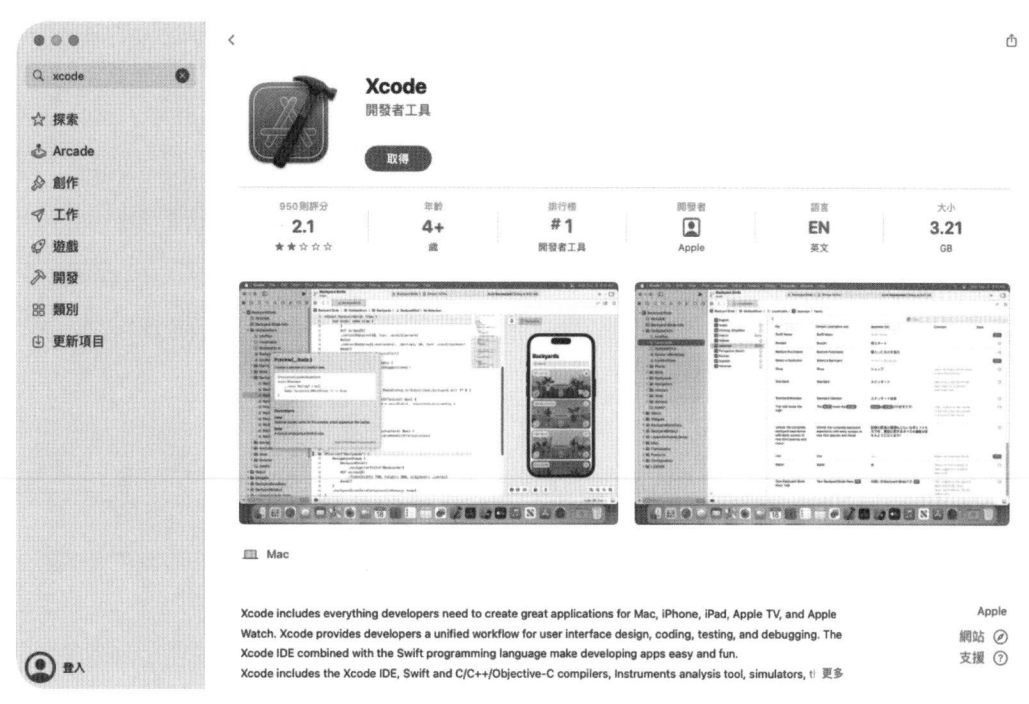

圖 A-2 使用 App Store 搜尋並安裝 Xcode

GCC 編譯器套件

除了蘋果官方支持的 Clang 外，讀者也可以選擇在 macOS 裡安裝 GCC 編譯器套件。和許多應用在 macOS 上的第三方軟體一樣，我們可以使用著名的 Homebrew[5] 來進行 GCC 的安裝。請讀者開啟終端機並輸入以下指令，先完成 Homebrew 的安裝（已安裝有 Homebrew 的讀者可以略過此步驟）：

```
/bin/bash -c "$(curl -fsSL https://raw.githubusercontent.com/Homebrew/install/HEAD/install.sh)"
```

接著請輸入以下兩行指令，以完成相關設定：

```
(echo; echo 'eval "$(/opt/homebrew/bin/brew shellenv) "' ) >> /Users/junwu/.zprofile
eval "$(/opt/homebrew/bin/brew shellenv)"
```

---

[5] Homebrew 是由馬克斯．霍威爾 (Max Howell) 所設計，用以幫助使用者在 macOS 上安裝開放原始碼的自由軟體，是目前在 macOS 上最受歡迎的第三方軟體管理工具。

完成上述指令後，macOS 系統內已可使用 brew 指令進行第三方軟體的安裝，請輸入以下指令進行 GCC 的安裝：

```
brew install gcc
```

以本書撰寫時為例，上述指令安裝的將會是 GCC Version 13，其 C++ 語言的編譯器指令（也就是檔案名稱）為 `g++-13`。我們可以使用以下指令查詢安裝後的結果：

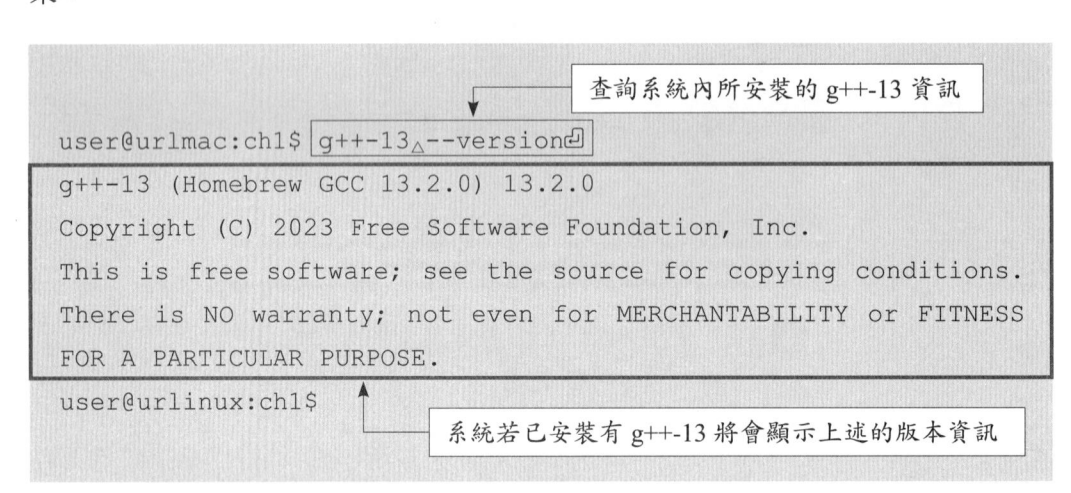

```
user@urlmac:ch1$ g++-13 --version
g++-13 (Homebrew GCC 13.2.0) 13.2.0
Copyright (C) 2023 Free Software Foundation, Inc.
This is free software; see the source for copying conditions.
There is NO warranty; not even for MERCHANTABILITY or FITNESS
FOR A PARTICULAR PURPOSE.

user@urlinux:ch1$
```

查詢系統內所安裝的 g++-13 資訊

系統若已安裝有 g++-13 將會顯示上述的版本資訊

上述所使用的 `g++-13` 指令，其實是安裝在 /opt/homebrew/bin 裡的一個連結檔案（對映到 /opt/homebrew/Cellar/gcc/13.2.0/bin /g++-13 檔案）。讀者可以使用以下的指令在 /opt/homebrew/bin 裡建立一個 c++ 連結，就可以使用一般慣用的 `c++` 指令使用 GCC 來進行 C++ 程式的編譯：

```
sudo ln /opt/homebrew/bin/g++-13 /opt/homebrew/bin/c++
```

A-3　在 Windows 安裝編譯器

> ⚠️ **本小節示範內容使用 Microsoft Windows 11**
>
> 本小節是使用 Microsoft Windows 11 進行示範，使用其它版本的讀者在進行相關操作時，請自行做必要的修改。

Windows 並沒有預先安裝的 C++ 編譯器,所以讀者必須自行安裝。以下內容將分別說明在 Windows 系統上安裝 GCC 與 Clang 編譯器的方法。

GCC 編譯器套件

要在 Windows 上使用 GCC 有好幾種不同的方法,其中以安裝 Cygwin 及 MinGW 為最常見的方法。其中 Cygwin 的目的是在 Windows 系統上提供與 Unix 衍生系統[6] 相容的作業環境 —— 整個環境都相容了,那麼原本可以安裝在類 Unix 系統上的 GCC 編譯器套件當然就可以在 Cygwin 裡安裝使用。至於 MinGW 的目的則是在 Windows 上提供最精簡的程式編譯工具,相對於 Cygwin 更為簡單、磁碟空間也更為節省,因此本小節將僅就 MinGW 的安裝加以說明。

MinGW 從 2005 年起啟動了一個名為 Mingw-w64 的分支,用以支援 32 位元及 64 位元的程式編譯。隨著 Windows 作業系統邁向 64 位元,此一分支已經成為一個獨立的專案,且是目前在 Windows 系統上最受歡迎的程式編譯器。讀者可以前往其官網 https://www.mingw-w64.org/ 查閱相關資訊,並直接下載針對不同作業環境可直接使用的預編譯版本 (Pre Build[7]) 即可。這些預編譯的版本不需要安裝,只要下載後解壓縮即可使用,請讀者至 GitHub(網址 https://github.com /niXman/ mingw-builds-binaries/releases)取得最新的預編譯版本的壓縮檔案 x86_64-13.2.0-release-win32-seh-msvcrt-rt_v11-rev0.7z,請參考圖 A-3。我們除了可在 GitHub 取得 MinGW-w64 最新的預編譯檔案外,也可以在 GitHub 取得檔名為 mingw-w64-v11.0.0.zip 的壓縮檔案(兩者是同樣的內容),請參考圖 A-4。請讀者自行下載上述檔案其中之一,並將所取得的壓縮檔案解壓縮至 C:\Program Files\mingw64 目錄裡,就可以使用了。

現在,請讀者開啟 Windows 系統裡的命令提示字元 (Command Prompt) 應用程式,並輸入以下命令測試剛下載、解壓縮的 MinGW-w64 可否正確的執行:

---

[6] 此處的 Unix 衍生系統包含 Unix 系統的分支(例如 BSD、HP-UX、SunOS、Solaris 等),以及在架構或操作上類似 Unix 的類 Unix (Unix-like) 作業系統,例如 Linux 與 Minix。
[7] Pre Build 的版本係指已針對不同作業環境,先行將原始碼進行編譯以產生可以直接使用的可執行檔。相較之下,其它的版本可能還需要從取得原始程式開始,自行針對所需執行的環境進行編譯。

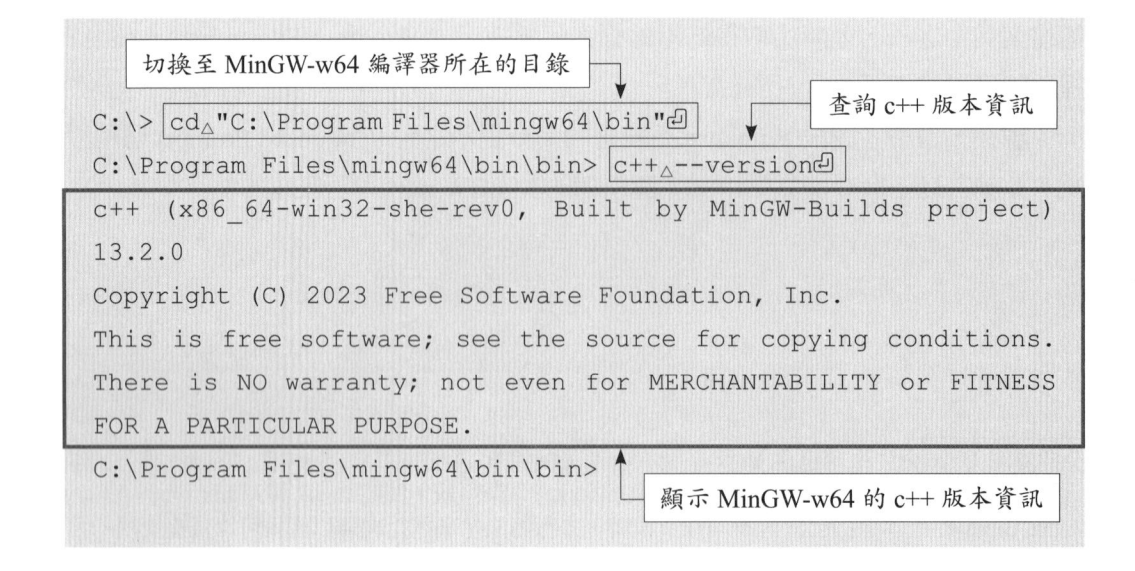

請下載此檔案

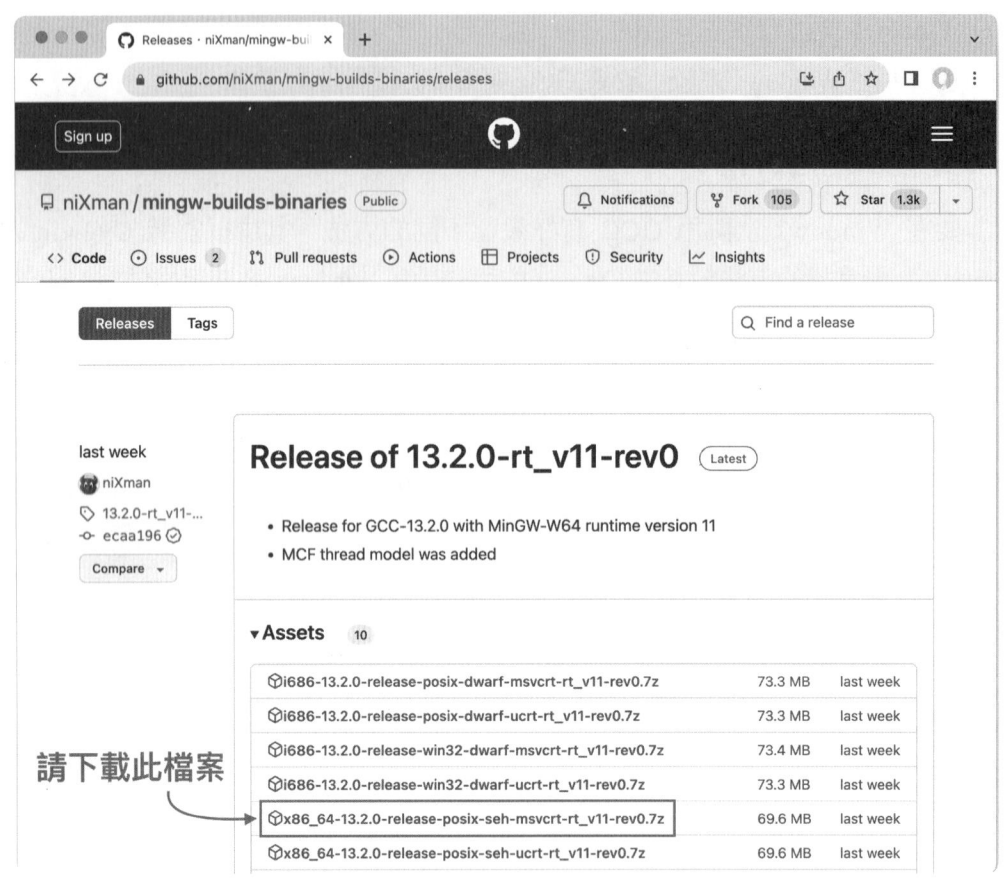

圖A-3 在 GitHub 取得 MinGW-w64 最新的預編譯版本

切換至 MinGW-w64 編譯器所在的目錄

查詢 c++ 版本資訊

```
C:\> cd "C:\Program Files\mingw64\bin"
C:\Program Files\mingw64\bin\bin> c++ --version
c++ (x86_64-win32-she-rev0, Built by MinGW-Builds project) 13.2.0
Copyright (C) 2023 Free Software Foundation, Inc.
This is free software; see the source for copying conditions.
There is NO warranty; not even for MERCHANTABILITY or FITNESS
FOR A PARTICULAR PURPOSE.

C:\Program Files\mingw64\bin\bin>
```

顯示 MinGW-w64 的 c++ 版本資訊

Appendix A　安裝終端機編譯器

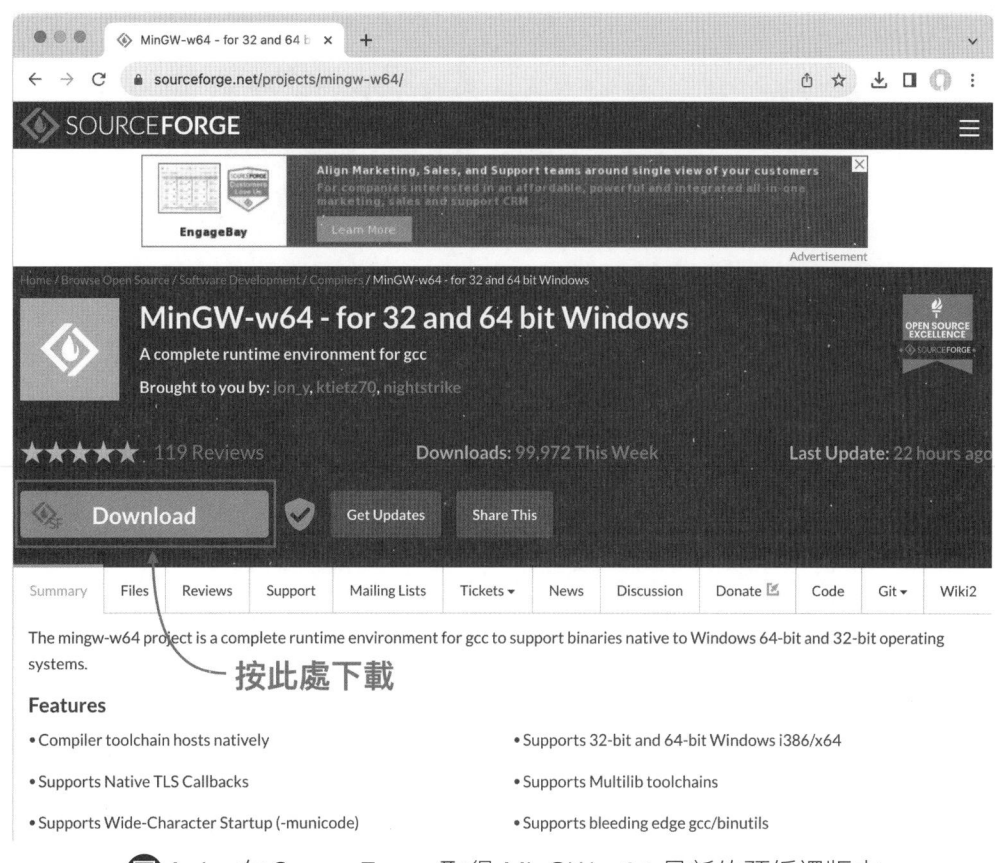

圖 A-4　在 SourceForge 取得 MinGW-w64 最新的預編譯版本

　　完成 MinGW-w642 的下載與解壓縮後，還剩下將 MinGW-w64 的編譯器檔案所在的目錄加入系統的 Path 環境變數即完成所有的設定工作，以 Windows 11 為例，請讀者參考以下步驟完成 Path 環境變數的設定。首先，請從**開始功能表**選擇**啟動設定**，在左側選取**系統**後，接著往下捲動到底，選取**系統資訊**，然後再往中間捲動選取**進階系統設定**，如圖 A-5。

　　此時將會顯示一個獨立的**系統內容**對話窗，請選擇**進階**標籤並點擊下方的**環境變數**按鈕，如圖 A-6。

　　然後在新出現的對話窗中，點選**系統變數**裡的 Path 後，再按點擊下方的**編輯**按鈕，如圖 A-7。

　　最後，請將 MinGW-w64 的可執行檔所在的目錄，也就是 C:\Program Files\mingw64\bin，新增加入到 Path 環境變數，完成後請按下**確定**按鈕並關閉相關視窗。

圖A-5　啟動設定並選擇執行**系統 | 系統資訊 | 進階系統設定**

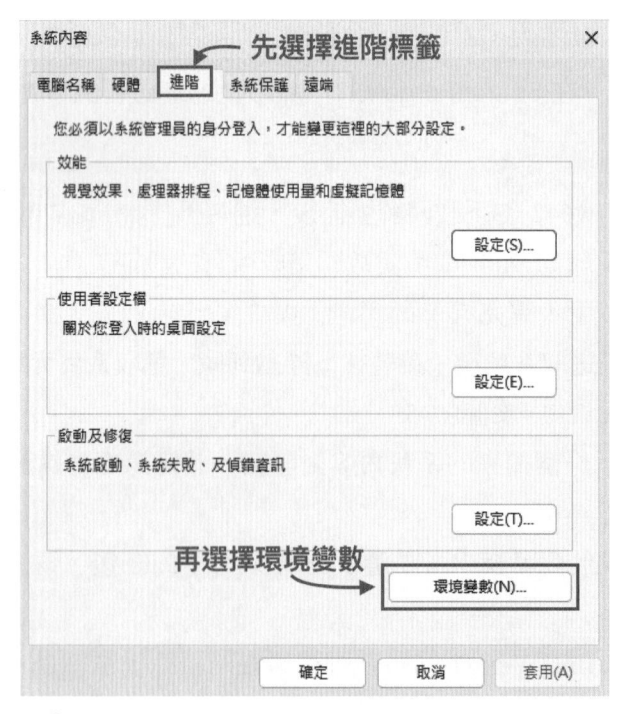

圖A-6　在**系統內容**裡點擊**進階**裡的**環境變數**

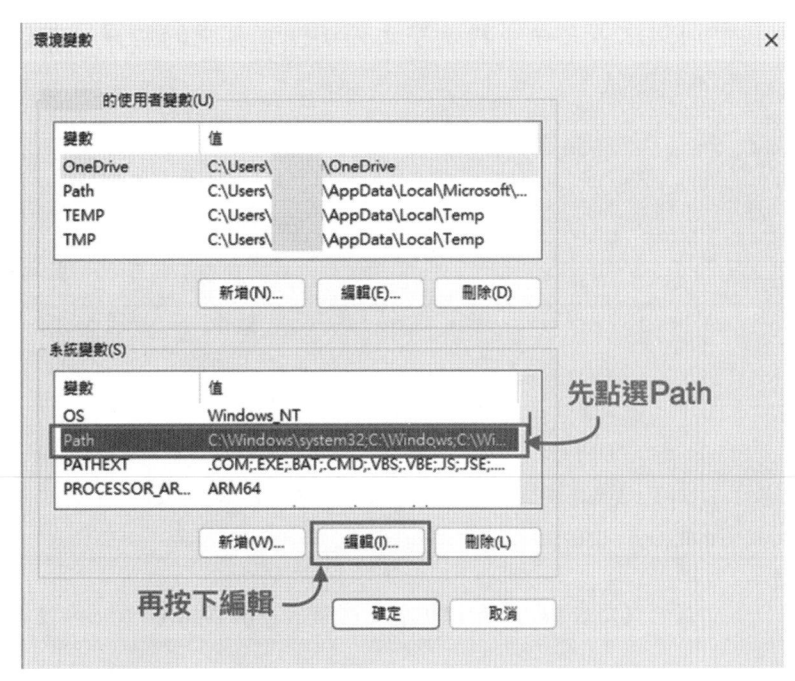

圖 A-7 選取**系統變數**裡的 Path 後按下編輯按鈕

圖 A-8 新增 MinGW-w64 可執行檔所在的目錄

現在，我們可以試著在**命令提示字元**裡切換到其它的目錄，並且再次輸入 c++△--version 進行測試：

```
C:\Program Files\mingw64\bin\bin> cd△C:\⏎      切換至 C:\
C:\ > c++△--version⏎                            在 C:\ 資料夾查詢
                                                c++ 版本資訊
c++ (x86_64-win32-she-rev0, Built by MinGW-Builds project)
13.2.0
Copyright (C) 2023 Free Software Foundation, Inc.
This is free software; see the source for copying conditions.
There is NO warranty; not even for MERCHANTABILITY or FITNESS
FOR A PARTICULAR PURPOSE.
C:\>
        由於已設定好 Path，所以仍能正確顯示 MinGW-w64 的 c++ 版本資訊
```

如果讀者能看到如上述的執行結果，那麼就表示 GCC 現在已經可以在 Windows 系統裡的任意目錄內正常地執行了。

Clang 編譯器

我們在 1-2-2 小節已介紹過 Clang 其實是 LLVM 的前端實作，它將 C、C++ 與 Objective-C 的程式編譯轉換為 LLVM Bytecode 的中間格式，後續再由 LLVM 的後端轉譯為可執行檔。Clang 有提供多個平台的版本，其中也包含 Windows 的版本，讀者可至 LLVM 的官網的下載頁面（網址 https://releases.llvm.org/download.html）取得。請參考圖 A-9，點選最新版本（17.0.1 版）在 GitHub 上的連結，你將會看到如圖 A-10 的下載頁面。請往下捲動網頁直到看到 Windows 版本出現為止，請參考圖 A-11，下載 64 位元的 Windows 版本（檔名為 LLVM-17.0.1-win64.exe）。

檔案 LLVM-17.0.1-win64.exe 下載完成後，我們就可以使用滑鼠雙擊加以啟動，你應該可以看到如圖 A-12 的畫面，請按下**下一步**繼續安裝。

圖 A-9 LLVM 官網的下載頁面

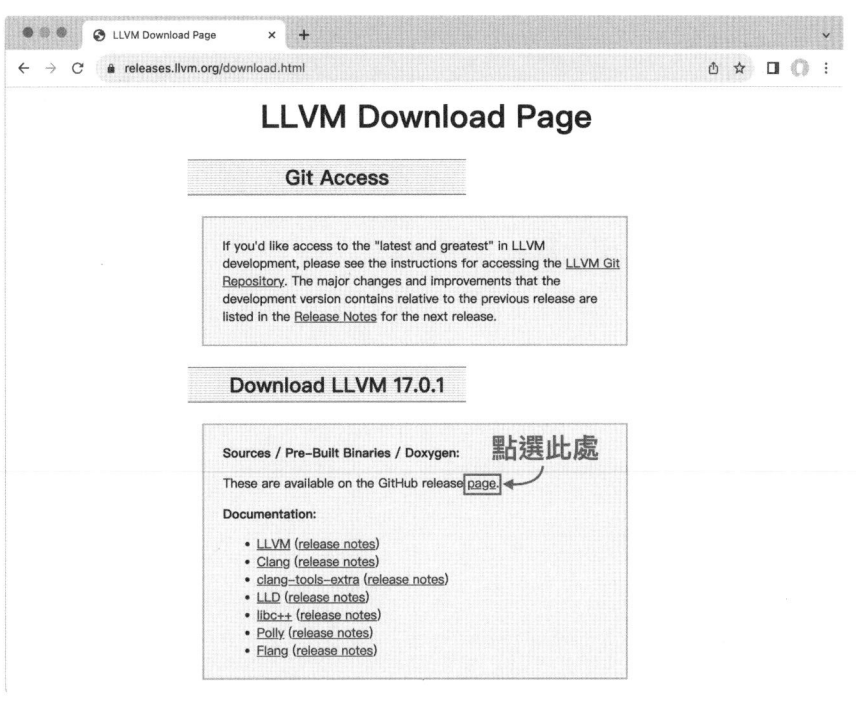

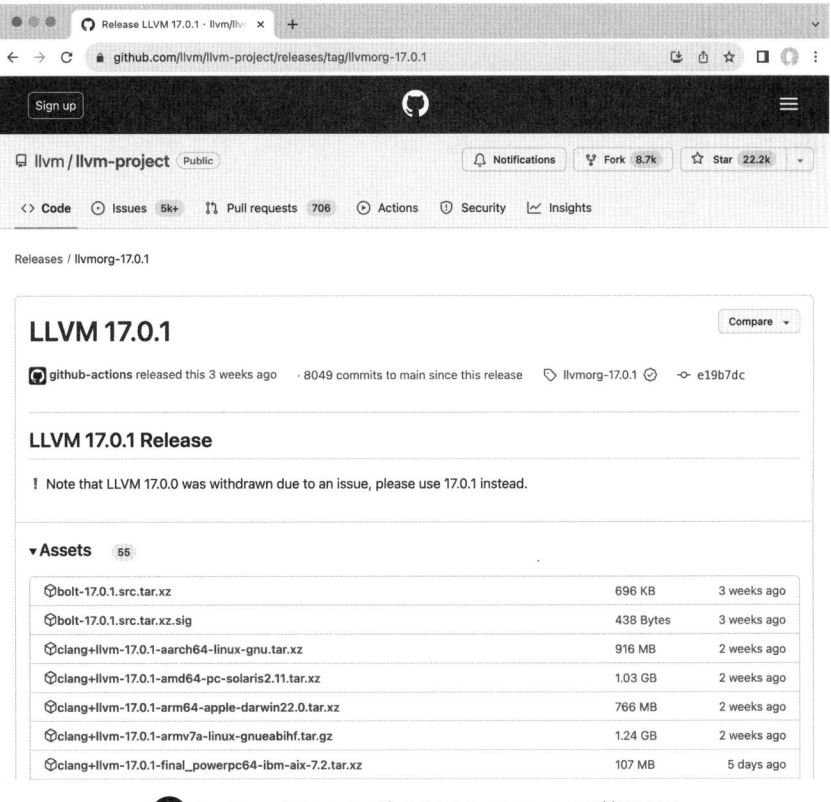

圖 A-10 GitHub 的 LLVM 17.0.1 下載頁面

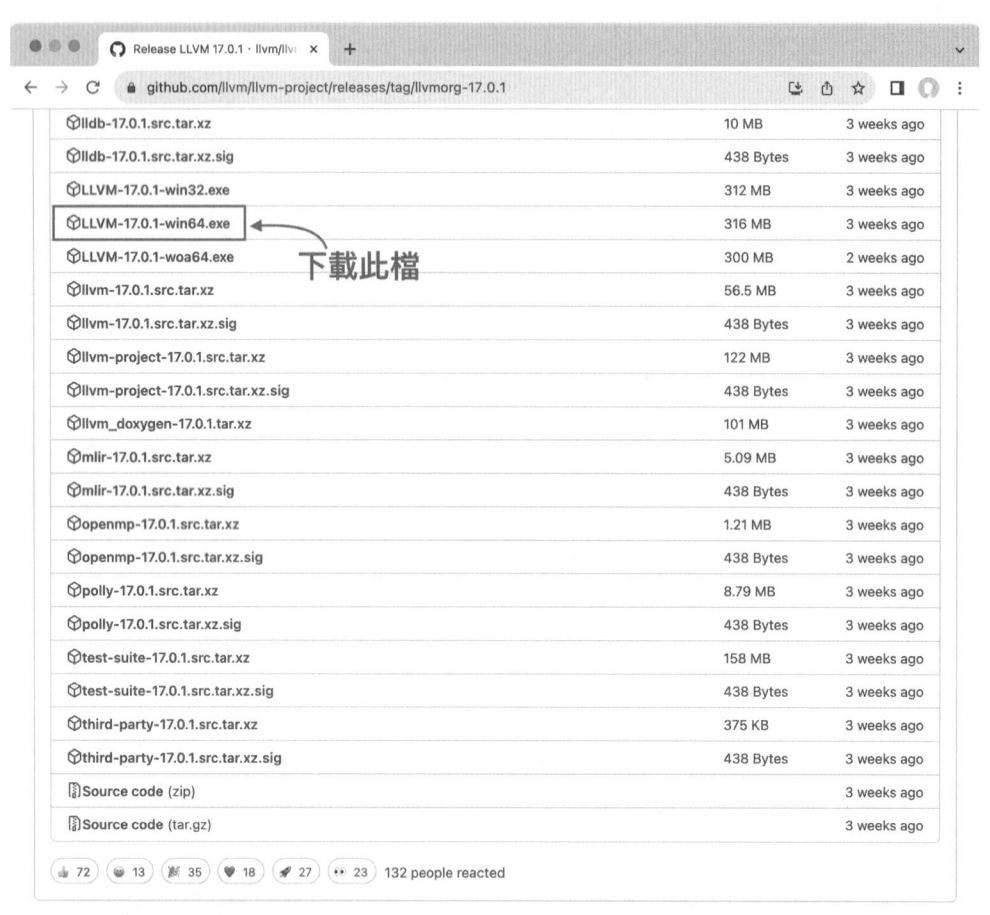

圖 A-11　下載 64 位元的 Windows 版本（LLVM-17.0.1-win64.exe 檔案）

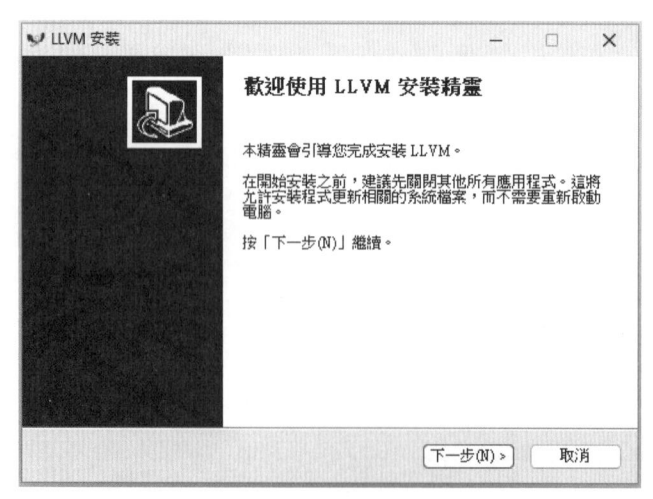

圖 A-12　LLVM 安裝精靈的啟動畫面

Appendix A 安裝終端機編譯器

> ⚠️ **無法辨識應用程式**
>
> 在啟動 LLVM 的安裝程式時，有些 Windows 的使用者可能看到 Microsoft Defender SmartScreen 無法辨識該應用程式的警告畫面。請讀者不必擔心，許多開放源碼的軟體都會遇到此種情況，只要你確認是從**安全**、**合法**的管道所取得的軟體，請點擊**其它資訊**後，按下**繼續執行**即可順利地啟動。

接下來，請在圖 A-13 的畫面出現時，選取「Add LLVM to the system PATH for all users（為所有使用者將 LLVM 加入到系統 Path）[8]」，以便在安裝的過程中將 Clang 及 LLVM 的編譯器等執行檔所在的目錄加入到系統的 Path 環境變數中，便利後續的使用。

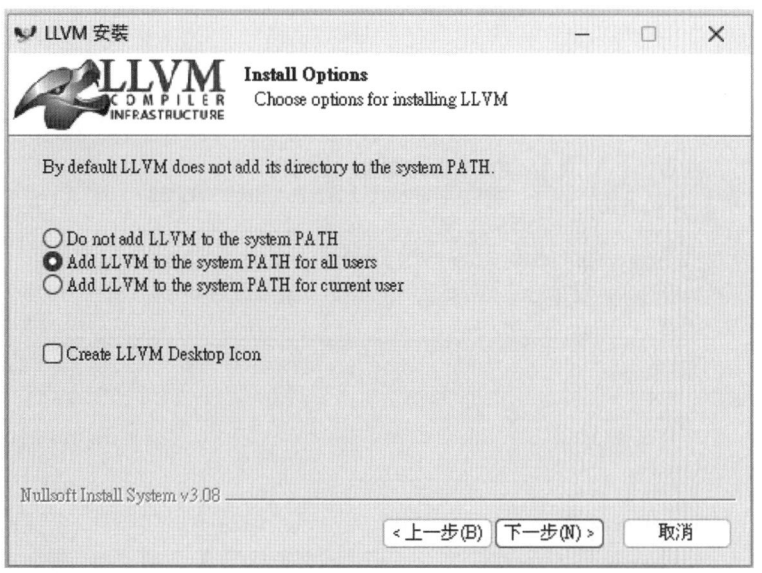

圖 A-13 選取 **Add LLVM to the system PATH for all users**

接著在圖 A-14 的畫面中，請指定 LLVM 所要安裝的目錄路徑，筆者建議可以使用預設的 C:\Program Files\LLVM 即可。後續在圖 A-15 的畫面中，還需要決定要加入**開始功能表**的資料夾（也就是目錄）的名稱，以便建立程式的捷徑，同樣建議使用預設的值即可。完成上述的選項後，LLVM 安裝精靈就會開始進行安裝與設定，如果一切順利的話，你將可以看到如圖 A-16 的安裝完成畫面。

---

[8] 讀者也可以視情況改為選取 Ad LLVM to the system PATH for current user（為目前使用者將 LLVM 加入到系統 Path）。

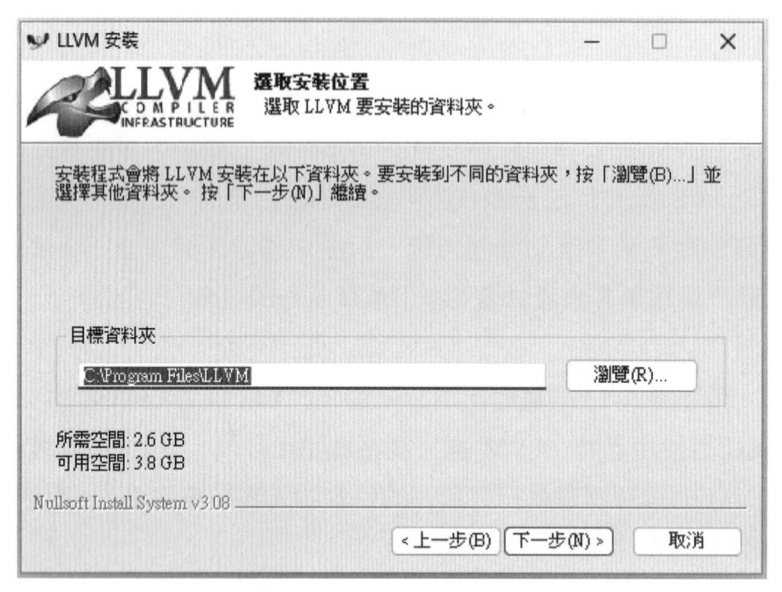

圖 A-14　選取安裝位置

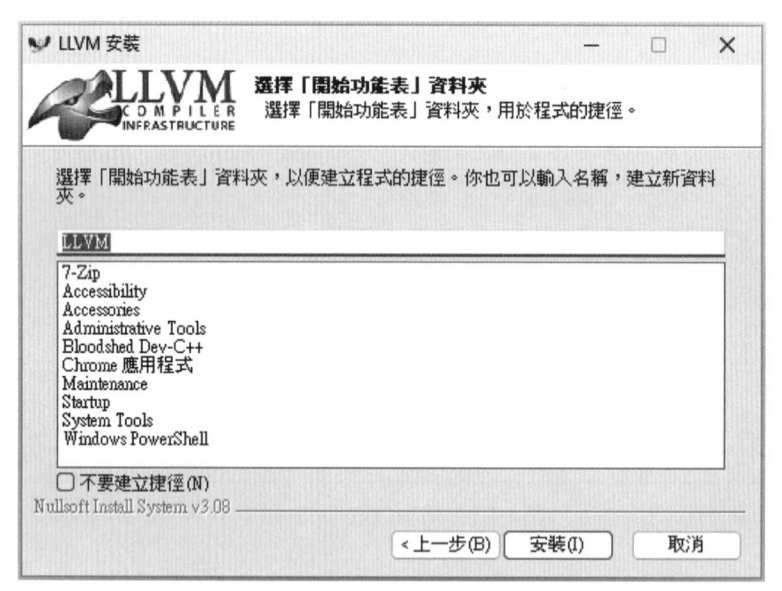

圖 A-15　選擇「開始功能表」資料夾

Appendix A　安裝終端機編譯器

圖A-16　下載 64 位元的 Windows 版本（LLVM-17.0.1-win64.exe 檔案）

請接著開啟一個命令提示字元 **(Command Prompt)** 應用程式，並切換到任意一個目錄輸入 `clang++ --version` 指令，測試是否安裝成功：

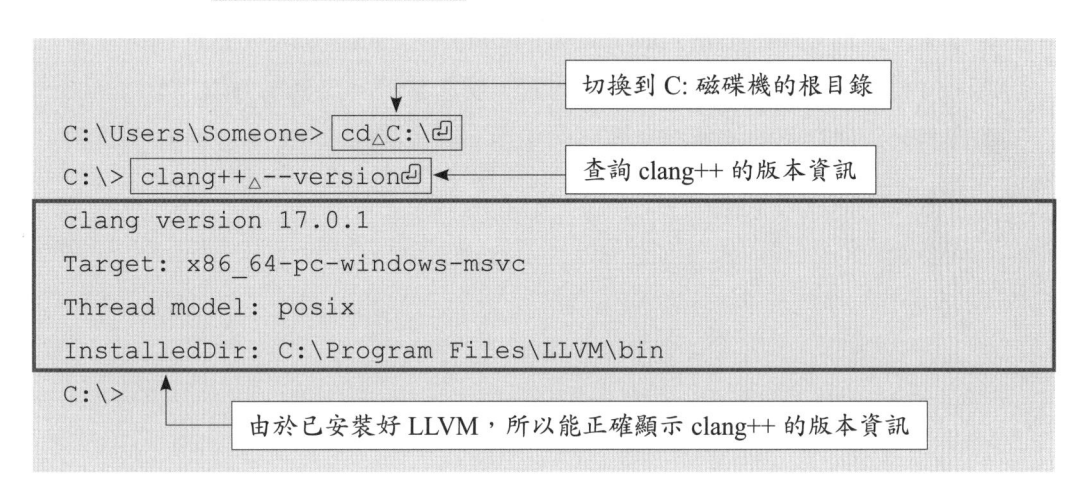

```
                              切換到 C: 磁碟機的根目錄
C:\Users\Someone> cd C:\
C:\> clang++ --version         查詢 clang++ 的版本資訊
clang version 17.0.1
Target: x86_64-pc-windows-msvc
Thread model: posix
InstalledDir: C:\Program Files\LLVM\bin
C:\>
       由於已安裝好 LLVM，所以能正確顯示 clang++ 的版本資訊
```

完成了上述的安裝工作後，就剩下建立一個 c++ 指令來對應到 clang++，不過此處的做法和前面針對 Linux 與 macOS 的做法不同，因為在 Windows 作業系統上的 clang++ 在進行編譯時，還必須提供額外的參數才能正確地完成編譯。因此我們將改為在 C:\Program Files\LLVM\bin 的目錄裡，建立一個名為 c++.bat 的批次檔案，並將 clang++ 所需要的參數加以給定，請使用以下指令完成此批次檔的建立：

683

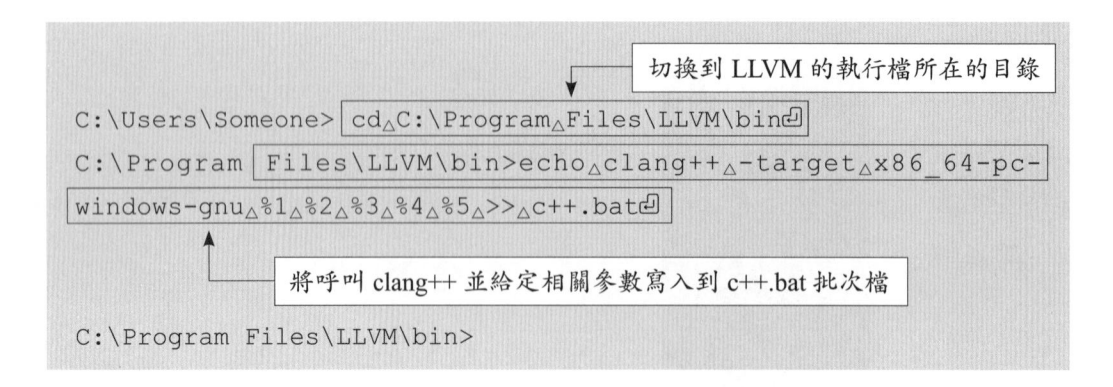

```
                                              切換到 LLVM 的執行檔所在的目錄
                                         ↓
C:\Users\Someone> cd△C:\Program△Files\LLVM\bin⏎
C:\Program Files\LLVM\bin>echo△clang++△-target△x86_64-pc-
windows-gnu△%1△%2△%3△%4△%5△>>△c++.bat⏎
              ↑
              將呼叫 clang++ 並給定相關參數寫入到 c++.bat 批次檔

C:\Program Files\LLVM\bin>
```

至此，在 Windows 系統裡安裝 Clang 編譯器的工作已順利完成。

> ⚠️ **同時安裝 GCC 與 Clang 的 Windows 系統**
>
> 　　讀者可以在 Windows 系統裡，同時安裝 GCC 與 Clang，但要注意 Path 環境變數裡的路徑搜尋順序。若是想要用 c++ 指令對應到 GCC，就要確保 GCC 的路徑（預設為 C:\Program Files\mingw64\bin）在 Path 裡排在 Clang 路徑（預設為 C:\Program Files\LLVM\bin）的前面，反之亦然。或者為 GCC 與 Clang2 的編譯器分別建立不同的連結檔案，例如用 `c++` 對應到 GCC，但使用 `cpp` 對應到 Clang。

Appendix B
Visual Studio Code 的安裝與使用

　　Visual Studio Code（簡稱為 VS Code）是微軟 (Microsoft) 公司推出的一套跨平台的程式碼編輯器 (Code Editor)，可在 Linux、macOS 與 Windows 系統上執行。VS Code 從 2015 年推出以來，由於其具備精簡又易於操作的介面、完善的程式碼編輯功能，以及專業程式設計師所需要的終端機指令操作介面與 Git 版本控制等功能，再加上它豐富多樣的擴充套件 (Extension)，迅速地成為許多程式設計師偏好的程式開發工具[1]。

　　雖然 VS Code 支援主流的 Linux、macOS 與 Windows 作業系統，但限於篇幅本附錄將僅針對 Windows 版的 VS Code 提供說明。不過想要安裝在其它作業系統的讀者也不必擔心，因為 VS Code 良好的跨平台設計，不論在設定與使用上都是相同的，所以你還是可以參考本附錄的內容完成 VS Code 的安裝與設定。接下來，請依照以下的說明進行 VS Code 的安裝與設定：

> ⚠️ **VS Code = 程式碼編輯器 ≠ 編譯器**
>
> 　　在此要提醒讀者注意的是，VS Code 只是一套程式碼編輯器，本身並不具備程式語言的編譯器。要使用 VS Code 來開發 C++ 程式的讀者，必須先在作業系統上安裝好相關的編譯器才行。以下本附錄將假設讀者已在 Windows 系統上安裝了 64 位元的 MinGW（也就是 Mingw-w64），且其安裝目錄為 C:\Program Files\mingw64，並已將 C:\Program Files\mingw64\bin 加入到系統的

---

[1] 在著名的程式設計論壇 Stack Overflow 於 2023 年所舉辦的開發人員調查 (Developer Survey 2023) 裡，在 86,544 位受訪者中有高達 73.71% 的開發人員是使用 VS Code 進行程式開發，是排名第一最多人使用的整合式開發環境。

> Path 環境變數裡。還沒有安裝好編譯器的讀者，請先參考附錄 A 完成相關的安裝與設定。

🏃 步驟 1：下載 Visual Studio Code

請前往網址 https://code.visualstudio.com/download，依你的作業系統選擇適當的版本下載。以 Windows 系統為例，x64 與 x86 分別是指 64 位元與 32 位元的版本，至於 Arm64 則是適用於 64 位元的 ARM 處理器（例如蘋果公司的 M1、M2 處理器）的版本。另外，User Installer 與 System Installer 的差別在於為單一使用者安裝或是為所有使用者安裝的版本，請讀者自行下載適合的版本。要提醒讀者注意的是，本附錄後續是以 Windows 11 的 x64 的 System Installer 版本進行演示，選擇其它版本的讀者請自行相關說明文件。

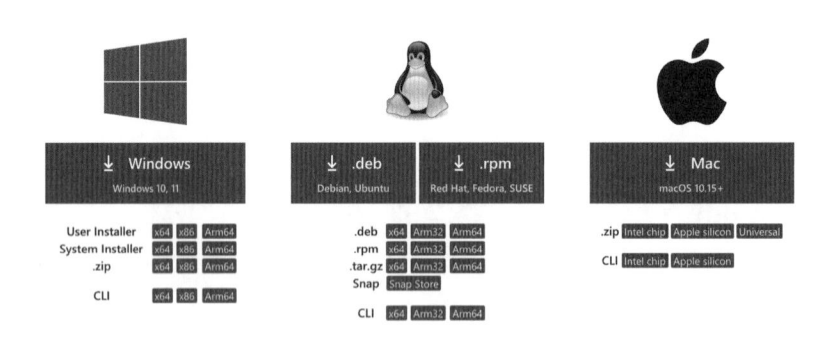

圖 B-1　Visutal Studio Code 官方下載網頁

步驟 2：安裝 Visual Studio Code

請將上一步驟所下載的檔案，使用滑鼠雙擊加以執行，以啟動 Visual Studio Code 的安裝程式。安裝程式一旦啟動後，首先出現的是如圖 B-2 的授權合約，若是讀者同意該合約的話，請點選**我同意**後按下**下一步**按鈕，以繼續安裝。

接下來，請讀者給定安裝的目錄及在開始功能表裡的資料夾，如圖 B-3 與 B-4 所示。

圖 B-2 Visual Studio Code 的授權合約

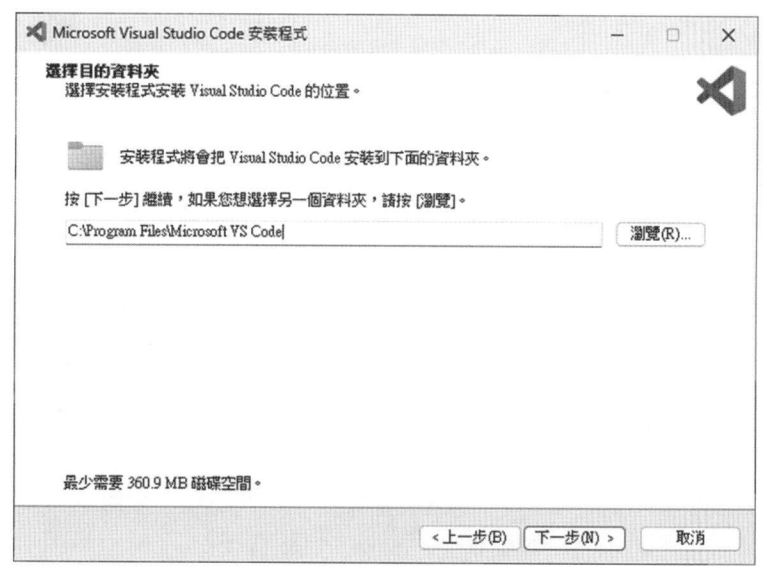

圖 B-3 選擇安裝目錄

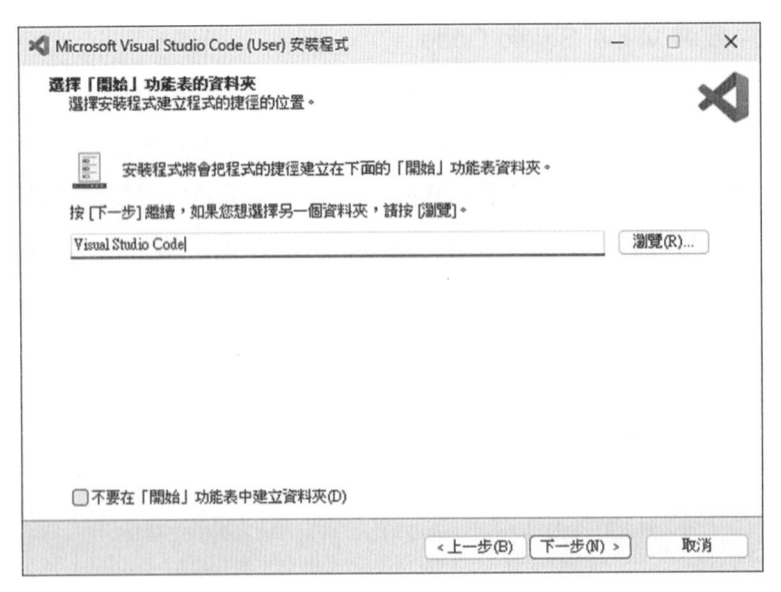

圖 B-4　選擇開始功能表的資料夾

　　然後在圖 B-5 的畫面中，請依個人的喜好決定是否要建立桌面圖示，但請千萬不要將預設勾選的「針對支援的檔案型態將 Code 註冊為編輯器」與「加入 PATH 中」取消掉；前者會將 VS Code 作為程式語言預設的編輯器，後者會將 VS Code 所在的目錄加入 Path 環境變數裡（如果沒勾選就必須自行設定）。

圖 B-5　選擇附加的工作

Appendix B　Visual Studio Code 的安裝與使用

接著請在圖 B-6 的畫面再次確認安裝選項是否正確，若沒有問題則請按下**安裝**按鈕，開始進行檔案的安裝。當檔案全部安裝完成後，你將可以看到如圖 B-7 的畫面，在按下**完成**按鈕後，Visual Studio Code 將會開始啟動。

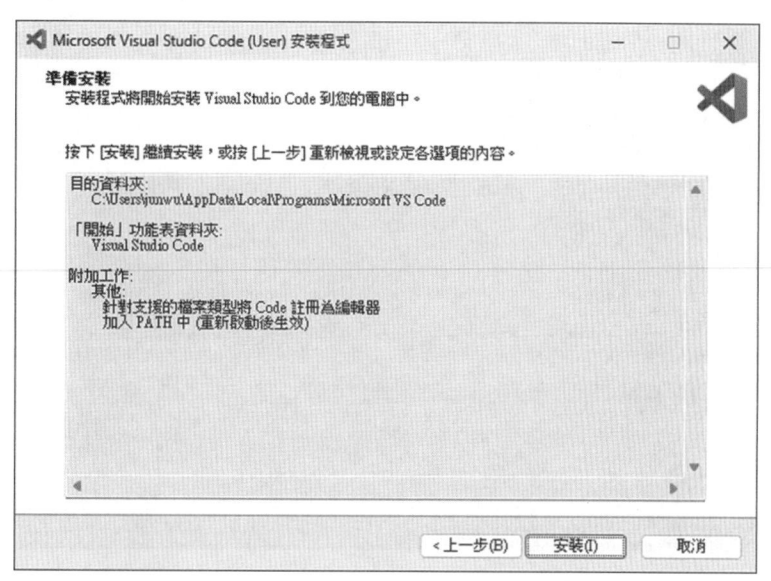

圖 B-6　再次檢查安裝選項無誤後，開始安裝

圖 B-7　VS Code 安裝完成

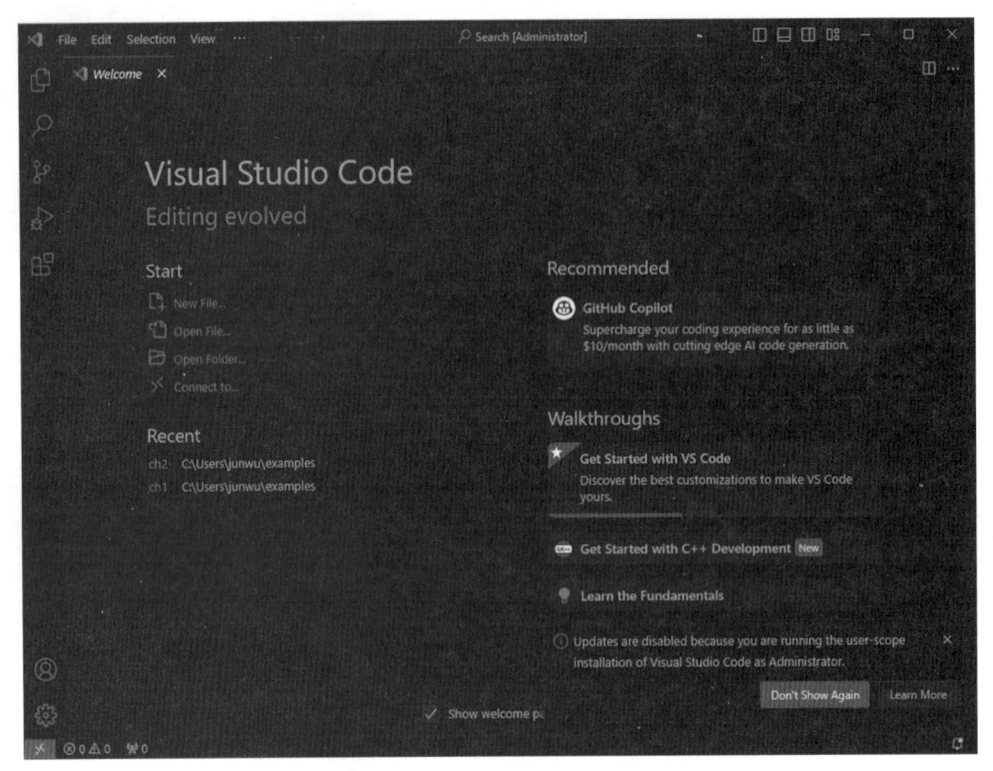

🖼 B-8　VS Code 的歡迎畫面

第一次啟動 VS Code 時，你應該會看到如圖 B-8 的歡迎畫面，至此安裝的步驟已經全部完成，後續請接著進行相關擴充套件的安裝以及編譯、偵錯的設定。

步驟 3：安裝擴充套件

完成 VS Code 的安裝後，首先要進行的是擴充套件 (Extensions) 的安裝。擁有大量多樣的擴充套件，正是使得 VS Code 能夠受到許多專業程式設計師歡迎的主要原因 —— 每個人都可以依據自身的需求安裝不同的擴充套件。以我們要開發 C++ 程式為例，有兩個很重要的擴充套件必須先加以安裝，分別是 C/C++ 與 C/C++ Extension Pack。

請在 VS Code 的主畫面左方用滑鼠點擊 ⊞ 圖示，或是使用快速鍵 `Ctrl + Shift + X`，開啟「Extension（擴充套件）」的管理畫面，讀者可以在左上方的搜尋欄位裡輸入 C/C++ 關鍵字，它會幫我們查詢過濾相關的擴充套件。以圖 B-9 為例，其查詢結果的第一項就是名為 C/C++ 的擴充套件，使用滑鼠點選後，就會在右方出現其詳細的資訊，只要按下 Install 按鈕就可以完成安裝。請參考同樣的做法，將另外一個擴充套件 (C/C++ Extension Pack) 也加以安裝完成。

Appendix B　Visual Studio Code 的安裝與使用

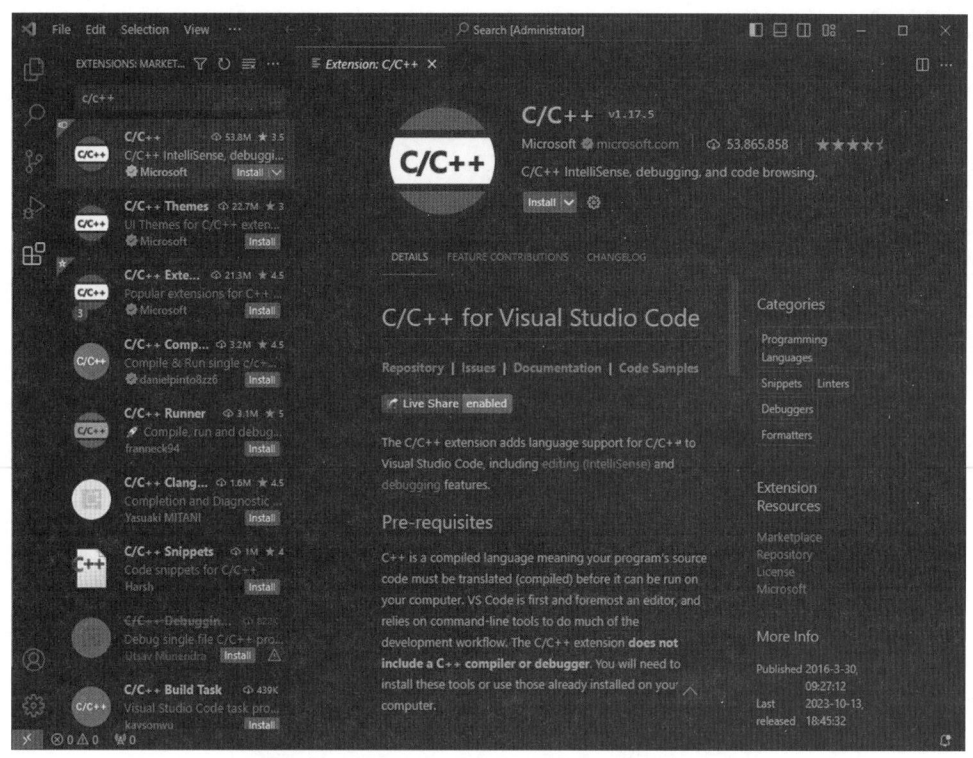

圖 B-9　搜尋與安裝 VS Code 擴充套件

步驟 4：設定編譯器

要設定搭配 VS Code 所使用的編譯器非常簡單，因為它會自行偵測系統內已安裝好的編譯器供我們設定。我們將以本書第 1 章的範例程式 Example 1-1 的 Hello.cpp 原始程式（假設已經存放在 C:\Users\someone\examples\ch1 資料夾裡）為例，為讀者說明 VS Code 是如何完成其編譯器的相關設定。請在 VS Code 的選單裡選擇「File（檔案）| Open Folder（開啟資料夾）」，開啟 C:\Users\someone\examples\ch1 資料夾；然後請在左方的 EXPLORER 裡，使用滑鼠點擊 Hello.cpp 原始程式檔案將其開啟，你將會看到其內容出現在右方的編輯區，如圖 B-10 所示。

接著請按下畫面右上方的 ▷ 按鈕，選擇「Run C/C++ File」，如圖 B-11 所示。

當我們針對一個 C++ 的原始程式進行「Run C/C++ File」時，VS Code 就會自動偵測系統內已安裝的 C++ 語言編譯器，並詢問我們欲使用的編譯器為何？請參考圖 B-12。

691

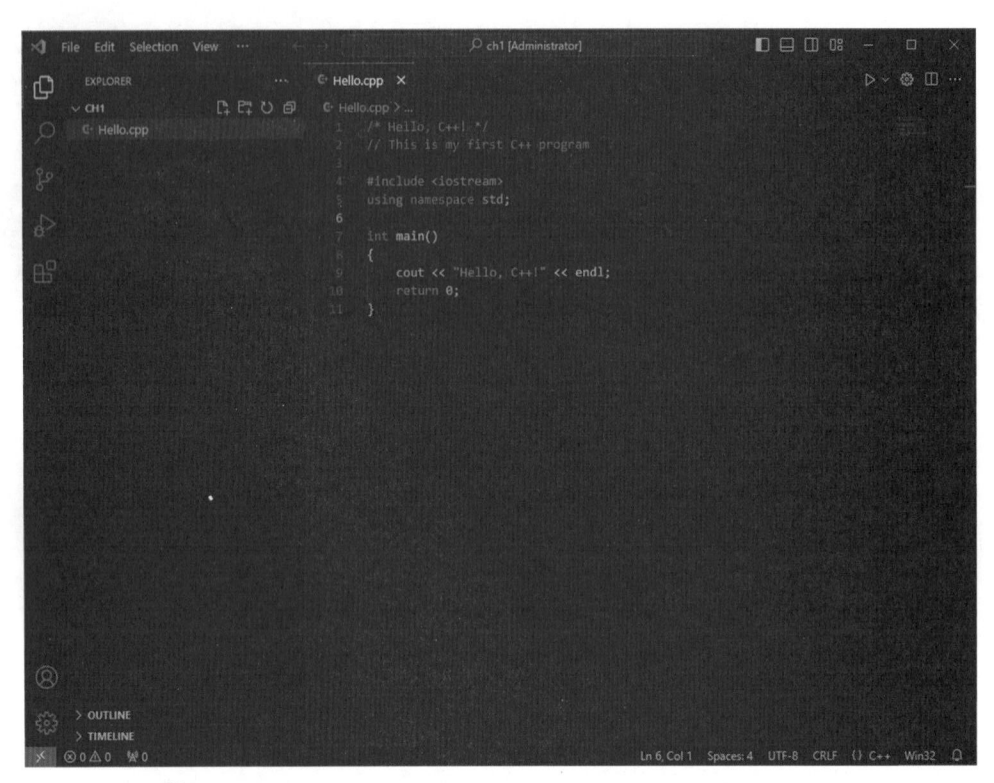

圖 B-10　開啟 C:\Users\someone\examples\ch1 資料夾

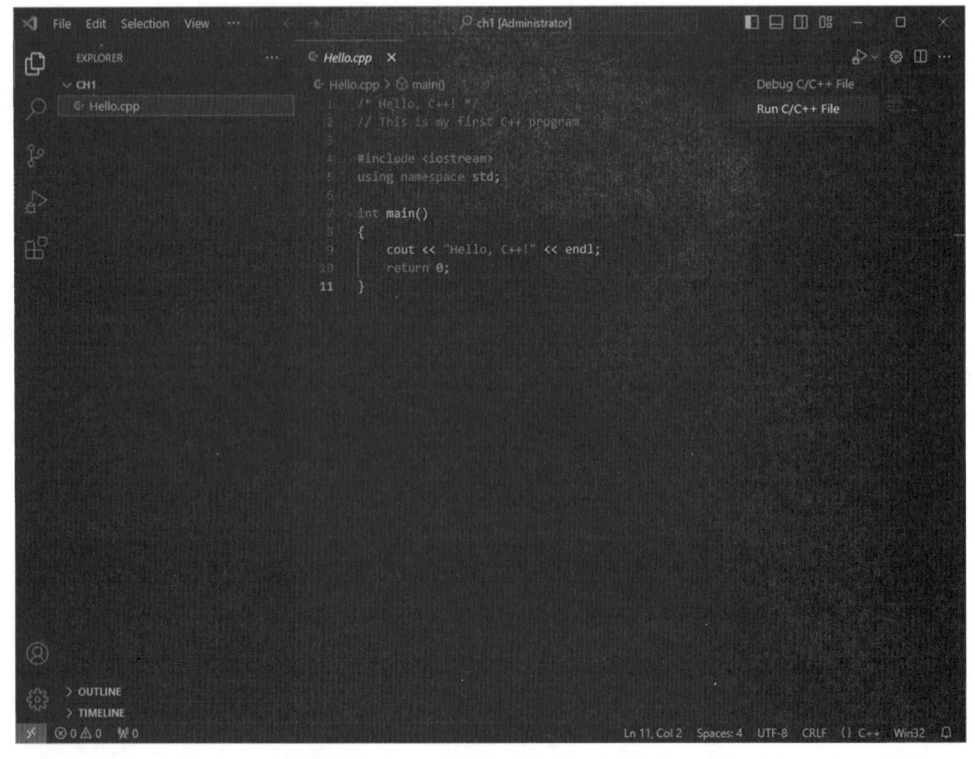

圖 B-11　選擇 Run C/C++ File

圖 B-12　列出偵測到的編譯器供選擇

　　請以滑鼠選擇並點擊啟動畫面中的第二個選項「C/C++:g++.exe build and debug active file preLaunchTasks: C/C++:g++.exe build active file Detected Task (compiler: "C:\Program Files\mingw64\bin\g++.exe")」，然後就會開始進行編譯的動作。完成後的執行結果將可以在下方的 TERMINAL 窗格中看到，如圖 B-13。

　　在完成編譯與執行後，我們除了可在圖 B-13 的結果看到 TERMINAL 窗格裡的執行結果外，還可以在左方的 EXPLORER 窗格裡，看到 ch1 資料夾裡多了一個編譯後所產生的可執行檔 hello.exe。此次對編譯器所做的選擇將會被保留起來，以後在同一個資料夾內的其它原始程式檔，只要是同一種程式語言，就可以直接按下 ▷ 按鈕（或是使用快速鍵 F5）進行編譯與執行了，不用每次都需要做出選擇。

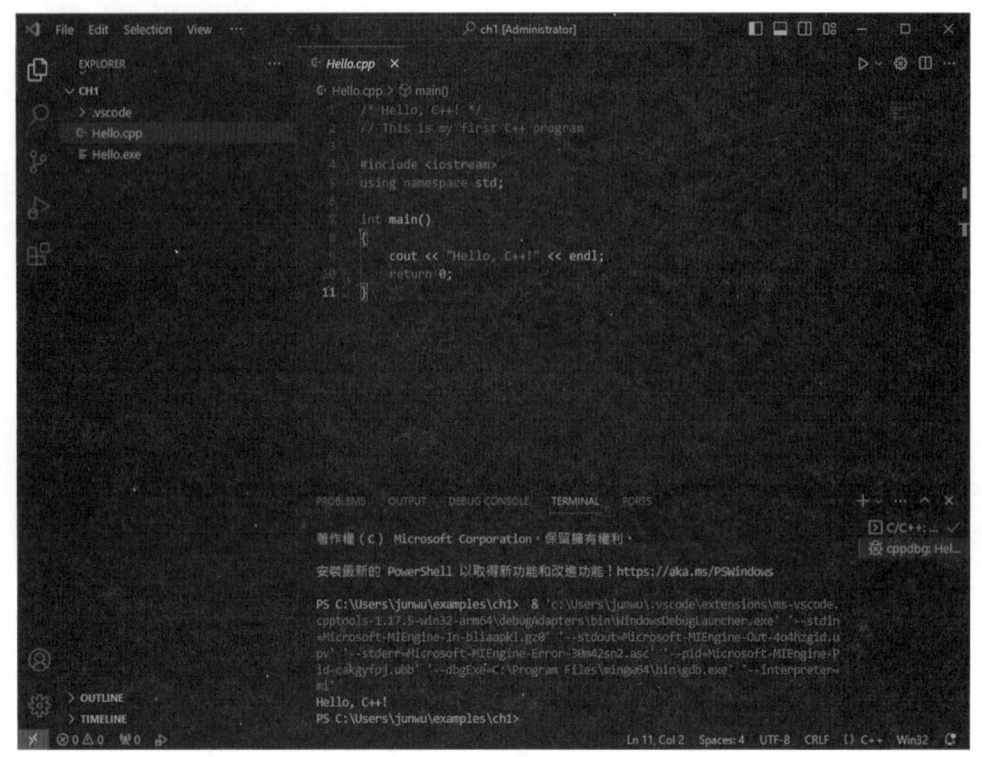

圖 B-13　在 TERMINAL 窗格裡所顯示的執行結果

> **.vscode 資料夾**
>
> 　　細心的讀者可能已經發現，在圖 B-13 的 EXPLORER 窗格裡，還多出了一個名為 .vscode 的資料夾，如果你把此資料夾打開，應該會看到一個名為 tasks.json 的設定檔 —— 它就是用以存放你的編譯選項的地方。因此，以後使用 VS Code 時，只要資料夾內同一種程式語言的原始程式已經編譯過，就會自動產生 tasks.json 檔，並存放在 .vscode 資料夾內。下次再編譯同一種語言的程式時，就不用再次選擇編譯器，而是直接套用寫在 .vscode 資料夾裡的設定內容了。當然，如果你想要重新設定編譯器選項，只要將 .vscode 資料夾加以刪除即可。

步驟 5：使用 VS Code 的終端機進行編譯

　　VS Code 也有提供終端機，讀者可以透過選單「View | Terminal」來開啟終端機，並且自行下達編譯與執行的指令，如圖 B-14 所示。

Appendix B Visual Studio Code 的安裝與使用

圖 B-14 在 VS Code 的終端機裡編譯與執行程式

至此，在 Windows 系統裡安裝 VS Code 並進行擴充套件與編譯器的設定工作已順利完成。

Appendix C
Dev-C++ 的安裝與使用

　　Dev-C++ 是 Microsoft Windows 作業系統上，一套簡單易用的 C++ 語言 IDE 開發工具，起初是由 Bloodshed Software 公司的柯林‧拉普拉斯 (Colin Laplace) 於 1998 年所開發，不但可以免費使用[1]，同時其安裝包含有 GCC，對於初學者來說是相當便利的，自其推出後就受到許多程式設計師的歡迎。可惜由於原作者拉普拉斯的個人因素，Dev-C++ 的開發自 2005 年起就陷於停頓，連帶的失去了原本為數眾多的使用者。但是因為 Dev-C++ 免費且易於安裝，仍然是許多教學單位的首選[2]。儘管目前拉普拉斯的原始版本已不再更新，但仍有一些 Dev-C++ 後續衍生版本可供我們選擇，其中最著名的是由 Orwell 與 Embarcadero 公司所分別開發的兩個版本，本附錄將以 Orwell 的版本為例，為讀者說明其下載、安裝、設定以及簡單的編譯與執行的操作方法。

C-1　下載與安裝

　　請依照以下的說明進行 Dev-C++ 的安裝與設定：

步驟 1：下載 Dev-C++

　　請前往網址 https://sourceforge.net/projects/orwelldevcpp/，下載最新版本的 Dev-C++（以 5.11 版為例，所下載的安裝程式檔案名稱為 Dev-CPP 5.11 TDM-GCC

---

[1] Dev-C++ 是基於 GNU 通用公眾授權條款 (General Public License, GPL) 的自由軟體，任何人都可以免費、自由地使用。
[2] 免費與內含 GCC 就是許多學校教學單位採用 Dev-C++的主因。大約從 2000 年左右開始，市面上幾乎所有的 C/C++ 教材都是使用 Dev-C++ 作為開發工具，其影響所及，當學生畢業後又將免費的 Dev-C++ 帶入產業界，使得它成為了當時最主流的 C++ 開發工具之一。後來，儘管 Dev-C++ 已不再更新，但仍然是許多學校用以教學的主要開發工具。此現象直到近年來有愈來愈多的免費 C++ 開發工具（例如 Microsoft Visual Studio Code 等），才開始有所改變。

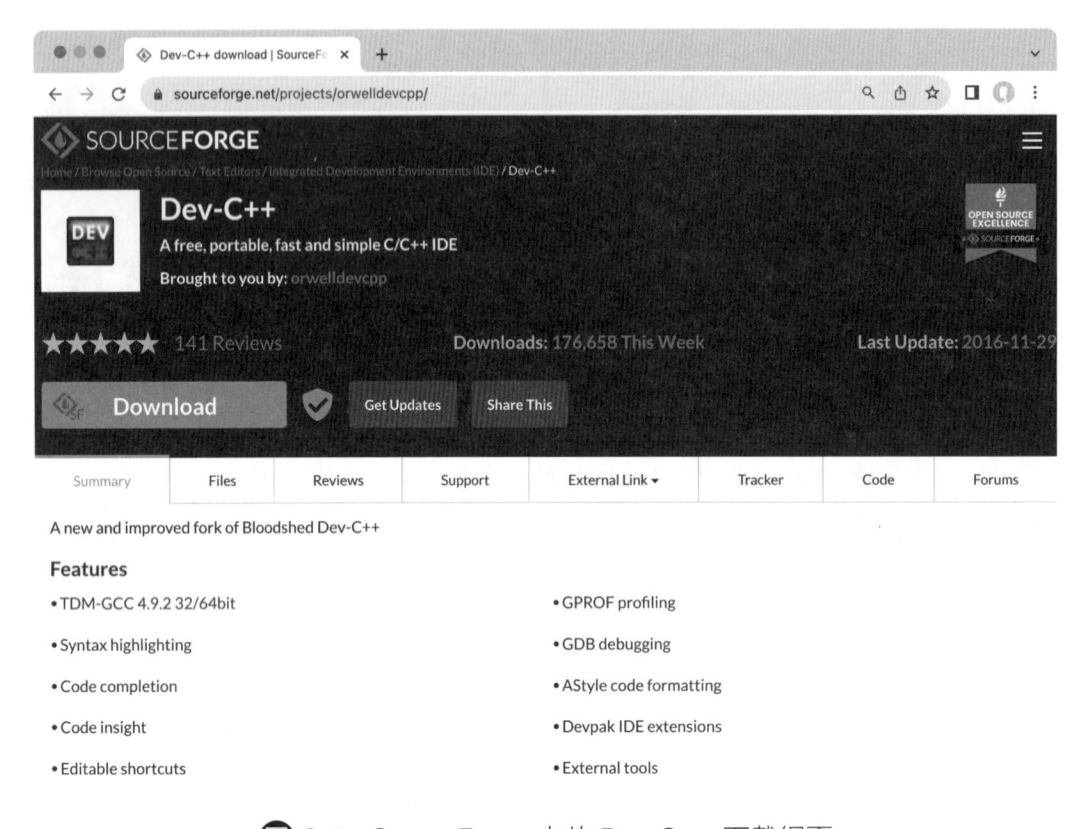

图 C-1　SourceForge 上的 Dev-C++ 下載網頁

4.9.2 Setup.exe[3]），如圖 C-1。

步驟 2：安裝 Dev-C++

請使用滑鼠雙擊所下載的安裝程式，以啟動 Dev-C++ 的安裝程序。安裝程式一旦啟動後，首先是選擇安裝程式所使用的語言，如圖 C-2 所示。由於此處並沒有提供中文，所以直接按下「OK」按鈕即可。

接著出現的是授權協議，Dev-C++ 使用的是第二版的 GNU 通用公眾授權條款（GNU General Public License，Version 2，一般簡稱為 GNU GPLv2），如圖 C-3 所示。依其授權條件，任何人都可以免費、自由地使用、共享，甚至是修改 Dev-C++[4]。如果你同意其授權條款，請按下「I Agree」；否則，請按下「Cancel」放棄安裝 Dev-C++。

3　檔名中的 TDM-GCC 4.9.2 代表該版本所使用的編譯器版本。
4　依 GNU GPLv2 授權的軟體，一旦被修改過後，仍然必須遵循同樣的授權條件，讓任何人都可以免費、自由地使用、共享，當然也可以再修改其程式碼。

Appendix C　Dev-C++ 的安裝與使用

圖 C-2　選擇 Dev-C++ 安裝程式所使用的語言

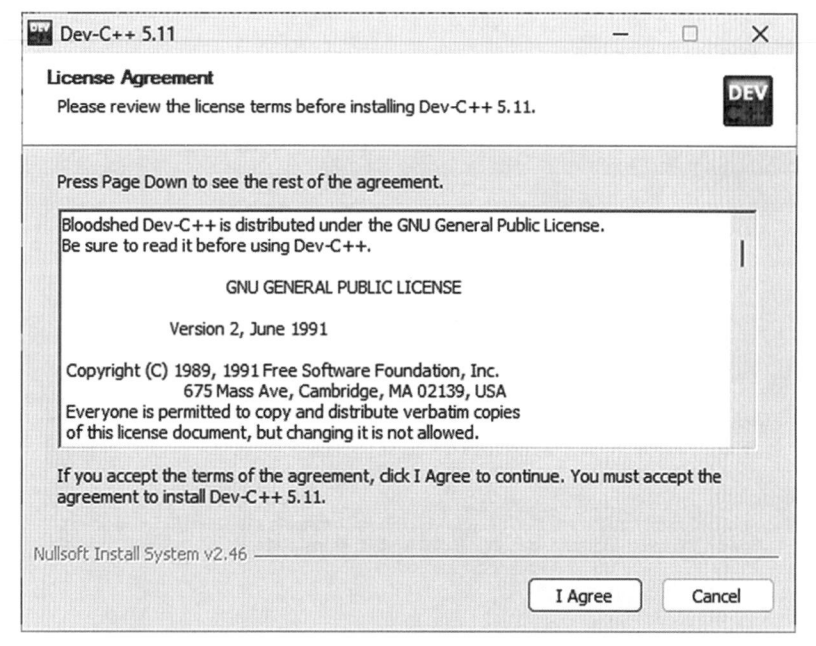

圖 C-3　Dev-C++ 所使用的 GNU GPLv2 授權條款

接著是為 Dev-C++ 的安裝，選擇需要的軟體元件，如圖 C-4 所示。如果沒有特別的需求，直接使用預設的選擇即可，請按下「Next」按鈕。

在開始安裝前，你還必須指定 Dev-C++ 的安裝目錄，如圖 C-5 所示。請在此處選擇你偏好的安裝目錄（或是直接使用預設的安裝目錄），然後請按下「Install」按鈕開始進行檔案的複製與安裝設定。

經過一段時間的等待後，你就可以看到如圖 C-6 的畫面。此時，請按下「Finish」按鈕結束安裝程式。由於預設已勾選了「Run Dev-C++ 5.11」選項，所以在安裝程式結束後，就會啟動 Dev-C++。日後，當你需要使用 Dev-C++ 時，只要使用滑鼠雙擊在桌面上的 Dev-C++ 圖示，就可以將 Dev-C++ 加以啟動。

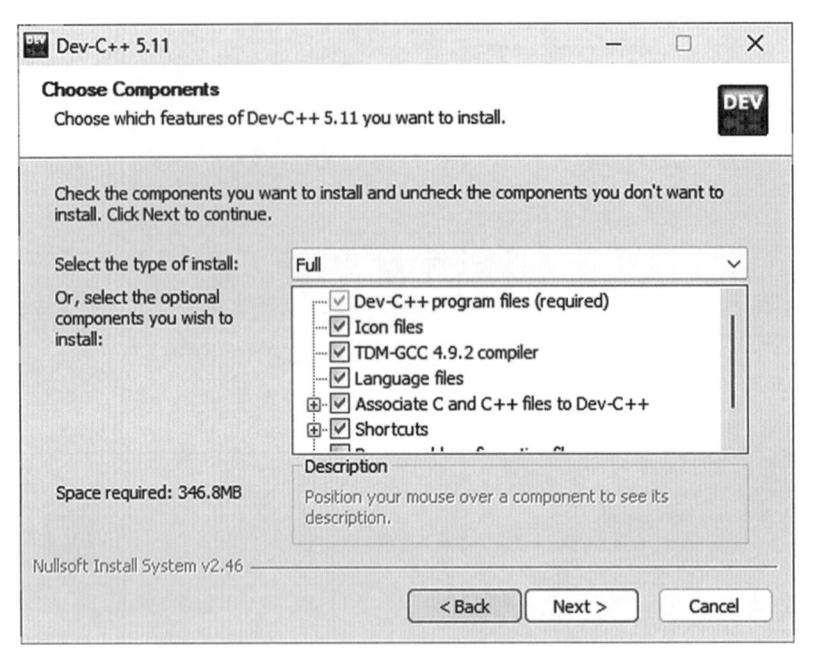

圖 C-4　為 Dev-C++ 選擇所需的軟體元件

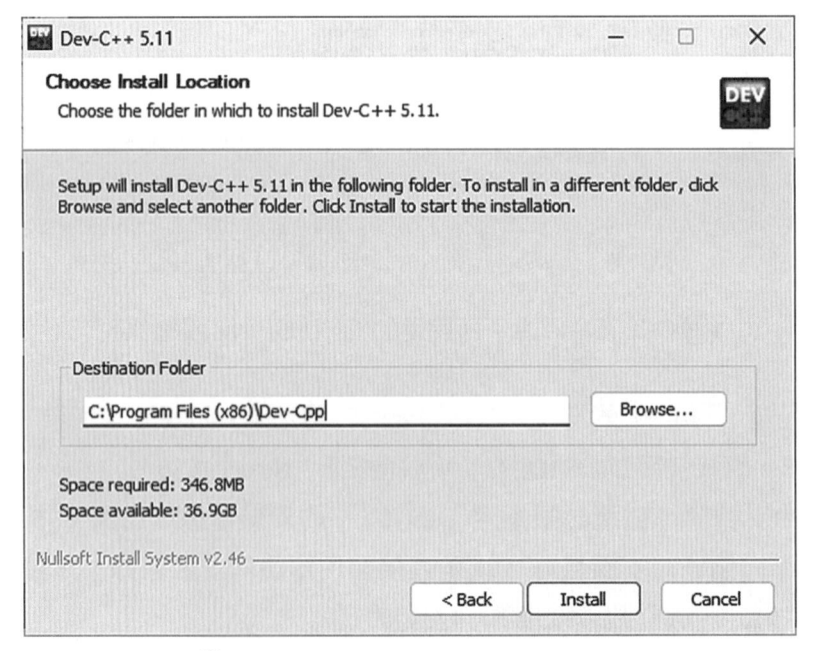

圖 C-5　選擇 Dev-C++ 的安裝目錄

Appendix C　Dev-C++ 的安裝與使用

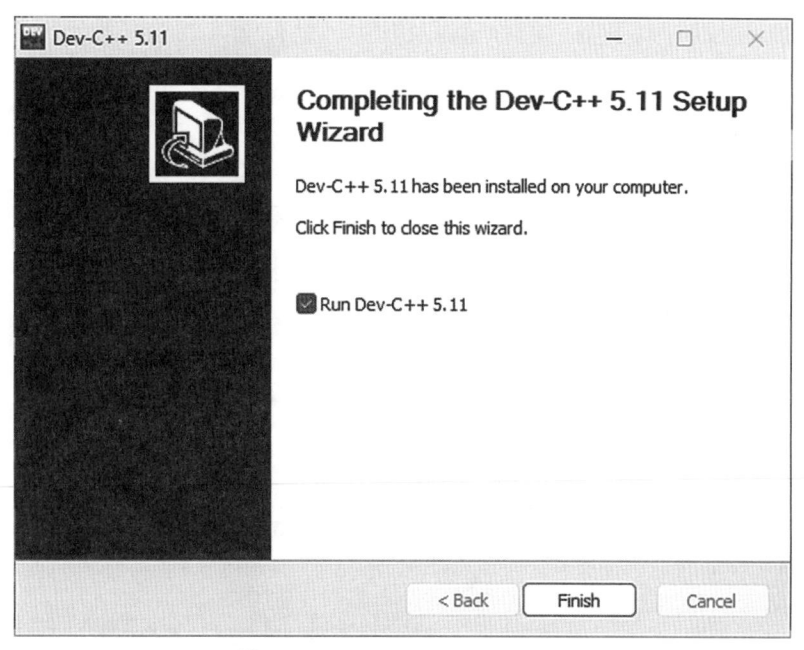

圖 C-6　Dev-C++ 安裝完成

步驟 3：啟動與設定 Dev-C++

首次啟動 Dev-C++ 時，會出現如圖 C-7 的畫面，我們可以在此處選擇 Dev-C++ 執行時所要使用的語言，請選擇「Chinese(TW)」選項，來使用繁體中文，完成後請按下「Next」按鈕。

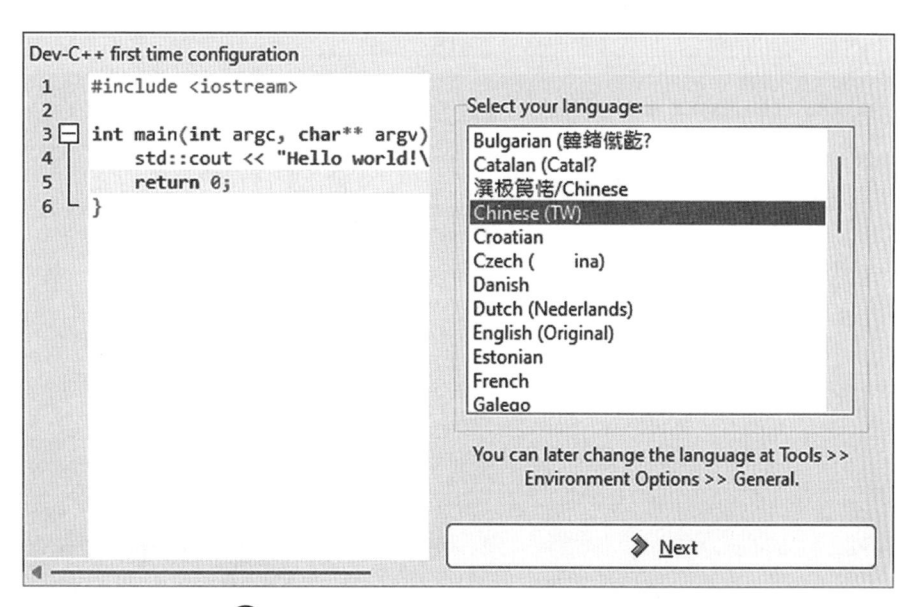

圖 C-7　設定 Dev-C++ 所使用的語言

701

接下來則可以針對字型、色彩配置及圖示，進行個人的偏好設定，如圖 C-8 所示。在此，我們並不做任何變動（當然，你也可以視需要加以調整），直接按下「下一步」按鈕。

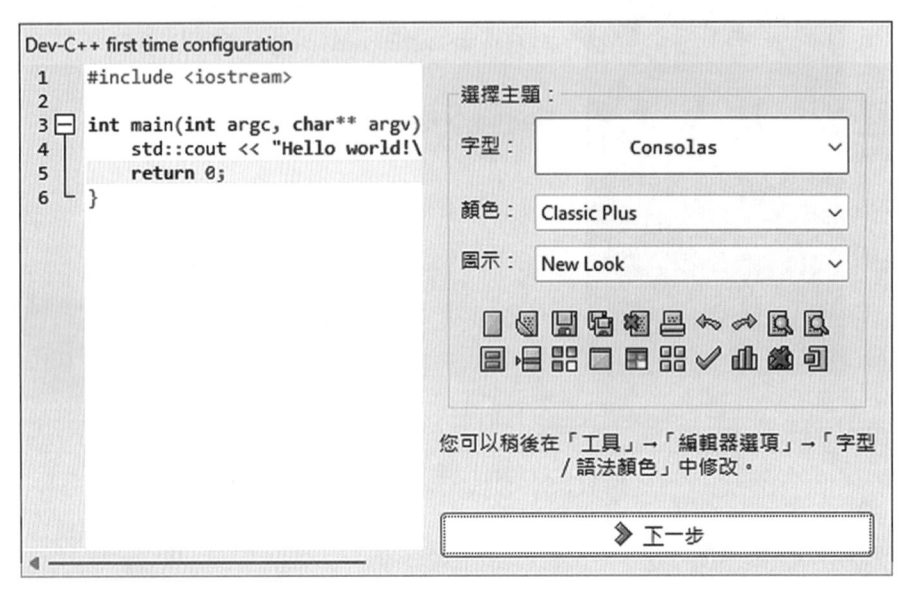

圖 C-8　設定 Dev-C++ 所使用的字型、色彩配置與圖示

設定完成後就會看到如圖 C-9 的畫面，直接按下「OK」按鈕，就可以開始使用 Dev-C++，你將可以看到如圖 C-10 的操作畫面。

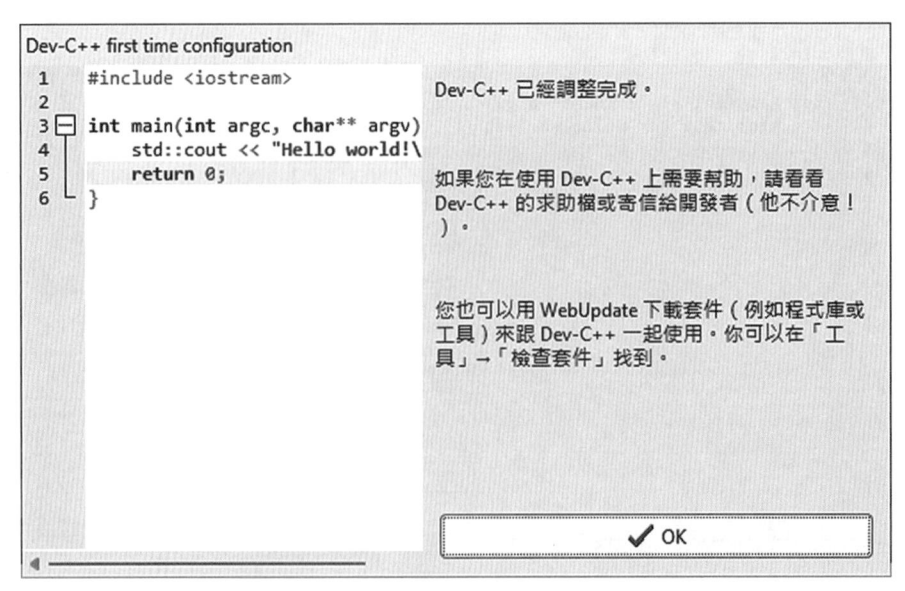

圖 C-9　完成 Dev-C++ 的設定

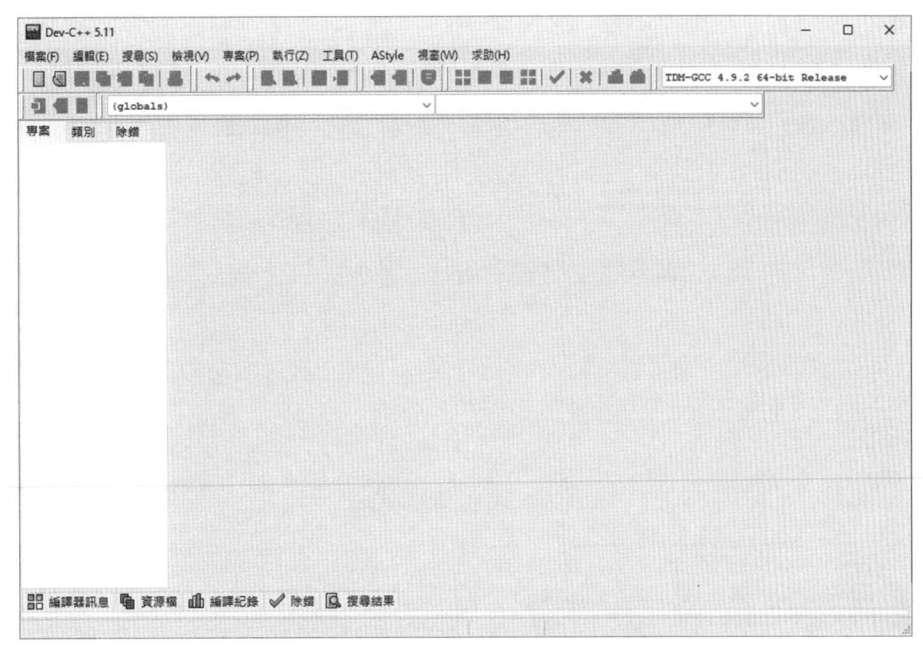

圖 C-10 Dev-C++ 的操作畫面

C-2 程式開發

安裝完成 Dev-C++ 後，接下來請讀者依照以下的步驟，實際使用 Dev-C++ 來完成 Example 1-1 的 hello.cpp 程式碼撰寫、編譯與執行等動作：

步驟 1：撰寫原始程式

使用 Dev-C++ 撰寫原始程式是非常容易的，你可以使用以下三種方式之一來建立一個新的原始程式：

1. 在選單中選取「檔案 | 開新檔案 | 原始碼」
2. 在 Dev-C++ 的工具列上，直接以滑鼠點擊圖示 ▢
3. 使用「`Ctrl + N`」快速鍵

完成上述動作後，你將會在畫面中央得到一個新增的「新文件」，如圖 C-11 所示，請在此處將 Example 1-1 Hello.cpp 的程式碼加以輸入。

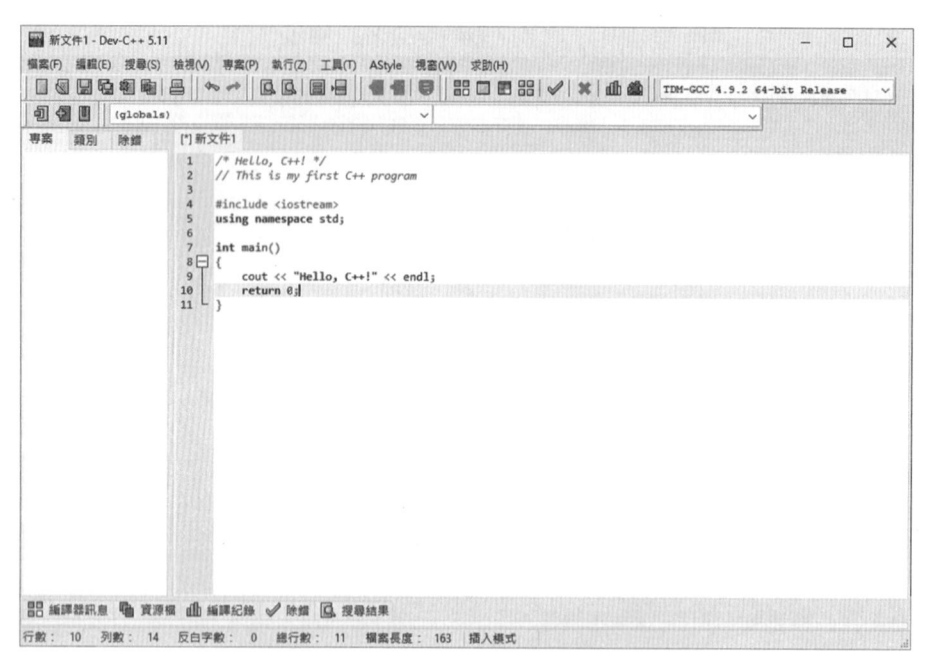

圖 C-11　在 Dev-C++ 裡撰寫程式碼

當你將 Example 1-1 的 Hello.cpp 原始程式碼在 Dev-C++ 裡編輯完成後，請將其存檔於 C:\Users\someone\examples\ch1 目錄內，並將其檔案名稱取為 Hello，如圖 C-12 所示。

圖 C-12　儲存 Hello.cpp 檔案

步驟 2：編譯程式

完成原始程式的撰寫與存檔後，就可以使用編譯器將其轉換為可執行檔。你可以使用以下三種方式之一來進行程式碼的編譯：

1. 在選單中選取「執行 | 編譯」
2. 在 Dev-C++ 的工具列上，直接以滑鼠點擊圖示 ▦
3. 使用 F9 快速鍵

原始程式的編譯結果，將會顯示在程式碼下方的「編譯記錄」區域，如圖 C-13 所示。一旦完成程式碼的編譯後，你就可以得到一個檔名為 hello.exe 的可執行檔。

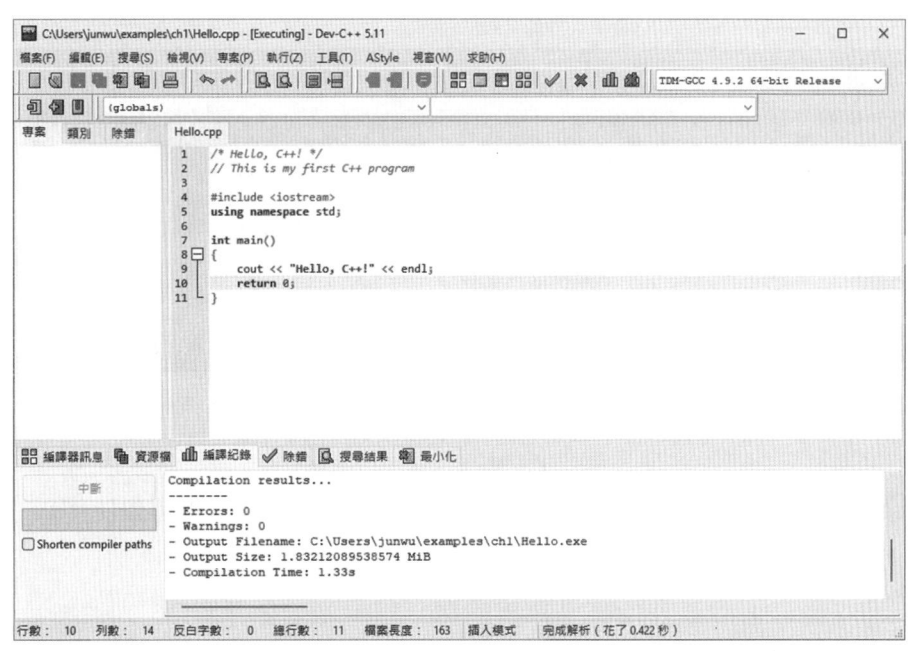

圖 C-13 編譯結果顯示於程式碼編輯區下方的「編譯記錄」窗格

步驟 3：執行程式

完成編譯後，就可以執行已編譯完成的 hello.exe 可執行檔，同樣有三種方式可以進行：

1. 在選單中選取「執行 | 執行」
2. 在 Dev-C++ 的工具列上，直接以滑鼠點擊圖示 ▢
3. 使用 F10 快速鍵

一旦我們對 Dev-C++ 下達了執行的命令後，Dev-C++ 會啟動命令提示字元 (Command Prompt) 應用程式，並在此程式中執行我們所編譯完成的 hello.exe 可執行檔，其執行畫面如圖 C-14 所示。您可以看到此程式輸出了「Hello World!」字串，並在按下任意鍵後將命令提示字元的視窗加以關閉。

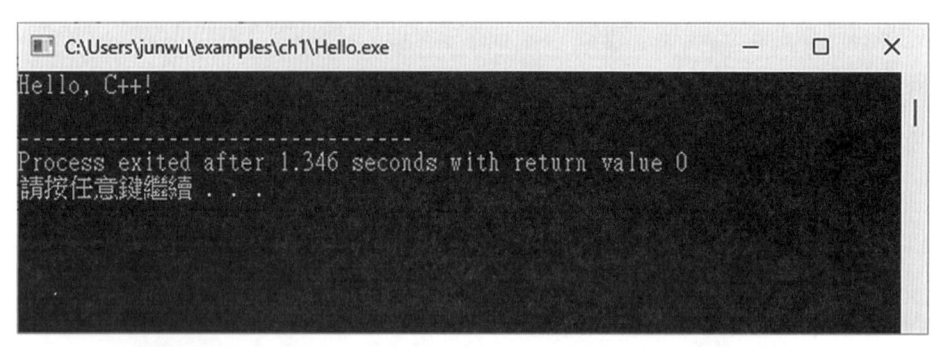

圖 C-14 Dev-C++ 使用命令提示字元來顯示執行結果

除了「先進行編譯，然後再執行」的方式之外，其實你也可以使用以下三種方式來合併這兩個動作，直接對原始程式進行「編譯並執行」：

1. 在選單中選取「執行 | 編譯並執行」
2. 在 Dev-C++ 的工具列上，直接以滑鼠點擊圖示 ▢
3. 使用 F11 快速鍵

至此，關於 Dev-C++ 用以撰寫程式、編譯與執行的示範已經完成，建議讀者依照前述的步驟實際進行一遍，以掌握 Dev-C++ 的使用方式。

Appendix D

ASCII 字元編碼表

數值 10進制	數值 16進制	跳脫序列	字元	數值 10進制	數值 16進制	字元	數值 10進制	數值 16進制	字元	數值 10進制	數值 16進制	字元
0	00		Null 空字元	32	20	Space	64	40	@	96	60	`
1	01		Start of Heading	33	21	!	65	41	A	97	61	a
2	02		Start of Text	34	22	"	66	42	B	98	62	b
3	03		End of Text	35	23	#	67	43	C	99	63	c
4	04		End of Transmission	36	24	$	68	44	D	100	64	d
5	05		Enquiry	37	25	%	69	45	E	101	65	e
6	06		Acknowledge	38	26	&	70	46	F	102	66	f
7	07	\a	Bell 警示音	39	27	'	71	47	G	103	67	g
8	08	\b	Backspace 倒退	40	28	(	72	48	H	104	68	h
9	09	\t	Horizontal Tab	41	29	)	73	49	I	105	69	i
10	0A	\n	New Line 換行	42	2A	*	74	4A	J	106	6A	j
11	0B	\v	Vertical Tab	43	2B	+	75	4B	K	108	6B	k
12	0C	\f	New Page	44	2C	,	76	4C	L	108	6C	l
13	0D	\r	Carriage Return 歸位	45	2D	-	77	4D	M	109	6D	m
14	0E		Shift Out	46	2E	.	78	4E	N	110	6E	n
15	0F		Shift in	47	2F	/	79	4F	O	111	6F	o
16	10		Data Link Escape	48	30	0	80	50	P	112	70	p
17	11		Device Control 1	49	31	1	81	51	Q	113	71	q
18	12		Device Control 2	50	32	2	82	52	R	114	72	r
19	13		Device Control 3	51	33	3	83	53	S	115	73	s
20	14		Device Control 4	52	34	4	84	54	T	116	74	t
21	15		Negative Acknowledge	53	35	5	85	55	U	117	75	u
22	16		Synchronous Idle	54	36	6	86	56	V	118	76	v
23	17		End of Trans. Block	55	37	7	87	57	W	119	77	w
24	18		Cancel	56	38	8	88	58	X	120	78	x
25	19		End of Meduum	57	39	9	89	59	Y	121	79	y
26	1A		Substitute	58	3A	:	90	5A	Z	122	7A	z
27	1B		Escape跳脫	59	3B	;	91	5B	[	123	7B	{
28	1C		File Separator	60	3C	<	92	5C	\	124	7C	|
29	1D		Group Separator	61	3D	=	93	5D	]	125	7D	}
30	1E		Record Separator	62	3E	>	94	5E	^	126	7E	~
31	1F		Unit Separator	63	3F	?	95	5F	_	127	7F	Delete

Appendix E

運算子的優先順序及關聯性

註1 數值愈小優先權愈高
註2 U:一元 | B: 二元 | T: 三元
註3 L:左關聯 | R: 右關聯

優先順序 (Precedence)[1]	運算子 (Operator)	Unary/Binary/Ternary[2]	關聯性 (Associativity)[3]	說明
1	::	B	L	範圍解析 (Scope Resolution)
2	++	U	L	後序遞增 (Postfix Increment)
	--			後序遞減 (Postfix Decrement)
	( )	B		函式呼叫 (Function Call)
	[ ]			陣列下標 (Array Subscripting)
	.			直接成員選取 (Direct Member Selection)
	->			間接成員選取 (Indirect Member Selection)
3	++	U	R	前序遞增 (Prefix Increment)
	--			前序遞減 (Prefix Decrement)
	+			正號 (Positive Sign)
	-			負號 (Negative sign)
	!			邏輯 NOT (Logical NOT)
	~			位元 NOT (Bitwise NOT)
	(type)			顯性型態轉換 (Explicit Conversion/Casting)
	*			間接取值 (Indirection)
	&			取址 (Address-Of)
	sizeof			取得記憶體空間大小 (Size-Of)
	new			動態記憶體配置 (Dynamic Memory Allocation)
	new []			動態記憶體配置 (Dynamic Memory Allocation)
	delete			動態記憶體回收 (Dynamic Memory Deallocation)
	delete []			動態記憶體回收 (Dynamic Memory Deallocation)

4	*	B	L	物件成員選取子 (Member Object Selector)
	->			指標成員選取子 (Member Pointer Selector)
5	*	B	L	乘法 (Multiplication)
	/			除法 (Division)
	%			餘除 (Modulo Remainder)
6	+			加法 (Addition)
	-			減法 (Subtraction)
7	<<			位元左移 (Bitwise Left Shift)
	>>			位元右移 (Bitwise Right Shift)
8	<	B	L	小於 (Relational Less Than)
	<=			小於等於 (Relational Less Than Or Equal To)
	>			大於 (Relational Greater Than)
	>=			大於等於 (Relational Greater Than Or Equal To)
9	==			相等 (Relational Equality)
	!=			不相等 (Relational Inequality)
10	&			位元 AND (Bitwise AND)
11	^			位元 XOR (Bitwise XOR)
12	|			位元 OR (Bitwise OR)
13	&&			邏輯 AND (Logical AND)
14	||			邏輯 OR (Logical OR)
15	?:	T	R	條件運算子 (Conditional Operator)
	=	B		賦值 (Assignment)
	+=			以和賦值 (Assignment By Sum)
	-=			以差賦值 (Assignment By Difference)
	*=			以積賦值 (Assignment By Product)
	/=			以商賦值 (Assignment By Quotient)
	%=			以餘數賦值 (Assignment By Remainder)
	<<=			以位元左移賦值 (Assignment By Bitwise Left Shift)
	>>=			以位元右移賦值 (Assignment By Bitwise Right Shift)
	&=			以位元 AND 賦值 (Assignment By Bitwise AND)
	^=			以位元 XOR 賦值 (Assignment By Bitwise XOR)
	|=			以位元 OR 賦值 (Assignment By Bitwise OR)
16	,		L	逗號運算子 (Comma Operator)

index

索引

中文索引

& 取址運算子　Address Of　372
2 補數　2's Complement　85
C++ 標準函式庫　C++ Standard Library　32
case 標籤敘述　case Label Statement　217
GCC 編譯器套件　GNU Compiler Collection　666
GNU 編譯器套裝　GNU Compiler Collection　10
I/O 重導向　I/O Redirection　192, 193
IPO 表　IPO Chart　38
IPO 模型圖　IPO Model Diagram　38
Unicode　統一碼或稱萬國碼　397

一劃

一元運算子　Unary Operator　131

二劃

二元運算子　Binary Operator　132
二進制　Binary　98, 183
八進制　Octal　98, 183
十六進制　Hexadecimal　98, 183
十進制　Decimal　98, 109, 183
三元運算子　Ternary Operator　132
大小寫敏感　Case Sensitive　291
大寫式駝峰式命名法　UpperCamelCase　77
子類別　Child Class　561
小寫式駝峰式命名法　lowerCamelCase　77
已排序數字　Sorted Numbers　277

四劃

不可見字元　Unprintable Character　111, 368
不具備數值　Valueless　120
不相等運算子　Inequality Operator　204, 205
中日韓統一表意文字　CJK Unified Ideographs　397
中間格式　Intermediate Format　10
互斥 OR 運算　Exclusive OR　151
介面　Interface　306
元素　Element　265
內嵌函式　Inline Function　5
公開衍生　Public Derivation　569, 574
反向運算　Inverting　85
反斜線　Backslash　114
反覆敘述　Iteration Statement　27
引數　Argument　294, 309, 348
文字編輯器　Text Editor　8

五劃

父類別　Parent Class　561
以範圍為基礎的 for 迴圈　Range-Based for Loop　283
功能導向程式設計思維方法　Function-Oriented Programming Paradigm, FOPP　464
可存取性　Accessibility　531, 532

711

可見字元　Printable Character　111
可重用性　Reusability　5, 560
可執行檔　Executable File　9
可移植　Portability　3
可移植性　Portability　7
可讀性　Readability　76, 291
右移　Right Shift　149
右關聯　Right Associativity　133
左移　Left Shift　149
左關聯　Left Associativity　133
巨集　Macro　90, 102
布林型態　Boolean Type　85, 118
布林值　Boolean Value　118, 203
布林運算（式）　Boolean Expression　118, 203
平台相關　Platform-Dependent　102
平均值　Average　271
未排序數字　Unsorted Numbers　276
目的地　Destination　158
目的碼　Object Code　9
目標　Target　318

六劃

全域　Global　316
全域命名空間　Global Namespace　316
全域類別　Global Class　490
全域變數　Global Variable　303, 444
共有體　Union　427
名字　first name　384
回收　Recycle　443
多位元組字元集　Multibyte Character Set, MBCS　397
多型　Polymorphism　4, 463, 615
多重計數器　Multiple Counter　273
多重繼承　Multiple Inheritance　6
多載　Overloading　591, 655
多維陣列　Multidimensional Array　278
字元　Character　29, 159, 161
字元串流　Character Stream　159
字元型態　Character Type　85, 110
字元指標　Character Pointer　379

字元陣列　Character Array　375
字元編碼　Character Encoding　111
字母差　Letter Difference　128
字串　String　29, 367
字串陣列　Array of Strings　379
字串常值　String Literal　369
存取修飾字　Access Modifier　531, 532, 533, 562
存取修飾字　Access Specifier　533, 562
成員函式　Member Function　484, 485
成員初始化串列　Member Initializer List　510
有形的　Tangible　477
有效數　Significand　101, 182
自由軟體　Open Source Software　11
自由軟體基金會　Free Software Foundation　11
自動完成　Auto-Completion　8
自動儲存類別　Automatic Storage Class　441
自動縮排　Auto-Indenting　8
自動變數　Automatic Variable　125, 442
行為　Behavior　477
行緩衝　Line Buffered　192

七劃

串流　Stream　157, 158
串流插入運算子　Stream Insertion Operator　169, 622
串流操控子　Stream Manipulator　174, 183
串流擷（提）取運算子　Stream Extraction Operator　162
位元　Bit　85
位元位移　Bitwise Shift　149
位元位移運算子　Bitwise Shift Operator　150
位元組　Byte(s)　78, 85, 147, 326
位元組字串　Byte String　368
位元運算子　Bitwise Operator　149
位元複合賦值運算子　Bitwise Compound Assignment Operator　151

index 索引

位元邏輯運算子　Bitwise Logical Operator　150
位址空間組態隨機載入　Address Space Layout Randomization, ASLR　147
別名　alias　325, 353
完美數　Perfect Number　262
尾數　Mantissa　101, 108
更新敘述　Update Statement　245
私有衍生　Private Derivation　569
貝爾實驗室　Bell Laboratories　2
身高的平方　height　43
身體質量指數　Body Mass Index, BMI　38, 46, 157

八劃

使用者自定資料型態　User-Defined Data Type　84, 409
使用指定初始子　Designated Initializer　412
來源地　Source　158
例外處理　Exception　6
例外處理敘述　Exception Handling Statement　27
具備類別的 C 語言　C with Classes　5
函式　Function　25, 134, 289, 348
函式名稱　Function Name　26
函式多載　Function Overloading　312, 505, 615
函式原型　Prototype　306
函式庫　Library　9
函式程式設計　Functional Programming　464
函式標頭檔區　Header File Inclusion Section　45
函式模板　Function Template　313, 615
函式覆寫　Function Overriding　587
初始化　Initialization　71, 268
初始化列表　Initialization List　124
初始化敘述　Initialization Statement　245
取址運算子　Address-Of Operator　146, 331
呼叫　Call　134, 293
呼叫者函式　Caller Function　296, 351

命令提示字元　Command Prompt　13, 665, 673, 683, 706
命名空間　Namespace　6, 32, 77, 315, 601
命名空間區　Namespace Declaration Section　45
命名慣例　Naming Convention　77
固定記憶體大小的整數型態　Fixed Width Integer Type　93
姓氏　last name　384
委派建構函式　Delegating Constructor　506
帕羅奧多研究中心　Palo Alto Research Center, PARC　4
底線　Underscore　73, 291
或者　or　121
抽象　Abstraction　4, 463
抽象化　Abstraction　476
抽象對應　Abstraction Mapping　476
抽象類別　Abstruct Class　641
昇陽電腦　Sun Microsystems　3
朋友　Friend　532
朋友函式　Friend Function　572
朋友類別　Friend Class　572
物件　Object　4, 28, 474, 476, 483
物件實體　Object Instance　483, 487, 488
物件實體化　Object Instantiate　488
物件實體化　Object Instantiation　498
物件變數　Object Variable　488
物件導向程式語言　Object-Oriented Programming Language　4
直接成員選取　Direct Member Selection　709
直接成員選取運算子　Direct Member Selection Operator　413
空白　Space　24
空字元　Null Character　368
空值　Null　368
空值結尾字串　Null-Terminated String, NTS　368
空值結尾位元組字串　Null-Terminated Byte String, NTBS　368
長度　Length　367

713

非負　Non-Negative　85

九劃

保護衍生　Protected Derivation　569
前序運算子　Prefix Operator　143
前序遞減運算子　Prefix Decrement Operator　143
前序遞增運算子　Prefix Increment Operator　143
前置處理指令　Preprocessor Directive　32, 604
前置處理器　Preprocessor　32, 83, 604
前置處理器指令　Preprocessor Directive　83
前綴　Prefix　32
型態安全　Type Safe　124
型態修飾字　Type Modifier　86
型態轉換　Type Casting　138
宣告敘述　Declaration Statement　27, 40, 71
封裝　Encapsulation　4, 463, 531
建構函式　Constructor　504
後序運算子　Postfix Operator　143
後序遞減運算子　Postfix Decrement Operator　143
後序遞增運算子　Postfix Increment Operator　143
指定初始子　Designated Initializer　498
指數　Exponent　102, 108
指標賦值　Pointer Assignment　334
指標變數　Pointer Variable　327
流程圖　Flowchart　223
相等運算子　Equality Operator　204, 205
科學記號表示法　Scientific Notation　109, 178, 181
紅　Red　155
美國國家標準協會　American National Standards Institute, ANSI　3
美國標準資訊交換碼　American Standard Code for Information Interchange　111
衍生類別　Derived Class　5, 561
計數　Count　271
負整數　Negative　85

迭代變數　Iteration Variable　245
重複　Repetition　3, 7, 463

十劃

值　Value　69, 325, 327
值域　Domain　267
原始程式　Source Code　8
原型　Prototype　304
容器　Container　284
框架　Framework　44
氣泡排序法　Bubble Sort　276
浮點運算器　Floating Point Unit, FPU　107
浮點數　Floating Number　39
浮點數型態　Floating Type　85, 99
特殊化　Specialization　561
真　true　118
純虛擬函式　Pure Virtual Function　640
索引　Index　266
索引值　Index　265
記憶體位址　Memory Address　78, 325, 327
迴圈　Loop　235
迴圈主體　Loop Body　235, 236, 245
迴圈變數　Loop Variable　245
配音者　Voice By　612
配置　Allocation　443
陣列　Array　265
除錯　Debug　9, 23, 34, 49
除蟲　Debug　9
高階程式語言　High-Level Programming Language　2

十一劃

假　false　118
動態多型　Dynamic Polymorphism　615, 633
動態記憶體配置　Dynamic Memory Allocation　80, 498
動態記憶體管理　Dynamic Memory Management　80
動態儲存類別　Dynamic Storage Class　441, 447

index 索引

匿名類別　Anonymous Class　492
區域類別　Local Class　491, 492
區域變數　Local Variable　301, 352, 443
參考　Reference　6, 325, 353
參數　Parameter　289, 24, 309
國際電工委員會　International Electrotechnical Commission, IEC　6
國際標準化組織　International Organization for Standardization, ISO　6
國際標準組織　International Organization for Standardization, ISO　3
國籍　Nationality　560, 635
執行時期多型　Run-Time Polymorphism　633
執行時期型態資訊　Runtime Type Information, RTTI　6
基本內建資料型態　Primitive Built-In Data Type　84, 367, 448, 618
基底　Base　102, 183
基底類別　Base Class　561
巢狀迴圈　Nested Loop　251
常數　Constant　69, 82, 133, 374
常數成員　Constant Member　548
常數成員函式　Constant Member Function　548
常數物件　Constant Object　548
常數宣告　Constant Declaration　82
常數資料成員　Constant Data Member　547
強型別　Strong Typing　5
敘述　Statement　25
條件式編譯　Conditional Compilation　604
條件敘述　Conditional Statement　27
條件運算式　Conditional Expression　221
符號　Sign　101
符號位元　Sign Bit　85
符號表　Symbol Table　81
第二版的 Unix　Unix Version 2, Unix V2　2
第四版 Unix　Unix Version 4, V4　2
終端機　Terminal　12, 13, 665, 666, 669
組合語言　Assembly Language　2

處理　Process　37
處理階段　Process Phase　38
處理階段區　Process Section　46
被呼叫函式　Callee Function　296, 351
逗號運算子　Comma Operator　144
連結　Link　668
連接器　Linker　9

十二劃

嵌入式系統　Embedded System　3
循序　Sequence　3, 7, 203, 224, 226, 259, 463
惠普電腦　Hewlett-Packard　3
提示字串　Prompt String　53
插入　Insertion　19, 22
換行　New Line　24
最大值　Maximum　271
最大與最小的正值　Maximum and Minimum Positive Value　107
最小的正值　Minimum Positive Value　108
最小值　Minimum　271
測試條件　Test Condition　208, 235, 245, 260
無形的　Intangible　477
無值型態　Valueless or Void Type　85
無值型態　Void Type　120
無窮迴圈　Infinite Loop　240
程式區塊　Block　219, 443
程式碼編輯器　Code Editor　8, 685
程序導向程式設計　Procedure-Oriented Programming　464
結構化程式設計　Structured Programming　203
結構化程式語言　Structured Programming Language　3, 203
結構體　Structure　409
結構體變數　Structure Variable　409
華氏　Fahrenheit　199
虛擬函式　Virtual Function　5, 6, 645
註解　Comment　33

進入點　Entry Point　27, 35, 235
間接存取運算子　Indirect Access Operator
　331
傳回值　Return Value　289
傳址呼叫　Call By Address　351, 352, 421
傳值呼叫　Call By Value　351, 619
傳參考呼叫　Call By Reference　619

十三劃

微軟　Microsoft　685
溢位　Overflow　391
解構函式　Destructor　512
資料成員　Data Member　409, 484, 485
資料成員初始值給定　Data Member
　Initialization　496
資料型態　Data Type　39, 69, 70
資料處理　Process　37
資料輸出　Output　37
資訊隱藏　Information Hiding　531
跳脫序列　Escape Sequence　30, 113
跳躍敘述　Jump Statement　27, 31
運算子　Operator　131, 204
運算子多載　Operator Overloading　6, 615, 617
運算元　Operand　131, 204
運算式　Expression　131
運算敘述　Expression Statement　27
違約金　liquidatedDamages　55
預設引數值　Default Argument　307
預設建構函式　Default Constructor　508, 576
預設標籤敘述　Default Label Statement　217
預設複製建構函式　Default Copy
　Constructor　508
預編譯版本　Pre Build　673

十四劃

圖形使用者介面　Graphics User Interface,
　GUI　13
境外生　Foreign Student　559

實作　Implement　306
實體化　Instantiate　483
對大小寫敏感　Case Sensitive　74
對應域　Domain　289
算術運算子　Arithmetic operator　132, 135, 205
算術運算式　Arithmetic Exprssion　42
算術運算敘述　Arithmetic Expression
　Statement　42
精確度　Precision　108
綠　Green　155
聚合運算　Aggregation　271
語法突顯　Syntax Highlighting　8
遞減排序　Decremental Sort　276
遞增排序　Incremental Sort　276
寬字元　Wide Character　397
數值　Value　82, 133
標準串流　Standard Stream　159
標準輸入　Standard Input　157
標準輸入渠道　Standard Input　41
標準輸出　Standard Output　158
標準輸出渠道　Standard Output　28, 41
標準錯誤　Standard Error　158
標準識別字　Standard Identifier　77
標頭檔　Header File　32, 77, 93, 306
標籤　Label　257
標籤敘述　Labeled Statement　27
箭頭運算子　Arrow Operator　422, 450
範圍限定字　Scope Qualifier　599, 594
範圍解析運算子　Scope Resolution Operator
　315, 594, 599
編譯　Compilation　9
編譯式程式語言　Compiled Language　7
編譯時期多型　Compile-Time Polymorphism
　615
編譯器　Compiler　9, 10
緩衝　Buffer　191
緩衝區　Buffer　167
複合型態　Compound Type　367
複合敘述　Compound Statement　27, 209

複合資料型態　Composite Data Type　409
複合賦值運算子　Compound Assignment Operator　142
複製建構函式　Copy Constructor　576

十五劃

賦值運算子　Assignment Operator　139
賦與　Assign　139
靠右對齊　Right Align　171
靠左對齊　Left Align　171
駝峰式命名法　CamelCase　77
駝峰命名法　Camel Case Convention　56

十六劃

整合式開發環境　Integrated Development Environment, IDE　11
整數　Integer　56
整數型態　Integer type　85
機器碼　Machine Code　9, 10
輸入　Input　37
輸入串流　Input Stream　157, 158
輸入-處理-輸出模型　Input-Process-Output Model，簡稱為 IPO 模型　37
輸入階段　Input Phase　37
輸入階段區　Input Section　46
輸出　Output　37
輸出串流　Output Stream　157, 158
輸出階段　Output Phase　38
輸出階段區　Output Section　46
選擇　Selection　3, 7, 203, 224, 259
選擇敘述　Selection Statement　27, 203
靜態多型　Static Polymorphism　615, 633
靜態的　Static　445
靜態儲存類別　Static Storage Class　441, 445
靜態變數　Static Variable　444, 446
優先順序　Precedence　132, 135

十七劃

檔案引入　File Inclusion　604

總和　Sum　271
隱含的　Implicit　576
隱性型態轉換　Implicit Conversion　140
隱性轉換　Implicit Conversion　137

十八劃

擴充套件　C/C++ Extension Pack　690
擴充套件　Extension　685, 690
藍　Blue　155
蟲　Bug　9

十九劃

覆寫　Overriding　591
離開點　Exit Point　28, 235
識別字　Identifier　32, 73
關係　Relationship　477
關係運算子　Relational operator　132, 152, 204
關聯性　Associativity　133
關鍵字　Keyword　73, 74, 291
類 Unix系統　Unix-Like　3
類別　Class　4, 5, 473, 474, 483
類別資料成員預設值　Default Member Value　495

二十劃

繼承　Inheritance　4, 463, 559, 561
繼承可存取性　Accessibility of Inheritance　568
繼承性　Inheritance　5
屬性　Attribute　477
攝氏　Celsius　199
欄位　Field　409
變數　Variable　40, 69, 133
變數名稱　Variable Name　69, 70, 73
變數宣告　Variable Declaration　40, 70
變數宣告區　Variable Declaration Section　45, 46
變數宣告敘述　Variable Declaration Statement　70

邏輯運算　Logic Expression　118
邏輯運算子　Logical Operator　132, 152, 204, 206
邏輯運算式　Logical Expression　203, 235
顯性型態轉換　Explicit Conversion/Casting　138, 140

index 索引

英文索引

16-bit Unicode Transformation Format　UTF-16　117
2's Complement　2 補數　85
8-bit Unicode Transformation Format　UTF-8　117, 397

A

Abstraction Mapping　抽象對應　476
Abstraction　抽象　4, 463
Abstraction　抽象化　476
Abstruct Class　抽象類別　641
Access Modifier　存取修飾字　531, 532, 533, 562
Access Specifier　存取修飾字　533, 562
Accessibility of Inheritance　繼承可存取性　568
Accessibility　可存取性　531, 532
Address Of　& 取址運算子　372
Address Space Layout Randomization, ASLR　位址空間組態隨機載入　147
Address-Of Operator　取址運算子　146, 331
Aggregation　聚合運算　271
alias　別名　325, 353
Allocation　配置　443
American National Standards Institute, ANSI　美國國家標準協會　3
American Standard Code for Information Interchange　美國標準資訊交換碼　111
Anonymous Class　匿名類別　492
Argument　引數　294, 309, 348
Arithmetic Expression Statement　算術運算敘述　42
Arithmetic Exprssion　算術運算式　42
Arithmetic operator　算術運算子　132, 135, 205
Array of Strings　字串陣列　379
Array　陣列　265
Arrow Operator　箭頭運算子　422, 450

Assembly Language　組合語言　2
Assign　賦與　139
Assignment Operator　賦值運算子　139
Associativity　關聯性　133
Attribute　屬性　477
Auto-Completion　自動完成　8
Auto-Indenting　自動縮排　8
Automatic Storage Class　自動儲存類別　441
Automatic Variable　自動變數　125, 442
Average　平均值　271

B

Backslash　反斜線　114
Base Class　基底類別　561
Base　基底　102, 183
Basic Combined Programming Language　BCPL　2
Behavior　行為　477
Bell Laboratories　貝爾實驗室　2
Berkeley Software Distribution　BSD　2
Binary Operator　二元運算子　132
Binary　二進制　98, 183
Bit　位元　85
Bitwise Compound Assignment Operator　位元複合賦值運算子　151
Bitwise Logical Operator　位元邏輯運算子　150
Bitwise Operator　位元運算子　149
Bitwise Shift Operator　位元位移運算子　150
Bitwise Shift　位元位移　149
Block　程式區塊　219, 443
Blue　藍　155
Body Mass Index, BMI　身體質量指數　38, 46, 157
Boolean Expression　布林運算（式）　118, 203

719

Boolean Type　布林型態　85, 118
Boolean Value　布林值　118, 203
Bubble Sort　氣泡排序法　276
Buffer　緩衝　191
Buffer　緩衝區　167
Bug　蟲　9
Byte String　位元組字串　368
Byte(s)　位元組　78, 85, 147, 326

C

C with Classes　具備類別的 C 語言　5
C/C++ Extension Pack　擴充套件　690
C++ Standard Library　C++ 標準函式庫　32
Call By Address　傳址呼叫　351, 352, 421
Call By Reference　傳參考呼叫　619
Call By Value　傳值呼叫　351, 619
Call　呼叫　134, 293
Callee Function　被呼叫函式　296, 351
Caller Function　呼叫者函式　296, 351
Camel Case Convention　駝峰命名法　56
CamelCase　駝峰式命名法　77
case Label Statement　case 標籤敘述　217
Case Sensitive　大小寫敏感　291
Case Sensitive　對大小寫敏感　74
Celsius　攝氏　199
Character Array　字元陣列　375
Character Encoding　字元編碼　111
Character Pointer　字元指標　379
Character Stream　字元串流　159
Character Type　字元型態　85, 110
Character　字元　29, 159, 161
Child Class　子類別　561
CJK Unified Ideographs　中日韓統一表意文字　397
Class　類別　4, 5, 473, 474, 483
Code Editor　程式碼編輯器　8, 685
Comma Operator　逗號運算子　144
Command Prompt　命令提示字元　13, 665, 673, 683, 706
Comment　註解　33

Compilation　編譯　9
Compiled Language　編譯式程式語言　7
Compiler　編譯器　9, 10
Compile-Time Polymorphism　編譯時期多型　615
Composite Data Type　複合資料型態　409
Compound Assignment Operator　複合賦值運算子　142
Compound Statement　複合敘述　27, 209
Compound Type　複合型態　367
Conditional Compilation　條件式編譯　604
Conditional Expression　條件運算式　221
Conditional Statement　條件敘述　27
Constant Data Member　常數資料成員　547
Constant Declaration　常數宣告　82
Constant Member Function　常數成員函式　548
Constant Member　常數成員　548
Constant Object　常數物件　548
Constant　常數　69, 82, 133, 374
Constructor　建構函式　504
Container　容器　284
Copy Constructor　複製建構函式　576
Count　計數　271

D

Data Member Initialization　資料成員初始值給定　496
Data Member　資料成員　409, 484, 485
Data Type　資料型態　39, 69, 70
Debug　除錯　9, 23, 34, 49
Debug　除蟲　9
Decimal　十進制　98, 109, 183
Declaration Statement　宣告敘述　27, 40, 71
Decremental Sort　遞減排序　276
Default Argument　預設引數值　307
Default Constructor　預設建構函式　508, 576
Default Copy Constructor　預設複製建構函式　508

index 索引

Default Label Statement　預設標籤敘述　217
Default Member Value　類別資料成員預設值　495
Delegating Constructor　委派建構函式　506
Derived Class　衍生類別　5, 561
Designated Initializer　使用指定初始子　412
Designated Initializer　指定初始子　498
Destination　目的地　158
Destructor　解構函式　512
Direct Member Selection Operator　直接成員選取運算子　413
Direct Member Selection　直接成員選取　709
Domain　值域　267
Domain　對應域　289
Dynamic Memory Allocation　動態記憶體配置　80, 498
Dynamic Memory Management　動態記憶體管理　80
Dynamic Polymorphism　動態多型　615, 633
Dynamic Storage Class　動態儲存類別　441, 447

E

Element　元素　265
Embedded System　嵌入式系統　3
Encapsulation　封裝　4, 463, 531
Entry Point　進入點　27, 35, 235
Equality Operator　相等運算子　204, 205
Escape Sequence　跳脫序列　30, 113
Exception Handling Statement　例外處理敘述　27
Exception　例外處理　6
Exclusive OR　互斥 OR 運算　151
Executable File　可執行檔　9
Exit Point　離開點　28, 235
Explicit Conversion/Casting　顯性型態轉換　138, 140
Exponent　指數　102, 108

Expression Statement　運算敘述　27
Expression　運算式　131
Extension　擴充套件　685, 690

F

Fahrenheit　華氏　199
FALSE　假　118
Field　欄位　409
File Inclusion　檔案引入　604
first name　名字　384
Fixed Width Integer Type　固定記憶體大小的整數型態　93
Floating Number　浮點數　39
Floating Point Unit, FPU　浮點運算器　107
Floating Type　浮點數型態　85, 99
Flowchart　流程圖　223
Foreign Student　境外生　559
Framework　框架　44
Free Software Foundation　自由軟體基金會　11
Friend Class　朋友類別　572
Friend Function　朋友函式　572
Friend　朋友　532
Function Name　函式名稱　26
Function Overloading　函式多載　312, 505, 615
Function Overriding　函式覆寫　587
Function Template　函式模板　313, 615
Function　函式　25, 134, 289, 348
Functional Programming　函式程式設計　464
Function-Oriented Programming Paradigm, FOPP　功能導向程式設計思維方法　464

G

Global Class　全域類別　490
Global Namespace　全域命名空間　316
Global Variable　全域變數　303, 444
Global　全域　316
GNU Compiler Collection　GCC 編譯器套件　666

721

GNU Compiler Collection　GNU 編譯器套裝　10
Graphics User Interface, GUI　圖形使用者介面　13
Green　綠　155

H

Header File Inclusion Section　函式標頭檔區　45
Header File　標頭檔　32, 77, 93, 306
height　身高的平方　43
Hewlett-Packard　惠普電腦　3
Hexadecimal　十六進制　98, 183
High-Level Programming Language　高階程式語言　2

I

I/O Redirection　I/O 重導向　192, 193
Identifier　識別字　32, 73
Implement　實作　306
Implicit Conversion　隱性型態轉換　140
Implicit Conversion　隱性轉換　137
Implicit　隱含的　576
Incremental Sort　遞增排序　276
Index　索引　266
Index　索引值　265
Indirect Access Operator　間接存取運算子　331
Inequality Operator　不相等運算子　204, 205
Infinite Loop　無窮迴圈　240
Information Hiding　資訊隱藏　531
Inheritance　繼承　4, 463, 559, 561
Inheritance　繼承性　5
Initialization List　初始化列表　124
Initialization Statement　初始化敘述　245
Initialization　初始化　71, 268
Inline Function　內嵌函式　5
Input Phase　輸入階段　37
Input Section　輸入階段區　46
Input Stream　輸入串流　157, 158
Input　輸入　37
Input-Process-Output Model，簡稱為 IPO 模型　輸入-處理-輸出模型　37
Insertion　插入　19, 22
Instantiate　實體化　483
Intangible　無形的　477
Integer type　整數型態　85
Integer　整數　56
Integrated Development Environment, IDE　整合式開發環境　11
Interface　介面　306
Intermediate Format　中間格式　10
International Electrotechnical Commission, IEC　國際電工委員會　6
International Organization for Standardization, ISO　國際標準化組織　6
International Organization for Standardization, ISO　國際標準組織　3
Inverting　反向運算　85
IPO Chart　IPO 表　38
IPO Model Diagram　IPO 模型圖　38
Iteration Statement　反覆敘述　27
Iteration Variable　迭代變數　245

J

Jump Statement　跳躍敘述　27, 31

K

Keyword　關鍵字　73, 74, 291

L

Label　標籤　257
Labeled Statement　標籤敘述　27
last name　姓氏　384
Left Align　靠左對齊　171
Left Associativity　左關聯　133
Left Shift　左移　149
Length　長度　367
Letter Difference　字母差　128
Library　函式庫　9
Line Buffered　行緩衝　192

Link　連結　668
Linker　連接器　9
liquidatedDamages　違約金　55
Local Class　區域類別　491, 492
Local Variable　區域變數　301, 352, 443
Logic Expression　邏輯運算　118
Logical Expression　邏輯運算式　203, 235
Logical Operator　邏輯運算子　132, 152, 204, 206
Loop Body　迴圈主體　235, 236, 245
Loop Variable　迴圈變數　245
Loop　迴圈　235
lowerCamelCase　小寫式駝峰式命名法　77

M

Machine Code　機器碼　9, 10
Macro　巨集　90, 102
Mantissa　尾數　101, 108
Maximum and Minimum Positive Value　最大與最小的正值　107
Maximum　最大值　271
Member Function　成員函式　484, 485
Member Initializer List　成員初始化串列　510
Memory Address　記憶體位址　78, 325, 327
Microsoft　微軟　685
Minimum Positive Value　最小的正值　108
Minimum　最小值　271
Multibyte Character Set, MBCS　多位元組字元集　397
Multidimensional Array　多維陣列　278
Multiple Counter　多重計數器　273
Multiple Inheritance　多重繼承　6

N

Namespace Declaration Section　命名空間區　45
Namespace　命名空間　6, 32, 77, 315, 601
Naming Convention　命名慣例　77
Nationality　國籍　560, 635
Negative　負整數　85

Nested Loop　巢狀迴圈　251
New Line　換行　24
Non-Negative　非負　85
Null Character　空字元　368
Null　空值　368
Null-Terminated Byte String, NTBS　空值結尾位元組字串　368
Null-Terminated String, NTS　空值結尾字串　368

O

Object Code　目的碼　9
Object Instance　物件實體　483, 487, 488
Object Instantiate　物件實體化　488
Object Instantiation　物件實體化　498
Object Variable　物件變數　488
Object　物件　4, 28, 474, 476, 483
Object-Oriented Programming Language　物件導向程式語言　4
Octal　八進制　98, 183
Open Source Software　自由軟體　11
Operand　運算元　131, 204
Operator Overloading　運算子多載　6, 615, 617
Operator　運算子　131, 204
or　或者　121
Output Phase　輸出階段　38
Output Section　輸出階段區　46
Output Stream　輸出串流　157, 158
Output　資料輸出　37
Output　輸出　37
Overflow　溢位　391
Overloading　多載　591, 655
Overriding　覆寫　591

P

Palo Alto Research Center, PARC　帕羅奧多研究中心　4
Parameter　參數　289, 24, 309
Parent Class　父類別　561
Perfect Number　完美數　262

Platform-Dependent　平台相關　102
Pointer Assignment　指標賦值　334
Pointer Variable　指標變數　327
Polymorphism　多型　4, 463, 615
Portability　可移植　3
Portability　可移植性　7
Postfix Decrement Operator　後序遞減運算子　143
Postfix Increment Operator　後序遞增運算子　143
Postfix Operator　後序運算子　143
Pre Build　預編譯版本　673
Precedence　優先順序　132, 135
Precision　精確度　108
Prefix Decrement Operator　前序遞減運算子　143
Prefix Increment Operator　前序遞增運算子　143
Prefix Operator　前序運算子　143
Prefix　前綴　32
Preprocessor Directive　前置處理指令　32, 604
Preprocessor Directive　前置處理器指令　83
Preprocessor　前置處理器　32, 83, 604
Primitive Built-In Data Type　基本內建資料型態　84, 367, 448, 618
Printable Character　可見字元　111
Private Derivation　私有衍生　569
Procedure-Oriented Programming　程序導向程式設計　464
Process Phase　處理階段　38
Process Section　處理階段區　46
Process　處理　37
Process　資料處理　37
Prompt String　提示字串　53
Protected Derivation　保護衍生　569
Prototype　函式原型　306
Prototype　原型　304
Public Derivation　公開衍生　569, 574
Pure Virtual Function　純虛擬函式　640

R

Range-Based for Loop　以範圍為基礎的 for 迴圈　283
Readability　可讀性　76, 291
Recycle　回收　443
Red　紅　155
Reference　參考　6, 325, 353
Relational Less Than　小於　710
Relational operator　關係運算子　132, 152, 204
Relationship　關係　477
Repetition　重複　3, 7, 463
Return Value　傳回值　289
Reusability　可重用性　5, 560
Right Align　靠右對齊　171
Right Associativity　右關聯　133
Right Shift　右移　149
Run-Time Polymorphism　執行時期多型　633
Runtime Type Information, RTTI　執行時期型態資訊　6

S

Scientific Notation　科學記號表示法　109, 178, 181
Scope Qualifier　範圍限定字　599, 594
Scope Resolution Operator　範圍解析運算子　315, 594, 599
Selection Statement　選擇敘述　27, 203
Selection　選擇　3, 7, 203, 224, 259
Sequence　循序　3, 7, 203, 224, 226, 259, 463
Sign Bit　符號位元　85
Sign　符號　101
Significand　有效數　101, 182
Sorted Numbers　已排序數字　277
Source Code　原始程式　8
Source　來源地　158
Space　空白　24
Specialization　特殊化　561

index 索引

Standard Error 標準錯誤 158
Standard Identifier 標準識別字 77
Standard Input 標準輸入 157
Standard Input 標準輸入渠道 41
Standard Output 標準輸出 158
Standard Output 標準輸出渠道 28, 41
Standard Stream 標準串流 159
Statement 敘述 25
Static Polymorphism 靜態多型 615, 633
Static Storage Class 靜態儲存類別 441, 445
Static Variable 靜態變數 444, 446
Static 靜態的 445
Stream Extraction Operator 串流擷(提)取運算子 162
Stream Insertion Operator 串流插入運算子 169, 622
Stream Manipulator 串流操控子 174, 183
Stream 串流 157, 158
String Literal 字串常值 369
String 字串 29, 367
Strong Typing 強型別 5
Structure Variable 結構體變數 409
Structure 結構體 409
Structured Programming Language 結構化程式語言 3, 203
Structured Programming 結構化程式設計 203
Sum 總和 271
Sun Microsystems 昇陽電腦 3
Symbol Table 符號表 81
Syntax Highlighting 語法突顯 8

T

Tangible 有形的 477
Target 目標 318
Terminal 終端機 12, 13, 665, 666, 669
Ternary Operator 三元運算子 132
Test Condition 測試條件 208, 235, 245, 260
Text Editor 文字編輯器 8

TRUE 真 118
Type Casting 型態轉換 138
Type Modifier 型態修飾字 86
Type Safe 型態安全 124

U

Unary Operator 一元運算子 131
Underscore 底線 73, 291
Unicode 統一碼或稱萬國碼 397
Union 共有體 427
Unix Version 2, Unix V2 第二版的 Unix 2
Unix Version 4, V4 第四版 Unix 2
Unix-Like 類 Unix 系統 3
Unprintable Character 不可見字元 111, 368
Unsorted Numbers 未排序數字 276
Update Statement 更新敘述 245
UpperCamelCase 大寫式駝峰式命名法 77
User-Defined Data Type 使用者自定資料型態 84, 409

V

Value 值 69, 325, 327
Value 數值 82, 133
Valueless or Void Type 無值型態 85
Valueless 不具備數值 120
Variable Declaration Section 變數宣告區 45, 46
Variable Declaration Statement 變數宣告敘述 70
Variable Declaration 變數宣告 40, 70
Variable Name 變數名稱 69, 70, 73
Variable 變數 40, 69, 133
VI Improved vim 17
Virtual Function 虛擬函式 5, 6, 645
Voice By 配音者 612
Void Type 無值型態 120

W

Wide Character 寬字元 397